Springer Collected Works in Mathematics

More information about this series at http://www.springer.com/series/11104

Thomas Jan Stieltjes
1856–1894

Thomas Jan Stieltjes

Œuvres Complètes I – Collected Papers I

Editor
Gerrit van Dijk

Reprint of the 1993 Edition

 Springer

Author
Thomas Jan Stieltjes
Groningen
The Netherlands

Editor
Gerrit van Dijk
Mathematical Institute
Leiden University
Leiden
The Netherlands

ISSN 2194-9875
Springer Collected Works in Mathematics
ISBN 978-3-662-55005-2 (Softcover)

Library of Congress Control Number: 2012954381

Mathematics Subject Classification (2010): 01A70, 01A75, 11-XX, 11A55, 28-XX, 62-XX

Printed on acid-free paper

This Springer imprint is published by Springer Nature
The registered company is Springer-Verlag GmbH Germany
The registered company address is: Heidelberger Platz 3, 14197 Berlin, Germany

THOMAS JAN STIELTJES

ŒUVRES COMPLÈTES
COLLECTED PAPERS

Volume I

Edited by Gerrit van Dijk

Springer-Verlag Berlin Heidelberg GmbH

Professor Dr. Gerrit van Dijk

University of Leiden
Department of Mathematics and Computer Science
P. O. Box 9512
NL-2300 RA Leiden, The Netherlands

Mathematics Subject Classification (1991):
01A70, 01A75, 11-XX, 11A55, 28-XX, 62-XX

Library of Congress Cataloging-in-Publication Data
Stieltjes, Thomas Jan, 1856-1894.
[Works. 1993] Œuvres complètes=Collected papers / Thomas Jan Stieltjes;
edited by Gerrit van Dijk. p. cm French, Dutch, English, and German.
"Mainly a reissue of the Œuvres complètes of Thomas Jan Stieltjes, published by Noordhoff, Groningen, in the
period 1914-18 . . . [to which is] added a short biography and four commentaries on parts of Stieltjes'
work . . . [and other papers]" -- Pref., v. 1. Includes bibliographical references.

ISBN 978-3-642-64754-3   ISBN 978-3-642-61229-9 (eBook)
DOI 10.1007/978-3-642-61229-9

1. Stieltjes, Thomas Jan. 1856-1894. 2. Mathematical analysis. I. Dijk, Gerrit van, 1939-.
II. Title.   III. Title: Collected papers. QA3.S8 1993 515-dc20 93-9944 CIP

Softcover reprint of the hardcover 1st edition 1993

Typesetting of the short biography, the four commentaries, the two translations, and the bibliography:
Camera ready copy by the editor using a Springer TEX macro package

41/3140 - 5 4 3 2 1 0 - Printed on acid-free paper

Preface

The year 1994, one century after Thomas Stieltjes' death, is a fitting time to look back and assess the impact of Stieltjes' work on the development of mathematics. The idea to combine such an assessment with a new edition of the Collected Papers of T. J. Stieltjes, was born in 1990 during a discussion with Richard Askey in Amsterdam.

The present edition, which consists of two volumes, is mainly a reissue of the Œuvres Complètes of Thomas Jan Stieltjes, published by Noordhoff, Groningen in the period 1914–18. I have added a short biography and four commentaries on parts of Stieltjes' work, written by specialists. Translations of his papers "Sur une fonction uniforme" and "Recherches sur les fractions continues" are also included. The first paper contains the "proof" of the Riemann hypothesis, and the second paper, which is generally considered to be his most important one, contains the introduction of the Stieltjes integral. A Bibliography of Stieltjes is included in both volumes for the convenience of the reader.

I want to thank those who have helped and stimulated me during the preparation of these volumes: the Wiskundig Genootschap for generously accepting my plans and sponsoring the preparation of the present edition, and colleagues from Toulouse, the city Stieltjes owes so much to. A special word of thanks is due to Walter Van Assche (Katholieke Universiteit Leuven) who has critically read the final versions of almost all contributions and translations. I thank the publisher for making Stieltjes' works available once more to the mathematical public.

Leiden, March 1993   *Gerrit van Dijk*

Contents Volume I

Contents Volume II

Contributors Volume I

Frits Beukers
University of Utrecht
Department of Mathematics
P.O. Box 80010
NL-3508 TA Utrecht
The Netherlands

Wilhelmus A. J. Luxemburg
California Institute of Technology
Department of Mathematics
Pasadena, CA 91125, USA

Herman J. J. te Riele
Centre for Mathematics
and Computer Science
P.O. Box 4079
NL-1009 AB Amsterdam
The Netherlands

Walter Van Assche
Katholieke Universiteit Leuven
Departement Wiskunde
Celestijnenlaan 200 B
B-3001 Heverlee
Belgium

Gerrit van Dijk
Leiden University
Department of Mathematics
and Computer Science
P.O. Box 9512
NL-2300 RA Leiden
The Netherlands

Biographical Note

Gerrit van Dijk

Thomas Joannes Stieltjes was born on December 29, 1856 in Zwolle, capital of the province Overijssel, The Netherlands. He had two brothers and four sisters. He carried the same first names as his father, who was a civil engineer and member of parliament. The latter was rather well-known, mainly because of his achievements in the construction of harbours in Rotterdam. The Stieltjeskanaal, a canal in the northern part of The Netherlands, near Coevorden bears his name. In his memory a statue is erected by his friends and admirators on the Noordereiland, at the Burgemeester Hoffman Plein, in Rotterdam. There are several cities in The Netherlands with a street named after Stieltjes, but in only one city this name refers to the mathematician: in Leiden.

Thomas Jr. started his studies in 1873 at the Polytechnical School in Delft (now the Technical University). Instead of going to the lectures, he spent most of his time in the library studying the works of Gauss and Jacobi. As a consequence, he did not pass the propedeutical examination. Renewed attempts in 1875 and 1876 failed. His father, aware of the particular situation of his son, contacted his friend, Prof. H.G. van de Sande-Bakhuyzen, director of the Leiden Observatory. In April 1877 Thomas was appointed calculator at the Observatory, officially "assistant for astronomical calculations". He moved to Leiden and lived there, first at Kaiserstraat 57 and later at Nieuwsteeg 33.

From 1878 on he took part in observations together with his friend Ernst F. van de Sande-Bakhuyzen, the director's brother.[1] Thomas devoted almost all of his free time to mathematics. Through his work on celestial mechanics he got in contact with Ch. Hermite in Paris. His first letter to Hermite was dated November 8, 1882. The letter was followed by a correspondence between Stieltjes and Hermite consisting of 432 letters [1]. The last letter of Hermite to Stieltjes was written December 15, 1894, fourteen days before Stieltjes' death. It is to the credit of the director, H.G. van de Sande-Bakhuyzen, that he freed Stieltjes, on request, on January 1, 1883 from doing observation work. In May 1883 Thomas married Elizabeth (Lilly) Intveld, who was a tremendous stimulus for his mathematical work. From September till December of that year he substituted for Prof. F.J. van den Berg in Delft, who had fallen seriously ill, and lectured on analytical and descriptive geometry. On December 1, 1883 Thomas resigned from the Observatory to devote himself completely to mathematics.[2]

---

[1] One of the three editors of the Œuvres Complètes [4].
[2] [1], Lettre 20.

1

On January 15, 1884 Stieltjes wrote to Hermite :

"On m'a offert, il y a quelques jours, un professorat d'analyse (Calcul différentiel et intégral) à l'Université de Groningue. J'ai accepté cette offre et je crois que cette position me permettra d'être plus utile. Je dois beaucoup, dans cette circonstance, à l'extrême bienveillance de mon ancien chef M. Bakhuyzen, le directeur de l'observatoire. Un de ces jours, ma nomination définitive arrivera." [3] [4]

On March 13, 1884 he wrote to Hermite :

"La Faculté de Groningue m'avait bien présenté en première ligne pour la place vacante, mais M. le Ministre a nommé un des autres. Probablement la raison aura été que n'ayant point eu l'occasion de suivre le chemin ordinaire, je n'ai point obtenue un grade à l'Université" [5] [6]

From archives of the University of Groningen it appears, that the following nomination was made in 1883: 1. Prof. dr. D.J. Korteweg, 2. Mr. T.J. Stieltjes. When asked, Prof. Korteweg said he would not consider to move to Groningen. Stieltjes however declared that he would accept an appointment. A new nomination was then made: 1. T.J. Stieltjes, 2. F. (Floris) de Boer; the latter was appointed by Royal Decree of March 12, 1884. [7]

In May 1884, Hermite met the Dutch professor in Mathematics, Bierens de Haan, at the celebration of the fifth centenary of the University of Edinburgh. A debate was devoted to the Stieltjes' poor circumstances. It is very likely that the wish to confer a doctorate honoris causa upon Stieltjes came into existence during this debate. [8] On June, 1884 a doctorate in mathematics and astronomy, honoris causa, was conferred upon Stieltjes by Leiden University, following the nomination by D. Bierens de Haan and H.G. van de Sande-Bakhuyzen. Following is Stieltjes' reply to the official letter of the Senate of Leiden University (in translation): [9]

---

[3] [1], Lettre 43.

[4] (translation) "One has offered me, some days ago, a professorship in analysis (differential and integral calculus) at the University of Groningen. I have accepted this offer and I believe that this position will permit me to be more useful. I owe much, in this situation, to the extreme kindness of my old chief Mr. Bakhuyzen, the director of the observatory. One of these days, my nomination will become definitive."

[5] [1], Lettre 47.

[6] (translation) "The Groningen Faculty has indeed put me in first place for the vacancy, but the Minister has named one of the others. Probably the reason will have been that I having had no occasion to follow the ordinary route, I have not obtained any degree at the University."

[7] Archief van de Senaat en de Faculteiten, inv.nr. 621 en 627; Archief van de Curatoren, inv.nr. 146,147 en 383 II. These archives are preserved by Rijksarchief in the Province Groningen.

[8] [1], Lettre 49. On the occasion of the fifth centenary of the University of Edinburgh D. Bierens de Haan was awarded a honorary doctorship in law.

[9] Leiden University Library ASF AB 2.45, 1883/84, Doc. LI.

Biographical Note

"To the Senate of Leiden University.

The undersigned wishes to thank you for the honourable distinction, conferred upon him by Your College, and to assure you that the distinction is highly appreciated. Due to a regrettable misunderstanding he was not aware of the intention of a public ceremony on last Tuesday June 17 at 3 o'clock.

Leiden, June 19, 1884

T.J. Stieltjes"

In September 1884 a son was born in Stieltjes' family. [10]

In April 1885 Stieltjes' family settled in Paris, 120 avenue d'Orléans. Stieltjes wrote to Hermite that he wished to stay in France and to take the French nationality. [11] On May 6, Stieltjes was elected member of the Royal Dutch Academy of Sciences, Section of Physics. Later on, this membership was converted into a corresponding membership.

Hermite and Darboux suggested Stieltjes prepare a thesis at the Sorbonne. [12] Thus, it should be easier for him to be nominated for a professorship in the "provence", according to Hermite. In June 1886 he defended his thesis, entitled "Etude de quelques séries sémi-convergentes." [13] The jury consisted of Hermite, Darboux and Tisserand.

By mediation of Hermite, Stieltjes was appointed Maître de Conférence in the fall of 1886 at the Faculty of Science of Toulouse. [14] He could actually choose between Lille and Toulouse. In November, Stieltjes' family moved to Toulouse, 48 rue Alsace-Lorraine. His lectures on complex function theory and elliptic functions were attended by many promising students. He was one of the founders in 1887 of the Annales de la Faculté des Sciences de Toulouse. From that time on his letters to Hermite began with "Mon cher ami" instead of "Monsieur".

In 1889, Stieltjes was appointed professor of differential and integral calculus at the Faculty of Science of Toulouse. In 1892 the first symptoms of a serious disease manifested itself. In June 1893 the Prix Petit d'Ormoy of the Académie des Sciences de Paris was conferred upon Stieltjes. On June 18, 1894 a survey of his most important paper was published in the Comptes Rendus de l'Académie des Sciences: "Recherches sur les fractions continues". [15] An extended version of this paper was published in the Annales de la Faculté des Sciences de Toulouse, in 1894/95. [16] This article was awarded a prize by the Académie des Sciences. Poincaré said, on behalf of the jury :

"Le travail de M. Stieltjes est donc un des plus remarquables Mémoires d'analyse qui aient été écrits dans ces dernières années; il s'ajoute à beaucoup

---

[10] Stieltjes had four children, two sons and two daughters: Thomas Joannes (1884–1887), Edith (1885–1969), Antoine (1887–1954) and Madeleine (1890–1982).

[11] [1], Lettre 71.

[12] [1], Lettre 81.

[13] "Study of some semi-convergent (= asymptotic) series".

[14] The present-day Université Paul Sabatier.

[15] [4], Paper # LXXX

[16] [4], Paper # LXXXI, a translation is included in the present new edition.

3

Gerrit van Dijk

d'autres qui ont placé leur auteur à un rang éminant dans la Science de notre époque.... La commission a l'honneur de proposer à l'Académie d'accorder à M. Stieltjes le plus haut témoignage de son approbation en ordonnant l'insertion de son Mémoire "Sur les fractions continues" dans le Recueil des Savants étrangers (à l'Académie) et elle émet le vœu qu'un prix puisse lui être accordé sur la fondation Lecomte". [17]

On December 3, 1894 Stieltjes was elected corresponding member of the Academy of Sciences of St. Petersburg. On December 31, 1894 Stieltjes passed away in Toulouse, at the age of 38. [18]

Literature

1. Correspondence d'Hermite et de Stieltjes, I & II. Gauthiers-Villars, Paris 1905
2. Cosserat E.: Notices sur les travaux scientifiques de Thomas-Jean Stieltjes. Annales de la Faculté des Sciences de Toulouse **9** (1895) 1–64
3. Huron R.: Le destin hors série de Thomas-Jan Stieltjes. Mémoires de l'Académie des Sciences Inscriptions et Belles-Lettres de Toulouse **136** (1974) 93–125
4. Œuvres Complètes de Thomas Jan Stieltjes, I & II. Noordhoff, Groningen 1914, 1918
5. Van Dijk G., Peletier L.A.: Thomas Joannes Stieltjes Jr.. Leiden University 1989 (Dutch)

---

[17] (translation) "Therefore Stieltjes' work is one of the most remarkable Memoires in Analysis which have been written in the past years; it adds to many others which have placed their author in an eminent rank within the Science of our period... The committee takes pride in proposing the Academy award Mr. Stieltjes the highest evidence of his approval by ordering the insertion of his Memoire "Sur les fractions continues" into the Collection of foreign Scholars (in the Academy) and the committee expresses the wish that a prize could be awarded him from the Lecomte foundation."

[18] The burial actually took place on January 2, 1895. The tomb of T.J. Stieltjes can be found at the cemetery of Terre Cabade in Toulouse (no. 828, section II, division 4) and can be visited. In 1990 Stieltjes' family restored the tomb.

The Impact of Stieltjes' Work on Continued Fractions and Orthogonal Polynomials

Walter Van Assche [1]

Introduction

The memoir *Recherches sur les fractions continues*, published posthumously
in the Annales de la Faculté des Sciences de Toulouse – a journal of which
Stieltjes was one of the first editors – and a great number of other papers
by Stieltjes contain a wealth of material that still has a great impact on con-
temporary research, especially on the theory of orthogonal polynomials. The
general theory of orthogonal polynomials really started with the investigations of Chebyshev and Stieltjes. The impact of the work of Chebyshev and
his student Markov has already been described by Krein [53]. Here we give
an attempt to discuss some of Stieltjes' contributions and the impact on later
work. Orthogonal polynomials offer a variety of results and applications. The
bibliography [91] up to 1940 consists of 1952 papers by 643 authors. Even
now interest in orthogonal polynomials is enormous. One of the reasons is
that orthogonal polynomials seem to appear in a great variety of applications.
Their use in the numerical approximation of integrals was already pointed
out by Gauss and further extended by Christoffel [19] [30] and Stieltjes [95].
The Padé table [73] for the approximation of a function by rational functions is very closely related to continued fractions and Stieltjes' work may be
considered as one of the first proofs of convergence in the Padé table [74].
In 1954 Lederman and Reuter [56] and in 1957 Karlin and McGregor [49]
showed that the transition probabilities in a birth and death process could
be expressed by means of a Stieltjes integral of orthogonal polynomials. Even
in pure mathematics there seems to be a natural framework where orthogonal polynomials come into play: representations for certain Lie groups very
often are in terms of special functions, in particular orthogonal polynomials
(see e.g. Vilenkin [117]). Recently this has also been observed for quantum
groups [52]. Discrete orthogonal polynomials have useful applications in the
design of association schemes and the proof of nonexistence of perfect codes
and orthogonal polynomials on the unit circle have a close connection with
digital signal processing. The proceedings of the NATO Advanced Study Institute on "Orthogonal Polynomials and their Applications" (Columbus, Ohio
1989) [69] gives excellent contributions to each of these aspects of orthogonal
polynomials and is strongly recommended.

---

[1] The author is a Research Associate of the Belgian National Fund for Scientific
Research

Stieltjes' work has already been discussed by Cosserat [22] shortly after Stieltjes' death in 1894. In these notes we will try to estimate the value of the investigations by Stieltjes a century later. Let me also mention Brezinski's book on the history of continued fractions [10, Chapter 5, Section 5.2.4 on pp. 224–235] where Stieltjes' work on continued fractions is shown in its historic context.

I never quite realized how much work is needed to analyse Stieltjes' work a century after his death. I have spent a lot of time in various libraries and received a lot of help from the librarians. I would also like to thank various colleagues for suggestions, comments and for pointing out omissions and misinterpretations. A sincere word of thanks in particular to Marcel de Bruin, Ted Chihara, Walter Gautschi, Tom Koornwinder and Doron Lubinsky. Of course nothing would have been possible without the help of Gerrit van Dijk: many thanks for having started this whole project.

1. Stieltjes Continued Fraction

The object of his main work [105][2] is the study of the continued fraction

$$
\cfrac{1}{c_1 z + \cfrac{1}{c_2 + \cfrac{1}{c_3 z + \cdots + \cfrac{1}{c_{2n} + \cfrac{1}{c_{2n+1} z + \cdots}}}}}, \tag{1.1}
$$

which is nowadays known as a Stieltjes continued fraction or S-fraction. Stieltjes only considers the case where $c_k > 0$ $(k = 1, 2, \ldots)$. In general an S-fraction is any continued fraction of the form (1.1) in which all c_k are different from zero or any continued fraction which can be obtained from it by an equivalence transformation or change of variable [119, p. 200]. The S-fraction (1.1) can be transformed by contraction to a J-fraction

$$
\cfrac{a_0^2}{z - b_0 - \cfrac{a_1^2}{z - b_1 - \cfrac{a_2^2}{z - b_2 - \cdots - \cfrac{a_{n-1}^2}{z - b_{n-1} - \cfrac{a_n^2}{z - b_n - \cdots}}}}}, \tag{1.2}
$$

with $a_0^2 = 1/c_1, b_0 = -1/(c_1 c_2)$ and

$$
a_n^2 = \frac{1}{c_{2n-1} c_{2n}^2 c_{2n+1}}, \quad b_n = -\frac{1}{c_{2n} c_{2n+1}} - \frac{1}{c_{2n+1} c_{2n+2}}, \quad k = 1, 2, \ldots.
$$

---

[2] See also [2], Paper # LXXXI; a translation is included in the present new edition.

The positivity of the c_k, as imposed by Stieltjes, clearly puts some constraints on the coefficients a_k, b_k e.g., $a_k^2 > 0$ and $b_k < 0$. A J-fraction can be regarded as being generated by the sequence of transformations

$$t_0(w) = \frac{1}{w}, \qquad t_k(w) = z - b_{k-1} - \frac{a_k^2}{w}, \qquad k = 1, 2, \ldots$$

The superposition $t_0(t_1(\cdots(t_n(w))\ldots))$ for $w = \infty$ is then the n-th approximant or n-th convergent of the fraction (1.2). This is a rational function of the variable z and we have

$$t_0(t_1(\cdots(t_n(\infty))\ldots)) = \frac{1}{a_1} \frac{p_{n-1}^{(1)}(z)}{p_n(z)},$$

where both the denominator polynomials $p_n(z)$ $(n = 0, 1, 2, \ldots)$ and numerator polynomials $p_{n-1}^{(1)}(z)$ $(n = 0, 1, 2, \ldots)$ are solutions of the three-term recurrence relation

$$zr_n(z) = a_{n+1}r_{n+1}(z) + b_n r_n(z) + a_n r_{n-1}(z), \qquad n \geq 0 \qquad (1.3)$$

with initial condition

$$p_{-1}(z) = 0, \quad p_0(z) = 1, \qquad p_{-1}^{(1)}(z) = 0, \; p_0^{(1)}(z) = 1.$$

The convergents of the S-fraction are such that the $2n$-th convergent of (1.1) is equal to the n-th convergent of (1.2). If the denominator $p_n(z)$ vanishes for at most a finite number of integers n and if $\lim_{n \to \infty} p_{n-1}^{(1)}(z)/p_n(z) = f(z)$ exists, then the J-fraction converges to $f(z)$. Stieltjes gave a general theory of S-fractions (and consequently of J-fractions) with $c_k > 0$ $(k = 1, 2, \ldots)$, dealing with questions of convergence and he showed a close connection with asymptotic series in terms of a given sequence of moments (see also the next section).

One of the most important facts in the theory is that the denominators $p_n(-x)$ $(n = 0, 1, 2, \ldots)$ form a sequence of orthonormal polynomials on $[0, \infty)$ i.e., there is a positive measure μ on $[0, \infty)$ such that

$$\int_0^\infty p_n(-x)p_m(-x)\, d\mu(x) = \delta_{m,n}.$$

The support of the measure μ is in $[0, \infty)$ precisely because Stieltjes assumes the coefficients c_k of the S-fraction (1.1) to be positive. Stieltjes showed that such orthogonal polynomials have zeros with interesting properties. He proved that all the zeros of $p_n(-x)$ are real, positive and simple; moreover the zeros of $p_n(-x)$ interlace with the zeros of $p_{n-1}(-x)$ but also with the zeros of $p_{n-1}^{(1)}(-x)$. The latter property shows that the convergent $p_{n-1}^{(1)}(z)/p_n(z)$ is a rational function with n real and negative poles and positive residues. These properties are now quite classical and of great use for numerical quadrature. The property of orthogonality is crucial in these considerations (but Stieltjes never uses this terminology). A famous and very important result in the theory of orthogonal polynomials on the real line is the following result:

Theorem. *Suppose a system of polynomials satisfies a three-term recurrence relation of the form (1.3) with $a_{k+1} > 0$ and $b_k \in \mathbb{R}$ ($k = 0, 1, 2, \ldots$) and initial conditions $r_{-1}(z) = 0$ and $r_0(z) = 1$, then these polynomials are orthonormal in $L^2(\mu)$ for some positive measure μ on the real line.*

This theorem is usually called Favard's theorem [25] but it is basically already in Stieltjes' memoir [105, §11] for the case of J-fractions obtained from contracting an S-fraction with positive coefficients: he shows that there is a positive linear functional S such that $S(r_m r_n) = 0$ whenever $m \neq n$. The only thing that Stieltjes was missing was the Riesz representation theorem which would enable one to express the linear functional S as a Stieltjes integral.

Hilbert's work on quadratic forms in infinitely many variables was much inspired by Stieltjes' work on continued fractions [43, p. 109]: *"Die Anwendungen der Theorie der quadratischen Formen mit unendlich vielen Variabeln sind nicht auf die Integralgleichungen beschränkt: es bietet sich nicht minder eine Berührung dieser Theorie mit der schönen Theorie der Kettenbrüche von Stieltjes ..."*. Stieltjes' theory is full of important ideas. In Chapter V of [105] Stieltjes gives a discussion on the convergence of sums of the form

$$f_1(z) + f_2(z) + \cdots + f_n(z),$$

where $f_i(z)$ are analytic functions on the open unit disk C_R with center at the origin and radius R. He proves a result which was later also proved by Giuseppe Vitali in 1903 [118]:

Theorem (Stieltjes-Vitali) *Let f_n be a sequence of analytic functions on a nonempty connected open set Ω of the complex plane. If f_n is uniformly bounded on compact sets of Ω and if f_n converges on a subset $E \subset \Omega$ that has an accumulation point in Ω, then f_n converges uniformly on every compact subset of Ω.*

Paul Montel refers to this theorem as Stieltjes' theorem [67] and others refer to it as Vitali's theorem. This result is very convenient in the study of convergence of continued fractions because quite often one is dealing with rational fractions and one may be able to prove convergence on a set E that is far enough away from the poles of the rational fraction. The Stieltjes-Vitali theorem then allows one to extend the asymptotic result to hold everywhere except at the set containing all the poles.

The continued fraction (1.2) was later studied by Van Vleck [116] for $b_k \in \mathbb{R}$ and a_k^2 arbitrary positive numbers. The corresponding measure is then not necessarily supported on $[0, \infty)$ and these continued fractions are then closely related to Stieltjes integrals over $(-\infty, \infty)$. The complete extension is due to Hamburger [37]. Van Vleck [115] and Pringsheim [83] [84] have also given an extension to complex coefficients.

For some good expositions on continued fraction we refer to the books by Perron [78], Wall [119], Jones and Thron [46] and Lorentzen and Waadeland [58].

2. Moment Problems

2.1 The Stieltjes Moment Problem

In his fundamental work [105, §24] Stieltjes introduced the following problem: given an infinite sequence μ_k ($k = 0, 1, 2, \ldots$), find a distribution of mass (a positive measure μ) on the semi-infinite interval $[0, \infty)$ such that

$$\mu_k = \int_0^\infty x^k \, d\mu(x), \qquad k = 0, 1, 2, \ldots.$$

Of course such a measure will not always exist for any sequence μ_k and if such a measure exists, then it need not be unique. The Stieltjes moment problem therefore has two parts

1. find necessary and/or sufficient conditions for the existence of a solution of the moment problem on $[0, \infty)$,
2. find necessary and/or sufficient conditions for the uniqueness of the solution of the moment problem on $[0, \infty)$.

Chebyshev had previously investigated integrals and sums of the form

$$\int_{-\infty}^\infty \frac{w(t)}{x - t} \, dt, \qquad \sum_{i=0}^\infty \frac{w_i}{x - x_i},$$

where $w(t)$ is a positive weight function and w_i are positive weights. Stieltjes integrals cover both cases and give a unified approach to the theory. Chebyshev did not investigate a moment problem, but was interested when a given sequence of moments determines the function $w(x)$ or the weights w_i uniquely. His work and the work of his student Markov is very relevant, but Stieltjes apparently was unaware of it. See Krein [53] for some history related to the work of Chebyshev and Markov. Nevertheless Stieltjes' introduction of the moment problem is still regarded as an important mathematical achievement. The reason for the introduction of this moment problem is a close connection between S-fractions or J-fractions and infinite series. If we make a formal expansion of the function

$$S(\mu; x) = \int \frac{d\mu(t)}{x + t},$$

which is known as the Stieltjes transform of the measure μ, then we find

$$\int \frac{d\mu(t)}{x + t} \sim \sum_{k=0}^\infty (-1)^k \frac{\mu_k}{x^{k+1}}.$$

This series does not always converge and should be considered as an asymptotic expansion. On the other hand one can expand the function $S(\mu; x)$ also into a continued fraction of the form (1.1) or (1.2). The n-th approximant of the J-fraction has the property that the first $2n$ terms in the expansion

$$\frac{1}{a_1} \frac{p_{n-1}^{(1)}(x)}{p_n(x)} \sim \sum_{k=0}^{\infty} (-1)^k \frac{m_k}{x^{k+1}}$$

agree with those of the expansion of $S(\mu; x)$ i.e., $m_k = \mu_k$ for $k = 0, 1, \ldots, 2n - 1$. This rational function is therefore a (diagonal) Padé approximant for $S(\mu; x)$. If the infinite series is given, then the continued fraction is completely known whenever the measure μ is known, provided the continued fraction converges.

Stieltjes gave necessary and sufficient conditions for the existence of a solution of the Stieltjes moment problem:

Theorem. *If the Hankel determinants satisfy*

$$\begin{vmatrix} \mu_0 & \mu_1 & \cdots & \mu_n \\ \mu_1 & \mu_2 & \cdots & \mu_{n+1} \\ \vdots & \vdots & \cdots & \vdots \\ \mu_n & \mu_{n+1} & \cdots & \mu_{2n} \end{vmatrix} > 0, \qquad n \in \mathbf{N}, \tag{2.1}$$

and

$$\begin{vmatrix} \mu_1 & \mu_2 & \cdots & \mu_{n+1} \\ \mu_2 & \mu_3 & \cdots & \mu_{n+2} \\ \vdots & \vdots & \cdots & \vdots \\ \mu_{n+1} & \mu_{n+2} & \cdots & \mu_{2n+1} \end{vmatrix} > 0, \qquad n \in \mathbf{N}, \tag{2.2}$$

then there exists a solution of the Stieltjes moment problem.

If the moment problem has a unique solution then the moment problem is determinate. If there exist at least two solutions then the moment problem is indeterminate. Other terminology is also in use: determined/undetermined and determined/undetermined. Any convex combination of two solutions is another solution, hence in case of an indeterminate moment problem there will always be an infinite number of solutions. Stieltjes gave explicit examples of indeterminate moment problems (see also Section 5.3) and he showed that a moment problem is determinate if and only if the corresponding continued fraction (1.1) converges for every z in the complex plane, except for z real and negative. A necessary and sufficient condition for a determinate moment problem is the divergence of the series $\sum_{n=1}^{\infty} c_n$ where c_n are the coefficients of the S-fraction (1.1). In case of an indeterminate moment problem Stieltjes constructs two solutions as follows: let $P_n(z)/Q_n(z)$ be the n-th convergent of the continued fraction (1.1), then the limits

$$\lim_{n \to \infty} P_{2n}(z) = p(z), \qquad \lim_{n \to \infty} P_{2n+1}(z) = p_1(z),$$

$$\lim_{n \to \infty} Q_{2n}(z) = q(z), \qquad \lim_{n \to \infty} Q_{2n+1}(z) = q_1(z),$$

exist, where p, p_1, q, q_1 are entire functions satisfying

$$q(z)p_1(z) - q_1(z)p(z) = 1.$$

Stieltjes then shows that

$$\frac{p(z)}{q(z)} = \sum_{k=1}^{\infty} \frac{r_k}{z + x_k}, \qquad \frac{p_1(z)}{q_1(z)} = \frac{s_0}{z} + \sum_{k=1}^{\infty} \frac{s_k}{z + y_k}.$$

The poles x_k, y_k ($k = 1, 2, \ldots$) are all real and positive and the residues r_k, s_k are all positive: this follows because the zeros of the numerator polynomials interlace with the zeros of the numerator polynomials and because all these zeros are real and negative. These limits can thus be expressed as a Stieltjes integral

$$\frac{p(z)}{q(z)} = \int_0^{\infty} \frac{d\mu(t)}{z + t}, \qquad \frac{p_1(z)}{q_1(z)} = \int_0^{\infty} \frac{d\mu_1(t)}{z + t},$$

and both μ and μ_1 are solutions of the moment problem with remarkable extremal properties. This is one instance where it is clear why Stieltjes introduced the concept of a Stieltjes integral.

Not much work on the Stieltjes moment problem was done after Stieltjes' death. One exception is G. H. Hardy [38] who considered the moments of a weight function $w(x)$ on $[0, \infty)$ with restricted behaviour at infinity:

$$\int_0^{\infty} w(x)e^{k\sqrt{x}}\, dx < \infty,$$

for a positive value of k. He shows that the Stieltjes moment problem is then always determinate and constructs the density from the series

$$\sum_{n=0}^{\infty} \frac{\mu_n(-x)^n}{(2n)!}.$$

Hardy's proof avoids the use of continued fractions.

2.2 Other Moment Problems

Nothing new happened until 1920 when Hamburger [37] extended Stieltjes' moment problem by allowing the solution to be a measure on the whole real line instead of the positive interval $[0, \infty)$. The extension seems straightforward but the analysis is more complicated because the coefficients of the continued fraction (1.1) may become negative or vanish. Hamburger showed, using continued fraction techniques, that a necessary and sufficient condition for the existence of a solution of the Hamburger moment problem is the positivity of the Hankel determinants (2.1). He also shows that a Hamburger moment

11

problem may be indeterminate while the Stieltjes moment problem with the same moments is determinate.

Nevanlinna [70] introduced techniques of modern function theory to investigate moment problems without using continued fractions. His work is important because of the notion of extremal solutions, which were first studied by him. M. Riesz [85] [86] gave a close connection between the density of polynomials in L^2-spaces and moment problems:

Theorem. *Let μ be a positive measure on $(-\infty, \infty)$. If the Hamburger moment problem for $\mu_k = \int x^k \, d\mu(x) \ (k = 0, 1, 2, \ldots)$ is determinate, then polynomials are dense in $L^2(\mu)$. If the Hamburger moment problem is indeterminate then the polynomials are dense in $L^2(\mu)$ if and only if μ is a Nevanlinna extremal measure.*

Berg and Thill [9] have recently pointed out that this connection is not any longer valid in higher dimensions by showing that there exist rotation invariant measures μ on $\mathbb{R}^d, d > 1$ for which the moment problem is determinate but for which polynomials are not dense in $L^2(\mu)$.

In 1923 Hausdorff [39] studied the moment problem for measures on a finite interval $[a, b]$. The Hausdorff moment problem is always determinate and conditions for the existence of a solution can be given in terms of completely monotonic sequences. The moment problem is closely related to quadratic forms of infinitely many variables and operators in Hilbert space, as became clear from the work of Carleman [12] [13] and Stone [107]. Carleman established the following sufficient condition for a determinate moment problem:

$$\sum_{k=1}^{\infty} \mu_{2k}^{-1/2k} = \infty.$$

This is still the most general sufficient condition. Karlin and his collaborators [50] [51] have approached the moment problem through the geometry of convex sets and have shown that many results can be interpreted in this geometrical setting. Let me mention here that one can find excellent treatments of the moment problem in the monograph of Shohat and Tamarkin [92] and the book of Akhiezer [3]. Also of interest is the monograph by Krein and Nudelman [54].

2.3 Recent Extensions of the Moment Problem

The most recent extension of the moment problem is to consider a doubly infinite sequence $\mu_n \ (n \in \mathbb{Z})$ and to find a positive measure μ on $(-\infty, \infty)$ such that

$$\mu_n = \int_{-\infty}^{\infty} x^n \, d\mu(x), \qquad n \in \mathbb{Z}.$$

Such a moment problem is known as a strong moment problem. The strong Stieltjes moment problem was posed and solved by Jones, Thron and Waadeland in 1980 [48] and again the solution is given in terms of the positivity of certain Hankel determinants. These authors again use continued fractions, but instead of the S- and J-fractions encountered by Stieltjes and Hamburger, one deals with another kind of fraction known as a T-fraction. The strong Hamburger moment problem was handled by Jones, Thron and Njåstad in 1984 [47]. Njåstad [71] gave another extension, known as the extended moment problem: given p sequences $\mu_n^{(k)}$ ($n = 1, 2, \ldots; 1 \leq k \leq p$) and p real numbers $a_1, a_2, \ldots, a_p$, does there exist a positive measure μ on the real line such that

$$\mu_n^{(k)} = \int_{-\infty}^{\infty} \frac{d\mu(t)}{(t - a_k)^n}, \qquad 1 \leq k \leq p, n \in \mathbb{N} \ ?$$

The solution is again given in terms of positive definiteness of a certain functional. Orthogonal polynomials play an important role in the Stieltjes and Hamburger moment problem; for the strong moment problem a similar important role is played by orthogonal Laurent polynomials and for the extended moment problem one deals with orthogonal rational functions. The first place where orthogonal Laurent polynomials are considered seems to be a paper by Pastro [75], where an explicit example of the orthogonal Laurent polynomials with respect to the Stieltjes-Wigert weight appears (see §5.3 for this weight).

3. Electrostatic Interpretation of Zeros

Stieltjes gave a very interesting interpretation of the zeros of Jacobi, Laguerre and Hermite polynomials in terms of a problem of electrostatic equilibrium. Suppose n unit charges at points $x_1, x_2, \ldots, x_n$ are distributed in the (possibly infinite) interval (a, b). The expression

$$D(x_1, x_2, \ldots, x_n) = \prod_{1 \leq i < j \leq n} |x_i - x_j|$$

is known as the discriminant of $x_1, x_2, \ldots, x_n$. If the charges repel each other according to the law of logarithmic potential, then

$$-\log D(x_1, x_2, \ldots, x_n) = \sum_{1 \leq i < j \leq n} \log \frac{1}{|x_i - x_j|}$$

is the energy of the system of electrostatic charges and the minimum of this expression gives the electrostatic equilibrium. The points $x_1, x_2, \ldots, x_n$ where the minimum is obtained are the places where the charges will settle down. Stieltjes observed that these points are closely related to zeros of classical orthogonal polynomials.

3.1 Jacobi Polynomials

Suppose the n unit charges are distributed in $[-1, 1]$ and that we add two extra charges at the endpoints, a charge $p > 0$ at $+1$ and a charge $q > 0$ at

13

−1. Each of the unit charges interacts with the charges at ±1 and therefore the electrostatic energy becomes

$$L = -\log D_n(x_1, x_2, \ldots, x_n) + p \sum_{i=1}^{n} \log \frac{1}{|1 - x_i|} + q \sum_{i=1}^{n} \log \frac{1}{|1 + x_i|}. \quad (3.1)$$

Stieltjes then proved the following result [97] [98] [100]

Theorem. *The expression (3.1) becomes a minimum when $x_1, x_2, \ldots, x_n$ are the zeros of the Jacobi polynomial $P_n^{(2p-1,2q-1)}(x)$.*

Proof. It is clear that for the minimum all the x_i are distinct and different from ±1. For a minimum we need $\partial L/\partial x_k = 0$ ($1 \leq k \leq n$) so that we have the system of equations

$$\sum_{\substack{i=1 \\ i \neq k}}^{n} \frac{1}{x_i - x_k} - \frac{p}{x_k - 1} - \frac{q}{x_k + 1} = 0, \quad 1 \leq k \leq n.$$

If we introduce the polynomial

$$p_n(x) = (x - x_1)(x - x_2) \cdots (x - x_n),$$

then this is equivalent with

$$\frac{1}{2} \frac{p_n''(x_k)}{p_n'(x_k)} + \frac{p}{x_k - 1} + \frac{q}{x_k + 1} = 0, \quad 1 \leq k \leq n.$$

This means that the polynomial

$$(1 - x^2)p_n''(x) + 2[q - p - (p + q)x]p_n'(x)$$

vanishes at the points x_k and since this polynomial is of degree n it must be a multiple of $p_n(x)$. The factor is easily obtained by equating the coefficient of x^n and we have

$$(1 - x^2)p_n''(x) + 2[q - p - (p + q)x]p_n'(x) = -n[n + 2(p + q) - 1]p_n(x),$$

which is the differential equation for the Jacobi polynomial $P_n^{(2p-1,2q-1)}(x)/c_n$, where c_n is the leading coefficient of the Jacobi polynomial. □

Stieltjes also found the minimum value. Hilbert [42] also computed the minimum value and Schur [89] treated the case $p = q = 0$ in detail. Schur's paper then led Fekete [26] to define the transfinite diameter of a compact set K (with infinitely many points) in the complex plane. Take n points $z_i \in K$ ($i = 1, 2, \ldots, n$), and put

$$d_n = \max_{z_i \in K} D(z_1, \ldots, z_n)^{1/\binom{n}{2}},$$

then d_n is a decreasing and positive sequence [26] [111, Thm. III.21 on p. 71]. The limit of this sequence is the transfinite diameter of K and is an important

14

quantity in logarithmic potential theory (see §3.4). The transfinite diameter thus comes directly from Stieltjes' work.

Consider the function

$$\left(\prod_{i=1}^{n} |1 - x_i|^{x-1}|1 + x_i|^{y-1}\right) D_n(x_1, \ldots, x_n),$$

then Stieltjes' electrostatic interpretation gives the $L_{[-1,1]^n}^{\infty}$-norm of this function. The $L_{[-1,1]^n}^{p}$-norm of this function is also very famous and is known as Selberg's beta integral [90]. Actually Selberg evaluated a multiple integral over $[0,1]^n$:

$$\int_0^1 \cdots \int_0^1 D_n(t_1, \ldots, t_n)^{2z} \left(\prod_{i=1}^{n} t_i^{x-1}(1 - t_i)^{y-1}\right) dt_1 \ldots dt_n$$

$$= \prod_{j=1}^{n} \frac{\Gamma(x + (j-1)z)\Gamma(y + (j-1)z)\Gamma(jz + 1)}{\Gamma(x + y + (n + j - 2)z)\Gamma(z + 1)},$$

but this integral can easily be transformed to an integral over $[-1,1]^n$ which by an appropriate choice of the parameters z, x, y becomes the desired $L_{[-1,1]^n}^{p}$-norm. This multiple integral has many important applications e.g., in the statistical theory of high energy levels (Mehta [64]) but also in the algebraic theory of root systems (Macdonald [60]). Aomoto [6] gave an elementary evaluation of Selberg's integral and Gustafson [35] computed some q-extensions. Selberg's work was not inspired by Stieltjes, but it is directly related to it.

3.2 Laguerre and Hermite Polynomials

A similar interpretation exists for the zeros of Laguerre and Hermite polynomials. Suppose the n unit charges are distributed in $[0, \infty)$ and that we add one extra charge $p > 0$ at the origin. In order to prevent the charges from moving to ∞ we add the extra condition that the centroid satisfies

$$\frac{1}{n} \sum_{k=1}^{n} x_i \leq K, \tag{3.2}$$

with K a positive number. The energy now is given by the expression

$$I = -\log D_n(x_1, \ldots, x_n) + p \sum_{k=1}^{n} \log \frac{1}{x_k}. \tag{3.3}$$

Theorem. *The expression (3.3) with the constraint (3.2) has a minimum when $x_1, x_2, \ldots, x_n$ are the zeros of the Laguerre polynomial $L_n^{(2p-1)}(c_n x)$, where $c_n = (n + 2p - 1)/K$.*

15

If the n unit charges are on $(-\infty, \infty)$ and if the moment of inertia satisfies

$$\frac{1}{n} \sum_{k=1}^{n} x_k^2 \leq L, \tag{3.4}$$

then

Theorem. *The expression* $-\log D_n(x_1, x_2, \ldots, x_n)$ *with constraint (3.4) becomes minimal when* $x_1, x_2, \ldots, x_n$ *are the zeros of the Hermite polynomial* $H_n(d_n x)$, *where* $d_n = \sqrt{(n-1)/2L}$.

The proof of both statements is similar to the proof for the Jacobi case, except that now we use a Lagrange multiplier to find the constrained minimum. Mehta's book on Random Matrices [64] gives an alternative way to prove the results for Laguerre and Hermite polynomials.

In 1945 Siegel [93] reproved the theorem for Laguerre polynomials and applied it to improve the arithmetic-geometric mean inequality and to find better bounds on algebraic integers. Siegels seems not to have been aware of Stieltjes' work, but started from Schur's work [89].

3.3 Extensions

In [99] Stieltjes generalizes this idea to polynomial solutions of the differential equation

$$A(x)y'' + 2B(x)y' + C(x)y = 0, \tag{3.5}$$

where A, B and C are polynomials of degree respectively $p+1, p$ and $p-1$. Such a differential equation is known as a Lamé equation in algebraic form. In 1878 Heine asserted that when A and B are given, there are in general exactly $\binom{n+p-1}{n}$ polynomials C such that the differential equation has a solution which is a polynomial of degree n. Stieltjes assumes that

$$\frac{B(x)}{A(x)} = \sum_{k=0}^{p} \frac{r_k}{x - a_k},$$

with $r_k > 0$ and $a_k \in \mathbb{R}$. One can then put charges r_k at the points a_k and n unit charges at n points $x_1, x_2, \ldots, x_n$ on the real line. Stieltjes then shows that there are exactly $\binom{n+p-1}{n}$ positions of electrostatic equilibrium, each corresponding to one particular distribution of the n charges in the p intervals $[a_k, a_{k+1}]$ $(0 \leq k < p)$, and these charges are then at the points $x_1, x_2, \ldots, x_n$ which are the n zeros of the polynomial solution of the differential equation. This result is now known as the Heine-Stieltjes theorem [110, Theorem 6.8 on p. 151]. The conditions imposed by Stieltjes have been weakened by Van Vleck [114] and Pólya [79]. Pólya allowed the zeros of A to be complex and showed that the zeros of the polynomial solution of the differential equation will all belong to the convex hull of $\{a_0, \ldots, a_p\}$. The location of the zeros of the polynomial solution is still under investigation now and interesting results and applications to certain problems in physics and fluid mechanics are discussed in [4] [5] [123].

Recently Forrester and Rogers [27] and Hendriksen and van Rossum [40] have allowed the n unit charges to move into the complex plane. Forrester and Rogers consider a system of $2n$ particles of unit charge confined to a circle in the complex plane, say at the points $e^{i\theta_j}$ and $e^{-i\theta_j}$ $(1 \leq j \leq n)$. At $\theta = 0$ (i.e., at the point $z = 1$) a particle of charge q is fixed and at $\theta = \pi$ $(z = -1)$ a particle of charge p. The energy of the system is now given by

$$L = -q \sum_{k=1}^{2n} \log |1 - e^{i\theta_k}| - p \sum_{k=1}^{2n} \log |1 + e^{i\theta_k}| - \sum_{1 \leq k < j \leq 2n} \log |e^{i\theta_k} - e^{i\theta_j}|, \quad (3.6)$$

where

$$0 < \theta_j < \pi, \quad \theta_j + \theta_{n+j} = 2\pi, \quad 1 \leq j \leq n. \quad (3.7)$$

Theorem (Forrester and Rogers) *The minimum of L given in (3.6) subject to the constraints (3.7) occurs when θ_j are the zeros of the trigonometric Jacobi polynomial $P_n^{(q-\frac{1}{2},p-\frac{1}{2})}(\cos\theta)$.*

Forrester and Rogers also consider crystal lattice structures in which $n2^m$ particles of unit charge and 2^m particles of charge q are distributed on the unit circle, with one of the q charges fixed at $\theta = 0$. If one requires that between every two q charges there are n unit charges then the equilibrium position of the $n2^m$ particles of unit charge occurs at the zeros of the Jacobi polynomial $P_{n/2}^{(\frac{q-1}{2},-\frac{1}{2})}(\cos 2^m\theta)$ when n is even and at the zeros of $P_{(n-1)/2}^{(\frac{q-1}{2},\frac{1}{2})}(\cos 2^m\theta)$ when n is odd. The equilibrium position of the $2^m - 1$ particles of charge q occurs at $\theta_k = \frac{2\pi k}{2^m}$ $(1 \leq k < 2^m)$.

Hendriksen and van Rossum [40] have considered situations where other special polynomials come into play. Suppose $a > 0$ and that there is a charge $(a+1)/2$ at the origin and a charge $(c-a)/2$ at the point $1/a$. If $a \to \infty$ one obtains a generalized dipole at the origin. Suppose now that there are n unit charges at points $z_1, z_2, \ldots, z_n$ in the complex plane, then the electrostatic equilibrium in this generalized dipole field is obtained when $z_1, \ldots, z_n$ are the zeros of the Bessel polynomial $_2F_0(-n, c+n; x)$. Similar results can be obtained on so-called m-stars

$$S_m = \{z \in \mathbb{C} : z = \rho e^{\frac{2\pi k}{m} i}, 0 \leq \rho \leq r, k = 0, 1, 2, \ldots, m-1\}.$$

Suppose that positive charges q are placed at the endpoints $\rho = r$ of S_m and a charge $p \geq 0$ is placed at the origin. If the points $z_1, \ldots, z_n$ $(n > m)$ in the complex plane all have a unit charge, then the electrostatic equilibrium (assuming rotational symmetry) is obtained by choosing $z_1, \ldots, z_n$ to be the zeros of the polynomial f_n of degree n that is a solution of the differential equation

$$(r^m - z^m)zy'' - 2[(p + qm)z^m - pr^m]y' = -n(n - 1 + 2p + 2qm)z^{m-1}y.$$

For particular choices of the parameters p, r, m one then obtains well known (orthogonal) polynomials.

3.4 Logarithmic Potential Theory

Suppose that we normalize the electrostatic problem on $[-1, 1]$ in such a way that the total charge is equal to 1. The n charges then are equal to $1/(n+p+q)$ and the charges at 1 and -1 become respectively $p/(n+p+q)$ and $q/(n+p+q)$. What happens if the number of particles n increases? Clearly the charges at the endpoints ± 1 become negligible compared to the total charge of the particles inside $[-1, 1]$. This is the only place where p and q affect the distribution of the zeros, therefore it follows that the asymptotic distribution of the charges in $(-1, 1)$ i.e., the asymptotic distribution of the zeros of Jacobi polynomials $P_n^{(2p-1,2q-1)}(x)$, is independent of p and q. By taking $p = q = 1/4$ we deal with Chebyshev polynomials of the first kind $T_n(x)$ with zeros $\cos\frac{(2j-1)\pi}{2n}$: $1 \le j \le n\}$. Let $N_n(a, b)$ be the number of zeros of $T_n(x)$ in $[a, b]$, then

$$\frac{N_n(a, b)}{n} = \sum_{a \le \cos\frac{(2j-1)\pi}{2n} \le b} \frac{1}{n}$$

$$= \int_{a \le \cos t\pi \le b} 1 \, dt + o(1)$$

$$= \frac{1}{\pi} \int_a^b \frac{dx}{\sqrt{1 - x^2}} + o(1).$$

Therefore the asymptotic distribution of the zeros of Jacobi polynomials is given by the arcsin distribution and the relative number of zeros in $[a, b]$ is

$$\frac{1}{\pi} \int_a^b \frac{dx}{\sqrt{1 - x^2}} = \frac{1}{\pi}(\arcsin b - \arcsin a).$$

The surprising thing is that this is valid not only for Jacobi polynomials but for a very large class of orthogonal polynomials on $[-1, 1]$. The arcsin distribution is actually an extremal measure in logarithmic potential theory. Widom [120] [121] and Ullman [112] were probably the first to connect logarithmic potential theory and general orthogonal polynomials, even though some aspects such as the transfinite diameter and conformal mappings had already appeared in earlier work by Szegő [110, Chapter XVI]. Let K be a compact set in $\mathbb{C}$ and denote by Ω_K be the set of all probability measures on K. Define for $\mu \in \Omega_K$ the logarithmic energy by

$$I(\mu) = \int_K \int_K \log\frac{1}{|x - y|} \, d\mu(x) \, d\mu(y),$$

then there exists a unique measure $\mu_K \in \Omega_K$ such that

$$I(\mu_K) = \min_{\mu \in \Omega_K} I(\mu),$$

and this measure is the equilibrium measure (see e.g. [111]). When $K = [-1, 1]$ then the equilibrium measure turns out to be the arcsin measure. The capacity of the compact set K is given by

$$\operatorname{cap}(K) = e^{-I(\mu_K)},$$

and the capacity of a Borel set $B \in \mathcal{B}$ is defined as

$$\operatorname{cap}(B) = \sup_{K \subset B, \ K \text{ compact}} \operatorname{cap}(K),$$

(the capacity of B is allowed to be ∞). Szegő [108] showed that the capacity of a compact set K is the same as the transfinite diameter of this set, which we defined earlier. The following result concerning the asymptotic distribution of zeros of orthogonal polynomials is known (see e.g. [94]):

Theorem. *Let μ be a probability measure on a compact set $K \subset \mathbb{R}$ such that*

$$\inf_{\mu(B)=1, B \in \mathcal{B}} \operatorname{cap}(B) = \operatorname{cap}(K),$$

where $\mathcal{B}$ are the Borel subsets of K, and suppose that $x_{k,n}$ $(1 \le k \le n)$ are the zeros of the orthogonal polynomial of degree n for the measure μ. Then

$$\lim_{n \to \infty} \frac{1}{n} \sum_{k=1}^{n} f(x_{k,n}) = \int_K f(t) \, d\mu_K(t)$$

holds for every continuous function f on K.

When $K = [-1, 1]$ then the conditions hold when μ is absolutely continuous on $(-1, 1)$ with $\mu'(x) > 0$ almost everywhere (in Lebesgue sense). This includes all Jacobi weights. A very detailed account of logarithmic potential theory and orthogonal polynomials can be found in a forthcoming book by H. Stahl and V. Totik [94].

There is a similar generalization of the electrostatic interpretation of the zeros of Laguerre and Hermite polynomials. This time we need to introduce the energy of a measure in an external field f. If K is a closed set in the complex plane $\mathbb{C}$ and if the field $f : K \to [0, \infty)$ is admissible i.e.,

1. f is upper semi-continuous,
2. the set $\{z \in K : f(z) > 0\}$ has positive capacity (∞ is allowed),
3. if K is unbounded then $zf(z) \to 0$ as $|z| \to \infty$ ($z \in K$),

then we define the energy integral in the field f as

$$I_f(\mu) = \int_K \int_K \log \frac{1}{|x-y|} \, d\mu(x) \, d\mu(y) - 2 \int_K \log f(x) \, d\mu(x).$$

Again there exists a unique measure μ_f such that

$$I_f(\mu_f) = \min_{\mu \in \Omega_K} I_f(\mu),$$

and this measure is the equilibrium measure in the external field f [34] [65]. The following result generalizes the electrostatic interpretation of the zeros of Hermite polynomials (see e.g. [34]):

Theorem. *Suppose that $x_{k,n}$ $(1 \leq k \leq n)$ are the zeros of the n-th degree orthogonal polynomial with weight function $w(x)$ on $(-\infty, \infty)$. Suppose that there exists a positive and increasing sequence c_n such that*

$$\lim_{n \to \infty} w(c_n x)^{1/n} = f(x), \qquad x \in \mathbb{R}, \tag{3.8}$$

uniformly on every closed interval, with f an admissible field, then

$$\lim_{n \to \infty} \frac{1}{n} \sum_{k=1}^{n} g\left(\frac{x_{k,n}}{c_n}\right) = \int g(x) \, d\mu_f(x),$$

for every bounded and continuous function g.

Again the asymptotic distribution of the (contracted) zeros of orthogonal polynomials does not depend on the exact magnitude of the weight function w, but only on the asymptotic behaviour given in (3.8). When $w(x) = e^{-|x|^\alpha}$ – the so-called Freud weights – then one can take $c_n = c(\alpha)n^{1/\alpha}$ with

$$c(\alpha) = \left(\frac{\sqrt{\pi}\,\Gamma\left(\frac{\alpha+1}{2}\right)}{\Gamma\left(\frac{\alpha}{2}\right)}\right)^{1/\alpha},$$

to find that $f(x) = e^{-|c(\alpha)x|^\alpha}$. The corresponding equilibrium measure μ_f has support on $[-1, 1]$ and is absolutely continuous with weight function

$$\mu_f'(t) = \frac{1}{\pi} \int_{|t|}^{1} \frac{dy^\alpha}{\sqrt{y^2 - t^2}}, \qquad -1 \leq t \leq 1.$$

This is now known as the Nevai-Ullman weight. Notice that the logarithm of the external field is the mathematical counterpart of the constraints (3.2) and (3.4) for the Laguerre and Hermite polynomials.

The fascinating aspects of logarithmic potential theory and zeros of orthogonal polynomials are very much inspired by Stieltjes' observation that the zeros of Jacobi, Laguerre and Hermite polynomials actually solve an equilibrium problem in electrostatics.

4. Markov-Stieltjes Inequalities

In his paper [95] Stieltjes generalized the Gaussian quadrature formula, which Gauss gave for the zeros of Legendre polynomials, to general weight functions on an interval $[a, b]$. E. B. Christoffel had given this generalization already seven years earlier [19] [30], but Stieltjes' paper is the first that makes a study of the convergence of the quadrature formula. The Gaussian quadrature formula approximates the integral

$$\int_a^b \pi(x)\, d\mu(x),\tag{4.1}$$

by appropriately summing n function evaluations

$$\sum_{j=1}^n \lambda_{j,n} \pi(x_{j,n}).\tag{4.2}$$

This formula has maximal accuracy $2n-1$ i.e., the sum is equal to the integral for all polynomials of degree at most $2n - 1$, when the quadrature nodes are the zeros $x_{j,n}$ $(1 \le j \le n)$ of the orthogonal polynomial $p_n(x)$ of degree n with orthogonality measure μ, and the quadrature weights $\lambda_{j,n}$ $(1 \le j \le n)$ are given by

$$\lambda_{j,n} = \frac{-1}{a_{n+1} p_n'(x_{j,n}) p_{n+1}(x_{j,n})} = \frac{1}{a_n p_n'(x_{j,n}) p_{n-1}(x_{j,n})},$$

where we have used the recurrence relation (1.3). These weights are known as the *Christoffel numbers* and have important properties. One of the most important properties is their positivity, which follows easily from

$$\lambda_{j,n} = \left\{ \sum_{k=0}^{n-1} p_k^2(x_{j,n}) \right\}^{-1}.$$

Stieltjes gives another remarkable property, namely

$$\sum_{j=1}^{k-1} \lambda_{j,n} < \int_a^{x_{k,n}} d\mu(x) = \mu[a, x_{k,n}) \le \mu[a, x_{k,n}] < \sum_{j=1}^k \lambda_{j,n}.\tag{4.3}$$

Stieltjes was unaware that Chebyshev had already conjectured these inequalities in [15] and that Chebyshev's student A. A. Markov had proved them in [62]. Markov's paper appeared in 1884, the same year as Stieltjes' paper [95], but in [96] Stieltjes kindly acknowledges Markov to be the first to prove the inequalities. He says however that his proof is independent of Markov's proof since [95] was submitted in May 1884 whereas Markov's paper arrived at the library in September 1884. Szegő [110] gives three proofs of (4.3), combining the proofs of Stieltjes and Markov. The inequalities (4.3) are nowadays known as the Markov-Stieltjes inequalities. A related set of inequalities was proved by K. Possé [80] [81]. If $f : (a, b) \to \mathbb{R}$ is such that $f^{(j)}(x) \ge 0$ for every $x \in (a, x_{k,n}]$ $(j = 0, 1, 2, \ldots, 2n - 1)$ then

$$\sum_{j=1}^{k-1} \lambda_{j,n} f(x_{j,n}) \le \int_a^{x_{k,n}} f(x)\, d\mu(x) \le \sum_{j=1}^k \lambda_{j,n} f(x_{j,n}).$$

Stieltjes [96] [106] also gives other inequalities for the Christoffel numbers e.g.,

$$\sum_{j=1}^{k-1} \lambda_{j,n} < \sum_{j=1}^{k} \lambda_{j,n+1} < \sum_{j=1}^{k} \lambda_{j,n}. \tag{4.4}$$

Stieltjes used the Markov-Stieltjes inequalities to show that the sum (4.2) takes the form of a Riemann-Stieltjes sum for the integral (4.1), which makes Stieltjes the first to prove convergence of Gaussian quadrature for continuous functions. If $z \in \mathbb{C} \setminus [a, b]$ then the function $f(x) = 1/(z - x)$ is continuous on $[a, b]$ and hence the Gaussian quadrature applied to f converges to the Stieltjes transform of the orthogonality measure μ. The Gaussian quadrature formula for this function f is a rational function of z and is exactly the n-th approximant (n-th convergent) of the J-fraction for this Stieltjes transform and the convergence of the Gaussian quadrature formula for f therefore gives an important result of Markov regarding the convergence of the diagonal in the Padé table for the Stieltjes transform of a positive measure.

Another important application of the Markov-Stieltjes inequalities is a necessary and sufficient condition for determinacy of the moment problem: if

$$\sum_{n=0}^{\infty} p_n^2(x) = \infty$$

for every real x which is not a point of discontinuity of μ, then the moment problem for μ is determinate. The Markov-Stieltjes inequalities are also very useful for estimations of the rate of convergence of the Gaussian quadrature formula; the Possé-Markov-Stieltjes inequalities even give results for singular integrands (Lubinsky and Rabinowitz [59]). The estimation of the distance between two successive zeros of orthogonal (and also quasi-orthogonal) polynomials can also be done using these inequalities. From (4.3) one finds

$$\lambda_{j,n} < \mu(x_{j+1,n}, x_{j-1,n}), \tag{4.5}$$

which allowed Stieltjes to deduce that $\lambda_{j,n}$ tends to zero when $n \to \infty$ whenever the behaviour of $x_{j+1,n} - x_{j-1,n}$ is known in terms of the measure μ. Stieltjes gave the result for Legendre polynomials. Nevai [68, p. 21] used the bound (4.5) to show that for measures μ with compact support such that for every $\epsilon > 0$ the set $\text{supp}(\mu) \cap (x - \epsilon, x + \epsilon)$ is an infinite set, there exists a sequence of integers k_n ($n = 1, 2, \ldots$) such that

$$\lim_{n \to \infty} x_{k_n,n} = x, \quad \lim_{n \to \infty} \lambda_{k_n,n} = 0.$$

This shows that the zeros are dense in the derived set of $\text{supp}(\mu)$ and that the corresponding Christoffel numbers tend to zero. For the isolated points in $\text{supp}(\mu)$ Nevai [68, p. 156] used (4.3) to show that

$$\lim_{\epsilon \to 0+} \limsup_{n \to \infty} \sum_{|x - x_{k,n}| < \epsilon} \lambda_{k,n} = \mu(\{x\}),$$

for every $x \in \mathbb{R}$. Freud [28, p. 111] shows that for two consecutive zeros in an interval $[c, d]$ for which

$$0 < m < \frac{\mu(x, y)}{y - x} \leq M, \qquad x, y \in [c, d],$$

one has

$$\frac{c_1}{n} \leq x_{j+1,n} - x_{j,n} \leq \frac{c_2}{n},$$

where c_1, c_2 are positive constants. This is a slight extension of a result by Erdős and Turán [24]. Nevai [68, p. 164] generalizes this result by allowing μ' to have an algebraic singularity inside supp(μ). If supp(μ) is compact, $\Delta \subset$ supp(μ), $t \in \Delta^o$ (the interior of the set Δ) and if μ is absolutely continuous in Δ with

$$c_1 |x - t|^\gamma \leq \mu'(x) \leq c_2 |x - t|^\gamma, \qquad \gamma > -1,$$

then

$$\frac{c_3}{n} \leq x_{k,n} - x_{k-1,n} \leq \frac{c_4}{n},$$

whenever $x_{k,n} \in \Delta_1$ with Δ^1 a closed subset of Δ^o. The Markov-Stieltjes inequalities are crucial to prove all these results.

5. Special Polynomials

5.1 Legendre Polynomials

Stieltjes wrote a number of papers directly related to the Legendre polynomials $P_n(x)$ for which

$$\int_{-1}^{1} P_n(x) P_m(x) \, dx = 0, \qquad m \neq n.$$

He always uses the notation X_n but here we will adopt the notation P_n which is nowadays standard. In [100] he uses the electrostatic interpretation of the zeros of Jacobi polynomials to obtain monotonicity properties of the zeros of Jacobi polynomials as a function of the parameters, and from this one easily finds bounds for the zeros $x_{1,n} > x_{2,n} > \cdots > x_{n,n}$ of the Legendre polynomials $P_n(x) = P_n^{(0,0)}(x)$ in terms of the zeros of the Jacobi polynomials $P_n^{(\frac{1}{2}, -\frac{1}{2})}(x)$ and $P_n^{(-\frac{1}{2}, \frac{1}{2})}(x)$ giving

$$\cos \frac{2k\pi}{2n+1} < x_{k,n} < \cos \frac{(2k-1)\pi}{2n+1}, \qquad 1 \leq k \leq n.$$

These bounds were already given by Bruns [11] in 1881 and Stieltjes does refer to Bruns' result, but Stieltjes goes on and shows that by using the zeros of Chebyshev polynomials of the first kind $T_n(x) = P_n^{(-\frac{1}{2}, -\frac{1}{2})}(x)$ and of the second kind $U_n(x) = P_n^{(\frac{1}{2}, \frac{1}{2})}(x)$ one may find better bounds:

23

$$\cos\frac{k\pi}{n+1} < x_{k,n} < \cos\frac{(2k-1)\pi}{2n}, \qquad 1 \le k \le n/2.$$

A great deal of work has been done to obtain sharp bounds for zeros of orthogonal polynomials. The monotonicity of zeros of orthogonal polynomials depending on a parameter is often used. Markov [61] [110, Theorem 6.12.1] gave a very nice result concerning the dependence of the zeros on a parameter t which appears in the weight function $w(x) = w(x;t)$. Two other methods for obtaining bounds for zeros of orthogonal polynomials are the Sturm comparison theorem [110, §6.3] [57] for solutions of Sturm-Liouville differential equations and the Hellman-Feynman theorem [45] of quantum chemistry. See also [44] for results on the monotonicity of zeros of orthogonal polynomials.

Stieltjes made a very important contribution concerning the asymptotic behaviour of Legendre polynomials. In 1878 Darboux [23] gave an asymptotic series for the Legendre polynomial:

$$P_n(\cos\theta) = 2a_n \sum_{k=0}^{m-1} a_k \frac{1\cdot 3\cdots(2k-1)}{(2n-1)(2n-3)\cdots(2n-2k+1)}$$

$$\times \frac{\cos\left[(n-k+\frac{1}{2})\theta - (k+\frac{1}{2})\pi/2\right]}{(2\sin\theta)^{k+\frac{1}{2}}} + O(n^{-m-\frac{1}{2}}), \qquad 0 < \theta < \pi,$$

which generalizes an asymptotic formula given by Laplace (when $m = 1$). Here

$$a_0 = 1, \quad a_k = \frac{1\cdot 3\cdots(2k-1)}{2^k k!}.$$

The problem with this formula is that there is no closed expression or a bound on the error term. Moreover the infinite series actually converges in the ordinary sense when $\frac{\pi}{6} < \theta < \frac{5\pi}{6}$, but it converges to $2P_n(\cos\theta)$ rather than $P_n(\cos\theta)$ (this "paradox" was first pointed out by Olver [72]). This is probably the easiest example showing that asymptotic expansions need not converge to the function that they approximate. The reason why things go wrong here is that the formula is obtained by the so-called method of Darboux which consists of obtaining asymptotic results of a sequence by carefully examining the singularities on the circle of convergence of the generating function. The generating function of Legendre polynomials has two singularities on the circle of convergence, and at each singularity one picks up information on $P_n(\cos\theta)$. This is probably the reason why the convergence of the infinite series is to $2P_n(\cos\theta)$ rather than $P_n(\cos\theta)$. Stieltjes' generalization of Laplace's asymptotic formula for the Legendre polynomials does not suffer from either problem. Stieltjes' asymptotic expansion is [102] [103]

$$P_n(\cos\theta) = \frac{4}{\pi}\frac{2^n n!}{3\cdot 5\cdots(2n+1)}$$

$$\times \sum_{k=0}^{m-1} b_k \frac{\cos\left[(n+k+\frac{1}{2})\theta - (k+\frac{1}{2})\pi/2\right]}{(2\sin\theta)^{k+\frac{1}{2}}} + R_m(\theta), \qquad 0 < \theta < \pi,$$

where

$$b_0 = 1, \quad b_k = \frac{1^2 \cdot 3^2 \cdots (2k-1)^2}{2^k k! (2n+3)(2n+5) \cdots (2n+2k+1)},$$

and the error $R_m(\theta)$ is bounded by

$$|R_m(\theta)| < b_m \frac{4}{\pi} \frac{2^n n!}{3 \cdot 5 \cdots (2n+1)} \frac{M}{(2\sin\theta)^{m+\frac{1}{2}}},$$

where

$$M = \begin{cases} 1/\cos\theta, & \text{if } \sin^2\theta \le \frac{1}{2}, \\ 2\sin\theta, & \text{if } \sin^2\theta \ge \frac{1}{2}. \end{cases}$$

This asymptotic expansion converges in the ordinary sense when $\frac{\pi}{6} < \theta < \frac{5\pi}{6}$ and it converges to $P_n(\cos\theta)$. Combined with Mehler's asymptotic formula

$$\lim_{n\to\infty} P_n(\cos\frac{\theta}{n}) = J_0(\theta),$$

one then finds an asymptotic series for the Bessel function J_0 already obtained by Poisson, but now with a bound on the error. Stieltjes also uses the asymptotic series to obtain approximations of the zeros of the Legendre polynomials. The asymptotic theory of orthogonal polynomials (in particular classical orthogonal polynomials) is very well developed nowadays, at least for orthogonality on a finite interval. Szegő has a very nice chapter on the asymptotic properties of the classical polynomials [110, Chapter VIII] and that book is still a very good source for asymptotic formulas for Jacobi, Laguerre and Hermite polynomials.

A third contribution of Stieltjes involving Legendre polynomials is his work on Legendre functions of the second kind [104]. The Legendre function of the second kind can be defined by

$$Q_n(x) = \frac{1}{2} \int_{-1}^{1} \frac{P_n(y)}{x-y} \, dy, \qquad x \in \mathbb{C} \setminus [-1, 1], \tag{5.1}$$

so that

$$Q_n(x) = \frac{1}{2} P_n(x) \log\left(\frac{x+1}{x-1}\right) - P_{n-1}^{(1)}(x), \tag{5.2}$$

where $P_{n-1}^{(1)}(x)$ is the associated Legendre polynomial of degree $n-1$. The integral representation cannot be used to define $Q_n(x)$ for $x \in [-1, 1]$ but by taking the appropriate limit, or the appropriate branch of the logarithm, one can use (5.2) to define $Q_n(x)$ for $-1 < x < 1$. Hermite [41] had studied the zeros of Q_n on $[-1, 1]$ by making some changes of variables. Stieltjes works directly with $Q_n(x)$ as a function of the real variable x and shows that $Q_n(x)$ has $n+1$ zeros in $(-1, 1)$ which interlace with the zeros of the Legendre polynomial $P_n(x)$. He also shows that there can be no zeros outside $[-1, 1]$ by using a simple property of Stieltjes transforms of positive weight functions. Some of these results can easily be generalized to functions of the second kind corresponding to general orthogonal polynomials [113].

5.2 Stieltjes Polynomials

In his last letter to Hermite [8, vol. II, pp. 439–441] Stieltjes considers the Legendre functions of the second kind (5.1) and observes that

$$\frac{1}{Q_n(z)} = E_{n+1}(z) + \frac{a_1}{z} + \frac{a_2}{z^2} + \cdots,$$

where $E_{n+1}(z)$ is a polynomial of degree $n+1$. This polynomial is now known as the Stieltjes polynomial[3]. Stieltjes gives the remarkable property

$$\int_{-1}^{1} P_n(x)E_{n+1}(x)x^k\, dx = 0, \qquad 0 \le k \le n,$$

which essentially means that $E_{n+1}(x)$ is orthogonal to all polynomials of degree less than or equal to n with respect to the oscillating weight function $P_n(x)$ on $[-1,1]$. One may now wonder which properties of ordinary orthogonal polynomials are still valid for $E_{n+1}(x)$ and Stieltjes conjectures that the zeros of $E_{n+1}(x)$ are real, simple and belong to $[-1,1]$ and that they interlace with the zeros of $P_n(x)$. These conjectures were later proved by Szegő [109]. Szegő also extended the idea to ultraspherical weights by considering the functions of the second kind

$$q_n^\mu(z) = \frac{1}{2}\frac{\Gamma(2\mu)}{\Gamma(\mu+\frac{1}{2})} \int_{-1}^{1} (1-t^2)^{\mu-\frac{1}{2}} \frac{P_n^\mu(x)}{z-x}\, dx,$$

where $P_n^\mu(x)$ is an ultraspherical polynomial of degree n. One can then find

$$\frac{1}{q_n^\mu(z)} = E_{n+1}^\mu(z) + \frac{a_1^\mu}{z} + \frac{a_2^\mu}{z^2} + \cdots,$$

where $E_{n+1}^\mu(z)$ is a polynomial of degree $n+1$. Szegő shows that

$$\int_{-1}^{1} (1-x^2)^{\mu-\frac{1}{2}} P_n^\mu(x)E_{n+1}^\mu(x)x^k\, dx = 0, \qquad 0 \le k \le n,$$

thus generalizing the orthogonality of Stieltjes polynomials. The properties of the zeros of $E_{n+1}^\mu(x)$ depend on the value of the parameter μ. If $0 < \mu \le 2$ then the zeros of $E_{n+1}^\mu(x)$ are in $[-1,1]$, they are real and simple and they interlace with the zeros of $P_n^\mu(x)$. When $\mu < 0$ then some of the zeros are outside $[-1,1]$ and Monegato [66] has made some computations showing that for $\mu \ge 4.5$ there can be complex zeros, depending on the degree n. More precise numerical information for Gegenbauer weights as well as for Jacobi weights has been obtained by Gautschi and Notaris [32]. The construction of Stieltjes and Szegő can be generalized by considering a positive measure μ on $\mathbb{R}$. Suppose that $p_n(x;\mu)$ $(n = 0,1,2,\ldots)$ are the orthogonal polynomials with respect to the measure μ, then the functions of the second kind are

---

[3] The polynomial solutions of a Lamé differential equation (3.5) are also known as Stieltjes polynomials but we will not use that terminology.

$$q_n(z;\mu) = \int \frac{p_n(x;\mu)}{z-x}\,d\mu(x),$$

and these are defined for $z \in \mathbb{C} \setminus \mathrm{supp}(\mu)$. Define the (general) Stieltjes polynomial $E_{n+1}(z;\mu)$ by

$$\frac{1}{q_n(z;\mu)} = E_{n+1}(z;\mu) + \frac{a_1(\mu)}{z} + \frac{a_2(\mu)}{z^2} + \cdots,$$

then one always has

$$\int_{-1}^{1} p_n(x;\mu)E_{n+1}(x;\mu)x^k\,d\mu(x) = 0, \qquad 0 \le k \le n.$$

These Stieltjes polynomials turn out to have some importance in constructing an optimal pair (A, B) of quadrature formulas. Suppose we start with a quadrature formula A with n nodes and a quadrature formula B with m nodes ($m > n$). In order to compute the error of formula A one often assumes that the difference of the results obtained by using A and B is proportional to the actual error of the quadrature formula A. This means that one needs $n + m$ function evaluations to compute the error of A. This implies that one has done m extra function evaluations which are not used in the evaluation of A itself. Kronrod [55] suggested to extend formula B to a formula with $n + m$ nodes in such a way that the accuracy of B is as high as possible. For the Legendre weight on $[-1, 1]$ one will find an optimal pair (A, B) by taking for A the Gaussian quadrature with nodes equal to the zeros of the Legendre polynomial $P_n(x)$ and for B a quadrature formula with $2n + 1$ nodes at the zeros of $P_n(x)$ and the zeros of $E_{n+1}(x)$. The quadrature formula B then turns out to give a correct result for all polynomials of degree less than or equal to $3n + 1$ [55, Theorem 6].

In 1930 Geronimus [33] slightly changes Stieltjes' idea and considers the Jacobi functions of the second kind

$$Q_n^{(\alpha,\beta)}(z) = \int_{-1}^{1} \frac{P_n^{(\alpha,\beta)}(x)}{z-x}(1-x)^\alpha(1+x)^\beta\,dx,$$

with $P_n^{(\alpha,\beta)}(x)$ the Jacobi polynomial of degree n. Geronimus observes that

$$\frac{1}{Q_n(z)\sqrt{z^2-1}} = S_n(z) + \frac{c_1}{z} + \frac{c_2}{z} + \cdots,$$

with $S_n(z)$ a polynomial of degree n. Notice the extra factor $\sqrt{z^2-1}$ in the denominator on the left hand side. These polynomials satisfy the remarkable property

$$\int_{-1}^{1} (1-x)^\alpha(1+x)^\beta P_n^{(\alpha,\beta)}(x)S_n(x)T_k(x)\,dx = 0, \qquad 0 < k \le n,$$

and

$$\int_{-1}^{1} (1-x)^{\alpha}(1+x)^{\beta} P_n^{(\alpha,\beta)}(x) S_n(x)\, dx = 1.$$

Here $T_k(x)$ is the Chebyshev polynomial of the first kind of degree k. Geronimus polynomials can be generalized to other weights on $[-1,1]$. The interval $[-1,1]$ is important because it accounts for the factor $\sqrt{z^2-1}$ in the definition of the Geronimus polynomials. There is a relation between the Geronimus polynomials $S_n(x)$ and the Stieltjes polynomials $E_{n+1}(x)$ if one works with a weight function on $[-1,1]$: if

$$E_{n+1}(x) = \sum_{k=0}^{n+1}{}' c_{k,n} T_k(x),$$

(the prime means to divide the first term by two) is the expansion of $E_{n+1}(x)$ in Chebyshev polynomials of the first kind, then

$$S_n(x) = \sum_{k=0}^{n} c_{k+1,n} U_k(x)$$

is the expansion of $S_n(x)$ in Chebyshev polynomials of the second kind.

Stieltjes and Geronimus polynomials and the related Gauss-Kronrod quadrature are still being studied and we refer to Gautschi [31], Monegato [66], Peherstorfer [76] [77] and Prévost [82] for more information.

5.3 Stieltjes-Wigert Polynomials

In his memoir [105, §56] Stieltjes explicitly gives an example of a moment problem on $[0,\infty)$ which is indeterminate. He shows that

$$\int_0^{\infty} u^k u^{-\log u} \left[1 + \lambda \sin(2\pi \log u)\right] du = \sqrt{\pi}\, e^{\frac{(k+1)^2}{4}}$$

is independent of λ and therefore the weight functions

$$w_{\lambda}(u) = u^{-\log u}\left[1 + \lambda \sin(2\pi \log u)\right], \qquad -1 \le \lambda \le 1$$

all have the same moments which implies that this moment problem is indeterminate. Stieltjes gives the coefficients of the continued fraction (1.1)

$$c_{2n} = (q;q)_{n-1} q^n, \qquad c_{2n+1} = \frac{q^{\frac{2n+1}{2}}}{(q;q)_n},$$

where $q = e^{-1/2}$ and

$$(a;q)_0 = 1, \quad (a;q)_n = (1-a)(1-aq)(1-aq^2)\cdots(1-aq^{n-1}).$$

Both the series $\sum c_{2n}$ and $\sum c_{2n+1}$ converge since $0 < q < 1$, which agrees with the theory worked out by Stieltjes. Later Wigert [122] extended this by considering the weight functions

$$w_k(x) = e^{-k^2 \log^2 x}, \qquad 0 < x < \infty,$$

which for $k = 1$ reduce to the weight function considered by Stieltjes. If we set $q = e^{-1/(2k^2)}$ then the orthogonal polynomials are given by

$$p_n(x) = \sum_{j=0}^{n} \frac{(q^{-n}; q)_j}{(q; q)_j} q^{j^2/2} (q^{n+1} x)^j,$$

and are known as Stieltjes-Wigert polynomials. The moment problem is indeterminate whenever $0 < q < 1$, which means that there exist an infinite number of measures on $[0, \infty)$ with the same moments. Askey [7] indicated that these polynomials are related to theta functions and shows that the weight function

$$w(x) = \frac{x^{-5/2}}{(-x; q)_\infty (-q/x; q)_\infty}, \qquad 0 < x < \infty$$

has the same moments. This measure arises as a q-extension of the beta density on $[0, \infty)$. Chihara [16] [18] has given many more measures which have the same moments as the weight function $w_k(x)$ given by Wigert.

The Stieltjes-Wigert polynomial $p_n(x)$ is a (terminating) basic hypergeometric series. Such series are of the form $\sum c_j$ with c_{j+1}/c_j a rational function of q^j for a fixed q (for hypergeometric series this ratio is a rational function of j). The first set of orthogonal polynomials which are basic hypergeometric series was found by Markov in his thesis [63]. Except for a reference in Szegő's book [110, §2.9], this work was overlooked and seems not to have led to any extensions. Markov's polynomials are discrete extensions of Legendre polynomials and basic hypergeometric extensions of discrete Chebyshev polynomials which are orthogonal on $\{0, 1, 2, \ldots, N\}$ with respect to the uniform distribution. They are a special case of polynomials considered by Hahn, which will be mentioned later. The next basic hypergeometric orthogonal polynomials were introduced in 1894, and there were two different examples that year. These are the Stieltjes-Wigert polynomials (with $q = e^{-1/2}$) given by Stieltjes and the continuous q-Hermite polynomials given by Rogers [87]. Both are basic hypergeometric extensions of Hermite polynomials but of a completely different nature. Those of Rogers are orthogonal on $[-1, 1]$ with respect to the weight function

$$w(x) = \frac{\prod_{k=0}^{\infty} \left[1 - 2(2x^2 - 1)q^k + q^{2k} \right]}{\sqrt{1 - x^2}}.$$

A number of other examples were found before Hahn [36] considered the following problem: find all sets of orthogonal polynomials $p_n(x)$ ($n = 0, 1, 2, \ldots$) such that

$$r_n(x) = \frac{p_{n+1}(x) - p_{n+1}(qx)}{x}, \qquad n = 0, 1, 2, \ldots$$

is again a set of orthogonal polynomials. Earlier it had been shown that if $p_n(x)$ ($n = 0, 1, 2, \ldots$) are orthogonal and $p'_{n+1}(x)$ ($n = 0, 1, 2, \ldots$) are orthogonal, then $p_n(x)$ ($n = 0, 1, 2, \ldots$) are either Jacobi, Laguerre or Hermite polynomials (after a possible change of scale). It is easy to see that the Stieltjes-Wigert

29

polynomials are in the Hahn class. The continuous q-Hermite polynomials of Rogers are not in the Hahn class, but their analogous difference operator is a divided difference operator. Basic hypergeometric series and orthogonal polynomials which are terminating basic hypergeometric series are described in detail in the book by Gasper and Rahman [29]. All of these polynomials arise in the study of quantum groups (see Koornwinder [52] and references there).

5.4 Orthogonal Polynomials Related to Elliptic Functions

In Chapter XI of his memoir [105] Stieltjes gives some examples of continued fractions and the corresponding moment problem. These examples (except for one) had already been worked out in one of his previous papers [101]. The continued fractions are for the functions

$$F_1(z,k) = \int_0^\infty \mathrm{cn}(u,k)e^{-zu}\,du, \qquad F_2(z,k) = \int_0^\infty \mathrm{dn}(u,k)e^{-zu}\,du,$$

$$F_3(z,k) = \int_0^\infty \mathrm{sn}(u,k)e^{-zu}\,du, \qquad F_4(z,k) = z\int_0^\infty \mathrm{sn}^2(u,k)e^{-zu}\,du,$$

which are all Laplace transforms of the Jacobian elliptic functions given by

$$\mathrm{cn}(u,k) = \cos\varphi = \frac{2\pi}{kK}\sum_{n=1}^\infty \frac{q^{n-\frac{1}{2}}}{1+q^{2n-1}}\cos\frac{(2n-1)\pi u}{2K},$$

$$\mathrm{sn}(u,k) = \sin\varphi = \frac{2\pi}{kK}\sum_{n=1}^\infty \frac{q^{n-\frac{1}{2}}}{1-q^{2n-1}}\sin\frac{(2n-1)\pi u}{2K},$$

$$\mathrm{dn}(u,k) = \sqrt{1-k^2\sin^2\varphi} = \frac{\pi}{2K} + \frac{2\pi}{K}\sum_{n=1}^\infty \frac{q^n}{1+q^{2n}}\cos\frac{n\pi u}{K},$$

with

$$u = \int_0^\varphi \frac{d\theta}{\sqrt{1-k^2\sin^2\theta}},$$

and

$$q = e^{-\pi K'/K}, \qquad K(k) = \int_0^1 \frac{dx}{\sqrt{(1-x^2)(1-k^2x^2)}}, \qquad K'(k) = K(1-k^2).$$

The Chudnovsky's [20, p. 197] pointed out that these continued fractions are some of the very rare cases where both the function and its continued fraction expansion are known explicitly. There are quite a few cases known when the function is given in terms of (basic) hypergeometric series and the numerators and denominators of the convergents of the continued fraction are classical orthogonal polynomials (in Askey's definition). The three-term recurrence relation then gives the coefficients of the J-fraction. The functions $F_i(z,k)$ ($i = 1, 2, 3, 4$) however are not of (basic) hypergeometric type and the corresponding orthogonal polynomials are therefore not classical. Nevertheless Stieltjes succeeded in finding the continued fractions: he obtained S-fractions for F_1 and F_2 and J-fractions for F_3 and F_4. His method consists of decomposing a quadratic form with infinitely many variables as a sum of squares:

$$\sum_{i=0}^{\infty} \sum_{j=0}^{\infty} a_{i+j} x_i x_j = c_0 (x_0 + a_{0,1} x_1 + a_{0,2} x_2 + \cdots)^2$$

$$+ c_1 (x_1 + a_{1,2} x_2 + a_{1,3} x_3 + \cdots)^2$$
$$+ c_2 (x_2 + a_{2,3} x_3 + a_{2,4} x_4 + \cdots)^2 + \cdots.$$

The coefficients of the J-fraction of

$$\sum_{n=0}^{\infty} \frac{(-1)^n a_n}{z^{n+1}}$$

are then determined by the coefficients $c_0, c_1, \ldots$ and $a_{i,i+1}$ $(i = 0, 1, 2, \ldots)$. Such a decomposition can easily be made when the function

$$f(x) = \sum_{n=0}^{\infty} a_n \frac{x^n}{n!}$$

satisfies an addition formula of the type

$$f(x + y) = c_0 f(x) f(y) + c_1 f_1(x) f_1(x) + c_2 f_2(x) f_2(y) + \cdots$$

where $f_m(x) = O(x^m)$, as Rogers [88] pointed out when he was reviewing Stieltjes' technique. The addition formulas for the Jacobian elliptic functions then readily give the desired continued fractions. The orthogonal polynomials that appear are defined by the recurrence relations

$$C_{n+1}(x) = x C_n(x) - \alpha_n C_{n-1}(x), \qquad D_{n+1}(x) = x D_n(x) - \beta_n D_{n-1}(x),$$

with

$$\alpha_{2n} = (2n)^2 k^2, \quad \alpha_{2n+1} = (2n+1)^2, \quad \beta_{2n} = (2n)^2, \quad \beta_{2n+1} = (2n+1)^2 k^2.$$

These polynomials have later been studied in detail by Carlitz [14]. The generating function for the orthogonal polynomials satisfies a Lamé differential equation

$$y'' + \frac{1}{2} \left\{ \frac{1}{x} + \frac{1}{x-1} + \frac{1}{x-a} \right\} y' + \frac{b - n(n+1)x}{4x(x-1)(x-a)} y = 0,$$

with $n = 0$ (in general n is an integer). There exist $2n+1$ values of the parameter b for which this Lamé equation has algebraic function solutions. Stieltjes approach has been generalized to continued fraction expansions for which the generating functions of the numerators and denominators of the convergents satisfy a Lamé differential equation with $n \neq 0$. This has been done by the Chudnovsky brothers [20, pp. 197–201] [21, §13]. Some of these generalizations have interesting applications in number theory: the irrationality and bounds on the measure of irrationality of some values of complete elliptic integrals of the third kind can be obtained from these continued fraction expansions.

References

1. Œuvres Complètes de Thomas Jan Stieltjes, vol. I. Noordhoff, Groningen 1914
2. Œuvres Complètes de Thomas Jan Stieltjes, vol. II. Noordhoff, Groningen 1918
3. Akhiezer, N. I.: The Classical Moment Problem. Oliver and Boyd, Edinburgh 1965
4. Alam, M.: Zeros of Stieltjes and Van Vleck polynomials. Trans. Amer. Math. Soc. **252** (1979) 197–204
5. Al-Rashed, A. M. and Zaheer, N.: Zeros of Stieltjes and Van Vleck polynomials and applications. J. Math. Anal. Appl. **110** (1985) 327–339
6. Aomoto, K.: Jacobi polynomials associated with Selberg integrals. SIAM J. Math. Anal. **18** (1987) 545–549
7. Askey, R.: Orthogonal polynomials and theta functions, in "Theta Functions, Bowdoin 1987" (part 2) (Ehrenpreis, L. and Gunning, R. C., eds.). Proceedings of Symposia in Pure Mathematics **49**, Amer. Math. Soc., Providence RI 1989, pp. 299–321
8. Baillaud, B. and Bourget, H.: Correspondance d'Hermite et de Stieltjes, vol. I–II. Gauthier-Villars, Paris 1905
9. Berg, C. and Thill, M.: Rotation invariant moment problems. Acta Math. **167** (1991) 207–227
10. Brezinski, C.: History of Continued Fractions and Padé Approximants. Springer Series in Computational Mathematics **12**, Springer, Berlin 1991
11. Bruns, H.: Zur Theorie der Kugelfunktionen. J. Reine Angew. Math. **90** (1881) 322–328
12. Carleman, T.: Sur le problème des moments C.R. Acad. Sci. Paris **174** (1922) 1680–1682
13. Carleman, T.: Sur les équations intégrales singulières à noyau réel et symétrique. Uppsala Universitets Årsskrift, 1923, 228 pp.
14. Carlitz, L.: Some orthogonal polynomials related to elliptic functions. Duke Math. J. **27** (1960) 443–460
15. Chebyshev, P. L.: Sur les valeurs limites des intégrales. J. Math. (2) **19** (1874) 157–160
16. Chihara, T. S.: A characterization and a class of distribution functions for the Stieltjes-Wigert polynomials. Canad. Math. Bull. **13** (1970) 529–532
17. Chihara, T.S.: An Introduction to Orthogonal Polynomials. Gordon and Breach, New York 1978
18. Chihara, T.S.: On generalized Stieltjes-Wigert and related orthogonal polynomials. J. Comput. Appl. Math. **5** (1979) 291–297
19. Christoffel, E. B.: Sur une classe particulière de fonctions entières et de fonctions continues. Ann. Mat. Pura Appl. (2) **8** (1877) 1–10
20. Chudnovsky, D. V. and Chudnovsky G. V.: Transcendental methods and theta-functions, in "Theta Functions, Bowdoin 1987" (part 2) (Ehrenpreis, L. and Gunning, R.C., eds.). Proceedings of Symposia in Pure Mathematics **49**, Amer. Math. Soc., Providence RI 1989, pp. 167–232
21. Chudnovsky, D. V. and Chudnovsky G. V.: Computer assisted number theory with applications. Lecture Notes in Mathematics **1240**, Springer, Berlin 1987, pp. 1–68

22. Cosserat, E.: Notice sur les travaux scientifiques de Thomas-Jean Stieltjes. Ann. Fac. Sci. Toulouse **9** (1895) 1–64

23. Darboux, G.: Mémoire sur l'approximation des fonctions de très grands nombres. J. Math. (3) **4** (1878) 5–56; 377–416

24. Erdős, P. and Turán, P.: On interpolation II. Ann. of Math. **39** (1938) 703–724

25. Favard, J.: Sur les polynômes de Tchebicheff. C.R. Acad. Sci. Paris **200** (1935) 2052–2053

26. Fekete, M.: Über die Verteilung der Wurzeln bei gewissen algebraischen Gleichungen mit ganzzahligen Koeffizienten. Math. Z. **17** (1923) 228–249

27. Forrester, P. J. and Rogers J. B.: Electrostatics and the zeros of the classical polynomials. SIAM J. Math. Anal. **17** (1986) 461–468

28. Freud, G.: Orthogonal Polynomials. Akadémiai Kiadó and Pergamon Press, Budapest and Oxford 1971

29. Gasper, G. and Rahman, M.: Basic Hypergeometric Series. Encyclopedia of Mathematics and its Applications **35**, Cambridge University Press, Cambridge 1990

30. Gautschi, W.: A survey of Gauss-Christoffel quadrature formulae, in "E.B. Christoffel: the Influence of his Work on Mathematics and the Physical Sciences" (P. L. Butzer, F. Fehér, eds.). Birkhäuser, Basel 1981, pp. 72–147

31. Gautschi, W.: Gauss-Kronrod quadrature – a survey, in "Numerical Methods and Approximation Theory III" (G. V. Milovanović, ed.). Faculty of Electronic Engineering, University of Niš 1988, pp. 39–66

32. Gautschi, W. and Notaris S. E.: An algebraic study of Gauss-Kronrod quadrature formulae for Jacobi weight functions. Math. Comp. **51** (1988) 231–248

33. Geronimus, Ya. L.: On a set of polynomials. Ann. of Math. **31** (1930) 681–686

34. Gonchar, A. A. and Rakhmanov, E. A.: Equilibrium measure and the distribution of zeros of extremal polynomials. Math. USSR Sb. **53** (1986) 119–130

35. Gustafson, R. A.: A generalization of Selberg's beta integral. Bull. Amer. Math. Soc. **22** (1990) 97–105

36. Hahn, W.: Über Orthogonalpolynome die q-Differenzengleichungen genügen. Math. Nachr. **2** (1949) 4–34

37. Hamburger, H.: Über eine Erweiterung des Stieltjesschen Momentenproblems. Math. Ann. **81** (1920) 235–318; **82** (1921) 120–164; 168–187

38. Hardy, G. H.: Notes on some points in the integral calculus, XLVI On Stieltjes 'problème des moments'. Messenger of Math. **46** (1917) 175–182; XLVII On Stieltjes 'problème des moments' (cont.). Messenger of Math. **47** (1918) 81–88

39. Hausdorff, F.: Momentprobleme für ein endliches Intervall. Math. Z. **16** (1923) 220–248

40. Hendriksen, E. and van Rossum, H.: Electrostatic interpretation of zeros, in "Orthogonal Polynomials and their Applications". Lecture Notes in Mathematics **1329**, (Alfaro et al., eds.), Springer-Verlag, Berlin 1988, pp. 241–250

41. Hermite, Ch.: Sur les racines de la fonction sphérique de seconde espèce. Ann. Fac. Sci. Toulouse **4** (1890) I1–10

42. Hilbert, D.: Über die Discriminante der im Endlichen abbrechenden hypergeometrische Reihen. J. Reine Angew. Math. **103** (1888) 337–345

43. Hilbert, D.: Grundzüge einer allgemeinen Theorie der linearen Integralgleichungen. Leipzig 1912; Chelsea, New York 1953

44. Ismail M. E. H. and Muldoon M. E.: A discrete approach to monotonicity of zeros of orthogonal polynomials. Trans. Amer. Math. Soc. **323** (1991) 65–78

45. Ismail, M. E. H. and Zhang, R.: On the Hellman-Feynman theorem and the variation of zeros of certain special functions. Adv. Appl. Math. **9** (1988) 439–446

46. Jones W. B. and Thron, W. J.: Continued Fractions: Analytic Theory and Applications. Encyclopedia of Mathematics and its applications 11, Addison-Wesley, Reading, Massachusetts 1980

47. Jones, W. B., Thron, W. J. and Njåstad, O.: Orthogonal Laurent polynomials and the strong Hamburger moment problem. J. Math. Anal. Appl. 98 (1984) 528–554

48. Jones, W. B., Thron, W. J. and Waadeland, H.: A strong Stieltjes moment problem. Trans. Amer. Math. Soc. 261 (1980) 503–528

49. Karlin, S. and McGregor, J.: The differential equations of birth and death processes and the Stieltjes moment problem. Trans. Amer. Math. Soc. 85 (1957) 489–546

50. Karlin, S. and Shapley, L. S.: Geometry of Moment Spaces. Memoirs Amer. Math. Soc. 12, Providence RI 1953

51. Karlin, S. and Studden, W. J.: Tchebycheff Systems: with Applications in Analysis and Statistics. Interscience, New York 1966

52. Koornwinder, T. H.: Orthogonal polynomials in connection with quantum groups, in "Orthogonal Polynomials: Theory and Parctice" [69], pp. 257–292

53. Krein, M. G.: The ideas of P. L. Chebysheff and A. A. Markov in the theory of limiting values of integrals and their further development. Amer. Math. Soc. Transl. Series 2, 12, Amer. Math. Soc., Providence, RI 1959, pp. 1–122

54. Krein, M. G. and Nudelman, A. A.: The Markov Moment Problem and Extremal Properties. Translations of Mathematical Monographs 50. Amer. Math. Soc., Providence RI 1977

55. Kronrod, A. S.: Nodes and Weights for Quadrature Formulas. Nauka, Moscow 1964 (Russian); Consultants Bureau, New York 1965

56. Ledermann, W. and Reuter, G. E. H.: Spectral theory for the differential equations of simple birth and death processes. Philos. Trans. Roy. Soc. London Ser. A 246 (1954) 321–369

57. Lorch, L.: Elementary comparison techniques for certain classes of Sturm-Liouville equations. Differential equations, Sympos. Univ. Upsaliensis Ann. Quigentesimum Celebrantis 7, Almqvist and Wiksell, Stockholm 1977, pp. 125–133

58. Lorentzen, L. and Waadeland, H.: Continued Fractions with Applications. Studies in Computational Mathematics, vol. 3, North-Holland, Amsterdam 1992

59. Lubinsky, D. S. and Rabinowitz, P.: Rates of convergence of Gaussian quadrature for singular integrands. Math. Comp. 43 (1984) 219–242

60. Macdonald, I. G.: Orthogonal polynomials associated with root systems, in "Orthogonal Polynomials: Theory and Practice" [69], pp. 311–318

61. Markov, A. A.: Sur les racines de certaines équations. Math. Ann. 27 (1886) 177–182

62. Markov, A. A.: Démonstration de certaines inégalités de M. Tchébycheff. Math. Ann. 24 (1884) 172–180

63. Markov, A. A.: On Some Applications of Algebraic Continued Fractions. Thesis (in Russian), St. Petersburg 1884, 133 pp.

64. Mehta, M. L.: Random Matrices and the Statistical Theory of Energy Levels. Academic Press, New York 1967 (2nd edition) 1990 (revised and enlarged 2nd edition)

65. Mhaskar, H. N. and Saff, E. B.: Where does the L^p-norm of a weighted polynomial live? Trans. Amer. Math. Soc. 303 (1987) 109–124

66. Monegato, G.: Stieltjes polynomials and related quadrature rules. SIAM Review 24 (1982) 137–157

67. Montel, P.: Leçons Sur les Familles Normales de Fonctions Analytiques et leurs Applications. Gauthier-Villars, Paris 1927

68. Nevai, P. G.: Orthogonal Polynomials. Memoirs Amer. Math. Soc. **213**, Providence, RI 1979
69. Nevai, P. (ed.): Orthogonal Polynomials: Theory and Practice. NATO-ASI series C **294**, Kluwer, Dordrecht 1990
70. Nevanlinna, R.: Asymptotische Entwickelungen beschränkter Funktionen und das Stieltjessche Momentenproblem. Ann. Acad. Sci. Fenn. Ser. A **18** (1922), no. 5 (52 pp.)
71. Njåstad, O.: An extended Hamburger moment problem. Proc. Edinburgh Math. Soc. **28** (1985) 167–183
72. Olver, F. W. J.: A paradox in asymptotics. SIAM J. Math. Anal. **1** (1970) 533–534
73. Padé, H.: Sur la représentation approchée d'une fonction par des fractions rationelles. Ann. Sci. École Norm. Sup. (3) **9** (1892) (supplément) 1–93
74. Padé, H.: Sur la fraction continue de Stieltjes. C.R. Acad. Sci. Paris **132** (1901) 911–912
75. Pastro, P. L.: Orthogonal polynomials and some q-beta integrals of Ramanujan. J. Math. Anal. Appl. **112** (1985) 517–540
76. Peherstorfer, F.: On Stieltjes polynomials and Gauss-Kronrod quadrature. Math. Comp. **55** (1990) 649–664
77. Peherstorfer, F.: On the asymptotic behaviour of functions of the second kind and Stieltjes polynomials and on Gauss-Kronrod quadrature formulas. J. Approx. Theory (to appear)
78. Perron, O.: Die Lehre von den Kettenbrüchen. Teubner, Leipzig 1913 (Band I, 1954; Band II, 1957); Chelsea, New York 1950
79. Pólya, G.: Sur un théorème de Stieltjes. C.R. Acad. Sci. Paris **155** (1912) 767–769
80. Possé, K.: Sur les quadratures. Nouvelles Ann. Math. (2) **14** (1875) 49–62
81. Possé, K.: Sur Quelques Applications des Fractions Continues Algébriques. Hermann, Paris 1886
82. Prévost, M.: Stieltjes type and Geronimus type polynomials. J. Comput. Appl. Math. **21** (1988) 133–144
83. Pringsheim, A.: Über die Konvergenz unendlicher Kettenbrüche. S.B. Bayer. Akad. Wiss. Math.-Nat. Kl. **28** (1898) 295–324
84. Pringsheim, A.: Über einige Konvergenzkriterien für Kettenbrüche mit komplexen Gliedern. S.B. Bayer. Akad. Wiss. Math.-Nat. Kl. **35** (1905) 359–380
85. Riesz, M.: Sur le problème des moments. Ark. Mat. Ast. Fys. **16** (1921) no. 12 (23 pp.); **16** (1922), no. 19 (21 pp.); **17** (1923), no. 16 (52 pp.)
86. Riesz, M.: Sur le problème des moments et le théorème de Parseval correspondant. Acta Litt. Acad. Sci. (Szeged) **1** (1922–1923) 209–225
87. Rogers, L. J.: Second memoir on the expansion of certain infinite products. Proc. London Math. Soc. **25** (1894) 318–343
88. Rogers, L. J.: On the representation of certain asymptotic series as convergent continued fractions. Proc. London Math. Soc. (2) **4** (1907) 72–89
89. Schur, I.: Über die Verteilung der Wurzeln bei gewissen algebraischen Gleichungen mit ganzzahligen Koeffizienten. Math. Z. **1** (1918) 377–402
90. Selberg, A.: Bemerkinger om et multipelt integral. Norsk Mat. Tidsskr. **26** (1944) 71–78
91. Shohat, J. A., Hille, E. and Walsh, J. L.: A Bibliography on Orthogonal Polynomials. Bulletin of the National Research Council **103**, National Research Council of the National Academy of Sciences, Washington, D.C. 1940
92. Shohat, J. A. and Tamarkin, J. D.: The Problem of Moments. Amer. Math. Soc., Providence, RI 1963
93. Siegel, C. L.: The trace of totally positive and real algebraic integers. Ann. of Math. **46** (1945) 302–312

94. Stahl, H. and Totik, V.: General Orthogonal Polynomials. Encyclopedia of Mathematics and its Applications, vol. 43, Cambridge University Press 1992

95. Stieltjes, T.J.: Quelques recherches sur la théorie des quadratures dites mécaniques. Ann. Sci. École Norm. Sup. (3) 1 (1884) 409–426

96. Stieltjes, T.J.: Note à l'occasion de la réclamation de M. Markoff. Ann. Sci. École Norm. Sup. (3) 2 (1885) 183–184

97. Stieltjes, T.J.: Sur quelques théorèmes d'algèbre. C.R. Acad. Sci. Paris 100 (1885) 439–440

98. Stieltjes, T.J.: Sur les polynômes de Jacobi. C.R. Acad. Sci. Paris 100 (1885) 620–622

99. Stieltjes, T.J.: Sur certaines polynômes qui verifient une equation différentielle linéair du second ordre et sur la théorie des fonctions de Lamé. Acta Math. 6 (1885) 321–326

100. Stieltjes, T.J.: Sur les racines de l'équation $X_n = 0$. Acta Math. 9 (1886) 385–400

101. Stieltjes, T.J.: Sur la réduction en fraction continue d'une série procédant suivant les puissances descendantes d'une variable. Ann. Fac. Sci. Toulouse 3 (1889) H1–17

102. Stieltjes, T.J.: Sur la valeur asymptotique des polynômes de Legendre. C.R. Acad. Sci. Paris 110 (1890) 1026–1027

103. Stieltjes, T.J.: Sur les polynômes de Legendre. Ann. Fac. Sci. Toulouse 5 (1890) G1–17

104. Stieltjes, T.J.: Sur les racines de la fonction sphérique de seconde espèce. Ann. Fac. Sci. Toulouse 4 (1890) J1–10

105. Stieltjes, T.J.: Recherches sur les fractions continues. Ann. Fac. Sci. Toulouse 8 (1894) J1–122; 9 (1895) A1–47

106. Stieltjes, T.J.: Sur certaines inégalités dues à M. P. Tchebychef. Œuvres Complètes de Thomas Jan Stieltjes, vol. II [2], 586–593

107. Stone, M. H.: Linear Transformations in Hilbert Space and their Applications to Analysis. Amer. Math. Soc. Colloq. Publ. 15, Amer. Math. Soc., Providence RI 1932

108. Szegő, G.: Bemerkungen zu einer Arbeit von Herrn M. Fekete: "Über die Verteilung der Wurzeln bei gewissen algebraischen Gleichungen mit ganzzahligen Koefficienten". Math. Z. 21 (1924) 203–208

109. Szegő, G.: Über gewisse orthogonale Polynome, die zu einer oszillierenden Belegungsfunktion gehören. Math. Ann. 110 (1934) 501–513

110. Szegő, G.: Orthogonal Polynomials. Amer. Math. Soc. Colloq. Publ. 23, Amer. Math. Soc., Providence, RI 1975 (4th edition)

111. Tsuji, M.: Potential Theory in Modern Function Theory. Chelsea, New York 1959

112. Ullman, J. L.: On the regular behaviour of orthogonal polynomials. Proc. London Math. Soc. (3) 24 (1972) 119–148

113. Van Assche, W.: Orthogonal polynomials, associated polynomials and functions of the second kind. J. Comput. Appl. Math. 37 (1991) 237–249

114. Van Vleck, E. B.: On the polynomials of Stieltjes. Bull. Amer. Math. Soc. (2) 4 (1898) 426–438

115. Van Vleck, E. B.: On the convergence of continued fractions with complex coefficients. Trans. Amer. Math. Soc. 2 (1901) 215–233

116. Van Vleck, E. B.: On an extension of the 1894 memoir of Stieltjes. Trans. Amer. Math. Soc. 4 (1903) 297–332

117. Vilenkin, N. Ya.: Special Functions and the Theory of Group Representations. Translations of Mathematical Monographs 22, Amer. Math. Soc., Providence, RI 1968

118. Vitali, G.: Sopra le serie di funzioni analitiche. Rend. R. Ist. Lombardo **36** (1903) 771–774; Ann. Mat. Pura Appl. **10** (1904) 73
119. Wall, H. S.: Analytic Theory of Continued Fractions. Chelsea, Bronx, NY 1973
120. Widom, H.: Polynomials associated with measures in the complex plane. J. Math. Mech. **16** (1967) 997–1013
121. Widom, H.: Extremal polynomials associated with a system of curves in the complex plane. Adv. in Math. **3** (1969) 127–232
122. Wigert, S.: Sur les polynômes orthogonaux et l'approximation des fonctions continues. Ark. Mat. Astron. Fysik **17** (1923), no. 18 (15 pp.)
123. Zaheer, H.: Stieltjes and Van Vleck polynomials. Proc. Amer. Math. Soc. **60** (1976) 169–174

Number Theory

Frits Beukers

Introduction

The contribution of Stieltjes to number theory consists mainly of a number of very short papers or letters together with a long paper #10 [1] on reciprocity laws and the first three chapters of an introduction to number theory #76 containing interesting theorems of contemporaries of Stieltjes like Hermite, Smith and Frobenius. Unfortunately the latter work was never finished. Although most papers are short and often without complete proofs, the subject material usually concerns topics which, one way or another, are still of interest today. In the following sections we having made a choice of modern topics in number theory, sketched their background and described Stieltjes' work that some relationship with that topic. The papers which fit in this classification are #9, #10, #16, #21, #22, #23, #24, #25, #27, #28, #44, #45, #46, #47. The remaining papers are #17, #20, #76. They are concerned with arithmetic functions (#17, #20) and the unfinished introduction to number theory #76. It is most unfortunate that Stieltjes' best-known contribution to number theory is the erroneous proof of the Riemann hypothesis: #44. In Te Riele's contribution it is made clear that this proof seems to be based on strongly suggestive numerical computations. As for Stieltjes' other number theoretical work, it cannot be said that it has had much influence on the development of number theory at the end of the 19th century. Nevertheless, looking at the choice of topics, together with the fact that many of them are still studied today, one can perceive Stieltjes' good taste for interesting mathematical problems.

1. Reciprocity Laws

Let p and q be two different odd prime numbers. Then we have

Theorem 1.1 (Law of quadratic reciprocity).

$$\left(\frac{p}{q}\right)\left(\frac{q}{p}\right) = (-1)^{\frac{p-1}{2}\frac{q-1}{2}}.$$

---

[1] Reference #n refers to Œuvres Complètes, Paper #n.

This beautiful law in the theory of numbers which was already observed by Legendre, was first proved rigorously by Gauss in several different ways. Here, the symbol $\left(\frac{\cdot}{\cdot}\right)$ is the so-called *Legendre symbol.* Let $a \in \mathbb{Z}$ and let p be an odd prime. Suppose p does not divide a. Then the Legendre symbol is defined by

$$\left(\frac{a}{p}\right) = \begin{cases} 1 & \text{if } x^2 \equiv a \pmod{p} \text{ has a solution } x \pmod{p} \\ -1 & \text{if } x^2 \equiv a \pmod{p} \text{ has no solution } x \pmod{p} \end{cases}$$

When $p \nmid a$ one usually writes $\left(\frac{a}{p}\right) = 0$. There are a few elementary, but nevertheless important, properties.

Proposition 1.2. *Let $a, b \in \mathbb{Z}$ and let p be an odd prime. Then,*

$$a^{\frac{p-1}{2}} \equiv \left(\frac{a}{p}\right) \pmod{p} \quad \text{and} \quad \left(\frac{ab}{p}\right) = \left(\frac{a}{p}\right)\left(\frac{b}{p}\right)$$

It is not hard to see that as a consequence we have $\left(\frac{-1}{p}\right) = (-1)^{(p-1)/2}$. The quadratic reciprocity law gives us a very elegant way to determine the solvability of quadratic congruence equations. For example, the question whether $x^2 \equiv 5 \pmod{p}$ is solvable for an odd prime p comes down to determining $\left(\frac{5}{p}\right)$. By quadratic reciprocity this equals $\left(\frac{p}{5}\right)$ and since there are only finitely many possibilities for $p \pmod 5$ the problem is now easy. Excluding $p = 2, 5$ it turns out that there is a solution if and only if $p \equiv \pm 1 \pmod 5$. Combining the reciprocity law with Prop.1.2 one can also handle $\left(\frac{a}{p}\right)$ for composite and negative a. To handle even a the only thing still missing is the supplementary

Theorem 1.3. *Let p be an odd prime. Then*

$$\left(\frac{2}{p}\right) = \begin{cases} 1 & \text{if } p \equiv \pm 1 \pmod 8 \\ -1 & \text{if } p \equiv \pm 3 \pmod 8 \end{cases}$$

Proofs for all theorems mentioned are elementary and can be found in [6]. For later use we also mention the *Jacobi symbol* $\left(\frac{m}{n}\right)$ which is defined for odd n by $\left(\frac{m}{n}\right) = \prod_i \left(\frac{m}{p_i}\right)$ where $n = p_1 p_2 \cdots p_k$ is the prime factorization of n. It is not hard to show that Theorems 1.1 and 1.3 also hold for Jacobi symbols when we replace the odd primes p, q by the odd numbers n, m.

Let us now turn to the more difficult problem of cubic and biquadratic (=fourth power) residues. It became very soon clear to Gauss that the solvability of a cubic equation like $x^3 \equiv 2 \pmod p$ does not simply depend upon the residue class of p modulo some fixed number, like in Thm.1.3. The best answer which Gauss could come up with was

Proposition 1.4. *Let p be a prime. When $p \equiv 2 \pmod 3$ the equation $x^3 \equiv 2 \pmod p$ has a unique solution $x \pmod p$. When $p \equiv 1 \pmod 3$ we have that $x^3 \equiv 2$ is solvable if and only if p can be written in the form $a^2 + 27b^2$.*

When $p \equiv 2 \pmod 3$ the statement is an elementary consequence of the fact that 3 is relatively prime to the order of the group of invertible elements modulo p, which is $p - 1$. When $p \equiv 1 \pmod 3$ it is a well-known fact that p can be written in the form $a^2 + 3b^2$. So, Gauss' condition can be seen as the extra condition that $3 | b$.

Gauss did notice that in order to have cubic or biquadratic reciprocity, analogous to quadratic reciprocity, one would have to extend the ring $\mathbb{Z}$ to the larger ring of algebraic integers in $\mathbb{Q}(\sqrt{-3})$ and $\mathbb{Q}(\sqrt{-1})$ respectively. Such laws were first proved by Eisenstein around 1844. Let us formulate the biquadratic reciprocity law here and then describe **Stieltjes'** contribution to this subject.

We consider the ring of so-called *Gaussian integers* $\mathbb{Z}[i] = \{a + bi | , a, b \in \mathbb{Z}\}$, which is precisely the ring of integers in the field $\mathbb{Q}(i) = \mathbb{Q}(\sqrt{-1})$. The *norm* of $\alpha \in \mathbb{Z}[i]$ is defined as $N\alpha = \alpha\bar{\alpha}$, were the bar denotes complex conjugation. Notice that $N(a + bi) = a^2 + b^2$, hence the norm takes integral positive values on $\mathbb{Z}[i]$. Notice also that $N\alpha\beta = N\alpha N\beta$. The units in $\mathbb{Z}[i]$ are $\pm 1, \pm i$ and these are precisely the norm 1 elements. Furthermore we can speak of *prime elements* in $\mathbb{Z}[i]$, which are the elements that cannot be written as a product of two other non-unit elements. Two elements of $\mathbb{Z}[i]$ which differ by a unit factor are called *associate* elements. In algebraic number theory one considers a prime and its associates as basically the same prime. It turns out that $\mathbb{Z}[i]$ is a unique factorization domain.

Theorem 1.5. *Any element of $\mathbb{Z}[i]$, not a unit or 0, can be written as a product of prime elements. This factorization is unique up to the order of factors and choice of associates.*
Let $p \in \mathbb{Z}$ be a rational prime. Then, if $p \equiv 3 \pmod 4$, p is also prime in $\mathbb{Z}[i]$. If $p \equiv 1 \pmod 4$ then there exists a prime $\pi \in \mathbb{Z}[i]$ such that $p = \pi\bar{\pi}$. Finally, $2 = (1 + i)(1 - i) = -i(1 + i)^2$.

Notice in particular that $N\pi \equiv 1 \pmod 4$ for any prime π not dividing 2. In $\mathbb{Z}[i]$ we have the following analogue of Fermat's little theorem.

Proposition 1.6. *Let π be a prime and suppose $\pi \nmid \alpha$. Then,*

$$\alpha^{N\pi - 1} \equiv 1 \pmod \pi$$

and there is a unique integer $m \in \{0, 1, 2, 3\}$ such that

$$\alpha^{\frac{N\pi - 1}{4}} \equiv i^m \pmod \pi.$$

We can now define the *biquadratic residue symbol.*

Definition 1.7. Let π be a prime not dividing 2. The biquadratic residue symbol of α modulo π is given by

$$\left(\frac{\alpha}{\pi}\right)_4 = \begin{cases} 0 \text{ if } \pi | \alpha \\ \text{the unique fourth root of unity equal to } \alpha^{(N\pi-1)/4} \pmod{\pi} \end{cases}$$

It is not very hard to verify that $\left(\dfrac{\alpha}{\pi}\right)_4 = 1$ if and only if $x^4 \equiv \alpha \pmod{\pi}$ is solvable in $x \in \mathbb{Z}[i]$. Analogous to Proposition 1.2 we have the following properties.

Proposition 1.8. *Let π be a prime and α, β not divisible by π. Then we have*

$$\alpha^{\frac{N\pi-1}{4}} \equiv \left(\frac{\alpha}{\pi}\right)_4 \pmod{\pi} \quad \text{and} \quad \left(\frac{\alpha\beta}{\pi}\right)_4 = \left(\frac{\alpha}{\pi}\right)_4 \left(\frac{\beta}{\pi}\right)_4$$

A prime π such that $\pi \equiv 1 \pmod{(1+i)^3}$, will be called a *normalized prime* or *primary.*

Lemma 1.9. *Let $\pi \in \mathbb{Z}[i]$ be a prime not dividing 2. Then there exists a unique unit $\epsilon \in \mathbb{Z}[i]$ such that $\epsilon\pi$ is primary.*

Theorem 1.10 (Biquadratic reciprocity law). *Let π_1 and π_2 be primary and suppose $N\pi_1$, $N\pi_2$ are distinct and not equal to 2. Then*

$$\left(\frac{\pi_1}{\pi_2}\right)_4 = \left(\frac{\pi_2}{\pi_1}\right)_4 (-1)^{(N\pi_1-1)/4)(N\pi_2-1)/4)}.$$

The residue symbol $\left(\dfrac{i}{\pi}\right)_4$ is easy to compute using Prop.1.8. As in the case of quadratic reciprocity there is only one case missing, namely the evaluation of $\left(\dfrac{1+i}{\pi}\right)_4$, where $1 + i$ is a prime dividing 2. Eisenstein proved:

Theorem 1.11. *Let π be a primary element not dividing 2. Write $\pi = a + bi$. Then*

$$\left(\frac{1+i}{\pi}\right)_4 = \begin{cases} i^{-(p+1)/4} & \text{if } \pi \in \mathbb{Z} \\ i^{(a-b-b^2-1)/4} & \text{if } \pi \notin \mathbb{Z} \end{cases}$$

The first case, $\pi \in \mathbb{Z}$ is very straightforward using Prop.1.8 and the fact that $(1 + i)^{p-1} \equiv -i \pmod{p}$. For the proof of the second part Eisenstein used an ingenious argument using the general reciprocity law from Thm.1.10. It is precisely at this point where **Stieltjes'** contribution is made. In the introduction of #10 he wonders if one cannot avoid using Thm.1.10 and proceed along the lines set out by Gauss for the computation of $\left(\dfrac{2}{p}\right)$ and $\left(\dfrac{2}{p}\right)_4$. In this he succeeds and the result is one of the longer papers in number theory from Stieltjes' work.

In the same paper Stieltjes deals with a similar problem for cubic reciprocity. Cubic reciprocity can only be formulated naturally in the ring of Eisenstein integers $\mathbb{Z}[\omega] = \{a + b\omega | a, b \in \mathbb{Z}\}$ where ω is a fixed primitive root of unity. The exceptional problem here is to determine the cubic residue character of the number $\sqrt{-3}$ modulo a prime π. Note that $\sqrt{-3}$ is the prime divisor of 3. For an excellent exposition, with proofs, of cubic and biquadratic reciprocity we refer to Chapter 9 of the book of K.Ireland and M.Rosen [8].

After the work of Eisenstein around 1844 the question was to generalize quadratic, cubic and biquadratic reciprocity law to the case of higher m-th powers. It was clear that such laws would have a natural formulation if one works over the ring $\mathbb{Z}[\zeta_m]$, where ζ_m is a primitive m-th root of unity. Unfortunately, when m is big, the ring $\mathbb{Z}[\zeta_m]$ is not a unique factorization domain any more. To remedy this situation, Kummer's theory of ideal numbers (=ideals) had to be developed first and a theorem on the prime ideal factorization of so-called Gauss sums was required. In 1890 Stickelberger provided this factorization and we now have a general m-th power reciprocity law. It should perhaps be noticed here that the arithmetic of $\mathbb{Z}[\zeta_m]$ is also crucial in the proof of theorems concerning Fermat's conjecture on the diophantine equation $x^m + y^m = z^m$ in $x, y, z \in \mathbb{N}$, which is believed to have no solutions when $m \geq 3$. This problem and the reciprocity laws are usually quoted as the two most important applications of Kummer's theory on $\mathbb{Z}[\zeta_m]$. Two very nice accounts of this history of reciprocity are Chapter 14 of [8] and A.Weil's article [15].

In the 1927 E.Artin proved the far reaching *Artin reciprocity law* dealing with abelian Galois extensions. However, we have now arrived at a stage where Eisenstein's original reciprocity laws are disguised in an almost unrecognizable form, and where the emphasis is more on the factorization of prime ideals in abelian Galois extensions. Artin's reciprocity law is one of the cornerstones of class field theory and in this way reciprocity laws have found their place as a fundamental part of algebraic number theory. Fascinating as this subject may be, we have to refer the reader to other accounts such as the final chapters in Iyanaga's book [9]. There are also conjectures which deal with class field theory of non-abelian Galois extensions, but almost no results are known in this direction. Here one sometimes likes to speak about (conjectural) non-abelian reciprocity laws, however inappropriate this may be. For a nice discussion we recommend B.F.Wyman's *What is a reciprocity law?* [17].

To return to **Stieltjes'** work, as a bonus of his methods Stieltjes recovers at the end of #10 a congruence of Jacobi in an elementary way. Let p be a prime of the form $p = 3n + 1$. Then it is known that p can be written as $4p = A^2 + 27B^2$ where we assume the sign of A such that $A \equiv -1 \pmod 3$.

Jacobi's congruence reads

$$\binom{2n}{n} \equiv A \pmod{p}.$$

Notice that for $p \geq 17$ we have $|A| < 2\sqrt{p} < \frac{1}{2}p$ which, together with Jacobi's congruence, determines A uniquely. Usually this congruence is proved using so-called *Jacobi sums* and for a nice exposition of these we refer to Chapter 8 of [8]. In #25, Stieltjes also remarks that p can be written as $p = a^2 + 3b^2$, where we may assume that $a \equiv 1 \pmod{3}$. The relation between a, b and A, B can be found if we realize that the factorizations $p = (A^2 + 27B^2)/4 = \pi_1\bar{\pi}_1$ with $\pi_1 = (A + 3B)/2 + 3B\omega$ and $p = a^2 + 3b^2 = \pi_2\bar{\pi}_2$ with $\pi_2 = a + b + 2b\omega$ are the same up to taking associates and order of factors. In particular, when $b \equiv 0 \pmod{3}$ we have $\pi_1 = \pi_2$ and $A = 2a$, $B = 2b/3$, when $b \equiv 1 \pmod{3}$ we have $\pi_1 = \omega\pi_2$ and $A = -a - 3b$, $B = (a - b)/3$, when $b \equiv -1 \pmod{3}$ we have $\pi_1 = \bar{\omega}\pi_2$ and $A = 3b - a$, $B = -(a + b)/3$. Stieltjes notices that these cases split exactly according to the value of the cubic residue character of $2 \pmod{p}$ and it is then easy to show that

$$2^{n-1}\binom{2n}{n} \equiv a \pmod{p}.$$

2. Modular Forms

In several of **Stieltjes'** papers there are so-called modular forms acting in the background. In Stieltjes' days they were considered as a subbranch of elliptic functions, and only in the 20th century it has become a subject on its own. During the last 30 years there has been an enormous growth in this subject together with crucial and, even more, mysterious links with number theory. The beautiful series of Lecture Notes in Math., Modular Forms I to VI (LMS 320, 349, 350, 476, 601, 627) should already give a good impression of this development together with Gelbart's introduction [3] to the profound *Langlands' program*. In the latter, modular forms are considered in the context of representation theory of algebraic groups over adelic rings. However, here we shall give the classical definition of modular forms and describe Stieltjes' papers that bear some relationship with them.

Definition 2.1. Let G be a subgroup of $SL(2, \mathbb{Z})$ of finite index. Let k be a positive integral or half-integral number. Suppose the holomorphic function f on the upper half plane $\mathcal{H}$ satisfies the following properties,

a) There is a character χ of finite order on G such that for any $A = \begin{pmatrix} a & b \\ c & d \end{pmatrix} \in G$,

$$f(A\tau) = f(\frac{a\tau + b}{c\tau + d}) = \chi(A)(c\tau + d)^k f(\tau)$$

b) For any $p, q \in \mathbb{Z}$ with $\gcd(p, q) = 1$ the function

$$(q\tau + s)^{-k} f(\frac{p\tau + r}{q\tau + s}) \tag{2.1}$$

remains bounded as $\operatorname{Im}\tau \to \infty$, where r, s are chosen such that $ps - qr = 1$.

Then f is called a modular form of weight k with respect to the group G and with multiplier system χ. The function f is called a cusp form if (2.1) tends to zero when $\operatorname{Im}\tau \to \infty$ for any p, q.

Let $M_k(G, \chi)$ be the $\mathbb{C}$-linear vector space of modular forms just defined. It turns out that, given k, G, χ, $M_k(G, \chi)$ has only *finite dimension*. This is a crucial property of modular forms. The space of cusp forms is usually denoted by $S_k(G, \chi)$. For number theoretical applications the most familiar group G is, given $N \in \mathbb{N}$,

$$\Gamma_0(N) = \{\begin{pmatrix} a & b \\ c & d \end{pmatrix} \mid c \equiv 0 \pmod{N}\}.$$

In #22,#23 **Stieltjes** describes some identities which express coefficients of certain modular cusp forms as a sum involving class numbers. One such example, already noted by Liouville, is that we have for any odd n,

$$3 \sum_{s \text{ odd}} (-1)^{(s-1)/2} s\, h(s^2 - 4n) = \sum_{x^2 + y^2 = n, x > 0, x \text{ odd}} (x^2 - y^2).$$

Here $h(-d)$ is the usual class number of primitive binary quadratic forms of discriminant $-d$ with the exception $h(-3) = 1/3$. The sum on the left is taken over all odd s with $s^2 < 4n$. The right-hand side is exactly the n-th coefficient of the q-expansion

$$q \prod_{j>0} (1 - q^{4j})^6$$

which, up to a constant factor, is the unique cusp form of weight 3 for the modular group $\Gamma_0(16)$ and character $(-1)^{(d-1)/2}$. Experts in modular forms would now immediately guess that Stieltjes' formula given above is an example of a *trace formula* for the Hecke operator T_n acting on $S_3(\Gamma_0(16), (-1)^{(d-1)/2})$. Such trace formulas express traces of these operators as sums of class numbers. However, when one tries to invoke the usual trace formula to our particular case we do *not* recover Stieltjes' formula! Similar remarks apply to the other examples which were found by Stieltjes. Unfortunately I have to admit that the status of these identities in modern context is not clear to me. Two references in this direction are papers of H.Cohen [1] and D.Zagier [19].

In #46 **Stieltjes** discusses some functional equations of the following type. Let $\left(\dfrac{n}{m}\right)$ denote the Jacobi symbol again and let $D \in \mathbb{Z}$ be square-free. Put

$$F(x) = \sum_{m > 0, m \text{ odd}} \left(\frac{D}{m}\right) e^{-m^2 \pi x/4D}$$

when $D > 0, D \equiv 2, 3 \pmod 4$ and

$$F_1(x) = \sum_{n>0} \left(\frac{n}{D}\right) e^{-n^2 \pi x / D}$$

when $D > 0, D \equiv 1 \pmod 4$. Both functions satisfy the transformation formulas $F(1/x) = \sqrt{x} F(x)$, $F_1(1/x) = \sqrt{x} F_1(x)$. These formulas, together with the other ones given in Stieltjes' article, can easily be proved by using the Poisson summation formula. Although Stieltjes does not give any proofs, his remarks at the end of the paper may indicate such an approach. It has turned out that functions like $F(x)$ and $F_1(x)$ are interesting from the point of view of modular forms. Let $N \in \mathbb{Z}$ and let $\chi(n)$ be an even primitive real character modulo N. That is,

$\chi(n) \in \{-1, 0, 1\}$ for all $n \in \mathbb{Z}$
$\chi(ab) = \chi(a)\chi(b)$ for all $a, b \in \mathbb{Z}$
$\chi(a) = \chi(b)$ when $a \equiv b \pmod N$
$\chi(-1) = 1$
$\chi(m) = 0$ when $\gcd(m, N) > 1$
for every $d|N$, $d < N$ there exist $a, b \in \mathbb{Z}$ with $a \equiv b \pmod d$ such that $\chi(a) \neq \chi(b)$.

The number N is called the *conductor* of the character. It is well-known, that when D is positive and $D \equiv 1 \pmod 4$ the Jacobi symbol $\chi(n) = \left(\frac{n}{D}\right)$ is such a character modulo D. When $D > 0$, $D \equiv 2, 3 \pmod 4$ then $\chi(n) = \left(\frac{D}{n}\right)$ for odd n, $\chi(n) = 0$ for even n, is such a character modulo $4D$. Now consider the (twisted) theta series

$$\theta_\chi(\tau) = \sum_{n \geq 0} \chi(n) q^{n^2}, \quad q = e^{2\pi i \tau}.$$

Then θ_χ turns out to be a modular form of weight $1/2$ with respect to $\Gamma_0(4N^2)$. Moreover, a striking theorem of Serre and Stark [13] states that any modular form of weight $1/2$ with respect to some $\Gamma_0(M)$ is a linear combination of functions $\theta_\chi(t\tau)$, where $t \in \mathbb{N}$.

Returning to **Stieltjes'** paper we may now observe that $F(x), F_1(x)$ are both of the form $\theta_\chi(ix/2N)$ with $N = 4D, D$ respectively. So, in fact, F, F_1 are modular forms restricted to the imaginary axis. It is now very interesting to see the variations G, G_1 in Stieltjes' paper. Letting χ be an odd primitive real character modulo N (i.e. $\chi(-1) = -1$ instead of 1) we can construct

$$\Theta_\chi(\tau) = \sum_{n>0} \chi(n) n q^{n^2}, \quad q = e^{2\pi i \tau}.$$

This is a modular form of weight $3/2$ with respect to $\Gamma_0(4N^2)$. One observes that $G(x), G_1(x)$ are both of the form $\Theta_\chi(ix/2N)$ with $N = 4D, D$ respectively. So again we have modular forms. The other cases F_2, F_3, G_2, G_3 considered by Stieltjes seem to be of less interest. We have for example that

46

$F_2(x) = -F_1(x) + 2\left(\dfrac{2}{D}\right)F_1(4x)$ and $F_3(x) = F_1(x/4) - \left(\dfrac{2}{D}\right)F_1(x)$. The transformation properties of F_2, F_3 now follow readily from those of F_1. A similar remark applies to G_2, G_3.

In more modern language the formulas in this paper would now be stated as follows. Let χ be a real primitive character with conductor N. Suppose χ is even. Put

$$F(x) = \sum_{n>0} \chi(n)e^{-\pi n^2 x/N}.$$

Then $F(1/x) = \sqrt{x}F(x)$. If χ is an odd character, put

$$G(x) = \sum_{n>0} \chi(n)ne^{-\pi n^2 x/N}.$$

Then $G(1/x) = \sqrt{x}^3 G(x)$. In fact, these formulas hold also for non-real valued characters, but at the cost of an extra factor of absolute value 1 depending on χ. It is now very nice to observe, as Stieltjes did in #47 that the transformation formulas for F and G can be used to prove the functional equation for the so-called Dirichlet L-series

$$L(s,\chi) = \sum_{n>0} \frac{\chi(n)}{n^s}$$

in much the same way in which Riemann proved the functional equation for $\zeta(s)$ using theta series. The functions $L(s,\chi)$ are of fundamental importance in number theory. Dirichlet introduced them to prove that any arithmetic sequence $an + b, n = 0, 1, 2, \ldots$ with a, b relatively prime, contains infinitely many primes. For many other properties we recommend Zagier's elementary, but highly illuminating book [18]. For the functional equation let us concentrate on the case of non-trivial even characters. ¿From its series expansion it is clear that $L(s,\chi)$ is an analytic function on $\mathrm{Re}\, s > 1$. A straightforward calculation, using the definition of $\Gamma(x)$, shows that

$$\left(\frac{N}{\pi}\right)^{s/2}\Gamma(s/2)L(s,\chi) = \int_0^\infty F(x)x^{s/2-1}\,dx.$$

Now use the functional equation for $F(x)$ in the interval $[0, 1]$ and the substitution $x \to 1/x$ to obtain

$$\left(\frac{N}{\pi}\right)^{s/2}\Gamma(s/2)L(s,\chi) = \int_1^\infty F(x)x^{s/2-1}\,dx + \int_1^\infty F(x)x^{(1-s)/2-1}\,dx.$$

There are two crucial observations to be made about the right-hand side of the last equality. First, it can be continued analytically to all $s \in \mathbb{C}$, secondly, it is invariant under the substitution $s \to 1 - s$. Hence, $L(s,\chi)$ can be continued analytically to $\mathbb{C}$ ($\Gamma(s/2)$ has no zeros) and we have the functional equation

$$\left(\frac{N}{\pi}\right)^{s/2}\Gamma(s/2)L(s,\chi) = \left(\frac{N}{\pi}\right)^{(1-s)/2}\Gamma((1-s)/2)L(1-s,\chi)$$

for real, non-trivial, even characters χ. For odd χ we find, using the transformation formula of $G(x)$, that $(N/\pi)^{(s+1)/2}\Gamma((s+1)/2)L(s,\chi)$ is invariant under $s \to 1 - s$. The first to prove this functional equation, along different lines though, was Hurwitz. In #47 Stieltjes, gave the above proof and yet another one using a generalization of a formula by Legendre. Nowadays there exist many other ways to prove such functional equations and a beautiful interpretation was described in J. Tate's thesis (see [16,Ch VII]) using a so-called local to global principle.

3. Sums of Squares

Representing integers as sums of squares has been a problem of interest since the beginning of number theory. Fermat already proved that any prime p with $p \equiv 1 \pmod 4$ can be written as the sum of two squares. Lagrange, around 1770, proved the famous theorem that any positive integer can be written as the sum of four integral squares (0^2 included). Here we shall give a brief sketch of known results in this area, its relation to modular forms and place Stieltjes' contribution within this context.

Let $s \in \mathbb{N}$. For any $n \in \mathbb{Z}_{\geq 0}$ we denote by $r_s(n)$ the number

$$r_s(n) = \#\{(x_1, \ldots, x_s) \in \mathbb{Z}^s \mid n = x_1^2 + \cdots + x_s^2\}.$$

It will turn out to be possible to give a good description of $r_s(n)$ for $s \leq 8$. Before doing so we like to explain the connection with the theory of modular forms. Consider the so-called *theta function* $\theta(\tau)$ defined by

$$\theta(\tau) = \sum_{n \in \mathbb{Z}} q^{n^2} = 1 + 2 \sum_{n > 0} q^{n^2}, \quad q = e^{\pi i \tau}, \ \mathrm{Im}\,\tau > 0.$$

Then $\theta(\tau + 2) = \theta(\tau)$ and we have the beautiful functional equation discovered by Jacobi,

$$\theta(-\frac{1}{\tau}) = \sqrt{\frac{\tau}{i}}\theta(\tau).$$

The maps $\tau \mapsto \tau + 2$ and $\tau \mapsto -1/\tau$ generate a group Γ of automorphisms of the upper half plane $\mathcal{H}$ into itself, which can be described by

$$\tau \mapsto \frac{a\tau + b}{c\tau + d}, \quad a, b, c, d \in \mathbb{Z}, \quad a \equiv d \pmod 2, \ b \equiv c \pmod 2, \quad ad - bc = 1.$$

Under this group the function $\theta(\tau)$ transforms as

$$\theta(A(\tau)) = \theta(\frac{a\tau + b}{c\tau + d}) = \epsilon(A)\sqrt{c\tau + d}\,\theta(\tau)$$

for any $A \in \Gamma$ and where $\epsilon(A)$ is an eighth root of unity which can be determined explicitly. Because of this transformation law and its moderate behaviour near the points of $\mathbb{Q}$ we see that $\theta(\tau)$ is a *modular form* of weight $1/2$.

We obviously have,

$$\theta(\tau)^s = \sum_{n \geq 0} r_s(n) q^n, \quad q = e^{\pi i \tau}$$

and note that $\theta(\tau)^s$ is a modular form of weight $s/2$. There exist also other ways to construct modular forms, for example via Eisenstein series. Since the space of modular forms of given type has only finite dimension (sometimes 1!) this leads to interesting identities in the Fourier expansions of these forms. However, the theory of modular forms is a 20th century subject. In the 19th century many results on modular forms were discovered but they were not known by that name. Instead they belonged to the area of elliptic functions and elliptic moduli. In this context Jacobi discovered that

$$\theta(\tau)^2 = 1 + 4 \sum_{n \geq 0} \frac{(-1)^n q^{2n+1}}{1 - q^{2n+1}}$$

and

$$\theta(\tau)^4 = 1 + 8 \sum_{n \geq 1, 4 \nmid n} \frac{n q^n}{1 - q^n}.$$

Series which look like the right-hand sides of these two formulas are called *Eisenstein series*. Comparison of the Fourier expansions of these formulas allows us to conclude that for any $n \in \mathbb{N}$ we have

$$r_2(n) = 4 \sum_{d \mid n, d \text{ odd}} (-1)^{\frac{1}{2}(d-1)}$$

and

$$r_4(n) = 8 \sum_{d \mid n, 4 \nmid d} d.$$

When p is prime we now easily see that $r_2(p) = 8$ when $p \equiv 1 \pmod 4$ and $r_2(p) = 0$ when $p \equiv 3 \pmod 4$. We also observe that $r_4(n) > 0$ for all n, which is exactly Lagrange's theorem. Eisenstein made a number of observations on $r_6(n)$ and $r_8(n)$, which are confirmed by the two identities

$$\theta(\tau)^6 = 1 - 4 \sum_{m \geq 0} (-1)^m \frac{(2m+1)^2 q^{2m+1}}{1 - q^{2m+1}} + 16 \sum_{m \geq 1} \frac{m^2 q^m}{1 + q^{2m}}$$

and

$$\theta(\tau)^8 = 1 + 16 \sum_{m \geq 1} \frac{m^3 q^m}{1 - (-q)^m}.$$

It should be remarked that the derivation of these identities is more painful than the previous two. The evaluation of r_6, r_8 is of course an immediate consequence. In case $s = 8$ for example, we find

$$r_8(n) = \begin{cases} 16 \sum_{d \mid n} d^3 & \text{when } n \text{ is odd} \\ 16 \sum_{d \mid n, d \text{ even}} d^3 - 16 \sum_{d \mid n, d \text{ odd}} d^3 & \text{when } n \text{ is even} \end{cases}.$$

For even $s \geq 10$ there exist similar formula, but with an additional term which arises from the occurrence of cusp forms. Coefficients of cusp forms are relatively small, but usually have an irregular behaviour which is not easily described.

The case of odd s is far more difficult and was the object of much study in the 19th century. For example, in 1882 both H.J. Smith and H. Minkowski were awarded the "Grand Prix des Sciences Mathématiques" by the French Academy of Sciences on the subject of $r_5(n)$. The reason for the difficulty is that the $\theta(\tau)^s$ are now modular forms of half-integral weight, functions which are not so easily accessible. Only recently there has been progress in the area of half-integral weights with some very interesting applications to number theory (see for example N. Koblitz [10]). The results we describe will be for the numbers $R_s(n)$, the number of *primitive solutions* of $n = x_1^2 + \cdots + x_s^2$, that is solutions with $\gcd(x_1, \ldots, x_n) = 1$. We have trivially, $r_s(n) = \sum_{d^2 | n} R_s(n/d^2)$. For $s = 3$ we have Gauss' famous result that $R_3(1) = 6, R_3(3) = 8$ and for $n \neq 1, 3$,

$$r_3(n) = \begin{cases} 12h(-4n) & \text{if } n \equiv 1, 2, 5, 6 \pmod 8 \\ 24h(-n) & \text{if } n \equiv 3 \pmod 8 \end{cases}$$

where $h(-d)$ is the class number of primitive quadratic forms of discriminant $-d$. When $n \equiv 7 \pmod 8$ one easily checks that $R_3(n) = 0$ and when $4|n$ we have $R_3(n) = R_3(n/4)$. In 1921, G.H. Hardy [5] studied the problem of $r_s(n)$ for arbitrary $s \geq 5$ in a uniform way using his famous *circle method*. Hardy's result, when $s = 5$ and n odd, can be written in finite form as follows. Let $n = m^2 N$, where N is square-free. Then,

$$R_5(n) = C(N)S(N)m^3 \prod_{p|m, p \text{ prime}} \left(1 - \left(\frac{N}{p}\right) p^{-2}\right).$$

Here, $C(N) = -80, -80, -112, 80$ in case $N \equiv 1, 3, 5, 7 \pmod 8$ respectively and

$$S(N) = \begin{cases} \sum_{j=1}^{(N-1)/2} \left(\frac{N}{j}\right) j & \text{when } N \equiv 1 \pmod 4 \\ \sum_{j=1}^{(N-1)/2} (-1)^j \left(\frac{j}{N}\right) j & \text{when } N \equiv 3 \pmod 4 \end{cases}$$

When n is square-free we recover from these formulas the remarkable formula stated by Eisenstein [2] (without proof). When $n = p^2$ or p^4, where p is an odd prime, we recover **Stieltjes'** conjectures $r_5(p^2) = 10(p^3 - p + 1)$ and $r_5(p^4) = 10(p(p^2 - 1)(p^3 + 1) + 1)$ stated in #24. He freely admits having checked the latter only for $p = 3, 5, 7$ since, understandably, the computations become too laborious for larger p. Very shortly afterwards these conjectures were proved by Hurwitz. In #24 Stieltjes also derived the following formula. Let $n = 2^a N$ with N odd. Let $\sigma(m)$ be the divisor sum $\sum_{d|m} d$. Then

$$r_5(n) = 10 \frac{2^{3a+3} - 1}{2^3 - 1} (\sigma(N^2) + 2\sigma(N^2 - 2^2) + 2\sigma(N^2 - 4^2) + \cdots).$$

It is a consequence of the straightforward observation $r_5(n) = r_4(n) + 2r_4(n - 1^2) + 2r_4(n - 2^2) + \cdots$, Jacobi's formula for r_4, and an identity of Hermite between certain modular forms of weight $5/2$. It seems that some of these results were found earlier by Liouville, as admitted by Stieltjes in #27. In the same paper Stieltjes also makes a number of remarks concerning $r_7(n)$, the most difficult case when $s \leq 8$. Nowadays we can start with Hardy's result and after some reshaping one obtains a formula which we only state for odd n. Put $n = m^2 N$ with N square-free. Then $R_7(1) = 14$, $R_7(3) = 280$ and when $n > 3$,

$$R_7(n) = \left(A(N)S(N) + B(N)N^2 f(N)\right)m^5 \prod_{p|m,\, p \text{ odd}} \left(1 - \left(\frac{-N}{p}\right)p^{-3}\right).$$

Here $A(N) = -112, -560, 112, -592$, $B(N) = 28, 280, 28, 0$ in the cases $N \equiv 1, 3, 5, 7 \pmod 8$ respectively, $f(N)$ is the class number of the field $\mathbb{Q}(\sqrt{-N})$ and

$$S(N) = \begin{cases} \sum_{j=1}^{(N-1)/2} \left(\dfrac{j}{N}\right)j^2 & \text{when } N \equiv 1 \pmod 4 \\[2mm] \sum_{j=1}^{(N-1)/2}(-1)^j \left(\dfrac{j}{N}\right)j^2 & \text{when } N \equiv 3 \pmod 4 \end{cases}$$

A detailed account of the computation of $r_s(n)$ is given in E. Grosswald's interesting book [4] which is entirely dedicated to sums of squares. However, the formulas for $s = 5, 7$ given above cannot be found there, but were computed by the author for the purpose of this article.

4. Riemann Zeta Function

Although the name *Riemann zeta function* suggests otherwise, it was really Euler who first studied the function

$$\zeta(s) = \sum_{n \geq 1} \frac{1}{n^s}$$

where the series converges for all complex s with $\operatorname{Re} s > 1$. In this domain we have the so-called Euler product

$$\zeta(s) = \prod_{p \text{ prime}} \frac{1}{1 - p^{-s}} \tag{4.1}$$

which already indicates the significance of $\zeta(s)$ for the study of prime numbers. For example, Euler remarked that if we let $s \downarrow 1$, then $\zeta(s) \to \infty$, which is only possible if the number of factors in the product in (4.1) is infinite, hence there are infinitely many primes. A more careful analysis of this principle yields

$$\sum_{\substack{p \text{ prime} \\ p \leq X}} \frac{1}{p} \leq \log\log X - 0.5$$

for any $X > 1$. Euler was also able to interpret $\zeta(s)$ at the negative integer values $k = -1, -2, -3, \ldots$ as the limit

$$(1 - 2^{k+1}) \lim_{x \uparrow 1} \sum_{n \geq 1} (-1)^{n-1} n^k x^n.$$

He discovered a remarkable relationship between $\zeta(-k)$ and $\zeta(k+1)$ which is a special case of the functional equation (4.2).

Riemann was the first to study $\zeta(s)$ via complex analytic methods in his classical and beautiful paper [12]. Here we find the integral representation

$$\Gamma(s/2)\pi^{-s/2}\zeta(s) = \int_0^\infty \theta(ix)x^{-1+s/2}dx$$

valid for all s in $\text{Re}s > 1$ and where $\theta(\tau)$ is the classical theta function discussed in the previous section. Using the functional equation $\theta(-1/\tau) = \sqrt{\tau/i}\theta(\tau)$ one easily finds

$$\Gamma(s/2)\pi^{-s/2}\zeta(s) = -\frac{1}{s(1-s)} + \int_1^\infty (x^{-1+s/2} + x^{-1+(1-s)/2})\theta(ix)dx.$$

Two things can be inferred from this identity. First, $\zeta(s)$ can be extended analytically to $\mathbb{C}$, except at $s = 1$, where $\zeta(s)$ has a first order pole. Secondly, the expression on the right is invariant under the substitution $s \rightarrow 1 - s$ and hence,

$$\Gamma(s/2)\pi^{-s/2}\zeta(s) = \Gamma((1-s)/2)\pi^{(1-s)/2}\zeta(1-s) \qquad (4.2)$$

known as the functional equation of $\zeta(s)$. This observation of Riemann stood as a model for the derivation of the functional equations for $L(s, \chi)$ as given in the previous section.

Because of the Euler product the behaviour of $\zeta(s)$ in the region $\text{Re}s > 1$ is very tame. As a consequence of the functional equation we see that $\zeta(s)$ is also well-behaved in $\text{Re}s < 0$. Another consequence of (4.2) is that $\Gamma(s/2)\zeta(s)$ is holomorphic at the points $s = -2, -4, -6, \ldots$. Since $\Gamma(s/2)$ has poles at these points the function $\zeta(s)$ must necessarily vanish at the even negative integers. These are the so-called *trivial zeros*. The region where $\zeta(s)$ has its mysterious and most crucial behaviour is in the critical strip $0 \leq \text{Re}s \leq 1$. For example, Riemann considered it very likely that all zeros of $\zeta(s)$ in the critical strip are precisely on the critical line. It is now known that the first billion zeros with smallest positive imaginary part are indeed on the critical line but up to this day no one has been able to prove Riemann's hunch. This is now one of the most notorious problems in mathematics, known as *Riemann's hypothesis*.

Let us indicate the importance of the zeros of $\zeta(s)$ with respect to the distribution of prime numbers. Using the Euler product one easily finds that for all $\text{Re}s > 1$,

$$-\frac{\zeta'(s)}{\zeta(s)} = \sum_{p \text{ prime}} \frac{\log p}{p^s - 1} \tag{4.3}.$$

We use the observation that

$$\int_{c-i\infty}^{c+i\infty} \frac{x^s}{s} ds = \begin{cases} 2\pi i & \text{if } x > 1 \\ 0 & \text{if } x < 1 \\ \pi i & \text{if } x = 1 \end{cases}$$

for any $c > 0$. As a consequence, for any non-integral $X > 1$, any $c > 1$ and any prime p,

$$\int_{c-i\infty}^{c+i\infty} \frac{1}{p^s - 1} X^s ds = \sum_{k=1}^{\infty} \int_{c-i\infty}^{c+i\infty} p^{-sk} X^s ds = 2\pi i \sum_{p^k < X} 1 = 2\pi i \left[\frac{\log X}{\log p} \right].$$

Multiply (4.3) by X^s/s and integrate over the vertical line with real part $c > 1$,

$$-\frac{1}{2\pi i} \int \frac{\zeta'(s)}{\zeta(s)} \frac{X^s}{s} ds = \sum_{p \text{ prime}} \log p \left[\frac{\log X}{\log p} \right]. \tag{4.4}.$$

The right hand side of (4.4) is usually denoted by $\Psi(X)$ and can be interpreted as the logarithm of the lowest common multiple of all integers $\leq X$ with the provision that if X is a power of a prime p, the common multiple must be divided by $\sqrt{p}$. Let $\pi(X)$ be the number of primes $\leq X$. Then the following equivalence is elementary to prove,

$$\lim_{X \to \infty} \frac{\Psi(X)}{X} = 1 \iff \lim_{X \to \infty} \frac{\log X \pi(X)}{X} = 1.$$

The second limit is known as the *prime number theorem* and was first proved independently by De la Vallée-Poussin and Hadamard in 1899. To point out the relation between arithmetic functions like $\Psi(X), \pi(X)$ and the zeros of $\zeta(s)$ we let $c \downarrow -\infty$ in (4.4). Without going into the very tricky convergence problems we see that, as $c \downarrow -\infty$ the integral picks up the residues at the poles of $\zeta'(s)/\zeta(s)$ that is, $s = 1, s = 0$, the trivial zeros of $\zeta(s)$ and the zeros in the critical strip. We obtain

$$\Psi(X) = X - \sum_{\rho} \frac{X^\rho}{\rho} - \frac{1}{2} \log\left(1 - \frac{1}{X^2}\right) - \frac{\zeta'}{\zeta}(0)$$

where the sum $\sum_\rho$ is over all zeros ρ in the critical strip ordered with increasing $|\text{Im}\rho|$. This formula is known as Von Mangoldt's second theorem. The term X comes from $s = 1$, $\zeta'(0)/\zeta(0)$ from $s = 0$ and the log-term comes from the trivial zeros of $\zeta(s)$. The interest of this formula lies, among others, in the fact that it expresses the arithmetic function $\Psi(X)$, connected with the distribution of primes, with the zeros of an analytic function. As far as $\pi(X)$ is concerned, via a subtle analysis one can show that the truth of Riemann's hypothesis implies

$$\pi(X) = \int_2^X \frac{dt}{\log t} + O(X^{1/2+\epsilon})$$

for any $\epsilon > 0$. The constant implied in the O-symbol depends of course on ϵ. This equality is much more refined than the coarse prime number theorem. For the proof of the latter one only needs to know that there are no zeros on the line Re$s = 1$. For a concise proof see [11]. For much more on the properties of $\zeta(s)$ we refer to [14] or [7].

Let us now turn to **Stieltjes'** observations in #44. He rewrote the Euler product as

$$\frac{1}{\zeta(s)} = \prod_{p \text{ prime}} (1 - p^{-s})^{-1} = \sum_{n \geq 1} \frac{\mu(n)}{n^s} \tag{4.5}$$

where $\mu(n)$ is Möbius' function defined by $\mu(n) = 0$ if n is divisible by a square > 1 and if n is square-free, $\mu(n) = (-1)^t$ where t is the number of prime factors in n. Stieltjes merely states that the sum over n converges whenever Re$s > 1/2$, hence $1/\zeta(s)$ cannot have poles in this region from which the truth of Riemann's hypothesis follows. For the reasons why Stieltjes believed in the convergence of the series in (4.5) we like to refer to H.J.J. te Riele's contribution. There it will become clear that Stieltjes' assertion is far from proved yet.

References

1. Cohen H.: Sums involving the values at negative integers of L-functions and quadratic characters. Math. Ann. **217** (1975) 271–285
2. Eisenstein G.: Note sur la représentation par la somme de cinq carrés. J. Reine Angew. Math. **35** (1847) 368
3. Gelbart S.: An elementary introduction to the Langlands program. Bull. Am. Math. Soc. **10** (1984) 177–220
4. Grosswald E.: Representations of integers as sums of squares. Springer, New York Berlin Heidelberg 1985
5. Hardy G.H.: On the representation of a number as a sum of any number of squares and in particular 5. Trans. Am. Math. Soc. **17** (1920) 255–284
6. Hardy G.H., Wright E.M.: An introduction to the theory of numbers, fifth edn. Clarendon Press, Oxford 1979
7. Ivic A.: The Riemann zeta function. Wiley & Sons, New York London Sydney 1985
8. Ireland K., Rosen M.: A classical introduction to modern number theory. Springer, New York Berlin Heidelberg 1982
9. Iyanaga S.: Theory of numbers. North-Holland, Amsterdam New York 1975
10. Koblitz N.: Introduction to elliptic curves and modular forms. Springer, New York Berlin Heidelberg 1984
11. Newman D.J.: A simple analytic proof of the prime number theorem. Amer. Math. Monthly **87** (1980) 693–696
12. Riemann B.: Über die Anzahl der Primzahlen unter einer gegebenen Grösse. Mathematische Werke (H.Weber). Teubner, Leipzig 1876
13. Serre J.P., Stark H.: Modular forms of weight 1/2. Lecture Notes in Math. **627** (1976) 27–67

14. Titchmarsh E.C.: The theory of the Riemann zeta function. Oxford University Press 1951
15. Weil A.: La cyclotomie, jadis et naguère. Enseign. Math. **20** (1974) 247–263. Also in A.Weil, Œuvres scientifiques, Vol III, 311–327. Springer, New York Berlin Heidelberg 1979
16. Weil A.: Basic number theory. Springer, New York Berlin Heidelberg 1974
17. Wyman B.F.: What is a reciprocity law? Amer. Math. Monthly **79** (1972) 571–586
18. Zagier D.: Zetafunktionen und kwadratische Körper. Springer, New York Berlin Heidelberg 1981
19. Zagier D.: Nombres de classes et forms modulaires de poids 3/2. C. R. Acad. Sci. Paris **281** (1975) 883–886

The Stieltjes Integral, the Concept
that Transformed Analysis

Wilhelmus A. J. Luxemburg

1. Introduction

In the groundbreaking work [13] of Stieltjes concerning the theory of continued fractions, Stieltjes investigated among other things the convergence of
continued fractions in the complex plane $\mathbb{C}$ of the form

$$[0; a_1 z, a_2, a_3 z, a_4, \ldots, a_{2n}, a_{2n+1} z, \ldots] := \cfrac{1}{a_1 z + \cfrac{1}{a_2 + \cfrac{1}{\ldots}}} \qquad (1.1)$$

with constants $a_n \geq 0$ $(n = 1, 2, \ldots)$ and $z \in \mathbb{C}$.

In case the infinite series $\sum_{n=1}^{\infty} a_n$ is convergent, Stieltjes showed that
(1.1) does not converge but that the even and odd finite continued fractions
$[0; a_1 z, a_2, \ldots, a_{2n-1} z, a_{2n}]$ and $[0; a_1 z, a_2, \ldots, a_{2n-2}, a_{2n-1} z]$ converge to distinct meromorphic functions $F_1(z)$ and $F_2(z)$ respectively that can be repre-
sented in the form

$$F_1(z) = \sum_{i=1}^{\infty} \frac{\mu_i}{z + \lambda_i} \quad \text{and} \quad F_2(z) = \frac{\nu_0}{z} + \sum_{i=1}^{\infty} \frac{\nu_i}{z + \theta_i}, \qquad (1.2)$$

where the constants $\mu_i, \lambda_i, \nu_i, \theta_i$ $(i = 0, 1, 2 \ldots)$ are all non-negative.

It was known at that time that the continued fraction (1.1) has an asymptotic expansion of the form

$$\sum_{n=0}^{\infty} (-1)^n \frac{c_n}{z^{n+1}} \qquad (1.3)$$

with positive coefficients c_n, $n = 0, 1, 2 \ldots$. From this it follows easily that the
coefficients c_k of the asymptotic expansion (1.3) can be expressed in terms of
the constants μ_i, λ_i, ν_i and $\theta_i (\theta_0 - 0)$ by means of the formulas.

$$c_k = \sum_{i=1}^{\infty} \mu_i \lambda_i^k \ (k = 0, 1, 2, \ldots) \quad \text{and} \quad c_k = \sum_{i=0}^{\infty} \nu_i \theta_i^k \ (k = 0, 1, 2, \ldots). \qquad (1.4)$$

The formulas for the coefficients c_k $(k = 0, 1, 2, \ldots)$ in (1.4) can be interpreted
to mean that the c_k's are the moments of the point mass distributions with

mass μ_i concentrated at the points λ_i as well as the moments of the point mass distributions with mass ν_i concentrated at the points θ_i respectively. From this Stieltjes concluded that if the infinite series $\sum_{n=1}^{\infty} a_n$ is convergent then the moment problem for the sequence of coefficients of the asymptotic expansion (1.3) of the continued fraction expansion (1.1) has a solution, although not a unique solution.

In case the infinite series $\sum_{n=1}^{\infty} a_n$ is divergent, Stieltjes showed that the continued fraction expansion (1.1) converges to a function F which is analytic in the complex plane minus the negative real x-axis and 0. In order to find the relationship between the coefficients c_k $(k = 0, 1, 2, \ldots)$ of the asymptotic expansion (1.3) of (1.1) and the limit function F of (1.1) in this case, Stieltjes hit upon the idea to consider the moments of a general continuous mass distribution that need not even possess a density. For positive mass distributions with smooth densities, say f, and satisfying certain growth restrictions at infinity (see [13], sections 55 and 56) it is easy to show that the asymptotic expansion (1.3) with coefficients $c_k := \int_0^\infty u^n f(u)\, du$ $(n = 0, 1, 2, \ldots)$ is the asymptotic expansion of the function

$$F(z) = \int_0^\infty \frac{f(u)\, du}{z + u}$$

whose continued fraction expansion (1.1) has positive coefficients a_n $(n = 1, 2, \ldots)$ for which the infinite series $\sum_{n=1}^{\infty} a_n$ is divergent. For the case that $f(u) = e^{-u}$ $(u \geq 0)$ Laguerre studied already the behaviour of the continued fraction of $F(z)$ for z real and positive. Stieltjes, however, discussed for the first time the behaviour of $F(z)$ for all complex values of z minus the negative real axis. He showed, in fact, that the coefficients c_k in (1.3) satisfy $c_k = k!$ $(k = 0, 1, 2, \ldots)$ and the corresponding continued fraction expansion of the function

$$F(z) = \int_0^\infty \frac{e^{-u}}{z + u}\, du$$

is the continued fraction $[0; z, 1, \frac{1}{2}, \frac{z}{2}, \frac{1}{3}, \frac{z}{3}, \ldots]$. This example shows that the coefficients $c_k = \int_0^\infty u^k e^{-u}\, du$ $(k = 0, 1, 2\ldots)$ are the moments of the positive mass distribution with density e^{-u} $(u \geq 0)$. To define the moments of a general mass distribution Stieltjes introduced a new integration procedure namely of integrating a function with respect to a mass distribution which need not be linear.

2. The Stieltjes Integral

In order to define the moments of a general mass distribution, Stieltjes first needed to clarify what he meant by a positive mass distribution. To this end, Stieltjes states that such a mass distribution say on the half-line $\{x \in \mathbb{R} : x \geq 0\}$ is completely determined when the total mass of every segment $[0, x]$

is known. Since the total mass of $[0, x]$ is obviously an increasing function of x and since conversely every increasing function $\varphi(x)$, $x \geqq 0$ defines a mass distribution $\varphi(x) - \varphi(0)$ on the segments $[0, x]$, the problem of defining the moments of a positive mass distribution is reduced to the problem of defining the moments of an increasing function as seen as an interval function. This led Stieltjes to introduce the following definition. Given an increasing (non-decreasing) function φ on the interval $[a, b]$, the moments of order $k = 0, 1, 2, \ldots$ of the mass distribution determined by φ are defined as the limits of the sums

$$\sum_{i=1}^{n} \xi_i^k \left(\varphi(x_i) - \varphi(x_{i-1}) \right), \quad k = 0, 1, 2, \ldots \tag{2.1}$$

as $\|\Pi\|$ tends to zero, where $\|\Pi\|$ is the norm of the partition $\Pi(x_0, x_1, \ldots, x_n)$ of $[a, b]$ with

$$a_0 = x_0 < x_1 < x_2 < \cdots < x_{n-1} < x_n = b$$

and for all $i = 1, 2, \ldots, n$, $\xi_i \in [x_{i-1}, x_i]$.

More generally, Stieltjes defines the integral of a function f defined on $[a, b]$ with respect to a mass distribution determined by an increasing (non-decreasing) function φ as the limit of the corresponding sums of (2.1) of the form:

$$\sum_{i=1}^{n} f(\xi_i) \left(\varphi(x_i) - \varphi(x_{i-1}) \right) \tag{2.2}$$

as $\|\Pi\|$ tends to zero; and Stieltjes denotes the limit by

$$\int_a^b f(u) \, d\varphi(u). \tag{2.3}$$

Stieltjes defines the general moment problem for an interval $[a, b]$ to be the problem: Given an infinite sequence of positive numbers $\{c_k : k = 0, 1, 2, \ldots\}$ find necessary and sufficient conditions for the existence of a non-decreasing function φ on $[a, b]$ such that for all $k = 0, 1, 2, \ldots$,

$$c_k = \int_a^b u^k \, d\varphi(u).$$

Returning now to the problem of the convergence of the continued fraction (1.1) for the case that $\sum_{n=1}^{\infty} a_n$ is convergent, Stieltjes showed that the sequence $\{c_k : k = 0, 1, 2, \ldots\}$ defining the asymptotic expansion of the limit F of (1.1) is the sequence of moments of a positive mass distribution $d\varphi$ on $[0, \infty]$ and that

$$F(z) = \int_0^{\infty} \frac{d\varphi(u)}{u + z},$$

where $z \neq x$, $x \leqq 0$.

Stieltjes' brilliant solution of the general moment problem and its application to the convergence problem of the continued fraction expansion all based

59

upon his new concept of integration has had profound impact on the development of analysis, in particular, integration theory. We shall discuss briefly how this came about in the next two sections.

3. Integration Theory

For all practical purposes, throughout most of the seventeenth and eighteenth century integrating a function meant to determine a primitive of the function in the form of an analytic expression involving elementary functions. Around the beginning of the nineteenth century the need arose to integrate functions the primitives of which were not known to be expressible in terms of elementary functions. It was Cauchy who in 1823 in his "Résumé des leçons données à l'École Royale Polytechnique sur le calcul infinitésimal" [2], revived Leibniz' original idea to define the inverse operation of differentiation as the summation of infinitely many infinitely small increments. This led Cauchy to define the integral of a function f defined on the interval $[a, b]$ as the limit of the sums defined in (2.2) for the case $\varphi(x) = x$. He showed that if f is continuous, a concept Cauchy had introduced for the first time in his Cours d'Analyse of 1821 [1], the Cauchy sums in (2.2) with $\varphi(x) = x$ converge and he denoted the limit by

$$\int_a^b f(u)\,du.$$

The integral $\int_a^b f(u)\,du$ was called a definite integral by Cauchy ([2], p.125). The principal motivation for the definition of the definite integral by Cauchy was that it provided Cauchy with a procedure, although a limiting one, to define for his class of continuous functions f a primitive F in the form $\int_a^x f(u)\,du$. Thus showing that every continuous function possesses a primitive even if it cannot be expressed or is not known to be expressible by an analytical formula in terms of elementary functions.

Stieltjes' definition of his integral strongly suggests that he must have been guided by Cauchy's definition of the definite integral of a function rather than by the more general concept of integrability that had been introduced by Riemann in 1854. Nevertheless, in a sense Stieltjes must have been familiar with the new trends in the theory of integration. One may be able to convince oneself from the following statement contained in his paper [13] after the integral (2.3) had been introduced, namely: *"Nous aurons à considérer seulement quelques cas très simples comme $f(u) = u^k$, $f(u) = \dfrac{1}{u+z}$, et il n'y a pas intérêt à donner toute sa généralité à la fonction $f(u)$. Ainsi il suffira, par exemple, de supposer la fonction $f(u)$ continue, et alors la démonstration ne présente aucune difficulté, et nous n'avons pas besoin de la développer, puisqu'elle se fait comme le cas ordinaire d'une intégrale definie".*[1]

---

[1] (translation) "We only need to consider some very simple cases as $f(u) = u^k$, $f(u) = \dfrac{1}{z+u}$, and there is no need to take the function $f(u)$ as general as possible.

It is of some interest to note that Stieltjes neither in the above statement nor in any other part of his paper that deals with the presentation of his integral refers to Cauchy or Riemann.

More astonishing is the fact that for almost fifteen years Stieltjes' definition of the integral of a function with respect to a general mass distribution remained unnoticed by the specialists in the field of integration. For instance, in H. Lebesgue's first edition of his fundamental treatise "Leçons sur l'intégration et la recherche des fonctions primitives" that appeared in 1904, a decade later, the Stieltjes integral is not mentioned at all. Finally when, some fifteen years later, in 1909 there appeared a note in the Comptes Rendus ([11], see also [12]) by F. Riesz that deals with the representation problem of the continuous linear functionals on the space $C[a, b]$ of continuous functions the Stieltjes integral entered the new field of linear analysis. To put this in its proper perspective, it is important to mention that in a note by J. Hadamard [6] that appeared in 1903 the same problem had been treated. In this note, Hadamard shows that if Φ is a continuous linear functional on $C[a, b]$, then Φ can be represented in the form

$$\Phi(f) = \lim_{n \to \infty} \int_a^b f(u) H_n(u) \, du, \quad f \in C[a, b], \tag{3.1}$$

and where for all $n = 1, 2, \ldots, H_n(u) := \Phi(w_n(.; u)), u \in \mathbb{R}$, and $w_n(x; u) := \frac{n}{\sqrt{\pi}} exp\left(-n^2(u - x)^2\right)$.

This representation is based on a theorem of Weierstrass that if $f \in C[a, b]$, then the sequence of analytic functions

$$\frac{n}{\sqrt{\pi}} \int_a^b f(u) \, exp\left(-n^2(u - x)^2\right) du \quad (n = 1, 2, \ldots)$$

converges uniformly to f on $[a, b]$ as $n \to \infty$. We mention in passing that this result of Weierstrass is the fundamental result from which the Weierstrass approximation theorem (1855) can be deduced.

F. Riesz, however, by employing Stieltjes integrals presented in his 1909 note [11] (see also [4] and [12]) a far more satisfactory solution of the representation problem for continuous linear functionals on $C[a, b]$. Using the Jordan decomposition theorem for functions of bounded variation, Riesz showed first that the definition of Stieltjes of integrating functions with respect to increasing functions extends immediately by linearity to integrating functions with respect to functions of bounded variation. Moreover, for every function φ of bounded variation defined on $[a, b]$, the Stieltjes integral

$$\int_a^b f(u) \, d\varphi(u), \quad f \in C[a, b],$$

Thus it is sufficient, for instance, to suppose that the function $f(u)$ is continuous, and then the proof gives no difficulty at all, and we need not to develop it, since it goes analogous to the ordinary case of a definite integral."

considered as a function of its integrand f defines a continuous linear functional on $C[a, b]$. Riesz showed, however, that the nontrivial converse to this result holds, that is, given a continuous linear functional Φ on $C[a, b]$, then there exists a function of bounded variation φ on $[a, b]$ such that for all $f \in C[a, b]$,

$$\Phi(f) = \int_a^b f(u) \, d\varphi(u).$$

There is no question that through this important result of F. Riesz, the Stieltjes integral attracted the attention of the specialists in the field of integration and beyond. For instance, the result of F. Riesz formed the main motivation of a brief note by H. Lebesgue [8] that appeared later in 1910 with the sole purpose of showing how the Stieltjes integration procedure can be reconciled with Lebesgue's own revolutionary new integration procedure. From a historical point of view it is of interest to note that at that time Lebesgue did not make the connection between the two integration procedures via the notion of an additive set function, but rather, by means of a change of variable approach. In fact, Lebesgue expressed in his note [8] the opinion that it was probably a very difficult problem to reconcile the two integration procedures other than by a change of variables. To this end, Lebesgue first showed that if the function of bounded variation φ is absolutely continuous, then for all $f \in C[a, b]$ we have

$$\int_a^b f(u) \, d\varphi(u) = \int_a^b f(u) \varphi'(u) \, du, \tag{3.2}$$

where the last integral is the Lebesgue integral of the Lebesgue integrable function $f.\varphi'$. For a general function of bounded variation Lebesgue remarked that it is sufficient to introduce a new variable $t = t(u)$, $u \in [a, b]$, in such a way that $\varphi(u(t))$ is absolutely continuous. To accomplish this Lebesgue proves that one can take for t the arclength function determined by the graph of φ or simpler one can take $t = u + v(u)$, $u \in [a, b]$, where $v = v(u)$ is the total variation function of φ. In that case, the inverse function $u = u(t)$, appropriately defined at the points of discontinuity of v, satisfies a Lipschitz condition and it is then readily verified that $\varphi(u(t))$ is an absolutely continuous function of t and (3.2) reduces to

$$\int_a^b f(u) \, d\varphi(u) = \int_a^{b+v(b)} f(u(t)) (\varphi(u(t)))' \, dt.$$

In a subsequent paper [9] that appeared in the same year, Lebesgue discussed the problem of how to extend his theory of integration for functions of one variable to functions of several variables. The approach Lebesgue took in this paper to characterize the "indefinite integral" for functions of several variables was strongly influenced by earlier work of Vitali. Around 1907 Vitali [14] sought to generalize his important characterization of functions of one variable defined by indefinite Lebesgue integrals as absolutely continuous functions to functions of two or more variables. In the course of his investigations Vitali was led to define the increment of a function F of two variables over a rectangle and showed that if this function of the rectangle defined by F has the absolute continuity property, i.e., the sum of the increments over a union of disjoint rectangles tends to zero with the sum of their areas, then there exists an "integrable" function f such that the integral of f over every rectangle R is equal to the increment of F over R. This led Lebesgue to observe that in the n-dimensional case the "indefinite integral" of an integrable function should be defined by its values of its integral over the measurable subsets E of $\mathbb{R}^n$, i.e.

$$F(E) := \int_E f(P)\,dP,$$

as a set function rather than a point function. Lebesgue characterized such set functions as what are nowadays referred to as absolutely continuous set functions. In view of his earlier result connecting the Stieltjes integral with his own, Lebesgue expressed the view that in the n-dimensional case the set function approach may be a more appropriate way to establish the relationship between the n-dimensional Stieltjes integral and the Lebesgue integral. This was finally accomplished in 1913 by J. Radon [10], not by a transformation of variables, but by showing that the concept of integration with respect to a general set function (finite countably additive measure) was central in the definition of a general integral that would contain the definitions of Stieltjes and Lebesgue as special cases. In his investigations Radon was strongly influenced by Lebesgue's paper [8]. It strongly suggested to Radon that the notion of a set function was central in the theory of integration. From that time on the development of the theory of integration took a rapid course and in a short period of time it evolved into what is nowadays known as the abstract theory of measure and integration.

There is no question at all about the important role the revolutionary work of H. Lebesgue has played in this development. When then, almost twenty five years later, in 1928 the second edition of his book "Leçons sur l'intégration et la recherche des fonctions primitives" appeared, the new edition was enhanced with a new chapter entirely devoted to the Stieltjes integral and its properties. This chapter contains a section ([7], Chap. IX, IV, p. 290–296) entitled: "Signification physique de l'intégrale de Stieltjes" which reviews a note by Cauchy published as an Exercise d'Analyse [3] to show that the physical meaning of the "Stieltjes integral" was already touched upon by Cauchy and Lebesgue states ([7], p. 290): *"Mais la signification de l'intégrale de Stieltjès est bien nettement donnée par Cauchy qui avait, avant Stieltjès, considéré l'intégration par rapport à une fonction; bien plus amplement que Stieltjès, au point de vue physique, mais sous une forme moins précise, au point de vue logique."*. [2]

---

[2] (translation) "The significance of the Stieltjes integral is indeed very clearly given by Cauchy who had, before Stieltjes, considered the integration with respect to a function; in a much more general context than Stieltjes, from a physical point of view, but in a less precise form, from a mathematical point of view."

Wilhelmus A. J. Luxemburg

In view of Lebesgue's opinion concerning the origin of the Stieltjes integral the following quotations taken from the preface of the second 1928-edition of his book [7] concerning the omission of a treatment of the Stieltjes integral in the first edition of 1904 and the priority question are of historical interest.

"Si, pourtant, je n'ai pas traité des fonctions de plusieurs variables, c'est que les lecteurs de cette Collection peuvent se reporter à un excellent livre de M. de la Vallée Poussin et que s'offrait à moi une généralisation de l'intégrale bien autrement vaste: l'intégrale de Stieltjès.

A la vérité, c'est presque commettre un contresens que de traiter actuellement de l'intégrale de Stieltjès en se limitant aux fonctions d'une seule variable. J'ai cru pourtant pouvoir le faire; je me suis contenté d'indiquer la signification physique générale de l'intégrale de Stieltjès." [3]

and further on:

"Pour mieux faire comprendre la totalisation de M. Denjoy, je l'ai généralisée à la manière dont Stieltjès avait généralisé l'intégration ordinaire. A ceci se rattachent des problèmes qui attendent encore une solution.

Mais à quoi servent toutes ces études? Elles auraient été fort utiles même si elles n'avaient eu pour effet que de fixer notre attention sur l'intégration et la dérivation assez pour que nous ayons reconnu ceci: l'intégration est toujours une opération analogue à celle qu'il faut faire pour calculer la quantité de chaleur nécessaire pour élever un corps de 1°, en fonction des masses de ses parties et de leurs chaleurs spécifiques; la dérivation est l'opération inverse. Ces opérations relient deux grandeurs attachées à ces corps et une fonction attachée aux points de ces corps.

"Comment, dira-t-on peut-être, vous ne saviez pas cela?" Qu'on ne s'attende pas à obtenir aussi facilement mes aveux: "Je le savais, je le savais très bien." Pourtant, si je l'avais su en 1903 aussi parfaitement bien que maintenant, je n'aurais pas omis de parler de l'intégrale de Stieltjès dans la première édition de ce livre. Et il faut croire que cette omission n'a pas généralement paru très grave, car aucun de ceux qui m'ont fait l'honneur de faire un compte rendu de mon livre ne l'a signalée.

J'ai dit l'intégrale de Stieltjès; n'aurais-je pas dû dire l'intégrale de Cauchy? Cauchy a, en effet, très nettement exposé l'importance et la signification physique de la nouvelle intégration prise dans toute sa généralité, alors que Stieltjès a surtout défini logiquement la nouvelle opération, dans le cas seulement d'une variable. Je n'ai pas cru devoir changer la dénomination adoptée. Si je l'avais fait, aurait-il fallu prendre le nom du premier inventeur actuellement connu ou le nom de celui qui a donné à l'intégrale la définition la plus

---

[3] (translation) "I have, after all, not treated functions of several variables because the readers of this Collection can be referred to an excellent book of de la Vallée Poussin and because I came across quite a comprehensive generalization of the integral: the Stieltjes integral.

Indeed, it is almost making a mistake to treat the Stieltjes integral now only for functions of one variable. However I have thought I could do it; I am content with indicating the general physical meaning of the Stieltjes integral."

large, actuellement connue? De toute façon l'attribution eût été inexacte et injuste; autant s'en tenir aux inexactitudes consacrées." [4]

4. Spectral Theory

The formulation of the general moment problem and its solution by Stieltjes by means of the Stieltjes integral had a profound impact on the development of, what is known nowadays, as the spectral theory of linear transformations.

In a series of six papers by D. Hilbert which appeared during the period from 1904 through 1910 entitled "Grundzüge einer allgemeinen Theorie der linearen Integralgleichungen" collected in the book [5] that appeared in 1912, Hilbert introduced a new method in the theory of integral equations based on his theory of symmetric quadratic forms in infinitely many variables. In the course of these investigations Hilbert showed that the well-known finite dimensional result that every self-adjoint matrix is unitarily equivalent with a diagonal matrix has a natural version for infinite self-adjoint matrices. In fact, Hilbert showed that if T is a bounded self-adjoint and compact linear transformation on the space $l^2(\mathbb{N})$ of square-summable infinite sequences of complex numbers, then there exists a unitary transformation U on $l^2(\mathbb{N})$ such that for all $x \in l^2(\mathbb{N})$,

$$(TUx, Ux) = \sum_{n=1}^{\infty} \lambda_n x_n^2,$$

---

[4] (translation) "In order to make the totalization of Denjoy better to understand, I have generalized it in the way Stieltjes had generalized the ordinary integration. This leads to problems which still wait for a solution.

What is the purpose of all these studies? They should have been very useful even if they only had had the effect of calling our attention to integration and differentiation, so that we would have noticed the following: integration always is an operation similar to that one must perform for calculating the amount of heat necessary to increase the temperature of a body with 1°, as a function of the masses of its parts and their specific heats; differentiation is the inverse operation. These operations link two quantities attached to these bodies and a function attached to the points of these bodies.

"Why, people perhaps say, did you not know that?". Don't expect to obtain my agreement so easily: "I knew it, I knew it very well". However, if I had known it in 1903 as perfectly well as nowadays, I would not have omitted to discuss the Stieltjes integral in the first edition of this book. And one must believe that this omission has not appeared generally very serious, for no one of those who have done me the honour to review my book has noticed it.

I have said "Stieltjes integral"; should'nt I have had to say "Cauchy integral"? Cauchy has, indeed, explained very clearly the importance and the physical meaning of the new integration, taken in its full generality, while Stieltjes especially has defined the new operation in a mathematical way, and only in the case of one variable. I have not thought being obliged to change the adopted terminology. If I had done it, should I have taken the name of the first inventor presently known, or the name of him who has given the most general definition, which is presently known, of the integral? Anyway the attribution would have been inexact and unjust; in other words, leave it at the consecrated inexactitudes."

where the coefficients λ_n $(n = 1, 2, \ldots)$ are the eigenvalues of T. If T is not compact, Hilbert observed, inspired by Stieltjes' solution of the moment problem (see [4], p.109) that in an analogous fashion one may have to take into account that the spectrum of T may contain a continuous part in addition to the point spectrum of T (i.e. its set of eigenvalues). Employing the concept of the Stieltjes integral, Hilbert showed if T is a bounded self-adjoint linear transformation of $l^2(\mathbb{N})$, then the spectral measure

$$(E(\lambda; T)x, x), \quad x \in l^2(\mathbb{N}), \quad -\infty < \lambda < \infty,$$

where $E(\lambda; T)$ is the spectral resolution of T with respect to the identity, may contain a continuous part and that the corresponding Hermitian quadratic form (Tx, x), $x \in l^2(\mathbb{N})$ associated with T can be expressed by the Stieltjes integral

$$(Tx, x) = \int_m^M \lambda \, d(E(\lambda; T)x, x), \, x \in l^2(\mathbb{N}), \tag{4.1}$$

where $m := \inf \{(Tx, x) : \|x\|_2 = 1\}$ and $M := \sup \{(Tx, x) : \|x\|_2 = 1\}$.

From that moment on the Stieltjes integration procedure has become one of the most important analytical tools in spectral theory.

It is remarkable that this perhaps at first seemingly innocent generalization of the classical Leibniz-Cauchy integration procedure has had such a profound and lasting impact on the development of analysis in this century and has made the name "Stieltjes" a household name in mathematics.

References

1. Cauchy, A.L.: Cours d'analyse de l'École Royale Polytechnique. Œuvres (2) **3** (1821)
2. Cauchy, A.L.: Résumé des leçons données à l'École Royale Polytechnique sur le calcul infinitésimal. Œuvres (2) **4** (1823)
3. Cauchy, A.L.: Sur le rapport différentiel de deux grandeurs qui varient simultanément. Exercise d'Analyse II, 188–229. Œuvres (2) **12** 214–262 (1841)
4. Gray, J.D.: The shaping of the Riesz representation theorem – a chapter in the history of analysis. Arch. for Hist. of Exact Sci. **31** (1984) 125–187
5. Hilbert, D.: Grundzüge einer allgemeinen Theorie der linearen Integralgleichungen. Leipzig 1912. Chelsea, New York 1953
6. Hadamard, J.: Sur les opérations fonctionnelles. C. R. Acad. Sci. Paris **136** (1903) 351–354
7. Lebesgue, H.: Leçons sur l'intégration et la recherche des fonctions primitives. Gauthiers-Villars, Paris 1904, second edition 1928. Chelsea, New York 1973
8. Lebesgue, H.: Sur l'intégrale de Stieltjes et sur les opérations fonctionnelles linéaires. C. R. Acad. Sci. Paris **150** (1910) 86–88
9. Lebesgue, H.: Sur l'intégration des fonctions discontinues. Ann. Sci. Ecole Norm. Sup. **27** (1910) 361–450
10. Radon J.: Theorie und Anwendungen der absolut additieven Mengenfunktionen. Sitzungsber. Akad. Wiss. Wien **122** (1913) 1295–1438
11. Riesz, F.: Sur les opérations fonctionelles linéaires. C. R. Acad. Sci. Paris **149** (1909) 974–977

12. Riesz, F.: Sur la représentation des opérations fonctionnelles linéaires par des intégrales de Stieltjes. Proc. Roy. Physiog. Soc. Lund **21**, no. 16 (1952) 145–151
13. Stieltjes, T.J.: Recherches sur les fractions continues. Ann. Fac. Sci. Toulouse (1) **8** (1894) J.1–122; **9** (1895) A.1–47
14. Vitali, G.: Sui gruppi di punti e sulle funzioni di variabili reali. Atti. Acc. Sci. Torino **43** (1907–08) 229–246

On the History of the
Function $M(x)/\sqrt{x}$ Since Stieltjes

Herman J. J. te Riele

1. Introduction

The Möbius function $\mu(n)$ is defined as follows:

$$\mu(n) := \begin{cases} 1, & n = 1, \\ 0, & \text{if } n \text{ is divisible by the square of a prime number,} \\ (-1)^k, & \text{if } n \text{ is the product of } k \text{ distinct primes.} \end{cases}$$

Taking the sum of the values of $\mu(n)$ for all $n \le x$, we obtain the function

$$M(x) = \sum_{1 \le n \le x} \mu(n),$$

which is the difference between the number of squarefree positive integers $n \le x$ with an even number of prime factors and those with an odd number of prime factors.

In the "Comptes Rendus de l'Académie des Sciences de Paris" of July 13, 1885, Stieltjes published a two-page note under the rather vague title: "Sur une fonction uniforme".[1] In this note he announced a proof of the (now famous) Riemann hypothesis as follows: "I have succeeded to put this proposition beyond doubt by a rigorous proof". The only explanation Stieltjes gave for this remarkable assertion was that he was able to prove that the series

$$\frac{1}{\zeta(z)} = 1 - \frac{1}{2^z} - \frac{1}{3^z} - \frac{1}{5^z} + \frac{1}{6^z} - \cdots = \sum_{n=1}^{\infty} \frac{\mu(n)}{n^z}$$

"converges and defines an analytic function as long as the real part of z exceeds $\frac{1}{2}$" (here, $\zeta(z)$ is the well-known Riemann zeta function). This indeed would imply that all the complex zeros of $\zeta(z)$ have real part $\frac{1}{2}$.

Stieltjes never published his "proof". In *Section 2* we will quote from his correspondence with his friend Hermite and with Mittag-Leffler [2]. From this we learn that Stieltjes believed that he could prove that the function $M(x)/\sqrt{x}$ always stays within two fixed limits (possibly $+1$ and -1). This was probably based on a table of values of $M(n)$, for $1 \le n \le 1200$, $2000 \le n \le 2100$,

---

[1] Œuvres Complètes, Paper # XLIV; a translation is included in the present new edition.

and $6000 \leq n \leq 6100$, which was found in the inheritance of Stieltjes. The Riemann hypothesis can be derived from the boundedness of $M(x)/\sqrt{x}$ as follows. For $\sigma = \mathrm{Re}(z) > 1$, we have (by partial summation)

$$
\begin{aligned}
\frac{1}{\zeta(z)} &= \sum_{n=1}^{\infty} \frac{\mu(n)}{n^z} = \sum_{n=1}^{\infty} \frac{M(n) - M(n-1)}{n^z} \\
&= \sum_{n=1}^{\infty} M(n) \left\{ \frac{1}{n^z} - \frac{1}{(n+1)^z} \right\} = \sum_{n=1}^{\infty} M(n) \int_n^{n+1} \frac{z\,dx}{x^{z+1}} \\
&= z \sum_{n=1}^{\infty} \int_n^{n+1} \frac{M(x)\,dx}{x^{z+1}} = z \int_1^{\infty} \frac{M(x)\,dx}{x^{z+1}},
\end{aligned}
$$

since $M(x)$ is constant on each interval $[n, n+1)$. The boundedness of $M(x)/\sqrt{x}$ would imply that the last integral in the above formula defines a function analytic for $\sigma > \frac{1}{2}$, and this would give an analytic continuation of $1/\zeta(z)$ from $\sigma > 1$ to $\sigma > \frac{1}{2}$. In particular, this would imply that $\zeta(z)$ has no zeros for $\sigma > \frac{1}{2}$, which is, by the functional equation for $\zeta(z)$, equivalent to the Riemann hypothesis. In addition, it is not difficult to derive from the above formula that all the complex zeros of $\zeta(z)$ are simple (see, e.g., [16, p. 141]).

After Stieltjes, many other researchers have computed tables of $M(x)$, in order to collect more numerical data about the behaviour of $M(x)/\sqrt{x}$. In *Section 3* we will briefly survey these computations. The first one after Stieltjes was Mertens [13] who, in 1897, published a paper with a 50-page table of $\mu(n)$ and $M(n)$ for $n = 1, 2, \cdots, 10000$. Based on his table, Mertens concluded that the inequality

$$
|M(x)| < \sqrt{x}, \quad x > 1,
$$

is "very probable". This is now known as the *Mertens conjecture*. Some historical notes about Mertens and his conjecture may be found in [25].

In 1942, Ingham [7] published a paper which raised the first serious doubts about the validity of the Mertens conjecture. Ingham's paper showed that it is possible to prove the existence of certain large values of $|M(x)|/\sqrt{x}$ without the need to explicitly compute $M(x)$. This stimulated a series of subsequent papers until, in 1985, Odlyzko and Te Riele [16] published a disproof of the Mertens conjecture. This disproof is indirect, and does not produce any single value of x for which $|M(x)|/\sqrt{x} > 1$. In 1987, Pintz [18] was able to show, on the basis of certain computations carried out by Te Riele, that

$$
\max_{1 \leq x \leq X} |M(x)|/\sqrt{x} > 1 \text{ for } X = \exp(3.21 \times 10^{64}).
$$

These developments will be sketched briefly in *Section 4*. There it will become clear that since 1942 the evidence for the *unboundedness* of the function $M(x)/\sqrt{x}$ has increased considerably, as opposed to what was believed about 100 years ago by skilled researchers like Stieltjes and Mertens.

The function $M(x)$ is known to change sign infinitely often. Various rigorous results about sign changes of $M(x)$ can be found in [17] and the references given there. Dress [5] has written an interesting historical survey on oscillating properties of $M(x)$.

2. Some Correspondence Between Stieltjes and Hermite, and Between Stieltjes and Mittag-Leffler, on the Boundedness of $M(x)/\sqrt{x}$

In this section we shall quote some correspondence between Stieltjes and Hermite, and between Stieltjes and Mittag-Leffler, in order to clarify Stieltjes' role in the history of the function $M(x)/\sqrt{x}$.

Two days before the appearance of Stieltjes' announcement in the "Comptes Rendus", Stieltjes wrote a letter to Hermite (Lettre # 79 in [2]) in which he claimed to have a proof of the boundedness of the function $M(x)/\sqrt{x}$. After some preliminary remarks, Stieltjes writes[2] (we translate into English):

Indeed, if, instead of $1 : \zeta(s) = \prod(1 - p^{-s})$, *I consider*

$$1 : \zeta(s) = 1 - \frac{1}{2^s} - \frac{1}{3^s} - \frac{1}{5^s} + \frac{1}{6^s} \cdots = \sum_1^\infty \frac{f(n)}{n^s},$$

there is this main difference, between the infinite product and the series, that the latter converges for $s > \frac{1}{2}$, *while, in the product, one must assume that* $s > 1$. *Look how I demonstrate it: The function* $f(n)$ *is equal to zero when* n *is divisible by a square and for other values of* n, *it is equal to* $(-1)^k$, k *being the number of prime factors of* n. *Now, I find that in the sum*

$$g(n) = f(1) + f(2) + \cdots + f(n),$$

the terms ± 1 *compensate sufficiently well, so that* $g(n)/\sqrt{n}$ *always stays within two fixed limits, no matter how large* n *is (probably one can take* $+1$ *and* -1 *for these limits).*

After deriving from the last statement that $\sum f(n)n^{-s}$ converges for $s > \frac{1}{2}$, Stieltjes remarks:

You see that everything depends on an arithmetical study of that sum $f(1) + f(2) + \cdots + f(n)$. *My proof is very painful; I will try, as soon as I will resume these studies, to simplify it.*

Two days later, Hermite presented Stieltjes' note, mentioned in the introduction, to the French Academy of Sciences. No doubt, it must have fascinated many mathematicians. Mittag-Leffler immediately asked for details. This appears from four letters of Stieltjes to Mittag-Leffler given in an Appendix to

---

[2] Stieltjes writes $f(n)$ for the Möbius function $\mu(n)$, and $g(n)$ for $M(n)$.

[2]. In the fourth letter, dated April 15, 1887 [2, pp. 449-452], Stieltjes still claims the boundedness of $M(x)/\sqrt{x}$:

Denoting by [3]

$$\sum_1^\infty \lambda(n)n^{-s}$$

the series which is obtained by expanding the infinite product

$$1:\zeta(s) = \prod(1-p^{-s}),$$

the convergence of the series for $s > \frac{1}{2}$ is a consequence of the following lemma.

The expression $\{\lambda(1)+\lambda(2)+\cdots+\lambda(n)\}/\sqrt{n}$ alway stays between two fixed limits. (See the theory of the series of this kind in the "Théorie des nombres" of Lejeune-Dirichlet, Dedekind.)

But the proof of this lemma is purely arithmetical and very difficult and I only can obtain it as a result of a whole series of preliminary propositions. I hope that this proof can still be simplified, but in 1885 I already have done my utmost both by looking at the problem in some other way and by replacing this lemma by another one which, however, is of the same nature.

3. Explicit Computation of the Function $M(x)$

In this section we give a concise survey of explicit computations of $M(x)$ carried out after Stieltjes. These computations were motivated by the wish to collect more numerical evidence for the possible boundedness - or unboundedness - of the function $M(x)/\sqrt{x}$. Here, one should distinguish between the systematic computation of $M(n)$ (and of $\mu(n)$) for all n in a given interval $[1, N]$, and the computation of selected, isolated values of $M(n)$. At first sight, it seems necessary to know all the values of $\mu(m)$, $1 \leq m \leq n$, for the computation of $M(n)$. However, below we will encounter formulas where $M(n)$ is expressed in terms of $M(j)$ with $j \leq n/k$, for some fixed $k \geq 2$ (these formulas become more complicated as k increases). In this way it is possible to compute $M(n)$ for large isolated values of n, in order to get an impression of the behaviour of $M(x)/\sqrt{x}$ in ranges where it is infeasible to compute *all* the values of $M(n)$.

As already mentioned in the introduction, Mertens was the first [13] to publish a table of $\mu(n)$ and $M(n)$ (for $n = 1, 2, \cdots, 10000$). He does not explain how he computed this table. From the well-known formula

$$\sum_{i=1}^n \left\lfloor \frac{n}{i} \right\rfloor \mu(i) = \sum_{i=1}^n M\left(\frac{n}{i}\right) = 1 \tag{3.1}$$

---

[3] Here, Stieltjes writes $\lambda(n)$ for $\mu(n)$.

(where by $\lfloor x \rfloor$ we mean the greatest integer $\leq x$) he derives the following relation, which expresses $M(n)$ in terms of $M(n/2)$, $M(n/3)$, $\cdots$, $M(n/k)$, $M(k)$ and $\mu(1), \cdots, \mu(k)$, where $k = \lfloor \sqrt{n} \rfloor$:

$$\sum_{i=1}^{k} \left\lfloor \frac{n}{i} \right\rfloor \mu(i) + \sum_{i=1}^{k} M\left(\frac{n}{i}\right) - kM(k) = 1. \qquad (3.2)$$

This served as a check, as Mertens writes on p. 763 of [13], during the computation of his table. Moreover, Mertens derives a second relation, viz.,

$$M(n) = 2M(k) - \sum_{r,s=1}^{k} \left\lfloor \frac{n}{rs} \right\rfloor \mu(r)\mu(s), \quad k = \lfloor \sqrt{n} \rfloor, \qquad (3.3)$$

which expresses $M(n)$ in terms of $M(k)$ and $\mu(1), \cdots, \mu(k)$. This "allows to compute $M(n)$ without knowing the decomposition of the numbers $k+1$ up to n in their prime factors" [13, p. 764].

In the year that Mertens published his table, Von Sterneck started a series of four papers presenting tables of $M(n)$, for $n = 1, 2, \cdots, 150000$ [26], for $n = 150000(50)500000$ [27] and for 16 selected values of n between 5×10^5 and 5×10^6 [28,29]. The latter values were computed by means of a refined version of Mertens' formula (3.2), viz.,

$$\sum_{i=1}^{k} \omega_j \left(\frac{n}{i}\right) \mu(i) + \sum_{i' \leq k} M\left(\frac{n}{i'}\right) - \omega_j(k)M(k) = 0, \quad k = \lfloor \sqrt{n} \rfloor, \quad j = 0, 1, \cdots,$$

$$(3.4)$$

where $\omega_j(m)$ denotes the number of positive integers $\leq m$ which are not divisible by any of the first j primes and where i' runs through all such positive integers $\leq k$. For $j = 0$, (3.4) reduces to (3.2). Von Sterneck applied (3.4) for $j = 1, 2, 3$ and 4. For $j = 4$, e.g., i' runs through the integers $1, 11, 13, 17, \cdots$ so that it is possible to compute $M(n)$ from a table of M - values up to $\lfloor n/11 \rfloor$. From his results, Von Sterneck draws the conclusion [29] that the inequality $|M(n)| < \frac{1}{2}\sqrt{n}$, for $n > 200$, "represents an unproved, but extremely probable number-theoretic law".

Fifty years after Von Sterneck, Neubauer [15] published an empirical study in which all the values of $M(n)$, $1 \leq n \leq 10^8$, were computed. Neubauer computed $\mu(m)$ for a series of 1000 values of m: $1000n < m \leq 1000(n+1)$, for $n = 0, 1, \cdots, 10^5 - 1$, by means of a sieving process which strongly resembles the well-known sieve of Eratosthenes for finding all the primes below a given limit. This is considerably cheaper than computing $\mu(m)$, $\mu(m+1)$, $\cdots$ by factoring $m, m+1, \cdots$. Neubauer checked the computations of Von Sterneck in [27,28] and he found several errors in [27] and errors in 9 of the 16 sample values of $M(n)$ which Von Sterneck had published in [28]. Neubauer also computed many sample values of $M(n)$ for several n between 10^8 and 10^{10}, by means of (3.4), $j = 4$. As a result, he found four values of n for which $M(n) > \frac{1}{2}\sqrt{n}$ (but none for which $M(n) < -\frac{1}{2}\sqrt{n}$), the smallest being $n_0 = 7,760,000,000$

with $M(n_0) = 47465$ and $M(n_0)/\sqrt{n_0} = 0.5388...$. The largest $M(n)/\sqrt{n}$ - value he found was $0.5572...$, for $n = 7,770,000,000$.

Yorinaga [30] computed all the values of $M(n)$ for $n \le 4 \times 10^8$, by factoring all $n \le 4 \times 10^8$.

The most extensive systematic computations have been carried out by Cohen and Dress [4]. Their purpose was to find the smallest $n > 200$ for which $M(n)/\sqrt{n} > \frac{1}{2}$, knowing from Neubauer's computations that this n is smaller than 7.76×10^9. Without taking the trouble to mention their method, they state that they have carried out their computations in one week on a TI 980B mini-computer. They computed all the values of $M(n)$ for n up to 7.8×10^9 and saved a table of $M(n)$ for $n = 10^7(10^7)7.8 \times 10^9$. The smallest $n > 200$ for which $M(n)/\sqrt{n} > \frac{1}{2}$ turned out to be $n_0 = 7,725,038,629$ with $M(n_0) = 43947$.

J. Schröder ([20], [21], [22]) has derived several rather complicated formulas for computing $M(x)$. As far as we know these formulas have never been used for the computation of extensive tables of $M(x)$.

Liouville's function $\lambda(n)$ is defined by the equation $\lambda(n) = (-1)^r$ where r is the number of prime factors of n, multiple factors counted according to their multiplicity. Lehman [11] has published a method to compute the function

$$L(x) = \sum_{n \le x} \lambda(n)$$

at isolated values of x in $\mathcal{O}(x^{2/3+\epsilon})$ bit operations. According to Lehman, a similar method (with the same amount of work) can be derived from (3.1) for the computation of $M(x)$. As far as we know, this method has never been implemented. An analytic method of Lagarias and Odlyzko [10] for computing $\pi(x)$ (i.e., the number of primes $\le x$) can be adapted to obtain a method for computing $M(x)$ that requires on the order of $\mathcal{O}(x^{1/2+\epsilon})$ bit operations. However, this method is not likely to become practical in the near future [19].

4. Evidence for the Unboundedness of $M(x)/\sqrt{x}$

In Section 2 of [16] an extensive historical survey is given of the work on the Mertens conjecture. Various reasons are discussed why this, and the weaker conjecture

$$|M(x)| < C\sqrt{x} \quad \text{for any given } C > 0, \quad x > x_0(C), \tag{4.1}$$

are believed to be false. Here, we shall mainly discuss the developments which have led to the disproof of the Mertens conjecture, and to the belief that the function $M(x)/\sqrt{x}$ is unbounded.

We write $x = e^y$, $-\infty < y < \infty$, and we define

$$m(y) := M(x)x^{-1/2} = M(e^y)e^{-y/2},$$

and

$$\overline{m} := \limsup_{y \to \infty} m(y), \quad \underline{m} := \liminf_{y \to \infty} m(y).$$

Then we have the following ([7], [8], [9], [16])

Theorem 1. *Suppose that* $K(y) \in C^2(-\infty, \infty)$, $K(y) \geq 0$, $K(-y) = K(y)$, $K(y) = \mathcal{O}((1+y^2)^{-1})$ *as* $y \to \infty$, *and that the function* $k(t)$ *defined by*

$$k(t) = \int_{-\infty}^{\infty} K(y) e^{-ity} dy,$$

satisfies $k(t) = 0$ *for* $|t| \geq T$ *for some* T, *and* $k(0) = 1$. *If the zeros* $\rho = \beta + i\gamma$ *of the zeta function with* $0 < \beta < 1$ *and* $|\gamma| < T$ *satisfy* $\beta = \frac{1}{2}$ *and are simple, then for any* y_0,

$$\underline{m} \leq h_K(y_0) \leq \overline{m},$$

where

$$h_K(y) = \sum_{\rho} k(\gamma) \frac{e^{i\gamma y}}{\rho \zeta'(\rho)}.$$

From an almost-periodicity argument it follows that any value $h_K(y)$ is approximated arbitrarily closely, infinitely often by $M(x)/\sqrt{x}$.

The simplest known function $k(t)$ that satisfies the conditions of Theorem 1 is the Fejer kernel used by Ingham:

$$k(t) = \begin{cases} 1 - |t|/T, & |t| \leq T, \\ 0, & |t| > T. \end{cases} \tag{4.2}$$

This yields

$$\begin{aligned} h_K(y) &= \sum_{|\gamma| < T} \left(1 - \frac{|\gamma|}{T}\right) \frac{e^{i\gamma y}}{\rho \zeta'(\rho)} \\ &= 2 \sum_{0 < \gamma < T} \left(1 - \frac{\gamma}{T}\right) \frac{\cos(\gamma y - \psi_\gamma)}{|\rho \zeta'(\rho)|}, \end{aligned} \tag{4.3}$$

where

$$\psi_\gamma = \arg \rho \zeta'(\rho).$$

It is known that $\sum_{\rho} |\rho \zeta'(\rho)|^{-1}$ diverges, so that the sum of the cos-coefficients in (4.3) can be made arbitrarily large by choosing T large enough. If we could manage to find a value of y such that all of the $\gamma y - \psi_\gamma$ were close to integer multiples of 2π, then we could make $h_K(y)$ arbitrarily large. This would contradict, by Theorem 1, any conjecture of the form (4.1). If the γ's were linearly independent over the rationals, then by Kronecker's theorem (see, e.g., [6], Theorem 442) there would indeed exist, for any $\epsilon > 0$, integer values of y satisfying

$$|\gamma y - \psi_\gamma - 2\pi m_\gamma| < \epsilon$$

75

for all $\gamma \in (0, T)$ and certain integers m_γ. That would show that $h_K(y)$, and hence $M(x)/\sqrt{x}$, can be made arbitrarily large. A similar argument can be given to imply that $h_K(y)$, and hence $M(x)/\sqrt{x}$, can be made arbitrarily large on the negative side, assuming again the linear independency of the γ's over the rationals.

No good reason is known why among the γ's there should exist any linear dependencies over the rationals. Bailey and Ferguson [1] have shown that if there exists any linear relation of the form $\sum_{i=1}^{8} c_i \gamma_i = 0$ where $c_i \in \mathbb{Z}$ and γ_i is the imaginary part of the i-th complex zero of the Riemann zeta function, then the Euclidean norm of the vector (c_i) exceeds the value 5.1×10^{24}. Bateman et al. [3] have shown that if $m(y)$ is *bounded* then there exist *infinitely many* non-trivial relations of the form $\sum_{i=1}^{N} c_i \gamma_i = 0$, where $c_i = 0, \pm 1$, or ± 2, and at most one of the c_i satisfies $|c_i| = 2$. Bateman et al. [3] also showed that there are no such relations for $N \leq 20$. Their numerical results did not give any evidence for the possible existence of such relations for $N > 20$.

The method which actually led to a disproof of the Mertens conjecture is based on finding values of y for which $h_K(y)$ is large in absolute value. Spira [23] was the first to follow this approach. He started to compute $h_K(y)$ according to (4.3) for $T = 100$ for a fine grid of values of $y \in [0, 1000]$, and subsequently he computed $h_K(y)$ for $T = 200, 500$ and 1000 for a selection of y-values. In this way Spira showed that $\overline{m} \geq 0.5355$ and $\underline{m} \leq -0.6027$. Jurkat et al. [8] realized that the size of the sum $h_K(y)$ is determined largely by the first few terms, since, numerically, the numbers $(\rho \zeta'(\rho))^{-1}$ typically appear to be of order ρ^{-1}. Therefore, they looked for values of y such that

$$\cos(\gamma_1 y - \pi \psi_1) = 1$$

and

$$\cos(\gamma_i y - \pi \psi_i) > 0.9 \text{ (say), for } i = 2, \cdots, N+1,$$

N being as large as possible. This gives an inhomogeneous Diophantine approximation problem, for which Jurkat et al. [8] devised an ingenious algorithm. Moreover, they used a somewhat better kernel than (4.2), viz., $k(t) = g(t/T)$ where

$$g(t) = \begin{cases} (1 - |t|) \cos(\pi t) + \pi^{-1} \sin(\pi |t|), & |t| \leq 1, \\ 0, & |t| > 1. \end{cases} \quad (4.4)$$

By applying their algorithm with $N = 12$ they found that $\overline{m} \geq 0.779$.
Jurkat and Peyerimhoff used a programmable desk calculator to carry out their computations. Te Riele [24] implemented the J.-P. algorithm (together with a few small improvements) on a high speed computer and proved that $\overline{m} \geq 0.860$ and $\underline{m} \leq -0.843$.
A remarkably efficient new algorithm of Lenstra, Lenstra and Lovász [12] for finding short vectors in lattices was applied by Odlyzko et al. [16] to the above mentioned inhomogeneous Diophantine approximation problem. It was estimated that $N = 70$ would be sufficient, in order to disprove the Mertens conjecture. Any value of y that would come out was likely to be quite large,

viz., of the order of 10^{70} in size. Therefore, it was necessary to compute the first 2000 γ's to a precision of about 75 decimal digits (actually, 100 decimal digits were used). The best lower and upper bounds found for $\overline{m}$ and $\underline{m}$ were 1.06 and -1.009, respectively.

Recently, Möller [14] carried out a numerical study on the Mertens conjecture along the lines of Jurkat et al [8]. By means of a Z80-microcomputer system he found that $\overline{m} \geq 0.875$, which slightly improves Te Riele's result [24].

Table 1 summarizes the results obtained by various authors for $M(x)/\sqrt{x}$. The method used here is *ineffective* in that it does not give a precise value, or an upperbound for x where $M(x)/\sqrt{x}$ becomes large (resp. small). Recently, Pintz [18] gave an *effective* disproof of the Mertens conjecture, based on the following theorem. Let

$$h_1(y, T, \epsilon) := 2 \sum_{0 < \gamma < T} e^{-\epsilon \gamma^2} \left[\frac{\cos(\gamma y - \pi \psi_\gamma)}{|\rho \zeta'(\rho)|} \right].$$

Theorem 2 (Pintz [18]). *If there exists a value of $y \in [e^7, e^{5 \times 10^4}]$ with*

$$|h_1(y, 1.4 \times 10^4, 1.5 \times 10^{-6})| > 1 + e^{-40}$$

then

$$\max_{1 \leq x \leq X} |M(x)| / \sqrt{x} > 1 \quad for \quad X = e^{y + \sqrt{y}}.$$

Let

$$h_2(y, T) := 2 \sum_{0 < \gamma < T} g\left(\frac{\gamma}{T}\right) \frac{\cos(\gamma y - \pi \psi_\gamma)}{|\rho \zeta'(\rho)|},$$

where g is defined by (4.4). A good candidate for y in Theorem 2 is naturally any positive value of y in the given range for which $|h_2(y, T)| > 1$. Such a value $y_0 \approx 3.2097 \times 10^{64}$ was given by Odlyzko and Te Riele on line 21 of Table 3 in [16]. The present author verified that $h_1(y_0, 1.4 \times 10^4, 1.5 \times 10^{-6}) = -1.00223...$ so that from Theorem 2 it follows that $|M(x)/\sqrt{x}| > 1$ for some x with $1 \leq x \leq \exp(3.21 \times 10^{64})$.

Table 1. Results on $M(x)/\sqrt{x}$ obtained by means of Theorem 1

Author(s)	$\overline{m} = \limsup_{x \to \infty} M(x)/\sqrt{x} \geq$	$\underline{m} = \liminf_{x \to \infty} M(x)/\sqrt{x} \leq$
Spira [23]	0.535	-0.602
Jurkat et al. [8]	0.770	-0.638
Te Riele [24]	0.860	-0.843
Odlyzko et al. [16]	1.060	-1.009
Möller [14]	0.875	

Acknowledgements

The author likes to thank Andrew Odlyzko for pointing out the work of J. Schröder ([20], [21], [22]) and Jan van de Lune for his constructive comments on a draught version of this paper.

References

1. Bailey, D.H., Ferguson, H.R.P.: Numerical results on relations between fundamental constants using a new algorithm. Math. Comp. **53** (1989) 649–656
2. Baillaud, B., Bourget, H.: Correspondance d'Hermite et de Stieltjes. (With an appendix entitled: Lettres de Stieltjes à M. Mittag-Leffler sur la fonction $\zeta(s)$ de Riemann.) Gauthier-Villars, Paris 1905
3. Bateman, P.T., Brown, J.W., Hall, R.S., Kloss, K.E., Stemmler. R.M.: Linear relations connecting the imaginary parts of the zeros of the zeta function. In: Atkin, A.O.L., Birch, B.J. (eds.) Computers in Number Theory. Academic Press, London New York 1971, 11–19
4. Cohen, H.: Arithmétique et Informatique. Astérisque **61** (1979) 57–61
5. Dress, Fr.:. Théorèmes d'oscillations et fonction de Möbius. In: Séminaire de Théorie des Nombres de Bordeaux 1983–1984, 33.01–33.33
6. Hardy, G.H., Wright, E.M.: An Introduction to the Theory of Numbers, 4th edn. Oxford Univ. Press 1975
7. Ingham, A.E.: On two conjectures in the theory of numbers. Amer. J. Math. **64** (1942) 313–319
8. Jurkat, W., Peyerimhoff, A.: A constructive approach to Kronecker approximations and its application to the Mertens conjecture. J. Reine Angew. Math. **286/287** (1976) 332–340
9. Jurkat, W.B.: On the Mertens conjecture and related general Ω-theorems. In: Diamond, H. (ed.) Analytic Number Theory. Amer. Math. Society, Providence RI 1973, 147–158
10. Lagarias, J.C., Odlyzko, A.M.: Computing $\pi(x)$: an analytic method. J. Algorithms **8** (1987) 173–191
11. Lehman, R.S.: On Liouville's function. Math. Comp. **14** (1960) 311–320
12. Lenstra, A.K., Lenstra Jr., H.W., Lovász, L.: Factoring polynomials with rational coefficients. Math. Ann. **261** (1982) 515–534
13. Mertens, F.: Über eine zahlentheoretische Funktion. Sitzungsberichte Akad. Wiss. Wien IIa **106** (1897) 761–830
14. Möller, H.: Zur Numerik der Mertens'schen Vermutung. PhD thesis, Universität Ulm, Fakultät für Naturwissenschaften und Mathematik, January 1987
15. Neubauer, G.: Eine empirische Untersuchung zur Mertensschen Funktion. Numer. Math. **5** (1963) 1–13
16. Odlyzko, A.M., Te Riele, H.J.J.: Disproof of the Mertens conjecture. J. Reine Angew. Math. **357** (1985) 138–160
17. Pintz, J.: Oscillatory properties of $M(x) = \sum_{n \leq x} \mu(n)$. III. Acta Arith. **43** (1984) 105–113
18. Pintz, J.: An effective disproof of the Mertens conjecture. (Journées arithmétiques, Besançon/France, 1985) Astérisque **147–148** (1987) 325–333
19. Odlyzko, A.M.: private communication, Nov. 3, 1991
20. Schröder, J.: Zur Berechnung von Teilsummen der summatorischen Funktion der Möbius'schen Funktion $\mu(x)$. Norsk Mat. Tidsskrift **14** (1932) 45–53
21. Schröder, J.: Beiträge zur Darstellung der Möbiusschen Funktion. Jahresberichte der Deutschen Math. Ver. **42** (1932) 223–237

22. Schröder, J.: Zur Auswertung der zur Möbius'schen Funktion gehörenden summatorischen Funktion. Mitt. Math. Ges. Hamburg **7**, no. 3 (1933) 148–163
23. Spira, R.: Zeros of sections of the zeta function. II. Math. Comp. **22** (1966) 163–173
24. Te Riele, H.J.J.: Computations concerning the conjecture of Mertens. J. Reine Angew. Math. **311/312** (1979) 356–360
25. Te Riele, H.J.J.: Some historical and other notes about the Mertens conjecture and its recent disproof. Nieuw Arch. Wisk. (4) **3** (1985) 237–243
26. Von Sterneck, R.D.: Empirische Untersuchung über den Verlauf der zahlentheoretischen Funktion $\sigma(n) = \sum_{x=1}^{n} \mu(x)$ im Intervalle von 0 bis 150000. Sitzungsberichte Akad. Wiss. Wien IIa **106** (1897) 835–1024
27. Von Sterneck, R.D.: Empirische Untersuchung über den Verlauf der zahlentheoretischen Funktion $\sigma(n) = \sum_{x=1}^{n} \mu(x)$ im Intervalle 150000 bis 500000. Sitzungsberichte Akad. Wiss. Wien IIa **110** (1901) 1053–1102
28. Von Sterneck, R.D.: Die zahlentheoretischen Funktion $\sigma(n)$ bis zur Grenze 5000000. Sitzungsberichte Akad. Wiss. Wien IIa **121** (1912) 1083–1096
29. Von Sterneck, R.D.: Neue empirischen Daten über die zahlentheoretischen Funktion $\sigma(n)$. In: Proc. of the 5-th International Congress of Mathematicians, vol. I. Cambridge University Press 1913, 341–343
30. Yorinaga, M.: Numerical investigation of sums of the Möbius function. Math. J. Okayama Univ. **21** (1979) 41–47

Œuvres Complètes
Tome I

Thomas Jan Stieltjes

PRÉFACE.

Dans sa réunion du 30 avril 1910, la Société mathématique d'Amsterdam prit la résolution de publier une édition complète des Oeuvres scientifiques du membre défunt le docteur ès sciences Thomas Jan Stieltjes. Après la belle publication de la Correspondance d'Hermite et de Stieltjes par M.M. B. Baillaud et H. Bourget, la Société tenait à témoigner, elle aussi, de sa haute admiration pour l'oeuvre de l'éminent géomètre qui, nous ne saurions l'oublier, avant de devenir Français, avait été notre compatriote.

L'exécution de ce projet fut confiée à une commission composée de M.M. W. Kapteyn, J. C. Kluyver et E. F. van de Sande Bakhuyzen, qui acceptèrent cette tâche avec empressement. Après avoir été autorisée par les rédactions des différents journaux à réimprimer les notes et mémoires en question, la commission demanda à Mme Stieltjes la permission de consulter les papiers laissés par son époux, afin de pouvoir examiner s'il s'y trouvait encore quelque travail dans un état assez avancé pour en permettre la publication. Mme Stieltjes ayant gracieusement acquiescé à cette demande, la commission a pu ajouter quelques petites notes au second volume de cette collection.

Les notes et mémoires avaient été publiés en diverses langues: dix en hollandais, deux en allemand, tous les autres en français. La commission décida de les réimprimer tous tels qu'ils étaient, en ajoutant une traduction française aux articles hollandais.

Pour l'ordre de ce recueil, la commission se guida sur l'importante „Notice sur les travaux scientifiques de T. J. Stieltjes" publiée dans les Annales de la Faculté des Sciences de Toulouse (Sér. 1, 9, 1895, 1—64) par le professeur E. Cosserat. Dans cette Notice, l'auteur donne une brève analyse par ordre chronologique des Notes et Mémoires de Stieltjes. On y trouve 82 numéros,

dont les N⁰ 15 et 34 sont des traductions françaises des N⁰ 10 et 38 respectivement. La suppression pure et simple de ces deux traductions eût donné
lieu à un changement de numérotage. Pour conserver aussi longtemps que
possible les mêmes numéros, nous avons substitué au N⁰ 15 un autre petit
article tiré de la Zeitschrift für Vermessungswesen (Stuttgart, 15, 1886, 141—144).
Cet article fut envoyé de Paris au rédacteur de ce journal par un inconnu;
mais la commission est en possession d'une lettre qui sera publiée à la fin
du second volume et dont on peut tirer presqu'avec certitude la conclusion
que cet inconnu était Stieltjes. Cette substitution permit de conserver les
numéros de la Notice jusqu'au N⁰ 37. Mais à partir de là, les numéros de
l'édition présente sont devenus inférieurs d'une unité aux numéros anciens.
En outre quelques notes seront ajoutées à la fin du second volume: on y
indiquera quelles sont les lettres de la Correspondance qui se rapportent aux
différents articles, on y insérera les notes qui se trouvent dans la Notice de
M. Cosserat et enfin la commission ajoutera encore elle-même quelques notes
et éclaircissements.

La commission n'a pas jugé opportun de joindre aux oeuvres complètes
une notice biographique. Elle n'aurait pu que redire ce qui a déjà été dit
et si bien dit dans la „Notice sur Stieltjes" que M. Bourget a jointe à la
Correspondance; elle y a seulement joint un portrait datant des dernières
années de Stieltjes.

LA COMMISSION.

TABLE DES MATIÈRES.

I.

(Afzonderlijk gedrukt te Delft in 1876)

Iets over de benaderde voorstelling van eene functie door eene andere.

Is de functie $f(x)$ continu voor alle waarden van x tusschen a en b, en zoo ook $\varphi(x, a_1, a_2, \ldots, a_n)$, dan kan men de vraag stellen de constanten $a_1, a_2, \ldots, a_n$ zóó te bepalen, dat de functie $\varphi(x)$ voor $a < x < b$ zoo weinig mogelijk van $f(x)$ verschilt.

Het ligt voor de hand de constanten $a_1, a_2, \ldots, a_n$ te bepalen door de voorwaarden, dat voor

$$\left.\begin{array}{l} x = x_1, \\ x = x_2, \\ \cdots\cdots \\ x = x_n \end{array}\right\} \quad (a < x_1 < x_2 \ldots < x_n < b).$$

de functie $\varphi(x)$ dezelfde waarden aanneemt als $f(x)$, zoodat men heeft

(1) . . . . $f(x_p) = \varphi(x_p, a_1, a_2, \ldots, a_n).$

$$(p = 1, 2, \ldots, n)$$

Door $\varphi(x)$ in plaats van $f(x)$ te nemen, maakt men eene fout

(2) . . . . $R(x) = f(x) - \varphi(x),$

eene continue functie van x, die nul wordt voor

$$x = x_1,$$
$$x = x_2,$$
$$\cdots\cdots$$
$$x = x_n,$$

en dus in 't algemeen telkens van teeken verandert, wanneer x een dezer waarden overschrijdt.

Denkt men zich de lijn
$$y = \mathrm{R}(x) = f(x) - \varphi(x)$$
geconstrueerd, dan snijdt deze dus de X-as in de n punten
$$x = x_1,$$
$$x = x_2,$$
$$\dots\dots$$
$$x = x_n,$$
$$y = 0.$$
Eene goede overeenstemming van de functies $f(x)$ en $\varphi(x)$ wordt aangeduid door eene geringe afwijking van de X-as voor $a < x < b$. Door nu het aantal n der grootheden $x_1, x_2, \dots, x_n$ te vermeerderen, kan eene betere overeenstemming van $\varphi(x)$ met $f(x)$ verkregen worden, maar ook bij eene vast aangenomen waarde voor n hangt nog de graad van benadering, die men bereiken zal, af van de keus der grootheden $x_1, x_2, \dots, x_n$. Hoe deze het best genomen worden, zal hier nagegaan worden.

Het is hiertoe noodig te bepalen, wat men verstaat onder eene zoo klein mogelijke afwijking der beide functies. Hier zal als maat van die afwijking genomen worden de som van alle inhouden, begrensd door de X-as, de lijn $y = \mathrm{R}(x)$ en de beide grensordinaten voor $x = a$ en voor $x = b$; al deze inhouden namelijk met hetzelfde teeken genomen. Noemt men deze som
$$(b - a)\,\mathrm{M},$$
dan is M het rekenkunstige midden van alle met een gelijk teeken genomen waarden der fout tusschen $x = a$ en $x = b$. De grootheden $x_1, x_2, \dots, x_n$ zullen nu zoo bepaald moeten worden, dat M een minimum wordt.

In de onderstelling, dat nu $\mathrm{R}(x)$ telkens van teeken verandert, wanneer x een der waarden $x_1, x_2, \dots, x_n$ overschrijdt, en dat $\mathrm{R}(x)$ voor geen andere waarden van x tusschen a en b nul wordt dan juist de bovengenoemde, is
$$(b - a)\,\mathrm{M} = \int_a^{x_1} \mathrm{R}(x)\,dx - \int_{x_1}^{x_2} \mathrm{R}(x)\,dx + \dots$$
$$+ (-1)^{n-1} \int_{x_{n-1}}^{x_n} \mathrm{R}(x)\,dx + (-1)^n \int_{x_n}^b \mathrm{R}(x)\,dx,$$
waarbij M hetzelfde teeken heeft als $\mathrm{R}(x)$ voor $a < x < x_1$.

M is dus hier afhankelijk van $x_1, x_2, \ldots, x_n$, evenals de grootheden $a_1, a_2, \ldots, a_n$ dit zijn ten gevolge van de vergelijkingen (1).

Maar men kan ook $a_1, a_2, \ldots, a_n$ als de onafhankelijk veranderlijken aannemen; $x_1, x_2, \ldots, x_n$ zijn dan de wortels van de vergelijking

$$f(x) = \varphi(x, a_1, a_2, \ldots, a_n)$$

en kunnen als afhankelijk van $a_1, a_2, \ldots, a_n$ beschouwd worden. De condities voor een minimum van M zijn dan

$$\frac{\partial M}{\partial a_1} = 0,$$

$$\frac{\partial M}{\partial a_2} = 0,$$

$$\frac{\partial M}{\partial a_n} = 0,$$

of daar $R(x)$ telkens aan de veranderlijke grenzen der integralen nul wordt

$$0 = \int_a^{x_1} \frac{\partial R(x)}{\partial a_p} \, dx - \int_{x_1}^{x_2} \frac{\partial R(x)}{\partial a_p} \, dx + \ldots + (-1)^n \int_{x_n}^b \frac{\partial R(x)}{\partial a_p} \, dx,$$

$$(p = 1, 2, \ldots, n)$$

of wel, daar volgens (2)

$$-\frac{\partial R}{\partial a_p} = \frac{\partial \varphi}{\partial a_p}$$

is,

$$(3) \quad . \quad . \quad 0 = \int_a^{x_1} \frac{\partial \varphi(x)}{\partial a_p} \, dx - \int_{x_1}^{x_2} \frac{\partial \varphi(x)}{\partial a_p} dx + \ldots + (-1)^n \int_{x_n}^b \frac{\partial \varphi(x)}{\partial a_p} \, dx.$$

$$(p = 1, 2, \ldots, n)$$

In (1) en (3) heeft men nu te zamen $2n$ vergelijkingen ter bepaling van $a_1, a_2, \ldots, a_n, x_1, x_2, \ldots, x_n$.

In 't algemeen komen in $\frac{\partial \varphi(x)}{\partial a_p}$ nog de grootheden $a_1, a_2, \ldots, a_n$ voor, zoodat zoowel de vergelijkingen (1) als de vergelijkingen (3) de grootheden $a_1, a_2, \ldots, a_n, x_1, x_2, \ldots, x_n$ bevatten, en deze laatste $x_1, x_2, \ldots, x_n$ hangen dan noodzakelijk af van de functie $f(x)$ Dit is niet het geval, wanneer $\varphi(x, a_1, a_2, \ldots, a_n)$ van dezen vorm is:

$$\varphi(x, a_1, a_2, \ldots, a_n) = a_1 \varphi_1(x) + a_2 \varphi_2(x) + \ldots + a_n \varphi_n(x),$$

want dan is

$$\frac{\partial \varphi (x)}{\partial a_p} = \varphi_p (x)$$

en de vergelijkingen (3) worden

$$(4) \quad . \quad . \quad 0 = \int_a^{x_1} \varphi_p (x) \, dx - \int_{x_1}^{x_2} \varphi_p (x) \, dx + \ldots + (-1)^n \int_{x_n}^b \varphi_p (x) \, dx,$$

$$(p = 1, 2, \ldots, n)$$

waarin nu alleen $x_1, x_2, \ldots, x_n$ voorkomen. Men kan dus hieruit deze grootheden bepalen; ze hangen niet af van $f(x)$. Zijn eenmaal $x_1, x_2, \ldots, x_n$ bekend, dan heeft men ter bepaling van $a_1, a_2, \ldots, a_n$ nog de vergelijkingen (1) op te lossen, die nu lineair worden, en wel van den vorm:

$$f(x_p) = a_1 \varphi_1 (x_p) + a_2 \varphi_2 (x_p) + \ldots + a_n \varphi_n (x_p).$$
$$(p = 1, 2, \ldots, n)$$

De uitdrukking voor M wordt eenvoudiger in dit geval, want in plaats van

$$(b - a) \, M = \int_a^{x_1} \{f(x) - a_1 \varphi_1 (x) - \ldots a_n \varphi_n (x)\} \, dx - \ldots$$

$$\pm \int_{x_n}^b \{f(x) - a_1 \varphi_1 (x) - \ldots - a_n \varphi_n (x)\} \, dx$$

mag men volgens (4) schrijven

$$(b - a) \, M = \int_a^{x_1} f(x) \, dx - \int_{x_1}^{x_2} f(x) \, dx + \ldots + (-1)^n \int_{x_n}^b f(x) \, dx.$$

Het eenvoudigste bijzondere geval is nu hier

$$\varphi_1 (x) = 1,$$
$$\varphi_2 (x) = x,$$
$$\varphi_3 (x) = x^2,$$
$$\ldots \ldots \ldots$$
$$\varphi_n (x) = x^{n-1},$$

zoodat het te doen is om de functie $f(x)$ benaderend door eene geheele algebraïsche functie van den $n - 1^{\text{sten}}$ graad voor te stellen. Verder zij

$$a = -1,$$
$$b = +1.$$

De vergelijkingen (4) ter bepaling van $x_1, x_2, \ldots, x_n$ worden nu

$$(5) \quad 0 = \int_{-1}^{x_1} x^{p-1} dx - \int_{x_1}^{x_2} x^{p-1} dx + \ldots + (-1)^{n-1} \int_{x_{n-1}}^{x_n} x^{p-1} dx + (-1)^n \int_{x_n}^{1} x^{p-1} dx,$$

of

$$0 = 2x_1^p - 2x_2^p + \ldots + (-1)^{n-1} 2x_n^p + (-1)^{p+1} + (-1)^n.$$

$$(p = 1, 2, \ldots, n)$$

Deze vergelijkingen kunnen algemeen opgelost worden; dit schijnt echter langere berekeningen te vorderen dan hier op hare plaats zouden zijn; ik zal daarom alleen laten zien, dat de waarden

$$(6) \quad \begin{cases} x_1 = \cos \dfrac{n\pi}{n+1}, \\[2mm] x_2 = \cos \dfrac{(n-1)\pi}{n+1}, \\[2mm] \cdots \cdots \cdots \cdots \\[1mm] x_p = \cos \dfrac{(n-p+1)\pi}{n+1}, \\[2mm] \cdots \cdots \cdots \cdots \\[1mm] x_n = \cos \dfrac{\pi}{n+1} \end{cases}$$

werkelijk aan de vergelijkingen (5) voldoen.

Vermenigvuldig namelijk die vergelijkingen met willekeurige constanten en tel alles op, dan volgt

$$0 = \int_{-1}^{x_1} \psi(x)\, dx - \int_{x_1}^{x_2} \psi(x)\, dx + \ldots + (-1)^n \int_{x_n}^{1} \psi(x)\, dx,$$

waarin $\psi(x)$ eene willekeurige geheele rationale functie van x van den $n-1^{\text{sten}}$ graad hoogstens, voorstelt. Stelt men verder

$$x = \cos u$$

en tegelijk

$$\begin{aligned} x_1 &= \cos u_n, \\ x_2 &= \cos u_{n-1}, \\ x_3 &= \cos u_{n-2}, \\ &\cdots \cdots \cdots \\ x_n &= \cos u_1, \end{aligned}$$

dan wordt

$$0 = \int_0^{u_1} \psi(\cos u) \sin u \, du - \int_{u_1}^{u_2} \psi(\cos u) \sin u \, du + \ldots + (-1)^n \int_{u_n}^{\pi} \psi(\cos u) \sin u \, du.$$

Nu is

$$\frac{\sin pu}{\sin u} = 2^{p-1} \cos^{p-1} u - \ldots \ldots$$

eene geheele rationale functie van $\cos u$ van den $p - 1^{\text{sten}}$ graad; men mag dus stellen

$$\psi(\cos u) = \frac{\sin pu}{\sin u}$$

$$(p = 1, 2, \ldots, n)$$

en vindt zoo

(7) . . $0 = \int_0^{u_1} \sin pu \, du - \int_{u_1}^{u_2} \sin pu \, du + \ldots + (-1)^n \int_{u_n}^{\pi} \sin pu \, du,$

$$(p = 1, 2, \ldots, n)$$

of

$$0 = 2 \cos pu_1 - 2 \cos pu_2 + \ldots + (-1)^{n-1} 2 \cos pu_n - 1 + (-1)^{n+p}.$$

$$(p = 1, 2, \ldots, n)$$

Dat nu hieraan voldaan wordt door de waarden

$$u_1 = \frac{\pi}{n+1} = a,$$

$$u_2 = \frac{2\pi}{n+1} = 2a,$$

$$\cdots \cdots \cdots \cdots$$

$$u_n = \frac{n\pi}{n+1} = na$$

blijkt gemakkelijk, want stelt men

$$P = 2 \cos pa - 2 \cos 2pa + 2 \cos 3pa - \ldots + (-1)^{n-1} 2 \cos npa,$$

dan volgt

$$P \sin pa = 2 \cos pa \sin pa - 2 \cos 2pa \sin pa + \ldots + (-1)^{n-1} 2 \cos npa \sin pa$$

$$= \sin 2pa - [\sin 3pa - \sin pa] + [\sin 4pa - \sin 2pa] - \ldots$$

$$+ (-1)^{n-1} [\sin(n+1)pa - \sin(n-1)pa],$$

of voor $n > 1$

$$P \sin pa = (-1)^{n-1} \sin(n+1) pa + (-1)^n \sin npa + \sin pa.$$

Nu is

$$\sin(n+1)\,pa = \sin pa = 0$$

en

$$\sin npa = \sin(pa - pa) = (-1)^{p-1}\sin pa,$$

dus volgt, daar $\sin pa$ niet nul kan zijn,

$$P = 1 + (-1)^{n+p-1}.$$

Voor $n = 1$ kan dadelijk geverifieerd worden, dat $u_1 = \dfrac{\pi}{2}$ aan (7) voldoet. Hiermeê is dus de juistheid der in (6) gegeven waarden aangetoond. Er blijft nog over iets van de waarde van M te zeggen; ze is bepaald door

$$2M = \int_{-1}^{x_1} f(x)\,dx - \ldots + (-1)^n \int_{x_n}^{1} f(x)\,dx.$$

Kan nu $f(x)$ voor alle waarden van x tusschen -1 en $+1$ ontwikkeld worden in eene reeks

$$f(x) = b_0 + b_1 x + b_2 x^2 + \ldots = \sum_{p=0}^{p=\infty} b_p x^p,$$

dan vallen bij de substitutie hiervan in de uitdrukking van $2M$ de n eerste termen weg, en er blijft

$$2M = \int_{-1}^{x_1} \sum_{p=0}^{p=\infty} b_{n+p}\, x^{n+p}\,dx - \ldots + (-1)^n \int_{x_n}^{1} \sum_{p=0}^{p=\infty} b_{n+p}\, x^{n+p}\,dx.$$

Neemt men nu hiervan alleen den eersten term om eene benaderde waarde S van M te vinden, dan is

$$2S = b_n \left\{ \int_{-1}^{x_1} x^n\,dx - \ldots + (-1)^n \int_{x_n}^{1} x^n\,dx \right\},$$

of ook

$$2S = b_n \left\{ \int_{-1}^{x_1} [x^n + \psi(x)]\,dx - \ldots + (-1)^n \int_{x_n}^{1} [x^n + \psi(x)]\,dx \right\},$$

wanneer weer $\psi(x)$ eene geheele functie van den $n-1^{\text{sten}}$ graad hoogstens, is.

Voor $x = \cos u$ volgt, wanneer ook weer $x_1 = \cos u_n$ enz. gesteld wordt

$$2\,\mathrm{S} = (-1)^n\, b_n \left\{ \int_0^{u_1} [\cos^n u + \psi\,(\cos u)]\sin u\, du - \ldots \right.$$

$$\left. + (-1)^n \int_{u_n}^{\pi} [\cos^n u + \psi\,(\cos u)]\sin u\, du \right\}.$$

Men mag nu voor $\cos^n u + \psi\,(\cos u)$ nemen

$$\frac{\sin (n+1)\,u}{2^n \sin u} = \cos^n u - \ldots$$

en dan wordt na uitvoering der integratie

$$2\,\mathrm{S} = \frac{(-1)^n\, b_n}{2^n\,(n+1)} \left\{ -2\cos(n+1)\,u_1 + 2\cos(n+1)\,u_2 - \ldots \right.$$

$$\left. + (-1)^n\, 2\cos(n+1)\,u_n + 2 \right\},$$

dus daar

$$(n+1)\,u_p = p\pi,$$

is

(8) . . . . $\mathrm{S} = \dfrac{(-1)^n\, b_n}{2^n}.$

Om een enkel voorbeeld te geven: laat gevraagd worden $\sqrt{1+y}$ voor $0 < y < 1$ benaderend door eene uitdrukking van den vorm $a + \beta y$ voor te stellen.

Men neme hier eerst:

$$\sqrt{1 + \frac{1+x}{2}} = a_1 + a_2 x.$$

$$(-1 < x < +1)$$

dan is $n = 2$,

$$x_1 = \cos \frac{2\pi}{3} = -\tfrac{1}{2},$$

$$x_2 = \cos \frac{\pi}{3} = +\tfrac{1}{2},$$

dus

$$\tfrac{1}{2}\sqrt{5} = a_1 - \tfrac{1}{2}a_2,$$

$$\tfrac{1}{2}\sqrt{7} = a_1 + \tfrac{1}{2}a_2,$$

of

$$a_1 = \tfrac{1}{4}(\sqrt{7} + \sqrt{5}),$$

$$a_2 = \tfrac{1}{2}(\sqrt{7} - \sqrt{5}),$$

en voor $\dfrac{1+x}{2} = y,$

$$\sqrt{1+y} = a_1 + a_2\,(2y - 1)$$

$$= a + \beta y,$$

$$(0 < y < 1)$$

$$a = \tfrac{1}{4}[3\sqrt{5} - \sqrt{7}] = 1{,}0256\ldots,$$
$$\beta = \sqrt{7} - \sqrt{5} = 0{,}4097\ldots$$

Om de waarde van S te vinden, dient hier de ontwikkeling

$$\sqrt{1 + \frac{1+x}{2}} = \sqrt{\frac{3}{2}}\,\sqrt{1 + \frac{x}{3}}$$
$$= \sqrt{\frac{3}{2}}\left\{1 + \frac{x}{2.3} - \frac{x^2}{8.9} + \cdots\right\},$$

dus

$$b_2 = -\frac{\sqrt{6}}{144}$$

en

$$S = -\frac{\sqrt{6}}{576} = -0{,}00425\ldots$$

Overigens kan hier de waarde van M zelf gemakkelijk gevonden worden; ik vind

$$M = -0{,}00437\ldots$$

Dat hier aan de gestelde voorwaarden voldaan is, ligt voor de hand.

Ik merk nog op, dat de vergelijking (7) in verband met (4) doet zien, dat wanneer men eene functie $f(x)$ voor $0 < x < \pi$ benaderd wil voorstellen door

$$a_1 \sin x + a_2 \sin 2x + \ldots + a_n \sin nx,$$

voor $x_1, x_2, \ldots, x_n$ de waarden

$$\frac{\pi}{n+1}, \ \frac{2\pi}{n+1}, \cdots, \frac{n\pi}{n+1},$$

genomen moeten worden. Dit zijn juist de waarden voor welke Lagrange eene eenvoudige methode gegeven heeft om $a_1, a_2, \ldots, a_n$ te bepalen, namelijk de vergelijkingen (1) op te lossen. Het resultaat is:

$$a_p = \frac{2}{\pi}\sum_{s=1}^{s=n} \frac{\pi}{n+1}\sin\left(p\,\frac{s\pi}{n+1}\right) f\left(\frac{s\pi}{n+1}\right),$$

waaruit voor $n = \infty$ dan volgt

$$a_p = \frac{2}{\pi}\int_0^\pi \sin p\,x\, f(x)\, dx.$$

De grootheid M is hier

$$\pi M = \int_0^{\frac{\pi}{n+1}} f(x)\, dx - \cdots + (-1)^n \int_{\frac{n\pi}{n+1}}^{\pi} f(x)\, dx;$$

ze convergeert blijkbaar voor $n = \infty$ tot nul, wanneer $f(x)$ zooals hier eene continue functie van x is.

I.

(Brochure imprimée à Delft en 1876.)

(t r a d u c t i o n)

De la représentation approximative d'une fonction
par une autre.

Les deux fonctions $f(x)$ et $\varphi(x, a_1, a_2, \ldots, a_n)$ étant continues pour toutes les valeurs de x entre a et b, on peut se proposer de donner aux constantes $a_1, a_2, \ldots, a_n$ des valeurs telles que pour $a < x < b$ la fonction $\varphi(x)$ diffère de $f(x)$ aussi peu que possible.

Il est clair que dans ce but on peut déterminer les constantes $a_1, a_2, \ldots, a_n$ par la condition que pour

$$\left.\begin{array}{c} x = x_1, \\ x = x_2, \\ \cdots\cdots \\ x = x_n \end{array}\right\} \quad (a < x_1 < x_2 \ldots < x_n < b)$$

la fonction $\varphi(x)$ prenne les mêmes valeurs que $f(x)$, en sorte qu'on ait

$$(1) \quad \cdots\cdots\cdots \quad f(x_p) = \varphi(x_p, a_1, a_2, \ldots, a_n)$$

pour toutes les valeurs $p = 1, 2, \ldots, n$.

En prenant $\varphi(x)$ au lieu de $f(x)$ on commet une erreur

$$(2) \quad \cdots\cdots\cdots\cdots \quad R(x) = f(x) - \varphi(x).$$

$R(x)$ est une fonction continue de x qui s'annule pour

$$\begin{array}{c} x = x_1, \\ x = x_2, \\ \cdots\cdots \\ x = x_n, \end{array}$$

et qui change donc en général de signe toutes les fois que x passe par une de ces valeurs.

99

Supposons la courbe

$$y = \mathrm{R}(x) = f(x) - \varphi(x)$$

construite; d'après ce que nous venons de dire elle coupe l'axe des X aux n points

$$x = x_1,$$
$$x = x_2,$$
$$\dots\dots$$
$$x = x_n,$$
$$y = 0.$$

La concordance des fonctions $f(x)$ et $\varphi(x)$ est bonne, lorsque la courbe $y = \mathrm{R}(x)$ s'éloigne peu de l'axe des X pour $a < x < b$. En augmentant le nombre n des grandeurs $x_1, x_2, \dots, x_n$ on peut obtenir une meilleure concordance de $\varphi(x)$ avec $f(x)$; mais, si le nombre n est donné, le degré de l'approximation qu'on peut atteindre dépend du choix des grandeurs $x_1, x_2, \dots, x_n$. Nous examinerons maintenant quel est pour ces grandeurs le choix le plus convenable.

A cet effet, il est nécessaire de dire ce qu'il faut entendre par un écart minimum des deux fonctions. Ici nous prendrons pour mesure de cet écart la somme de toutes les aires comprises entre l'axe des X, la courbe $y = \mathrm{R}(x)$ et les deux ordonnées extrêmes qui correspondent à $x = a$ et à $x = b$; toutes ces aires étant comptées de même signe. Si nous représentons cette somme par

$$(b - a)\,\mathrm{M},$$

M est la moyenne arithmétique des erreurs entre $x = a$ et $x = b$, toutes les erreurs étant prises en valeur absolue. Il faudra donc déterminer les grandeurs $x_1, x_2, \dots, x_n$ de manière à rendre M minimum.

Dans l'hypothèse que $\mathrm{R}(x)$ change de signe toutes les fois que x passe par une des valeurs $x_1, x_2, \dots, x_n$ et que $\mathrm{R}(x)$ ne s'annule pour aucune autre valeur de la variable entre a et b, on a

$$(b - a)\,\mathrm{M} = \int_a^{x_1} \mathrm{R}(x)\,dx - \int_{x_1}^{x_2} \mathrm{R}(x)\,dx + \dots\dots$$

$$+ (-1)^{n-1} \int_{x_{n-1}}^{x_n} \mathrm{R}(x)\,dx + (-1)^n \int_{x_n}^{b} \mathrm{R}(x)\,dx,$$

où M a le même signe que $\mathrm{R}(x)$ pour $a < x < x_1$.

M dépend donc ici de $x_1, x_2, \ldots, x_n$, de même que $a_1, a_2, \ldots, a_n$ en dépendent d'après les équations (1)

Mais on peut aussi prendre $a_1, a_2, \ldots, a_n$ comme variables indépendantes; $x_1, x_2, \ldots, x_n$ sont alors les racines de l'équation

$$f(x) = \varphi(x, a_1, a_2, \ldots, a_n)$$

et peuvent être considérées comme dépendant de $a_1, a_2, \ldots, a_n$ Les conditions pour que M soit minimum sont alors

$$\frac{\partial M}{\partial a_1} = 0,$$

$$\frac{\partial M}{\partial a_2} = 0,$$

$$\cdots \cdots \cdots$$

$$\frac{\partial M}{\partial a_n} = 0,$$

ou bien, vu que $R(x)$ s'annule toutes les fois aux limites variables des intégrales,

$$0 = \int_a^{x_1} \frac{\partial R(x)}{\partial a_p} \, dx - \int_{x_1}^{x_2} \frac{\partial R(x)}{\partial a_p} \, dx + \ldots + (-1)^n \int_{x_n}^b \frac{\partial R(x)}{\partial a_p} \, dx.$$

$$(p = 1, 2, \ldots, n)$$

Mais suivant l'équation (2)

$$- \frac{\partial R}{\partial a_p} = \frac{\partial \varphi}{\partial a_p}.$$

Donc

(3) . . $\quad 0 = \int_a^{x_1} \frac{\partial \varphi(x)}{\partial a_p} \, dx - \int_{x_1}^{x_2} \frac{\partial \varphi(x)}{\partial a_p} \, dx + \ldots + (-1)^n \int_{x_n}^b \frac{\partial \varphi(x)}{\partial a_p} \, dx.$

$$(p = 1, 2, \ldots, n)$$

Les équations (1) et (3) qui sont au nombre de $2n$, peuvent servir à la détermination de $a_1, a_2, \ldots, a_n, x_1, x_2, \ldots, x_n$.

En général les expressions $\frac{\partial \varphi(x)}{\partial a_p}$ contiennent encore les grandeurs $a_1, a_2, \ldots, a_n$, en sorte que les équations (1) et les équations (3) contiennent toutes les grandeurs $a_1, a_2, \ldots, a_n, x_1, x_2, \ldots, x_n$, et ces dernières $x_1, x_2, \ldots, x_n$ dépendent alors nécessairement de la fonction $f(x)$ Il n'en est pas de même lorsque $\varphi(x_1, a_1, a_2, \ldots, a_n)$ a la forme suivante:

$$\varphi(x, a_1, a_2, \ldots, a_n) = a_1 \varphi_1(x) + a_2 \varphi_2(x) + \ldots + a_n \varphi_n(x),$$

car alors on a

$$\frac{\partial \varphi(x)}{\partial a_p} = \varphi_p(x)$$

et les équations (3) deviennent

$$(4) \quad . . \quad 0 = \int_a^{x_1} \varphi_p(x)\, dx - \int_{x_1}^{x_2} \varphi_p(x)\, dx + \ldots + (-1)^n \int_{x_n}^b \varphi_p(x)\, dx.$$

$$(p = 1, 2, \ldots, n)$$

Dans celles-ci les seules variables sont $x_1, x_2, \ldots, x_n$. On peut donc déterminer ces grandeurs à l'aide de ces équations, et elles ne dépendent pas de $f(x)$. Les variables $x_1, x_2, \ldots, x_n$ étant trouvées, il reste à résoudre les équations (1) pour déterminer $a_1, a_2, \ldots, a_n$; ces équations deviennent maintenant linéaires, savoir:

$$f(x_p) = a_1 \varphi_1(x_p) + a_2 \varphi_2(x_p) + \ldots + a_n \varphi_n(x_p).$$

$$(p = 1, 2, \ldots, n)$$

La formule qui donne M se simplifie en ce cas, car au lieu de

$$(b - a)\, \mathrm{M} = \int_a^{x_1} \{f(x) - a_1 \varphi_1(x) - \ldots - a_n \varphi_n(x)\}\, dx - \ldots$$

$$\pm \int_{x_n}^b \{f(x) - a_1 \varphi_1(x) - \ldots - a_n \varphi_n(x)\}\, dx$$

on peut écrire d'après (4)

$$(b - a)\, \mathrm{M} = \int_a^{x_1} f(x)\, dx - \int_{x_1}^{x_2} f(x)\, dx + \ldots + (-1)^n \int_{x_n}^b f(x)\, dx.$$

Le cas particulier le plus simple est maintenant représenté par les formules

$$\varphi_1(x) = 1,$$
$$\varphi_2(x) = x,$$
$$\varphi_3(x) = x^2,$$
$$\cdot \cdot \cdot \cdot \cdot \cdot \cdot \cdot$$
$$\varphi_n(x) = x^{n-1},$$

en sorte qu'il s'agit ici de représenter approximativement la fonction $f(x)$ par une fonction algébrique entière du degré $n - 1$. Supposons en outre

$$a = -1,$$
$$b = +1.$$

Les équations (4) qui servent à déterminer x_1, x_2, ..., x_n deviennent maintenant

$$(5) \quad 0 = \int_{-1}^{x_1} x^{p-1} dx - \int_{x_1}^{x_2} x^{p-1} dx + \ldots + (-1)^{n-1} \int_{x_{n-1}}^{x_n} x^{p-1} dx + (-1)^n \int_{x_n}^{+1} x^{p-1} dx$$

ou

$$0 = 2x_1^p - 2x_2^p + \ldots + (-1)^{n-1} 2x_n^p + (-1)^{p+1} + (-1)^n.$$
$$(p = 1, 2, \ldots, n)$$

Il existe une méthode générale pour résoudre ces équations, mais elle exige des calculs trop longs pour qu'il me semble utile de la faire connaître ici. Je me contenterai de faire voir que les valeurs

$$(6) \quad \left\{ \begin{aligned} x_1 &= \cos \frac{n\pi}{n+1}, \\ x_2 &= \cos \frac{n-1}{n+1} \pi, \\ &\cdots \cdots \cdots \cdots \\ x_p &= \cos \frac{(n-p+1)\pi}{n+1}, \\ &\cdots \cdots \cdots \cdots \\ x_n &= \cos \frac{\pi}{n+1} \end{aligned} \right.$$

satisfont réellement aux équations (5).

En effet, multiplions ces équations par des constantes arbitraires et ajoutons-les toutes Il en résulte

$$0 = \int_{-1}^{x_1} \psi(x) \, dx - \int_{x_1}^{x_2} \psi(x) \, dx + \ldots + (-1)^n \int_{x_n}^{+1} \psi(x) \, dx,$$

où $\psi(x)$ représente une fonction arbitraire de x entière et rationnelle et du degré $(n-1)$ tout au plus.

Posant alors

$$x = \cos u$$

et en même temps

$$x_1 = \cos u_n,$$
$$x_2 = \cos u_{n-1},$$
$$x_3 = \cos u_{n-2},$$
$$\cdots \cdots \cdots$$
$$x_n = \cos u_1,$$

on obtient

$$0 = \int_0^{u_1} \psi(\cos u)\sin u\,du - \int_{u_1}^{u_2} \psi(\cos u)\sin u\,du + \ldots + (-1)^n \int_{u_n}^{\pi} \psi(\cos u)\sin u\,du.$$

Or

$$\frac{\sin pu}{\sin u} = 2^{p-1}\cos^{p-1} u - \ldots\ldots$$

est une fonction de $\cos u$ entière et rationnelle du degré $(p-1)$. On peut donc poser

$$\psi(\cos u) = \frac{\sin pu}{\sin u}$$
$$(p = 1, 2, \ldots, n)$$

et l'on trouve de cette façon

$$(7)\quad .\quad .\ \ 0 = \int_0^{u_1}\sin pu\,du - \int_{u_1}^{u_2}\sin pu\,du + \ldots + (-1)^n\int_{u_n}^{\pi}\sin pu\,du$$
$$(p = 1, 2, \ldots, n)$$

ou

$$0 = 2\cos pu_1 - 2\cos pu_2 + \ldots + (-1)^{n-1}2\cos pu_n - 1 + (-1)^{n+p}.$$
$$(p = 1, 2, \ldots, n)$$

On voit aisément que les valeurs

$$u_1 = \frac{\pi}{n+1} = a,$$
$$u_2 = \frac{2\pi}{n+1} = 2a,$$
$$\cdot\ \cdot\ \cdot\ \cdot\ \cdot\ \cdot\ \cdot\ \cdot\ \cdot\ \cdot$$
$$u_n = \frac{n\pi}{n+1} = na$$

satisfont à cette équation, car si l'on pose

$$P = 2\cos pa - 2\cos 2pa + 2\cos 3pa - \ldots + (-1)^{n-1}2\cos npa,$$

il s'ensuit

$$P\sin pa = 2\cos pa\sin pa - 2\cos 2pa\sin pa + \ldots + (-1)^{n-1}2\cos npa\sin pa$$
$$= \sin 2pa - [\sin 3pa - \sin pa] + [\sin 4pa - \sin 2pa] - \ldots$$
$$+ (-1)^{n-1}[\sin(n+1)pa - \sin(n-1)pa]$$

ou, pour $n > 1$,

$$P\sin pa = (-1)^{n-1}\sin(n+1)pa + (-1)^n\sin npa + \sin pa.$$

Or on a

$$\sin (n + 1)\, pa = \sin p\pi = 0$$

et

$$\sin npa = \sin (p\pi - pa) = (-1)^{p-1} \sin pa.$$

On conclut de là, vu que $\sin pa$ ne peut pas être nul, que

$$\mathrm{P} = 1 + (-1)^{n+p-1}.$$

Pour $n = 1$ on vérifie immédiatement que $u_1 = \dfrac{\pi}{2}$ satisfait à l'équation (7).

Il est donc démontré que les valeurs (6) satisfont au problème. Reste à parler de la valeur de M; elle est

$$2\,\mathrm{M} = \int_{-1}^{x_1} f(x)\, dx - \ldots + (-1)^n \int_{x_n}^{+1} f(x)\, dx.$$

Lorsque $f(x)$ pour toutes les valeurs de x entre -1 et $+1$ peut être développée en une série

$$f(x) = b_0 + b_1 x + b_2 x^2 + \ldots = \sum_{p=0}^{p=\infty} b_p x^p,$$

les n premiers termes de l'équation qui donne $2\,\mathrm{M}$ disparaissent quand on y substitue cette valeur de $f(x)$. Il reste

$$2\,\mathrm{M} = \int_{-1}^{x_1} \sum_{p=0}^{p=\infty} b_{n+p}\, x^{n+p}\, dx - \ldots + (-1)^n \int_{x_n}^{+1} \sum_{p=0}^{p=\infty} b_{n+p}\, x^{n+p}\, dx.$$

Si nous prenons $p = 0$, pour trouver une valeur approchée S de M, nous avons

$$2\,\mathrm{S} = b_n \left\{ \int_{-1}^{x_1} x^n\, dx - \ldots + (-1)^n \int_{x_n}^{1} x^n\, dx \right\}$$

ou bien

$$2\,\mathrm{S} = b_n \left\{ \int_{-1}^{x_1} [x^n + \psi(x)]\, dx - \ldots + (-1)^n \int_{x_n}^{1} [x^n + \psi(x)]\, dx \right\},$$

$\psi(x)$ étant de nouveau une fonction entière du degré $(n-1)$ tout au plus.

On en tire, en posant comme auparavant

$$x = \cos u,$$
$$x_1 = \cos u_n, \text{ etc.,}$$

$$2S = (-1)^n b_n \left\{ \int_0^{u_1} [\cos^n u + \psi(\cos u)] \sin u\, du - \ldots \right.$$
$$\left. + (-1)^n \int_{u_n}^{\pi} [\cos^n u + \psi(\cos u)] \sin u\, du \right\}.$$

Or, au lieu de $\cos^n u + \psi(\cos u)$ on peut prendre

$$\frac{\sin(n+1)u}{2^n \sin u} = \cos^n u - \ldots$$

et alors on trouve après l'intégration

$$2S = \frac{(-1)^n b_n}{2^n(n+1)} \left\{ -2\cos(n+1)u_1 + 2\cos(n+1)u_2 - \ldots \right.$$
$$\left. + (-1)^n 2\cos(n+1)u_n + 2 \right\},$$

partant, comme

$$(n+1)u_p = p\pi,$$

(8) . . . . $$S = \frac{(-1)^n b_n}{2^n}.$$

Considérons un seul exemple: on demande de représenter approximativement $\sqrt{1+y}$ pour $0 < y < 1$ par une expression de la forme $\alpha + \beta y$.

Ici il faut prendre d'abord

$$\sqrt{1 + \frac{1+x}{2}} = a_1 + a_2 x.$$
$$(-1 < x < +1)$$

Alors $n = 2$,

$$x_1 = \cos\frac{2\pi}{3} = -\tfrac{1}{2},$$

$$x_2 = \cos\frac{\pi}{3} = +\tfrac{1}{2},$$

par conséquent

$$\tfrac{1}{2}\sqrt{5} = a_1 - \tfrac{1}{2}a_2,$$
$$\tfrac{1}{2}\sqrt{7} = a_1 + \tfrac{1}{2}a_2,$$

ou

$$a_1 = \tfrac{1}{4}(\sqrt{7} + \sqrt{5}),$$
$$a_2 = \tfrac{1}{2}(\sqrt{7} - \sqrt{5}),$$

et, pour $\dfrac{1+x}{2} = y$,

$$\sqrt{1+y} = a_1 + a_2(2y - 1)$$
$$= \alpha + \beta y.$$
$$(0 < y < 1)$$

Donc

$$a = \tfrac{1}{4}[3\sqrt{5} - \sqrt{7}] = 1{,}0256\ldots,$$
$$\beta = \sqrt{7} - \sqrt{5} = 0{,}4097\ldots$$

Pour trouver la valeur de S, on se sert du développement en série suivant:

$$\sqrt{1 + \frac{1+x}{2}} = \sqrt{\frac{3}{2}}\sqrt{1 + \frac{x}{3}}$$

$$= \sqrt{\frac{3}{2}}\left\{1 + \frac{x}{2 \cdot 3} - \frac{x^2}{8 \cdot 9} + \ldots\right\}.$$

Donc

$$b_2 = -\frac{\sqrt{6}}{144}$$

et

$$S = -\frac{\sqrt{6}}{576} = -0{,}00425\ldots$$

D'ailleurs la valeur précise de M peut aisément être calculée dans ce cas. Je trouve

$$M = -0{,}00437\ldots$$

Il est évident que les conditions posées sont satisfaites.

J'observe encore que l'équation (7) jointe à l'équation (4) fait voir que si l'on veut approximativement représenter une fonction $f(x)$ par

$$a_1 \sin x + a_2 \sin 2x + \ldots + a_n \sin nx,$$
$$(0 < x < \pi)$$

il faut prendre pour $x_1, x_2, \ldots, x_n$ les valeurs

$$\frac{\pi}{n+1}, \quad \frac{2\pi}{n+1}, \quad \ldots, \quad \frac{n\pi}{n+1}.$$

Ce sont là précisément les valeurs pour lesquelles Lagrange a donné une méthode simple permettant de déterminer $a_1, a_2, \ldots, a_n$, c. à d. de résoudre les équations (1). Le résultat est le suivant:

$$a_p = \frac{2}{\pi}\sum_{s=1}^{s=n} \frac{\pi}{n+1}\sin\left(p\,\frac{s\pi}{n+1}\right)f\left(\frac{s\pi}{n+1}\right),$$

d'où l'on tire pour $n = \infty$

$$a_p = \frac{2}{\pi}\int_0^\pi \sin px\, f(x)\, dx.$$

La grandeur M est ici donnée par l'équation

$$\pi M = \int_0^{\frac{\pi}{n+1}} f(x)\, dx - \ldots + (-1)^r \int_{\frac{n\pi}{n+1}}^{\pi} f(x)\, dx.$$

Pour $n = \infty$ elle converge évidemment vers zéro, lorsque $f(x)$, comme c'est ici le cas, est une fonction continue de x.

II.

(Amsterdam, Nieuw Arch. Wisk., 4, 1878, 100—104.)

Een en ander over de integraal $\int_0^1 \log \Gamma(x+u)\, du$.

In het volgende zal ik laten zien, dat de waarde van deze integraal gevonden kan worden door onmiddellijke toepassing van de gewone definitie van eene bepaalde integraal, en daaraan eenige opmerkingen toevoegen over eene functie, waarvan de afgeleide van $\log \Gamma(x)$ een bijzonder geval is.

De waarde van de bovenstaande integraal is bekend, en wel is[1])

$$(1) \quad \ldots \quad \int_0^1 \log \Gamma(x+u)\, du = \tfrac{1}{2} \log 2\pi + x \log x - x.$$

Hierin wordt x positief ondersteld; als uiterste waarde kan $x=0$ zijn, dan is

$$(2) \quad \ldots \quad \int_0^1 \log \Gamma(u)\, du = \tfrac{1}{2} \log 2\pi.$$

In deze laatste integraal wordt $\log \Gamma(u)$ voor $u=0$ oneindig, maar uit

$$\int_0^1 \log \Gamma(u)\, du = \int_0^1 \log \Gamma(u+1)\, du - \int_0^1 \log u\, du$$

ziet men, dat de integraal toch eene eindige waarde heeft, en welke die waarde is; want de eerste integraal rechts is volgens (1) gelijk aan $\tfrac{1}{2} \log 2\pi - 1$, en de tweede is gelijk aan -1.

Ik onderstel nu x positief, en ga uit van de bekende formules

$$(3) \quad \Gamma(x)\, \Gamma\left(x+\frac{1}{n}\right) \Gamma\left(x+\frac{2}{n}\right) .. \Gamma\left(x+\frac{n-1}{n}\right) = n^{-nx+\frac{1}{2}} (2\pi)^{\frac{n-1}{2}} \Gamma(nx),$$

$$(4) \quad \ldots \quad \log \Gamma'(x) = \tfrac{1}{2} \log 2\pi + (x-\tfrac{1}{2}) \log x - x + \frac{\theta}{12x}.$$
$$(0 < \theta < 1)$$

---

[1]) Zie Bierens de Haan, Tables d'intégrales définies.

De formule (4) is de gewone ontwikkeling van $\log \Gamma(x)$ in eene half-convergente reeks, tot de eerste termen beperkt.

Uit (3) volgt

$$(5) \quad \cdot \quad \frac{1}{n}\left[\log \Gamma(x) + \log \Gamma\left(x + \frac{1}{n}\right) + \ldots + \log \Gamma\left(x + \frac{n-1}{n}\right)\right] =$$

$$= \left(\frac{1}{2} - \frac{1}{2n}\right)\log 2\pi - \left(x - \frac{1}{2n}\right)\log n + \frac{1}{n}\log \Gamma(nx).$$

Voor $n = \infty$ gaat het eerste lid over in

$$\int_0^1 \log \Gamma(x + u)\, du,$$

en de limiet van het tweede lid wordt met behulp van (4) gemakkelijk gevonden.

Vooraf behandel ik het geval $x = \frac{1}{n}$. In dit bijzondere geval kan de formule (3) veel gemakkelijker afgeleid worden dan in het algemeene, en wel is hiertoe de formule

$$\Gamma(x)\,\Gamma(1 - x) = \frac{\pi}{\sin \pi x}$$

voldoende.

In plaats van (5) komt er dan

$$\frac{1}{n}\left[\log \Gamma\left(\frac{1}{n}\right) + \log \Gamma\left(\frac{2}{n}\right) + \ldots + \log \Gamma\left(\frac{n}{n}\right)\right] = \left(\frac{1}{2} - \frac{1}{2n}\right)\log 2\pi - \frac{1}{2n}\log n$$

en voor $n = \infty$ vindt men de formule (2).

In het algemeene geval wordt het tweede lid van (5) met behulp van (4)

$$\left(\frac{1}{2} - \frac{1}{2n}\right)\log 2\pi - \left(x - \frac{1}{2n}\right)\log n + \frac{1}{2n}\log 2\pi + \left(x - \frac{1}{2n}\right)\log nx - x + \frac{\theta}{12n^2x} =$$

$$= \frac{1}{2}\log 2\pi + \left(x - \frac{1}{2n}\right)\log x - x + \frac{\theta}{12n^2x},$$

en voor $n = \infty$ vindt men de formule (1).

Door de formule (1) ten opzichte van x te differentieeren, komt er

$$(6) \quad \cdot \quad \cdot \quad \cdot \quad \cdot \quad \cdot \quad \cdot \quad \int_0^1 \psi(x + u)\, du = \log x,$$

waarbij gesteld werd

$$\frac{d}{dx}\log \Gamma(x) = \psi(x).$$

Uit deze formule (6) kan men weêr (1) terugvinden; door integratie ten opzichte van x volgt namelijk

$$\int_0^1 \log \Gamma(x + u)\, du = C + x \log x - x.$$

De onderstelling $x = 0$ of $x = 1$ kan dienen tot bepaling van de standvastige C, wanneer men namelijk de formule (2) bekend onderstelt. Deze formule (2) kan echter, zooals boven opgemerkt werd, vrij gemakkelijk gevonden worden.

De formule (6) is een bijzonder geval van eene meer algemeene. Stelt men namelijk als definitie van eene functie $.\psi(x, p)$

$$(7) \quad \psi(x, p) = \lim_{n = \infty} \left\{ \frac{n^{1-p} - 1}{1 - p} - \frac{1}{x^p} - \frac{1}{(x+1)^p} - \cdots - \frac{1}{(x+n-1)^p} \right\},$$

$$(p > 0, \ x > 0)$$

wat voor $p = 1$ overgaat in

$$\psi(x, 1) = \lim_{n = \infty} \left\{ \log n - \frac{1}{x} - \frac{1}{x+1} - \cdots - \frac{1}{x+n-1} \right\},$$

en voor $p > 1$ in

$$\psi(x, p) = \frac{1}{p - 1} - \frac{1}{x^p} - \frac{1}{(x+1)^p} - \frac{1}{(x+2)^p} - \cdots,$$

dan is het gemakkelijk te zien, dat $\psi(x, p)$ werkelijk eene eindige waarde heeft, en verder is $\psi(x, 1)$ identiek met hetgeen zooeven door $\psi(x)$ aangeduid werd.

Het is, wanneer men alleen met reëele functiën te doen wil hebben, nog niet noodzakelijk altijd $x > 0$ te onderstellen; zoo kan bijv. in de definitie voor $\psi(x, 1)$ de x zeer wel negatief worden.

Is k een geheel positief getal dan volgt uit (7)

$$\psi(x, p) + \psi\left(x + \frac{1}{k}, p\right) + \psi\left(x + \frac{2}{k}, p\right) + \cdots + \psi\left(x + \frac{k-1}{k}, p\right) =$$

$$= \lim_{n = \infty} k^p \left\{ \frac{(nk)^{1-p} - 1}{1 - p} - \frac{1}{(kx)^p} - \frac{1}{(kx+1)^p} - \cdots - \frac{1}{(kx+nk-1)^p} - \frac{k^{1-p} - 1}{1 - p} \right\},$$

of

$$(8) \quad \psi(x, p) + \psi\left(x + \frac{1}{k}, p\right) + \cdots + \psi\left(x + \frac{k-1}{k}, p\right) = k^p \left(\psi(kx, p) - \frac{k^{1-p} - 1}{1 - p} \right),$$

zooals dadelijk blijkt, wanneer men in (7) x door kx, n door kn vervangt. Voor $p = 1$ gaat deze formule (8) over in eene andere, die uit (5) ontstaat door met n te vermenigvuldigen en dan ten opzichte van x te differentieeren. Deelt men (8) door k en stelt dan $k = \infty$, dan gaat het eerste lid over in

$$\int_0^1 \psi(x + u, p) \, du.$$

Om echter te zien wat hierbij uit het tweede lid wordt, zal ik eerst eenige andere eigenschappen van de functie $\psi(x, p)$ afleiden.

Uit de als definitie gestelde formule (7) volgt onmiddellijk

$$\psi(x+1, p) = \psi(x, p) + \frac{1}{x^p},$$

en algemeener

(9) $\psi(x+k, p) = \psi(x, p) + \dfrac{1}{x^p} + \dfrac{1}{(x+1)^p} + \cdots + \dfrac{1}{(x+k-1)^p}.$

Uit deze laatste formule blijkt, dat (7) ook aldus geschreven kan worden

$$\psi(x, p) = \lim_{n=\infty} \left(\frac{n^{1-p}-1}{1-p} - \psi(x+n, p) + \psi(x, p) \right),$$

of

$$0 = \lim_{n=\infty} \left(\frac{n^{1-p}-1}{1-p} - \psi(x+n, p) \right),$$

waarvoor men verder mag schrijven

$$0 = \lim_{n=\infty} \left(\frac{(x+n)^{1-p}-1}{1-p} - \psi(x+n, p) \right),$$

want het verschil

$$\frac{(x+n)^{1-p}-1}{1-p} - \frac{n^{1-p}-1}{1-p}$$

convergeert voor $n = \infty$ tot nul. Voor $p > 1$ en voor $p = 1$ ziet men dit dadelijk, en wanneer p tusschen 0 en 1 ligt, blijkt het uit

$$\frac{(x+n)^{1-p}-1}{1-p} - \frac{n^{1-p}-1}{1-p} = \int_0^{x+n} \frac{du}{u^p} - \int_0^n \frac{du}{u^p} = \int_n^{x+n} \frac{du}{u^p} = \frac{x}{(n+\theta x)^p}.$$

$$(0 < \theta < 1)$$

Vervangt men nu nog $n + x$ door x, dan volgt

(10) . . . . . . $\lim\limits_{x=\infty} \left(\dfrac{x^{1-p}-1}{1-p} - \psi(x, p) \right) = 0.$

Door nu (8) door k te deelen volgt

$$\frac{1}{k} \left[\psi(x, p) + \psi\left(x + \frac{1}{k}, p\right) + \cdots + \psi\left(x + \frac{k-1}{k}, p\right) \right] =$$

$$= k^{p-1} \left(\psi(kx, p) - \frac{k^{1-p}-1}{1-p} \right) = k^{p-1} \left(\psi(kx, p) - \frac{(kx)^{1-p}-1}{1-p} \right) + \frac{x^{1-p}-1}{1-p}.$$

Is nu x positief en $0 < p \leqq 1$, dan volgt hieruit voor $k = \infty$, op (10) lettende

$$(11) \quad \ldots \quad \ldots \quad \int_0^1 \psi(x+u, p)\, du = \frac{x^{1-p} - 1}{1 - p}.$$

$$(x > 0,\ 0 < p \leqq 1)$$

Stelt men in de formule, waaruit dit door grensovergang afgeleid werd, $x = \dfrac{1}{k}$ en daarna $k = \infty$, dan blijkt, dat de formule (11) ook nog geldt voor $x = 0$.

Uit deze formule (11) ontstaat nu voor $p = 1$ de formule (6).

Ik eindig met eenige verdere opmerkingen omtrent de functie $\psi(x, p)$.

Is x positief, dan kan $\psi(x, p)$ door eene bepaalde integraal uitgedrukt worden

$$(12) \quad \ldots \quad \psi(x, p) = \frac{1}{\Gamma(p)} \int_0^\infty \left(\frac{1}{u} - \frac{e^{-(x-1)u}}{1 - e^{-u}} \right) e^{-u} u^{p-1}\, du,$$

waaruit men weder verdere ontwikkelingen kan afleiden, bijv.

$$(13) \quad \ldots \quad \psi(x, p) = \psi(1, p) + \frac{1}{\Gamma(p)} \int_0^1 \frac{1 - u^{x-1}}{1 - u} \left(\log \frac{1}{u} \right)^{p-1} du,$$

$$(14) \quad \psi(x, p) = \frac{x^{1-p} - 1}{1 - p} - \frac{1}{2x^p} - \frac{1}{\Gamma(p)} \int_0^\infty \left(\frac{1}{1 - e^{-u}} - \frac{1}{u} - \frac{1}{2} \right) e^{-xu} u^{p-1}\, du.$$

Men kan namelijk, wanneer x positief is, de formule (7) herleiden door $\dfrac{1}{x^p}$, $\dfrac{1}{(x+1)^p}$ enz. als bepaalde integralen te schrijven van den vorm

$$\frac{1}{a^p} = \frac{1}{\Gamma(p)} \int_0^\infty u^{p-1} e^{-au}\, du,$$

en eveneens de eerste term

$$\frac{n^{1-p} - 1}{1 - p} = \frac{1}{\Gamma(p)} \int_0^\infty \frac{e^{-u} - e^{-nu}}{u} u^{p-1}\, du.$$

Deze laatste formule ontstaat uit de voorafgaande, door met da te vermenigvuldigen, en tusschen de grenzen $a = 1$ en $a = n$ te integreeren. Op deze wijze vindt men, na eenige herleiding, de formule (12), waaruit (13) en (14) gemakkelijk volgen.

De formule (14), waaruit men dadelijk weder tot (10) besluiten kan, levert ook eene half-convergente reeks voor $\psi(x, p)$ die men trouwens ook onmiddellijk uit (7) zou kunnen afleiden door toepassing van eene bekende formule van Maclaurin.

II.

(Amsterdam, Nieuw Arch. Wisk., 4, 1878, 100—104.)

(t r a d u c t i o n)

Remarques sur l'intégrale $\int_0^1 \log \Gamma(x+u)\,du$.

Je me propose de faire voir ici, que la valeur de cette intégrale peut être trouvée par une application immédiate de la définition ordinaire de l'intégrale définie. J'ajouterai quelques remarques à propos d'une fonction qui dans un cas particulier se réduit à la dérivée de $\log \Gamma(x)$.

La valeur de l'intégrale écrite ci-dessus est connue; c'est la suivante[1])

$$(1) \quad \cdots \quad \int_0^1 \log \Gamma(x+u)\,du = \tfrac{1}{2}\log 2\pi + x\log x - x.$$

Dans ces expressions x a par hypothèse une valeur positive ou nulle. Dans ce dernier cas on a

$$(2) \quad \cdots \cdots \quad \int_0^1 \log \Gamma(u)\,du = \tfrac{1}{2}\log 2\pi.$$

Pour $u = 0$, l'expression $\log \Gamma(u)$ qui figure dans la dernière intégrale devient infinie, mais la formule

$$\int_0^1 \log \Gamma(u)\,du = \int_0^1 \log \Gamma(u+1)\,du - \int_0^1 \log u\,du$$

montre que cette intégrale a néanmoins une valeur finie qui se déduit de cette formule. En effet, la première intégrale du second membre vaut $\tfrac{1}{2}\log 2\pi - 1$ d'après la formule (1), et la seconde vaut -1.

Je suppose maintenant x positif et je pars des formules connues

$$(3) \quad \Gamma(x)\,\Gamma\!\left(x+\frac{1}{n}\right)\Gamma\!\left(x+\frac{2}{n}\right)\cdots\Gamma\!\left(x+\frac{n-1}{n}\right) = n^{-nx+\frac{1}{2}}(2\pi)^{\frac{n-1}{2}}\,\Gamma(nx),$$

$$(4) \quad \cdots \cdots \quad \log \Gamma(x) = \tfrac{1}{2}\log 2\pi + (x-\tfrac{1}{2})\log x - x + \frac{\theta}{12x}.$$

$$(0 < \theta < 1)$$

---

[1]) Voir Bierens de Haan, Tables d'intégrales définies.

114

La formule (4) donne le développement ordinaire de $\log \Gamma(x)$ en une série semi-convergente, limitée aux premiers termes.

Il résulte de (3)

$$(5) \quad \frac{1}{n}\left[\log \Gamma(x) + \log \Gamma\left(x+\frac{1}{n}\right) + \ldots + \log \Gamma\left(x+\frac{n-1}{n}\right)\right] =$$

$$= \left(\frac{1}{2} - \frac{1}{2n}\right) \log 2\pi - \left(x - \frac{1}{2n}\right) \log n + \frac{1}{n} \log \Gamma(nx).$$

Pour $n = \infty$ le premier membre devient

$$\int_0^1 \log \Gamma(x+u)\, du,$$

et la limite du second membre est aisément trouvée à l'aide de (4).

Je commence par traiter le cas $x = \frac{1}{n}$. Dans ce cas spécial la formule (3) peut être déduite beaucoup plus facilement que dans le cas général: il suffit alors d'employer la formule

$$\Gamma(x)\,\Gamma(1-x) = \frac{\pi}{\sin \pi x}.$$

Au lieu de (5) on trouve alors

$$\frac{1}{n}\left[\log \Gamma\left(\frac{1}{n}\right) + \log \Gamma\left(\frac{2}{n}\right) + \ldots + \log \Gamma\left(\frac{n}{n}\right)\right] = \left(\frac{1}{2} - \frac{1}{2n}\right) \log 2\pi - \frac{1}{2n} \log n$$

et pour $x = \infty$ on obtient la formule (2).

Dans le cas général le second membre de (5) devient d'après la formule (4)

$$\left(\frac{1}{2} - \frac{1}{2n}\right) \log 2\pi - \left(x - \frac{1}{2n}\right) \log n + \frac{1}{2n} \log 2\pi + \left(x - \frac{1}{2n}\right) \log nx - x + \frac{\theta}{12n^2 x} =$$

$$= \frac{1}{2} \log 2\pi + \left(x - \frac{1}{2n}\right) \log x - x + \frac{\theta}{12n^2 x}$$

et pour $n = \infty$ on trouve la formule (1).

En différentiant la formule (1) par rapport à x, on trouve

$$(6) \quad \ldots \ldots \ldots \ldots \int_0^1 \psi(x+u)\, du = \log x,$$

où l'on a posé

$$\frac{d}{dx} \log \Gamma(x) = \psi(x).$$

Cette formule (6) permet de retrouver la formule (1); en effet, en intégrant par rapport à x, on en tire

$$\int_0^1 \log \Gamma(x+u)\, du = C + x \log x - x.$$

L'hypothèse $x = 0$ ou $x = 1$ peut servir à la détermination de la constante C, si l'on suppose la formule (2) connue. Quant à cette dernière, elle peut être trouvée assez facilement, comme nous l'avons fait remarquer plus haut.

La formule (6) est un cas particulier d'une formule plus générale. En effet, si l'on prend une fonction $\psi(x, p)$, définie par l'équation

$$(7) \quad \psi(x, p) = \lim_{n = \infty} \left\{ \frac{n^{1-p} - 1}{1 - p} - \frac{1}{x^p} - \frac{1}{(x+1)^p} - \cdots - \frac{1}{(x+n-1)^p} \right\},$$
$$(p > 0, \ x > 0)$$

ce qui pour $p = 1$ prend la forme

$$\psi(x, 1) = \lim_{n = \infty} \left\{ \log n - \frac{1}{x} - \frac{1}{x+1} - \cdots - \frac{1}{x+n-1} \right\}$$

et, pour $p > 1$, la forme

$$\psi(x, p) = \frac{1}{p-1} - \frac{1}{x^p} - \frac{1}{(x+1)^p} - \frac{1}{(x+1)^p} - \cdots;$$

il est aisé de voir que $\psi(x, p)$ a réellement une valeur finie. De plus la fonction $\psi(x, 1)$ est identique à celle que nous avons désignée plus haut par $\psi(x)$.

Il n'est pas même nécessaire de supposer toujours $x > 0$, pour qu'on ait affaire à des fonctions réelles; dans l'équation qui définit $\psi(x, 1)$ par exemple, x peut fort bien devenir négatif.

Lorsque k est un nombre entier positif, il s'ensuit de (7)

$$\psi(x, p) + \psi\left(x + \frac{1}{k}, p\right) + \psi\left(x + \frac{2}{k}, p\right) + \cdots + \psi\left(x + \frac{k-1}{k}, p\right) =$$

$$= \lim_{n = \infty} k^p \left\{ \frac{(nk)^{1-p} - 1}{1-p} - \frac{1}{(kx)^p} - \frac{1}{(kx+1)^p} - \cdots - \frac{1}{(kx+nk-1)^p} - \frac{k^{1-p} - 1}{1-p} \right\},$$

ou

$$(8) \quad \psi(x, p) + \psi\left(x + \frac{1}{k}, p\right) + \cdots + \psi\left(x + \frac{k-1}{k}, p\right) = k^p \left(\psi(kx, p) - \frac{k^{1-p} - 1}{1-p} \right)$$

ce qui apparaît immédiatement, si dans (7) on remplace x par kx et n par kn. Pour $p = 1$ cette formule (8) se transforme en une autre qu'on obtient aussi en partant de (5) si l'on multiplie cette dernière par n et qu'on la dérive ensuite par rapport à x. Si l'on divise (8) par k et qu'on pose ensuite $k = \infty$, le premier membre se change en

$$\int_0^1 \psi(x + u, p) \, du.$$

Mais avant d'examiner ce que devient alors le second membre, je dois commencer par établir quelques autres propriétés de la fonction $\psi(x, p)$.

De la formule (7) qui définit la fonction $\psi(x, p)$, on tire immédiatement

$$\psi(x+1, p) = \psi(x, p) + \frac{1}{x^p},$$

et plus généralement

$$(9) \quad \psi(x+k, p) = \psi(x, p) + \frac{1}{x^p} + \frac{1}{(x+1)^p} + \cdots + \frac{1}{(x+k-1)^p}.$$

Cette dernière formule fait voir qu'au lieu de (7) on peut également écrire

$$\psi(x, p) = \lim_{n=\infty} \left(\frac{n^{1-p}-1}{1-p} - \psi(x+n, p) + \psi(x, p) \right),$$

ou

$$0 = \lim_{n=\infty} \left(\frac{n^{1-p}-1}{1-p} - \psi(x+n, p) \right).$$

Cette dernière équation peut être remplacée par

$$0 = \lim_{n=\infty} \left(\frac{(x+n)^{1-p}-1}{1-p} - \psi(x+n, p) \right).$$

En effet, la différence

$$\frac{(x+n)^{1-p}-1}{1-p} - \frac{n^{1-p}-1}{1-p}$$

converge vers zéro pour $n=\infty$. On le voit immédiatement pour $p>1$ et pour $p=1$; lorsque p est entre 0 et 1, la vérité de cette proposition ressort du calcul suivant;

$$\frac{(x+n)^{1-p}-1}{1-p} - \frac{n^{1-p}-1}{1-p} = \int_0^{x+n} \frac{du}{u^p} - \int_0^n \frac{du}{u^p} = \int_n^{x+n} \frac{du}{u^p} = \frac{x}{(n+\theta x)^p}.$$

$$(0 < \theta < 1)$$

En remplaçant encore $n+x$ par x, on en tire

$$(10) \quad \cdots \cdots \quad \lim_{x=\infty} \left(\frac{x^{1-p}-1}{1-p} - \psi(x, p) \right) = 0.$$

En divisant ensuite (8) par k, on obtient

$$\frac{1}{k}\left[\psi(x, p) + \psi\left(x + \frac{1}{k}, p\right) + \cdots + \psi\left(x + \frac{k-1}{k}, p\right) \right] =$$

$$= k^{p-1}\left(\psi(kx, p) - \frac{k^{1-p}-1}{1-p} \right) = k^{p-1}\left(\psi(kx, p) - \frac{(kx)^{1-p}-1}{1-p} \right) + \frac{x^{1-p}-1}{1-p}.$$

Si l'on suppose x positif et $0 < p \leqq 1$, il s'ensuit pour $k = \infty$, eu égard à la formule (10),

$$(11) \quad \ldots \ldots \ldots \int_0^1 \psi(x+u, p)\, du = \frac{x^{1-p}-1}{1-p}.$$

$$(x > 0,\ 0 < p \leqq 1)$$

La formule (11) est valable aussi pour $x = 0$; pour le démontrer, il faut poser $x = \dfrac{1}{k}$, et ensuite $k = \infty$ dans la formule, de laquelle nous venons de dériver la formule (11) en passant à la limite.

Or, pour $p = 1$, la formule (11) se transforme en la formule (6).

Je termine en faisant encore quelques remarques au sujet de la fonction $\psi(x, p)$.

Lorsque x est positif, $\psi(x, p)$ peut être exprimée par une intégrale définie

$$(12) \quad \ldots \quad \psi(x, p) = \frac{1}{\Gamma(p)} \int_0^\infty \left(\frac{1}{u} - \frac{e^{-(x-1)u}}{1-e^{-u}} \right) e^{-u} u^{p-1}\, du,$$

d'où l'on peut tirer entre autres les développements suivants

$$(13) \quad \ldots \psi(x, p) = \psi(1, p) + \frac{1}{\Gamma(p)} \int_0^1 \frac{1-u^{x-1}}{1-u} \left(\log \frac{1}{u} \right)^{p-1} du,$$

$$(14) \quad \psi(x, p) = \frac{x^{1-p}-1}{1-p} - \frac{1}{2x^p} - \frac{1}{\Gamma(p)} \int_0^\infty \left(\frac{1}{1-e^{-u}} - \frac{1}{u} - \frac{1}{2} \right) e^{-xu} u^{p-1}\, du.$$

En effet, lorsque x est positif, on peut réduire la formule (7) en écrivant $\dfrac{1}{x^p}$, $\dfrac{1}{(x+1)^p}$, etc. sous forme d'intégrales définies: on sait que

$$\frac{1}{a^p} = \frac{1}{\Gamma(p)} \int_0^\infty u^{p-1} e^{-au}\, du.$$

On a de même pour le premier terme

$$\frac{n^{1-p}-1}{1-p} = \frac{1}{\Gamma(p)} \int_0^\infty \frac{e^{-u} - e^{-nu}}{u} u^{p-1}\, du.$$

Cette dernière formule se tire de l'avant-dernière, lorsqu'on multiplie celle-ci par da et qu'on intègre entre les limites $a = 1$ et $a = n$. On trouve ainsi, après quelques réductions, la formule (12), d'où (13) et (14) suivent aisément.

La formule (14), d'où l'on peut conclure immédiatement à la formule (10), donne aussi une série semi-convergente pour $\psi(x, p)$, série que d'ailleurs on pourrait également tirer de (7) en appliquant une formule connue de Maclaurin.

III.

(J. Math., Berlin, 89, 1880, 343—344.)

Notiz über einen elementaren Algorithmus.

Es seien $a_1, a_2, \ldots, a_k$ reelle Zahlen, M_1 ihr arithmetisches Mittel, M_2 das arithmetische Mittel aller Producte aus je zwei verschiedenen dieser Zahlen, M_3 das arithmetische Mittel aller Producte aus je drei verschiedenen dieser Zahlen u. s. w. Die letzte der auf diese Weise zu bildenden Grössen ist $M_k = a_1 a_2 \ldots a_k$. Es soll ferner festgesetzt werden $M_0 = 1$.

Im Allgemeinen ist dann

$$M_p^2 - M_{p-1} M_{p+1}$$
$$(p = 1, 2, \ldots, k-1)$$

positiv; genauer gefasst: dieser Ausdruck wird nie negativ und nur dann gleich Null, wenn entweder sämmtliche Zahlen $a_1, a_2, \ldots, a_k$ einander gleich sind, oder wenn mindestens $k - p + 1$ dieser Zahlen gleich Null sind. Im letzteren Falle ist offenbar $M_p = M_{p+1} = 0$. Sind jetzt die Zahlen $a_1, a_2, \ldots, a_k$ sämmtlich positiv und setzt man

$$a_p' = \frac{M_p}{M_{p-1}},$$
$$(p = 1, 2, \ldots, k)$$

so ist nach obigem Satz

$$a_1' > a_2' > \ldots > a_k',$$

wobei der Fall, in welchem die Zahlen $a_1, a_2, \ldots, a_k$ sämmtlich einander gleich sind, ausgeschlossen werden mag.

Weiter ist

$$a_1' a_2' \ldots a_k' = a_1 a_2 \ldots a_k,$$

und wenn von den Zahlen $a_1, a_2, \ldots, a_k$ keine $> a_1$ und keine $< a_k$ ist,

$$a_1' = \frac{a_1 + a_2 + \cdots + a_k}{k} \leqq \frac{(k-1)a_1 + a_k}{k},$$

$$a_k' = \frac{k}{\dfrac{1}{a_1} + \dfrac{1}{a_2} + \cdots + \dfrac{1}{a_k}} > a_k,$$

folglich:

$$0 < a_1' - a_k' < \frac{k-1}{k}(a_1 - a_k).$$

Durch wiederholte Anwendung der Operation, durch welche die Zahlen $a_1', a_2', \ldots, a_k'$ aus $a_1, a_2, \ldots, a_k$ hergeleitet wurden, erhält man also Gruppen von k Zahlen, deren Product unverändert bleibt, während sie sich unbegrenzt einander nähern Die Zahlen einer Gruppe convergiren also sämmtlich gegen die Grenze $(a_1 a_2 \ldots a_k)^{\frac{1}{k}}$.

Bezeichnet man die Zahlen der n^{ten} abgeleiteten Gruppe mit

$$a_p^{(n)},$$
$$(p = 1, 2, \ldots, k)$$

so werden die Differenzen

$$a_p^{(n)} - a_{p+1}^{(n)},$$
$$(p = 1, 2, \ldots, k-1)$$

welche sich beliebig der Null nähern, immer mehr einander gleich, sodass das Verhältniss von je zwei dieser Differenzen (für dasselbe n) für $n = \infty$ die Einheit zur Grenze hat.

IV.

(Amsterdam, Versl. K. Akad. Wet., 1e sect., sér. 2, 17,
1882, 239—254.)

Over Lagrange's Interpolatieformule.

1. De gewoonlijk aldus genoemde formule leert de geheele rationale
functie van x, van den $n-1^{sten}$ graad hoogstens, die voor de n
bijzondere waarden $x=x_1$, $x=x_2$, ..., $x=x_n$ met eene willekeurige
functie $f(x)$ in waarde overeenkomt, onder den volgenden vorm
kennen

$$\sum_{p=1}^{p=n} \frac{\varphi(x)}{(x-x_p)\,\varphi'(x_p)}\, f(x_p),$$

waarin

$$\varphi(x) = (x-x_1)\,(x-x_2)\ldots(x-x_n)$$

en $\varphi'(x)$ als gewoonlijk, de afgeleide functie van $\varphi(x)$ voorstelt.

Is de functie $f(x)$ zelf geheel rationaal, van niet hoogeren dan den
$n-1^{sten}$ graad, dan is identiek

$$f(x) = \sum_{p=1}^{p=n} \frac{\varphi(x)}{(x-x_p)\,\varphi'(x_p)}\, f(x_p).$$

In het algemeen echter moet deze formule aangevuld worden door
eene rest, evenals dit bij het theorema van Taylor het geval is.

In het 84ste deel van het Journal für die reine und angewandte
Mathematik, heeft Hermite (p. 70 e. v.) den volledigen analytischen
vorm van deze rest als eene bepaalde integraal gegeven en wel
onder twee verschillende gedaanten; als grensgeval ligt in deze formulen ook de rest van de reeks van Taylor opgesloten.

Evenals men onmiddellijk uit de bepaalde integraal, die de vol-

3

ledige rest van de reeks van Taylor voorstelt, den restvorm van Lagrange[1]) kan afleiden, kan men ook een analogen restvorm voor de interpolatieformule van Lagrange uit de veelvoudige integraal afleiden, waaronder Hermite de rest voorstelt   Maar, evenals men veeltijds deze vereenvoudigde rest bij de reeks van Taylor afleidt zonder van de hulpmiddelen der integraalrekening gebruik te maken, kan men hetzelfde ook voor den analogen restvorm van de interpolatieformule verlangen. Eene zoodanige ontwikkeling wordt in het volgende gegeven.

Ik merk nog op dat, hoewel de hier verkregen restvorm gemakkelijk uit Hermite's formule afgeleid kan worden, deze toch niet dezen vereenvoudigden restvorm gegeven heeft. Het is hiertoe noodig eene elementaire eigenschap van bepaalde enkelvoudige integralen tot veelvoudige integralen uit te breiden, wat echter geen bezwaar ontmoet.

De te bewijzen formule kan aldus geschreven worden

$$(1) \ldots \ldots f(x) = \sum_{p=1}^{p=n} \frac{\varphi(x)}{(x - x_p) \, \varphi'(x_p)} f(x_p) + \frac{\varphi(x)}{1 \cdot 2 \cdot 3 \ldots n} f^{(n)}(\xi),$$

waarin ξ eene waarde heeft, gelegen tusschen het grootste en het kleinste der getallen $x, x_1, \ldots, x_n$.

Hierbij moet ondersteld worden, dat de functie $f(x)$ evenals $f'(z), f''(z), \ldots, f^{n-1}(z)$ eindig en continu zijn voor alle waarden van z, gelegen tusschen $x, x_1, \ldots, x_n$ en dat voor dezelfde waarden van z de functie $f^{n-1}(z)$ een eindig en bepaald differentiaalquotiënt $f^n(z)$ heeft.

De formule (1) neemt een meer eleganten vorm aan, wanneer men er $f^n(\xi)$ uit afzondert; men overtuigt zich gemakkelijk, dat ze alsdan deze gedaante aanneemt

$$(2) \ldots \frac{f(x)}{\psi'(x)} + \frac{f(x_1)}{\psi'(x_1)} + \frac{f(x_2)}{\psi'(x_2)} + \ldots + \frac{f(x_n)}{\psi'(x_n)} = \frac{1}{1 \cdot 2 \cdot 3 \ldots n} f^n(\xi),$$

waarin

$$\psi(z) = (z - x)(z - x_1)(z - x_2) \ldots (z - x_n).$$

Men herkent hierin eene uitbreiding van de voor $n = 1$ ontstane elementaire formule

$$\frac{f(x) - f(x_1)}{x - x_1} = f'(\xi).$$

---

[1]) Théorie des fonctions analytiques. Eerste editie (1797) p. 49.

2. Het bewijs van de formule (1) berust nu op de volgende hulp-stelling:

„Wanneer de functie $G(z)$ voor de $n+1$ verschillende waarden $z = x, z = x_1, \ldots, z = x_n$ de waarde nul aanneemt, dan neemt het n^{de} differentiaalquotiënt $G^n(z)$ de waarde nul aan voor eene waarde $z = \xi$, gelegen tusschen het grootste en het kleinste der getallen $x, x_1, \ldots, x_n$."

Ondersteld wordt hierbij, dat $G(z), G'(z), \ldots, G^{n-1}(z)$ eindig en continu zijn voor alle waarden van z gelegen tusschen $x, x_1, \ldots, x_n$, en dat voor dezelfde waarden van z de functie $G^{n-1}(z)$ een eindig en bepaald differentiaalquotiënt $G^n(z)$ heeft.

Voor $n = 1$ is dit een bekend theorema, waaromtrent het voldoende is te verwijzen naar Dini, Fondamenti per la teoria delle funzioni di variabili reali, p. 70.

Het bewijs van dit theorema, evenals dat van eenige nauw ver-wante, zooals het in de nog meest gangbare leerboeken voorkomt, bijv. Serret, Cours de calcul differentiel et intégral, bevat eene leemte, die eerst aangevuld werd door eenige onderzoekingen van Weierstrass; men zie Dini, p. 48—51. Weierstrass zelf schijnt van deze onderzoe-kingen omtrent de grondslagen der functieleer niets gepubliceerd te hebben.

Het is vooral noodig op te merken, dat in het eenvoudigste geval $n = 1$ de grootheid ξ tusschen x en x_1 ligt, en verschillend zoowel van x als van x_1 aangenomen mag worden.

Het bewijs van de hulpstelling in het algemeene geval volgt nu onmiddellijk uit de waarheid in het eenvoudigste geval $n = 1$. Is namelijk $n = 2$, dus

$$G(x) = 0, \qquad G(x_1) = 0, \qquad G(x_2) = 0,$$

dan kan men onderstellen

$$x < x_1 < x_2$$

en men heeft dan

$$G'(\xi_1) = 0, \qquad x < \xi_1 < x_1$$
$$G'(\xi_2) = 0, \qquad x_1 < \xi_2 < x_2$$

en hieruit door nog eens het theorema voor $n = 1$ toe te passen

$$G''(\xi) = 0. \qquad \xi_1 < \xi < \xi_2$$

Men kan op deze wijze voortgaan, en het blijkt dan tevens, dat in het algemeene geval ξ ondersteld mag worden niet gelijk te zijn noch aan het grootste, noch aan het kleinste der getallen $x, x_1, \ldots, x_n$. De voorwaarden van continuiteit en differentieerbaarheid, die men aan de functie $G(z)$ en de afgeleide functies moet stellen, volgen zonder moeite uit die, welke voor het geval $n = 1$ gesteld moeten worden.

3. Het bewijs van de formule (1) kan nu aldus gevoerd worden.

Ter bekorting moge het interpolatiepolynomium van Lagrange door $F(x)$ aangeduid worden, zoodat

$$(3) \quad \ldots \ldots \quad F(x) = \sum_{p=1}^{p=n} \frac{\varphi(x)}{(x - x_p)\, \varphi'(x_p)} f(x_p).$$

Onder de waarden $x_1, x_2, \ldots, x_n$ komen geen twee gelijke voor, en daar de functiën $F(x)$ en $f(x)$ voor $x = x_1, x = x_2, \ldots, x = x_n$ dezelfde waarden aannemen, en het ons te doen is om in het algemeen een beknopten vorm van het verschil $f(x) - F(x)$ te vinden, zoo kunnen wij hierbij zonder nadeel de onderstelling maken, dat de waarde x niet samenvalt met een der waarden $x_1, x_2, \ldots, x_n$.

Dit aangenomen, zij

$$(4) \quad \ldots \ldots \quad f(x) = F(x) + (x - x_1)(x - x_2) \ldots (x - x_n)\, R.$$

De waarde van R is dan hierdoor volkomen bepaald. Terwijl nu verder, voor een oogenblik, $x, x_1, \ldots, x_n$ als constanten gedacht worden en z eene nieuwe veranderlijke is, beschouwen wij de functie

$$(5) \quad \ldots \quad G(z) = -f(z) + F(z) + (z - x_1)(z - x_2) \ldots (z - x_n)\, R,$$

waarin dus R de door (4) volkomen bepaalde, van z onafhankelijke waarde heeft.

Blijkbaar is nu, niet alleen

$$G(x) = 0,$$

maar ook

$$G(x_1) = 0, \qquad G(x_2) = 0, \qquad \ldots, \qquad G(x_n) = 0,$$

waaruit dus volgens de hulpstelling van art. 2 volgt

$$(6) \quad \ldots \ldots \ldots \quad G^n(\xi) = 0,$$

waarin ξ eene waarde heeft gelegen tusschen het grootste en het kleinste der getallen $x, x_1, \ldots, x_n$. Maar daar $F(z)$ hoogstens van den $n - 1^{\text{sten}}$

graad in z is, valt bij de n-voudige differentiatie van (5) $F(z)$ weg, en is

$$G^n(z) = -f^n(z) + 1.2.3 \dots n . R.$$

Wegens (6) volgt nu

$$R = \frac{1}{1.2.3 \dots n} f^n(\xi)$$

en dit in (4) gesubstitueerd geeft

$$f(x) = F(x) + \frac{(x-x_1)(x-x_2)\dots(x-x_n)}{1.2.3\dots n} f^n(\xi),$$

waarmede het bewijs van de formule (1) geleverd is.

4. Wanneer men in de nu ook bewezen formule (2) de steeds ongelijke getallen $x, x_1, \dots, x_n$ allen tot eenzelfde limiet X laat convergeeren, dan volgt

$$(7) \quad . \quad . \quad \mathrm{Lim}\left\{\frac{f(x)}{\psi'(x)} + \frac{f(x_1)}{\psi'(x_1)} + \dots + \frac{f(x_n)}{\psi'(x_n)}\right\} = \frac{1}{1.2\dots n} f^n(X).$$

Behalve de onderstellingen die voor de geldigheid der formulen (1) en (2) gemaakt moeten worden, moet bij deze laatste formule bovendien nog $f^n(x)$ voor $x = X$ continu zijn, daar men anders niet kan besluiten, dat $f^n(\xi)$ bij convergentie van ξ tot X, tot de limiet $f^n(X)$ convergeert.

Deze formule (7), die dus in het geval, dat $f^n(x)$ voor $x = X$ continu is, eene directe algemeene definitie van het n^{de} differentiaalquotiënt van eene functie $f(x)$ geeft, schijnt nog niet in de hier gegeven algemeenheid bewezen te zijn. Wel komt zij voor in het uitstekende werk van Lipschitsch, Differential- und Integralrechnung, p. 204, Form. 20, maar bij het daar voorkomende bewijs moet men onderstellen, dat $x, x_1, \dots, x_n$ bij hunne convergentie tot de limiet X, behalve dat zij steeds ongelijk blijven, nog aan andere condities moeten voldoen, die hier overbodig blijken. Zie t. a. p. p. 203, regel 6 v. o. En verder is daar het bestaan van een eindig en continu $n + 1^{\text{ste}}$ differentiaalquotiënt aangenomen. Ook deze conditie ligt stellig in het geheel niet in den aard der zaak, en nadat Weierstrass continue functies heeft leeren kennen, die niet differentieerbaar zijn, zou niets gemakkelijker zijn dan functiën op te stellen, voor welke de formule (7) geldig is, maar waarbij van geen $n + 1^{\text{ste}}$ differentiaalquotiënt sprake kan zijn [1])

5. De overeenkomst van de formule (1) met het theorema van Taylor valt nog meer in het oog, wanneer men het polynomium $F(x)$ niet voorstelt onder de elegante en symmetrieke gedaante door Lagrange gegeven, maar onder den vorm, dien Newton in het 3de Boek der Principia bij gelegenheid van zijne behandeling van het kometen-probleem geeft.

De formule (1) neemt dan namelijk deze gedaante aan

$$(8) \ldots \ f(x) = A_1 + A_2 (x - x_1) + A_3 (x - x_1)(x - x_2) + \ldots$$
$$+ A_n (x - x_1)(x - x_2) \ldots (x - x_{n-1}) +$$
$$+ \frac{(x - x_1)(x - x_2) \ldots (x - x_n)}{1 . 2 . 3 \ldots n} f^{(n)} (\xi).$$

Hierin is

$$A_1 = f(x_1), \qquad A_2 = \frac{f(x_1)}{x_1 - x_2} + \frac{f(x_2)}{x_2 - x_1}$$

en algemeen

$$(9) \ldots \ldots \begin{cases} A_p = \dfrac{f(x_1)}{\varphi'_p (x_1)} + \dfrac{f(x_2)}{\varphi'_p (x_2)} + \ldots + \dfrac{f(x_p)}{\varphi'_p (x_p)}, \\ \varphi_p (z) = (z - x_1)(z - x_2) \ldots (z - x_p). \end{cases}$$

Newton geeft niet explicite deze algemeene uitdrukking voor A_p, maar wel de volgende rekenvoorschriften om achtereenvolgens A_1, A_2, ... te berekenen:

$$A_1 = f(x_1), \quad A_2 = \frac{B_1 - A_1}{x_2 - x_1}, \quad A_3 = \frac{B_2 - A_2}{x_3 - x_1}, \quad A_4 = \frac{B_3 - A_3}{x_4 - x_1},$$

$$B_1 = f(x_2), \quad B_2 = \frac{C_1 - B_1}{x_3 - x_2}, \quad B_3 = \frac{C_2 - B_2}{x_4 - x_2}, \quad \ldots$$

$$C_1 = f(x_3), \quad C_2 = \frac{D_1 - C_1}{x_4 - x_3}, \quad \ldots$$

$$D_1 = f(x_4), \quad \ldots$$

---

[1]) Men zie J. Math , Berlin, 79, p. 29 e. v., ook 90, p. 221.

Stelt men deze grootheden, zooals zij achtereenvolgens gevonden worden, aldus te zamen

$$(10) \quad \ldots \ldots \ldots \begin{cases} A_1 \\ \quad A_2 \\ B_1 \quad A_3 \\ \quad B_2 \quad A_4, \\ C_1 \quad B_3 \\ \quad C_2 \\ D_1 \end{cases}$$

dan komt deze berekening geheel overeen met die van de gewone interpolatie in het geval, dat $x_1, x_2, \ldots, x_n$ eene rekenkunstige reeks vormen, met deze geringe wijziging, dat de 1ste, 2de, 3de, ... rijen van verschillen hier respectieve door de factoren $1.(x_2-x_1)$, $1.2.(x_2-x_1)^2$, $1.2.3.(x_2-x_1)^3 \ldots$ gedeeld voorkomen.

Volgens de formule (2) is

$$A_p = \frac{1}{1.2.3 \ldots (p-1)} \, f^{p-1}(\xi_p),$$

waarin ξ_p eene waarde heeft gelegen tusschen het grootste en het kleinste der getallen $x_1, x_2, \ldots, x_p$. Laat men dus in de formule (8) $x_1, x_2, \ldots, x_n$ tot eenzelfde limiet convergeeren, dan ontstaat onmiddellijk de formule van Taylor met den restvorm van Lagrange.

6. De Newton'sche vorm van het interpolatiepolynomium

$$F(x) = A_1 + A_2(x - x_1) + A_3(x - x_1)(x - x_2) + \ldots$$
$$+ A_n(x - x_1)(x - x_2) \ldots (x - x_{n-1})$$

heeft boven dien van Lagrange ook nog dit voordeel, dat hij onmiddellijk doet zien welken vorm $F(x)$ aanneemt, wanneer er onder de grootheden $x_1, x_2, \ldots, x_n$ sommige tot eenzelfde limiet convergeeren of gelijk gesteld worden.

Convergeeren namelijk $x_1, x_2, \ldots, x_p$ tot de limiet X, dan is volgens (9) en (7)

$$(11) \quad \ldots \ldots \ldots \lim A_p = \frac{1}{1.2.3 \ldots (p-1)} \, f^{(p-1)}(X)$$

en daar alle in het tableau (10) voorkomende grootheden op dezelfde wijze als A_p samengesteld zijn, zoo kan men ook onmiddellijk in dit geval het geheele tableau (10) vormen. Men ziet namelijk gemakkelijk, dat men hierbij, om onbepaalde uitdrukkingen $\frac{0}{0}$ te ontgaan, slechts die grootheden $x_1, x_2, \ldots, x_n$, welke ten slotte gelijk gesteld worden, onmiddellijk op elkaar behoeft te laten volgen. Men heeft dan verder de formule (11) en Newton's voorschriften te volgen om het geheele tableau te verkrijgen. Werden dus bijv. $x_1, x_2, \ldots, x_p$ allen gelijk X, dan moet men in dit geval bekend onderstellen

$$f(X), \ f'(X), \ \ldots, \ f^{p-1}(X).$$

Hierin schijnt dan ook de meest geschikte methode te bestaan, om het polynomium van den laagst mogelijken graad $H(x)$ te vormen, dat aan deze voorwaarden voldoet

$$(12) \quad \begin{cases} H(x_1) = f(x_1), \ H'(x_1) = f'(x_1), \ \ldots, \ H^{a_1-1}(x_1) = f^{a_1-1}(x_1), \\ H(x_2) = f(x_2), \ H'(x_2) = f'(x_2), \ \ldots, \ H^{a_2-1}(x_2) = f^{a_2-1}(x_2), \\ \cdot \quad \cdot \quad \cdot \quad \cdot \quad \cdot \quad \cdot \quad \cdot \quad \cdot \quad \cdot \quad \cdot \quad \cdot \quad \cdot \quad \cdot \quad \cdot \\ H(x_n) = f(x_n), \ H'(x_n) = f'(x_n), \ \ldots, \ H^{a_n-1}(x_n) = f^{a_n-1}(x_n), \end{cases}$$

welk polynomium $H(x)$ hoogstens is van den graad $k-1$ voor

$$k = a_1 + a_2 + \ldots a_n.$$

Men verkrijgt op de boven beschreven wijze dit polynomium $H(x)$ onder dezen vorm

$$H(x) = A + B(x-x_1) + C(x-x_1)^2 + \ldots + L(x-x_1)^{a_1} + M(x-x_1)^{a_1}(x-x_2) + \ldots$$
$$\ldots + R(x-x_1)^{a_1}(x-x_2)^{a_2}\ldots(x-x_{n-1})^{a_{n-1}}(x-x_n)^{a_n-1}$$

waarin de constanten A, B, C, ..., R onmiddellijk aan het tableau (10) ontleend kunnen worden.

7. Voor het verschil $f(x) - H(x)$ bestaat weder eene eenvoudige uitdrukking, en daar hierin eene verdere uitbreiding ligt van de formule (1), zoo moge de hierop betrekking hebbende ontwikkeling nog in 't kort geschetst worden. Het zal, na het voorgaande, overbodig zijn de condities, waaraan men $f(x)$ te onderwerpen heeft, hierbij in extenso te vermelden.

In de eerste plaats dan is het noodig de hulpstelling van art. 2 aldus uit te breiden:

Voldoet eene functie $G(z)$ aan de condities

$$G(x) = 0, \quad G'(x) = 0, \quad \ldots, \quad G^{a-1}(x) = 0,$$
$$G(y) = 0, \quad G'(y) = 0, \quad \ldots, \quad G^{\beta-1}(y) = 0,$$
$$G(z) = 0, \quad G'(z) = 0, \quad \ldots, \quad G^{\gamma-1}(z) = 0,$$

$$\ldots \ldots \ldots \ldots \ldots$$

waarvan het aantal

$$a + \beta + \gamma \ldots = n$$

bedraagt, dan is

$$G^{n-1}(\xi) = 0,$$

waarin ξ gelegen is tusschen de grootste en de kleinste der ongelijke waarden $x, y, z, \ldots$

Na hetgeen in art. 2 gezegd is, schijnt het niet noodig, bij het bewijs hiervan lang stil te staan. Men kan eerst het geval, dat het grootste der getallen $a, \beta, \gamma, \ldots$ twee is, beschouwen, en vervolgens voor dit grootste onder die getallen $3, 4, 5, \ldots$ aannemen.

8. Zij nu $H(x)$ het polynomium van den $k - 1^{\text{sten}}$ graad hoogstens, dat aan de condities (12) voldoet, en

$$(13) \quad \ldots \quad f(x) = H(x) + (x - x_1)^{a_1} (x - x_2)^{a_2} \ldots (x - x_n)^{a_n} R$$

dan is, x verschillend van $x_1, x_2, \ldots, x_n$ ondersteld, de waarde van R hierdoor volkomen bepaald. Beschouwt men nu verder de functie

$$G(z) = -f(z) + H(z) + (z - x_1)^{a_1} (z - x_2)^{a_2} \ldots (z - x_n)^{a_n} R,$$

dan is blijkbaar niet alleen

$$G(x) = 0,$$

maar ook

$$G(x_1) = 0, \quad G'(x_1) = 0, \quad \ldots, \quad G^{a_1-1}(x_1) = 0,$$
$$G(x_2) = 0, \quad G'(x_2) = 0, \quad \ldots, \quad G^{a_2-1}(x_2) = 0,$$

$$\ldots \ldots \ldots \ldots \ldots$$

$$G(x_n) = 0, \quad G'(x_n) = 0, \quad \ldots, \quad G^{a_n-1}(x_n) = 0,$$

en derhalve

$$G^k(\xi) = 0,$$

maar, daar $H(z)$ hoogstens van den $k - 1^{\text{sten}}$ graad is, heeft men

$$G^k(z) = -f^k(z) + 1 . 2 . 3 \ldots k . R$$

en ten slotte

$$(14) \quad \begin{cases} R = \dfrac{1}{1 \cdot 2 \cdot 3 \ldots k} f^k(\xi), \\[2ex] f(x) = H(x) + \dfrac{(x - x_1)^{a_1} (x - x_2)^{a_2} \ldots (x - x_n)^{a_n}}{1 \cdot 2 \cdot 3 \ldots k} f^k(\xi). \end{cases}$$

Hierin ligt ξ tusschen het grootste en het kleinste der getallen $x, x_1, \ldots, x_n$.

In deze formule liggen zoowel de reeks van Taylor als de formule van Lagrange, door een restterm aangevuld, als bijzondere gevallen opgesloten.

In de aangehaalde verhandeling stelt Hermite ook voor dit geval het verschil $f(x) - H(x)$ met behulp van bepaalde integralen voor.

9. Het algemeenste resultaat, dat door de in het voorgaande ont-wikkelde methode verkregen kan worden, schijnt het volgende te zijn.

Laten $f(x)$ en $H(x)$ dezelfde beteekenis behouden als in art. 6—8, verder $f_1(x)$ eene nieuwe functie van x zijn en $H_1(x)$ die rationale functie van x van den $k - 1^{\text{sten}}$ graad hoogstens, die aan de condities (12) vol-doet, wanneer men daarin de functie $f(x)$ door $f_1(x)$ vervangt. Zij nu

$$(15) \quad \ldots \quad \ldots \quad f(x) = H(x) + R(f_1(x) - H_1(x)).$$

Zal de waarde van R hierdoor op ondubbelzinnige wijze bepaald zijn, dan moet x niet alleen van $x_1, x_2, \ldots, x_n$ verschillen, maar bovendien mag niet $f_1(x) - H_1(x) = 0$ worden.

Dit nu onderstellende, zij

$$G(z) = f(z) - H(z) - R(f_1(z) - H_1(z)),$$

dan is niet alleen

$$G(x) = 0,$$

maar ook

$$G(x_1) = 0, \qquad G'(x_1) = 0, \quad \ldots, \quad G^{a_1 - 1}(x_1) = 0,$$
$$\cdot \quad \cdot \quad \cdot \quad \cdot \quad \cdot \quad \cdot \quad \cdot \quad \cdot \quad \cdot \quad \cdot \quad \cdot \quad \cdot \quad \cdot$$
$$G(x_n) = 0, \qquad G'(x_n) = 0, \quad \ldots, \quad G^{a_n - 1}(x_n) = 0,$$

en dus volgens art. 7

$$G^k(\xi) = 0,$$

maar daar $H^k(z)$ en $H_1{}^k(z)$ identiek nul zijn, zal

$$G^k(z) = f^k(z) - R f_1{}^k(z)$$

worden en derhalve heeft men

$$R = \frac{f^k(\xi)}{f_1^k(\xi)},$$

of wel

(16) . . . . . . $f(x) = H(x) + (f_1(x) - H_1(x)) \dfrac{f^k(\xi)}{f_1^k(\xi)}.$

Deze algemeene formule gaat onmiddellijk in de formule (14) over, wanneer men aanneemt

$$f_1(x) = x^k.$$

Dan wordt namelijk

$$f_1^k(x) = 1.2.3\ldots k$$

en zooals dadelijk te zien is

$$f_1(x) - H_1(x) = (x - x_1)^{a_1}(x - x_2)^{a_2}\ldots(x - x_n)^{a_n}.$$

NASCHRIFT.

Dat er altijd één en niet meer dan één functie $H(x)$ bestaat, die aan de condities (12) voldoet, en hoogstens van den $k - 1^{\text{sten}}$ graad in x is, kan onmiddellijk aldus aangetoond worden.

Zij

$$H(x) = a_0 + a_1 x + a_2 x^2 + \ldots + a_{k-1} x^{k-1},$$

dan heeft men ter bepaling van de k onbekenden $a_0, a_1, \ldots, a_{k-1}$ de volgende k lineaire vergelijkingen

$$A \ldots \begin{cases} a_0 + x_1 a_1 + x_1^2 a_2 + \ldots \ldots \ldots \ldots + x_1^{k-1} a_{k-1} = f(x_1) \\ 1 a_1 + 2 x_1 a_2 + \ldots \ldots \ldots \ldots + (k-1) x_1^{k-2} a_{k-1} = f'(x_1) \\ 1.2. a_2 + \ldots \ldots \ldots + (k-1)(k-2) x_1^{k-3} a_{k-1} = f''(x_1) \\ \ldots \ldots \ldots \ldots \ldots \ldots \\ (a_1 - 1)! a_{a_1-1} + \ldots + (k-1)(k-2)\ldots(k-a_1+1) x_1^{k-a_1} a_{k-1} = \\ \qquad\qquad = f^{a_1-1}(x_1) \\ a_0 + x_2 a_1 + x_2^2 a_2 + \ldots \ldots \ldots \ldots + x_2^{k-1} a_{k-1} = f(x_2) \\ 1. a_1 + 2 x_2 a_2 + \ldots \ldots \ldots \ldots + (k-1) x_2^{k-2} a_{k-1} = f'(x_2) \\ \ldots \ldots \ldots \ldots \ldots \ldots \end{cases}$$

De te bewijzen stelling bestaat nu daarin, dat aan dit stelsel vergelijkingen steeds door één en door niet meer dan één stelsel van waarden voor $a_0, a_1, \ldots, a_{k-1}$ voldaan kan worden.

Vooreerst is nu op te merken, dat het systeem (A) nooit meer dan één oplossing kan toelaten, want waren er bijv. twee oplossingen, dan zoude men dus twee verschillende functies $G(x)$ en $H(x)$ hebben, die beide aan de voorwaarden, in (12) uitgedrukt, voldoen en die beide van den $k-1^{\text{sten}}$ graad hoogstens zijn. Dit nu is onmogelijk, want uit die vergelijkingen (12) zou volgen, dat het verschil

$$G(x) - H(x)$$

algebraïsch deelbaar is door de uitdrukking van den k^{den} graad

$$(x-x_1)^{a_1}(x-x_2)^{a_2}\ldots(x-x_n)^{a_n}.$$

In de tweede plaats is het evident, dat aan (A) door de waarden

$$a_0=0,\quad a_1=0,\quad a_2=0,\quad \ldots,\quad a_{k-1}=0$$

voldaan wordt zoodra de tweede leden der vergelijkingen gelijk nul gesteld worden, en na het bovenstaande is dit ook de eenige oplossing in dit geval

Uit de theorie der lineaire vergelijkingen volgt nu onmiddellijk, dat de determinant van het stelsel vergelijkingen (A) niet gelijk nul is, want uit die theorie is bekend, dat zoodra deze determinant gelijk nul is, aan de vergelijkingen (A), nadat daarin voor de tweede leden overal de waarde nul genomen is, voldaan kan worden door een stelsel waarden $a_0, a_1, \ldots, a_{k-1}$, die niet allen gelijk nul zijn, wat in strijd zoude zijn met het boven bewezene.

Uit het niet gelijk nul zijn van den determinant van het stelsel vergelijkingen (A), volgt nu onmiddellijk, dat aan dit stelsel, bij willekeurige waarden der tweede leden, steeds door een enkel stelsel van waarden $a_0, a_1, \ldots, a_{k-1}$ voldaan kan worden.

Men kan overigens de waarde van dien determinant gemakkelijk aangeven.

Wanneer men namelijk in onderstaande bekende identiteit

$$
\begin{vmatrix}
1 & a & a^2 & \ldots & a^{k-1} \\
1 & b & b^2 & \ldots & b^{k-1} \\
1 & c & c^2 & \ldots & c^{k-1} \\
\cdot & \cdot & \cdot & \cdot & \cdot \\
1 & p & p^2 & \ldots & p^{k-1} \\
1 & q & q^2 & \ldots & q^{k-1}
\end{vmatrix}
=
\begin{aligned}
&(b-a)(c-a)(d-a)\ldots(q-a)\\
&\quad (c-b)(d-b)\ldots(q-b)\\
&\qquad (d-c)\ldots(q-c)\\
&\qquad\qquad \cdot\quad\cdot\quad\cdot\quad\cdot\\
&\qquad\qquad\qquad (q-p)
\end{aligned}
$$

de a_1 eerste der grootheden $a, b, c, \ldots, p, q$ tot de limiet x_1, de a_2 volgende tot de limiet x_2 enz. laat convergeeren, de horizontale rijen op passende wijze transformeert, waarbij men te deelen heeft door de factoren die ten slotte gelijk nul worden, en voorts bij den grensovergang van de formule (7) gebruik maakt, verkrijgt men de navolgende waarde voor den determinant van het stelsel vergelijkingen (A)

$$0 ! 1 ! 2 ! \ldots (a_1 - 1) ! (x_2 - x_1)^{a_1 a_2} (x_3 - x_1)^{a_1 a_3} \ldots (x_n - x_1)^{a_1 a_n}$$
$$0 ! 1 ! 2 ! \ldots (a_2 - 1) ! \qquad\qquad (x_3 - x_2)^{a_2 a_3} \ldots (x_n - x_2)^{a_2 a_n}$$
$$\cdot\quad\cdot\quad\cdot\quad\cdot\quad\cdot\quad\cdot\quad\cdot\quad\cdot\quad\cdot\quad\cdot\quad\cdot\quad\cdot\quad\cdot\quad\cdot$$
$$0 ! 1 ! 2 ! \ldots (a_n - 1) ! \qquad\qquad\qquad (x_n - x_{n-1})^{a_{n-1} a_n}.$$

De geheele bewerking blijkt genoegzaam uit het volgende bijzondere geval

$$k = 5, \ n = 2, \ a_1 = 3, \ a_2 = 2.$$

Hier heeft men

$$
\begin{vmatrix}
1 & a & a^2 & a^3 & a^4 \\
1 & b & b^2 & b^3 & b^4 \\
1 & c & c^2 & c^3 & c^4 \\
1 & d & d^2 & d^3 & d^4 \\
1 & e & e^2 & e^3 & e^4
\end{vmatrix} =
$$

$$
=
\begin{vmatrix}
1 & a & a^2 & a^3 & a^4 \\
t_0 & t_1 & t_2 & t_3 & t_4 \\
u_0 & u_1 & u_2 & u_3 & u_4 \\
1 & d & d^2 & d^3 & d^4 \\
v_0 & v_1 & v_2 & v_3 & v_4
\end{vmatrix}
\times (b - a)(c - a)(c - b)(e - d),
$$

waarin

$$t_r = \frac{a^r}{a - b} + \frac{b^r}{b - a},$$

$$u_r = \frac{a^r}{(a - b)(a - c)} + \frac{b^r}{(b - a)(b - c)} + \frac{c^r}{(c - a)(c - b)},$$

$$v_r = \frac{d^r}{d - e} + \frac{e^r}{c - d}.$$

$$(r = 0, 1, 2, 3, 4)$$

Derhalve is

$$\begin{vmatrix} 1 & a & a^2 & a^3 & a^4 \\ t_0 & t_1 & t_2 & t_3 & t_4 \\ u_0 & u_1 & u_2 & u_3 & u_4 \\ 1 & d & d^2 & d^3 & d^4 \\ v_0 & v_1 & v_2 & v_3 & v_4 \end{vmatrix} = \begin{aligned} &(d-a)\,(d-b)\,(d-c) \\ &(e-a)\,(e-b)\,(e-c) \end{aligned}$$

en voor

$$\lim a = \lim b = \lim c = x_1,$$
$$\lim e = \lim d = x_2,$$

volgt nu met behulp van de formule (7)

$$\begin{vmatrix} 1 & x_1 & x_1^2 & x_1^3 & x_1^4 \\ 0 & 1 & 2x_1 & 3x_1^2 & 4x_1^3 \\ 0 & 0 & 2 & 2.3x_1 & 3.4x_1^2 \\ 1 & x_2 & x_2^2 & x_2^3 & x_2^4 \\ 0 & 1 & 2x_2 & 3x_2^2 & 4x_2^3 \end{vmatrix} = 2\,(x_2 - x_1)^6.$$

IV.

(Amsterdam, Versl. K. Akad. Wet., 1e sect., sér. 2, 17, 1882', 239—254.)

(traduction)

A propos de la formule d'interpolation de Lagrange.

1. La formule qu'on désigne ordinairement par ce nom fait connaître la fonction entière et rationnelle de x, du degré $(n-1)$ tout au plus, qui pour n valeurs particulières

$$x = x_1, \ x = x_2, \ldots, \ x = x_n$$

prend la même valeur qu'une fonction arbitraire $f(x)$; cette fonction rationelle a la forme suivante

$$\sum_{p=1}^{p=n} \frac{\varphi(x)}{(x-x_p)\,\varphi'(x_p)}\, f(x_p),$$

où

$$\varphi(x) = (x-x_1)(x-x_2)\ldots(x-x_n),$$

et où $\varphi'(x)$ désigne, comme d'ordinaire, la dérivée de $\varphi(x)$.

Si la fonction $f(x)$ elle-même est rationnelle et du degré $(n-1)$ tout au plus, on a identiquement

$$f(x) = \sum_{p=1}^{p=n} \frac{\varphi(x)}{(x-x_p)\,\varphi'(x_p)}\, f(x_p).$$

Mais dans le cas général cette expression doit être augmentée d'un reste, exactement comme la formule de Taylor.

Dans le 84ième tome du Journal für die reine und angewandte Mathematik, Hermite (p. 70 et suiv.) a donné la forme analytique complète de ce reste; il lui donne la forme d'une intégrale définie, et cela de deux manières différentes. Ces formules contiennent aussi, comme cas limites, le reste de la série de Taylor.

De même que de l'intégrale définie qui représente complètement le reste de la série de Taylor on peut immédiatement déduire la formule du reste de Lagrange [1]), de même aussi l'on peut dans le cas de la formule d'interpolation de Lagrange déduire de l'intégrale multiple, par lequel Hermite représente le reste, une forme analogue de ce reste. Mais aussi bien que dans le cas de la série de Taylor on déduit souvent la formule simplifiée de ce reste sans le secours du calcul intégral, peut-on désirer la même chose pour la forme analogue du reste dans la formule d'interpolation. Nous développerons ici une méthode qui conduit à ce but.

Je remarque que Hermite n'a pas donné la formule simplifiée pour le reste que nous obtiendrons ici, quoique cette formule puisse aisément être déduite de la sienne. A cet effet il est nécessaire d'étendre à des intégrales multiples une propriété élémentaire des intégrales définies simples, ce qui n'offre aucune difficulté.

La formule qu'il s'agit de démontrer peut être écrite comme suit

$$(1) \quad \ldots \quad f(x) = \sum_{p=1}^{p=n} \frac{\varphi(x)}{(x - x_p)\, \varphi'(x_p)}\, f(x_p) + \frac{\varphi(x)}{1.2.3 \ldots n}\, f^{(n)}(\xi),$$

où ξ a une valeur intermédiaire entre le plus grand et le plus petit des nombres $x, x_1, \ldots, x_n$.

Il faut supposer que la fonction $f(z)$, aussi bien que $f'(z), f''(z), \ldots, f^{n-1}(z)$, soit finie et continue pour toutes les valeurs de z situées entre $x, x_1, \ldots, x_n$ et que pour ces mêmes valeurs de z la fonction $f^{n-1}(z)$ ait une dérivée $f^{(n)}(z)$ finie et déterminée

La formule (1) prend une forme plus élégante lorsqu'on écarte la fonction $f^{(n)}(\xi)$; on se convaint aisément qu'elle prend alors la forme suivante

$$(2) \quad \ldots \quad \frac{f(x)}{\psi'(x)} + \frac{f(x_1)}{\psi'(x_1)} + \frac{f(x_2)}{\psi'(x_2)} + \ldots + \frac{f(x_n)}{\psi'(x_n)} = \frac{1}{1.2.3 \ldots n}\, f^{(n)}\xi),$$

où

$$\psi(z) = (z - x)\,(z - x_1)\,(z - x_2) \ldots (z - x_n).$$

---

[1]) Théorie des fonctions analytiques. Première édition (1797), p. 49.

On reconnait dans cette équation un cas plus général de la formule élémentaire

$$\frac{f(x) - f(x_1)}{x - x_1} = f'(\xi),$$

qui s'en déduit lorsqu'on pose $n = 1$.

2. La démonstration de la formule (1) repose sur le lemme suivant:

„Lorsque la fonction $G(z)$ prend la valeur zéro pour les $n + 1$ valeurs différentes $z = x$, $z = x_1$, ..., $z = x_n$, la $n^{\text{ième}}$ dérivée $G^{(n)}(z)$ devient nulle pour une valeur $z = \xi$ intermédiaire entre le plus grand et le plus petit des nombres $x, x_1, ..., x_n$."

Il faut supposer que les fonctions $G(z)$, $G'(z)$, ..., $G^{(n-1)}(z)$ soient finies et continues pour toutes les valeurs de z intermédiaires entre $x, x_1, ..., x_n$, et que, pour les mêmes valeurs de z, $G^{(n-1)}(z)$ ait une dérivée $G_n(z)$ finie et déterminée.

Ce théorème est connu pour $n = 1$; il suffit de renvoyer à Dini, Fondamenti per la teorica delle funzioni di variabili reali, p. 70.

La preuve de ce théorème, aussi bien que de quelques théorèmes qui s'y rattachent telle qu'elle se trouve dans les livres d'étude les plus employés encore aujourd'hui, p. e. dans Serret, Cours de calcul différentiel et intégral, contient une lacune qui n'a été comblée que par quelques recherches de Weierstrass; on peut consulter Dini, p. 43—51. Weierstrass lui-même n'a rien publié à ce qu'il paraît de ces recherches sur les bases de la théorie des fonctions.

Il faut surtout remarquer que dans le cas le plus simple de tous, celui où $n = 1$, la grandeur ξ est située entre x et x_1 et qu'on peut lui donner une valeur qui diffère tant de x que de x_1.

La preuve du lemme dans le cas général se déduit immédiatement de ce même lemme reconnu comme vrai dans le cas le plus simple, celui où $n = 1$. En effet, lorsque $n = 2$, et par conséquent

$$G(x) = 0, \qquad G(x_1) = 0, \qquad G(x_2) = 0,$$

on peut supposer

$$x < x_1 < x_2$$

et l'on a alors

$$G'(\xi_1) = 0, \qquad x < \xi_1 < x_1$$
$$G'(\xi_2) = 0, \qquad x_1 < \xi_2 < x_2$$

et en appliquant encore une fois le théorème pour $n = 1$,

$$G''(\xi) = 0. \qquad \xi_1 < \xi < \xi_2$$

On peut continuer ainsi et l'on voit en même temps que dans le cas général la grandeur ξ peut être supposée différente et du plus grand et du plus petit des nombres $x, x_1, \ldots, x_n$. Les conditions qu'on doit imposer à la fonction $G(z)$ et à ses dérivées, celles d'être continues et dérivables, se déduisent aisément de celles qui se rapportent au cas où $n = 1$.

3. La preuve de la formule (1) peut maintenant être donnée. C'est la suivante.

Pour simplifier, je désigne par $F(x)$ le polynôme d'interpolation de Lagrange; donc

$$(3) \quad \ldots \ldots \quad F(x) = \sum_{p=1}^{p=n} \frac{\varphi(x)}{(x - x_p)\,\varphi'(x_p)}\, f(x_p).$$

Parmi les valeurs $x_1, x_2, \ldots, x_n$ il n'y en a pas deux qui sont égales et comme les fonctions $F(x)$ et $f(x)$ prennent les mêmes valeurs pour $x = x_1, x = x_2, \ldots, x = x_n$ et que nous nous proposons de trouver une formule générale et simple qui exprime la différence $f(x) - F(x)$, nous pouvons, sans qu'il en resulte aucun inconvénient, supposer que la valeur de x ne coïncide pas avec une des valeurs $x_1, x_2, \ldots, x_n$.

Ceci posé, soit

$$(4) \quad \ldots \ldots \quad f(x) = F(x) + (x - x_1)(x - x_2)\ldots(x - x_n)\,R.$$

La valeur de R est complètement déterminée par cette équation. Figurons-nous pour un instant que les grandeurs $x, x_1, \ldots, x_n$ sont constantes, tandis que z représente une nouvelle variable, et considérons la fonction

$$(5) \quad \ldots \quad G(z) = -f(z) + F(z) + (z - x_1)(z - x_2)\ldots(z - x_n)\,R,$$

dans laquelle R a la valeur donnée par (4), indépendante de z.

Il est évident alors qu'on n'a pas seulement

$$G(x) = 0,$$

mais aussi

$$G(x_1) = 0, \qquad G(x_2) = 0, \qquad \ldots \ldots, \qquad G(x_n) = 0,$$

d'où l'on tire à l'aide du lemme énoncé au n° 2

$$(6) \quad \ldots \ldots \ldots \ldots \quad G^{(n)}(\xi) = 0,$$

où ξ a une valeur intermédiaire entre le plus grand et le plus petit des nombres $x, x_1, \ldots, x_n$. Mais comme $F(z)$ est en z du degré $(n-1)$ tout au plus, cette fonction donne zéro lorsqu'on différentie n fois de suite l'équation (5) On trouve donc

$$G^{(n)}(z) = -f^{(n)}(z) + 1 \cdot 2 \cdot 3 \ldots n \cdot R.$$

L'équation (6) donne maintenant

$$R = \frac{1}{1 \cdot 2 \cdot 3 \ldots n} f^{(n)}(\xi)$$

et en substituant cette valeur dans l'équation (4) on obtient

$$f(x) = F(x) + \frac{(x-x_1)(x-x_2)\ldots(x-x_n)}{1 \cdot 2 \cdot 3 \ldots n} f^{(n)}(\xi);$$

nous avons donc trouvé la démonstration de la formule (1).

4. Lorsque, dans la formule (2) qui maintenant a été démontrée elle-aussi, on laisse tendre vers une même limite X tous les nombres $x, x_1, \ldots, x_n$, toujours différents entre eux, il s'ensuit que

$$(7) \quad . \quad \text{Lim}\left\{\frac{f(x)}{\psi'(x)} + \frac{f(x_1)}{\psi'(x_1)} + \ldots + \frac{f(x_n)}{\psi'(x_n)}\right\} = \frac{1}{1 \cdot 2 \cdot 3 \ldots n} f^{(n)}(X).$$

Outre les hypothèses qui doivent être faites pour que les formules (1) et (2) soient valables, il faut encore que dans cette dernière formule $f^{(n)}(x)$ soit continue pour $x = X$, attendu qu'il est impossible autrement de conclure que $f^{(n)}(\xi)$ tend vers la limite $f^{(n)}(X)$ lorsque ξ tend vers X.

Cette formule (7) qui donne donc dans le cas où la fonction $f^{(n)}(x)$ est continue pour $x = X$ une définition directe et générale de la $n^{\text{ième}}$ dérivée d'une fonction $f(x)$, n'a pas encore, paraît-il, été démontrée aussi généralement que nous l'avons fait ici. Elle se trouve, il est vrai, dans l'excellent ouvrage de Lipschitsch, Differential und Integralrechnung, p. 204, Form. 20, mais d'après la démonstration qu'en donne l'auteur il faut supposer que les grandeurs $x, x_1, \ldots, x_n$ ne restent pas seulement inégales entre elles en tendant vers la limite X, mais qu'elles satisfont encore à d'autre conditions qui ici se montrent superflues. Consultez l'ouvrage cité p. 203, ligne 6 de-dessous. En outre l'auteur a supposé qu'il existe une dérivée $n+1^{\text{ième}}$ finie et continue. C'est là encore une condition qui n'est certainement pas

exigée par la nature des choses, et après que Weierstrass a fait
connaître des fonctions continues qui n'ont pas de dérivées, rien ne
serait plus facile que de trouver des fonctions pour lesquelles la formule (7) est valable, sans qu'il puisse être question d'une dérivée
$n + 1^{\text{ieme}}$ de ces fonctions. [1]

5. L'analogie entre la formule (1) et le théorème de Taylor devient
plus évidente encore lorsqu'on ne donne pas au polynôme $F(x)$ la
forme élégante et symétrique que lui donne Lagrange, mais celle
qui se trouve chez Newton dans le troisième Livre des Principia à
l'occasion de la discussion du problème des comètes.

La formule (1) prend alors la forme

$$(8) \quad \ldots \quad f(x) = A_1 + A_2(x - x_1) + A_3(x - x_1)(x - x_2) + \ldots$$
$$+ A_n(x - x_1)(x - x_2) \ldots (x - x_{n-1}) +$$
$$+ \frac{(x - x_1)(x - x_2) \ldots (x - x_n)}{1 . 2 . 3 \ldots n} f^{(n)}(\xi).$$

Dans cette équation on a

$$A_1 = f(x_1), \qquad A_2 = \frac{f(x_1)}{x_1 - x_2} + \frac{f(x_2)}{x_2 - x_1}$$

et généralement

$$(9) \quad \ldots \ldots \quad \begin{cases} A_p = \dfrac{f(x_1)}{\varphi'_p(x_1)} + \dfrac{f(x_2)}{\varphi'_p(x_2)} + \ldots + \dfrac{f(x_p)}{\varphi'_p(x_p)}, \\ \varphi_p(z) = (z - x_1)(z - x_2) \ldots (z - x_p). \end{cases}$$

Newton ne donne pas explicitement cette formule générale pour A_p,
mais il fait connaître les procédés nécessaires pour calculer successivement A_1, A_2, ... etc. Ce sont les suivants

$$A_1 = f(x_1), \quad A_2 = \frac{B_1 - A_1}{x_2 - x_1}, \quad A_3 = \frac{B_2 - A_2}{x_3 - x_1}, \quad A_4 = \frac{B_3 - A_3}{x_4 - x_1},$$

$$B_1 = f(x_2), \quad B_2 = \frac{C_1 - B_1}{x_3 - x_2}, \quad B_3 = \frac{C_2 - B_2}{x_4 - x_3}, \quad \ldots$$

$$C_1 = f(x_3), \quad C_2 = \frac{D_1 - C_1}{x_4 - x_3}, \quad \ldots$$

$$D_1 = f(x_4), \quad \ldots$$

---

[1] Voir J. Math., Berlin, 79, p. 29 e.s., et 90, p. 221.

Si l'on fait le tableau suivant de ces grandeurs dans l'ordre où on
les trouve

$$(10) \ldots \ldots \ldots \ldots \begin{cases} A_1 \\ \quad A_2 \\ B_1 \quad\quad A_3 \\ \quad B_2 \quad\quad A_4, \\ C_1 \quad\quad B_3 \\ \quad C_2 \\ D_1 \end{cases}$$

ce calcul s'accorde entièrement avec celui de l'interpolation ordinaire
dans le cas où $x_1, x_2, \ldots, x_n$ forment une progression arithmétique,
avec cette légère différence que la première, la deuxième, la troisième ... série des différences sont ici divisées respectivement par
les facteurs $1 . (x_2 - x_1)$, $1 . 2 . (x_2 - x_1)^2$, $1 . 2 . 3 . (x_2 - x_1)^3 \ldots$ etc.

On a d'après la formule (2)

$$A_p = \frac{1}{1 . 2 . 3 \ldots (p-1)} f^{(p-1)}(\xi_p),$$

où ξ_p a une valeur intermédiaire entre le plus grand et le plus petit
des nombres $x_1, x_2, \ldots, x_p$. Si dans la formule (8) on laisse tendre
$x_1, x_2, \ldots, x_n$ vers une même limite, on obtient donc immédiatement
la formule de Taylor avec la formule du reste de Lagrange.

6. La forme newtonienne du polynôme d'interpolation

$$F(x) = A_1 + A_2(x - x_1) + A_3(x - x_1)(x - x_2) + \cdot \cdot$$
$$+ A_n(x - x_1)(x - x_2) \ldots (x - x_{n-1})$$

a encore sur celle de Lagrange l'avantage de faire voir immédiatement quelle est la forme que prend $F(x)$ lorsque plusieurs des grandeurs $x_1, x_2, \ldots, x_n$ tendent vers une même limite ou sont prises égales
entre elles.

En effet, lorsque $x_1, x_2, \ldots, x_p$ tendent vers la limite X, on a
d'après les équations (9) et (7)

$$(11) \ldots \ldots \ldots \lim A_p = \frac{1}{1 . 2 . 3 \ldots (p-1)} f^{(p-1)}(X)$$

et comme toutes les grandeurs du tableau (10) sont composées de la
même manière que A_p, on peut dans ce cas former immédiatement

tout le tableau (10). En effet, on voit aisément qu'il suffit, pour éviter les expressions indéterminées de la forme $\frac{0}{0}$, de faire suivre l'une par l'autre sans intervalle celles des grandeurs $x_1, x_2, \ldots, x_n$, qui à la fin seront supposées égales. Pour obtenir le tableau entier, il faut ensuite se servir de la formule (11) et des préceptes de Newton. Lorsque p. e. les grandeurs $x_1, x_2, \ldots, x_p$ deviennent toutes égales à X, il faut supposer connues les quantités

$$f(X), \; f'(X), \; \ldots, \; f^{(p-1)}(X).$$

Il semble bien que c'est là la meilleure méthode pour former le polynôme $H(x)$ du degré le moins élevé qui satisfait aux conditions suivantes

$$(12) \quad \begin{cases} H(x_1) = f(x_1), \; H'(x_1) = f'(x_1), \ldots\ldots, H^{(a_1-1)}(x_1) = f^{(a_1-1)}(x_1), \\ H(x_2) = f(x_2), \; H'(x_2) = f'(x_2), \ldots\ldots, H^{(a_2-1)}(x_2) = f^{(a_2-1)}(x_2), \\ \cdots \cdots \cdots \cdots \cdots \cdots \cdots \cdots \cdots \cdots \cdots \cdots \cdots \cdots \\ H(x_n) = f(x_n), \; H'(x_n) = f'(x_n), \ldots\ldots, H^{(a_n-1)}(x_n) = f^{(a_n-1)}(x_n), \end{cases}$$

ce polynôme $H(x)$ est du degré $k-1$ tout au plus, où

$$k = a_1 + a_2 + \ldots a_n.$$

On obtient, en suivant la méthode décrite plus haut, la forme suivante du polynôme $H(x)$

$$H(x) = A + B(x-x_1) + C(x-x_1)^2 + \ldots + L(x-x_1)^{a_1} + M(x-x_1)^{a_1}(x-x_2) + \ldots$$
$$\ldots + R(x-x_1)^{a_1}(x-x_2)^{a_2} \ldots (x-x_{n-1})^{a_{n-1}}(x-x_n)^{a_n-1}$$

où $A, B, C, \ldots, R$ sont des constantes qu'on peut déduire immédiatement du tableau (10).

7. Il existe encore une expression simple pour la différence $f(x) - H(x)$, et comme ceci nous conduit à une généralisation de la formule (1), nous voulons esquisser rapidement le développement de ce calcul. Après ce qui précède il sera inutile de mentionner tout au long les conditions auxquelles $f(x)$ doit satisfaire.

Il faut en premier lieu généraliser le lemme du n° 2 et cela de la manière suivante:

Lorsqu'une fonction $G(z)$ satisfait aux conditions

$$G(x) = 0, \quad G'(x) = 0, \quad \ldots, \quad G^{(\alpha-1)}(x) = 0,$$
$$G(y) = 0, \quad G'(y) = 0, \quad \ldots, \quad G^{(\beta-1)}(y) = 0,$$
$$G(z) = 0, \quad G'(z) = 0, \quad \ldots, \quad G^{(\gamma-1)}(z) = 0,$$
$$\cdot \quad \cdot \quad \cdot \quad \cdot \quad \cdot \quad \cdot \quad \cdot \quad \cdot \quad \cdot \quad \cdot \quad \cdot \quad \cdot$$

dont le nombre est

$$\alpha + \beta + \gamma \ldots = n,$$

on a

$$G^{(n-1)}(\xi) = 0,$$

où ξ est une grandeur inférieure à la plus grande et supérieure à la plus petite des grandeurs différentes $x, y, z, \ldots$

Après ce qui a été dit au n° 2, il paraît superflu de s'arreter longtemps à la démonstration de ce théorème. On peut considérer d'abord le cas où le plus grand des nombres $\alpha, \beta, \gamma, \ldots$ est égal à 2, et prendre ensuite 3, 4, 5, ... pour le plus grand de ces nombres.

8. Soit maintenant $H(x)$ le polynôme du degré $k-1$ tout au plus, qui satisfait aux conditions (12) et soit

$$(13) \quad \ldots \quad f(x) = H(x) + (x - x_1)^{n_1}(x - x_2)^{\alpha_2} \ldots (x - x_n)^{\alpha_n} R.$$

Alors, si l'on suppose la grandeur x différente de $x_1, x_2, \ldots, x_n$ la constante R est complètement déterminée par cette équation. Si l'on considère ensuite la fonction

$$G(z) = -f(z) + H(z) + (z - x_1)^{\alpha_1}(z - x_2)^{\alpha_2} \ldots (z - x_n)^{n_n} R$$

il est évident qu'on n'a pas seulement

$$G(x) = 0,$$

mais aussi

$$G(x_1) = 0, \quad G'(x_1) = 0, \quad \ldots, \quad G^{(\alpha_1-1)}(x_1) = 0,$$
$$G(x_2) = 0, \quad G'(x_2) = 0, \quad \ldots, \quad G^{(\alpha_2-1)}(x_2) = 0,$$
$$\cdot \quad \cdot \quad \cdot \quad \cdot \quad \cdot \quad \cdot \quad \cdot \quad \cdot \quad \cdot \quad \cdot \quad \cdot \quad \cdot$$
$$G(x_n) = 0, \quad G'(x_n) = 0, \quad \ldots, \quad G^{(\alpha_n-1)}(x_n) = 0,$$

et par conséquent

$$G^{(k)}(\xi) = 0.$$

Mais comme $H(z)$ est du degré $k-1$ tout au plus, on a

$$G^k(z) = -f^{(k)}(z) + 1.2.3 \ldots k . R.$$

et enfin

$$(14) \quad \begin{cases} R = \dfrac{1}{1 \cdot 2 \cdot 3 \dots k} f^{(k)}(\xi), \\[2mm] f(x) = H(x) + \dfrac{(x - x_1)^{a_1} (x - x_2)^{a_2} \dots (x - x_n)^{a_n}}{1 \cdot 2 \cdot 3 \dots k} f^{(k)}(\xi). \end{cases}$$

Dans ces équations la grandeur ξ a une valeur intermédiaire entre celle du plus grand et du plus petit des nombres $x, x_1, \dots, x_n$.

Cette formule comprend comme cas particuliers la série de Taylor aussi bien que la formule de Lagrange, y compris les termes qui expriment les restes.

Dans l'article cité Hermite représente pour ce cas aussi la différence $f(x) - H(x)$ à l'aide d'intégrales définies.

9. Le résultat le plus général qui peut être obtenu par la méthode que nous avons développée dans ce qui précède, me paraît être le suivant.

Supposons que les expressions $f(x)$ et $H(x)$ conservent la signification qu'elles avaient aux n°s 6—8. Soit en outre $f_1(x)$ une nouvelle fonction de x et $H_1(x)$ la fonction rationnelle de x du degré $k-1$ tout au plus, qui satisfait aux conditions (12), lorsqu'on y remplace la fonction $f(x)$ par $f_1(x)$. Soit maintenant

$$(15) \quad \dots \quad f(x) = H(x) + R(f_1(x) - H_1(x)).$$

Pour que la valeur de R soit déterminée sans ambiguité par cette équation, il faut non seulement que x diffère de $x_1, x_2, \dots, x_n$, mais en outre que $f_1(x) - H_1(x)$ ne s'annule pas.

Faisons ces hypothèses et soit

$$G(z) = f(z) - H(z) - R(f_1(z) - H_1(z)).$$

Alors on a non seulement

$$G(x) = 0,$$

mais aussi

$$G(x_1) = 0, \qquad G'(x_1) = 0, \quad \dots, \quad G^{(a_1 - 1)}(x_1) = 0,$$
$$\dots \dots \dots \dots \dots \dots \dots \dots \dots$$
$$G(x_n) = 0, \qquad G'(x_n) = 0, \quad \dots, \quad G^{(a_n - 1)}(x_n) = 0,$$

et par conséquent, d'après le n° 7,

$$G^{(k)}(\xi) = 0.$$

Mais comme les expressions $H^{(k)}(z)$ et $H_1^{(k)}(z)$ sont identiquement nulles, on a

$$G^{(k)}(z) = f^{(k)}(z) - R f_1^{(k)}(z)$$

et par conséquent

$$R = \frac{f^{(k)}(\xi)}{f_1^{(k)}(\xi)},$$

ou bien

$$(16) \quad \ldots \ldots \quad f(x) = H(x) + (f_1(x) - H_1(x)) \frac{f^{(k)}(\xi)}{f_1^{(k)}(\xi)}.$$

Cette formule générale se transforme immédiatement dans la formule (14) lorsqu'on prend

$$f_1(x) = x^k.$$

En effet, on a alors

$$f_1^{(k)}(x) = 1 \cdot 2 \cdot 3 \ldots k$$

et, comme on peut le voir immédiatement,

$$f_1(x) - H_1(x) = (x - x_1)^{a_1} (x - x_2)^{n_3} \ldots (x - x_n)^{a_n}.$$

POSTSCRIPTUM.

On peut démontrer immédiatement de la façon suivante qu'il existe toujours une et une seule fonction $H(x)$ qui satisfait aux conditions (12) et qui est en x du degré $k - 1$ tout au plus.

Soit

$$H(x) = a_0 + a_1 x + a_2 x^2 + \ldots + a_{k-1} x^{k-1}.$$

Pour déterminer les k grandeurs inconnues $a_0, a_1, \ldots, a_{k-1}$ on a alors les k équations linéaires suivantes

$$(A) \cdot \cdot \begin{cases} a_0 + x_1 a_1 + x_1^2 a_2 + \ldots \ldots \ldots \ldots + x_1^{k-1} a_{k-1} = f(x_1) \\ 1 a_1 + 2 x_1 a_2 + \ldots \ldots \ldots + (k-1) x_1^{k-2} a_{k-1} = f'(x_1) \\ 1 \cdot 2 \cdot a_2 + \ldots \ldots + (k-1)(k-2) x_1^{k-3} a_{k-1} = f''(x_1) \\ \cdots \cdots \cdots \cdots \cdots \cdots \cdots \cdots \cdots \\ (a_1 - 1)! \, a_{a_1 - 1} + \ldots + (k-1)(k-2) \ldots (k - a_1 + 1) x_1^{k - a_1} a_{k-1} = \\ \qquad\qquad\qquad\qquad\qquad = f^{(a_1 - 1)}(x_1) \\ a_0 + x_2 a_1 + x_2^2 a_2 + \ldots \ldots \ldots \ldots + x_2^{k-1} a_{k-1} = f(x_2) \\ 1 \cdot a_1 + 2 x_2 a_2 + \ldots \ldots \ldots + (k-1) x_2^{k-2} a_{k-1} = f'(x_2) \\ \cdots \cdots \cdots \cdots \cdots \cdots \cdots \cdots \cdots \end{cases}$$

Le théorème qu'il s'agit de démontrer consiste dans ceci, il est toujours possible de satisfaire à ce système d'équations par un seul système de valeurs $a_0, a_1, \ldots, a_{k-1}$.

On peut remarquer d'abord que le système (A) n'admet jamais plus d'une seule solution, car s'il pouvait y avoir p. e. deux solutions on aurait deux fonctions différentes $G(x)$ et $H(x)$ satisfaisant l'une et l'autre aux conditions (12) et qui seraient l'une et l'autre du degré $k-1$ tout au plus. Or, cela est impossible, car de ces équations (12) il résulterait que la différence

$$G(x) - H(x)$$

est algébriquement divisible par l'expression du degré k

$$(x - x_1)^{n_1} (x - x_2)^{n_2} \ldots (x - x_n)^{n_n}.$$

Il est évident en second lieu que les valeurs

$$a_0 = 0, \quad a_1 = 0, \quad a_2 = 0, \quad \ldots, \quad a_{k-1} = 0$$

satisfont aux équations (A), aussitôt que les seconds membres de ces équations sont égalés à zéro; et d'après ce qui précède c'est là l'unique solution en ce cas.

La théorie des équations linéaires nous conduit immédiatement à cette conclusion, que le déterminant du système d'équations (A) n'est pas nul. En effet, d'après cette théorie on peut, aussitôt que ce déterminant est nul, satisfaire aux équations (A), après avoir remplacé partout les seconds membres par zéro, par un système de valeurs $a_0, a_1, \ldots, a_{k-1}$, qui ne sont pas toutes nulles ce qui serait contraire à ce que nous avons démontré plus haut.

Et de ce que le déterminant du système d'équations (A) n'est pas nul, il résulte immédiatement qu'on peut toujours, lorsque les seconds membres ont de valeurs arbitraires, satisfaire à ce système d'équations par un seul système de valeurs $a_0, a_1, \ldots, a_{k-1}$.

D'ailleurs on peut aisément indiquer la valeur de ce déterminant.

A cet effet on peut partir de la formule connue

$$
\begin{vmatrix}
1 & a & a^2 & \ldots & a^{k-1} \\
1 & b & b^2 & \ldots & b^{k-1} \\
1 & c & c^2 & \ldots & c^{k-1} \\
\cdot & \cdot & \cdot & \cdot & \cdot \\
1 & p & p^2 & \ldots & p^{k-1} \\
1 & q & q^2 & \ldots & q^{k-1}
\end{vmatrix}
\begin{aligned}
&= (b-a)(c-a)(d-a) \ldots (q-a) \\
&\qquad (c-b)(d-b) \ldots (q-b) \\
&\qquad\qquad (d-c) \ldots (q-c) \\
&\qquad\qquad\qquad \cdot\ \cdot\ \cdot\ \cdot\ \cdot \\
&\qquad\qquad\qquad\qquad (q-p)
\end{aligned}
$$

où les a_1 premières des grandeurs a, b, c, $\ldots$, p, q tendront à la fin vers la limite x_1, les a_2 grandeurs qui suivent vers la limite x_2, etc. Il faut transformer convenablement les lignes de ce déterminant, en les divisant par les facteurs qui s'annulent à la fin et en appliquant à la limite la formule (7). On obtient ainsi pour le déterminant du système d'équations (A) la valeur suivante

$$0\,!\,1\,!\,2\,!\ldots(a_1-1)\,!\,(x_2-x_1)^{a_1 a_2}(x_3-x_1)^{a_1 a_3}\ldots(x_n-x_1)^{a_1 a_n}$$

$$0\,!\,1\,!\,2\,!\ldots(a_2-1)\,!\qquad\quad (x_3-x_2)^{a_2 a_3}\ldots(x_n-x_2)^{a_2 a_n}$$

$$\cdots\cdots\cdots\cdots\cdots\cdots\cdots\cdots\cdots$$

$$0\,!\,1\,!\,2\,!\ldots(a_n-1)\,!\qquad\qquad\qquad\qquad\quad (x_n-x_{n-1})^{a_{n-1} a_n}.$$

La suite des opérations est suffisamment évidente d'après la considération d'un cas particulier, celui où

$$k=5,\ n=2,\ a_1=3,\ a_2=2.$$

Ici on trouve

$$
\begin{vmatrix}
1 & a & a^2 & a^3 & a^4 \\
1 & b & b^2 & b^3 & b^4 \\
1 & c & c^2 & c^3 & c^4 \\
1 & d & d^2 & d^3 & d^4 \\
1 & e & e^2 & e^3 & e^4
\end{vmatrix} =
$$

$$
=
\begin{vmatrix}
1 & a & a^2 & a^3 & a^4 \\
t_0 & t_1 & t_2 & t_3 & t_4 \\
u_0 & u_1 & u_2 & u_3 & u_4 \\
1 & d & d^2 & d^3 & d^4 \\
v_0 & v_1 & v_2 & v_3 & v_4
\end{vmatrix}
\times (b-a)(c-a)(c-b)(e-d),
$$

où

$$t_r = \frac{a^r}{a-b} + \frac{b^r}{b-a},$$

$$u_r = \frac{a^r}{(a-b)(a-c)} + \frac{b^r}{(b-a)(b-c)} + \frac{c^r}{(c-a)(c-b)},$$

$$v_r = \frac{d^r}{d-e} + \frac{e^r}{c-d}.$$

$$(r = 0, 1, 2, 3, 4)$$

Par conséquent on a

$$\begin{vmatrix} 1 & a & a^2 & a^3 & a^4 \\ t_0 & t_1 & t_2 & t_3 & t_4 \\ u_0 & u_1 & u_2 & u_3 & u_4 \\ 1 & d & d^2 & d^3 & d^4 \\ v_0 & v_1 & v_2 & v_3 & v_4 \end{vmatrix} = \begin{matrix} (d-a)(d-b)(d-c) \\ (e-a)(e-b)(e-c) \end{matrix}$$

et en prenant

$$\lim a = \lim b = \lim c = x_1,$$
$$\lim e = \lim d = x_2,$$

on trouve maintenant à l'aide de la formule (7)

$$\begin{vmatrix} 1 & x_1 & x_1^2 & x_1^3 & x_1^4 \\ 0 & 1 & 2x_1 & 3x_1^2 & 4x_1^3 \\ 0 & 0 & 2 & 2.3x_1 & 3.4x_1^2 \\ 1 & x_2 & x_2^2 & x_2^3 & x_2^4 \\ 0 & 1 & 2x_2 & 3x_2^2 & 4x_2^3 \end{vmatrix} = 2(x_2-x_1)^6.$$

V.

(Amsterdam, Nieuw Arch. Wisk., IX, 1882, 106—111.)

Eenige opmerkingen omtrent de differentiaalquotiënten van eene functie van één veranderlijke.

Is eene functie $f(x)$ voor alle waarden van x, $a \leqq x \leqq b$, gegeven, en voor al deze waarden van x differentieerbaar, dan is

(A) . . . . $\dfrac{f(b) - f(a)}{b - a} = f'(\xi)$.

$$(a < \xi < b)$$

Hieruit volgt, wanneer a en b tot een limiet X convergeeren, en $f'(x)$ continu is voor $x = \mathrm{X}$,

(B) . . . . $\mathrm{Lim} \dfrac{f(b) - f(a)}{b - a} = f'(\mathrm{X})$.

Dat voor de geldigheid van deze formule (B) de voorwaarde, dat $f'(x)$ voor $x = \mathrm{X}$ continu is, noodzakelijk is, blijkt uit het volgende voorbeeld. Zij $f(0) = 0$ en voor $x \gtrless 0$

$$f(x) = x^2 \cos\left(\frac{\pi}{x^2}\right).$$

De functie $f(x)$ is dan continu en differentieerbaar voor alle waarden van x; in het bijzonder is $f'(0) = 0$. Daarentegen is $f'(x)$ niet overal continu, en namelijk discontinu voor $x = 0$.

Zij nu n een geheel positief getal, en

$$p_n = \frac{1}{\sqrt{n}}, \quad f(p_n) = (\quad 1)^n \frac{1}{n},$$

dan volgt

$$\frac{f(p_n) - f(p_{n+1})}{p_n - p_{n+1}} = (-1) \left(\sqrt{\frac{n}{n+1}} + \sqrt{\frac{n+1}{n}}\right)(\sqrt{n} + \sqrt{n+1}).$$

Neemt nu n in 't oneindige toe, dan convergeert p_n tot de limiet nul, en toch convergeert

$$\frac{f(p_n) - f(p_{n+1})}{p_n - p_{n+1}}$$

niet tot de waarde $f'(0) = 0$.

Men overtuigt zich zelfs gemakkelijk er van, dat hoe klein een positief getal h ook gegeven is, men steeds twee positieve getallen p en q, beide kleiner dan h, kan bepalen, zoodanig dat

$$\frac{f(p) - f(q)}{p - q}$$

eene willekeurig voorgeschreven waarde aanneemt. Er kan dus geen sprake zijn van de convergentie van deze uitdrukking tot eene bepaalde limiet.

Wordt dus omtrent de wijze, waarop a en b tot hun limiet X convergeeren, niets anders bepaald, dan is de aangegeven voorwaarde, dat $f'(x)$ voor $x = $ X continu is, noodzakelijk voor de geldigheid van (B).

Zoodra echter vastgesteld wordt, dat a en b zoodanig tot hun limiet X convergeeren, dat X steeds tusschen a en b blijft, of ten minste niet buiten het interval a, b valt, dan geldt de formule (B) reeds, zoodra slechts $f(x)$ voor $x = $ X een eindig differentiaalquotiënt $f'(X)$ heeft. Het is dan zelfs niet noodig, dat $f(x)$ voor andere waarden van x differentieerbaar is.

Om dit te bewijzen heeft men niet van (A) uit te gaan, welke formule de differentieerbaarheid van $f(x)$ voor alle waarden $a \leqq x \leqq b$ onderstelt, maar men kan uitgaan van de identiteit

$$\frac{f(b) - f(a)}{b - a} = \frac{f(b) - f(X) + f(X) - f(a)}{b - X + X - a}.$$

Ligt nu X in het interval a, b, dan hebben $b - $ X en X $- a$ hetzelfde teeken, waaruit volgt dat

$$\frac{f(b) - f(a)}{b - a}$$

ligt tusschen

$$\frac{f(b) - f(X)}{b - X} \quad \text{en} \quad \frac{f(X) - f(a)}{X - a},$$

welke beide waarden volgens de onderstelling, dat $f(x)$ voor $x = \mathrm{X}$ een eindig differentiaalquotiënt heeft, tot $f(\mathrm{X})$ convergeeren; derhalve ook $\dfrac{f(b) - f(a)}{b - a}$. Het is duidelijk, dat a of b ook gelijk X mogen worden.

Als een voorbeeld kan de functie $f(x)$ dienen, bepaald door $f(0) = 0$ en, voor $x \gtrless 0$, door $f(x) = \pm x^2$ waarin het bovenste of onderste teeken te nemen is, naargelang x meetbaar of onmeetbaar is. Deze functie heeft alleen voor $x = 0$ een differentiaalquotiënt, waarvan de waarde door de formule (B) gevonden kan worden, zoolang nul niet buiten het interval a, b valt.

De formule (A) vormt een bijzonder geval van de volgende meer algemeene, waarvan ik het bewijs elders[1]) gegeven heb.

Zij

$$r(z) = (z - x_1)(z - x_2) \ldots (z - x_{n+1}),$$
$$(x_1 < x_2 < x_3 \ldots < x_n < x_{n+1})$$

laten $f(x), f'(x), f''(x), \ldots, f^{(n-1)}(x)$ continu zijn voor alle waarden van x, $x_1 \leqq x \leqq x_{n+1}$, terwijl voor deze zelfde waarden $f^{(n-1)}(x)$ een eindig differentiaalquotiënt $f^{(n)}(x)$ heeft; dan is

$$\text{(AA)} \ldots \ldots \sum_{p=1}^{p=n+1} \frac{f(x_p)}{r'(x_p)} = \frac{1}{1 \cdot 2 \cdot 3 \ldots n} f^{(n)}(\xi).$$
$$(x_1 < \xi < x_{n+1})$$

Hieruit volgt, wanneer $x_1, x_2, \ldots, x_{n+1}$ tot eene gemeenschappelijke limiet X convergeeren, en bovendien nog $f^{(n)}(x)$ voor $x = \mathrm{X}$ continu is,

$$\text{(BB)} \ldots \ldots \sum_{p=1}^{p=n+1} \frac{f(x_p)}{r'(x_p)} = \frac{1}{1 \cdot 2 \cdot 3 \ldots n} f^{(n)}(\mathrm{X}).$$

Wij zagen reeds boven in het bijzonder geval $n = 1$, dat in het algemeen de voorwaarde omtrent de continuiteit van $f^{(n)}(x)$ noodzakelijk is.

Wanneer echter ondersteld wordt dat x_1 en x_{n+1} bij hunne convergentie tot X steeds X insluiten, of ten minste dat X niet buiten het interval x_1, x_{n+1} valt, dan geldt de formule (BB) in veel wijder om-

---

[1]) Amsterdam, Versl. K. Akad. Wet., 1e sect., sér. 2, 17, 1882.

vang; en wel is het dan voldoende, dat $f^{(n-1)}(x)$ voor de bijzondere waarde $x = X$ een eindig differentiaalquotiënt $f^{(n)}(X) = k$ heeft. Het is zelfs niet noodig, dat $f^{(n-1)}(x)$ voor andere waarden van x differentieerbaar is, laat staan dan een continu differentiaalquotiënt heeft, zooals boven ondersteld moest worden.

Het bewijs hiervan, dat het eigenlijke doel van deze mededeeling uitmaakt, kan aldus gevoerd worden.

Zij

$$\varphi(x) = f(x) - \frac{k}{1 \cdot 2 \cdot 3 \ldots n} x^n,$$

dan zijn ook

$$\varphi(x), \ \varphi'(x), \ \ldots, \ \varphi^{(n-1)}(x),$$

volkomen bepaald, en $\varphi^{(n-1)}(x)$ heeft voor $x = X$ een eindig differentiaalquotiënt $\varphi^{(n)}(X) = 0$. In het voorbijgaan zij opgemerkt, dat uit de onderstelling, voor $x = X$ is $f^{(n-1)}(x)$ differentieerbaar, reeds volgt, $f^{(n-1)}(x)$ is voor $x = X$ continu.

Ik stel nu

$$p(z) = (z - x_1)(z - x_2) \ldots (z - x_n),$$
$$q(z) = (z - x_2)(z - x_3) \ldots (z - x_{n+1}),$$

dan is volgens (AA), wanneer men in deze formule n door $n - 1$ vervangt,

$$\sum_{p=1}^{p=n} \frac{\varphi(x_p)}{p'(x_p)} = \frac{1}{1 \cdot 2 \cdot 3 \ldots (n-1)} \varphi^{(n-1)}(\xi),$$
$$(x_1 < \xi < x_n),$$

$$\sum_{p=2}^{p=n+1} \frac{\varphi(x_p)}{q'(x_p)} = \frac{1}{1 \cdot 2 \cdot 3 \ldots (n-1)} \varphi^{(n-1)}(\eta),$$
$$(x_2 < \eta < x_{n+1})$$

en wel vereischen deze formules geenerlei onderstelling omtrent de differentieerbaarheid van $\varphi^{(n-1)}(x)$.

Door aftrekking en deeling door $x_{n+1} - x_1$ volgt nu

$$\sum_{p=1}^{p=n+1} \frac{\varphi(x_p)}{r'(x_p)} = \frac{1}{1 \cdot 2 \cdot 3 \ldots (n-1)} \left\{ \frac{\varphi^{(n-1)}(\eta) - \varphi^{(n-1)}(\xi)}{x_{n+1} - x_1} \right\}.$$

Voor de rechts tusschen accoladen geplaatste uitdrukking kan geschreven worden

$$\left(\frac{\eta - X}{x_{n+1} - x_1}\right) \cdot \frac{\varphi^{(n-1)}(\eta) - \varphi^{(n-1)}(X)}{\eta - X} + \left(\frac{X - \xi}{x_{n+1} - x_1}\right) \cdot \frac{\varphi^{(n-1)}(X) - \varphi^{(n-1)}(\xi)}{X - \xi}.$$

Daar ξ en η binnen het interval x_1, x_{n+1} liggen, en X ten minste niet buiten dit interval ligt, zoo zijn

$$\frac{\eta - X}{x_{n+1} - x_1} \quad \text{en} \quad \frac{X - \xi}{x_{n+1} - x_1},$$

volstrekt genomen, kleiner dan één Verder volgt uit de onderstelling, dat $\varphi^{(n-1)}(x)$ voor $x = X$ een eindig differentiaalquotiënt $\varphi^{(n)}(X) = 0$ heeft, dat

$$\frac{\varphi^{(n-1)}(\eta) - \varphi^{(n-1)}(X)}{\eta - X} \quad \text{en} \quad \frac{\varphi^{(n-1)}(X) - \varphi^{(n-1)}(\xi)}{X - \xi}$$

tot de limiet nul convergeeren, wanneer $x_1, x_2, \ldots, x_{n+1}$ allen tot hun limiet X convergeeren. Dus volgt ten slotte

$$\lim \sum_{p=1}^{p=n+1} \frac{\varphi(x_p)}{r'(x_p)} = 0,$$

of, daar

$$\varphi(x) = f(x) - \frac{k}{1 \cdot 2 \cdot 3 \ldots n} x^n$$

was en men identiek heeft

$$\sum_{p=1}^{p=n+1} \frac{x_p^n}{r'(x_p)} = 1,$$

$$\lim \sum_{p=1}^{p=n+1} \frac{f(x_p)}{r'(x_p)} = \frac{k}{1 \cdot 2 \cdot 3 \ldots n} = \frac{f^{(n)}(X)}{1 \cdot 2 \cdot 3 \ldots n},$$

waarmee het bedoelde bewijs geleverd is.

Men kan zeggen, dat deze formule altijd geldt, zoodra slechts $f^{(n)}(X)$ eene bepaalde beteekenis heeft, want dit vordert reeds vanzelf, dat $f^{(n-1)}(x)$ in de nabijheid van $x = X$ overal eene eindige en continu veranderlijke waarde heeft; evenzoo wat $f^{(n-2)}(x)$, $f^{(n-3)}(x)$, ... betreft.

Maar omgekeerd kan niet beweerd worden, dat altijd wanneer

$$\lim \sum_{p=1}^{p=n+1} \frac{f(x_p)}{r'(x_p)}$$

eene bepaalde eindige waarde heeft, deze waarde $= \frac{f^{(n)}(X)}{1 \cdot 2 \cdot 3 \ldots n}$ is. Want het kan zeer wel gebeuren, dat toch nog in dit geval $f^{(n)}(X)$ niet

5

bestaat. Dit blijkt, wanneer men bedenkt, dat door verandering van de waarde van $f(x)$ voor $x = X$ de bovenstaande uitdrukking niet van waarde verandert, zoolang geen der waarden $x_1, x_2 \ldots, x_{n+1}$ gelijk aan X is.

Ligt X buiten het interval x_1, x_{n+1}, dan behoeven

$$\frac{\eta - X}{x_1 - x_{n+1}} \text{ en } \frac{X - \xi}{x_1 - x_{n+1}},$$

geen echte breuken meer te zijn, en deze omstandigheid belet dan het bewijs ten einde te voeren. Maar wij zagen reeds door een voorbeeld, dat in dit geval omtrent $f^{(n-1)}(x)$ verdere onderstellingen noodig zijn, namelijk, dat in het algemeen $f^{(n)}(x)$ bestaat en voor $x = X$ continu is.

V.

(Amsterdam, Nieuw Arch. Wisk., IX, 1882, 106—111.)

(t r a d u c t i o n)

Quelques remarques à propos des dérivées d'une fonction d'une seule variable.

Lorsqu'une fonction $f(x)$ est donnée pour toutes les valeurs de x pour lesquelles $a \leqq x \leqq b$, et qu'elle peut être différentiée pour toutes ces valeurs de x, on a

(A) . . . . $\dfrac{f(b) - f(a)}{b - a} = f'(\xi).$

$$(a < \xi < b)$$

Il s'ensuit que lorsque a et b tendent vers une limite X et que la fonction $f'(x)$ est continue pour $x = \mathrm{X}$,

(B) . . . . $\lim \dfrac{f(b) - f(a)}{b - a} = f'(\mathrm{X}).$

L'exemple suivant fait voir que la condition, d'après laquelle la fonction $f'(x)$ est continue pour $x = \mathrm{X}$, doit nécessairement être remplie pour que la formule (B) soit valable.

Exemple. Soit $f(x) = 0$, et pour $x \gtreqless 0$

$$f(x) = x^2 \cos\left(\frac{\pi}{x^2}\right).$$

La fonction $f(x)$ est alors continue et peut être différentiée pour toutes les valeurs de x. On a en particulier $f'(0) = 0$ La fonction $f'(x)$ par contre n'est pas continue partout: elle est notamment discontinue pour $x = 0$.

Prenons maintenant un nombre n entier et positif, et soit

$$p_n = \frac{1}{\sqrt{n}}, \quad f(p_n) = (-1)^n \frac{1}{n},$$

il s'ensuit que

$$\frac{f(p_n) - f(p_{n+1})}{p_n - p_{n+1}} = (-1)^n \left(\sqrt{\frac{n}{n+1}} + \sqrt{\frac{n+1}{n}} \right) (\sqrt{n} + \sqrt{n+1}).$$

Lorsque n tend vers l'infini, p_n converge vers la limite zéro; cependant l'expression

$$\frac{f(p_n) - f(p_{n+1})}{p_n - p_{n+1}}$$

ne tend pas vers la valeur $f'(0) = 0$.

On se convainc même aisémenc de ce que, quelque petit que soit un nombre donné h, on peut toujours trouver deux nombres positifs p et q, inférieurs à h, tels que l'expression

$$\frac{f(p) - f(q)}{p - q}$$

prend une valeur quelconque donnée. Il ne peut donc être question d'une convergence de cette expression vers une limite déterminée.

Nous avons dit que la condition nommée, d'après laquelle la fonction $f'(x)$ est continue pour $x = X$, doit nécessairement être remplie pour que la formule (B) soit valable, dans l'hypothèse où la loi suivant laquelle a et b tendent vers leur limite X est inconnue.

Mais dès qu'on admet que a et b tendent vers leur limite X de telle manière que X reste constamment entre a et b, ou du moins ne tombe pas en dehors de l'intervalle a, b, la formule (B) est déjà valable si $f(x)$ a pour $x = X$ une dérivée finie $f(X)$. Dans ce cas il n'est pas même nécessaire que $f(x)$ possède une dérivée pour d'autres valeurs de x.

Pour le démontrer il n'est pas nécessaire de partir de (A), formule qui suppose que la fonction $f(x)$ peut être différentiée pour toutes les valeurs de x pour lesquelles $a \leqq x \leqq b$, on peut agir directement comme suit.

Nous avons

$$\frac{f(b) - f(a)}{b - a} = \frac{f(b) - f(X) + f(X) - f(a)}{b - X + X - a}.$$

Lorsque la valeur de X est située dans l'intervalle a, b, les expressions $b - X$ et $X - a$ ont le même signe; il s'ensuit que

$$\frac{f(b) - f(a)}{b - a}$$

a une valeur intermédiaire entre

$$\frac{f(b) - f(\mathrm{X})}{b - \mathrm{X}} \quad \text{et} \quad \frac{f(\mathrm{X}) - f(a)}{\mathrm{X} - a},$$

deux expressions qui tendent vers $f'(\mathrm{X})$ dans l'hypothèse que $f(x)$ a pour $x = \mathrm{X}$ une dérivée finie; il en est donc de même pour $\frac{f(b) - f(a)}{b - a}$. Il est évident que les grandeurs a et b peuvent aussi, l'une ou l'autre, devenir égales à X.

Nous pouvons prendre pour exemple la fonction $f(x)$, déterminée par $f(0) = 0$ et par $f(x) = \pm x^2$ pour $x \gtrless 0$. Il faut prendre le signe supérieur ou le signe inférieur selon que x est rationnel ou non. Cette fonction ne possède une dérivée que pour $x = 0$, dérivée dont on peut trouver la valeur par la formule (B), tant que zéro ne tombe pas en dehors de l'intervalle a, b.

La formule (A) constitue un cas particulier de la formule suivante plus générale, dont j'ai donné la démonstration ailleurs.[1])

Soit

$$r(z) = (z - x_1)(z - x_2) \ldots (z - x_{n+1}),$$
$$(x_1 < x_2 < x_3 \ldots < x_n < x_{n+1})$$

et supposons les fonctions $f(x)$, $f'(x)$, $f''(x)$, $\ldots$, $f^{(n-1)}(x)$ continues pour toutes les valeurs de x pour lesquelles $x_1 \leqq x \leqq x_{n+1}$ tandis que $f^{(n-1)}(x)$ a pour ces mêmes valeurs une dérivée finie $f^{(n)}(x)$. Nous avons alors

$$(\mathrm{AA}) \quad \cdots \quad \sum_{p=1}^{p=n+1} \frac{f(x_p)}{r'(x_p)} = \frac{1}{1 \cdot 2 \cdot 3 \ldots n} f^{(n)}(\xi).$$
$$(x_1 < \xi < x_{n+1})$$

Il s'ensuit que lorsque $x_1, x_2, \ldots, x_{n+1}$ tendent vers une limite commune X et que de plus la fonction $f^{(n)}(x)$ est continue pour $x = \mathrm{X}$, on a

$$(\mathrm{BB}) \quad \cdots \quad \sum_{p=1}^{p=n+1} \frac{f(x_n)}{r'(x_p)} = \frac{1}{1 \cdot 2 \cdot 3 \ldots n} f^{(n)}(\mathrm{X}).$$

---

[1]) Amsterdam, Versl. K. Akad. Wet., 1e sect., sér. 2, 17.

Nous avons déjà vu plus haut dans le cas particulier $n = 1$ qu'en général la condition relative à la continuité de $f^{(n)}(x)$ est nécessaire.

Mais si l'on suppose qu'en convergeant vers X les grandeurs x_1 et x_{n+1} sont l'une supérieure l'autre inférieure à X ou du moins que X ne tombe pas en dehors de l'intervalle x_1, x_{n+1}, la formule (BB) a une signification bien plus générale: il suffit alors pour qu'elle soit valable que la fonction $f^{(n-1)}(x)$ ait pour la valeur particulière $x = X$ une dérivée finie $f^{(n)}(X) = k$ Il n'est pas même nécessaire que $f^{(n-1)}(x)$ ait une dérivée pour d'autres valeurs de x, moins encore que cette fonction ait une dérivée continue, comme nous devions le supposer plus haut.

La preuve de cette affirmation qui constitue le but spécial de cette communication, peut être donnée comme suit.

Soit

$$\varphi(x) = f(x) - \frac{k}{1 \cdot 2 \ldots n} x^n,$$

alors

$$\varphi(x), \ \varphi'(x), \ \ldots, \ \varphi^{(n-1)}(x)$$

sont elles aussi complètement déterminées et $\varphi^{(n-1)}(x)$ possède pour $x = X$ une dérivée finie $\varphi^{(n)}(X) = 0$. Je remarque en passant que l'hypothèse d'après laquelle $f^{(n-1)}(x)$ peut être différentiée pour $x = X$, permet déjà de conclure que la fonction $f^{(n-1)}(x)$ est continue pour $x = X$.

Je pose maintenant

$$p(z) = (z - x_1)(z - x_2) \ldots (z - x_n),$$
$$q(z) = (z - x_2)(z - x_3) \ldots (z - x_{n+1}).$$

On a alors d'après la formule (AA), lorsqu'on y remplace n par $n - 1$,

$$\sum_{p=1}^{p=n} \frac{\varphi(x_p)}{p'(x_p)} = \frac{1}{1 \cdot 2 \cdot 3 \ldots (n-1)} \varphi^{(n-1)}(\xi),$$
$$(x_1 < \xi < x_n)$$
$$\sum_{p=2}^{p=n+1} \frac{\varphi(x_p)}{q'(x_p)} = \frac{1}{1 \cdot 2 \cdot 3 \ldots (n-1)} \varphi^{(n-1)}(\eta),$$
$$(x_2 < \eta < x_{n+1})$$

et ces formules n'exigent aucune hypothèse relative à la possibilité de dériver la fonction $\varphi^{(n-1)}(x)$.

On trouve maintenant en soustrayant et en divisant par $x_{n+1} - x_1$

$$\sum_{p=1}^{p=n+1} \frac{\varphi(x_p)}{r'(x_p)} = \frac{1}{1.2.3\ldots(n-1)} \left\{ \frac{\varphi^{(n-1)}(\eta) - \varphi^{(n-1)}(\xi)}{x_{n+1} - x_1} \right\}$$

L'expression entre parenthèses qui figure au second membre peut être remplacée par

$$\left(\frac{\eta - X}{x_{n+1} - x_1} \right) \cdot \frac{\varphi^{(n-1)}(\eta) - \varphi^{(n-1)}(X)}{\eta - X} + \left(\frac{X - \xi}{x_{n+1} - x_1} \right) \cdot \frac{\varphi^{(n-1)}(X) - \varphi^{(n-1)}(\xi)}{X - \xi}.$$

Comme les grandeurs ξ et η sont situées dans l'intervalle x_1, x_{n+1}, et que X n'est certainement pas en-dehors de cet intervalle, les expressions

$$\frac{\eta - X}{x_{n+1} - x_1} \quad \text{et} \quad \frac{X - \xi}{x_{n+1} - x_1}$$

sont, en valeur absolue, inférieures à l'unité. De plus l'hypothèse d'après laquelle $\varphi^{(n-1)}(x)$ possède pour $x = X$ une dérivée finie $\varphi^{(n)}(X) = 0$, nous permet de conclure que les expressions

$$\frac{\varphi^{(n-1)}(\eta) - \varphi^{(n-1)}(X)}{\eta - X} \quad \text{et} \quad \frac{\varphi^{(n-1)}(X) - \varphi^{(n-1)}(\xi)}{X - \xi}$$

convergent vers la limite zéro, lorsque les grandeurs $x_1, x_2, \ldots, x_{n+1}$ tendent toutes vers leur limite X. On trouve donc enfin

$$\lim \sum_{p=1}^{p=n+1} \frac{\varphi(x_p)}{r'(x_p)} = 0,$$

mais, comme on a

$$\varphi(x) = f(x) - \frac{k}{1.2.3\ldots n} x^n$$

et, identiquement

$$\sum_{p=1}^{p=n+1} \frac{x_p^n}{r'(x_p)} = 1$$

on peut écrire

$$\lim \sum_{p=1}^{p=n+1} \frac{f(x_p)}{r'(r_p)} = \frac{k}{1.2.3\ldots n} = \frac{f^{(n)}(X)}{1.2.3\ldots n}.$$

Nous avons donné ainsi la démonstration dont nous parlions.

On peut dire que cette formule est valable dans tous les cas où $f^{(n)}(X)$ a une signification bien déterminée; car il en résulte que la fonction $f^{(n-1)}(x)$ a alors partout dans le voisinage de $x = X$ une valeur finie et continue, et qu'il en est de même pour $f^{(n-2)}(x)$, $f^{(n-3)}(x)$, ... etc.

Mais on ne peut pas affirmer réciproquement que lorsque

$$\lim \sum_{p=1}^{p=n+1} \frac{f(x_p)}{r'(x_p)}$$

a une valeur finie déterminée, cette valeur est $\dfrac{f^{(n)}(X)}{1.2.3\ldots n}$. Car il peut fort bien arriver que même alors $f^{(n)}(X)$ n'existe pas. On le voit en remarquant que lorsqu'on substitue $x = X$ dans $f(x)$ l'expression écrite ci-dessus garde la même valeur, tant qu'aucune des grandeurs $x_1, x_2, \ldots, x_{n+1}$ n'est égale à X.

Lorsque X est en-dehors de l'intervalle x_1, x_{n+1}, les expressions

$$\frac{\eta - X}{x_1 - x_{n+1}} \text{ et } \frac{X - \xi}{x_1 - x_{n+1}}$$

ne sont pas nécessairement des fractions inférieures à l'unité, et cette circonstance, lorsqu'elle se présente, nous empêche de conduire la démonstration à sa fin. Mais nous avons déjà vu par un exemple que dans ce cas de nouvelles hypothèses relatives à $f^{(n-1)}(x)$ sont nécessaires: il faut supposer alors en général que $f^{(n)}(x)$ existe et que cette fonction est continue pour $x = X$.

VI.

(Amsterdam, Nieuw Arch. Wisk., IX, 1882, 98—106.)

Over eenige theorema's omtrent oneindige reeksen.

1. In het 89ste deel van het Journal für die reine und angewandte Mathematik, p. 242—244, geeft de heer G. Frobenius in een kort opstel, Über die Leibnizsche Reihe, een theorema, dat aldaar ten slotte onder den volgenden vorm uitgesproken wordt.

„Ist s_n eine von n abhängige Grösse, und nähert sich

$$\frac{s_0 + s_1 + \ldots + s_{n-1}}{n}$$

bei wachsendem n einer bestimmten endlichen Grenze, so nähert sich

$$(1-x)(s_0 + s_1 x + s_2 x^2 + s_3 x^3 + \ldots)$$

falls x beständig zunehmend gegen Eins convergirt, derselben Grenze."

Dit theorema vertoont eenige analogie met een ander, dat mij sedert lang bekend was en waarvan de waarheid, naar het mij toeschijnt, bij eenig nadenken van zelf duidelijk is; reden, waarom ik indertijd het volledig uitwerken van een streng bewijs naliet. Het stukje van den heer Frobenius geeft mij nu echter aanleiding, het hierop betrekking hebbende eenigzins te ontwikkelen, en er eenige opmerkingen aan toe te voegen; waarbij het blijkt, dat men algemeener kan zeggen dat, wanneer $u > 0$ is,

$$(1-x)^u \left[s_0 + \frac{u}{1} s_1 x + \frac{u(u+1)}{1 \cdot 2} s_2 x^2 + \frac{u(u+1)(u+2)}{1 \cdot 2 \cdot 3} s_3 x^3 + \ldots \right]$$

en ook

$$\frac{s_1 x + \frac{1}{2} s_2 x^2 + \frac{1}{3} s_3 x^3 + \frac{1}{4} s_4 x^4 + \ldots}{\log\left(\frac{1}{1-x}\right)},$$

161

wanneer x steeds toenemend tot de limiet 1 convergeert, tot dezelfde limiet convergeert als

$$\frac{s_0 + s_1 + \cdots + s_{n-1}}{n} \text{ voor } n = \infty.$$

De vorm van het bewijs van Frobenius schijnt mij toe niets te wenschen over te laten, en ik heb daarom niet geaarzeld hem hierin geheel te volgen.

2. Het boven bedoelde theorema bestaat in het volgende. Zijn $a_0, a_1, a_2, \ldots$ alle positief, of ten minste niet negatief, en convergeert de reeks

$$\psi(x) = a_0 + a_1 x + a_2 x^2 + \cdots$$

voor alle waarden $0 < x < 1$, maar divergeert deze reeks voor $x = 1$, dan volgt hieruit van zelf, dat $\psi(x)$ boven alle grenzen toeneemt wanneer x, steeds toenemend, tot 1 convergeert. Vormen nu verder

$$s_0, \ s_1, \ s_2, \ \ldots$$

eene onbepaald voortloopende rij getallen, die tot eene limiet M convergeeren [1]), dan is het duidelijk, dat ook de reeks

$$f(x) = a_0 s_0 + a_1 s_1 x + a_2 s_2 x^2 + \cdots$$

voor alle waarden $0 < x < 1$ convergeert.

In deze onderstellingen nu bestaat de te bewijzen eigenschap hierin, dat

$$\frac{f(x)}{\psi(x)}$$

tot de limiet M convergeert, terwijl x steeds toenemend tot de eenheid nadert.

De omtrent de rij getallen

$$s_0, \ s_1, \ s_2, \ \ldots$$

gemaakte onderstelling heeft dezen zin: hoe klein een positief getal ε ook gegeven is, het is altijd mogelijk een eindig getal n zoo groot te kiezen, dat, wanneer men stelt

---

[1]) Dat M eindig is, wordt hierbij als van zelf sprekend ondersteld. Het spraakgebruik, volgens hetwelk men somtijds van een reeks grootheden, die ten slotte boven alle grenzen toenemen, zegt, dat zij tot de limiet ∞ convergeeren, schijnt mij, in het algemeen, niet aanbevelenswaard.

$$(1) \quad \ldots \ldots \ldots \ldots \ldots \quad s_{n+k} = M + \varepsilon_k,$$
$$(k = 0, 1, 2, 3, \ldots)$$

de volstrekte waarden van

$$\varepsilon_0, \ \varepsilon_1, \ \varepsilon_2, \ \ldots$$

alle kleiner dan ε zijn.

Zij nu

$$(2) \quad \ldots \quad \begin{cases} P = a_0 s_0 + a_1 s_1 x + a_2 s_2 x^2 + \ldots + a_{n-1} s_{n-1} x^{n-1}, \\ Q = a_0 + a_1 x + a_2 x^2 + \ldots \ldots \ldots + a_{n-1} x^{n-1}, \end{cases}$$

dan volgt, met behulp van (1),

$$f(x) = P + a_n x^n (M + \varepsilon_0) + a_{n+1} x^{n+1} (M + \varepsilon_1) + a_{n+2} x^{n+2} (M + \varepsilon_2) + \ldots,$$

zoodat $f(x)$ eene waarde heeft, gelegen tusschen

$$P + (M + \varepsilon)(\psi(x) - Q)$$

en

$$P + (M - \varepsilon)(\psi(x) - Q),$$

waaruit volgt, dat $f(x) : \psi(x)$ ligt tusschen

$$M + \varepsilon + \frac{P - Q(M + \varepsilon)}{\psi(x)}$$

en

$$M - \varepsilon + \frac{P - Q(M - \varepsilon)}{\psi(x)}.$$

Wanneer nu x tot 1 convergeert, convergeeren P en Q tot zekere eindige limieten, terwijl volgens de onderstelling, $\psi(x)$ boven alle grenzen toeneemt. Men zal dus x kleiner dan 1, maar zoo dicht bij 1 kunnen nemen, dat de volstrekte waarden van

$$\frac{P - Q(M + \varepsilon)}{\psi(x)} \quad \text{en} \quad \frac{P - Q(M - \varepsilon)}{\psi(x)}$$

kleiner zijn dan een geheel willekeurig gegeven positief getal δ, en kleiner dan δ blijven, wanneer x nog dichter bij 1 genomen wordt.

Wat bewezen moet worden is dit: hoe klein een positief getal β ook gegeven is, men zal altijd een positief getal a zóó kunnen bepalen, dat voor alle waarden van x, bepaald door de voorwaarde $1 > x \geqq 1 - a$ de volstrekte waarde van het verschil $\dfrac{f(x)}{\psi(x)} - M$ kleiner dan β is.

Inderdaad, men kan a aldus bepalen. Men splitse β in de som van twee positieve getallen $\beta = \delta + \varepsilon$. Bij de waarde van ε bepale men n evenals boven; namelijk men neme n zoo groot, dat $s_{n+k} = M + \varepsilon_k$ gesteld zijnde, $\varepsilon_0, \varepsilon_1, \varepsilon_2, \ldots$ volstrekt genomen allen kleiner dan ε zijn. Nadat dus n en daarmee ook P en Q bekend zijn, bepale men nu a door de voorwaarde, dat de volstrekte waarden van

$$\frac{P - Q(M + \varepsilon)}{\psi(x)} \text{ en } \frac{P - Q(M - \varepsilon)}{\psi(x)}$$

voor alle waarden $1 - a \leqq x < 1$, kleiner dan δ blijven.

Volgens het bovenstaande ligt dan, voor deze waarden van x,

$$\frac{f(x)}{\psi(x)}$$

tusschen $M + \varepsilon + \delta$ en $M - \varepsilon - \delta$, d. w. z. tusschen $M + \beta$ en $M - \beta$.

Het is duidelijk, dat de onderstelling dat $\psi(x)$ en $f(x)$ reeksen zijn, gerangschikt volgens de geheele opklimmende machten van x, bij de bovenstaande afleiding eigenlijk geene rol speelt; zoodat de uitkomst gemakkelijk in een algemeener vorm uitgesproken kan worden. Hierbij moet echter opgemerkt worden, dat een wezenlijk punt van de redeneering hierin bestaat, dat $s_n, s_{n+1}, s_{n+2}, \ldots$ niet van de veranderlijke x afhangen, zoodat de bepaling van n geheel onafhankelijk is van de bijzondere waarden, die men later goedvindt aan x toe te schrijven.

3. Als een voorbeeld van de bruikbaarheid van het bewezen theorema kan de hypergeometrische reeks dienen

$$F(a, \beta, \gamma, x) = 1 + \frac{a \cdot \beta}{1 \cdot \gamma} x + \frac{a(a + 1)\beta(\beta + 1)}{1 \cdot 2, \gamma(\gamma + 1)} x^2 + \cdots$$

Hierbij komen dus alleen die gevallen in aanmerking, waarin de reeks voor $x = 1$ divergeert.

De volgende aan Gauss, Disq. gen. circa etc. Werke III, p. 125 en 207, ontleende eigenschappen mogen vooraf in herinnering gebracht worden.

1) Van zekeren term af veranderen de termen van de reeks $F(a, \beta, \gamma, 1)$ niet meer van teeken, en zij nemen òf voortdurend toe, òf voortdurend af.

2) De termen nemen boven alle grenzen toe, wanneer $a + \beta - \gamma - 1$ positief is.

3) De termen convergeeren tot eene eindige, van 0 verschillende limiet, wanneer $a + \beta - \gamma - 1 = 0$.

4) De termen convergeeren tot nul, wanneer $a + \beta - \gamma - 1$ negatief is.

5) De reeks convergeert voor $x = 1$, wanneer $a + \beta - \gamma < 0$, en divergeert, wanneer $a + \beta - \gamma \geq 0$ is.

Volgens 3) convergeert de uitdrukking

$$\frac{a(a + 1) \ldots (a + n - 1) \beta(\beta + 1) \ldots (\beta + n - 1)}{1 . 2 . 3 \ldots n \ldots \gamma(\gamma + 1) \ldots (\gamma + n - 1)},$$

waarin $a + \beta - \gamma - 1 = 0$, voor $n = \infty$, tot eene eindige limiet, welke limiet gelijk is aan

$$\frac{\Pi(\gamma - 1)}{\Pi(a - 1) \Pi(\beta - 1)}.$$

Iets algemeener vindt men voor $a + \beta - \gamma - u = 0$

$$(3) . \lim_{n = \infty} \frac{a(a + 1) \ldots (a + n - 1) \beta(\beta + 1) \ldots (\beta + n - 1)}{u(u + 1) \ldots (u + n - 1) \gamma(\gamma + 1) \ldots (\gamma + n - 1)} = \frac{\Pi(u - 1) \Pi(\gamma - 1)}{\Pi(a - 1) \Pi(\beta - 1)},$$

en wel volgt dit onmiddellijk uit de definitie van $\Pi(z)$:

$$\Pi(z) = \lim_{n = \infty} \frac{1 . 2 . 3 \ldots n}{(z + 1)(z + 2) \ldots (z + n)} n^z.$$

Daar alleen de gevallen, waarin de reeks voor $x = 1$ divergeert, hier beschouwd worden, zoo ziet men uit 5), dat $a + \beta - \gamma \geq 0$ ondersteld moet worden. De gevallen $a + \beta - \gamma > 0$ en $a + \beta - \gamma = 0$ moeten afzonderlijk behandeld worden.

I. $a + \beta - \gamma > 0$.

Dan is dus $u = a + \beta - \gamma$ positief; neemt men nu, in het algemeene theorema

$$s_0 = 1, \quad s_n = \frac{a(a + 1) \ldots (a + n - 1) \beta(\beta + 1) \ldots (\beta + n - 1)}{u(u + 1) \ldots (u + n - 1) \gamma(\gamma + 1) \ldots (\gamma + n - 1)},$$

$$a_0 = 1, \quad a_n = \frac{u(u + 1) \ldots (u + n - 1)}{1 . 2 . 3 \ldots n};$$

dan is

$$\psi(x) = a_0 + a_1 x + a_2 x^2 + \ldots = (1-x)^{-u},$$
$$f(x) = a_0 s_0 + a_1 s_1 x + a_2 s_2 x^2 \ldots = F(a, \beta, \gamma, x),$$

en volgens (3)

$$\lim_{n=\infty} s_n = M = \frac{\Pi(u-1)\,\Pi(\gamma-1)}{\Pi(a-1)\,\Pi(\beta-1)};$$

zoodat men onmiddellijk verkrijgt

$$(4) \quad . \quad \lim_{x=1} (1-x)^{a+\beta-\gamma} F(a, \beta, \gamma, x) = \frac{\Pi(a+\beta-\gamma-1)\,\Pi(\gamma-1)}{\Pi(a-1)\,\Pi(\beta-1)},$$

II. $\qquad\qquad\qquad a + \beta - \gamma = 0.$

Neemt men, om dit geval te behandelen

$$s_0 = \frac{1}{a}, \quad s_n = \frac{(a+1)(a+2)\ldots(a+n)\,\beta(\beta+1)\ldots(\beta+n-1)}{1\,.\,2\,.\,3\ldots n\,.\,\gamma(\gamma+1)\ldots(\gamma+n-1)} \times \frac{n+1}{a+n}$$

$$a_0 = a, \quad a_n = \frac{a}{n+1};$$

dan is

$$\psi(x) = a + \frac{1}{2}\,ax + \frac{1}{3}\,ax^2 + \ldots = \frac{a}{x}\,\log\!\left(\frac{1}{1-x}\right),$$

$$\lim_{n=\infty} s_n = \frac{\Pi(\gamma-1)}{\Pi(a)\,\Pi(\beta-1)} = \frac{\Pi(a+\beta-1)}{a\Pi(a-1)\,\Pi(\beta-1)};$$

en na eene kleine herleiding

$$(5) \quad . \quad . \quad . \quad \lim_{x=1} \frac{F(a, \beta, a+\beta, x)}{\log\!\left(\dfrac{1}{1-x}\right)} = \frac{\Pi(a+\beta-1)}{\Pi(a-1)\,\Pi(\beta-1)}.$$

Het behoeft nauwelijks gezegd te worden, dat de door (4) en (5) uitgedrukte eigenschappen ook onmiddellijk uit de theorie der herleiding der F-funktie volgen. De formule (4) is in overeenstemming met de formulen [82] op p. 209 en formule [48] op p. 147 van Gauss' Werke, Bd. III, terwijl de formule (5) onmiddellijk volgt uit formule [28], p. 217.

Geheel dezelfde methode kan toegepast worden bij die reeksen, welke op dezelfde wijze als de hypergeometrische samengesteld zijn, maar bij welke de coëfficiënt van x^n in teller en noemer meer elementen bevat. Noemt men $F(x)$ de oneindige reeks, waarvan de eerste term $+1$ is, en waarvan de $n+1^{\text{ste}}$ term ontstaat door den n^{den} te vermenigvuldigen met

$$\frac{(a+n-1)(a_1+n-1)\ldots(a_k+n-1)}{n(\beta_1+n-1)\ldots(\beta_k+n-1)}\,x,$$

dan vindt men voor

$$u = a + a_1 + a_2 + \ldots + a_k - \beta_1 - \beta_2 - \ldots - \beta_k > 0,$$

$$\lim_{x=1}(1-x)^u\,F(x) = \frac{\Pi(u-1)\,\Pi(\beta_1-1)\,\Pi(\beta_2-1)\ldots\Pi(\beta_k-1)}{\Pi(a-1)\,\Pi(a_1-1)\,\Pi(a_2-1)\ldots\Pi(a_k-1)},$$

en wanneer

$$a + a_1 + a_2 + \ldots + a_k - \beta_1 - \beta_2 - \ldots - \beta_k = 0$$

is,

$$\lim_{x=1}\frac{F(x)}{\log\left(\dfrac{1}{1-x}\right)} = \frac{\Pi(\beta_1-1)\,\Pi(\beta_2-1)\ldots\Pi(a_k-1)}{\Pi(a-1)\,\Pi(a_1-1)\ldots\Pi(\beta_k-1)}.$$

4. Neemt men in het theorema van art. 2 voor de functie $\psi(x)$ in het bijzonder

$$\psi(x) = \frac{1}{1-x} = 1 + x + x^2 + \ldots,$$

zoodat

$$a_0 = a_1 = a_2 = \ldots = a_n = 1,$$

dan volgt dus

$$\lim_{x=1}(1-x)\,\{s_0 + s_1 x + s_2 x^2 + \ldots\} = M,$$

$$\lim_{n=\infty} s_n = M.$$

Het theorema, in art. 1 vermeld, is blijkbaar algemeener, want wanneer $\lim_{n=\infty} s_n = M$ is, zoo ziet men gemakkelijk, dat hieruit volgt

$$\lim_{n=\infty}\frac{s_0 + s_1 + \ldots + s_{n-1}}{n} = M,$$

terwijl men uit dit laatste niet omgekeerd tot $\lim_{n=\infty} s_n = M$ kan besluiten

Deze omstandigheid gaf aanleiding om te onderzoeken, of nog niet bij andere onderstellingen omtrent de functie $\psi(x)$ in het theorema van art. 2 de voorwaarde $\lim_{n=\omega} s_n = M$ vervangen kan worden door de ruimere

$$\lim_{n=\infty}\frac{s_0 + s_1 + \ldots + s_{n-1}}{n} = M;$$

en het bleek, dat dit werkelijk het geval is voor

$$\psi(x) = (1-x)^{-u} = 1 + \frac{u}{1}x + \frac{u(u+1)}{1.2}x^2 + \cdots,$$

$$(u > 0)$$

en voor

$$\psi(x) = \log\left(\frac{1}{1-x}\right) = x + \tfrac{1}{2}x^2 + \tfrac{1}{3}x^3 + \cdots$$

Het bewijs zal hier alleen voor $\psi(x) = (1-x)^{-u}$ gevoerd worden, daar het bewijs voor

$$\psi(x) = \log\left(\frac{1}{1-x}\right)$$

hierna geen bezwaar zal opleveren.

Uit de onderstelling, dat

$$\lim_{n=\infty} \frac{s_0 + s_1 + \cdots + s_{n-1}}{n} = M,$$

volgt, dat hoe klein een positief getal ε ook gegeven zij, het altijd mogelijk is een geheel positief getal n zoo groot te kiezen, dat voor

$$(6) \quad\cdots\quad \frac{s_0 + s_1 + \cdots + s_{n+k-1}}{n+k} = M + \varepsilon_k,$$

$$(k = 0, 1, 2, 3, \ldots)$$

de getallen $\varepsilon_0, \varepsilon_1, \varepsilon_2, \ldots$ alle, volstrekt genomen, kleiner dan ε zijn.

Zij nu verder

$$(7) \begin{cases} P = s_0 + \dfrac{u}{1}s_1 x + \dfrac{u(u+1)}{1.2}s_2 x^2 + \cdots + \dfrac{u(u+1)\ldots(u+n-2)}{1.2.3\ldots(n-1)}s_{n-1}x^{n-1}, \\[2mm] Q = 1 + \dfrac{u}{1}x + \dfrac{u(u+1)}{1.2}x^2 + \cdots + \dfrac{u(u+1)\ldots(u+n-2)}{1.2.3\ldots(n-1)}x^{n-1}; \end{cases}$$

terwijl ik er aan herinner, dat

$$f(x) = s_0 + \frac{u}{1}s_1 x + \frac{u(u+1)}{1.2}s_2 x^2 + \cdots,$$

$$\psi(x) = 1 + \frac{u}{1}x + \frac{u(u+1)}{1.2}x^2 + \cdots = (1-x)^{-u}$$

is.

Uit (6) volgt voor s_{n+k} de waarde

$$(8) \quad\cdots\quad s_{n+k} = M + (n+k+1)\varepsilon_{k+1} - (n+k)\varepsilon_k,$$

$$(k = 0. 1, 2, 3, \ldots)$$

waaruit gemakkelijk op te maken valt, dat de reeks $f(x)$ voor $0 < x < 1$

convergeert. Met behulp van (7) en (8) kan men nu $f(x)$ aldus voor-stellen.

$$(9) \quad \begin{cases} f(x) = \mathrm{P} + \mathrm{M}\{(1-x)^{-u} - \mathrm{Q}\} - n(u)_n \varepsilon_0 x^n + \mathrm{R} + \mathrm{S}, \\[2mm] \mathrm{R} = u(1-x) \sum_{k=1}^{k=\infty} (u+1)_{n+k-1} \varepsilon_k x^{n+k-1}, \\[2mm] \mathrm{S} = (1-u) \sum_{k=1}^{k=\infty} (u)_{n+k-1} \varepsilon_k x^{n+k-1}. \end{cases}$$

Hierin is ter bekorting door $(u)_p$ de coëfficient van x^p in de ont-wikkeling van $(1-x)^{-u}$ aangeduid, dus

$$(u)_p = \frac{u(u+1)\ldots(u+p-1)}{1\,.\,2\,.\,3\ldots p}.$$

Daar $\varepsilon_1, \varepsilon_2, \ldots$ alle, volstrekt genomen, kleiner dan ε zijn, zoo is de volstrekte waarde van R kleiner dan

$$\varepsilon u(1-x) \sum_{k=1}^{k=\infty} (u+1)_{n+k-1} x^{n+k-1},$$

en evenzoo de volstrekte waarde van S kleiner dan

$$\pm \varepsilon(1-u) \sum_{k=1}^{k=\infty} (u)_{n+k-1} x^{n+k-1}.$$

A fortiori zijn dus de volstrekte waarden van R en S respectievelijk kleiner dan

$$\varepsilon u(1-x) \sum_{k=0}^{k=\infty} (u+1)_k x^k = \varepsilon u(1-x)^{-u}$$

en

$$\pm \varepsilon(1-u) \sum_{k=0}^{k=\infty} (u)_k x^k = \pm \varepsilon(1-u)(1-x)^{-u}.$$

Stelt men dus

$$(10) \quad \ldots \ldots \ldots u + \text{v. w. } (1-u) = t,$$

dan is de volstrekte waarde van R + S kleiner dan

$$\varepsilon t(1-x)^{-u},$$

dus is

$$\mathrm{R} + \mathrm{S} = \varepsilon y t(1-x)^{-u},$$

waarin y eene positieve of negatieve echte breuk is.

Uit (9) volgt dus nu, door vermenigvuldiging met $(1-x)^u$,

(11) . $(1-x)^u f(x) = M + \{P - MQ - n(u)_n \varepsilon_0 x^n\} (1-x)^u + \varepsilon y t.$

De functie $P - MQ - n(u)_n \varepsilon_0 x^n$ is geheel rationaal in x, en neemt voor $x = 1$ noodzakelijk eene eindige waarde aan, zoodat

$$\{P - MQ - n(u)_n \varepsilon_0 x^n\} (1-x)^u,$$

daar u positief is, stellig tot nul convergeert, wanneer x, steeds toenemend, onbepaald tot de eenheid nadert. Men kan dus, hoe klein eene positieve grootheid δ ook gegeven is, altijd een positief getal a bepalen zoodanig, dat voor alle waarden van x gegeven door $1 - a \leqq x < 1$ de volstrekte waarde van

$$\{P - MQ - n(u)_n \varepsilon_0 x^n\} (1-x)^u$$

kleiner dan δ is.

Het valt nu uit (11) gemakkelijk op te maken, dat werkelijk $(1-x)^u f(x)$, bij onbeperkte nadering van x tot 1, tot de limiet M convergeert, m. a. w. dat, hoe klein β ook gegeven is, men a altijd zoo kan bepalen, dat voor alle waarden van x voldoende aan $1 - a \leqq x < 1$ de waarde van $(1-x)^u f(x)$ minder van M verschilt dan β. Inderdaad, men neme twee positieve getallen δ en ε zoodanig, dat

$$\beta = \delta + t\varepsilon.$$

Bij de waarde van ε bepale men nu n zóó, dat de waarden van $\varepsilon_0, \varepsilon_1, \varepsilon_2, \ldots$ in (6) allen volstrekt kleiner dan ε uitvallen. Nadat aldus n, en daarmee ook P en Q, bekend zijn, bepale men nu a door de voorwaarde, dat, wanneer x niet meer dan a van 1 verschilt,

$$\{P - MQ - n(u)_n \varepsilon_0 x^n\} (1-x)^u$$

volstrekt kleiner dan δ is. Volgens (11) ligt dan voor deze waarden van x het product $(1-x)^u f(x)$ tusschen de grenzen $M + \delta + t\varepsilon$ en $M - \delta - t\varepsilon$, d.i. tusschen $M + \beta$ en $M - \beta$.

VI.

(Amsterdam, Nieuw Arch Wisk., IX, 1882, 98—106.)

(traduction)

A propos de quelques théorèmes concernant les séries infinies.

1. Dans le 89ième tome du Journal für die reine und angewandte Mathematik, p 242—244, M. G. Frobenius publie dans un court article Ueber die Leibnizsche Reihe un théorème auquel il donne finalement la forme suivante:

„Si s_n est une fonction de n et que l'expression

$$\frac{s_0 + s_1 + \ldots + s_{n-1}}{n}$$

tend vers une limite déterminée et finie lorsque n augmente, l'expression

$$(1 - x)(s_0 + s_1 x + s_2 x^2 + s_3 x^3 + \ldots)$$

tend vers la même limite lorsque la valeur de x tend vers l'unité en croissant continuellement."

Ce théorème montre une certaine analogie avec un autre théorème qui m'était connue depuis longtemps et dont la vérité, à ce qu'il me paraît, s'impose pour peu qu'on y réfléchisse; pour cette raison je m'étais abstenu autrefois d'en chercher une démonstration achevée et rigoureuse Cependant, l'article de M. Frobenius me fournit maintenant l'occasion de développer quelque peu mes idées à ce sujet et d'y ajouter quelques remarques qui font voir qu'on peut dire géné·ralement, que lorsque $u > 0$, les expressions

$$(1 - x)^u \left[s_0 + \frac{u}{1} s_1 x + \frac{u(u+1)}{1 \cdot 2} s_2 x^2 + \frac{u(u+1)(u+2)}{1 \cdot 2 \cdot 3} s_0 x^3 \ldots \right],$$

et

$$\frac{s_1 x + \frac{1}{2} s_2 x^2 + \frac{1}{3} s_3 x^3 + \frac{1}{4} s_4 x^4 + \ldots}{\log \left(\frac{1}{1-x} \right)},$$

lorsque x tend vers l'unité en augmentant continuellement, tendent vers la même limite que l'expression

$$\frac{s_0 + s_1 + \ldots + s_{n-1}}{n} \text{ pour } n = \infty.$$

Il me semble que la forme de la démonstration de Frobenius ne laisse rien à désirer; c'est pourquoi je n'ai pas hésité de le suivre entièrement sous ce rapport.

2. Le théorème dont je parlais est le suivant. Supposons que les grandeurs $a_0, a_1, a_2 \ldots$ soient toutes positives ou du moins pas négatives et que la série

$$\psi(x) = a_0 + a_1 x + a_2 x^2 + \ldots$$

converge pour toutes les valeurs de x, telles que $0 < x < 1$, tandis qu'elle diverge pour $x = 1$.

On en conclut aisément que la valeur de $\psi(x)$ augmente au-delà de toute limite lorsque x tend vers 1 en croissant. Et si

$$s_0, \ s_1, \ s_2, \ldots,$$

représentent une série illimitée de nombres convergeant vers une limite M [1]), il est évident que la série

$$f(x) = a_0 s_0 + a_1 s_1 x + a_2 s_2 x^2 + \ldots$$

converge elle-aussi pour toutes les valeurs de x, telles que $0 < x < 1$.

Or dans ces hypothèses la propriété qu'il s'agit de démontrer consiste en ce que l'expression

$$\frac{f(x)}{\psi(x)}$$

tend vers la limite M, lorsque x tend vers l'unité en augmentant continuellement.

L'hypothèse faite à-propos de la série de nombres

$$s_0, \ s_1, \ s_2, \ldots$$

a le sens suivant: Si ε est un nombre positif donné, il est toujours possible, quelque petit que soit ε, de choisir un entier fini n tel que lorsqu'on pose

---

[1]) Cette limite M est supposée finie, cela va sans dire. On dit quelquefois que des grandeurs formant une série et qui finissent par croître au-delà de toute limite, convergent vers la limite ∞; mais cette manière de s'exprimer me semble en général peu recommandable.

$$(1) \quad \ldots \ldots \ldots \ldots \quad s_{n+k} = M + \varepsilon_k,$$
$$(k = 0, 1, 2, 3, \ldots)$$

les nombres

$$\varepsilon_0, \ \varepsilon_1, \ \varepsilon_2, \ \ldots$$

sont tous inférieurs à ε en valeur absolue.

Posons

$$(2) \quad \cdots \quad \begin{cases} P = a_0 s_0 + a_1 s_1 x + a_2 s_2 x^2 + \ldots + a_{n-1} s_{n-1} x^{n-1}, \\ Q = a_0 + a_1 x + a_2 x^2 + \ldots \ldots + a_{n-1} x^{n-1}. \end{cases}$$

On a alors, en faisant usage de l'équation (1),

$$f(x) = P + a_n x^n (M + \varepsilon_0) + a_{n+1} x^{n+1} (M + \varepsilon_1) + a_{n+2} x^{n+2} (M + \varepsilon_2) + \ldots$$

Il s'ensuit que $f(x)$ a une valeur intermédiaire entre

$$P + (M + \varepsilon) [\psi(x) - Q]$$

et

$$P + (M - \varepsilon) [\psi(x) - Q],$$

d'où l'on conclut que $\dfrac{f(x)}{\psi(x)}$ a une valeur intermédiaire entre

$$M + \varepsilon + \frac{P - Q(M + \varepsilon)}{\psi(x)}$$

et

$$M - \varepsilon + \frac{P - Q(M - \varepsilon)}{\psi(x)}.$$

Or, lorsque x tend vers 1, P et Q tendent vers certaines limites finies, tandis que $\psi(x)$, d'après notre hypothèse, augmente au-delà de toute limite. Il sera donc possible de prendre pour x une valeur inférieure à 1 et si peu différente de 1 qu'en valeur absolue les expressions

$$\frac{P - Q(M + \varepsilon)}{\psi(x)} \quad \text{et} \quad \frac{P - Q(M - \varepsilon)}{\psi(x)}$$

deviennent plus petites qu'un nombre positif δ arbitrairement choisi et qu'elles restent plus petites que δ lorsque la valeur de x s'approche encore davantage de l'unité.

Le théorème qu'il s'agit de démontrer est le suivant. Quelque petit que soit un nombre donné positif β, on pourra toujours determiner un nombre positif a de telle manière que pour toutes les valeurs de x vérifiant la condition $1 - a \leqq x < 1$ la différence $\dfrac{f(x)}{\psi(x)} - M$ devient plus petite que β en valeur absolue.

En effet, il est possible de déterminer a de cette manière. Divisez β en une somme de deux nombres positifs $\beta = \delta + \varepsilon$. Cherchez ensuite comme plus haut une valeur de n qui correspond à celle de ε, c. à d. prenez n de grandeur telle que lorsqu'on pose $s_{n+k} = M + \varepsilon_k$ les nombres ε_0, ε_1, ε_2, ... deviennent tous inférieurs à ε en valeur absolue. Connaissant donc n et partant P et Q, déterminez a par la condition d'après laquelle les expressions

$$\frac{P - Q(M + \varepsilon)}{\psi(x)} \text{ et } \frac{P - Q(M - \varepsilon)}{\psi(x)}$$

restent inférieures à δ en valeur absolue pour toutes les valeurs de x pour lesquelles $1 - a \leqq x < 1$.

D'après ce qui précède l'expression

$$\frac{f(x)}{\psi(x)}$$

a alors, pour ces valeurs de x, une valeur comprise entre $M + \varepsilon + \delta$ et $M - \varepsilon - \delta$, c. à. d. entre $M + \beta$ et $M - \beta$.

Il est évident que l'hypothèse d'après laquelle $\psi(x)$ et $f(x)$ sont des séries ordonnées suivant les puissances entières ascendantes de x ne joue à vrai dire aucun rôle dans la démonstration donnée Le résultat peut donc aisément être énoncé sous une forme plus générale. Il faut cependant remarquer à ce propos que notre raisonnement exige absolument que s_n, s_{n+1}, s_{n+2}, ... ne dépendent pas de la variable x, de sorte que la détermination de n est complètement indépendante des valeurs particulières qu'on juge bon d'attribuer plus tard à x.

3. Pour faire voir l'utilité du théorème démontré nous pouvons l'appliquer à la série hypergéométrique

$$F(a, \beta, \gamma, x) = 1 + \frac{a \cdot \beta}{1 \cdot \gamma} x + \frac{a(a+1)\beta(\beta+1)}{1 \cdot 2 \cdot \gamma(\gamma+1)} x^2 + \cdots$$

où il ne faut considérer que les cas où cette série diverge pour $x = 1$.

Commençons par rappeler les propriétés suivantes empruntées à Gauss, Disq. gen. circa etc. Oeuvres, III, p. 125 et p. 207:

1) A partir d'un certain terme les termes de la série $F(\alpha, \beta, \gamma, 1)$ ne changent plus de signe et augmentent ou diminuent continuellement.

2) Les termes augmentent au-delà de toute limite, lorsque l'expression $\alpha + \beta + \gamma - 1$ est positive.

3) Les termes tendent vers une limite finie différente de 0, lorsque $\alpha + \beta - \gamma - 1 = 0$.

4) Les termes tendent vers zéro, lorsque l'expression $\alpha + \beta - \gamma - 1$ est négative.

5) La série converge pour $x = 1$, lorsque $\alpha + \beta - \gamma < 0$; elle diverge, lorsque $\alpha + \beta - \gamma \geqq 0$.

D'après 3) l'expression

$$\frac{\alpha (\alpha + 1) \ldots (\alpha + n - 1) \beta (\beta + 1) \ldots (\beta + n - 1)}{1 \cdot 2 \cdot 3 \ldots n \ldots \gamma (\gamma + 1) \ldots (\gamma + n - 1)},$$

où $\alpha + \beta - \gamma - 1 = 0$, tend pour $n = \infty$ vers une limite finie.

Cette limite est

$$\frac{\Pi (\gamma - 1)}{\Pi (\alpha - 1) \Pi (\beta - 1)}.$$

On trouve un peu plus généralement

$$(3) \quad \lim_{n = \infty} \frac{\alpha (\alpha + 1) \ldots (\alpha + n - 1) \beta (\beta + 1) \ldots (\beta + n - 1)}{u (u + 1) \ldots (u + n - 1) \gamma (\gamma + 1) \ldots (\gamma + n - 1)} = \frac{\Pi (u - 1) \Pi (\gamma - 1)}{\Pi (\alpha - 1) \Pi (\beta - 1)},$$

lorsque $\alpha + \beta - \gamma - u = 0$.

C'est ce qui ressort immédiatement de la définition

$$\Pi (z) = \lim_{n = \infty} \frac{1 \cdot 2 \cdot 3 \ldots n}{(z + 1) (z + 2) \ldots (z + n)} n^z.$$

Comme nous ne considérons ici que les cas où la série diverge pour $x = 1$, il faut supposer d'après 5) $\alpha + \beta - \gamma \geqq 0$. Les deux cas $\alpha + \beta - \gamma > 0$ et $\alpha + \beta - \gamma = 0$ doivent être traités séparément.

I. $\qquad\qquad \alpha + \beta - \gamma > 0.$

On sait alors que la grandeur $u = \alpha + \beta - \gamma$ est positive.

Si dans le théorème général on prend

$$s_0 = 1, \quad s_n = \frac{\alpha (\alpha + 1) \ldots (\alpha + n - 1) \beta (\beta + 1) \ldots (\beta + n - 1)}{u (u + 1) \ldots (u + n - 1) \gamma (\gamma + 1) \ldots (\gamma + n - 1)}$$

$$a_0 = 1, \quad a_n = \frac{u (u + 1) \ldots (u + n - 1)}{1 \cdot 2 \cdot 3 \ldots n},$$

on trouve

$$\psi\,(x) = a_0 + a_1\,x + a_2\,x^2 + \ldots = (1-x)^{-u}$$
$$f(x) = a_0\,s_0 + a_1\,s_1\,x + a_2\,s_2\,x^2 + \ldots = F\,(\alpha,\,\beta,\,\gamma,\,x),$$

et d'après (3)

$$\lim_{n=\infty} s_n = M = \frac{\Pi\,(u-1)\,\Pi\,(\gamma-1)}{\Pi\,(\alpha-1)\,\Pi\,(\beta-1)},$$

de sorte qu'on obtient immédiatement

(4) . . $$\lim_{x=1} (1-x)^{\alpha+\beta-\gamma}\,F\,(\alpha,\,\beta,\,\gamma,\,x) = \frac{\Pi\,(\alpha+\beta-\gamma-1)\,\Pi\,(\gamma-1)}{\Pi\,(\alpha-1)\,\Pi\,(\beta-1)}.$$

II. $$\alpha + \beta - \gamma = 0.$$

Si l'on pose, pour traiter ce cas,

$$s_0 = \frac{1}{\alpha}, \quad s_n = \frac{(\alpha+1)(\alpha+2)\ldots(\alpha+n)\,\beta\,(\beta+1)\ldots(\beta+n-1)}{1.2.3\ldots n.\gamma\,(\gamma+1)\ldots(\gamma+n-1)} \times \frac{n+1}{\alpha+n},$$

$$a_0 = \alpha, \quad a_n = \frac{\alpha}{n+1},$$

il en résulte

$$\psi\,(x) = \alpha + \frac{1}{2}\,\alpha\,x + \frac{1}{3}\,\alpha\,x^2 + \ldots = \frac{\alpha}{x}\,\log\left(\frac{1}{1-x}\right),$$

$$\lim_{n=\infty} s_n = \frac{\Pi\,(\gamma-1)}{\Pi\,(\alpha)\,\Pi\,(\beta-1)} = \frac{\Pi\,(\alpha+\beta-1)}{\alpha\,\Pi\,(\alpha-1)\,\Pi\,(\beta-1)}.$$

Et après une petite réduction on obtient

(5) . . . . $$\lim_{x=1} \frac{F\,(\alpha,\,\beta,\,\alpha+\beta,\,x)}{\log\left(\dfrac{1}{1-x}\right)} = \frac{\Pi\,(\alpha+\beta-1)}{\Pi\,(\alpha-1)\,\Pi\,(\beta-1)}.$$

Il est presque superflu de dire que les propriétés exprimées par (4) et (5) peuvent aussi être déduites immédiatement de la théorie de la transformation de la fonction F. La formule (4) s'accorde avec les formules [82], p. 209 et [48], p. 147 des Oeuvres de Gauss, Tome III, tandis que la formule (5) est une conséquence immédiate de la formule [28], p. 217.

On peut appliquer une méthode identique aux séries composées de la même manière que la série hypergéométrique, mais dans lesquelles le coefficient de x^n contient un plus grand nombre d'éléments dans le numérateur aussi bien que dans le dénominateur. Si l'on appelle $F\,(x)$ la série infinie dont le premier terme est égal à 1 et dont on obtient le $(n+1)^{\text{ième}}$ terme en multipliant le $n^{\text{ième}}$ par

$$\frac{(a + n - 1)(a_1 + n - 1)\ldots(a_k + n - 1)}{n(\beta_1 + n - 1)\ldots(\beta_k + n - 1)}\,x,$$

on trouve pour

$$u = a + a_1 + a_2 + \ldots + a_k - \beta_1 - \beta_2 - \ldots - \beta_k > 0$$

$$\lim_{x=1}(1-x)^u\,F(x) = \frac{\Pi(u-1)\,\Pi(\beta_1-1)\,\Pi(\beta_2-1)\ldots\Pi(\beta_k-1)}{\Pi(a-1)\,\Pi(a_1-1)\,\Pi(a_2-1)\ldots\Pi(a_k-1)},$$

et pour

$$a + a_1 + a_2 + \ldots + a_k - \beta_1 - \beta_2 - \ldots - \beta_k = 0$$

$$\lim_{x=1}\frac{F(x)}{\log\left(\dfrac{1}{1-x}\right)} = \frac{\Pi(\beta_1-1)\,\Pi(\beta_2-1)\ldots\Pi(\beta_k-1)}{\Pi(a-1)\,\Pi(a_1-1)\ldots\Pi(a_k-1)}.$$

4. Si dans le théorème du n° 2 on donne à $\psi(x)$ la forme spéciale

$$\psi(x) = \frac{1}{1-x} = 1 + x + x^2 + \ldots,$$

de sorte que

$$a_0 = a_1 = a_2 = \ldots = a_n = 1,$$

il s'ensuit que

$$\lim_{x=1}(1-x)\{s_0 + s_1 x + s_2 x^2 + \ldots\} = M,$$

$$\lim_{n=\infty}s_n = M.$$

Le théorème énoncé au n° 1 est évidemment plus général, car pour $\lim_{n=\infty}s_n = M$ on peut en tirer, comme cela se voit aisément,

$$\lim_{n=\infty}\frac{s_0 + s_1 + \ldots + s_{n-1}}{n} = M,$$

tandis qu'il n'est pas possible de tirer réciproquement de cette dernière équation la formule $\lim_{n=\infty}s_n = M$.

Cette circonstance m'induisit à examiner si d'autres hypothèses encore concernant la fonction $\psi(x)$ permettent de remplacer dans le théorème du n° 2 l'équation $\lim_{n=\infty}s_n = M$ par l'équation plus générale

$$\lim_{n=\infty}\frac{s_0 + s_1 + \ldots + s_{n-1}}{n} = M.$$

Je découvris qu'il en est réellement ainsi: on peut prendre

$$\psi(x) = (1-x)^{-u} = 1 + \frac{u}{1}x + \frac{u(u+1)}{1.2}x^2 + \cdots,$$
$$(u > 0)$$

et

$$\psi(x) = \log\left(\frac{1}{1-x}\right) = x + \tfrac{1}{2}x^2 + \tfrac{1}{3}x^3 + \cdots$$

Je ne donnerai la démonstration que pour $\psi(x) = (1-x)^{-u}$ attendu que la démonstration pour

$$\psi(x) = \log\left(\frac{1}{1-x}\right)$$

n'offre ensuite aucune difficulté.

De l'hypothèse

$$\lim_{n=\infty} \frac{s_0 + s_1 + \cdots + s_{n-1}}{n} = M,$$

on déduit qu'il est toujours possible, quelque petit que soit un nombre positif donné ε, de prendre un nombre entier positif n tel que pour

$$(6) \quad\cdots\cdots \quad \frac{s_0 + s_1 + \cdots + s_{n+k-1}}{n+k} = M + \varepsilon_k,$$
$$(k = 0, 1, 2, 3, \ ..)$$

les nombres $\varepsilon_0, \varepsilon_1, \varepsilon_2, \ldots$ deviennent tous inférieurs à ε en valeur absolue.

Posons ensuite

$$(7) \quad \begin{cases} P = s_0 + \dfrac{u}{1}s_1 x + \dfrac{u(u+1)}{1.2}s_2 x^2 + \cdots + \dfrac{u(u+1)\ldots(u+n-2)}{1.2.3\ldots(n-1)}s_{n-1}x^{n-1} \\[2mm] Q = 1 + \dfrac{u}{1}x + \dfrac{u(u+1)}{1.2}x^2 + \cdots + \dfrac{u(u+1)\ldots(u+n-2)}{1.2.3\ldots(n-1)}x^{n-1}; \end{cases}$$

je puis rappeler qu'on a

$$f(x) = s_0 + \frac{u}{1}s_1 x + \frac{u(u+1)}{1.2}s_2 x^2 + \cdots,$$

$$\psi(x) = 1 + \frac{u}{1}x + \frac{u(u+1)}{1.2}x^2 + \cdots = (1-x)^{-u}.$$

L'équation (6) donne pour s_{n+k} la valeur

$$(8) \quad\cdots\cdots \quad s_{n+k} = M + (n+k+1)\varepsilon_{k+1} - (n+k)\varepsilon_k,$$
$$(k = 0, 1, 2, 3, \ldots)$$

d'où l'on conclut aisément que la série $f(x)$ converge lorsque $0 < x < 1$.

A l'aide des équations (7) et (8) on peut maintenant donner à $f(x)$ la forme suivante:

$$(9) \quad \begin{cases} f(x) = \mathrm{P} + \mathrm{M}\,[(1-x)^{-u} - \mathrm{Q}] - n(u)_n \varepsilon_0 x^n + \mathrm{R} + \mathrm{S}, \\[2mm] \mathrm{R} = u\,(1-x) \sum_{k=1}^{k=\infty} (u+1)_{n+k-1}\, \varepsilon_k\, x^{n+k-1}, \\[2mm] \mathrm{S} = (1-u) \sum_{k=1}^{k=\infty} (u)_{n+k-1}\, \varepsilon_k\, x^{n+k-1}. \end{cases}$$

Pour plus de brièveté on a appelé ici $(u)_p$ le coefficient de x^p dans le développement de $(1-x)^{-u}$, c. à. d, on a pris

$$(u)_p = \frac{u\,(u+1)\ldots(u+p-1)}{1.2.3\ldots p}.$$

Attendu que les grandeurs $\varepsilon_1,\ \varepsilon_2,\ \ldots$ sont toutes en valeur absolue inférieures à ε, la valeur absolue de R est inférieure à

$$\varepsilon\, u\,(1-x) \sum_{k=1}^{k=\infty} (u+1)_{n+k-1}\, x^{n+k-1},$$

et de même la valeur absolue de S est inférieure à

$$\pm\, \varepsilon\,(1-u) \sum_{k=1}^{k=\infty} (u)_{n+k-1}\, x^{n+k-1}.$$

A plus forte raison les expressions R et S sont donc, en valeur absolue, inférieures à

$$\varepsilon\, u\,(1-x) \sum_{k=0}^{k=\infty} (u+1)_k\, x^k = \varepsilon\, u\,(1-x)^{-u}$$

et

$$\pm\, \varepsilon\,(1-u) \sum_{k=0}^{k=\infty} (u)_k\, x^k = \pm\, \varepsilon\,(1-u)\,(1-x)^{-u}$$

respectivement.

Si l'on pose donc

$$(10) \quad \ldots\ldots\ldots\ldots\ u + \text{v. a.}\,(1-u) = t,$$

la valeur absolue de R + S sera inférieure à

$$\varepsilon\, t\,(1-x)^{-u}.$$

Par conséquent

$$\mathrm{R} + \mathrm{S} = \varepsilon\, y\, t\,(1-x)^{-u},$$

où y représente une fraction positive ou négative inférieure à l'unité

L'équation (9) donne maintenant, après multiplication par $(1-x)^u$,

(11) . $(1-x)^u f(x) = M + \{P - MQ - n(u)_n \varepsilon_0 x^n\}(1-x)^u + \varepsilon y t.$

La fonction $P - MQ - n(u)_n \varepsilon_0 x^n$ est rationnelle en x et prend nécessairement une valeur finie pour $x=1$, de sorte que l'expression

$$\{P - MQ - n(u)_n \varepsilon_0 x^n\}(1-x)^u,$$

attendu que u a une valeur positive, tend certainement vers zéro, lorsque x se rapproche indéfiniment de l'unité en augmentant continuellement.

On peut donc toujours, quelque petite que soit une grandeur positive donnée δ, déterminer un nombre positif a de telle manière que pour toutes les valeurs de x satisfaisant à $1-a \leqq x < 1$, la valeur de l'expression

$$\{P - MQ - n(u)_n \varepsilon_0 x^n\}(1-x)^u$$

devienne inférieure à δ en valeur absolue.

Or, on déduit aisément de l'equation (11) que l'expression $(1-x)^u f(x)$, tend réellement vers la limite M, lorsque x se rapproche indéfiniment de l'unité, en d'autres termes qu'on peut toujours, quelque petite que soit une grandeur donnée β, déterminer a de telle manière que pour toutes les valeurs de la variable satisfaisant à $1-a \leqq x < 1$ la différence entre la valeur de $(1-x)^u f(x)$ et M devient inférieure à β.

En effet, prenez deux nombres positifs δ et ε tels que

$$\beta = \delta + t\,\varepsilon.$$

Déterminez ensuite le nombre n de telle manière que dans l'équation (6) les valeurs de $\varepsilon_0, \varepsilon_1, \varepsilon_2, \ldots$ deviennent toutes, en grandeur absolue, inférieures à celle de ε. Le nombre n et partant P et Q étant ainsi connus, prenez un nombre a tel que si la différence entre x et l'unité n'est pas supérieure à a, l'expression

$$\{P - MQ - n(u)_n \varepsilon_0 x^n\}(1-x)^u,$$

devient inférieure à δ en valeur absolue. D'après l'équation (11) la fonction $(1-x)^u f(x)$, pour ces valeurs-là de x, est alors située entre les limites $M + \delta + t\varepsilon$ et $M - \delta - t\varepsilon$, c. à. d. entre $M + \beta$ et $M - \beta$.

VII.

(Amsterdam, Nieuw Arch. Wisk., 9, 1882, 111—116.)

Over de transformatie van de periodieke functie
$A_0 + A_1 \cos \varphi + B_1 \sin \varphi + \ldots + A_n \cos n \varphi + B_n \sin n \varphi$.

Het groote nut, dat men in veel gevallen kan trekken uit de ontbinding in factoren van eene uitdrukking van bovengenoemden vorm, schijnt mij de volgende eenvoudige ontwikkeling van hetgeen hierop betrekking heeft te wettigen.

Voor het geval, dat $n = 2$ is, en de uitdrukking voor geen waarde van φ gelijk aan 0 wordt, heeft men deze ontbinding in factoren bij de ontwikkeling der storingsfunctie sedert lang toegepast, en in art. 54 van de Auseinandersetzung einer zweckmässigen Methode zur Berechnung der absoluten Störungen der kleinen Planeten, erste Abhandlung, zegt Hansen in eene noot: Die allgemeine Theorie der Auflösung des Polynomen

$$X = \gamma_0 + \gamma_1 \cos x + \gamma_2 \cos 2 x + \gamma_3 \cos 3 x + \ldots$$
$$+ \sin x \cdot \{\beta_0 + \beta_1 \cos x + \beta_2 \cos 2 x + \ldots\}$$

in Factoren habe ich in meiner Pariser Preisschrift vollständig entwickelt. Ik heb van de hier aangevoerde Mémoire, sur les perturbations qu'éprouvent les comètes, geen inzage kunnen nemen, en de vorm waarin Hansen de vraag stelt, zou misschien kunnen doen vermoeden, dat de daar gegeven behandeling eenigszins afwijkt van de volgende.

Overigens wil het volgende niets anders zijn dan eene beknopte samenstelling van de formules, die voor de besproken herleiding noodig zijn.

Omtrent de reëele coëfficiënten A_k, B_k, in de uitdrukking

$$A_0 + A_1 \cos \varphi + A_2 \cos 2\varphi + \ldots + A_n \cos n\varphi +$$
$$+ B_1 \sin \varphi + B_2 \sin 2\varphi + \ldots + B_n \sin n\varphi$$

zal alleen ondersteld worden, dat A_n en B_n niet beide gelijktijdig nul zijn, wat blijkbaar geen schade aan de algemeenheid doet. Ter bekorting zal bovenstaande uitdrukking door $F(\varphi)$ aangeduid worden; zij verder

$$e^{\varphi i} = \cos \varphi + i \sin \varphi = z,$$

dus

$$e^{-\varphi i} = \cos \varphi - i \sin \varphi = z^{-1},$$

dan is

$$2 F(\varphi) = 2 A_0 + A_1 (z + z^{-1}) + A_2 (z^2 + z^{-2}) + \ldots + A_n (z^n + z^{-n}) -$$
$$- B_1 i (z - z^{-1}) - B_2 i (z^2 - z^{-2}) - \ldots - B_n i (z^n - z^{-n}),$$

of wel

$$2 z^n F(\varphi) = G(z),$$

wanneer gesteld wordt

$$G(z) = (A_n - B_n i) z^{2n} + (A_{n-1} - B_{n-1} i) z^{2n-1} + \ldots + (A_1 - B_1 i) z^{n+1} + 2 A_0 z^n +$$
$$+ (A_1 + B_1 i) z^{n-1} + (A_2 + B_2 i) z^{n-2} + \ldots + (A_n + B_n i).$$

De gebroken functie $\frac{1}{2} z^{-n} G(z)$ neemt dus voor $z = e^{\varphi i}$, d. w. z. voor waarden van z met den modulus 1, de waarde $F(\varphi)$ aan. De geheele functie van den $2n^{\text{den}}$ graad $G(z)$ heeft nu blijkbaar deze eigenschap, dat

$$z^{2n} G\left(\frac{1}{z}\right)$$

toegevoegd is met $G(z)$, en dit heeft eene bijzondere eigenschap van de wortels der vergelijking $G(z) = 0$ ten gevolge. Zij namelijk

$$G(z) = (A_n - B_n i)(z - p_1 e^{q_1 i})(z - p_2 e^{q_2 i}) \ldots (z - p_{2n} e^{q_{2n} i}),$$

dan moet de uitdrukking rechts onveranderd blijven, wanneer men z door $\frac{1}{z}$ vervangt, vervolgens met z^{2n} vermenigvuldigt en eindelijk i en $-i$ verandert; dus heeft men

$$G(z) = (A_n + B_n i)(1 - p_1 e^{-q_1 i} z)(1 - p_2 e^{-q_2 i} z) \ldots (1 - p_{2n} e^{-q_{2n} i} z).$$

Volgens de eerste ontbinding zijn de gezamenlijke wortels van de vergelijking $G(z) = 0$, elk dezer wortels zooveel maal neergeschreven als door den graad van veelvoudigheid wordt aangewezen,

$$p_1 e^{q_1 i}, \quad p_2 e^{q_2 i}, \ldots, p_{2n} e^{q_{2n} i},$$

en volgens de tweede ontbinding

$$\frac{1}{p_1} e^{q_1 i}, \quad \frac{1}{p_2} e^{q_2 i}, \ldots, \frac{1}{p_{2n}} e^{q_{2n} i}.$$

Daar nu deze beide groepen alleen in volgorde kunnen verschillen, zoo blijkt hieruit, dat wanneer $p_1 e^{q_1 i}$ een r-voudige wortel is, ook $\frac{1}{p_1} e^{q_1 i}$ een r-voudige wortel is.

De gezamenlijke wortels van de vergelijking $G(z) = 0$ kunnen dus in twee groepen gesplitst worden.

Vooreerst de wortels met een modulus verschillend van 1. Deze wortels kunnen voorgesteld worden door

$$r_1 e^{u_1 i}, \quad r_2 e^{u_2 i}, \ldots, r_k e^{u_k i},$$

$$\frac{1}{r_1} e^{u_1 i}, \quad \frac{1}{r_2} e^{u_2 i}, \ldots, \frac{1}{r_k} e^{u_k i},$$

waarin $r_1, r_2, \ldots, r_k$ alle kleiner dan 1 zijn.

Het geheele aantal dezer wortels is even en gelijk aan $2k$.

Ten tweede de wortels met een modulus 1. Deze mogen zijn

$$e^{v_1 i}, \quad e^{v_2 i}, \ldots, e^{v_{2l} i}.$$

Hun aantal $2l$ is evenzeer even, en men heeft

$$k + l = n.$$

Het is trouwens duidelijk, dat $v_1, v_2, \ldots, v_{2l}$ de wortels zijn van

$$F(\varphi) = 0,$$

en daar $F(\varphi)$, bij vermeerdering van φ met 2π, dezelfde waarde aanneemt, zoo valt hieruit reeds op te maken, dat het aantal dezer wortels even moet zijn.

Hierbij is nog op te merken, dat uit

$$2 z^n F(\varphi) = G(z)$$

in verband met

$$\frac{d\varphi}{dz} = -i z^{-1},$$

door differentiatie naar z volgt

$$z^{n-1} [2n F(\varphi) - 2i F'(\varphi)] = G'(z),$$

$$z^{n-2} [2n(2n-1) F(\varphi) - 2(2n-1) i F'(\varphi) + 2 F''(\varphi)] = G''(z),$$

. . . .

waaruit blijkt, dat wanneer voor zekere waarde van z

$$G(z), \quad G'(z), \quad G''(z), \quad \dots, G^{(r-1)}(z),$$

alle nul worden, en $G^{(r)}(z)$ niet nul is, voor de bijbehoorende waarde van φ ook

$$F(\varphi), \quad F'(\varphi), \quad F''(\varphi), \quad \dots, \quad F^{(r-1)}(\varphi),$$

gelijk nul zijn, en $F^{(r)}(\varphi)$ niet nul is; zoodat een r-voudige wortel van $G(z) = 0$ overeenkomt met een r-voudigen wortel van $F(\varphi) = 0$.

Wat $u_1, u_2, \dots, u_k, v_1, v_2, \dots, v_{2l}$ betreft, wegens de periodiciteit der exponentiaalfunctie kan men elk dezer waarden met een willekeurig veelvoud van 2π vermeerderen of verminderen, en ze dus alle bijv. > 0 en $< 2\pi$ onderstellen. Het is voor het volgende overigens geheel onverschillig, hoe de bepaling hierover getroffen wordt, wanneer slechts aan de eenmaal aangenomen waarden vastgehouden wordt.

Na dit alles is dus

$$G(z) = (A_n - B_n i) \times T \times U \times V,$$

$$T = (z - r_1 e^{u_1 i}) \dots (z - r_k e^{u_k i}),$$

$$U = \left(z - \frac{1}{r_1} e^{u_1 i}\right) \dots \left(z - \frac{1}{r_k} e^{u_k i}\right),$$

$$V = (z - e^{v_1 i})(z - e^{v_2 i}) \dots (z - e^{v_{2l} i});$$

en dus voor $z = e^{\varphi i}$

$$F(\varphi) = \tfrac{1}{2} e^{-n\varphi i}(A_n - B_n i) \times T \times U \times V.$$

Door nu de factoren van T, U, V respectievelijk aldus te herleiden

$$e^{\varphi i} - r_1 e^{u_1 i} = e^{u_1 i} \times (e^{(\varphi - u_1) i} - r_1),$$

$$e^{\varphi i} - \frac{1}{r_1} e^{u_1 i} = e^{\varphi i} \times \left(1 - \frac{1}{r_1} e^{-(\varphi - u_1) i}\right),$$

$$e^{\varphi i} - e^{v_1 i} = e^{\frac{1}{2}(\varphi + v_1)}(e^{\frac{1}{2}(\varphi - v_1)i} - e^{-\frac{1}{2}(\varphi - v_1)i}),$$

en vervolgens gebruik te maken van de identiteiten

$$(e^{(\varphi - u_1) i} - r_1)\left(1 - \frac{1}{r_1} e^{-(\varphi - u_1) i}\right) = -\frac{1}{r_1}[1 - 2 r_1 \cos(\varphi - u_1) + r_1^2],$$

$$e^{\frac{1}{2}(\varphi - v_1) i} - e^{-\frac{1}{2}(\varphi - v_1) i} = 2 i \sin \tfrac{1}{2}(\varphi - v_1),$$

komt er

$$F(\varphi) = C\,[1 - 2r_1 \cos(\varphi - u_1) + r_1^2] \times \ldots \times [1 - 2r_k \cos(\varphi - u_k) + r_k^2] \times$$
$$\times \sin \tfrac{1}{2}(\varphi - v_1)\, \sin\, \tfrac{1}{2}(\varphi - v_2) \ldots \sin \tfrac{1}{2}(\varphi - v_{2l}),$$

waarin

$$C = (-1)^n\, 2^{2l-1}(A_n - B_n\, i)\, e^{\frac{1}{2}(v_1 + v_2 + \ldots + v_{2l} + 2u_1 + 2u_2 + \ldots + 2u_k)i}\,(r_1\, r_2 \ldots r_k)^{-1}.$$

Bepaalt men R en a zoodanig, dat

$$A_n + B_n\, i = R\, e^{a\,i},$$

dus

$$A_n - B_n\, i = R\, e^{-a\,i}$$

is, dan volgt voor het product van alle wortels der vergelijking $G(z) = 0$ de waarde $e^{2a\,i}$, dus

$$e^{2a\,i} = e^{(v_1 + v_2 + \ldots + v_{2l} + 2u_1 + 2u_2 + \ldots + 2u_k)i},$$

of wel

$$2a + 2m\pi = v_1 + v_2 + \ldots + v_{2l} + 2u_1 + 2u_2 + \ldots + 2u_k,$$

waarin m een geheel getal is, waarvan de waarde door deze vergelijking volkomen bepaald wordt, wanneer men eenmaal de waarden van $v_1, v_2, \ldots, v_{2l},\, u_1, u_2, \ldots, u_k$ en a op bepaalde wijze aangenomen heeft.

De waarde van C wordt nu

$$(-1)^n\, 2^{2l-1}\, R\, e^{-a\,i}\, e^{a + m\pi}\,(r_1\, r_2 \ldots r_k)^{-1},$$

of

$$C = (-1)^{m+n}\, 2^{2l-1}\, R\,(r_1\, r_2 \ldots r_k)^{-1}.$$

Hier volgt ten slotte de samenstelling van alle formules:

$$F(\varphi) = A_0 + A_1 \cos \varphi + A_2 \cos 2\varphi + \ldots + A_n \cos n\varphi +$$
$$+ B_1 \sin \varphi + B_2 \sin 2\varphi + \ldots + B_n \sin n\varphi,$$

$$G(z) = (A_n - B_n\, i)\, z^{2n} + (A_{n-1} - B_{n-1}\, i)\, z^{2n-1} + \ldots + (A_1 - B_1\, i)\, z^{n+1} +$$
$$+ 2\, A_0\, z^n + (A_1 + B_1\, i)\, z^{n-1} + (A_2 + B_2\, i)\, z^{n-2} + \ldots + (A_n + B_n\, i).$$

Wortels van $G(z) = 0$:

$$r_1\, e^{u_1\,i}, \quad r_2\, e^{u_2\,i}, \quad \ldots, \quad r_k\, e^{u_k\,i},$$

$$\frac{1}{r_1}\, e^{u_1\,i}, \quad \frac{1}{r_2}\, e^{u_2\,i}, \quad \ldots, \quad \frac{1}{r_k}\, e^{u_k\,i},$$

$$e^{v_1\,i}, \qquad e^{v_2\,i}, \quad \ldots, \quad e^{v_{2l}\,i},$$

$r_1, r_2, \ldots, r_k$ kunnen alle kleiner dan 1 genomen worden;

$$A_n + B_n i = R e^{ai},$$

$$2a + 2mn = v_1 + v_2 + \ldots + v_{2l} + 2(u_1 + u_2 + \ldots + u_k),$$

$$C = (-1)^{m+n} 2^{2l-1} R (r_1 r_2 \ldots r_k)^{-1},$$

$$F(\varphi) = C \times \prod_{p=1}^{p=k} [1 - 2 r_p \cos(\varphi - u_p) + r_p^2] \times \prod_{p=1}^{p=2l} \sin \tfrac{1}{2}(\varphi - v_p).$$

Om een enkel voorbeeld te geven, zij

$$F(\varphi) = 4 - 3 \sqrt{2} \sin \varphi - 2 \sqrt{2} \cos^3 \varphi.$$

Men vindt, dat $F(\varphi)$, $F'(\varphi)$, $F''(\varphi)$ voor $\varphi = 45°$ nul worden, ter-wijl $F'''(\varphi)$ niet nul is, dus heeft men

$$v_1 = v_2 = v_3 = 45°.$$

Een vierden wortel van $F(\varphi) = 0$ vindt men door benadering; er komt

$$v_4 = 106° 35' 45''.4.$$

Nadat aldus vier wortels van de zesdemachtsvergelijking $G(z) = 0$ gevonden zijn, is het gemakkelijk de beide overige $r e^{ui}$ en $\dfrac{1}{r} e^{ui}$ te bepalen. Ik verkrijg ten slotte

$$F(\varphi) = C [1 - 2 r \cos(\varphi - u) + r^2] \sin^3 \tfrac{1}{2}(\varphi - v_1) \sin \tfrac{1}{2}(\varphi - v_4),$$

$$^{10}\log C = 1.268505,$$

$$^{10}\log r = 9.484070 - 16,$$

$$u = 239° 12' 7''.3,$$

$$v_1 = 45°,$$

$$v_4 = 106° 35' 45''.4.$$

VII.

(Amsterdam, Nieuw Arch. Wisk., 9, 1882, 111—116)

(traduction)

De la transformation de la fonction périodique

$$A_0 + A_1 \cos \varphi + B_1 \sin \varphi + \ldots + A_n \cos n\varphi + B_n \sin n\varphi.$$

La grande utilité qu'on peut retirer dans bien des cas de la décomposition en facteurs d'une expression de la forme écrite ci-dessus me semble justifier les simples considérations suivantes sur ce sujet.

Dans le cas où $n = 2$ et où cette expression ne devient nulle pour aucune valeur de φ on a depuis longtemps appliqué cette décomposition en facteurs; on s'en est servi dans le développement de la fonction perturbatrice, et dans le n°. 54 de son Auseinandersetzung einer zweckmässigen Methode zur Berechnung der absoluten Störungen der kleinen Planeten, erste Abhandlung, Hansen dit dans une note: J'ai développé complètement dans mon ouvrage couronné à Paris la théorie générale de la décomposition en facteurs du polynôme

$$X = \gamma_0 + \gamma_1 \cos x + \gamma_2 \cos 2x + \gamma_3 \cos 3x + \ldots$$
$$+ \sin x . \{\beta_0 + \beta_1 \cos x + \beta_2 \cos 2x + \ldots\}.$$

Je n'ai pas pu me procurer le Mémoire sur les perturbations qu'éprouvent les comètes, auquel l'auteur fait allusion; et la forme dans laquelle Hansen pose le problème pourrait nous amener à supposer que sa méthode diffère quelque peu de la nôtre.

Notre article n'a d'autre but que celui d'indiquer brièvement les formules nécessaires à cette décomposition.

La seule hypothèse à faire concernant les coefficients réels A_k, B_k, dans l'expression

$$A_0 + A_1 \cos \varphi + A_2 \cos 2\varphi + \ldots + A_n \cos n\varphi +$$
$$+ B_1 \sin \varphi + B_2 \sin 2\varphi + \ldots + B_n \sin n\varphi$$

est celle-ci que A_n et B_n ne s'annulent pas en même temps, ce qui ne nuit pas à la généralité.

Pour simplifier, l'expression ci-dessus sera indiquée par $F(\varphi)$. Posons en outre

$$e^{\varphi i} = \cos \varphi + i \sin \varphi = z,$$

donc

$$e^{-\varphi i} = \cos \varphi - i \sin \varphi = z^{-1},$$

nous avons alors

$$2\,F(\varphi) = 2\,A_0 + A_1\,(z + z^{-1}) + A_2\,(z^2 + z^{-2}) + \ldots + A_n\,(z^n + z^{-n}) -$$
$$- B_1\,i\,(z - z^{-1}) - B_2\,i\,(z^2 - z^{-2}) - \ldots - B_n\,i\,(z^n - z^{-n}),$$

ou bien

$$2\,z^n\,F(\varphi) = G(z),$$

si l'on pose

$$G(z) = (A_n - B_n i)\,z^{2n} + (A_{n-1} - B_{n-1} i)\,z^{2n-1} + \ldots + (A_1 - B_1 i)\,z^{n+1} + 2\,A_0 z^n +$$
$$+ (A_1 + B_1 i)\,z^{n-1} + (A_2 + B_2 i)\,z^{n-2} + \ldots + (A_n + B_n i).$$

La fonction fractionnaire $\frac{1}{2} z^{-n} G(z)$ prend donc pour $z = e^{\varphi i}$, c.-à-d. pour des valeurs de z dont le module est égal à l'unité, la valeur $F(\varphi)$. La fonction entière $G(z)$ du degré $2n$ jouit apparemment de la propriété suivante : l'expression

$$z^{2n} G\left(\frac{1}{z}\right)$$

est conjuguée avec $G(z)$. Il en résulte une certaine propriété des racines de l'équation $G(z) = 0$. En effet, posons

$$G(z) = (A_n - B_n i)\,(z - p_1\,e^{q_1 i})\,(z - p_2\,e^{q_2 i}) \ldots (z - p_{2n}\,e^{q_{2n} i}).$$

L'expression qui figure au second membre doit alors rester invariable, lorsqu'on remplace z par $\dfrac{1}{z}$, qu'on multiplie ensuite par z^{2n} et qu'on change enfin i en $-i$. Par conséquent

$$G(z) = (A_n + B_n i)\,(1 - p_1\,e^{-q_1 i} z)\,(1 - p_2\,e^{-q_2 i} z) \ldots (1 - p_{2n}\,e^{-q_{2n} i} z).$$

D'après la première décomposition, les racines de l'équation $G(z) = 0$, sont

$$p_1\,e^{q_1 i}, \; p_2\,e^{q_2 i}, \ldots, \; p_{2n}\,e^{q_{2n} i},$$

où chaque racine doit être écrite un nombre de fois égal au degré de multiplicité correspondant; et d'après la seconde décomposition, elles sont

$$\frac{1}{p_1} e^{q_1 i}, \quad \frac{1}{p_2} e^{q_2 i}, \quad \ldots, \quad \frac{1}{p_{2n}} e^{q_{2n} i}.$$

Comme ces deux groupes ne peuvent différer que par l'ordre de leurs termes, il s'ensuit que lorsque $p_1 e^{q_1 i}$ est r fois racine, il en est de même pour $\frac{1}{p_1} e^{q_1 i}$.

Les racines de l'équation $G(z) = 0$ peuvent donc être divisées en deux groupes.

On a d'abord les racines dont le module diffère de l'unité. Ces racines peuvent être représentées par les expressions

$$r_1 e^{u_1 i}, \quad r_2 e^{u_2 i}, \ldots, r_k e^{u_k i},$$
$$\frac{1}{r_1} e^{u_1 i}, \quad \frac{1}{r_2} e^{u_2 i}, \ldots, \frac{1}{r_k} e^{u_k i},$$

où les grandeurs $r_1, r_2, \ldots, r_k$ sont toutes inférieures à l'unité.

Le nombre total de ces racines est pair et égal à $2k$.

En second lieu nous avons les racines avec un module 1. Supposons que ce soient les racines

$$e^{v_1 i}, \quad e^{v_2 i}, \quad \ldots, \quad e^{v_{2l} i}.$$

Leur nombre $2l$ est pair également, et l'on a

$$k + l = n.$$

Il est d'ailleurs évident que $v_1, v_2, \ldots, v_{2l}$ sont les racines de

$$F(\varphi) = 0$$

et comme $F(\varphi)$, lorsque l'angle φ est augmenté de 2π, prend la même valeur, cette remarque suffit pour faire voir que le nombre de ces racines doit être pair.

Nous pouvons encore observer à ce sujet que l'équation

$$2 z^n F(\varphi) = G(z)$$

donne, lorsqu'on la dérive par rapport à z en tenant compte de la relation

$$\frac{d\varphi}{dz} = - l z^{-1},$$

$$z^{n-1} [2 n F(\varphi) - 2 i F'(\varphi)] = G'(z),$$
$$z^{n-2} [2 n (2 n - 1) F(\varphi) - 2 (2 n - 1) i F'(\varphi) + 2 F''(\varphi)] = G''(z),$$

$$\cdots \cdots \cdots \cdots \cdots \cdots \cdots \cdots \cdots$$

ce qui fait voir que lorsque pour une valeur déterminée de z les fonctions

$$G(z),\quad G'(z),\quad G''(z),\ \ldots,\ G^{(r-1)}(z)$$

s'annulent toutes, tandis que $G^{(r)}(z)$ ne s'annule pas, les fonctions

$$F(\varphi),\quad F'(\varphi),\quad F''(\varphi),\ \ldots,\ F^{(r-1)}(\varphi)$$

s'annulent également pour la valeur correspondante de φ, tandis que $F^{(r)}(\varphi)$ ne s'annule pas: d'où il résulte qu'un nombre qui est r fois racine de $G(z) = 0$ correspond à un nombre qui est r fois racine de $F(\varphi) = 0$.

Quant à $u_1, u_2, \ldots, v_k, r_1, r_2, \ldots, v_{2l}$, à cause de la périodicité de la fonction exponentielle, on peut augmenter ou diminuer chacune de ces grandeurs d'un multiple quelconque de 2π, de sorte qu'on peut les supposer toutes p. e. > 0 et $< 2\pi$. Il est d'ailleurs absolument indifférent pour la suite de savoir quelle choix de ces grandeurs on a fait: il suffit qu'on s'en tienne aux valeurs une fois adoptées.

Après tout ceci on a donc

$$G(z) = (A_n - B_n i) \times T \times U \times V,$$
$$T = (z - r_1 e^{u_1 i}) \ldots (z - r_k e^{u_k i}),$$
$$U = \left(z - \frac{1}{r_1} e^{u_1 i}\right) \ldots \left(z - \frac{1}{r_k} e^{u_k i}\right),$$
$$V = (z - e^{v_1 i})(z - e^{v_2 i}) \ldots (z - e^{v_{2l} i});$$

partant, pour $z = e^{\varphi i}$

$$F(\varphi) = \tfrac{1}{2} e^{-n\varphi i} (A_n - B_n i) \times T \times U \times V.$$

En réduisant alors les facteurs de T, de U et de V respectivement de la manière suivante

$$e^{\varphi i} - r_1 e^{u_1 i} = e^{u_1 i} \times (e^{(\varphi - u_1)i} - r_1),$$
$$e^{\varphi i} - \frac{1}{r_1} e^{u_1 i} = e^{\varphi i} \times \left(1 - \frac{1}{r_1} e^{-(\varphi - u_1)i}\right),$$
$$e^{\varphi i} - e^{v_1 i} = e^{\frac{1}{2}(\varphi + v_1)i} (e^{\frac{1}{2}(\varphi - v_1)i} - e^{-\frac{1}{2}(\varphi - v_1)i}),$$

et en faisant usage ensuite des identités

$$(e^{(\varphi - u_1)i} - r_1)\left(1 - \frac{1}{r_1} e^{-(\varphi - u_1)i}\right) = -\frac{1}{r_1}[1 - 2 r_1 \cos(\varphi - u_1) + r_1^2],$$
$$e^{\frac{1}{2}(\varphi - v_1)i} - e^{-\frac{1}{2}(\varphi - v_1)i} = 2 i \sin \tfrac{1}{2}(\varphi - v_1),$$

on obtient

$$F(\varphi) = C[1 - 2r_1 \cos(\varphi - u_1) + r_1^2] \times \ldots \times [1 - 2r_k \cos(\varphi - u_k) + r_k^2] \times$$
$$\times \sin \tfrac{1}{2}(\varphi - v_1) \sin \tfrac{1}{2}(\varphi - v_2) \ldots \sin \tfrac{1}{2}(\varphi - v_{2l});$$

où

$$C = (-1)^n 2^{2l-1} (A_n - B_n i) e^{\frac{1}{2}(v_1 + v_2 + \ldots + v_{2l} + 2u_1 + 2u_2 + \ldots + 2u_k)i} (r_1 r_2 \ldots r_k)^{-1}.$$

Si l'on détermine R et a de telle manière que

$$A_n + B_n i = R e^{a i},$$

donc

$$A_n - B_n i = R e^{-a i},$$

on obtient pour le produit de toutes les racines de l'équation $G(z) = 0$ la valeur e^{2ai} et par conséquent

$$e^{2ai} = e^{(v_1 + v_2 + \ldots + v_{2l} + 2u_1 + 2u_2 + \ldots + 2u_k)i}$$

ou bien

$$2a + 2m\pi = v_1 + v_2 + \ldots + v_{2l} + 2u_1 + 2u_2 + \ldots + 2u_k;$$

équation dans laquelle m représente un nombre entier, dont la valeur est entièrement déterminée par cette équation, dès qu'on a adopté des valeurs déterminées de $v_1, v_2, \ldots, v_{2l}$, de $u_1, u_2, \ldots, u_k$ et de a.

La valeur de C devient maintenant

$$(-1)^n 2^{2l-1} R e^{-ai} e^{(a+m\pi)i} (r_1 r_2 \ldots r_k)^{-1},$$

ou

$$C = (-1)^{m+n} 2^{2l-1} R (r_1 r_2 \ldots r_k)^{-1}.$$

Voici enfin une récapitulation de toutes les formules trouvées:

$$F(\varphi) = A_0 + A_1 \cos\varphi + A_2 \cos 2\varphi + \ldots + A_n \cos n\varphi +$$
$$+ B_1 \sin\varphi + B_2 \sin 2\varphi + \ldots + B_n \sin n\varphi,$$

$$G(z) = (A_n - B_n i) z^{2n} + (A_{n-1} - B_{n-1} i) z^{2n-1} + \ldots + (A_1 - B_1 i) z^{n+1} +$$
$$+ 2 A_0 z^n + (A_1 + B_1 i) z^{n-1} + (A_2 + B_2 i) z^{n-2} + \ldots + (A_n + B_n i).$$

Les racines de $G(z) = 0$ sont

$$r_1 e^{u_1 i}, \quad r_2 e^{u_2 i}, \ldots, r_k e^{u_k i},$$
$$\frac{1}{r_1} e^{u_1 i}, \quad \frac{1}{r_2} e^{u_2 i}, \ldots, \frac{1}{r_k} e^{u_k i},$$
$$e^{v_1 i}, \quad e^{v_2 i}, \ldots, e^{v_{2l} i}.$$

Les grandeurs $r_1, r_2, \ldots, r_k$ peuvent toutes être prises inférieures à l'unité.

$$A_n + B_n\, i = R\, e^{\alpha i},$$

$$2\, a + 2\, m\, \pi = v_1 + v_2 + \ldots + v_{2l} + 2\, (u_1 + u_2 + \ldots + u_k),$$

$$C = (-1)^{m+n}\, 2^{2l-1}\, R\, (r_1\, r_2 \ldots r_k)^{-1},$$

$$F(\varphi) = C \times \overset{p=k}{\underset{p=1}{\Pi}} [1 - 2\, r_p \cos(\varphi - u_p) + r_p^2] \times \overset{p=2l}{\underset{p=1}{\Pi}} \sin \tfrac{1}{2}(\varphi - v_p).$$

Pour donner un seul exemple, soit

$$F(\varphi) = 4 - 3\, \sqrt{2} \sin \varphi - 2\, \sqrt{2} \cos^3 \varphi.$$

On trouve que $F(\varphi)$, $F'(\varphi)$, $F''(\varphi)$ s'annulent pour $\varphi = 45°$, tandis que $F'''(\varphi)$ ne s'annule pas. Donc

$$v_1 = v_2 = v_3 = 45°.$$

Une quatrième racine de $F(\varphi) = 0$, trouvée par une méthode d'approximation, est

$$v_4 = 106° \, 35' \, 45''.4.$$

Après que quatre racines de l'équation du sixième degré $G(z) = 0$ ont été trouvées de cette manière, il est facile de déterminer les deux autres $r\, e^{ui}$ et $\dfrac{1}{r}\, e^{ui}$. J'obtiens enfin

$$F(\varphi) = C\, [1 - 2\, r \cos(\varphi - u) + r^2] \sin^3 \tfrac{1}{2}(\varphi - v_1) \sin \tfrac{1}{2}(\varphi - v_4),$$

$$^{10}\log C = 1.268505,$$
$$^{10}\log r = 9.484070 - 16,$$
$$u = 239° \, 12' \, 7''.3,$$
$$v_1 = 45°,$$
$$v_4 = 106° \, 35' \, 45''.4.$$

VIII.

(Amsterdam, Nieuw Arch. Wisk., 9, 1882, 198—211)

Over een algorithmus voor het meetkundig midden.

In het 89ste deel van het Journal für die reine und angewandte Mathematik p. 343, heb ik eene rekenwijze aangegeven, waardoor het mogelijk is, wanneer k positieve getallen $a_1, a_2, \ldots, a_k$ gegeven zijn, uit deze getallen op rationale wijze k andere getallen $b_1, b_2, \ldots, b_k$ af te leiden, zoodanig dat $a_1 a_2 \ldots a_k = b_1 b_2 \ldots b_k$ is, en de verschillen tusschen de getallen $b_1, b_2, \ldots, b_k$ onderling zoo klein kunnen zijn, als men verkiest.

Ik stel mij voor in het volgende op dit onderwerp terug te komen, en de bewijzen mede te deelen van hetgeen in die korte noot is uitgesproken.

1. Zij dan, wanneer $a_1, a_2, \ldots, a_k$ willekeurige reëele getallen zijn, M_1 hun rekenkundig midden, d. w. z. hun som gedeeld door hun aantal k; M_2 het rekenkundig midden van alle producten van twee verschillende der getallen $a_1, a_2, \ldots, a_k$, d. w. z. de som dezer producten gedeeld door hun aantal $\frac{k(k-1)}{2}$; evenzoo M_3 het rekenkundig midden van alle producten van drie verschillende der getallen $a_1, a_2, \ldots, a_k$ enz ; eindelijk $M_k = a_1 a_2 \ldots a_k$.

Omtrent de getallen $a_1, a_2, \ldots, a_k$ wordt verder niets ondersteld, zoodat het ook gebeuren kan, dat eenige dezer getallen gelijk zijn. Het Is nauwelijks noodig op te merken, dat daarom hierboven het woord verschillende niet betrekking heeft op de getallenwaarde van $a_1, a_2, \ldots, a_k$, maar wel op de aan deze getallen toegekende individualiteit.

193

Voor de gelijkvormigheid stel ik nog vast, dat $M_0 = 1$ zal zijn. De uitdrukking

$$M_p^2 - M_{p-1} M_{p+1}$$
$$(p = 1, 2, 3, \ldots, k-1)$$

is nu in het algemeen positief, of scherper uitgedrukt, deze uitdrukking is nooit negatief en alleen dan gelijk nul, wanneer òf alle getallen $a_1, a_2, \ldots, a_k$ aan elkander gelijk zijn, òf wanneer minstens $k - p + 1$ dezer getallen gelijk nul zijn, in welk geval blijkbaar M_p en M_{p+1} afzonderlijk gelijk nul zijn.

Deze eigenschap is in hoofdzaak sedert lang bekend, en voor eenige geschiedkundige opmerkingen hieromtrent kan ik volstaan met te verwijzen naar een opstel van Dr. D. Bierens de Haan, in het 8ste deel der Verslagen en mededeelingen der Koninklijke Akademie van Wetenschappen, Afdeeling Natuurkunde, Amsterdam, 1858, p. 248—260. Men zie ook het opstel van Lobatto in het 9de deel dier Verslagen, p. 92—106.

Voor het gemak van den lezer, en ook om de grensgevallen, waarin de uitdrukking gelijk nul wordt, volledig te behandelen, laat ik hier echter het bewijs van het boven gezegde volgen.

2. Zij gegeven

$$(1) \quad \begin{cases} f(x) = (x - a_1)(x - a_2) \ldots (x - a_k), \\ f(x) = M_0 x^k - \dfrac{k}{1} M_1 x^{k-1} + \dfrac{k(k-1)}{1 \cdot 2} M_2 x^{k-2} - \ldots \pm M_k, \end{cases}$$

waar in het tweede lid het bovenste of onderste teeken te nemen is, al naar dat k even of oneven is.

Volgens de onderstelling omtrent $a_1, a_2, \ldots, a_k$ heeft dan de vergelijking $f(x) = 0$ slechts reëele wortels, en hetzelfde geldt dus van de vergelijkingen, die vorderen, dat de verschillende afgeleide functiën van $f(x)$ de waarde nul aannemen. Daarom heeft ook de vergelijking

$$(2) \quad 0 = M_0 x^{p+1} - \frac{p+1}{1} M_1 x^p + \frac{p(p+1)}{1 \cdot 2} M_2 x^{p-1} - \ldots \pm \frac{p+1}{1} M_p \mp M_{p+1}$$

alleen reëele wortels, want deze vergelijking is niet wezenlijk verschillend van

$$0 = \frac{d^{k-p-1} f(x)}{dx^{k-p-1}}.$$

Ik onderscheid nu deze drie gevallen.

1°. M_{p+1} is niet gelijk nul.

2°. $M_{p+1} = 0$, maar M_p is niet gelijk nul.

3°. $M_{p+1} = 0$ en $M_p = 0$.

In het eerste geval zijn ook alle wortels van de vergelijking

$$(3) \quad 0 = M_{p+1} x^{p+1} - \frac{p+1}{1} M_p x^p + \frac{p(p+1)}{1 \cdot 2} M_{p-1} x^{p-1} \ldots \pm \frac{p+1}{1} M_1 x \mp M_0$$

reëel, en derhalve ook die van

$$(4) \quad \ldots \ldots \quad 0 = M_{p+1} x^2 - 2 M_p x + M_{p-1};$$

want het tweede lid dezer laatste vergelijking onderscheidt zich alleen door een standvastigen factor van de $(p-1)^{ste}$ afgeleide van de functie, die het tweede lid van (3) uitmaakt. Uit de realiteit der wortels van (4) volgt nu

$$M_p^2 - M_{p-1} M_{p+1} \geqq 0;$$

en wel is $M_p^2 - M_{p-1} M_{p+1}$ alleen dan gelijk nul, wanneer de beide wortels van (4) gelijk zijn. Hiertoe is weder noodzakelijk en voldoende, dat alle wortels van (3), dus ook alle wortels van (2), aan elkaar gelijk zijn, wat weder medebrengt dat alle wortels van $f(x) = 0$ gelijk zijn, of $a_1 = a_2 = \ldots = a_k$.

Is dus M_{p+1} niet gelijk nul, dan is $M_p^2 - M_{p-1} M_{p+1}$ altijd positief, behalve wanneer $a_1 = a_2 = \ldots = a_k$, in welk geval de uitdrukking gelijk aan nul is.

In het tweede geval is blijkbaar $M_p^2 - M_{p-1} M_{p+1}$ positief.

Eindelijk is in het derde geval deze uitdrukking gelijk aan nul, en heeft de vergelijking (2) minstens twee wortels gelijk nul, zoodat de vergelijking $f(x) = 0$ minstens $k - p + 1$ wortels gelijk nul heeft; of m. a. w. in dit geval zijn minstens $k - p + 1$ der getallen $a_1, a_2, \ldots, a_k$ gelijk aan nul.

Hiermede is het in art. 1 uitgesprokene volledig bewezen.

3. Van nu af onderstel ik, dat $a_1, a_2, \ldots, a_k$ alle positief zijn, en stel

$$(5) \quad \ldots \quad a_1' = M_1, \quad a_2' = \frac{M_2}{M_1}, \quad a_3' = \frac{M_3}{M_2}, \quad a_k' = \frac{M_k}{M_{k-1}},$$

zoodat de getroffen overeenkomst omtrent M_0 veroorlooft te schrijven

$$a'_p = \frac{M_p}{M_{p-1}},$$

$$(p = 1, 2, 3, \ldots, k)$$

waaruit volgt

$$a'_p - a'_{p+1} = \frac{M_p^2 - M_{p-1} M_{p+1}}{M_{p-1} M_p},$$

dus

$$a'_p \geqq a'_{p+1};$$

en, wanneer ook de waarde nul voor $a_1, a_2, \ldots, a_k$ uitgesloten wordt, kan alleen dan $a'_1 = a'_{p+1}$ worden, wanneer $a_1 = a_2 = \ldots = a_k$. Daar ook dit laatste geval geheel zonder belang is, kan het gevoegelijk buiten beschouwing blijven, en is derhalve

(6) . . . . $a'_1 > a'_2 > a'_3 > a'_4 > \ldots > a'_k;$

terwijl uit (5) onmiddellijk volgt

(7) . . . . $a_1 a_2 a_3 \ldots a_k = a'_1 a'_2 a'_3 \ldots a'_k.$

Nu is blijkbaar

$$a'_1 = \frac{a_1 + a_2 + a_3 + \ldots + a_k}{k},$$

$$a'_k = \frac{k}{\dfrac{1}{a_1} + \dfrac{1}{a_2} + \dfrac{1}{a_3} + \ldots + \dfrac{1}{a_k}}$$

en, wanneer wij nu onderstellen dat geen der getallen $a_1, a_2, \ldots, a_k$, grooter dan a_1 en kleiner dan a_k is, zoo volgt

$$a'_1 \leqq \frac{(k-1) a_1 + a_k}{k} < a_1,$$

$$a'_k > a_1,$$

derhalve aftrekkende

(8) . . . . $0 < a'_1 - a'_k < \dfrac{k-1}{k} (a_1 - a_k).$

Leidt men nu uit $a'_1, a'_2 \ldots, a'_k$ eene nieuwe groep van k getallen $a''_1, a''_2, \ldots, a''_k$ af op dezelfde wijze als $a'_1, a'_2, \ldots, a'_k$ uit $a_1, a_2, \ldots, a_k;$

evenzoo uit a_1'', a_2'', ..., a_k'' de getallen a_1''', a_2''', ..., a_k''' enz ; dan is dus

$$a_1 > a_1' > a_2' > \dots > a_k' > a_k,$$
$$a_1' > a_1'' > a_2'' > \dots > a_k'' > a_k',$$
$$a_1'' > a_1''' > a_2''' > \dots > a_k''' > a_k'',$$
$$\cdot \quad \cdot \quad \cdot \quad \cdot \quad \cdot \quad \cdot \quad \cdot \quad \cdot$$

$$0 < a_1' - a_k' < \frac{k-1}{k}(a_1 - a_k),$$

$$0 < a_1'' - a_k'' < \frac{k-1}{k}(a_1' - a_k') < \left(\frac{k-1}{k}\right)^2 (a_1 - a_k),$$

$$0 < a_1''' - a_k''' < \frac{k-1}{k}(a_1'' - a_k'') < \left(\frac{k-1}{k}\right)^3 (a_1 - a_k),$$

$$\cdot \quad \cdot \quad \cdot \quad \cdot \quad \cdot \quad \cdot \quad \cdot \quad \cdot$$

$$a_1 a_2 \dots a_k = a_1' a_2' \dots a_k' = a_1'' a_2'' \dots a_k'' = a_1''' a_2''' \dots a_k''' = \dots,$$

en voor de n^{de} afgeleide groep van getallen $a_1^{(n)}$, $a_2^{(n)}$, ..., $a_k^{(n)}$ heeft men

$$a_1^{(n-1)} > a_1^{(n)} > a_2^{(n)} > \dots > a_k^{(n)} > a_k^{(n-1)},$$

$$0 < a_1^{(n)} - a_k^{(n)} < \left(\frac{k-1}{k}\right)^n (a_1 - a_k),$$

$$a_1 a_2 \dots a_k = a_1^{(n)} a_2^{(n)} \dots a_k^{(n)}.$$

Daar nu

$$\left(\frac{k-1}{k}\right)^n$$

bij onbepaald toenemende waarden van n, ten slotte zoo klein wordt als men verkiest, zoo volgt dat de getallen $a_1^{(n)}$, $a_2^{(n)}$, ..., $a_k^{(n)}$ alle voor $n = \infty$ tot eene gemeenschappelijke limiet convergeeren, die blijkbaar gelijk is aan het meetkundig midden van $a_1, a_2, \dots, a_k$

$$\sqrt[k]{a_1 a_2 \dots a_k}.$$

4. Voordat ik verder ga, zij het geoorloofd eenige getallenvoorbeelden te geven.

Eerste voorbeeld. $k = 3$.

$$a_1 = 5, \qquad a_2 = 5, \qquad a_3 = 4,$$

$$a_1' = \frac{14}{3}, \qquad a_2' = \frac{65}{14}, \qquad a_3' = \frac{60}{13},$$

$$a_1'' = \frac{7603}{1638}, \qquad a_2'' = \frac{35290}{7673}, \qquad a_3'' = \frac{16380}{3529};$$

of

$$a_1'' = 4.64163\ 61416\ 36 \ldots,$$

$$a_2'' = 4.64158\ 88465\ 08 \ldots,$$

$$a_3'' = 4.64154\ 15131\ 77 \ldots.$$

Men ziet, hoe snel de getallen van eene zelfde groep tot elkaar naderen, immers

$$a_1' - a_2' = 0.02380\ 95 \ldots,$$

$$a_2' - a_3' = 0.02747\ 25 \ldots,$$

$$a_1'' - a_2'' = 0.00004\ 72951\ 38 \ldots,$$

$$a_2'' - a_3'' = 0.00004\ 73333\ 31 \ldots.$$

Het gemiddelde der waarden van de tweede afgeleide groep geeft

$$a_1''' = 4.64158\ 88337\ 74 \ldots.$$

Later zal blijken, dat het verschil $a_1''' - a_3'''$ ongeveer 3 eenheden in de 10de decimaal bedraagt. De limiet is hier

$$\sqrt[3]{100} = 4.64158\ 88336\ 12769 \ldots$$

Tweede voorbeeld. $k = 4$.

$$a_1 = 3, \qquad a_2 = 2, \qquad a_3 = 2, \qquad a_4 = 2,$$

$$a_1' = \frac{9}{4}, \qquad a_2' = \frac{20}{9}, \qquad a_3' = \frac{11}{5}, \qquad a_4' = \frac{24}{11},$$

$$a_1'' = \frac{17531}{7920}, \qquad a_2'' = \frac{116410}{52593}, \qquad a_3'' = \frac{128826}{58205}, \qquad a_4'' = \frac{15840}{7157};$$

of

$$a_1'' = 2.21351\ 01010\ 1 \ldots,$$

$$a_2'' = 2.21341\ 24313\ 1 \ldots,$$

$$a_3'' = 2.21331\ 50073\ 0 \ldots,$$

$$a_4'' = 2.21321\ 78287\ 0 \ldots.$$

en

$$a_1' - a_2' = 0.02777\ 78\dots,$$
$$a_2' - a_3' = 0.02222\ 22\dots,$$
$$a_3' - a_4' = 0.01118\ 18\dots,$$
$$a_1'' - a_2'' = 0.00009\ 76697\ 0\dots,$$
$$a_1'' - a_3'' = 0.00009\ 74240\ 1\dots,$$
$$a_3'' - a_4'' = 0.00009\ 71786\ 0\dots.$$

Uit de waarden van a_1'', a_2'', a_3'', a_4'' volgt

$$a_1''' = 2.21336\ 38420\ 8\dots;$$

de limiet is hier

$$\sqrt[4]{24} = 2.21336\ 38394\ 007\dots.$$

5. In de beide gegeven voorbeelden worden de verschillen der opvolgende getallen van eene zelfde groep

$$a_1' - a_2',\ a_2' - a_3',\ \dots$$
$$a_1'' - a_2'',\ a_2'' - a_3'',\ \dots$$

niet alleen bij overgang tot de volgende groepen, hoe langer hoe kleiner, maar de verschillen die tot eene zelfde groep behooren, worden hierbij onderling hoe langer hoe minder verschillend.

Inderdaad kan men het volgende uitspreken.

Het quotiënt van elke twee der $k-1$ verschillen

$$a_p^{(n)} - a_{p+1}^{(n)}$$
$$(p = 1, 2, 3, \dots k-1)$$

convergeert voor $n = \infty$ tot de limiet 1.

Van de verschillende bewijzen, die ik voor deze eigenschap vond, is het volgende verreweg het eenvoudigste.

6. Ik stel

$$a_1 = a - x_1,$$
$$a_2 = a - x_2,$$
$$a_3 = a - x_3,$$
$$\dots\dots\dots\dots$$
$$a_k = a - x_k,$$

waarin a een willekeurig getal is, en neem verder aan

$$x_1 < x_2 < x_3 < \dots < x_k,$$

zoodat ook geen twee der getallen $a_1, a_2, \dots, a_k$ gelijk zijn. Verder zij

$$(9) \cdot \cdot \begin{cases} f(x) = (x - x_1)(x - x_2) \ldots (x - x_k), \\ f(x) = N_0 x^k - \dfrac{k}{1} N_1 x^{k-1} + \dfrac{k(k-1)}{1.2} N_0 x^{k-2} - \ldots \pm N_k, \end{cases}$$

zoodat de getallen $N_0, N_1, \ldots, N_k$ op dezelfde wijze uit $x_1, x_2, \ldots, x_k$ ge-
vormd zijn als $M_0, M_1, \ldots, M_k$ uit $a_1, a_2, \ldots, a_k$. Het kan tot geen
onduidelijkheid aanleiding geven, dat $f(x)$ hier en in het vervolg eene
andere beteekenis heeft dan in art. 2. Men overtuigt zich nu onmiddellijk, dat de getallen $M_0, M_1, \ldots, M_k$, op de volgende wijze door
middel van de functie $f(x)$ en hare afgeleide functiën uitgedrukt
kunnen worden

$$(10) \ldots \ldots \begin{cases} M_k \quad = f(a), \\ k M_{k-1} = f'(a), \\ k(k-1) M_{k-2} = f''(a), \\ \cdots \cdots \cdots \cdots \\ k(k-1) \ldots 3.2 M_1 \quad = f^{(k-1)}(a), \\ k(k-1) \ldots 3.2.1 M_0 \quad = f^{(k)}(a), \end{cases}$$

waaruit dus volgt

$$(11) \ldots \ldots \ldots \ldots a'_p = \frac{p f^{k-p}(a)}{f^{k-p+1}(a)},$$
$$(p = 1, 2, 3, \ldots, k)$$

waarbij $f^0(a) = f(a)$ te nemen is.

In plaats van (11) kan men ook schrijven

$$(12) \ldots a'_p = \frac{N_0 a^p - \dfrac{p}{1} N_1 a^{p-1} + \dfrac{p(p-1)}{1.2} N_2 a^{p-2} - \ldots}{N_0 a^{p-1} - \dfrac{(p-1)}{1} N_1 a^{p-1} + \dfrac{(p-1)(p-2)}{1.2} N_2 a^{p-3} - \ldots}.$$

Ontwikkelt men deze waarde van a'_p volgens de afdalende machten
van a, dan vindt men voor de eerste termen dezer ontwikkeling

$$(13) \ldots \ldots a'_p = a - N_1 - \frac{(p-1)(N_1^2 - N_0 N_2)}{a} \ldots$$

De p reëele ongelijke wortels der vergelijking van den p^{den} graad

$$f^{k-p}(x) = 0$$

mogen genoemd worden $y_1, y_2, \ldots, y_p$ volgens hunne grootte gerangschikt, dus

$$y_1 < y_2 < \ldots < y_p.$$

Evenzoo mogen $z_1 < z_2 < \ldots < z_{p-1}$ de reëele ongelijke wortels van de vergelijking $f^{k-p+1}(x) = 0$ zijn, zoodat z_1 tusschen y_1 en y_2, z_2 tusschen y_2 en $y_3 \ldots$, eindelijk z_{p-1} tusschen y_{p-1} en y_p ligt. Hierbij is dus $p > 1$ te onderstellen. Volgens (11) is dan

$$a'_p = \frac{(a - y_1)(a - y_2) \ldots (a - y_p)}{(a - z_1)(a - z_2) \ldots (a - z_{p-1})},$$

en wanneer men de deeling uitvoert en in gedeeltelijke breuken splitst, volgens (13)

$$(14) \quad \ldots \ldots \ldots \quad a'_p = a - N_1 + \sum_{k=1}^{k=p-1} \frac{A_k}{a - z_k},$$

waarin

$$(15) \quad \ldots \quad A_k = \frac{(z_k - y_1)(z_k - y_2) \ldots (z_k - y_p)}{(z_k - z_1) \ldots (z_k - z_{k-1})(z_k - z_{k+1}) \ldots (z_k - z_{p-1})}.$$

In den teller van deze uitdrukking voor A_k zijn de factoren

$$(z_k - y_1)(z_k - y_2) \ldots (z_k - y_k),$$

alle positief; daarentegen de overige factoren, ten getale van $p - k$,

$$z_k - y_{k+1}, \ z_k - y_{k+2}, \ \ldots, \ z_k - y_p,$$

alle negatief.

De negatieve factoren in den noemer van A_k zijn

$$z_k - z_{k+1}, \ z_k - z_{k+2}, \ \ldots, \ z_k - z_{p-1};$$

hun aantal is $p - k - 1$. Het aantal negatieve factoren in den teller van A_k is dus één grooter dan het aantal negatieve factoren in den noemer; derhalve zijn

$$A_1, \ A_2, \ A_3, \ \ldots, \ A_{p-1},$$

alle negatief, en daar de verschillen

$$a - z_1 > a - z_2 > \ldots > a - z_{k-1}$$

positief zijn, zoo volgt

$$a'_p < a - N_1 + \frac{A_1 + A_2 + \ldots + A_{p-1}}{a - z_1},$$

$$a'_p > a - N_1 + \frac{A_1 + A_2 + \ldots + A_{p-1}}{a - z_{p-1}}.$$

Nu is $A_1 + A_2 + \ldots + A_{p-1}$ blijkbaar de coëfficiënt van $\dfrac{1}{a}$ in de ontwikkeling van a'_p, volgens de afdalende machten van a; dus volgens (13) gelijk aan $-(p-1)(N_1^2-N_0 N_2)$, verder is $a-z_1$ kleiner dan $a-x_1=a_1$, $a-z_{p-1}$ grooter dan $a-x_k=a_k$, terwijl $a-N_1$ blijkbaar gelijk aan a_1' is; zoodat nu volgt

$$(16) \quad \ldots \quad \begin{cases} a_p' < a_1' - \dfrac{(p-1)(N_1^2-N_0 N_2)}{a_1}, \\[2mm] a_p' > a_1' - \dfrac{(p-1)(N_1^2-N_0 N_2)}{a_k}. \end{cases}$$

Voor $p=1$ heeft men blijkbaar de teekens $>$ en $<$ door het gelijkteeken te vervangen.

7. De afleiding der ongelijkheden (16) steunt wezenlijk op de omstandigheid dat $A_1, A_2, \ldots, A_{p-1}$ alle negatief zijn. Men kan dit laatste ook nog aldus aantoonen.

Zij
$$g(x)=(x-y_1)(x-y_2)\ldots(x-y_p),$$
dan is blijkbaar
$$a_p'=\frac{p\,g(a)}{g'(a)},$$
en
$$\frac{g'(x)}{g(x)}=\frac{1}{x-y_1}+\frac{1}{x-y_2}+\cdots+\frac{1}{x-y_p},$$
waaruit door differentiatie volgt
$$\frac{g(x)g''(x)-g'(x)g'(x)}{g(x)g(x)}=-\frac{1}{(x-y_1)^2}-\frac{1}{(x-y_2)^2}-\cdots-\frac{1}{(x-y_p)^2},$$
en men vindt, hierin $x=z_k$ stellende, daar $g'(z_k)=0$ is,
$$\frac{g''(z_k)}{g(z_k)}=-\frac{1}{(z_k-y_1)^2}-\frac{1}{(z_k-y_2)^2}-\cdots-\frac{1}{(z_k-y_p)^2}.$$

Nu is echter, zooals uit $a_p'=\dfrac{p\,g(a)}{g'(a)}$ onmiddellijk volgt,
$$A_k=\frac{p\,g(z_k)}{g''(z_k)}$$
dus
$$\frac{p}{A_k}=-\frac{1}{(z_k-y_1)^2}-\frac{1}{(z_k-y_2)^2}-\cdots-\frac{1}{(z_k-y_p)^2},$$
zoodat A_k is negatief.

8. Vervangt men in (16) p door $p+1$, dan verkrijgt men door verbinding der verschillende ongelijkheden

$$a'_p - a'_{p+1} < \frac{a_k + p(a_1 - a_k)}{a_1 a_k} (N_1^2 - N_0 N_2),$$

$$a'_p - a'_{p+1} > \frac{a_1 - p(a_1 - a_k)}{a_1 a_k} (N_1^2 - N_0 N_2),$$

dus daar p hoogstens gelijk is aan $k - 1$ en $a_1 - a_k$ en $N_1^2 - N_0 N_2$ positief zijn, zoo veel te meer

$$(17) \quad \cdots \quad \begin{cases} a'_p - a'_{p+1} < \dfrac{a_k + (k-1)(a_1 - a_k)}{a_1 a_k} (N_1^2 - N_0 N_2) \\[2mm] a'_p - a'_{p+1} > \dfrac{a_1 - (k-1)(a_1 - a_k)}{a_1 a_k} (N_1^2 - N_0 N_2). \end{cases}$$

In de uitdrukking rechts komt nu p niet meer voor.

Al de voorgaande ontwikkelingen blijven onveranderd, wanneer men de getallen $a_1, a_2, \ldots, a_k$, door $a_1^{(n)}, a_2^{(n)}, \ldots a_k^{(n)}$ en tegelijkertijd $a'_1, a'_2, \ldots, a'_k$ door $a_1^{(n+1)}, a_2^{(n+1)}, \ldots, a_k^{(n+1)}$ vervangt.

Daar nu reeds bewezen is, dat $a_1^{(n)}, a_2^{(n)}, \ldots, a_k^{(n)}$ voor $n = \infty$ tot eene zelfde positieve limiet naderen, zoo kan men blijkbaar n altijd zóó groot nemen, dat

$$a_1^{(n)} - (k - 1)(a_1^{(n)} - a_k^{(n)})$$

positief is, en dan volgt gemakkelijk

$$(18) \quad \frac{a_1^{(n)} - (k-1)(a_1^{(n)} - a_k^{(n)})}{a_k^{(n)} + (k-1)(a_1^{(n)} - a_k^{(n)})} < \frac{a_p^{(n+1)} - a_{p+1}^{(n+1)}}{a_q^{(n+1)} - a_{q+1}^{(n+1)}} < \frac{a_k^{(n)} + (k-1)(a_1^{(n)} - a_k^{(n)})}{a_1^{(n)} - (k-1)(a_1^{(n)} - a_k^{(n)})}.$$

Neemt men n groot genoeg, dan verschillen de beide waarden; waartusschen

$$\frac{a_p^{(n+1)} - a_{p+1}^{(n+1)}}{a_q^{(n+1)} - a_{q+1}^{(n+1)}}$$

ligt, zoo weinig als men verkiest van de eenheid.

Hiermede is dus het in art 5 uitgesprokene bewezen.

9. Voor het gemak der schrijfwijze zal ik voor een oogenblik $a_p^{(n)}$ door b_p, $a_p^{(n+1)}$ door b'_p aanduiden.

Dan is dus

$$b'_1 - b'_k = \frac{b_1 + b_2 + \cdots + b_k}{k} - \frac{k}{\dfrac{1}{b_1} + \dfrac{1}{b_2} + \cdots + \dfrac{1}{b_k}},$$

of

$$k\left(\frac{1}{b_1}+\frac{1}{b_2}\cdots+\frac{1}{b_k}\right)(b_1'-b_k')=\ \ 1+\frac{b_2}{b_1}+\frac{b_3}{b_1}+\cdots+\frac{b_k}{b_1}+$$

$$+\frac{b_1}{b_2}+1+\frac{b_3}{b_2}+\cdots+\frac{b_k}{b_2}+$$

$$+\frac{b_1}{b_3}+\frac{b_2}{b_3}+1+\cdots+\frac{b_k}{b_3}+$$

$$\cdots\cdots\cdots\cdots\cdots$$

$$+\frac{b_1}{b_k}+\frac{b_2}{b_k}+\frac{b_3}{b_k}+\cdots+1-k^2.$$

De uitdrukking rechts is

$$=\Sigma\left(\frac{b_p}{b_q}+\frac{b_q}{b_p}-2\right)=\Sigma\frac{(b_p-b_q)^2}{b_p\,b_q},$$

waar p en q de getallen 1, 2, 3, ..., k doorloopen, en $p>q$ blijft.

Deelt men nu beide leden door $(b_1-b_k)^2$ en gaat men over tot de limiet voor $n=\infty$, dan volgt, daar volgens het voorgaande

$$\lim_{n=\infty}\frac{(b_p-b_q)^2}{(b_1-b_k)^2}=\left(\frac{p-q}{k-1}\right)^2$$

is, en ter bekorting de limiet van b_1, b_2, ..., b_k genoemd wordt b,

$$\frac{k^2}{b}\lim_{n=\infty}\frac{b_1'-b_k'}{(b_1-b_k)^2}=\frac{1}{(k-1)^2\,b^2}\,\Sigma\,(p-q)^2.$$

Nu is

$$\Sigma\,(p-q)^2=1^2+2^2+3^2+\cdots+(k-1)^2+$$

$$+1^2+2^2+\cdots+(k-2)^2+$$

$$+1^2+\cdots+(k-3)^2+$$

$$\cdots\cdots\cdots\cdots$$

$$+1^2,$$

waarvoor men na herleiding verkrijgt

$$\Sigma\,(p-q)^2=\frac{1}{12}\,k^2\,(k^2-1),$$

dus

$$\lim_{n=\infty}\frac{b_1'-b_k'}{(b_1-b_k)^2}=\frac{1}{12}\left(\frac{k+1}{k-1}\right)\times\frac{1}{b},$$

(19) . . . $\displaystyle\lim_{n=\infty}\frac{a_1^{(n+1)}-a_k^{(n+1)}}{(a_1^{(n)}-a_k^{(n)})^2}=\frac{1}{12}\left(\frac{k+1}{k-1}\right)(a_1\,a_2\,\ldots\,a_k)^{-\frac{1}{k}},$

10. Deze formule (19) geeft een duidelijk begrip van de snelheid, waarmede ten slotte de getallen tot hunne gemeenschappelijke limiet $\sqrt[k]{a_1 \, a_2 \ldots a_k}$ convergeeren; het blijkt dat $a_1^{(n+1)} - a_k^{(n+1)}$ eene eindige verhouding heeft tot de tweede macht van $a_1^{(n)} - a_k^{(n)}$.

In het eerste voorbeeld van art. 4 was

$$a_1'' - a_3'' = 0.00009\ 4628 \ldots,$$

en als benaderde waarde van $a_1''' - a_3'''$ kan nu genomen worden

$$\frac{1}{6} \frac{(a_1'' - a_3'')^2}{a_2''} ;$$

en daar a_1''', a_2''', a_3''' op zeer weinig na eene rekenkunstige reeks vormen, heeft men aan

$$a_1''' = 4.64158\ 88337\ 74 \ldots$$

de correctie

$$-\frac{1}{12} \frac{(a_1'' - a_3'')^3}{a_2''} = -0.00000\ 00001\ 61 \ldots$$

toe te voegen, om de in 12 decimalen nauwkeurige waarde van $\sqrt{100}$

$$4.64158\ 88336\ 13 \ldots$$

te verkrijgen.

In het tweede voorbeeld heeft men aan

$$a_1''' = 2.21336\ 38420\ 8 \ldots$$

de correctie

$$-\frac{5}{72} \frac{(a_1'' - a_4'')^2}{a_1''} = -0.00000\ 00026\ 8 \ldots$$

aan te brengen, om te verkrijgen

$$\sqrt{24} = 2.21336\ 38394\ 0 \ldots.$$

11. Met een enkel woord moge nog het geval, dat eenige der getallen $a_1, a_2, \ldots, a_k$ gelijk nul zijn, besproken worden.

Onderstellen wij

$$a_1 \geqq a_2 \geqq a_3 \geqq \ldots \geqq a_h > 0, \; h < k,$$

en

$$a_{h+1} = a_{h+2} = \ldots = a_k = 0,$$

dan zijn blijkbaar M_0, M_1, M_2, ..., M_h positief, niet gelijk nul, en M_{h+1}, ..., M_k alle gelijk nul.

Derhalve worden

$$a'_1,\ a'_2,\ \ldots,\ a'_h$$

alle positief en niet gelijk nul, $o'_{h+1} = 0$; terwijl o'_{h+2}, ..., a'_k geen bepaalde beteekenis hebben. Stelt men echter vast, dat in dit geval a'_{h+1}, ..., a'_k allen gelijk nul zullen zijn, dan zijn er dus van de getallen

$$a'_1,\ a'_2,\ \ldots,\ a'_k$$

evenveel gelijk nul, als van de oorspronkelijke groep a_1, a_2, ..., a_k

Men ziet nu onmiddellijk, dat de verdere beschouwingen van art. 3 met hoogst geringe. wijzigingen onveranderd doorgaan, en dat ook nu de getallen $a_1^{(n)}$, $a_2^{(n)}$, ..., $a_k^{(n)}$ tot eene zelfde limiet, die gelijk aan nul is, convergeeren.

Daarentegen is de wijze, waarop deze convergentie hier plaats vindt, geheel anders, en men kan zeggen, dat deze convergentie veel langzamer is.

Het blijkt namelijk, dat de verhouding van twee opvolgende getallen

$$a_p,\ a'_p,\ a''_p,\ a'''_p,\ \ldots,\ a_p^{(n)}\ \ldots$$
$$(p = 1,\, 2,\, 3,\, \ldots,\, h)$$

bij toenemende n tot eene eindige, gemakkelijk te bepalen limiet convergeert, die voor de verschillende waarden van p dezelfde is; terwijl de verhoudingen der getallen van eene zelfde groep

$$a_1^{(n)},\ a_2^{(n)},\ \ldots,\ a_h^{(n)}$$

tot eindige limieten convergeeren, die alleen van k en h afhangen, niet van de getallenwaarden van a_1, a_2, ..., o_h, waarvan men is uitgegaan.

Daar het strenge bewijs van deze eigenschappen meer ruimte schijnt te vorderen, dan in eenige overeenstemming is met hun oogenblikkelijk belang, zoo vergenoeg ik mij met deze aanduidingen.

12. De toepassing op willekeurige complexe waarden levert groote moeielijkheden op.

Wel is het gemakkelijk, in dit geval voorwaarden op te stellen, die, zoo zij door $a_1, a_2, \ldots, a_k$ vervuld worden, voldoende zijn om te besluiten, dat de rekenwijze tot eene bepaalde limiet voert, en dan aan te geven, welke der k waarden van $(a_1 \; a_2 \; \ldots \; a_k)^{\frac{1}{k}}$ deze limiet is; maar het schijnt uiterst bezwaarlijk om, zoo $a_1, a_2, \ldots, a_k$ willekeurig gegeven zijn, uit te maken, of er al dan niet eene limiet is, en in het eerste geval deze limiet aan te geven.

Alleen het geval $k = 2$ levert niet het minste bezwaar op, en het zal daarom voldoende zijn, de volgende uitkomsten eenvoudig mede te deelen.

Men vindt dan, dat in dit geval er altijd eene limiet gelijk aan

$$\pm \sqrt{a_1 a_2}$$

is, behalve wanneer de verhouding $a_1 : a_2$ reëel negatief is.

Stelt men

$$a_1 = r_1 e^{a_1 i},$$
$$a_2 = r_2 e^{a_2 i},$$

en neemt r_1 en r_2 positief, a_1 en a_2 tusschen 0 en 2π (de eerste waarde in-, de tweede buitengesloten), dan is de limiet gelijk aan

$$+ \sqrt{r_1 r_2} \, e^{\frac{1}{2}(a_1 + a_2)i},$$

wanneer de volstrekte waarde van $a_1 - a_2$ kleiner dan π is.

Is echter $a_1 - a_2$ grooter dan π, dan is de limiet gelijk aan

$$- \sqrt{r_1 r_2} \, e^{\frac{1}{2}(a_1 + a_2)i}.$$

Neemt men bijv.

$$a_1 = z, \quad a_2 = \frac{1}{z},$$

dan is de limiet gelijk aan $+1$ of -1, al naar dat het reëele deel van z positief of negatief is.

Daar

$$a_1, \; a_1', \; a_1'', \; a_1''' \ldots$$

hier alle rationale functiën van z zijn, zoo heeft men in

$$b_1 + b_2 + b_3 + \ldots,$$

waarin

$$b_1 = a_1, \; b_2 = a_1' - a_1, \; b_3 = a_1'' - a_1', b_4 = a_1''' - a_1'', \ldots,$$

eene oneindige reeks, waarvan de termen rationale functiën van z zijn, convergeerend voor alle waarden van z, waarvan het reëele deel niet gelijk nul is, en waarvan de som gelijk aan $+1$ of gelijk aan -1 is, al naar dat het reëele deel van z positief of negatief is.

Eene dergelijke reeks is door Weierstrass opgesteld in de hoogst belangrijke verhandeling zur Functionenlehre, voorkomende in de Monatsberichte der Königl. Preuss Akademie der Wissenschaften, 1880, p. 735.

Kort daarna merkte Tannery op, dat men op zeer eenvoudige wijze dergelijke reeksen kan vormen. (Zie Monatsberichte, 1881, p. 228 e v.).

Men zal gemakkelijk opmerken, dat de bovenstaande reeks als bijzonder geval begrepen is onder degene, die Weierstrass t. a. p., p. 230 aangeeft. (Men verbetere daar de drukfout; in plaats van $x' = \dfrac{1+x}{1-x}$ moet gelezen worden $x' = \dfrac{1-x}{1+x}$).

Eene vertaling van het eerste opstel van Weierstrass en de latere mededeeling naar aanleiding van Tannery's opmerking, is te vinden in het Bulletin des sciences mathématiques et astronomiques, deuxième série, tome V, Avril 1881.

VIII.

(Amsterdam, Nieuw Arch. Wisk., 9, 1882, 198—211.)

(traduction)

Sur un algorithme de la moyenne géométrique.

Dans le 89ième tome du Journal für die reine und angewandte Mathematik, p. 343, j'ai indiqué une méthode de calcul permettant, lorsque k nombres positifs a_1, a_2, ..., a_k sont donnés, d'en déduire rationnellement k autres nombres b_1, b_2, ..., b_k de telle manière qu'on ait $a_1 a_2 ... a_k = b_1 b_2 ... b_k$ et que les différences des nombres b_1, b_2, ..., b_k soient aussi petites qu'on veut.

Je me propose de retourner sur ce sujet dans l'article présent et de faire connaître les preuves de ce qui a été avancé dans cette brève note.

1. Soient a_1, a_2, ..., a_k des nombres réels arbitraires, M_1 leur moyenne arithmétique, c. à. d. leur somme divisée par leur nombre k; M_2 la moyenne arithmétique de tous les produits différents des nombres a_1, a_2, ..., a_k pris deux-à-deux, c à. d. la somme de ces produits divisée par leur nombre $\dfrac{k(k-1)}{2}$; de même M_3 la moyenne arithmétique de tous les produits différents des nombres a_1, a_2, ..., a_k pris trois-à-trois, etc.; enfin $M_k = a_1 a_2 ... a_k$.

On ne fait aucune autre supposition au sujet des nombres a_1, a_2, ..., a_k; il peut donc arriver que plusieurs de ces nombres sont égaux entre eux. Il est à peine nécessaire de faire remarquer qu'en employant plus haut le mot différent nous n'avons pas voulu indiquer que les valeurs numériques de tous les nombres a_1, a_2, ..., a_k sont différents; nous avons simplement voulu attribuer à chaque nombre une individualité distincte

Pour des raisons de symétrie je pose encore $M_0 = 1$. L'expression

$$M_p^2 - M_{p-1} M_{p+1}$$
$$(p = 1, 2, 3, \ldots, k-1)$$

est généralement positive ou, plus précisément, cette expression n'est jamais négative et ne devient nulle que lorsque tous les nombres $a_1, a_2, \ldots, a_k$ sont égaux entre eux ou qu'au moins $k-p+1$ de ces nombres s'annulent auquel cas les expressions M_p et M_{p+1} s'annulent évidemment l'une et l'autre.

Cette propriété générale est connue depuis longtemps; en matière d'histoire il suffit de renvoyer le lecteur à un article du docteur D. Bierens de Haan publié dans le $8^{\text{ième}}$ tome des Verslagen en mededeelingen der Koninklijke Akademie van Wetenschappen, Section de physique, Amsterdam 1858, p. 248—260. On peut consulter aussi l'article de Lobatto dans le $9^{\text{ième}}$ tome des Verslagen, p. 92—106

Cependant pour épargner de la peine au lecteur et aussi pour traiter d'une façon générale les cas limites où l'expression considérée s'annule, je fais suivre ici la preuve du théorème énoncé.

2. Posons

$$(1) \quad \begin{cases} f(x) = (x-a_1)(x-a_2)\ldots(x-a_k), \\ f(x) = M_0 x^k - \dfrac{k}{1} M_1 x^{k-1} + \dfrac{k(k-1)}{1.2} M_2 x^{k-2} - \ldots \pm M_k, \end{cases}$$

où il faut prendre dans le second membre le signe supérieur ou le signe inférieur selon que le nombre k est pair ou impair.

D'après l'hypothèse faite au sujet des nombres $a_1, a_2, \ldots, a_k$ l'équation $f(x) = 0$ n'a que des racines réelles et la même chose est donc vrai pour les équations exprimant que les dérivées successives de $f(x)$ s'annulent. C'est pourquoi l'équation

$$(2) \quad 0 = M_0 x^{p+1} - \dfrac{p+1}{1} M_1 x^p + \dfrac{p(p+1)}{1.2} M_2 x^{p-1} - \ldots \pm \dfrac{p+1}{1} M_p \mp M_{p+1}$$

n'a que des racines réelles, car cette équation ne diffère pas essentiellement de la suivante:

$$0 = \dfrac{d^{k-p-1} f(x)}{dx^{k-p-1}}.$$

Je distingue les trois cas suivants.

1°. M_{p+1} diffère de zéro.

2°. $M_{p+1} = 0$, mais M_p diffère de zéro.

3°. $M_{p+1} = 0$ et $M_p = 0$.

Dans le premier cas les racines de l'équation

$$(3) \quad 0 = M_{p+1} x^{p+1} - \frac{p+1}{1} M_p x^p + \frac{p(p+1)}{1 \cdot 2} M_{p-1} x^{p-1} \ldots \pm \frac{p+1}{1} M_1 x \pm M_0$$

sont toutes réelles, et il en est donc de même de celles de l'équation

$$(4) \quad \ldots \ldots \quad 0 = M_{p+1} x^2 - 2 M_p x + M_{p-1};$$

en effet, le second membre de cette dernière équation ne diffère que par un facteur constant de la $(p-1)^{\text{ième}}$ dérivée de la fonction qui constitue le second membre de l'équation (3). De la réalité des racines de (4) on conclut à l'inégalité

$$M_p^2 - M_{p-1} M_{p+1} \geqq 0;$$

l'expression $M_p^2 - M_{p-1} M_{p+1}$ ne s'annule que lorsque les deux racines de l'équation (4) sont égales entre elles. A cet effet il faut et il suffit que toutes les racines de (3), donc aussi toutes celles de (2), soient égales entre elles, d'où l'on conclut que toutes les racines de l'équation $f(x) = 0$ sont égales entre elles, c. à. d. que $a_1 = a_2 = \ldots = a_k$

Par conséquent lorsque M_{p+1} ne s'annule pas, l'expression $M_p^2 - M_{p-1} M_{p+1}$ est toujours positive, excepté au cas ou $a_1 = a_2 = \ldots = a_k$; car alors elle s'annule.

Dans le deuxième cas l'expression $M_p^2 - M_{p-1} M_{p+1}$ est évidemment positive.

Enfin dans le troisième cas cette expression est nulle et l'équation (2) a au moins deux racines nulles, de sorte que l'équation $f(x) = 0$ a au moins $k - p + 1$ racines nulles; en d'autres termes, dans ce cas au moins $k - p + 1$ des nombres $a_1, a_2, \ldots, a_k$ s'annulent.

Nous venons de donner la démonstration complète du théorème du n° 1.

3. Je suppose à partir de ce moment que les nombres $a_1, a_2, \ldots, a_k$ soient tous positifs, et je pose

$$(5) \quad \ldots \quad a_1' = M_1, \quad a_2' = \frac{M_2}{M_1}, \quad a_3' = \frac{M_3}{M_2}, \quad \ldots, \quad a_k' = \frac{M_k}{M_{k-1}};$$

ces équations jointes à l'hypothèse faite au sujet de la signification de M_0 me permettent d'écrire

$$a'_p = \frac{M_p}{M_{p-1}}.$$

$$(p = 1, 2, 3, \ldots, k)$$

Il s'ensuit que

$$a'_p - a'_{p+1} = \frac{M_p^2 - M_{p-1} M_{p+1}}{M_{p-1} M_p},$$

donc

$$a'_p \geqq a'_{p+1},$$

et si l'on exclut aussi la valeur 0 des nombres $a_1, a_2, \ldots, a_k$, on ne peut avoir $a'_1 = a'_{p+1}$, à moins que $a_1 = a_2 = \ldots = a_k$. Comme ce dernier cas n'a lui aussi aucune importance nous pouvons sans inconvénient l'écarter; nous avons donc

(6) . . . . $a'_1 > a'_2 > a'_3 > a'_4 > \ldots > a'_k,$

tandis qu'on tire immédiatement des équations (5):

(7) . . . . $a_1 a_2 a_3 \ldots a_k = a'_1 a'_2 a'_3 \ldots a'_k.$

Or, on a évidemment

$$a'_1 = \frac{a_1 + a_2 + a_3 + \ldots + a_k}{k},$$

$$a'_k = \frac{k}{\dfrac{1}{a_1} + \dfrac{1}{a_2} + \dfrac{1}{a_3} + \ldots + \dfrac{1}{a_k}};$$

et si nous supposons qu'aucun des nombres $a_1, a_2, \ldots, a_k$ ne soit supérieur à a_1 ni inférieur à a_k, il s'ensuit que

$$a'_1 \leqq \frac{(k-1)a_1 + a_k}{k} < a_1,$$

$$a'_k > a_1,$$

donc, en retranchant ces deux inégalités l'une de l'autre.

(8) . . . . $0 < a'_1 - a'_k < \dfrac{k-1}{k}(a_1 - a_k).$

Si des nombres $a'_1, a'_2, \ldots, a'_k$ nons déduisons un nouveau groupe de k nombres, savoir $a''_1, a''_2, \ldots, a''_k$ de la même manière que des nombres $a_1, a_2, \ldots, a_k$ nous avons déduit les nombres $a'_1, a'_2, \ldots, a'_k$, et si des nombres $a''_1, a''_2, \ldots, a''_k$ nous déduisons de la même manière les nombres $a'''_1, a'''_2, \ldots, a'''_k$, etc., nous avons donc

$$a_1 > a'_1 > a'_2 > \ldots > a'_k > a_k,$$
$$a'_1 > a''_1 > a''_2 > \ldots > a''_k > a'_k,$$
$$a''_1 > a'''_1 > a'''_2 > \ldots > a'''_k > a''_k,$$
$$\cdot \quad \cdot \quad \cdot \quad \cdot \quad \cdot \quad \cdot \quad \cdot \quad \cdot \quad \cdot \quad \cdot \quad \cdot$$

$$0 < a'_1 - a'_k < \frac{k-1}{k}(a_1 - a_k),$$

$$0 < a''_1 - a''_k < \frac{k-1}{k}(a'_1 - a'_k) < \left(\frac{k-1}{k}\right)^2 (a_1 - a_k),$$

$$0 < a'''_1 - a'''_k < \frac{k-1}{k}(a''_1 - a''_k) < \left(\frac{k-1}{k}\right)^3 (a_1 - a_k),$$

$$\cdot \quad \cdot \quad \cdot \quad \cdot \quad \cdot \quad \cdot \quad \cdot \quad \cdot \quad \cdot \quad \cdot \quad \cdot \quad \cdot \quad \cdot$$

$$a_1 a_2 \ldots a_k = a'_1 a'_2 \ldots a'_k = a''_1 a''_2 \ldots a''_k = a'''_1 a'''_2 \ldots a'''_k = \ldots$$

Les équations correspondantes pour le $n^{\text{ième}}$ groupe de nombres déduits des groupes précédents, c. à. d. pour les nombres $a_1^{(n)}, a_2^{(n)}, \ldots, a_k^{(n)}$, sont

$$a_1^{(n-1)} > a_1^{(n)} > a_2^{(n)} > \ldots > a_k^{(n)} > a_k^{(n-1)},$$

$$0 < a_1^{(n)} - a_k^{(n)} < \left(\frac{k-1}{k}\right)^n (a_1 - a_k),$$

$$a_1 a_2 \ldots a_k = a_1^{(n)} a_2^{(n)} \ldots a_k^{(n)}.$$

Or, comme l'expression

$$\left(\frac{k-1}{k}\right)^n,$$

lorsque n augmente indéfiniment, finit par devenir aussi petite qu'on le désire, il s'ensuit que les nombres $a_1^{(n)}, a_2^{(n)}, \ldots, a_k^{(n)}$ convergent tous pour $n = \infty$ vers une limite commune évidemment égale à la moyenne géométrique des nombres $a_1, a_2, \ldots, a_k$, c. à. d. à

$$\sqrt[k]{a_1 a_2 \ldots a_k}.$$

4. Qu'il me soit permis, avant que de continuer, de donner quelques exemples numériques.

Premier exemple. $k = 3$.

$$a_1 = 5, \qquad a_2 = 5, \qquad a_3 = 4,$$

$$a_1' = \frac{14}{3}, \qquad a_2' = \frac{65}{14}, \qquad a_3' = \frac{60}{13},$$

$$a_1'' = \frac{7603}{1638}, \qquad a_2'' = \frac{35290}{7673}, \qquad a_3'' = \frac{16380}{3529};$$

ou

$$a_1'' = 4.64163\ 61416\ 36\ldots,$$

$$a_2'' = 4.64158\ 88465\ 08\ldots,$$

$$a_3'' = 4.64154\ 15131\ 77\ldots.$$

On voit avec quelle rapidité les nombres d'un même groupe de-viennent égaux les uns aux autres; en effet

$$a_1' - a_2' = 0.02380\ 95\ldots,$$

$$a_2' - a_3' = 0.02747\ 25\ldots,$$

$$a_1'' - a_2'' = 0.00004\ 72951\ 38\ldots,$$

$$a_2'' - a_3'' = 0.00004\ 73333\ 31\ldots.$$

La moyenne des valeurs obtenues pour les nombres du deuxième groupe, déduits du premier, est

$$a_1''' = 4.64158\ 88337\ 74\ldots.$$

Nous verrons plus tard que la différence $a_1''' - a_3'''$ est environ de 0.00000 00003. La limite est ici

$$\sqrt[3]{100} = 4.64158\ 88336\ 12769\ldots.$$

Deuxième exemple. $k = 4$.

$$a_1 = 3, \qquad a_2 = 2, \qquad a_3 = 2, \qquad a_4 = 2,$$

$$a_1' = \frac{9}{4}, \qquad a_2' = \frac{20}{9}, \qquad a_3' = \frac{11}{5}, \qquad a_4' = \frac{24}{11},$$

$$a_1'' = \frac{17531}{7920}, \qquad a_2'' = \frac{116410}{52593}, \qquad a_3'' = \frac{128826}{58205}, \qquad a_4'' = \frac{15840}{7157},$$

ou

$$a_1'' = 2.21351\ 01010\ 1\ldots,$$

$$a_2'' = 2.21341\ 24313\ 1\ldots,$$

$$a_3'' = 2.21331\ 50073\ 0\ldots,$$

$$a_4'' = 2.21321\ 78287\ 0\ldots.$$

et

$$a_1' - a_2' = 0.02777\ 78\ldots,$$

$$a_2' - a_3' = 0.02222\ 22\ldots,$$

$$a_3' - a_4' = 0.01118\ 18\ldots,$$

$$a_1'' - a_2'' = 0.00009\ 76697\ 0\ldots,$$

$$a_1'' - a_3'' = 0.00009\ 74240\ 1\ldots,$$

$$a_3'' - a_4'' = 0.00009\ 71786\ 0\ldots.$$

Des valeurs de a_1'', de a_2'', de a_3'' et de a_4'' on tire

$$a_1''' = 2.21336\ 38420\ 8\ldots.$$

La limite est ici

$$\sqrt[k]{24} = 2.21336\ 38394\ 007\ldots.$$

5. Dans les deux exemples donnés on voit que non seulement les différences successives des nombres d'un même groupe telles que

$$a_1' - a_2',\ a_2' - a_3',\ \ldots$$

$$a_1'' - a_2'',\ a_2'' - a_3'',\ \ldots$$

deviennent de plus en plus petites lorsqu'on passe aux groupes suivants, mais aussi que les différences appartenant à un même groupe tendent de plus en plus vers une même valeur.

En effet, on peut énoncer le théorème suivant.

Pour $n = \infty$ le quotient de deux quelconques des $(k-1)$ différences

$$a_p^{(n)} - a_{p+1}^{(n)}$$

$$(p = 1,\ 2,\ 3,\ \ldots k-1)$$

tend vers la limite 1.

Parmi les différentes preuves de cette propriété que j'ai trouvées la suivante est de beaucoup la plus simple.

6. Je pose

$$a_1 = a - x_1,$$

$$a_2 = a - x_2,$$

$$a_3 = a - x_3,$$

$$\cdots\cdots\cdots$$

$$a_k = a - x_k,$$

où a représente un nombre quelconque. Je suppose en outre que

$$x_1 < x_2 < x_3 < \ldots < x_k,$$

de sorte qu'il est impossible que deux des nombres a_1, a_2, ..., a_k aient la même valeur. Soit encore

$$(9) \quad \begin{cases} f(x) = (x - x_1)(x - x_2) \ldots (x - x_k), \\ f(x) = N_0 x^k - \dfrac{k}{1} N_1 x^{k-1} + \dfrac{k(k-1)}{1 \cdot 2} N_0 x^{k-2} - \ldots \pm N_k, \end{cases}$$

les nombres N_0, N_1, ..., N_k sont donc formés à l'aide des grandeurs x_1, x_2, ..., x_k de la même manière que les nombres M_0, M_1, ..., M_k ont été formés à l'aide des grandeurs a_1, a_2, ..., a_k. Aucune ambiguité ne peut résulter du fait que $f(x)$ a ici dans la suite une autre signification que dans le n° 2. On se convainc aisément que les nombres M_0, M_1, ..., M_k peuvent être exprimés de la façon suivante à l'aide de la fonction $f(x)$ et de ses dérivées:

$$(10) \quad \begin{cases} M_k = f(a), \\ k\, M_{k-1} = f'(a), \\ k(k-1)\, M_{k-2} = f''(a), \\ \ldots \ldots \ldots \ldots \ldots \\ k(k-1) \ldots 3 \cdot 2\, M_1 = f^{(k-1)}(a), \\ k(k-1) \ldots 3 \cdot 2 \cdot 1\, M_0 = f^{(k)}(a). \end{cases}$$

Il s'ensuit que

$$(11) \quad a'_p = \frac{p f^{(k-p)}(a)}{f^{(k-p+1)}(a)},$$
$$(p = 1, 2, 3, \ldots, k)$$

où il faut prendre $f^0(a) = f(a)$.

Au lieu de l'équation (11) on peut écrire

$$(12) \quad a'_p = \frac{N_0 a^p - \dfrac{p}{1} N_1 a^{p-1} + \dfrac{p(p-1)}{1 \cdot 2} N_2 a^{p-2} - \ldots}{N_0 a^{p-1} - \dfrac{(p-1)}{1} N_1 a^{p-1} + \dfrac{(p-1)(p-2)}{1 \cdot 2} N_2 a^{p-3} - \ldots}.$$

En développant la formule du second membre suivant les puissances descendantes de a, on trouve pour les premiers termes de ce développement

$$(13) \quad a'_p = a - N_1 - \frac{(p-1)(N_1^2 - N_0 N_2)}{a} + \ldots$$

Appelons y_1, y_2, ..., y_p les p racines réelles et inégales de l'équation du p^{ieme} degré

$$f^{(k-p)}(x) = 0;$$

ces racines sont par hypothèse rangées suivant leur ordre de grandeur, de sorte que

$$y_1 < y_2 < \ldots < y_p.$$

Appelons de même z_1, z_2, ..., z_{p-1}, grandeurs qui satisfont aux inégalités $z_1 < z_2 < \ldots < z_{p-1}$, les racines réelles et inégales de l'équation $f^{(k-p+1)}(x) = 0$; de sorte que z_1 est située entre y_1 et y_2, z_2 entre y_2 et y_3... et enfin z_{p-1} entre y_{p-1} et y_p. Il faut supposer $p > 1$. On a alors suivant l'équation (11)

$$a_p' = \frac{(a - y_1)(a - y_2) \ldots (a - y_p)}{(a - z_1)(a - z_2) \ldots (a - z_{p-1})},$$

et, si l'on exécute la division et qu'on partage le quotient en fractions simples, on aura suivant l'équation (13)

$$(14) \quad \ldots \ldots \ldots \quad a_p' = a - N_1 + \sum_{k=1}^{k=p-1} \frac{A_k}{a - z_k},$$

où

$$(15) \quad \ldots \quad A_k = \frac{(z_k - y_1)(z_k - y_2) \ldots (z_k - y_p)}{(z_k - z_1) \ldots (z_k - z_{k-1})(z_k - z_{k+1}) \ldots (z_k - z_{p-1})}.$$

Dans le numérateur de cette fraction qui représente A_k les facteurs

$$(z_k - y_1)(z_k - y_2) \ldots (z_k - y_k)$$

sont tous positifs; les autres $(p - k)$ facteurs au contraire, c. à. d. les facteurs

$$z_k - y_{k+1}, \; z_k - y_{k+2}, \; \ldots, \; z_k - y_p$$

sont tous négatifs.

Les facteurs négatifs du dénominateur de l'expression A_k sont

$$z_k - z_{k+1}, \; z_k - z_{k+2}, \; \ldots, \; z_k - z_{p-1};$$

leur nombre est de $p - k - 1$. Le nombre des facteurs négatifs du numérateur de la fraction A_k surpasse donc d'une unité celui des facteurs négatifs du dénominateur. Par conséquent les expressions

$$A_1, \; A_2, \; A_3, \; \ldots, \; A_{p-1},$$

sont toutes négatives, et comme on a

$$a - z_1 > a - z_2 > \ldots > a - z_{k-1},$$

toutes ces expressions étant positives, il s'ensuit que

$$a'_p < a - N_1 + \frac{A_1 + A_2 + \ldots + A_{p-1}}{a - z_1}$$

et que

$$a'_p > a - N_1 + \frac{A_1 + A_2 + \ldots + A_{p-1}}{a - z_{p-1}}.$$

Or, l'expression $A_1 + A_2 + \ldots + A_{p-1}$ est évidemment le coefficient de $\frac{1}{a}$ dans le développement de a'_p suivant les puissances descendantes de a; suivant (13) cette expression est donc égale à $-(p-1)(N_1^2 - N_0 N_2)$ et l'on a $a - z_1 < a - x_1 = a_1$, $a - z_{p-1} > a - x_k = a_k$, tandis qu'on a aussi, comme cela se voit aisément $a - N_1 = a'_1$.

Il s'ensuit donc que

$$(16) \quad \ldots \quad \begin{cases} a'_p < a'_1 - \dfrac{(p-1)(N_1^2 - N_0 N_2)}{a_1}, \\[2ex] a'_p > a'_1 - \dfrac{(p-1)(N_1^2 - N_0 N_2)}{a_k}. \end{cases}$$

Pour $p = 1$ il faut évidemment remplacer les signes $>$ et $<$ par le signe $=$.

7. Pour pouvoir déduire les inégalités (16) nous avons tenu compte — et c'était une base essentielle de notre raisonnement — du fait que les grandeurs A_1, A_2, ..., A_{p-1} sont toutes négatives. Ce fait peut être démontré encore autrement.

Soit

$$g(x) = (x - y_1)(x - y_2) \ldots (x - y_p),$$

il s'ensuit évidemment que

$$a'_p = \frac{p \, g(a)}{g'(a)}$$

et que

$$\frac{g'(x)}{g(x)} = \frac{1}{x - y_1} + \frac{1}{x - y_2} + \ldots + \frac{1}{x - y_p}.$$

On en tire en différentiant

$$\frac{g(x)\,g''(x) - g'(x)\,g'(x)}{g(x)\,g(x)} = -\frac{1}{(x - y_1)^2} - \frac{1}{(x - y_2)^2} - \ldots - \frac{1}{(x - y_p)^2},$$

et si dans cette expression l'on pose $x = z_k$, on trouve, puisque $g'(z_k) = 0$,

$$\frac{g''(z_k)}{g(z_k)} = -\frac{1}{(z_k - y_1)^2} - \frac{1}{(z_k - y_2)^2} - \ldots - \frac{1}{(z_k - y_p)^2}.$$

Or, de l'équation $a'_p = \dfrac{p\,g\,(a)}{g'\,(a)}$ on peut tirer immédiatement

$$A_k = \frac{p\,g\,(z_k)}{g''\,(z_k)},$$

donc

$$\frac{p}{A_k} = -\frac{1}{(z_k - y_1)^2} - \frac{1}{(z_k - y_2)^2} - \cdots - \frac{1}{(z_k - y_p)^2},$$

d'où il suit que A_k est négatif.

8. Si l'on remplace p par $p+1$ dans l'équation (16), on obtient en combinant les différentes inégalités

$$a'_p - a'_{p+1} < \frac{a_k + p\,(a_1 - a_k)}{a_1\,a_k}\,(N_1^2 - N_0\,N_2),$$

$$a'_p - a'_{p+1} > \frac{a_1 - p\,(a_1 - a_k)}{a_1\,a_k}\,(N_1^2 - N_0\,N_2),$$

donc à plus forte raison, attendu que p est tout au plus égal à $k-1$, et que les expressions $a_1 - a_k$ et $N_1^2 - N_0\,N_2$ sont positives,

$$(17) \quad \cdots \quad \left\{ \begin{aligned} a'_p - a'_{p+1} &< \frac{a_k + (k-1)\,(a_1 - a_k)}{a_1\,a_k}\,(N_1^2 - N_0\,N_2), \\ a'_p - a'_{p+1} &> \frac{a_1 - (k-1)\,(a_1 - a_k)}{a_1\,a_k}\,(N_1^2 - N_0\,N_2). \end{aligned} \right.$$

Les seconds membres de ces équations ne contiennent plus le nombre p.

Tous les développements antérieurs restent les mêmes, si l'on remplace les nombres $a_1, a_2, \ldots, a_k$, par $a_1^{(n)}, a_2^{(n)}, \ldots, a_k^{(n)}$ et en même temps les nombres a'_1, a'_2, a'_k par $a_1^{(n+1)}, a_2^{(n+1)}, \ldots, a_k^{(n+1)}$.

Or, comme nous avons déjà prouvé que les nombres $a_1^{(n)}, a_2^{(n)}, \ldots, a_k^{(n)}$ tendent tous pour $n = \infty$ vers une même limite positive, on peut apparemment toujours donner à n une grandeur telle que l'expression

$$a_1^{(n)} - (k-1)\,(a_1^{(n)} - a_k^{(n)})$$

est positive, et dans ce cas on conclut aisément que

$$(18) \quad \frac{a_1^{(n)} - (k-1)\,(a_1^{(n)} - a_k^{(n)})}{a_k^{(n)} + (k-1)\,(a_1^{(n)} - a_k^{(n)})} < \frac{a_p^{(n+1)} - a_{p+1}^{(n+1)}}{a_q^{(n+1)} - a_{q+1}^{(n+1)}} < \frac{a_k^{(n)} + (k-1)\,(a_1^{(n)} - a_k^{(n)})}{a_1^{(n)} - (k-1)\,(a_1^{(n)} - a_k^{(n)})}.$$

Lorsqu'on donne à n une valeur suffisamment grande, les deux grandeurs entre lesquelles est située l'expression

$$\frac{a_p^{(n+1)} - a_{p+1}^{(n+1)}}{a_q^{(n+1)} - a_{q+1}^{(n+1)}}$$

diffèrent de l'unité aussi peu qu'on le désire.

Nous avons donc démontré ce qui a été avancé au n° 5.

9. Pour simplifier les formules, je remplacerai momentanément $a_p^{(n)}$ par b_p et $a_p^{(n+1)}$ par b_p'.

On a donc dans ce cas-là

$$b_1' - b_k' = \frac{b_1 + b_2 + \ldots + b_k}{k} - \frac{k}{\dfrac{1}{b_1} + \dfrac{1}{b_2} + \ldots + \dfrac{1}{b_k}},$$

ou

$$k\left(\frac{1}{b_1} + \frac{1}{b_2} \ldots + \frac{1}{b_k}\right)(b_1' - b_k') = \quad 1 + \frac{b_2}{b_1} + \frac{b_3}{b_1} + \ldots + \frac{b_k}{b_1} +$$
$$+ \frac{b_1}{b_2} + 1 + \frac{b_3}{b_2} + \ldots + \frac{b_k}{b_2} +$$
$$+ \frac{b_1}{b_3} + \frac{b_2}{b_3} + 1 + \ldots + \frac{b_k}{b_3} +$$
$$\cdot \quad \cdot \quad \cdot \quad \cdot \quad \cdot \quad \cdot \quad \cdot \quad \cdot \quad \cdot \quad \cdot$$
$$+ \frac{b_1}{b_k} + \frac{b_2}{b_k} + \frac{b_3}{b_k} + \ldots + 1 - k^2.$$

Le second membre peut s'écrire

$$= \Sigma\left(\frac{b_p}{b_q} + \frac{b_q}{b_p} - 2\right) = \Sigma \frac{(b_p - b_q)^2}{b_p b_q},$$

où p et q acquièrent successivement toutes les valeurs $1, 2, 3, \ldots, k$, avec cette condition qu'on aura toujours $p > q$.

Si l'on divise les deux membres par $(b_1 - b_k)^2$ et qu'on passe à la limite pour $n = \infty$, on trouve, attendu que d'après ce qui précède

$$\lim_{n = \infty} \frac{(b_p - b_q)^2}{(b_1 - b_k)^2} = \left(\frac{p - q}{k - 1}\right)^2,$$

$$\frac{k^2}{b} \lim_{n = \infty} \frac{b_1' - b_k'}{(b_1 - b_k)^2} = \frac{1}{(k - 1)^2 b^2} \Sigma (p - q)^2,$$

où b représente la limite du produit $b_1, b_2, \ldots, b_k$.

Or,

$$\Sigma\,(p-q)^2 = 1^2 + 2^2 + 3^2 + \ldots + (k-1)^2 +$$
$$+ 1^2 + 2^2 + \ldots + (k-2)^2 +$$
$$+ 1^2 + \ldots + (k-3)^2 +$$
$$\cdot\ \cdot\ \cdot\ \cdot\ \cdot\ \cdot\ \cdot\ \cdot\ \cdot\ \cdot$$
$$+ 1^2,$$

ou, après réduction,

$$\Sigma\,(p-q)^2 = \frac{1}{12}\,k^2\,(k^2-1),$$

donc

$$\lim_{n=\infty} \frac{b'_1 - b'_k}{(b_1 - b_k)^2} = \frac{1}{12}\left(\frac{k+1}{k-1}\right) \times \frac{1}{b},$$

ou

(19) . . . $\displaystyle \lim_{n=\infty} \frac{a_1^{(n+1)} - a_k^{(n+1)}}{(a_1^{(n)} - a_k^{(n)})^2} = \frac{1}{12}\left(\frac{k+1}{k-1}\right)(a_1\,a_2\ldots a_k)^{-\frac{1}{k}}.$

10. Cette formule (19) donne une idée nette de la rapidité avec laquelle les nombres convergent finalement vers leur limite commune $\overset{k}{\sqrt{a_1\,a_2\ldots a_k}}$. Il paraît que le rapport de la différence $a_1^{(n+1)} - a_k^{(n+1)}$ à la deuxième puissance de l'expression $a_1^{(n)} - a_k^{(n)}$ est fini.

Dans le premier exemple du n° 4 nous avions

$$a''_1 - a''_3 = 0.00009\ 4628\ldots;$$

nous pouvons prendre maintenant comme valeur approchée de la différence $a'''_1 - a'''_3$ l'expression

$$\frac{1}{6}\,\frac{(a''_1 - a''_3)^2}{a''_2};$$

et comme les nombres a'''_1, a'''_2 et a'''_3 forment à fort peu près une progression arithmétique, il faut ajouter à

$$a'''_1 = 4.64158\ 88337\ 74\ldots$$

la correction

$$-\frac{1}{12}\,\frac{(a''_1 - a''_3)^3}{a''_2} = -0.00000\ 00001\ 61\ldots$$

pour obtenir une valeur exacte en 12 décimales de $\sqrt[3]{100}$; cette valeur est la suivante:

$$4.64158\ 88336\ 13\ldots$$

Dans le deuxième exemple il faut à

$$a_1''' = 2.21336\ 38420\ 8\ldots$$

ajouter la correction

$$-\frac{5}{72}\frac{(a_1'' - a_4'')^2}{a_1''} = -0.00000\ 00026\ 8\ldots;$$

on obtient ainsi

$$\sqrt[4]{24} = 2.21336\ 38394\ 0\ldots.$$

11. Considérons encore brièvement le cas où quelques-uns des nombres a_1, a_2, ..., a_k s'annulent.

Supposons

$$a_1 \geqq a_2 \geqq a_3 \geqq \ldots \geqq a_h > 0,\ h < k,$$

et

$$a_{h+1} = a_{h+2} = \ldots = a_k = 0;$$

alors les expressions M_0, M_1, M_2, ..., M_h sont évidemment positives et non pas nulles, tandis que les nombres M_{h+1}, ..., M_k s'annulent tous.

Par conséquent les nombres

$$a_1',\ a_2',\ \ldots,\ a_h'$$

deviennent tous positifs et non pas nuls; le nombre a_{h+1}' s'annule; quant aux lettres a_{h+2}', ..., a_k', elles n'ont pas de signification précise. Mais si dans ce cas l'on attribue à tous les nombres a_{h+1}', ..., a_k' également une valeur nulle, il s'ensuit que parmi les nombres

$$a_1',\ a_2',\ \ldots,\ a_k'$$

il y en a autant qui s'annulent que parmi le groupe primitivement considéré a_1, a_2, ..., a_k.

On voit de suite que les raisonnements ultérieurs du n⁰ 3 sont applicables à ce cas avec quelques modifications peu importantes, et que les nombres $a_1^{(n)}$, $a_2^{(n)}$, ..., $a_k^{(n)}$ convergent de nouveau vers une même limite qui ici est nulle.

Mais la manière dont ces nombres convergent vers leur limite est ici tout autre: on peut dire que la convergence est beaucoup plus lente.

En effet, il paraît que le rapport de deux nombres successifs de la série

$$a_p,\ a_p',\ a_p'',\ a_p''',\ \ldots,\ a_p^{(n)}\ldots$$
$$(p = 1, 2, 3, \ldots, h)$$

tend vers une limite finie et aisée à déterminer; cette limite est la même pour les différentes valeurs de p; tandis que les rapports des nombres d'un même groupe

$$a_1^{(n)}, \ a_2^{(n)}, \ \ldots, \ a_h^{(n)}$$

tendent vers des limites finies qui ne dépendent que de k et de h et non pas des valeurs numériques $a_1, a_2, \ldots, a_h$ qu'on a choisies au commencement.

Comme la démonstration rigoureuse de ces propriétés prendrait à mon avis plus de place que ne le comporte leur importance actuelle, je me contente de les avoir indiquées.

12. L'application de notre théorie à des nombres complexes arbitraires offre de grandes difficultés.

Il est aisé sans doute d'indiquer dans ce cas les conditions qui, si elles sont remplies par les nombres $a_1, a_2, \ldots, a_k$, suffisent pour faire voir que la méthode du calcul conduit à une limite déterminée, et de dire ensuite quelle est parmi les k valeurs de l'expression $(a_1 \ a_2 \ \ldots \ a_k)^{\frac{1}{k}}$ celle qui correspond à cette limite; mais il semble extrêmement difficile de déterminer, lorsqu'on donne arbitrairement les nombres $a_1, a_2, \ldots, a_k$, s'il existe oui ou non une limite et d'indiquer cette limite dans les cas où elle existe.

Seul le cas où $k = 2$ n'offre aucune difficulté; c'est pourquoi il suffira de donner les théorèmes suivants sans démonstrations.

On trouve donc que dans ce cas il existe toujours une limite

$$\pm \sqrt{a_1 \, a_2},$$

excepté lorsque le rapport $a_1 : a_2$ est réel et négatif.

Si l'on pose

$$a_1 = r_1 \, e^{a_1 i},$$
$$a_2 = r_2 \, e^{a_2 i},$$

et qu'on attribue à r_1 et à r_2 des valeurs positives, tandis que les grandeurs a_1 et a_2 sont situées entre 0 et 2π (la première de ces valeurs étant incluse et la seconde exclue), la limite est

$$+ \sqrt{r_1 \, r_2} \, e^{\frac{1}{2}(a_1 + a_2)i},$$

si la valeur absolue de la différence $a_1 - a_2$ est inférieure à π; mais si elle est supérieure à π la limite a la valeur

$$-V\overline{r_1\,r_2}\;e^{\frac{1}{2}(\omega_1+\omega_2)i}.$$

Si l'on pose par exemple

$$a_1 = z,\; a_2 = \frac{1}{z},$$

la limite sera $+1$, lorsque la partie réelle de z est positive, -1 lors-que cette partie est négative.

Comme les expressions

$$a_1,\; a_1',\; a_1'',\; a_1'''\ldots$$

sont toutes ici des fonctions rationnelles de z, la somme

$$b_1 + b_2 + b_3 + \cdots,$$

où

$$b_1 = a_1,\; b_2 = a_1' - a_1,\; b_3 = a_1'' - a_1',\; b_4 = a_1''' - a_1'',\; \ldots,$$

est composée d'une infinité de termes qui sont tous des fonctions rationnelles de z. Cette somme tend vers une limite déterminée pour toutes les valeurs de z dont la partie réelle n'est pas nulle; cette limite est $+1$ lorsque la partie réelle de z est positive, -1 si elle est négative.

Une série de ce genre a été donnée par Weierstrass dans son article fort important Zur Functionenlehre, publié dans les Monats-berichte der Königl. Preuss. Akademie der Wissenschaften, 1880, p. 735.

Peu après Tannery a remarqué qu'on peut former des séries ana-logues en suivant une méthode fort simple (Consultez les Monatsbe-richte, 1881, p. 228 et suiv.).

On apercevra aisément que notre série est comprise comme cas particulier dans celles que Weierstrass donne dans l'article cité à la p. 230. $\Big($Il faut y corriger une faute d'impression: au lieu de $x' = \dfrac{1+x}{1-x}$ il faut lire $x' = \dfrac{1-x}{1+x}\Big).$

Une traduction du premier article de Weierstrass et une commu-nication plus récente de cet auteur à-propos de la remarque de Tannery, se trouvent dans le Bulletin des sciences mathématiques et astronomiques, deuxième série, tome V, Avril 1881.

IX.

(Amsterdam, Nieuw Arch. Wisk., 9, 1882, 193—195.)

Over het quadratische rest-karakter van het getal 2.

1. Zij p een oneven priemgetal. De getallen kleiner dan p, met uitzondering van $p - 1$,

$$1, 2, 3, \ldots, p - 2$$

kunnen in twee groepen verdeeld worden, al naar gelang ze quadratische resten of niet resten van p zijn. De eerste groep

(A) . . . . $a, a', a'', \ldots$

bevat dan al de resten, de tweede groep

(B) . . . . $b, b', b'', \ldots$

alle niet resten, die onder de getallen $1, 2, 3, \ldots, p - 2$ voorkomen. Is dus $p - 1$ of $- 1$ quadratische rest, dan bevat de groep (A) alle resten van p behalve $p - 1$, en de groep (B) bestaat uit de gezamenlijke niet-resten van p. Is daarentegen $- 1$ quadratische niet-rest, dan bestaat de groep (A) uit alle resten, de groep (B) uit alle niet-resten met uitzondering van $p - 1$. In het eerste geval bevat dus de groep (A) $\frac{p - 3}{2}$, de groep (B) $\frac{p - 1}{2}$ getallen, in het tweede geval bevat (A) $\frac{p - 1}{2}$, (B) $\frac{p - 3}{2}$ getallen.

Maar het is nu gemakkelijk te zien, dat de groep (B) steeds uit een even aantal getallen bestaat. Men kan namelijk de getallen van (B) in paren vereenigen, door twee getallen b en b' van (B) tot een paar te rekenen, wanneer

$$b b' \equiv 1 \quad (\mathrm{mod}\ p)$$

is.

De getallen van een paar zijn altijd ongelijk; want uit $b = b'$ zou volgen $b^2 \equiv 1$, dus $b = 1$ of $b = p - 1$, maar het getal 1 komt als rest nooit in de groep (B) voor, terwijl $p - 1$ noch in (A), noch in (B) voorkomt.

Is dus het geheele aantal $\dfrac{p-1}{2}$ der niet-resten even, dus p van den vorm $4n + 1$, dan bevat (B) alle niet-resten van p, en -1 is dus rest van p. Is daarentegen $\dfrac{p-1}{2}$ oneven, p van den vorm $4n + 3$, dan is noodzakelijk -1 niet-rest van p.

Te gelijk volgt nu:

voor $p = 4n + 1$: (A) bevat alle resten behalve de rest $p - 1$; het aantal der getallen (A) is $2n - 1$; (B) bevat alle niet-resten; hun aantal is $2n$;

en voor $p = 4n + 3$: (A) bevat alle resten; hun aantal is $2n + 1$; (B) bevat alle niet-resten behalve de niet-rest $p - 1$; het aantal der getallen (B) is $2n$.

2. Door bij alle getallen $a, a', a'', \ldots, b, b', b'', \ldots$ de eenheid op te tellen, ontstaan de groepen van getallen

$$(A') \quad \ldots \ldots \ldots \quad a + 1, \; a' + 1, \; a'' + 1, \ldots$$
$$(B') \quad \ldots \ldots \ldots \quad b + 1, \; b' + 1, \; b'' + 1, \ldots,$$

die te zamen alle getallen

$$2, 3, 4, \ldots, p - 1$$

vormen; zoodat in (A') en (B') te zamen voorkomen de $\dfrac{p-1}{2}$ niet-resten en nog $\dfrac{p-3}{2}$ resten van p, namelijk alle resten behalve 1.

Het aantal der getallen (B') is even, en onder de getallen van (B') komen evenveel resten als niet-resten van p voor. Want zijn b en b' twee getallen van (B), die een paar vormen en derhalve voldoen aan

$$bb' \equiv 1 \quad (\text{mod. } p),$$

dan is

$$b + 1 \equiv b(b' + 1) \quad (\text{mod. } p),$$

en daar b niet-rest is, zoo is één der getallen $b + 1$, $b' + 1$ rest, het andere niet-rest.

In verband met het voorgaande volgt, dat voor $p = 4n + 1$ de groep (B') bestaat uit

$$\frac{p-1}{4} = n \text{ resten en uit } \frac{p-1}{4} = n \text{ niet-resten},$$

en derhalve de groep (A') uit

$$\frac{p-5}{4} = n - 1 \text{ resten en uit } \frac{p-1}{4} = n \text{ niet-resten}.$$

Is echter $p = 4n + 3$, dan bevat de groep (B')

$$\frac{p-3}{4} = n \text{ resten en } \frac{p-3}{4} = n \text{ niet-resten},$$

derhalve bevat de groep (A')

$$\frac{p-3}{4} = n \text{ resten en } \frac{p+1}{4} = n + 1 \text{ niet-resten}.$$

3. Het quadratische rest-karakter van 2 kan nu als volgt bepaald worden. De gevallen $p = 4n + 1$, $p = 4n + 3$ moeten afzonderlijk behandeld worden.

I. $p = 4n + 1$.

In dit geval bevat (B) alle niet-resten van p, dus heeft men

$$(x - b)(x - b')(x - b'') \ldots \equiv x^{\frac{p-1}{2}} + 1 \quad (\bmod\, p).$$

Stelt men hierin $x = -1$ dan volgt

$$(b + 1)(b' + 1)(b'' + 1) \ldots \equiv 2 \quad (\bmod\, p).$$

Maar volgens n° 2 komen n niet-resten voor onder de $2n$ getallen $b + 1$, $b' + 1, \ldots$, terwijl de overige resten zijn.

Is dus n even of

$$p = 8k + 1,$$

dan is 2 rest van p.

Is n oneven of

$$p = 8k + 5,$$

dan is 2 niet-rest van p.

II. $p = 4n + 3$.

In dit geval bevat (A) alle resten van p, dus heeft men

$$(x - a)(x - a')(x - a'') \ldots \equiv x^{\frac{p-1}{2}} - 1 \quad (\bmod\, p).$$

Stelt men hierin $x = -1$, dan volgt

$$(a + 1)(a' + 1)(a'' + 1) \ldots \equiv 2 \quad (\bmod\, p).$$

Maar volgens n⁰ 2 komen $n + 1$ niet-resten voor onder de $2n + 1$ getallen $a + 1$, $a' + 1$, $\ldots$, terwijl de overige resten zijn.

Is dus n even of

$$p = 8k + 3,$$

dan is 2 niet-rest van p.

Is n oneven of

$$p = 8k + 7,$$

dan is 2 rest van p.

IX.

(Amsterdam, Nieuw Arch. Wisk., 9, 1882, 193—195.)

(traduction)

Le nombre 2 comme résidu quadratique.

1. Supposons que p représente un nombre premier impair. Les nombres inférieurs à p, à l'exception de $p - 1$, c. à d. les nombres

$$1, 2, 3, \ldots, p - 2$$

peuvent être divisés en deux groupes, dont l'un est formé des résidus quadratiques de p, l'autre des non-résidus de ce nombre. Le premier groupe

(A) . . . . $a, a', a'', \ldots$

contient donc tous les résidus, le deuxième

(B) . . . . $b, b', b'', \ldots$

tous les non-résidus compris dans les nombres $1, 2, 3, \ldots, p - 2$. Lorsque $p - 1$ ou $- 1$ est un résidu quadratique, le groupe (A) contient donc tous les résidus de p excepté $p - 1$, et le groupe (B) tous les non-résidus de p. Mais lorsque $- 1$ est un non-résidu, le groupe (A) se compose de tous les résidus et le groupe B de tous les non-résidus à l'exception de $p - 1$. Dans le premier cas le groupe (A) contient donc $\dfrac{p - 3}{2}$ et le groupe (B) $\dfrac{p - 1}{2}$ nombres, dans le deuxième cas le groupe (A) contient $\dfrac{p - 1}{2}$ et le groupe (B) $\dfrac{p - 3}{2}$ nombres.

Or, il est aisé de voir que le groupe (B) comprend toujours un nombre pair de termes. En effet, on peut réunir en couples les nombres de (B), en appelant couple deux nombres b et b' du groupe (B) qui satisfont à la relation

$$b b' \equiv 1 \qquad (\bmod\ p).$$

Les nombres appartenant à un même couple sont toujours inégaux entre eux, en effet, de $b = b'$ on pourrait tirer $b^2 \equiv 1$, donc $b = 1$ ou $b = p - 1$; mais le nombre 1 qui est un résidu ne fait jamais partie du groupe (B), tandis que le nombre $p - 1$ ne fait partie ni du groupe (A) ni du groupe (B).

Lorsque le nombre total $\frac{p-1}{2}$ des non-résidus est pair, c. à d. lorsque p a la forme $4n + 1$, le groupe (B) contient donc tous les non résidus de p et -1 est un résidu de p. Mais lorsque le nombre $\frac{p-1}{2}$ est impair et que p a la forme $4n + 3$, le nombre -1 est nécessairement un non-résidu de p.

On arrive en même temps aux conclusions suivantes:

a) lorsque $p = 4n + 1$: le groupe (A) contient tous les résidus excepté le résidu $p - 1$; le nombre des termes du groupe (A) est $2n - 1$; le groupe (B) renferme tous les non-résidus; leur nombre est $2n$.

b) lorsque $p = 4n + 3$: le groupe (A) contient tous les résidus; leur nombre est $2n + 1$; le groupe (B) contient tous les non-résidus excepté le non-résidu $p - 1$; le nombre des termes du groupe (B) est $2n$.

2. Lorsqu'on ajoute l'unité à tous les nombres $a, a', a'', \ldots, b, b', b'', \ldots$ on obtient les groupes suivants de nombres

(A') . . . . $a + 1, a' + 1, a'' + 1, \ldots$

(B') . . . . $b + 1, b' + 1, b'' + 1, \ldots,$

ces deux groupes ensemble contiennent tous les nombres

$$2, 3, 4, \ldots, p - 1.$$

Il s'ensuit que les groupes (A') et (B') ensemble contiennent les $\frac{p-1}{2}$ non-résidus et encore $\frac{p-3}{2}$ résidus de p, c. à d. tous les résidus excepté l'unité.

Le nombre des termes du groupe (B') est pair et parmi ces termes il y a autant de résidus que de non-résidus du nombre p. En effet, si b et b' sont deux nombres du groupe (B) qui forment un couple et qui satisfont par conséquent à la relation

$$bb' \equiv 1 \qquad (\bmod\ p),$$

il s'ensuit que

$$b + 1 \equiv b(b' + 1) \qquad (\bmod\ p),$$

et comme b est un non-résidu, l'un des nombres $b + 1$, $b' + 1$ est un résidu, l'autre un non-résidu.

Eu égard à ce qui précède, on peut en déduire que pour $p = 4n + 1$ le groupe (B') se compose de

$$\frac{p-1}{4} = n \text{ résidus et de } \frac{p-1}{4} = n \text{ non résidus},$$

et le groupe (A') par conséquent de

$$\frac{p-5}{4} = n \text{ résidus et de } \frac{p-1}{4} = n \text{ non-résidus}.$$

Mais lorsque $p = 4n + 3$, le groupe (B') contient

$$\frac{p-3}{4} = n \text{ résidus et } \frac{p-3}{4} = n \text{ non-résidus},$$

et le groupe (A') par conséquent

$$\frac{p-3}{4} = n \text{ résidus et } \frac{p+1}{4} = n + 1 \text{ non-résidus}.$$

3. Le caractère du nombre 2 comme résidu ou non-résidu peut maintenant être déterminé de la manière suivante. Les cas $p = 4n + 1$ et $p = 4n + 3$ doivent être traités séparément.

I. $p = 4n + 1$.

Dans ce cas le groupe (B) contient tous les non-résidus de p, on a donc

$$(x - b\, (x - b')\, (x - b'')\ldots \equiv x^{\frac{p-1}{2}} + 1 \qquad (\mathrm{mod}\, p).$$

En y substituant à x la valeur -1, on trouve

$$(b + 1\, (b' + 1)\, (b'' + 1)\ldots \equiv 2 \qquad (\mathrm{mod}\, p).$$

Mais suivant le n° 2 il y a n non-résidus parmi les $2n$ nombres $b + 1$, $b' + 1$, ..., tandis que les autres sont des résidus.

Par conséquent lorsque n est pair, c. à d. lorsque

$$p = 8k + 1,$$

le nombre 2 est résidu de p.

Mais lorsque n est impair, c. à d. lorsque

$$p = 8k + 5,$$

le nombre 2 est non-résidu de p.

II. $p = 4n + 3$.

Dans ce cas le groupe (A) contient tous les résidus de p; on a donc

$$(x - a)(x - a')(x - a'')\ldots \equiv x^{\frac{p-1}{2}} - 1 \qquad (\mathrm{mod}\, p).$$

En y substituant à x la valeur -1, on trouve

$$(a + 1)(a' + 1)(a'' + 1)\ldots \equiv 2 \qquad (\mathrm{mod}\, p).$$

Mais suivant le n° 2 il y a $n + 1$ non-résidus parmi les $2n + 1$ nombres $a + 1$, $a' + 1$, ..., tandis que les autres sont des résidus.

Par conséquent lorsque n est pair, c. à d. lorsque

$$p = 8k + 3,$$

le nombre 2 est non-résidu de p.

Mais lorque n est impair, c. à d. lorsque

$$p = 8k + 7,$$

le nombre 2 est résidu du nombre p.

X.

(Amsterdam, Versl. K. Akad. Wet., 1e sect., sér. 2, 17, 1882, 338—417.)

Bijdrage tot de theorie der derde- en vierde-machtsresten.

Het hoofdtheorema in de theorie der quadraatresten, de zooge-
naamde wet van reciprociteit, heeft betrekking op de wederkeerige
verhouding van twee oneven priemgetallen, en in eene volledige
theorie moet daarom het karakter van het getal 2 als quadraatrest
of niet-rest van een ander oneven priemgetal, afzonderlijk bepaald
worden. Het getal 2 blijkt hierdoor eene bijzondere plaats onder
alle priemgetallen in te nemen.

De theorema's, waardoor het karakter van 2 bepaald wordt, zijn
het eerst door Fermat uitgesproken [1]) en door Lagrange [2]) bewezen
Hierbij moet echter vermeld worden dat het bewijs, door Lagrange
gegeven, op geheel analoge beschouwingen berust, als die waardoor
Euler [3]) reeds vroeger de theorema's bewezen had, die het karakter
van 3 als quadraatrest of niet-rest bepalen, en welke insgelijks reeds
door Fermat waren uitgesproken. Het is daarom des te meer op-
merkelijk, dat Euler steeds te vergeefs getracht heeft, de theorema's
omtrent het karakter van 2 te bewijzen (Vergel. Disq. Arithm., art. 120).

Een geheel analoog verschijnsel doet zich voor in de theorie der
vierde-machtsresten. Ook hier heeft de algemeene reciprociteitswet
betrekking op twee oneven, d. w z. niet door $1 + i$ deelbare, priemgetallen en het karakter van dit bijzondere priemgetal $1 + i$ moet
afzonderlijk bepaald worden.

In de verhandeling van Gauss: Theoria residuorum biquadratico-

---

[1]) Op. Mathem., p. 168.
[2]) Nouv. Mém. de l'Ac. de Berlin, 1775. Oeuvres, t. III, p. 759.
[3]) Comment. nov. Petrop., t. VIII, p. 105.

rum commentatio secunda, waarin voor het eerst de geheele complexe getallen van den vorm $a + bi$ in de getallentheorie ingevoerd
werden, is het biquadratisch karakter van $1 + i$ volledig bepaald.
Het daar voorkomende bewijs is zuiver arithmetisch gevoerd en steunt
wezenlijk op het theorema van art. 71, dat geheel overeenkomt met
de hulpstelling, die den grondslag uitmaakt, zoowel van het derde
als van het vijfde Gaussische bewijs van de reciprociteitswet in de
theorie der quadraatresten. (Theorematis arithmetici demonstratio
nova. Werke, II, p. 1 en Theorematis fundamentalis in doctrina de
residuis quadraticis demonstrationes et ampliationes novae. Werke,
II, p. 47).

Zooals bekend is, heeft Gauss zijn voornemen, in eene derde
verhandeling de theorie der vierde-machtsresten tot een zeker einde
te brengen door het bewijs te leveren van de algemeene reciprociteitswet, die reeds in de tweede verhandeling over deze theorie
uitgesproken is, niet ten uitvoer gebracht.

De eerste gepubliceerde bewijzen van dit fundamenteele theorema
zijn de beide van Eisenstein in het 28ste deel van Crelle's Journal
für Mathematik, p. 53 en 223. In het eerste stuk: Lois de réciprocité
wordt het karakter van $1 + i$ niet behandeld, wel in het tweede stuk:
Einfacher Beweis und Verallgemeinerung des Fundamentaltheorems
für die biquadratischen Reste. Bij de daar voorkomende afleiding
van het karakter van $1 + i$ wordt echter gebruik gemaakt van de
vooraf bewezen algemeene reciprociteitswet, wat mij in elk geval
minder schoon voorkomt, daar de overgang van het meer eenvoudige
tot het samengestelde toch stellig verlangt het karakter $1 + i$ geheel
onafhankelijk van het fundamentaaltheorema af te leiden.

Hetzelfde geldt in meerdere of mindere mate van alle andere
methoden, die later bekend gemaakt zijn om de theorie der vierde-
machtsresten te behandelen, en voorzoover ik zie, kan alleen van
de Gaussische afleiding van het karakter van $1 + i$ gezegd worden,
dat zij zuiver arithmetisch is, en geheel onafhankelijk van de algemeene wet van reciprociteit, zoodat zij hierdoor voldoet aan de
eischen, die men aan eene geleidelijke ontwikkeling van de geheele
theorie der vierde-machtsresten zal moeten stellen.

Geheel analoge opmerkingen zijn te maken omtrent de theorie der derde-machtsresten. Het eerste gepubliceerde bewijs van de door Jacobi uitgesproken wet van reciprociteit in deze theorie is dat van Eisenstein in deel 27 van Crelle's Journal für Mathematik, p. 289. Het afzonderlijk te bepalen karakter van $1 - \varrho$ (waarin ϱ een complexe derde-machtswortel der eenheid) is eerst later gegeven door Eisenstein in deel 28, p. 28 e. v. van hetzelfde tijdschrift. Bij deze afleiding wordt weder gebruik gemaakt van de algemeene wet van reciprociteit, en ik zie niet, dat tot dusver eene afleiding van het cubisch karakter van $1 - \varrho$ gegeven is, waarvan dit niet gezegd kan worden.

Daar het nu toch wenschelijk voorkomt, eene afleiding te bezitten voor het karakter van $1 + i$ en $1 - \varrho$, geheel afgescheiden van de algemeene reciprociteitswetten, zoo is het misschien niet geheel van belang ontbloot om aan te toonen, dat al deze theorema's, die betrekking hebben op de priemgetallen 2, $1 + i$, $1 - \varrho$ en die tot aanvulling der reciprociteitswetten noodzakelijk zijn, volgens eene gelijkblijvende methode bewezen kunnen worden.

Het principe van deze methode bestaat daarin, het priemgetal waarvan het karakter te bepalen is te vervangen door een congruent product van factoren Het karakter dezer factoren wordt dan bepaald door beschouwingen, geheel overeenkomstig aan die van Gauss in art. 15—20 van zijne eerste verhandeling over de theorie der vierde-machtsresten (Werke, II, p. 78—87). Gauss beschouwt in deze verhandeling alleen reëele getallen, en het doel der verhandeling is de bepaling van het karakter van 2 in deze reëele theorie. Het bleek mij echter, dat al de beschouwingen van Gauss bijna onveranderd ook in de theorie der complexe getallen herhaald kunnen worden, en de bepaling van het biquadratisch karakter van $1 + i$ volgt dan onmiddellijk met behulp van eene eenvoudige beschouwing, volgens welke $1 + i$ congruent is met een product, waarvan men het karakter der factoren kent.

Met behulp van deze hoogst eenvoudige opmerkingen is dan ook, eenmaal de onderzoekingen der eerste verhandeling van Gauss gegeven zijnde, de bepaling van het karakter van $1 + i$ ten opzichte van een priemgetal van den vorm $a + bi$ (waarin b niet gelijk nul is) om zoo te zeggen mede geheel volbracht; terwijl eene geheel analoge methode in het geval, dat de modulus een reëel priemgetal van den vorm $4n + 3$ is, tot hetzelfde doel gebezigd kan worden Hoewel dit laatste geval eene veel eenvoudiger behandeling toelaat (zie bijv. Gauss Werke, II, art 68), heb ik toch gemeend het ook op dezelfde wijze als de overige gevallen te moeten behandelen, omdat zoodoende blijkt, dat de gebezigde methode in staat is om de volledige theorema's af te leiden.

Nadat de bepaling van het biquadratisch karakter van $1 + i$ afgehandeld is, heb ik met behulp van de voorafgaande ontwikkelingen alle theorema's bewezen, die Gauss door inductie gevonden, en in art. 28 der Theoria residuorum biquadraticorum commentatio secunda opgesteld heeft. Voor zoover mij bekend, zijn deze theorema's hier voor het eerst bewezen [1]. Dit bewijs steunt geheel op de theorie der complexe getallen, welke theorie hier dus geheel als hulpmiddel dient, daar de theorema's zelf alleen betrekking hebben op reëele getallen. Behalve de reprociteitswet in de theorie der vierde-machtsresten, waren voor het volledig bewijs nog de beschouwingen van art 19 en 20 noodzakelijk.

Ik zal nu beginnen met de afleiding van het karakter van 2 in de theorie der

QUADRAATRESTEN.

1. Zij p een oneven priemgetal, de getallen

$$1, 2, 3, \ldots, p - 1$$

zullen dan in twee groepen verdeeld worden. Tot de eerste groep

A $a, a', a'', \ldots$

worden gerekend alle quadraatresten, tot de tweede groep

B $\beta, \beta', \beta'', \ldots$

alle niet-resten van den modulus p. Elk der groepen A en B be-

---

[1] In het 4de deel van het Journal de Liouville heeft Lebesgue deze theorema's voor een deel bewezen. Zie daar p. 51 en 52. Remarque 1°.

staat uit $\dfrac{p-1}{2}$ volgens den modulus p incongruente getallen, en men ziet gemakkelijk, dat de beide congruenties:

$$(x-a)(x-a')(x-a'')\ldots \equiv x^{\frac{p-1}{2}} - 1$$
$$(x-\beta)(x-\beta')(x-\beta'')\ldots \equiv x^{\frac{p-1}{2}} + 1 \qquad (\mathrm{mod}\, p)$$

identieke congruenties zijn, want zij zijn van lageren graad dan den $\left(\dfrac{p-1}{2}\right)^{\mathrm{den}}$ en bezitten beide blijkbaar $\dfrac{p-1}{2}$ wortels, namelijk de eerste de wortels $x=a,\ x=a',\ x=a'',\ \ldots$, de tweede de wortels $x=\beta$, $x=\beta',\ x=\beta'',\ldots$

Door bij de getallen van A en B de eenheid op te tellen ontstaan de volgende beide groepen getallen:

$$\begin{array}{ll} \mathrm{A'} & a+1,\ a'+1,\ a''+1,\ \ldots \\ \mathrm{B'} & \beta+1,\ \beta'+1,\ \beta''+1,\ \ldots \end{array}$$

De aantallen getallen van de groep A', die in A en B voorkomen, noem ik nu respectievelijk (0.0), (0.1), en de aantallen getallen van B', die in A en B voorkomen, respectievelijk (1.0), (1.1).

Deze vier getallen kunnen in het volgende schema S vereenigd worden:

$$\begin{array}{ll} (0.0) & (0.1) \\ (1.0) & (1.1) \end{array}$$

Daar de priemgetallen van de vormen $p=4n+1$ en $p=4n+3$ zich verschillend gedragen, moeten deze beide gevallen afzonderlijk behandeld worden. Ik begin met het eerste.

2. Voor $p=4n+1$ is -1 quadraatrest, zoodat de getallen a en $p-a$ tegelijkertijd in A voorkomen. Evenzoo komen de getallen β en $p-\beta$ gelijktijdig in β voor.

Nu is (0.0) blijkbaar gelijk aan het aantal oplossingen van de congruentie

$$a+1 \equiv a' \quad (\mathrm{mod}\, p),$$

waarin a en a' uit de groep A te kiezen zijn; en daar $a'=p-a''$ is, zoo kan men ook zeggen, dat (0.0) het aantal oplossingen voorstelt van de congruentie

$$a+a''+1 \equiv 0 \quad (\mathrm{mod}\, p).$$

Op gelijke wijze omtrent de aantallen (0.0), (1.0), (1.1) redeneerende,
blijkt, dat het

teeken	voorstelt het aantal oplossingen van	
(0.0)	$a + a' + 1 \equiv 0$	
(0.1)	$a + \beta + 1 \equiv 0$	(mod p).
(1.0)	$\beta + a + 1 \equiv 0$	
(1.1)	$\beta + \beta' + 1 \equiv 0$	

Men ziet hieruit onmiddellijk, dat

$$(0.1) = (1.0)$$

is; eene tweede betrekking tusschen de getallen van het schema S levert de volgende beschouwing Bij elk getal β van de groep B behoort één bepaald getal van die zelfde groep β'', zoodanig dat

$$\beta \beta'' \equiv 1 \quad (\text{mod } p)$$

en tevens is dan $\beta \beta''$ congruent met een getal a van de groep A.
Door vermenigvuldiging van de congruentie

$$\beta + \beta' + 1 \equiv 0$$

met β'' volgt dus

$$1 + a + \beta'' \equiv 0$$

en door deze laatste congruentie met β te vermenigvuldigen, verkrijgt men de eerste terug. Hieruit valt onmiddellijk op te maken,
dat $(1.1) = (0.1)$ is, zoodat het schema S dezen vorm heeft:

$$h \ j$$
$$j \ j$$

Nu komt in de groep A het getal $p - 1$ dus in A' het getal p voor,
welk laatste getal noch in A noch in B voorkomt. Alle overige getallen van A' en B' echter komen, zooals evident is, òf in A òf
in B voor.

Hieruit volgt

$$h + j = \frac{p-1}{2} - 1,$$

$$2j = \frac{p-1}{2},$$

dus

$$h = \frac{p-5}{4}, \qquad j = \frac{p-1}{4}.$$

De identieke congruentie

$$(x - \beta)(x - \beta')(x - \beta'') \ldots \equiv x^{\frac{p-1}{2}} + 1 \qquad (\operatorname{mod} p)$$

geeft nu voor $x = -1$, daar $\dfrac{p-1}{2}$ even is

$$(\beta + 1)(\beta' + 1)(\beta'' + 1) \ldots \equiv 2 \qquad (\operatorname{mod} p).$$

Het aantal niet-resten onder de getallen $\beta + 1$, $\beta' + 1$, $\beta'' + 1$, $\ldots$ is nu $(1.1) = j = \dfrac{p-1}{4}$.

Is dus j even of

$$p = 8n + 1,$$

dan is 2 quadraatrest van p.

Is daarentegen j oneven of

$$p = 8n + 5,$$

dan is 2 niet-rest van p.

3. Voor $p = 4n + 3$ is -1 niet-rest, en de groep B komt overeen met de groep getallen $p - \alpha$, $p - \alpha'$, $p - \alpha''$, $\ldots$

Het teeken (0.0) stelt nu voor het aantal oplossingen van de congruentie $\alpha + 1 \equiv \alpha'$ $(\operatorname{mod} p)$, of ook daar $\alpha' = p - \beta$ is, het aantal oplossingen van $\alpha + \beta + 1 \equiv 0$.

Op deze wijze blijkt, dat het

teeken	voorstelt het aantal oplossingen van
(0.0)	$\alpha + \beta + 1 \equiv 0$
(0.1)	$\alpha + \alpha' + 1 \equiv 0$ $(\operatorname{mod} p)$,
(1.0)	$\beta + \beta' + 1 \equiv 0$
(1.1)	$\beta + \alpha + 1 \equiv 0$

derhalve is $(0.0) = (1.1)$. Is verder weder $\beta \beta'' \equiv 1$, $\beta' \beta'' \equiv \alpha$, dan volgt uit $\beta + \beta' + 1 \equiv 0$ door vermenigvuldiging met β''

$$1 + \alpha + \beta'' \equiv 0,$$

waaruit op soortgelijke wijze als boven volgt $(1.0) = (0.0)$. Het schema S heeft dus voor $p = 4n + 3$ dezen vorm.

$$h\ j$$
$$h\ h$$

Daar het getal $p - 1$ in de groep B, dus p in B' voorkomt, maar overigens alle getallen van A' en B' òf in A òf in B voorkomen, zoo volgt

$$h+j=\frac{p-1}{2},$$

$$2h=\frac{p-1}{2}-1,$$

dus

$$h=\frac{p-3}{4},\qquad j=\frac{p+1}{4}.$$

Uit de congruentie

$$(x-a)(x-a')(x-a'')\ldots\equiv x^{\frac{p-1}{2}}-1\qquad(\bmod\,p)$$

volgt voor $x=-1$ daar $\frac{p-1}{2}$ oneven is,

$$(a+1)(a'+1)(a''+1)\ldots\equiv 2\qquad(\bmod\,p)$$

en het aantal niet-resten onder de getallen $a+1,\,a'+1,\,a''+1,\ldots$ is dus $(0.1)=j=\dfrac{p-1}{4}.$

Is dus j even of

$$p=8n+7,$$

dan is 2 quadraatrest van p.

Is daarentegen j oneven of

$$p=8n+3,$$

dan is 2 niet-rest van p.

Nadat hiermede dus het karakter van 2 als quadraatrest of niet-rest ten opzichte van een willekeurig oneven priemgetal bepaald is, ga ik er toe over het overeenkomstige te ontwikkelen in de theorie der

VIERDE-MACHTSRESTEN.

4. Het oneven (d. w. z. niet door $1+i$ deelbare) priemgetal $m=a+bi$ zal steeds primair, in den zin van Gauss, ondersteld worden, zoodat $a-1$ en b volgens den modulus 4 òf beide $\equiv 0$, òf beide $\equiv 2$ zijn.

Zooals bekend is, bestaan de priemgetallen in de theorie der geheele complexe getallen van den vorm $a+bi$:

vooreerst uit de reëele priemgetallen q van den vorm $4r+3$; deze getallen moeten negatief genomen worden om primair te zijn;

ten tweede uit de complexe priemfactoren van de reëele priemgetallen van den vorm $4n+1$. Deze complexe priemgetallen zijn van den vorm $a+bi$, waarin b niet gelijk nul is, en worden door vermenigvuldiging met ééne bepaalde der vier eenheden 1, i, -1, $-i$ primair. Zij kunnen verder in twee soorten onderscheiden worden al naar gelang, wanneer $a+bi$ primair is, $a-1$ en b beide door 4 deelbaar, of beide het dubbel van een oneven getal zijn.

Ik onderscheid hierna deze drie klassen van primaire priemgetallen:

I. De reëele priemgetallen q van den vorm $4r+3$, negatief genomen.

II. De complexe priemgetallen van den vorm $4r+1+4si$.

III. De complexe priemgetallen van den vorm $4r+3+(4s+2)i$.

Het priemgetal (in de complexe theorie) zal steeds door M aangeduid worden, de norm van M door μ. Verder zal steeds p een reëel (positief) priemgetal van den vorm $4r+1$, q een reëel (positief) priemgetal van den vorm $4r+3$ voorstellen. De priemgetallen van de eerste soort zijn dus $M=-q$, $\mu=q^2$, voor de tweede en derde soort is $\mu=p$.

Ik merk nog op, dat voor de beide soorten I en II de norm μ van den vorm $8r+1$, en voor III van den vorm $8r+5$ is. Deze omstandigheid maakt, dat de beide eerste soorten van priemgetallen tot op zekere hoogte gemeenschappelijk behandeld kunnen worden.

De beschouwingen van het volgende art. 5 gelden nog gelijkelijk voor de drie klassen van priemgetallen.

5. Zij dan M het priemgetal, μ de norm. Een volledig systeem van incongruente, en niet door den modulus M deelbare getallen, bestaat uit $\mu-1$ getallen, welke volgens hun biquadratisch karakter ten opzichte van M, tot vier klassen, elk $\dfrac{\mu-1}{4}$ getallen bevattende, gebracht kunnen worden:

$$
\begin{array}{llll}
A & a, & a', & a'', \dots \\
B & \beta, & \beta', & \beta'', \dots \\
C & \gamma, & \gamma', & \gamma'', \dots \\
D & \delta, & \delta', & \delta'', \dots
\end{array}
$$

Tot de eerste klasse A worden gebracht alle getallen a, a', a'', met het biquadratisch karakter 0, tot de groepen B, C, D de getallen met het biquadratisch karakter 1, 2, 3.

Ten overvloede zij gezegd, dat hier het biquadratische karakter in den zin van Gauss genomen wordt, zoodat de getallen der vier klassen gekarakteriseerd zijn door de congruenties:

$$a^{\frac{\mu-1}{4}} \equiv 1, \quad \beta^{\frac{\mu-1}{4}} \equiv i, \quad \gamma^{\frac{\mu-i}{4}} \equiv -1, \quad \delta^{\frac{\mu-1}{4}} \equiv -i \quad \text{(mod M)}.$$

Ik zal mij echter, voor het gemak, eveneens van het door Jacobi ingevoerde symbool bedienen, en dus kunnen schrijven

$$\left(\left(\frac{a}{M}\right)\right) = 1, \quad \left(\left(\frac{\beta}{M}\right)\right) = i, \quad \left(\left(\frac{\gamma}{M}\right)\right) = -1, \quad \left(\left(\frac{\delta}{M}\right)\right) = -i.$$

Eindelijk zij eens vooral opgemerkt, dat in het vervolg alle congruenties betrekking zullen hebben op den priemmodulus M, zoolang niet uitdrukkelijk een andere modulus is aangegeven.

Ik laat hier een voorbeeld volgen van de verdeeling der resten (mod M), met uitzondering van de rest 0, in de vier klassen A, B, C, D voor elk der drie soorten van priemgetallen, die in art. 4 onderscheiden werden.

$$M = -7, \qquad \mu = 49.$$

A	1,	-2,	-3,	-1,	2,	3,
	$3i$,	i,	$-2i$,	$-3i$,	$-i$,	$2i$.
B	$1-2i$,	$-2-3i$,	$-3-i$,	$-1+2i$,	$2+3i$,	$3+i$,
	$-1+3i$,	$2+i$,	$3-2i$,	$1-3i$,	$-2-i$,	$-3+2i$.
C	$-3+3i$,	$-1+i$,	$2-2i$,	$3-3i$,	$1-i$,	$-2+2i$,
	$-2-2i$,	$-3-3i$,	$-1-i$,	$2+2i$,	$3+3i$,	$1+i$.
D	$3+2i$,	$1+3i$,	$-2+i$,	$-3-2i$,	$-1-3i$,	$2-i$,
	$1+2i$,	$-2+3i$,	$-3+i$,	$-1+2i$,	$2-3i$,	$3-i$.

$$M = -3-8i, \qquad \mu = 73.$$

	1,	$-3i$,	$-1-3i$,	-1,	$3i$,	$1+3i$,
A	$3+2i$,	$1+2i$,	-2,	$-3-2i$,	$-1-2i$,	2,
	$-1-4i$,	-4,	$-3+4i$,	$1+4i$,	4,	$3-4i$.
	$1-2i$,	$5+2i$,	$1-4i$,	$-1+2i$,	$-5-2i$,	$-1+4i$,
B	$-1-i$,	$-3+3i$,	$-2+4i$,	$1+i$,	$3-3i$,	$2-4i$,
	$2+3i$,	$1-3i$,	$2+2i$,	$-2-3i$,	$-1+3i$,	$-2-2i$.

$$
\begin{array}{llllll}
& 4\,i, & 4+3\,i, & 4-\ \ i, & -4\,i, & -4-3\,i, & -4+\ \ i, \\
C & -3+\ \ i, & i, & 3, & 3-\ \ i, & -\ \ i, & -3, \\
& 2\,i, & -2+3\,i, & -2+\ \ i, & -2\,i, & 2-3\,i, & 2-\ \ i.
\end{array}
$$

$$
\begin{array}{llllll}
& -3-\ \ i, & 2-2\,i, & -3+2\,i, & 3+\ \ i, & -2+2\,i, & 3-2\,i, \\
D & -4-\ \ i, & 2+\ \ i, & -2+5\,i, & 4+\ \ i, & -2-\ \ i, & 2-5\,i, \\
& 4+2\,i, & 1-\ \ i, & -3-3\,i, & -4-2\,i, & -1+\ \ i, & 3+3\,i.
\end{array}
$$

$$
M = -5 + 6\,i, \qquad \mu = 61.
$$

$$
\begin{array}{llllll}
& 1, & -3, & -2+\ \ i, & 1+3\,i, & -2+2\,i, \\
A & -4, & 1+\ \ i, & 3+2\,i, & -3-\ \ i, & 3-2\,i, \\
& -1-4\,i, & 2+\ \ i, & 2\,i, & -5, & 4+\ \ i.
\end{array}
$$

$$
\begin{array}{lllll}
& 1-\ \ i, & 2-3\,i, & -1+3\,i, & -2-3\,i, & 4\,i, \\
B & 1-2\,i, & 2, & 5\,i, & 1-4\,i, & -4+\ \ i, \\
& 1+2\,i, & 3-\ \ i, & 2+2\,i, & -\ \ i, & 3\,i.
\end{array}
$$

$$
\begin{array}{lllll}
& -2\,i, & 5, & -4-\ \ i, & 1+4\,i, & -2-\ \ i, \\
C & -1-3\,i, & 2-2\,i, & -1, & 3, & 2-\ \ i, \\
& 3+\ \ i, & -3+2\,i, & 4, & -1-\ \ i, & -3-2\,i.
\end{array}
$$

$$
\begin{array}{lllll}
& -2-2\,i, & i, & -3\,i, & -1-2\,i, & -3+\ \ i, \\
D & 2+3\,i, & -4\,i, & -1+\ \ i, & -2+3\,i, & 1-3\,i, \\
& -1+4\,i, & 4-\ \ i, & -1+2\,i, & -2, & -5\,i.
\end{array}
$$

Evenals in art. 1 overtuigt men zich onmiddellijk, dat de nu volgende congruenties identiek zijn:

$$
\begin{aligned}
(x-a)(x-a')(x-a'')\ldots &\equiv x^{\frac{\mu-1}{4}} - 1 \\
(x-\beta)(x-\beta')(x-\beta'')\ldots &\equiv x^{\frac{\mu-1}{4}} - i \\
(x-\gamma)(x-\gamma')(x-\gamma'')\ldots &\equiv x^{\frac{\mu-1}{4}} + 1 \\
(x-\delta)(x-\delta')(x-\delta'')\ldots &\equiv x^{\frac{\mu-1}{4}} + i
\end{aligned}
\quad (\mathrm{mod}\,M),
$$

waaruit voor $x = -1$ volgt, de gevallen $\mu = 8n+1$ en $\mu = 8n+5$ onderscheidende:

$$
\begin{aligned}
\mu = 8\,n+1 \quad & (\beta+1)(\beta'+1)(\beta''+1)\ldots \equiv 1-i \\
& (\gamma+1)(\gamma'+1)(\gamma''+1)\ldots \equiv 2 \\
& (\delta+1)(\delta'+1)(\delta''+1)\ldots \equiv 1+i \\
\mu = 8\,n+5 \quad & (a+1)(a'+1)(a''+1)\ldots \equiv 2 \qquad (\mathrm{mod}\ M). \\
& (\beta+1)(\beta'+1)(\beta'+1)\ldots \equiv 1+i \\
& (\delta+1)(\delta'+1)(\delta''+1)\ldots \equiv 1-i
\end{aligned}
$$

6. Laten wij nu verder de nieuwe groepen van getallen A', B', C' en D' beschouwen, die ontstaan door bij de getallen van A, B, C en D de eenheid op te tellen:

$$
\begin{aligned}
&\text{A}' &&a+1,\ a'+1,\ a''+1,\ldots \\
&\text{B}' &&\beta+1,\ \beta'+1,\ \beta''+1,\ldots \\
&\text{C}' &&\gamma+1,\ \gamma'+1,\ \gamma''+1,\ldots \\
&\text{D}' &&\delta+1,\ \delta'+1,\ \delta''+1,\ldots
\end{aligned}
$$

en noemen wij nu de aantallen getallen van A', die congruent zijn met getallen van A, B, C, D, respectievelijk

$$(0.0),\ (0.1),\ (0.2),\ (0.3);$$

de aantallen getallen van B', die congruent zijn met getallen van A, B, C, D, respectievelijk

$$(1.0),\ (1.1),\ (1.2),\ (1.3).$$

Evenzoo hebben de getallen

$$(2.0),\ (2.1),\ (2.2),\ (2.3)$$

betrekking op de groep C' en de getallen

$$(3.0),\ (3.1),\ (3.2),\ (3.3)$$

op de groep D'.

Men kan al deze 16 getallen (0.0), (0.1), enz. vereenigen in het volgende quadratische schema S:

$$
\begin{array}{cccc}
(0.0) & (0.1) & (0.2) & (0.3) \\
(1.0) & (1.1) & (1.2) & (1.3) \\
(2.0) & (2.1) & (2.2) & (2.3) \\
(3.0) & (3.1) & (3.2) & (3.3)
\end{array}
$$

en voor de voorbeelden in art. 5 gegeven, verkrijg ik

$M=-7,\ \mu=49.$ $M=-3-8i,\ \mu=73.$ $M=-5+6i,\ \mu=61.$

S
$$
\begin{array}{cccc}
5\ 2\ 2\ 2 \\
2\ 2\ 4\ 4 \\
2\ 4\ 2\ 4 \\
2\ 4\ 4\ 2
\end{array}
\qquad
\begin{array}{cccc}
5\ 6\ 4\ 2 \\
6\ 2\ 5\ 5 \\
4\ 5\ 4\ 5 \\
2\ 5\ 5\ 6
\end{array}
\qquad
\begin{array}{cccc}
4\ 3\ 2\ 6 \\
3\ 3\ 6\ 6 \\
4\ 3\ 4\ 3 \\
3\ 6\ 3\ 3
\end{array}
$$

Volgens de congruenties van het voorgaande artikel is voor $\mu=8n+1$

$$(\delta+1)(\delta'+1)(\delta''+1)\ldots \equiv 1+i$$

en voor $\mu=8n+5$

$$(\beta+1)(\beta'+1)(\beta''+1)\ldots \equiv 1+i.$$

Daar nu de aantallen getallen van

$$\delta+1,\ \delta'+1,\ \delta''+1,\ldots,$$

die respectievelijk tot de klassen A, B, C, D behooren, bedragen (3 0), (3.1), (3.2), (3.3), zoo volgt onmiddellijk, dat voor $\mu = 8n + 1$ het biquadratisch karakter van $1 + i$ volgens den modulus 4 congruent zal zijn met

$$(3.1) + 2 (3.2) + 3 (3.3)$$

en evenzoo voor het geval $\mu = 8n + 5$ met

$$(1.1) + 2 (1.2) + 3 (1.3).$$

Zoodra dus de getallen (0.0), (0.1), enz bepaald zijn, is hiermede ook onmiddellijk het biquadratisch karakter van $1 + i$ bekend.

Het komt er dus nu op aan, de getallen van het schema S on-middellijk uit het gegeven primaire priemgetal $M = a + bi$ af te leiden. De hiertoe noodige beschouwingen zijn wezenlijk dezelfde als die van Gauss in art. 16—20 der Theoria residuorum biquadraticorum commentatio prima

Gauss handelt daar over de theorie der reëele getallen, maar het blijkt gemakkelijk, dat het daar gegevene in zeer nauw verband staat met het vraagstuk, dat ons hier bezig houdt.

Om de geheele ontwikkeling voor oogen te hebben, zal het noodig zijn hier de argumentatie van Gauss met de geringe noodige wij-zigingen te laten volgen.

Hierbij valt ook nog op te merken dat, voor een priemgetal $M = -q$ tot de eerste klasse van art 4 behoorende, er in de reëele theorie van Gauss niets analoogs bestaat, met wat hier in de theorie der geheele complexe getallen ontwikkeld zal worden.

Voor de verdere beschouwingen is het in de eerste plaats noodig, de beide gevallen, dat de norm μ van den vorm $8n + 1$ of van den vorm $8n + 5$ is, afzonderlijk te behandelen. Ik zal met het eerst-genoemde geval, waarin dus het priemgetal M tot een der beide eerste klassen van art. 4 behoort, beginnen.

7. Voor $\mu = 8n + 1$, is $(-1)^{\frac{\mu - 1}{4}} = 1$, zoodat -1 biquadratische rest van M is en in de klasse A voorkomt, of eigenlijk met een getal van A volgens den modulus M congruent is. Maar het is bij deze beschouwingen geoorloofd om congruente getallen, daar zij

elkander vervangen kunnen, als gelijk te beschouwen en ik zal voor het gemak van deze zienswijze gebruik maken, zonder dat daardoor eenige onduidelijkheid zal kunnen ontstaan

Daar dus het biquadratisch karakter van -1 gelijk nul is, zoo volgt, dat wanneer a, β, γ, δ respectievelijk tot de klassen A, B, C, D behooren, ook $-a$, $-\beta$, $-\gamma$, $-\delta$ in deze zelfde klassen voorkomen, en wel $-a$ in A, $-\beta$ in B, $-\gamma$ in C en $-\delta$ in D.

Nu is blijkbaar het getal (0.0) gelijk aan het aantal oplossingen van de congruentie

$$a + 1 \equiv a' \quad (\text{mod } M),$$

waarbij a en a' op willekeurige wijze uit de groep A te nemen zijn, maar daar bij elk getal a' een getal $a'' = p - a'$ behoort, zoo is dit aantal oplossingen hetzelfde als dat van de congruentie

$$a + a'' + 1 \equiv 0 \quad (\text{mod } M),$$

waarin weder a en a'' uit A te nemen zijn.

Geheel op dezelfde wijze omtrent de getallen (0.1), (0.2), enz. redeneerende, overtuigt men zich dat

het teeken   voorstelt het aantal oplossingen van

(0.0)	$a + a' + 1 \equiv 0$
(0.1)	$a + \beta + 1 \equiv 0$
(0.2)	$a + \gamma + 1 \equiv 0$
(0.3)	$a + \delta + 1 \equiv 0$
(1.0)	$\beta + a + 1 \equiv 0$
(1.1)	$\beta + \beta' + 1 \equiv 0$
(1.2)	$\beta + \gamma + 1 \equiv 0$
(1.3)	$\beta + \delta + 1 \equiv 0$
(2.0)	$\gamma + a + 1 \equiv 0$
(2.1)	$\gamma + \beta + 1 \equiv 0$
(2.2)	$\gamma + \gamma' + 1 \equiv 0$
(2.3)	$\gamma + \delta + 1 \equiv 0$
(3.0)	$\delta + a + 1 \equiv 0$
(3.1)	$\delta + \beta + 1 \equiv 0$
(3.2)	$\delta + \gamma + 1 \equiv 0$
(3.3)	$\delta + \delta' + 1 \equiv 0$

$$(\text{mod } M).$$

Hieruit volgen dus onmiddellijk deze zes betrekkingen:

$$(0.1) = (1.0), \qquad (0.2) = (2.0), \qquad (0.3) = (3.0),$$
$$(1.2) = (2.1), \qquad (1.3) = (3.1),$$
$$(2.3) = (3.2).$$

Vijf nieuwe betrekkingen tusschen de getallen $(0.0), (0.1)$, enz. verkrijgt men door de volgende beschouwing. Zijn α, β, γ getallen van A, B, C en bepaalt men x, y, z zoodanig dat

$$\alpha\,x \equiv 1, \ \beta\,y \equiv 1, \ \gamma\,z \equiv 1 \quad (\mathrm{mod\,M})$$

is, dan behoort blijkbaar x tot de klasse A, y tot D, z tot C, zoodat men kan schrijven

$$\alpha\,\alpha' \equiv 1, \ \beta\,\delta' \equiv 1, \ \gamma\,\gamma' \equiv 1.$$

Vermenigvuldigt men nu, terwijl men eene bepaalde oplossing van $\alpha + \beta + 1 \equiv 0$ beschouwt, deze congruentie met δ dan volgt $\delta' + 1 + \delta \equiv 0$, waarin $\delta' = \alpha\,\delta$ tot D behoort. Ongekeerd volgt uit $\delta' + 1 + \delta \equiv 0$ door vermenigvuldiging met β weder $\alpha + \beta + 1 \equiv 0$. Hieruit blijkt dus, dat het aantal oplossingen van de beide congruenties

$$\alpha + \beta + 1 \equiv 0 \text{ en } \delta + \delta' + 1 \equiv 0$$

evengroot is, zoodat men heeft $(0.1) = (3.3)$.

Geheel op dezelfde wijze heeft men

$$\gamma' (\alpha + \gamma + 1) \equiv \gamma'' + 1 + \gamma,$$
$$\beta (\alpha + \delta + 1) \equiv \beta' + 1 + \beta,$$
$$\delta (\beta + \gamma + 1) \equiv 1 + \beta' + \delta,$$
$$\gamma' (\beta + \gamma + 1) \equiv \delta + 1 + \gamma',$$

waaruit men op dezelfde wijze besluit tot

$$(0.2) = (2.2), \quad (0.3) = (1.1), \quad (1.2) = (1.3) = (2.3).$$

Hiermede zijn dus elf betrekkingen tusschen de zestien getallen van het schema S gevonden, en deze getallen worden hierdoor teruggebracht tot vijf verschillende, die door h, j, k, l, m aangeduid zullen worden. Het schema S neemt nu deze gedaante aan:

h	j	k	l
j	l	m	m
k	m	k	m
l	m	m	j

8. Het getal -1 komt in A voor, waarmede dus het getal 0 van A' correspondeert. Dit getal 0 van A' komt in geen der klassen A, B, C, D voor, maar elk ander getal van A' komt blijkbaar in één der groepen A, B, C of D voor. Daar $\mu = 8n + 1$, $\dfrac{\mu - 1}{4} = 2n$ is, zoo volgt dus

$$(0.0) + (0.1) + (0.2) + (0.3) = 2n - 1.$$

Alle getallen van B', C', D' komen in één der klassen A, B, C, D voor, zoodat men heeft

$$(1.0) + (1.1) + (1.2) + (1.3) = 2n,$$
$$(2.0) + (2.1) + (2.2) + (2.3) = 2n,$$
$$(3.0) + (3.1) + (3.2) + (3.3) = 2n.$$

Deze vier vergelijkingen herleiden zich tot de volgende drie betrekkingen tusschen h, j, k, l en m

$$h + j + k + l = 2n - 1,$$
$$j + l + 2m = 2n,$$
$$k + m = n.$$

9. Eindelijk wordt nog eene verdere, niet lineaire, betrekking tusschen h, j, k, l, m verkregen door de beschouwing van het aantal oplossingen der congruentie

$$\alpha + \beta + \gamma + 1 \equiv 0 \quad (\text{mod } M),$$

waarin α, β, γ op alle mogelijke wijzen uit de klassen A, B, C te kiezen zijn.

Neemt men nu vooreerst voor α achtereenvolgens alle getallen van A, dan gebeurt het respectievelijk h, j, k, l malen, dat $\alpha + 1$ tot A, B, C, D behoort en de enkele maal dat $\alpha + 1 \equiv 0$ wordt, kan buiten beschouwing blijven. daar de congruentie $\beta + \gamma \equiv 0$ geen enkele oplossing toelaat.

Voor elke bepaalde der h waarden, die $\alpha + 1 \equiv \alpha_0$ maken, zijn dan nog verder β en γ zóó te kiezen, dat

$$\alpha_0 + \beta + \gamma \equiv 0$$

wordt. Het aantal oplossingen dezer congruentie (voor een gegeven waarde van α_0) is gelijk m, zooals onmiddellijk blijkt door vermenigvuldiging met α_0', wanneer $\alpha_0 \alpha_0' \equiv 1$ (mod M) is, waardoor zij overgaat in

$$1 + \beta' + \gamma' \equiv 0.$$

Daar deze redeneering toepasselijk is voor elke der h waarden, die maken, dat $a + 1$ weder tot A behoort, zoo verkrijgt men op deze wijze hm oplossingen van de congruentie

$$1 + a + \beta + \gamma \equiv 0.$$

Het gebeurt verder j malen, dat $a + 1$ tot B behoort, en voor elke bepaalde waarde $a + 1 \equiv \beta_0$ heeft de congruentie

$$\beta_0 + \beta + \gamma \equiv 0$$

hetzelfde aantal oplossingen als de congruentie

$$1 + a + \beta' \equiv 0,$$

dus is dit aantal gelijk j. Het gezegde blijkt onmiddellijk uit

$$\delta_0 (\beta_0 + \beta + \gamma) \equiv 1 + a + \beta',$$

wanneer $\beta_0 \delta_0 \equiv 1$.

Deze waarden van a, die $a + 1$ tot B doen behooren, geven dus in het geheel jj oplossingen van de beschouwde congruentie.

Voor $a + 1 \equiv \gamma_0$, wat k malen gebeurt, heeft de congruentie

$$\gamma_0 + \beta + \gamma \equiv 0$$

l oplossingen, want

$$\gamma_0' (\gamma_0 + \beta + \gamma) \equiv 1 + \delta + a.$$

De waarden van a, die $a + 1$ tot C doen behooren, leveren dus in het geheel kl oplossingen.

Is eindelijk $a + 1 = \delta_0$, wat l malen gebeurt, dan heeft de congruentie

$$\delta_0 + \beta + \gamma \equiv 0$$

wegens

$$\beta_0 (\delta_0 + \beta + \gamma) \equiv 1 + \gamma + \delta$$

m oplossingen, en deze waarden van a geven dus lm oplossingen.

Het totale aantal oplossingen van de congruentie

$$a + \beta + \gamma + 1 \equiv 0 \quad (\mod M)$$

is derhalve gelijk aan

$$hm + jj + kl + lm.$$

Maar men kan dit aantal nog op andere wijze berekenen. Neemt men namelijk voor β achtereenvolgens alle getallen van B, dan gebeurt het j, l, m, m malen, dat $\beta + 1$ behoort tot de groepen A, B, C, D.

En voor elk dezer vier gevallen vindt men, dat er respectievelijk k, m, k, m oplossingen van de gegeven congruentie zijn, zoodat het totale aantal oplossingen bedraagt

$$j k + l m + m k + m m.$$

10.   De gelijkstelling van deze beide uitdrukkingen voor het aantal oplossingen van $a + \beta + \gamma + 1 \equiv 0$ geeft

$$0 = h m + j j + k l - j k - k m - m m,$$

en h elimineerende met behulp van $h = 2 m - k - 1$, welke waarde gemakkelijk uit de in art. 8 verkregen vergelijkingen tusschen h, j, k, l, m volgt, komt er

$$0 = (k - m)^2 + j j + k l - j k - k k - m.$$

Volgens de relaties in art. 8 is

$$k = \tfrac{1}{2}(j + l)$$

en deze waarde in $j j + k l - j k - k k$ overbrengende, wordt deze uitdrukking gelijk aan $\tfrac{1}{4}(l - j)^2$, zoodat de voorgaande vergelijking, na vermenigvuldiging met 4, overgaat in

$$0 = 4 (k - m)^2 + (l - j)^2 - 4 m,$$

maar men heeft

$$4 m = 2 (k + m) - 2 (k - m) = 2 n - 2 (k - m),$$

dus is

$$2 n = 4 (k - m)^2 + 2 (k - m) + (l - j)^2,$$

of wel

$$\mu = 8 n + 1 = [4 (k - m) + 1]^2 + 4 (l - j)^2,$$

en stellende

$$4 (k - m) + 1 = A, \qquad 2 (l - j) = B,$$

vindt men

$$\mu = A^2 + B^2.$$

Hierin is $A \equiv 1 \pmod 4$, en B even.

Men kan nu met behulp van A en B gemakkelijk h, j, k, l, m uitdrukken en verkrijgt zoodoende

$$8 h = 4 n - 3 A - 5,$$
$$8 j = 4 n + A - 2 B - 1,$$
$$8 k = 4 n + A - 1,$$
$$8 l = 4 n + A + 2 B - 1,$$
$$8 m = 4 n - A + 1.$$

Tot hiertoe onderstelden wij alleen, dat de norm μ den vorm $8n + 1$ had; voor de verdere bepaling van A en B is het evenwel nu noodig, de gevallen I en II van art. 4 afzonderlijk te behandelen.

11. Zij dan vooreerst

$$M = -q = -(4r + 3).$$

In dit geval is

$$\mu = M^2 = q^2$$

en dus

$$q^2 = A^2 + B^2;$$

q een priemgetal van den vorm $4r + 3$ zijnde, weet men dat q^2 op geen andere wijze als som van twee quadraten voorgesteld kan worden, dan door voor de basis van het eene (oneven) quadraat $\pm q$, voor die van het andere quadraat 0 te nemen; inderdaad was geen der getallen A en B gelijk 0 of door q deelbaar, dan zou men een van 0 verschillend getal x kunnen bepalen, zoodat

$$A\,x \equiv B \quad (\text{mod } q).$$

Nu volgt uit $q^2 = A^2 + B^2$

$$A^2 \equiv -B^2 \quad (\text{mod } q)$$

en daar men heeft

$$A^2 x^2 \equiv B^2 \quad (\text{mod } q),$$

zou er volgen

$$x^2 \equiv -1 \quad (\text{mod } q).$$

Deze laatste congruentie nu is onmogelijk, omdat -1 quadratische niet-rest van q is.

Uit $q^2 = A^2 + B^2$ volgt dus noodzakelijk

$$A = \pm q, \qquad B = 0$$

en daar $A \equiv 1$ (mod 4), zoo wordt hierdoor nog het teeken van A volkomen bepaald en is

$$A = -q = M.$$

Nadat op deze wijze A en B gevonden zijn, heeft men nu

$$8\,h = 4\,n - 3\,M - 5,$$
$$8\,j = 4\,n + \;\; M - 1,$$
$$8\,k = 4\,n + \;\; M - 1,$$
$$8\,l = 4\,n + \;\; M - 1,$$
$$8\,m = 4\,n - \;\; M + 1,$$

waarin $8\,n + 1 = M^2$.

Door deze formules wordt dus de afhankelijkheid der getallen van het schema S van het priemgetal M op de eenvoudigste wijze uitgedrukt, voor het geval dat M tot de eerste klasse van art. 4 behoort.

12. Is in de tweede plaats $M = a + b i$, waarin $a - 1 \equiv b \equiv 0 \pmod 4$, en de norm $\mu = a^2 + b^2$ een reëel priemgetal, dan is dus

$$\mu = a^2 + b^2 = A^2 + B^2.$$

Nu kan een priemgetal van den vorm $4k + 1$ slechts op één wijze voorgesteld worden door de som van twee quadraten, en daar a en A beide $\equiv 1 \pmod 4$ zijn, zoo volgt $A = a$, $B = \pm b$.

Het teeken van B wordt door de volgende beschouwing bepaald, waarbij het noodig is deze hulpstelling vooraf te bewijzen:

„Doorloopt z een volledig restsysteem (mod M) met uitzondering van den door M deelbaren term, dan is

$$\Sigma z' \equiv -1 \quad \text{of} \quad \equiv 0 \pmod M,$$

al naardat t door $\mu - 1$ deelbaar is of niet."

Het eerste gedeelte is duidelijk, want is t door $\mu - 1$ deelbaar, dan is $z^t \equiv 1$, dus $\Sigma z^t \equiv \mu - 1 \equiv -1 \pmod M$.

Om ook het tweede gedeelte aan te toonen, zij g een primitieve wortel voor het priemgetal M, zoodat de waarden, die z doorloopt, congruent zijn met

$$g^0, \ g^1, \ g^2, \ g^3, \ \ldots, \ g^{\mu - 2}.$$

Hieruit volgt dus

$$\Sigma z^t \equiv 1 + g^t + g^{2t} + \ldots + g^{(\mu - 2)t} \pmod M,$$

of

$$(1 - g^t) \, \Sigma z^t \equiv 1 - g^{(\mu - 1)t} \equiv 0 \pmod M.$$

Is nu t niet door $\mu - 1$ deelbaar, dan is $1 - g^t$ niet door M deelbaar en dus $\Sigma z^t \equiv 0$, w. t. b. w

Deze hulpstelling geldt blijkbaar voor een willekeurig priemgetal M.

Volgens de binominaalontwikkeling is nu

$$(z^2 + 1)^{\frac{\mu - 1}{4}} = z^{\frac{\mu - 1}{2}} + \ldots + 1$$

en hieruit volgt ·dus, wanneer het teeken Σ op dezelfde waarden van z betrekking heeft als zooeven,

$$\Sigma (z^2 + 1)^{\frac{\mu - 1}{4}} \equiv - 1 \quad (\text{mod M}).$$

Maar aan den anderen kant vormen de getallen z^2 in hun geheel blijkbaar alle getallen van de groepen A en C te zamen, elk dezer getallen tweemaal genomen. Van de getallen

$$z^2 + 1$$

behooren er dus

$$
\begin{array}{ll}
2\,(0.0) + 2\,(2.0) & \text{tot A}, \\
2\,(0.1) + 2\,(2.1) & \text{tot B}, \\
2\,(0.2) + 2\,(2.2) & \text{tot C}, \\
2\,(0.3) + 2\,(2.3) & \text{tot D},
\end{array}
$$

en daar de $\left(\dfrac{\mu - 1}{4}\right)^{de}$ machten der getallen van A, B, C, D respectievelijk congruent zijn met $1,\ i,\ -1,\ -i$, zoo volgt dus

$$
\begin{aligned}
\Sigma (z^2 + 1)^{\frac{\mu - 1}{4}} &\equiv \quad 2\,[(0.0) + (2.0) - (0.2) - (2.2)] + \\
&\quad + 2\,i\,[(0.1) + (2.1) - (0.3) - (2.3)] \\
&\equiv \quad 2\,(h - k) + 2\,i\,(j - l),
\end{aligned}
$$

of de waarden van art. 10 invoerende, daar $A = a$ is,

$$\Sigma (z^2 + 1)^{\frac{\mu - 1}{4}} \equiv - a - 1 - B\,i.$$

Uit de vergelijking met het eerste resultaat

$$\Sigma (z^2 + 1)^{\frac{\mu - 1}{4}} \equiv - 1$$

volgt nu

$$a + B\,i \equiv 0 \quad (\text{mod } M = a + b\,i),$$

dus

$$B = b.$$

Hierdoor gaan dan ten slotte de waarden van $h,\ j,\ k,\ l,\ m$ van art. 10 over in

$$
\begin{aligned}
8\,h &= 4\,n - 3\,a - 5, \\
8\,j &= 4\,n + a - 2\,b - 1, \\
8\,k &= 4\,n + a - 1, \\
8\,l &= 4\,n + a + 2\,b - 1, \\
8\,m &= 4\,n - a + 1,
\end{aligned}
$$

waarin dus $8\,n + 1 = a^2 + b^2$ de norm is van het priemgetal M.

13. Nadat hiermede de beide gevallen, waarin $\mu = 8\,n + 1$ is, afgehandeld zijn, moet nu het geval $\mu = 8\,n + 5$ beschouwd worden.

Daar dan $\dfrac{\mu - 1}{4}$ oneven is, zoo behoort -1 tot de groep C, en zooals gemakkelijk te zien is, behooren de getallen

$$p - a, \; p - a', \; p - a'', \ldots$$

alle tot C, en de getallen

$$p - \beta, \; p - \beta', \; p - \beta'', \ldots$$

alle tot D.

Met behulp van deze opmerkingen volgt nu zonder moeite, dat

het teeken	voorstelt het aantal oplossingen van
(0.0)	$a + \gamma + 1 \equiv 0$
(0.1)	$a + \delta + 1 \equiv 0$
(0.2)	$a + a' + 1 \equiv 0$
(0.3)	$a + \beta + 1 \equiv 0$
(1.0)	$\beta + \gamma + 1 \equiv 0$
(1.1)	$\beta + \delta + 1 \equiv 0$
(1.2)	$\beta + a + 1 \equiv 0$
(1.3)	$\beta + \beta' + 1 \equiv 0$
(2.0)	$\gamma + \gamma' + 1 \equiv 0$
(2.1)	$\gamma + \delta + 1 \equiv 0$
(2.2)	$\gamma + a + 1 \equiv 0$
(2.3)	$\gamma + \beta + 1 \equiv 0$
(3.0)	$\delta + \gamma + 1 \equiv 0$
(3.1)	$\delta + \delta' + 1 \equiv 0$
(3.2)	$\delta + a + 1 \equiv 0$
(3.3)	$\delta + \beta + 1 \equiv 0,$

$(\bmod \, M),$

waaruit dan zes betrekkingen voortvloeien

$$(0.0) = (2.2), \quad (0.1) = (3.2), \quad (0.3) = (1.2),$$
$$(1.0) = (2.3), \quad (1.1) = (3.3),$$
$$(2.1) = (3.0).$$

Daar evenals vroeger $a\,a' \equiv \beta\,\delta \equiv \gamma\,\gamma' \equiv 1$, zoo heeft men

$$\gamma'\,(a + \gamma + 1) \equiv \gamma'' + 1 + \gamma',$$
$$\beta\,(a + \delta + 1) \equiv \beta' + 1 + \beta,$$
$$\delta\,(a + \beta + 1) \equiv \delta' + 1 + \delta,$$
$$\delta\,(\beta + \gamma + 1) \equiv 1 + \beta' + \delta,$$
$$\gamma'\,(\beta + \gamma + 1) \equiv \delta + 1 + \gamma',$$

waaruit men besluit tot

$$(0.0) = (2.0), \quad (0.1) = 1.3), \quad (0.3) = (3.1),$$
$$(1.0) = (1.1) = (2.1).$$

Ten gevolge van deze elf betrekkingen neemt het schema S dezen vorm aan

$$
\begin{array}{cccc}
h & j & k & l \\
m & m & l & j \\
h & m & h & m \\
m & l & j & m.
\end{array}
$$

Daar -1 in de groep C, dus 0 in C' voorkomt, zoo volgt geheel op dezelfde wijze als in art. 8

$$h + j + k + l = \frac{\mu - 1}{4} = 2n + 1,$$
$$2m + l + j = 2n + 1,$$
$$h + m = n.$$

De beschouwing van het aantal oplossingen der congruentie

$$a + \beta + \gamma + 1 \equiv 0$$

levert eindelijk nog eene vergelijking tusschen h, j, k, l, m op. Neemt men eerst voor a alle waarden, die tot A behooren, dan gebeurt het respectievelijk h, j, k, l malen, dat $a + 1$ tot de groepen A, B, C, D behoort. En verder vindt men op dezelfde wijze als in art. 9, dat voor elk dezer gevallen de congruentie respectievelijk m, l, j, m op- lossingen heeft, waaruit dus voor het totale aantal oplossingen volgt

$$hm + jl + kj + lm.$$

Neemt men daarentegen eerst voor β alle waarden van B, dan gebeurt het respectievelijk m, m, l, j malen, dat $\beta + 1$ tot de groepen A, B, C, D behoort. En verder vindt men, dat voor elk dezer ge- vallen de congruentie respectievelijk h, m, h, m oplossingen heeft, zoodat het totale aantal oplossingen ook bedraagt

$$mh + mm + lh + jm.$$

14. De gelijkstelling van de beide uitdrukkingen voor het aantal oplossingen der congruentie

$$a + \beta + \gamma + 1 \equiv 0 \quad (\text{mod } M)$$

geeft

$$0 = m^2 + lh + jm - jl - kj - lm,$$

of daar $k = 2m - h$ is, zooals uit de lineaire betrekkingen tusschen h, j, k, l, m in art. 13 dadelijk volgt,

$$0 = m^2 + lh + hj - jl - jm - lm.$$

Drukt men nu met behulp van $j + l = 1 + 2h$, j en l beide uit door hun verschil

$$2j = 1 + 2h + (j - l),$$
$$2l = 1 + 2h + (j - l),$$

dan gaat de voorgaande vergelijking door invoering van deze waarden over in

$$0 = 4m^2 - 4m - 1 + 4h^2 - 8hm + (j - l)^2,$$

of daar

$$4m = 2(h + m) - 2(h - m) = 2n - 2(h - m),$$

komt er

$$0 = 4(h - m)^2 - 2n + 2(h - m) - 1 + (j - l)^2$$

en eindelijk

$$\mu = 8n + 5 = [4(h - m) + 1]^2 + 4(j - l)^2,$$

dus voor

$$A = 4(h - m) + 1, \quad B = 2j - 2l,$$

heeft men

$$\mu = A^2 + B^2.$$

Met behulp van A en B kan men nu gemakkelijk h, j, k, l, m uitdrukken, als volgt

$$8h = 4n + A - 1,$$
$$8j = 4n + A + 2B - 3,$$
$$8k = 4n - 3A + 3,$$
$$8l = 4n + A - 2B + 3,$$
$$8m = 4n - A + 1.$$

Er blijft nog over A en B te bepalen. Nu is μ als reëel priemgetal van den vorm $4n + 1$ slechts op één wijze voor te stellen door een som van twee tweedemachten, en daar

$$M = a + bi$$

is, heeft men

$$\mu = a^2 + b^2,$$

waarin

$$a \equiv -1, \quad b \equiv 2 \pmod 4.$$

Hieruit volgt dus

$$A = -a \text{ en } B = \pm b.$$

Om het teeken van B te bepalen dient eene beschouwing analoog aan die in art. 12.

Men vindt gemakkelijk

$$\Sigma(z^2 + 1)^{\frac{\mu-1}{4}} \equiv -1 \equiv 2(h-k) + 2i(j-l) \quad (\text{mod } M).$$

Nu is

$$2(h-k) = A - 1, \quad 2(j-l) = B,$$

dus heeft men

$$-1 \equiv A - 1 + Bi,$$

$$0 \equiv A + Bi \quad (\text{mod } M = a + bi).$$

Daar nu reeds gevonden werd $A = -a$, zoo volgt $B = -b$ en ten slotte is dus

$$8h = 4n - a - 1,$$
$$8j = 4n - a - 2b + 3,$$
$$8k = 4n + 3a + 3,$$
$$8l = 4n - a + 2b + 3,$$
$$8m = 4n + a + 1.$$

15. De verkregen resultaten samenstellende, is dus voor $\mu = 8n+1$ het schema S van den vorm

$$
\begin{array}{cccc}
h & j & k & l \\
j & l & m & m \\
k & m & k & m \\
l & m & m & j
\end{array}
$$

waarin:

$$
\text{voor } M = -q \quad
\begin{aligned}
8h &= 4n - 3M - 5, \\
8j = 8k = 8l &= 4n + M - 1, \\
8m &= 4n - M + 1.
\end{aligned}
$$

$$
\text{voor } M = a + bi \quad
\begin{aligned}
8h &= 4n - 3a - 5, \\
8j &= 4n + a - 2b - 1, \\
8k &= 4n + a - 1, \\
8l &= 4n + a + 2b - 1, \\
8m &= 4n - a + 1.
\end{aligned}
$$

Voor $\mu = 8n + 5$, $M = a + bi$ is het schema S van den vorm

$$
\begin{array}{cccc}
h & j & k & l \\
m & m & l & j \\
h & m & h & m \\
m & l & j & m
\end{array}
$$

waarin

$$
\begin{aligned}
8h &= 4n - a - 1, \\
8j &= 4n - a - 2b + 3, \\
8k &= 4n + 3a + 3, \\
8l &= 4n - a + 2b + 3, \\
8m &= 4n + a + 1.
\end{aligned}
$$

Zooals uit deze formules blijkt, correspondeert de verandering van b in $-b$ met eene verwisseling van j en l, zoowel in het geval $\mu = 8n + 1$, als wanneer $\mu = 8n + 5$ is

Volgens de congruenties van art. 5 is nu voor $\mu = 8n + 1$ het karakter van $1 + i$ naar den mod 4 congruent met

$$(3.1) + 2(3.2) + 3(3.3) = 3m + 3j \equiv -m. -j$$

en dat van $1 - i$ congruent met

$$(1.1) + 2(1.2) + 3(1.3) = l + 5m \equiv l + m$$

en dus vindt men voor $M = -q$

$$\text{Karakter } (1 + i) \equiv -n = -\frac{q^2 - 1}{8},$$

$$\text{Karakter } (1 - i) \equiv \quad n = \quad \frac{q^2 - 1}{8}.$$

Nu zijn $\frac{q+1}{4}$ en $\frac{q-3}{4}$ geheele, op elkaar volgende getallen, dus is hun product even, en $\frac{(q+1)(q-3)}{8}$ door 4 deelbaar, zoodat men heeft

$$\frac{q^2 - 1}{8} \equiv \frac{q^2 - 1}{8} - \frac{(q+1)(q-3)}{8} = \frac{q+1}{4}.$$

Hieruit volgt

$$\left(\!\left(\frac{1+i}{M}\right)\!\right) = i^{\frac{M-1}{4}}, \qquad \left(\!\left(\frac{1-i}{M}\right)\!\right) = i^{\frac{M-1}{4}},$$

en daar -1 biquadratische rest is,

$$\left(\left(\frac{-1-i}{M}\right)\right) = i^{\frac{M-1}{4}}, \quad \left(\left(\frac{-1+i}{M}\right)\right) = i^{-\frac{M-1}{4}},$$

terwijl uit $2 = (1-i)(1+i)$ nog volgt

$$\left(\left(\frac{2}{M}\right)\right) = \left(\left(\frac{-2}{M}\right)\right) = 1.$$

Voor $M = a + bi$ daarentegen, is

$$-m - j = -n + \tfrac{1}{4}b,$$
$$l + m = n + \tfrac{1}{4}b$$

en

$$n = \frac{a^2 + b^2 - 1}{8}.$$

Nu is blijkbaar $\dfrac{a-1}{4} \cdot \dfrac{a+3}{4}$ even, dus $\dfrac{(a-1)(a+3)}{8}$ door 4 deel-baar, waaruit volgt

$$\frac{a^2 - 1}{8} \equiv \frac{-a+1}{4} \quad \text{(mod 4)},$$

en b door 4 deelbaar zijnde, is dus één der getallen door b, $b \pm 4$ door 8 deelbaar, derhalve $\dfrac{b(b-4)}{8}$ door 4 deelbaar en

$$\frac{b^2}{8} \equiv \frac{b^2}{8} - \frac{b(b \mp 4)}{8} = \pm \tfrac{1}{2}b,$$

zoodat

$$n \equiv \tfrac{1}{4}(-a+1 \pm 2b) \quad \text{(mod 4)}$$

en ten slotte

$$\left(\left(\frac{1+i}{M}\right)\right) = \left(\left(\frac{-1-i}{M}\right)\right) = i^{\frac{a-1-b}{4}},$$

$$\left(\left(\frac{1-i}{M}\right)\right) = \left(\left(\frac{-1+i}{M}\right)\right) = i^{\frac{-a+1-b}{4}},$$

$$\left(\left(\frac{2}{M}\right)\right) = i^{-\frac{b}{2}}.$$

Is eindelijk $\mu = 8n + 5$, $M = a + bi$, dan vindt men

Karakter $(1+i) \equiv (1.1) + 2(1.2) + 3(1.3) = m + 2l + 3j$ (mod 4),

Karakter $(1-i) \equiv (3.1) + 2(3.2) + 3(3.3) = l + 2j + 3m$ (mod 4).

Hierin is, alle congruenties betrekking hebbende op den modulus 4,

$$m + 2l + 3j = 3n + \tfrac{1}{4}(-2a - b + 8),$$
$$l + 2j + 3m = 3n + \tfrac{1}{4}(-b + 6) \equiv -n + \tfrac{1}{4}(-b + 6),$$
$$n = \frac{a^2 + b^2 - 5}{8};$$

$\dfrac{a-3}{4} \cdot \dfrac{a+1}{4}$ even zijnde, is $\dfrac{(a-3)(a+1)}{8}$ door 4 deelbaar, evenzoo

ook $\dfrac{(b-2)(b+2)}{8}$, dus heeft men

$$n \equiv \frac{a^2 + b^2 - 5}{8} - \frac{(a-3)(a+1)}{8} - \frac{b^2 - 4}{8} = \tfrac{1}{4}(a + 1),$$

zoodat er ten slotte komt

$$m + 2l + 3j \equiv \tfrac{1}{4}(a - b + 11) \equiv (a - b - 5),$$
$$l + 2j + 3m \equiv \tfrac{1}{4}(-a - b + 5)$$

en hiermede

$$\left(\!\left(\frac{1+i}{a+bi}\right)\!\right) = i^{\frac{a-b-5}{4}}, \qquad \left(\!\left(\frac{1-i}{a+bi}\right)\!\right) = i^{\frac{-a-b+5}{4}}.$$

Het karakter van -1 gelijk twee zijnde, vindt men verder

$$\left(\!\left(\frac{-1-i}{a+bi}\right)\!\right) = i^{\frac{a-b+3}{4}}, \qquad \left(\!\left(\frac{-1+i}{a+bi}\right)\!\right) = i^{\frac{-a-b-3}{4}},$$

en

$$\left(\!\left(\frac{2}{a+bi}\right)\!\right) = i^{-\frac{b}{2}}.$$

Hiermede is het quadratisch karakter van $1 + i$, als ook dat van $1 - i$, $-1 - i$, $-1 + i$ ten opzichte van een primair priemgetal in elk geval bepaald. De uitkomsten stemmen geheel overeen met die door Gauss in art. 63 en 64 van de Theoria residuorum biquadraticorum commentatio secunda gegeven, en daar in art. 68—76 op geheel verschillende wijze bewezen.

16. Met betrekking tot de analogie van een groot gedeelte der voorafgaande beschouwingen met die van Gauss in art. 8 e. v. van zijne eerste verhandeling over de theorie der vierde-machtsresten, valt het volgende op te merken.

Gauss beschouwt reëele getallen, en de priemmodulus p is van den vorm $4n + 1$, terwijl de beide gevallen $p = 8n + 1$, $p = 8n + 5$ onder scheiden moeten worden; p heeft dus dezelfde beteekenis als de norm μ in de gevallen II en III van art. 4.

De getallen 1, 2, 3, ..., $p-1$ worden nu bij Gauss in 4 klassen A, B. C, D verdeeld. De getallen dezer klassen door $\alpha, \beta, \gamma, \delta$ aanduidende, is deze klassificatie gegrond op de congruenties

$$\alpha^{\frac{\mu-1}{4}} \equiv 1$$
$$\beta^{\frac{\mu-1}{4}} \equiv f$$
$$\gamma^{\frac{\mu-1}{4}} \equiv -1 \qquad (\mathrm{mod}\,\mu = p),$$
$$\delta^{\frac{\mu-1}{4}} \equiv -f$$

waarin $f^2 \equiv -1$ (mod p), en voor $\mu = a^2 + b^2$

$$a \equiv 1 \ (\mathrm{mod}\,4), \quad a + bf \equiv 0 \ (\mathrm{mod}\,p).$$

Voor $p = \mu = 8n + 1$ hebben a en b dezelfde beteekenis als in het bovenstaande, voor $p = 8n + 5$ verschillen a en b bij Gauss alleen in teeken met de waarden, die zij in het voorgaande hebben, waar $M = a + bi$ een primair complex priemgetal is.

Laat men nu echter ook complexe getallen toe, dan is het duidelijk, dat de bovenstaande congruenties, die betrekking hebben op den modulus $p = \mu$, blijven gelden voor den modulus $a + bi$, zoodat ook $a + bf \equiv 0$ (mod $a + bi$) is, waaruit blijkt $f \equiv i$ (mod $a + bi$), en dus

$$\alpha^{\frac{\mu-1}{4}} \equiv 1, \ \beta^{\frac{\mu-1}{4}} \equiv i, \ \gamma^{\frac{\mu-1}{4}} \equiv -1, \ \delta^{\frac{\mu-1}{4}} \equiv -i \ (\mathrm{mod}\,a + bi).$$

De klassificatie van Gauss valt derhalve samen met die volgens het biquadratisch karakter 0, 1, 2, 3 met betrekking tot den modulus $a + bi$.

Inderdaad, de reëele getallen 1, 2, 3, ..., $p-1$ vormen voor den modulus $a + bi$ een volledig systeem incongruente, niet door den modulus deelbare resten.

Vervangt men dan ook in de beide laatste voorbeelden van art. 5 de complexe resten door de congruente reëele getallen, wat met behulp van $i = 27$ (mod $-3-8i$) en $i = 11$ (mod $-5+6i$) zonder moeite kan geschieden, dan verkrijgt men

$$(\text{mod} - 3 - 8i), \qquad \mu = 73,$$

A   1, 2, 8, 9, 16, 18, 32, 36, 37, 41, 55, 57, 64, 65, 69, 71, 72.
B   5, 7, 10, 14, 17, 20, 28, 33, 34, 39, 40, 45, 53, 56, 59, 63, 66, 68.
C   3, 6, 12, 19, 23, 24, 25, 27, 35, 38, 46, 48, 49, 50, 54, 61, 67, 70.
D   11, 13, 15, 21, 22, 26, 29, 30, 31, 42, 43, 44, 47, 51, 52, 58, 60, 62.

$$(\text{mod} - 5 + 6i), \qquad \mu = 61,$$

A   1, 9, 12, 13, 15, 16, 20, 22, 25, 34, 42, 47, 56, 57, 58.
B   2, 7, 18, 23, 24, 26, 30, 32, 33, 40, 44, 50, 51, 53, 55.
C   3, 4, 5, 14, 19, 27, 36, 39, 41, 45, 46, 48, 49, 52, 60.
D   6, 8, 10, 11, 17, 21, 28, 29, 31, 35, 37, 38, 43, 54, 59.

volmaakt overeenkomende met de voorbeelden door Gauss gegeven in art. 11 der eerste verhandeling.

Alleen voor het geval I van art. 4, bestaat in de reëele theorie van Gauss niets analoogs, wat daarmede samenhangt, dat men in dit geval uit reëele getallen geen volledig restsysteem kan vormen.

De opmerking, dat de verdeeling in klassen A, B, C, D van Gauss in zijne eerste verhandeling identiek is met die volgens het biquadratisch karakter ten opzichte van den modulus $a + bi$, levert ook terstond het middel op, om al die theorema's te bewijzen, die door Gauss in zijne tweede verhandeling, art. 28, opgesteld zijn, en welke door inductie ontdekt werden, maar die tot nog toe, voor zoover ik zie, niet werden bewezen.

Deze theorema's hebben betrekking op het voorkomen van een reëel priemgetal m in de vier klassen A, B, C, D, of na het voorgaande, op het biquadratisch karakter van m ten opzichte van $a + bi$ als modulus.

17. Ik laat nu hier de door Gauss in art. 28 opgestelde opmerkingen volgen. De priemmodulus $p = \mu$ zij van den vorm $4n + 1$, volgens de opmerking van het vorige artikel is het nu te doen om de bepaling van de waarde van het symbool

$$\left(\left(\frac{m}{a + bi}\right)\right),$$

waarin m een reëel priemgetal is; de omstandigheid, dat voor $\mu = 8n + 5$ a en b bij Gauss in teeken verschillen van de waarden in art. 14 heeft op de uitspraak der theorema's geen invloed. Het priemgetal m zal met zulk een teeken genomen worden, dat het steeds $\equiv 1$ (mod 4) is, dus negatief wanneer het positief genomen, van den vorm $4k + 3 = Q$ is, terwijl een positief priemgetal van den vorm $4k + 1$ door P zal aangeduid worden. De opmerkingen van Gauss kunnen nu aldus uitgedrukt worden

I. Is $a \equiv 0$ (mod m) dan is $\left(\left(\dfrac{m}{a+bi}\right)\right) = \pm 1$, en wel $+1$ wanneer m van den vorm $8r \pm 1$, daarentegen -1 wanneer m van den vorm $8r \pm 3$ is.

II. Is a niet door m deelbaar, dan hangt de waarde van het symbool af alléén van het volkomen bepaalde getal x, dat voldoet aan de congruentie

$$b \equiv ax \quad (\text{mod } m).$$

Voor $m = P$ kan x hier de volgende waarden aannemen

$$0, 1, 2, 3, \ldots, P-1,$$

met uitzondering van de beide waarden f en $P - f$, die voldoen aan $yy \equiv -1$ (mod P). Deze kunnen blijkbaar niet voorkomen, want uit $b \equiv ay$ zou volgen

$$b^2 \equiv -a^2 \text{ of } a^2 + b^2 = p \equiv 0 \quad (\text{mod P}),$$

d. w. z. p zou door P deelbaar zijn.

Voor $m = -Q$ daarentegen kan x alle waarden

$$0, 1, 2, 3, \ldots, Q-1$$

aannemen.

Deze waarden van x kunnen nu in 4 klassen α, β, γ, δ verdeeld worden, zoodanig dat voor

$$b \equiv a\,\alpha \ (\text{mod } m) \text{ de waarde van het symbool} = 1,$$
$$b \equiv a\,\beta \ \text{\it n \quad n \quad n \quad n \quad n \quad n \quad n} = i,$$
$$b \equiv a\,\gamma \ \text{\it n \ n \ n \quad n \quad n \quad n \quad n} = -1,$$
$$b \equiv a\,\delta \ \text{\it n \ n \ n \quad n \quad n \quad n \quad n} = -i$$

is, of wat op hetzelfde neerkomt, dat in deze gevallen m respectievelijk tot de klassen A, B, C, D behoort.

Omtrent het aantal der getallen α, β, γ, δ geldt nu deze regel, dat drie dezer aantallen gelijk zijn, terwijl dan het vierde aantal één kleiner is; en wel is dit vierde aantal dat der a's, wanneer voor $a \equiv 0\ m$ tot A behoort, en dat der γ's, wanneer voor $a \equiv 0\ m$ tot C behoort.

De verdere opmerkingen van Gauss in art. 28 kunnen voor het oogenblik daargelaten worden, daar hun bewijs geen bezwaar ondervindt, zoodra eenmaal het bovenstaande aangetoond is, waartoe ik nu overga.

18. Zij dan vooreerst $m = -Q$, volgens de reciprociteitswet is dan

$$\left(\left(\frac{-Q}{a+bi}\right)\right) = \left(\left(\frac{a+bi}{Q}\right)\right)$$

en voor $a \equiv 0$ (mod Q)

$$\left(\left(\frac{-Q}{a+bi}\right)\right) = \left(\left(\frac{bi}{Q}\right)\right) = \left(\left(\frac{b}{Q}\right)\right)\left(\left(\frac{i}{Q}\right)\right) = i^{\frac{Q^2-1}{4}},$$

want $\left(\left(\frac{b}{Q}\right)\right) = 1$; immers men heeft

$$\left(\left(\frac{b}{Q}\right)\right) \equiv b^{\frac{Q^2-1}{4}} \quad \text{(mod Q)}$$

en daar Q van den vorm $4r+3$, en dus $\dfrac{Q^2-1}{4} = (Q-1)\dfrac{Q+1}{4}$ een

veelvoud van $Q-1$ is, zoo volgt uit het theorema van Fermat

$$\left(\left(\frac{b}{Q}\right)\right) = 1.$$

Voor $Q = 8n+3$ volgt nu

$$\left(\left(\frac{-Q}{a+bi}\right)\right) = -1,$$

voor $Q = 8n+7$

$$\left(\left(\frac{-Q}{a+bi}\right)\right) = +1.$$

Voor $m = P = (A+Bi)(A-Bi)$ daarentegen, waarin $A+Bi$ en $A-Bi$ de primaire factoren van P zijn, volgt uit de reciprociteitswet

$$\left(\left(\frac{P}{a+bi}\right)\right) = \left(\left(\frac{a+bi}{A+Bi}\right)\right)\left(\left(\frac{a+bi}{A-Bi}\right)\right)$$

en voor $a \equiv 0$ (mod P)

$$\left(\left(\frac{P}{a+bi}\right)\right) = \left(\left(\frac{bi}{A+Bi}\right)\right)\left(\left(\frac{bi}{A-Bi}\right)\right) = \left(\left(\frac{-bi}{A+Bi}\right)\right)\left(\left(\frac{+bi}{A-Bi}\right)\right)\left(\left(\frac{-1}{A+Bi}\right)\right).$$

Nu is, zooals bekend, in 't algemeen

$$\left(\left(\frac{a+\beta i}{A+Bi}\right)\right)\ \left(\left(\frac{a-\beta i}{A-Bi}\right)\right)=1,$$

dus

$$\left(\left(\frac{P}{a+bi}\right)\right)=\left(\left(\frac{-1}{A+Bi}\right)\right)=(-1)^{\frac{P-1}{4}},$$

of voor $P=8n+1$

$$\left(\left(\frac{P}{a+bi}\right)\right)=1$$

en voor $P=8n+5$

$$\left(\left(\frac{P}{a+bi}\right)\right)=-1.$$

Hiermede is dus het in het voorgaande art. onder I gezegde geheel bewezen.

19. Onderstellen wij dan nu, dat a niet door m deelbaar is, en beschouwen wij eerst het eenvoudigste geval

$$m=-Q,$$

dan is dus

$$\left(\left(\frac{-Q}{a+bi}\right)\right)=\left(\left(\frac{a+bi}{Q}\right)\right)$$

en voor $b\equiv ax\pmod{Q}$

$$\left(\left(\frac{-Q}{a+bi}\right)\right)=\left(\left(\frac{a(1+xi)}{Q}\right)\right)=\left(\left(\frac{1+xi}{Q}\right)\right),$$

daar $\left(\left(\frac{a}{Q}\right)\right)=1$ is, zooals reeds in het voorgaand artikel bewezen werd. Uit de verkregen uitkomst

$$\left(\left(\frac{-Q}{a+bi}\right)\right)=\left(\left(\frac{1+xi}{Q}\right)\right)$$

blijkt nu reeds, dat de waarde van het symbool links, alleen van het getal x afhangt, welk getal de Q waarden

$$0,1,2,3,\ldots,Q-1$$

kan aannemen.

Wij hebben dus nu nog slechts deze vraag te beantwoorden:

wanneer de modulus Q een priemgetal van den vorm $4n + 3$ is, hoeveel der getallen

$$1, 1 + i, 1 + 2i, 1 + 3i, \ldots, 1 + (Q - 1)i$$

behooren er dan respectievelijk tot de klassen A, B, C, D?

Ik merk hiertoe vooreerst op, dat als een volledig systeem niet door Q deelbare resten de getallen

$$\alpha + \beta i$$

genomen kunnen worden, waarin α en β de waarden $0, 1, 2, 3, \ldots, Q-1$ doorloopen, met uitzondering der combinatie $\alpha = 0$, $\beta = 0$; en ten tweede, dat de getallen

$$1, 2, 3, \ldots, q - 1$$

alle tot A behooren, zoodat wanneer

$$\alpha' + \beta' i$$

tot eene zekere klasse behoort, ook

$$2(\alpha' + \beta' i), 3(\alpha' + \beta' i), \ldots, (q - 1)(\alpha' + \beta' i)$$

tot diezelfde klasse behooren, alle welke getallen door het weglaten van veelvouden van q weder tot den vorm $\alpha + \beta i$, waarin α en β kleiner dan q zijn, teruggebracht kunnen worden. Nu zijn de resten van

$$\alpha', 2\alpha', 3\alpha', \ldots, (q - 1)\alpha',$$

zoolang α' niet gelijk nul is, volgens den modulus q in zekere volgorde met de getallen

$$1, 2, 3, \ldots, q - 1$$

congruent.

In de groep der $q - 1$ getallen

$$\alpha' + \beta' i, 2(\alpha' + \beta' i), \ldots, (q - 1)(\alpha' + \beta' i),$$

die alle tot dezelfde klasse behooren, komt er dus één voor, congruent met een der getallen

$$1 + xi \quad (x = 0, 1, 2, \ldots, q - 1).$$

Nu is het aantal getallen van elke klasse

$$\frac{q^2 - 1}{4} = (q - 1) \times \frac{q + 1}{4},$$

een veelvoud van $q - 1$, en de $q - 1$ getallen zonder reëel gedeelte

$$i, 2i, 3i, \ldots, (q - 1)i$$

behooren voor $q = 8n + 7$ tot A, voor $q = 8n + 3$ tot C.

Daar men nu alle getallen van elke klasse, waarvan het reëel gedeelte niet gelijk nul is, op bovenstaande wijze in groepen van $q-1$ getallen kan vereenigen, zoodanig dat er in elke groep één getal met het reëele gedeelte 1 voorkomt, zoo volgt, dat voor $Q = 8n + 7$ er in de klassen A, B, C, D respectievelijk

$$\frac{q-3}{4}, \quad \frac{q+1}{4}, \quad \frac{q+1}{4}, \quad \frac{q+1}{4}$$

getallen $1 + xi$ voorkomen.

Voor $Q = 8n + 3$ zijn deze aantallen

$$\frac{q+1}{4}, \quad \frac{q+1}{4}, \quad \frac{q-3}{4}, \quad \frac{q+1}{4},$$

terwijl volgens art. 18 in het geval $a \equiv 0 \pmod{Q}$ voor $Q = 8n + 7$ of $Q = 8n + 3$, Q respectievelijk tot de klassen A en C behoorde.

Alles wat op het geval $m = -Q$ betrekking had, is dus hiermede afgehandeld.

20. Voor $m = P = (A + Bi)(A - Bi)$ vonden wij reeds

$$\left(\!\left(\frac{P}{a+bi}\right)\!\right) = \left(\!\left(\frac{a+bi}{A+Bi}\right)\!\right) \left(\!\left(\frac{a+bi}{A-Bi}\right)\!\right)$$

en dus wanneer

$$b \equiv ax \pmod{P},$$

heeft men

$$\left(\!\left(\frac{P}{a+bi}\right)\!\right) = \left(\!\left(\frac{1+xi}{A+Bi}\right)\!\right) \left(\!\left(\frac{1+xi}{A-Bi}\right)\!\right) \left(\!\left(\frac{a}{A+Bi}\right)\!\right) \left(\!\left(\frac{a}{A-Bi}\right)\!\right)$$

of daar, volgens een reeds in art. 18 gemaakte opmerking, het product der beide laatste factoren rechts gelijk 1 is,

$$\left(\!\left(\frac{P}{a+bi}\right)\!\right) = \left(\!\left(\frac{1+xi}{A+Bi}\right)\!\right) \left(\!\left(\frac{1+xi}{A-Bi}\right)\!\right),$$

waaruit reeds blijkt, dat de waarde van het symbool links alleen van het getal x afhangt, zoodat nog slechts de volgende vraag te beantwoorden blijft: voor hoeveel waarden van $1 + xi$ neemt

$$\left(\!\left(\frac{1+xi}{A+Bi}\right)\!\right) \left(\!\left(\frac{1+xi}{A-Bi}\right)\!\right)$$

respectievelijk de waarden $1, i, -1, -i$ aan? Voor x heeft men hier de waarden

$$0, 1, 2, 3, \ldots, P-1$$

te nemen, uitgezonderd de beide wortels van $y^2 = -1 \pmod{P}$.

Om deze vraag te beantwoorden beschouw ik een volledig systeem incongruente niet door den modulus $A + Bi$ deelbare resten, en breng deze volgens hun biquadratisch karakter tot 4 groepen A, B, C, D. Hierbij denk ik mij elke rest zoo gekozen, dat het reëele deel gelijk 1, en de factor van i kleiner dan P is.

Men kan dit aldus voorstellen :

$$(\text{mod } A + Bi), \qquad A^2 + B^2 = P.$$

$$
\begin{array}{ll}
\text{Klasse A} & \alpha = 1 + a\,i \\
\text{B} & \beta = 1 + b\,i \\
\text{C} & \gamma = 1 + c\,i \\
\text{D} & \delta = 1 + d\,i.
\end{array}
$$

De getallen a, b, c, d in hun geheel stemmen overeen met

$$0, 1, 2, 3, \ldots, (P-1),$$

behalve dat de waarde f, die congruent i is ontbreekt, want $1 + fi \equiv 0$ (mod $A + Bi$).

Evenzoo met $A - Bi$ handelende, ziet men gemakkelijk, dat de klassificatie deze zal zijn:

$$(\text{mod } A - Bi), \qquad A^2 + B^2 = P.$$

$$
\begin{array}{ll}
\text{Klasse A} & 1 + (P - a)\,i \\
\text{B} & 1 + (P - d)\,i \\
\text{C} & 1 + (P - c)\,i \\
\text{D} & 1 + (P - b)\,i
\end{array}
$$

want gelijktijdig heeft men

$$(1 + xi)^{\frac{P-1}{4}} - i^\rho = (A + Bi)(C + Di),$$

$$(1 - xi)^{\frac{P-1}{4}} - i^{3\rho} = (A - Bi)(C - Di).$$

Heeft dus $1 + xi$ volgens den modulus $A + Bi$ het karakter ϱ, dan heeft $1 - xi \equiv 1 + (P - x)i$ volgens den modulus $A - Bi$ het karakter $3\,\varrho$.

21. Zal nu

$$\left(\left(\frac{1 + xi}{A + Bi}\right)\right) \quad \left(\left(\frac{1 + xi}{A - Bi}\right)\right)$$

gelijk 1 worden dan moet, wanneer

$$\left(\left(\frac{1+xi}{A+Bi}\right)\right)$$

een der waarden 1, i, -1, $-i$ heeft, tegelijkertijd

$$\left(\left(\frac{1+xi}{A-Bi}\right)\right)$$

een der waarden 1, $-i$, -1, i aannemen, of op de beide verdeelingen in klassen lettende: wanneer x respectievelijk tot a, b, c, d behoort, dan moet tegelijkertijd ook $p - x$ tot de getallen a, b, c, d behooren. Men kan dus zeggen, dat het aantal der waarden van x waarvoor

$$\left(\left(\frac{1+xi}{A+Bi}\right)\right)\left(\left(\frac{1+xi}{A-Bi}\right)\right)=1$$

wordt, gelijk is aan de som van de aantallen oplossingen der congruenties

$$a + a' \equiv 0,$$
$$b + b' \equiv 0,$$
$$c + c' \equiv 0,$$
$$d + d' \equiv 0,$$

ten opzichte van den modulus P, of wat op hetzelfde neerkomt, ten opzichte van den modulus $A + Bi$.

Men bedenke hierbij, dat wel de voor x uitgesloten waarde $p - f$ onder a, b, c, d voorkomt, maar dat deze waarde toch in geen der bovenstaande congruenties kan optreden, omdat dit zoude vereischen, dat ook f voorkwam onder de getallen a, b, c, d, wat niet het geval is.

Nu is $a = 1 + ai$, zoodat de voorgaande congruenties na vermenigvuldiging met i, overgaan in

$$a + a' \equiv 2$$
$$\beta + \beta' \equiv 2$$
$$\gamma + \gamma' \equiv 2 \quad (\text{mod } A + Bi).$$
$$\delta + \delta' \equiv 2.$$

Behoort $\frac{p-1}{2}$ tot de klasse A, dan gaan de voorgaande congruenties door vermenigvuldiging met $\frac{p-1}{2}$ over in

$$\begin{aligned}
a + a' + 1 &\equiv 0 \\
\beta + \beta' + 1 &\equiv 0 \\
\gamma + \gamma' + 1 &\equiv 0 \\
\delta + \delta' + 1 &\equiv 0
\end{aligned} \quad (\mathrm{mod\ A} + \mathrm{B}\,i),$$

zoodat de som van het aantal oplossingen dezer congruenties gelijk is aan het aantal waarden van x, die

$$\left(\!\left(\frac{1 + x\,i}{\mathrm{A} + \mathrm{B}\,i}\right)\!\right) \quad \left(\!\left(\frac{1 + x\,i}{\mathrm{A} - \mathrm{B}\,i}\right)\!\right)$$

gelijk 1 maken.

Maar zooals men zich onmiddellijk overtuigt, blijft dit resultaat hetzelfde, ook wanneer $\dfrac{p-1}{2}$ tot de klassen B, C, D behoort. Behoort bijv. $\dfrac{p-1}{2}$ tot B, dan volgt uit $a + a' \equiv 2$ door vermenigvuldiging met $\dfrac{p-1}{2}$

$$\beta + \beta' + 1 \equiv 0,$$

en uit $\beta + \beta' \equiv \gamma + \gamma' \equiv \delta + \delta' \equiv 2$ respectievelijk

$$\gamma + \gamma' + 1 \equiv 0, \quad \delta + \delta' + 1 \equiv 0, \quad a + a' + 1 \equiv 0.$$

Noemt men de aantallen der waarden van x, die respectievelijk $\left(\!\left(\dfrac{1 + x\,i}{\mathrm{A} + \mathrm{B}\,i}\right)\!\right) \left(\!\left(\dfrac{1 + x\,i}{\mathrm{A} - \mathrm{B}\,i}\right)\!\right)$ gelijk 1, i, -1, $-i$ maken, t, u, v, w, dan is dus t de som van de aantallen oplossingen der congruenties

$$\begin{aligned}
a + a' + 1 &\equiv 0 \\
\beta + \beta' + 1 &\equiv 0 \\
\gamma + \gamma' + 1 &\equiv 0 \\
\delta + \delta' + 1 &\equiv 0.
\end{aligned} \quad (\mathrm{mod\ A} + \mathrm{B}\,i).$$

Geheel op dezelfde wijze vindt men, dat u de som is van de aantallen oplossingen der congruenties

$$\begin{aligned}
a + \delta + 1 &\equiv 0, \\
\beta + a + 1 &\equiv 0, \\
\gamma + \beta + 1 &\equiv 0, \\
\delta + \gamma + 1 &\equiv 0,
\end{aligned}$$

terwijl men voor v en w de congruenties

$$a + \gamma + 1 \equiv 0, \qquad a + \beta + 1 \equiv 0,$$
$$\beta + \delta + 1 \equiv 0, \qquad \beta + \gamma + 1 \equiv 0,$$
$$\text{en}$$
$$\gamma + a + 1 \equiv 0, \qquad \gamma + \delta + 1 \equiv 0,$$
$$\delta + \beta + 1 \equiv 0, \qquad \delta + a + 1 \equiv 0,$$

te beschouwen heeft.

Is dus $P = 8n + 1$, dan heeft men volgens art. 7 en 8

$$t = (0.0) + (1.1) + (2.2) + (3.3) = h + l + k + j = 2n - 1,$$
$$u = (0.3) + (1.0) + (2.1) + (3.2) = l + j + m + m = 2n,$$
$$v = (0.2) + (1.3) + (2.0) + (3.1) = k + m + k + m = 2n,$$
$$w = (0.1) + (1.2) + (2.3) + (3.0) = j + m + m + l = 2n,$$

en voor $P = 8n + 5$ volgens art. 13

$$t = (0.2) + (1.3) + (2.0) + (3.1) = k + j + h + l = 2n + 1,$$
$$u = (0.1) + (1.2) + (2.3) + (3.0) = j + l + m + m = 2n + 1,$$
$$v = (0.0) + (1.1) + (2.2) + (3.3) = h + m + h + m = 2n,$$
$$w = (0.3) + (1.0) + (2.1) + (3.2) = l + m + m + j = 2n + 1.$$

22. Al het voorgaande samenstellende, hebben dus de kenmerken om te onderscheiden of een reëel priemgetal tot de klassen A, B, C, behoort, wanneer de modulus p van den vorm $4n + 1$ en $a + bi$ een primaire complexe priemfactor van p is, de volgende gedaante:

Het priemgetal $P = 8n + 1$ behoort tot

A voor $a \equiv 0, \quad b \equiv aa$ Aantal der a's $= 2n - 1$,
B voor $b \equiv a\beta$ (mod P).   "   " β's $= 2n$,
C voor $b \equiv a\gamma$ "   " γ's $= 2n$,
D voor $b \equiv a\delta$ "   " δ's $= 2n$.

Het priemgetal $P = 8n + 5$ behoort tot

A voor $b \equiv aa$ Aantal der a's $= 2n + 1$,
B voor $b \equiv a\beta$ (mod P).   "   " β's $= 2n + 1$,
C voor $b \equiv a\gamma, \quad a \equiv 0$ "   " γ's $= 2n$,
D voor $b \equiv a\delta$ "   " δ's $= 2n + 1$.

Het priemgetal $-Q = -(8n + 3)$ behoort tot

A voor $b \equiv aa$ Aantal der a's $= 2n + 1$,
B voor $b \equiv a\beta$ (mod Q).   "   " β's $= 2n + 1$,
C voor $b \equiv a\gamma, \quad a \equiv 0$ "   " γ's $= 2n$,
D voor $b \equiv a\delta$ "   " δ's $= 2n + 1$.

Het priemgetal $-Q = -(8n+7)$ behoort tot

A voor $b \equiv a\,a,\ a \equiv 0$		Aantal der	a's $= 2n+1$,
B voor $b \equiv a\,\beta$	(mod Q).	" "	β's $= 2n+2$,
C voor $b \equiv a\,\gamma$		" "	γ's $= 2n+2$,
D voor $b \equiv a\,\delta$		" "	δ's $= 2n+2$.

Ik voeg hierbij nog de volgende opmerkingen van Gauss (art. 28), waarvan het bewijs na al het voorgaande niet het minste bezwaar oplevert.

1. Het getal 0 behoort altijd tot de a's, en de getallen $-a$, $-\beta$, $-\gamma$, $-\delta$ behooren (mod m) respectievelijk tot de a's, δ's, γ's en β's.

2. Voor $P = 8n+1$, $Q = 8n+7$ behooren de waarden van $\dfrac{1}{a}$, $\dfrac{1}{\beta}$, $\dfrac{1}{\gamma}$, $\dfrac{1}{\delta}$ (mod m) respectievelijk tot de a's, δ's, γ's, β's; en voor $P = 8n+5$, $Q = 8n+3$ behooren deze waarden respectievelijk tot de γ's, β's, a's, δ's.

DERDE-MACHTSRESTEN.

23. Nu tot de derde-machtsresten overgaande, is het noodig het een en ander omtrent de theorie der geheele getallen van den vorm $a + b\varrho$ in herinnering te brengen; ϱ is hierin een complexe derde-machtswortel der eenheid, dus $1 + \varrho + \varrho^2 = 0$.

Zooals dan bekend is, gelden ook in deze theorie omtrent de deelbaarheid der getallen, hunne ontbinding in priemfactoren, het bestaan van primitieve wortels der priemgetallen enz. geheel analoge theorema's als die in de gewone theorie der reëele getallen, en verreweg het grootste gedeelte der onderzoekingen in de vier eerste sectiën der Disquisitiones arithmeticae kunnen bijna onveranderd ook voor de theorie der geheele getallen $a + b\varrho$ doorgevoerd worden.

Het product van twee geconjugeerde getallen $a + b\varrho$ en $a + b\varrho^2$,

$$(a + b\varrho)(a + b\varrho^2) = a^2 - ab + b^2$$

heet de norm van het getal $a + b\varrho$ en zal steeds door μ aangeduid worden.

Het getal 3 is in deze theorie geen priemgetal, want

$$3 = (1 - \varrho)(1 - \varrho^2) = -\varrho^2(1 - \varrho)^2.$$

Als priemgetallen behalve $1 - \varrho$, in deze theorie, doen zich voor:

ten eerste de reëele priemgetallen van den vorm $3n - 1$, de norm is dan gelijk $(3n - 1)^2$;

ten tweede de complexe priemfactoren van de reëele priemgetallen van den vorm $3n + 1$. Dit reëele priemgetal is dan te gelijk de norm van den complexen priemfactor.

Bijv. is

$$7 = (2 + 3\varrho)(2 + 3\varrho^2) = (2 + 3\varrho)(-1 - 3\varrho).$$

De priemgetallen $2 + 3\varrho$, $-1 - 3\varrho$ hebben beide 7 tot norm.

In beide gevallen is dus de norm van den vorm $3k + 1$.

Verder is het voldoende alleen primaire priemgetallen te beschouwen, waarbij ik mij van dit woord in den zin van Eisenstein (Crelle's Journal, 27, p. 301) zal bedienen, zoodat $a + b\varrho$ primair heet, wanneer $a + 1$ en b beide door 3 deelbaar zijn. De reëele priemgetallen van den vorm $3n - 1$ moeten dus positief genomen worden om primair te zijn.

Zij dan M een primair priemgetal, μ de norm van den vorm $3n + 1$. Een volledig stelsel incongruente, niet door den modulus M deelbare resten bevat dan $\mu - 1 = 3n$ getallen. Deze getallen kunnen tot 3 klassen, elk μ getallen bevattende, gebracht worden al naar dat hunne $\left(\dfrac{\mu - 1}{3}\right)^{\text{de}}$ macht (mod M) congruent is met 1, ϱ of ϱ^2. Deze verdeeling kan aldus voorgesteld worden:

$$
\begin{array}{ll}
\text{A} & \alpha, \ \alpha', \ \alpha'', \ \ldots \\
\text{B} & \beta, \ \beta', \ \beta'', \ \ldots \\
\text{C} & \gamma, \ \gamma', \ \gamma'', \ \ldots
\end{array}
$$

waarin dus

$$\alpha^{\frac{\mu - 1}{3}} \equiv 1, \qquad \beta^{\frac{\mu - 1}{3}} \equiv \varrho, \qquad \gamma^{\frac{\mu - 1}{3}} \equiv \varrho^2 \pmod{\text{M}}.$$

Het cubisch karakter der getallen α, α', α'', $\ldots$ is 0, dat der getallen β, β', $\ldots$ is 1, dat der getallen γ, γ', $\ldots$ is 2.

Het zal intusschen ook gemakkelijk zijn, van het symbool van Eisenstein gebruik te maken, en dus te schrijven

$$\left[\frac{\alpha}{\text{M}}\right] = 1, \quad \left[\frac{\beta}{\text{M}}\right] = \varrho, \quad \left[\frac{\gamma}{\text{M}}\right] = \varrho^2.$$

Het doel van de eerstvolgende beschouwingen is nu de bepaling van het cubisch karakter van $1-\varrho$, of wel de bepaling van de waarde van het symbool $\left[\dfrac{1-\varrho}{M}\right]$.

24. Door bij alle getallen van A, B, C de eenheid op te tellen, ontstaan de 3 groepen van getallen A', B', C'

$$\begin{array}{llll}
A' & a+1, & a'+1, & a''+1, \ldots \\
B' & \beta+1, & \beta'+1, & \beta''+1, \ldots \\
C' & \gamma+1, & \gamma'+1, & \gamma''+1, \ldots
\end{array}$$

en ik noem nu (0.0), (0.1), (0.2) de aantallen getallen van A', die respectievelijk congruent zijn met getallen van A, B, C; (1.0), (1.1), (1.2) de aantallen getallen van B', die respectievelijk congruent zijn met getallen van A, B, C; eindelijk (2.0), (2.1), (2.2) de aantallen getallen C', die respectievelijk congruent zijn met getallen van A, B, C.

Al deze getallen kunnen in het schema S vereenigd worden

$$\begin{array}{lll}
(0.0) & (0.1) & (0.2) \\
(1.0) & (1.1) & (1.2) \\
(2.0) & (2.1) & (2.2)
\end{array}$$

en met de bepaling van deze getallen is ook onmiddellijk het cubisch karakter van $1-\varrho$ gevonden. Want uit de blijkbaar identieke congruenties

$$(x-a)(x-a')(x-a'')\ldots \equiv x^{\frac{\mu-1}{3}}-1$$

$$(x-\beta)(x-\beta')(x-\beta'')\ldots \equiv x^{\frac{\mu-1}{3}}-\varrho \quad (\mathrm{mod}\ M)$$

$$(x-\gamma)(x-\gamma')(x-\gamma'')\ldots \equiv x^{\frac{\mu-1}{3}}-\varrho^2$$

volgt voor $x=-1$, daar $\dfrac{\mu-1}{3}$ even is (behalve voor $M=2$, welk geval uit te zonderen is),

$$\begin{aligned}
(\beta+1)(\beta'+1)(\beta''+1)\ldots &\equiv 1-\varrho \\
(\gamma+1)(\gamma'+1)(\gamma''+1)\ldots &\equiv 1-\varrho^2
\end{aligned} \quad (\mathrm{mod}\ M),$$

waaruit onmiddellijk volgt

$$\left[\frac{1-\varrho}{M}\right]=\varrho^{(1.1)+2(1.2)},$$

$$\left[\frac{1-\varrho^2}{M}\right]=\varrho^{(2.1)+2(2.2)}.$$

25. Het getal -1 behoort, als volkomen derde-macht tot de klasse A, en de getallen a en $-a$, β en $-\beta$, γ en $-\gamma$ komen tegelijkertijd in de klassen A, B, C voor.

Met behulp van deze opmerking overtuigt men zich nu dadelijk, dat

het teeken   voorstelt het aantal oplossingen van

$$(0.0) \qquad a + a' + 1 \equiv 0$$
$$(0.1) \qquad a + \beta + 1 \equiv 0$$
$$(0.2) \qquad a + \gamma + 1 \equiv 0$$
$$(1.0) \qquad \beta + a + 1 \equiv 0$$
$$(1.1) \qquad \beta + \beta' + 1 \equiv 0 \quad (\text{mod } M),$$
$$(1.2) \qquad \beta + \gamma + 1 \equiv 0$$
$$(2.0) \qquad \gamma + a + 1 \equiv 0$$
$$(2.1) \qquad \gamma + \beta + 1 \equiv 0$$
$$(2.2) \qquad \gamma + \gamma' + 1 \equiv 0$$

zoodat men heeft

$$(0.1) = (1.0), \quad (0.2) = (2.0), \quad (1.2) = (2.1).$$

Is $xy \equiv 1 \pmod{M}$ en behoort x tot A, dan behoort blijkbaar ook y tot A, behoort echter x tot B of C, dan behoort y respectievelijk tot C of B, wat men kan uitdrukken door te schrijven

$$a\,a' \equiv 1, \quad \beta\,\gamma \equiv 1 \quad (\text{mod } M).$$

Uit

$$\gamma\,(a + \beta + 1) \equiv \gamma' + 1 + \gamma,$$
$$\beta\,(a + \gamma + 1) \equiv \beta' + 1 + \beta,$$

besluit men nu tot deze betrekkingen

$$(0.1) = (2.2), \quad (0.2) = (1.1),$$

zoodat het schema S dezen vorm heeft

$$\begin{array}{ccc} h & j & k \\ j & k & l \\ k & l & j. \end{array}$$

Daar -1 tot A, dus 0 tot A' behoort, maar behalve dit getal 0 van A' overigens alle getallen van A', B', C' elk met één getal van A, B of C congruent zijn, zoo volgt verder

$$h + j + k = n - 1,$$
$$j + k + l = n.$$

De beschouwing van het aantal oplossingen der congruentie

$$\alpha + \beta + \gamma + 1 \equiv 0 \quad (\text{mod } M),$$

waarin α, β, γ respectievelijk uit de klassen A, B, C te kiezen zijn, levert eindelijk nog eene betrekking tusschen h, j, k, l. Neemt men namelijk eerst voor α de getallen van A, dan verkrijgt men voor dit aantal

$$h\,l + j\,j + k\,k.$$

Neemt men daarentegen achtereenvolgens voor β alle getallen van B, dan vindt men voor ditzelfde aantal

$$j\,k + k\,l + l\,j$$

dus is

$$0 = h\,l + j\,j + k\,k - j\,k - k\,l - l\,j.$$

26. Elimineert men uit deze laatste vergelijking h met behulp van $h = l - 1$, dan is

$$0 = l\,(l-1) + j\,j + k\,k - j\,k - k\,l - l\,j,$$

welke vergelijking met 4 vermenigvuldigd, wegens

$$(j+k)^2 + 3\,(j-k)^2 = 4\,(j\,j + k\,k - j\,k)$$

den vorm aanneemt

$$0 = 4\,l^2 - 4\,l + (j+k)^2 + 3\,(j-k)^2 - 4\,l\,(k+j).$$

Daar $l = n - (j+k)$ is, heeft men door met 9 te vermenigvuldigen

$$36\,n = 36\,l^2 + 9\,(j+k)^2 + 27\,(j-k)^2 - 36\,l\,(j+k) + 36\,(j+k);$$

tegelijk is

$$24\,n = 24\,(j+k+l),$$

dus vindt men door aftrekking

$$12\,n = 36\,l^2 + 9\,(j+k)^2 + 27\,(j-k)^2 - 36\,l\,(j+k) + 12\,(j+k) - 24\,l,$$

of wel

$$12\,n + 4 = 4\,\mu = (6\,l - 3\,j - 3\,k - 2)^2 + 27\,(j-k)^2.$$

Stellen wij nu

$$A = 6\,l - 3\,j - 3\,k - 2,$$
$$B = 3\,j - 3\,k,$$

dan is dus

$$4\,\mu = A^2 + 3\,B^2$$

en men kan verder h, j, k, l met behulp van A en B gemakkelijk aldus uitdrukken

$$9\,h = 3\,n + A - 7,$$
$$18\,j = 6\,n - A + 3\,B - 2,$$
$$18\,k = 6\,n - A - 3\,B - 2,$$
$$9\,l = 3\,n + A + 2.$$

Om nog A en B te bepalen zijn nu twee gevallen te onderscheiden.

27. Is vooreerst M reëel van den vorm $3\,n - 1$, dus $\mu = M^2$, dan volgt uit

$$4\,\mu = 4\,M^2 = A^2 + 3\,B^2,$$

dat $A = \pm 2\,M$, $B = 0$ is. Want was B niet gelijk nul, dan zou men een geheel getal x kunnen bepalen, zóó dat

$$A \equiv B\,x \pmod{M},$$

waaruit volgt

$$A^2 \equiv -3\,B^2 \equiv B^2\,x^2 \pmod{M}$$

dus

$$x^2 \equiv -3 \pmod{M},$$

wat onmogelijk is, daar men weet, dat -3 niet-rest is van M.

Stellig is dus $B = 0$, $A = \pm 2\,M$. Maar ook het teeken van A volgt onmiddellijk uit de opmerking, dat $A \equiv 1 \pmod{3}$, en M als primair priemgetal $\equiv -1 \pmod{3}$ is; waaruit dus blijkt

$$A = 2\,M$$

en ten slotte

$$9\,h = 3\,n + 2\,M - 7,$$
$$9\,j = 9\,k = 3\,n - M - 1,$$
$$9\,l = 3\,n + 2\,M + 2.$$

28. Is in de tweede plaats $M = a + b\,\varrho$ een primaire complexe priemfactor van een reëel priemgetal p van den vorm $3\,n + 1$, dan is

$$4\,\mu = (2\,a - b)^2 + 3\,b^2 = A^2 + 3\,B^2$$

en daar $a + b\,\varrho$ primair is, $a + 1 \equiv b \equiv 0 \pmod{3}$.

Nu is ook B door 3 deelbaar en daar, zooals gemakkelijk te be-wijzen valt, $4\,\mu$ slechts op één wijze voorgesteld kan worden als de som van een quadraat en het 27-voud van een tweede quadraat, zoo volgt

$$A = 2\,a - b, \quad B = \pm b.$$

Het teeken van A wordt namelijk weder bepaald door $A \equiv 1$ (mod 3).

Om nog het teeken van B te bepalen, dient de volgende beschouwing; doorloopt z alle getallen van A, B en C, dan vindt men, op geheel dezelfde wijze als in art. 12,

$$\Sigma (z^3 + 1)^{\frac{\mu - 1}{3}} \equiv -2 \equiv 3 (h + j\varrho + k\varrho^2) \quad (\text{mod M}),$$

of

$$-2 \equiv 3 [(h - k) + \varrho (j - k)]$$

en nu h, j, k door A en B uitdrukkende, en voor A de waarde $2a - b$ schrijvende, verkrijgt men na eene kleine herleiding

$$0 \equiv 2a - b + B + 2B\varrho \quad (\text{mod } M = a + b\varrho),$$

waaruit blijkt, dat $B = b$ is

Nadat op deze wijze A en B gevonden zijn, heeft men

$$9h = 3n + 2a - b - 7,$$
$$9j = 3n - a + 2b - 1,$$
$$9k = 3n - a - b - 1,$$
$$9l = 3n + 2a - b + 2.$$

29. Volgens art. 24 is nu het cubisch karakter van $1 - \varrho$ volgens den modulus 3 congruent met

$$(1.1) + 2 (1.2) \equiv k - l,$$

dat van $1 - \varrho^2$ congruent met

$$(2.1) + 2 (2.2) \equiv l - j,$$

dus wanneer M reëel van den vorm $3n - 1$ is, heeft men volgens art. 27

$$\text{Karakter } (1 - \varrho) \equiv -\frac{M + 1}{3},$$

$$\text{Karakter } (1 - \varrho^2) \equiv +\frac{M + 1}{3},$$

of wel

$$\left[\frac{1 - \varrho}{M}\right] = \varrho^{-\frac{M+1}{3}}, \quad \left[\frac{1 - \varrho^2}{M}\right] = \varrho^{+\frac{M+1}{3}},$$

waaruit nog volgt

$$\left[\frac{3}{M}\right] = 1.$$

Is daarentegen $M = a + b\varrho$ een primaire complexe factor van een reëel priemgetal van den vorm $3n + 1$, dan is volgens de waarden in art. 28 gevonden

$$\text{Karakter } (1 - \varrho) = -\frac{a+1}{3},$$

$$\text{Karakter } (1 - \varrho^2) = \frac{a - b + 1}{3},$$

of

$$\left[\frac{1-\varrho}{a+b\varrho}\right] = \varrho^{-\frac{a+1}{3}}, \quad \left[\frac{1-\varrho^2}{a+b\varrho}\right] = \varrho^{\frac{a-b+1}{3}}, \quad \left[\frac{3}{a+b\varrho}\right] = \varrho^{-\frac{b}{3}}.$$

Deze resultaten verschillen niet wezenlijk van die door Eisenstein gegeven in het 28ste deel van Crelle's Journal, p. 28 e. v.

30. Omtrent het geval, dat het priemgetal M een factor is van een reëel priemgetal p van den vorm $3n + 1$, moge nog het volgende opgemerkt worden.

Daar in $M = a + b\varrho$, a en b geen gemeenen deeler hebben en derhalve ook b en $a - b$ relatief priem zijn, zoo kan men altijd twee geheele getallen α en β vinden, zoodanig dat

$$b\alpha + (a - b)\beta = 1$$

wordt, en dan is

$$(a + b\varrho)(\alpha + \beta\varrho) = a\alpha - b\beta + \varrho,$$

dus

$$\varrho \equiv b\beta - a\alpha \quad (\text{mod } M = a + b\varrho).$$

Hieruit volgt onmiddellijk, dat elk geheel getal $c + d\varrho$ volgens den modulus $a + b\varrho$ congruent is met een reëel getal, welk reëel getal kleiner dan de modulus $\mu = p$ aangenomen kan worden, zoodat de reëele getallen

$$0, 1, 2, 3, \ldots, \mu - 1$$

een volledig restsysteem vormen. Verdeelt men nu deze reëele getallen (met uitzondering van 0) volgens hun cubisch karakter in drie klassen

A	$\alpha, \alpha', \alpha'', \ldots$
B	$\beta, \beta', \beta'', \ldots$
C	$\gamma, \gamma', \gamma'', \ldots$

en noemen wij f het reëele getal, dat $\equiv \varrho$ is (mod M), dan is dus

$$a^{\frac{\mu-1}{3}} - 1 \equiv \beta^{\frac{\mu-1}{3}} - f \equiv \gamma^{\frac{\mu-1}{3}} - f^2 \equiv 0 \quad (\text{mod } M = a + b\varrho),$$

en daar

$$a^{\frac{\mu-1}{3}} - 1, \ \beta^{\frac{\mu-1}{3}} - f, \ \gamma^{\frac{\mu-1}{3}} - f^2$$

reëele getallen zijn, zoo moeten zij niet alleen door $a + b\varrho$ maar ook door den modulus

$$p = \mu = (a + b\varrho)(a + b\varrho^2)$$

deelbaar zijn, of

$$a^{\frac{\mu-1}{3}} \equiv 1$$
$$\beta^{\frac{\mu-1}{3}} \equiv f \quad (\text{mod } p = \mu).$$
$$\gamma^{\frac{\mu-1}{3}} \equiv f^2$$

Hieruit blijkt dus, dat de klassificatie der getallen

$$1, 2, 3, \ldots, p - 1$$

met behulp dezer drie laatste congruenties, samenvalt met die volgens hun cubisch karakter ten opzichte van den modulus $a + b\varrho$.

Het resultaat

$$\left[\frac{3}{a + b\varrho}\right] = \varrho^{-\frac{1}{3}b}$$

kan nu aldus uitgesproken worden: het getal 3 behoort tot de klasse A, B of C, al naar dat $-\frac{1}{3}b$ van den vorm $3m$, $3m + 1$ of $3m + 2$ is.

Ik laat hier eenige voorbeelden volgen.

$p = 7, \quad a = 2, \quad b = 3, \quad f = 4.$ Schema S.

A	1, 6.		$h\ j\ k$	0	1	0
B	2, 5.		$j\ k\ l$	1	0	1
C	3, 4.		$k\ l\ j$	0	1	1

$p = 13, \quad a = -1, \quad b = 3, \quad f = 9.$

A	1,	5,	8,	12.	0	2	1
B	4,	6,	7,	9.	2	1	1
C	2,	3,	10,	11.	1	1	2

$p = 19, \quad a = 5, \quad b = 3, \quad f = 11.$ Schema S.

A   1,   7,   8,   11,   12,   18.   2 2 1
B   4,   6,   9,   10,   13,   15.   2 1 3
C   2,   3,   5,   14,   16,   17.   1 3 2

$p = 31, \quad a = 5, \quad b = 6, \quad f = 25.$

A   1,   2,   4,   8,   15,   16,   23,   27,   29,   30.   3 4 2
B   3,   6,   7,   12,   14,   17,   19,   24,   25,   28.   4 2 4
C   5,   9,   10,   11,   13,   18,   20,   21,   22,   26.   2 4 4

$p = 37, \quad a = -4, \quad b = 3, \quad f = 26.$

A   1,   6,   8,   10,   11,   14,   23,   26,   27,   29,   31,   36.   2 5 4
B   2,   9,   12,   15,   16,   17,   20,   21,   22,   25,   28,   35.   5 4 3
C   3,   4,   5,   7,   13,   18,   19,   24,   30,   32,   33,   34.   4 3 5

$p = 43, \quad a = -1, \quad b = 6, \quad f = 36.$

A   1,   2,   4,   8,   11,   16,   21,   22,   27,   32,   35,   39,   41,   42.   3 6 4
B   3,   5,   6,   10,   12,   19,   20,   23,   24,   31,   33,   37,   38,   40.   6 4 4
C   7,   9,   13,   14,   15,   17,   18,   25,   26,   28,   29,   30,   34,   36.   4 4 6

$p = 61, \quad a = 5, \quad b = 9, \quad f = 13.$

A   1,   3,   8,   9,   11,   20,   23,   24,   27,   28,   33,   34,   37,   6 8 5
                   38,   41,   50,   52,   53,   58,   60.   8 5 7
B   4,   10,   12,   14,   17,   19,   25,   26,   29,   30,   31,   32,   35,   5 7 8
                   36,   42,   44,   47,   49,   51,   57.
C   2,   5,   6,   7,   13,   15,   16,   18,   21,   22,   39,   40,   43,
                   45,   46,   48,   54,   55,   56,   59.

Terwijl over het voorkomen van het getal 3 in de groepen A, B, C op bovenstaande wijze vooruit beslist is, kan men nu, met behulp van de reciprociteitswet, in de theorie der cubische resten gemakkelijk de kenmerken opstellen, noodig om het voorkomen ook van andere getallen in deze klassen te onderkennen. Het is hierbij blijkbaar voldoende om alleen priemgetallen te beschouwen.

Wat het priemgetal 2 betreft, kan men deze criteria, zonder hulp der reciprociteitswet, aldus afleiden.

31. Daar het getal $p - 1$ altijd tot A behoort, zoo volgt onmiddellijk, dat 2 tot de klasse A, B of C zal behooren al naar gelang $\frac{p-1}{2}$ tot de klasse A, C of B behoort.

De getallen h, k, j zijn nu respectievelijk de aantallen oplossingen der congruenties

$$a + a' + 1 \equiv 0$$
$$\beta + \beta' + 1 \equiv 0 \quad (\bmod\, p),$$
$$\gamma + \gamma' + 1 \equiv 0$$

en daar men a met a', β met β', γ met γ' mag verwisselen, zijn deze drie aantallen even, uitgezonderd het eerste, wanneer $a = a' = \dfrac{p-1}{2}$ tot A behoort, of uitgezonderd het tweede, wanneer $\beta = \beta' = \dfrac{p-1}{2}$ tot B behoort, of uitgezonderd het derde, wanneer $\gamma = \gamma' = \dfrac{p-1}{2}$ tot C behoort.

Hieruit blijkt dus, dat 2 tot de klasse A, B of C behoort, al naar dat van de drie getallen h, j, k het eerste, tweede of derde oneven is.

Daar $p = 3n + 1$ (n even) en volgens art. 28

$$9h = 3n + 2a - b - 7,$$
$$9j = 3n - a + 2b - 1,$$
$$9k = 3n - a - b - 1$$

is, zoo is h oneven, wanneer b even is, j oneven, wanneer a even is, eindelijk k oneven, wanneer a en b beide oneven zijn. Daar a en b geen gemeenen deeler hebben, zoo zijn geen andere gevallen mogelijk, dus 2 behoort tot

A, wanneer $b \equiv 0$
B, „ $a \equiv 0$ (mod 2).
C, „ $a \equiv b \equiv 1$

32. Wat het voorkomen van 5 betreft, volgens de cubische reciprociteitswet is

$$\left[\frac{5}{a + b\varrho} \right] = \left[\frac{a + b\varrho}{5} \right],$$

want 5 is ook in de theorie der geheele getallen $a + b\varrho$ een priemgetal.

Voor $a \equiv 0 \pmod 5$ is dus

$$\left[\frac{5}{a + b\varrho} \right] = \left[\frac{b\varrho}{5} \right] = \left[\frac{\varrho}{5} \right] = \varrho^8 = \varrho^2;$$

derhalve behoort 5 tot C.

Is a niet door 5 deelbaar, dan kan men x bepalen uit

$$b \equiv a\,x \pmod 5,$$

en x kan de waarden 0, 1, 2, 3, 4 aannemen; men heeft alzoo

$$\left[\frac{5}{a+b\varrho}\right] = \left[\frac{a\,(1+x\varrho)}{5}\right] = \left[\frac{1+x\varrho}{5}\right]$$

en men vindt voor

$$x = 0 \qquad \left[\frac{5}{a+b\varrho}\right] = 1,$$

$$x = 1 \qquad \left[\frac{5}{a+b\varrho}\right] = \varrho,$$

$$x = 2 \qquad \left[\frac{5}{a+b\varrho}\right] = 1,$$

$$x = 3 \qquad \left[\frac{5}{a+b\varrho}\right] = \varrho^2,$$

$$x = 4 \qquad \left[\frac{5}{a+b\varrho}\right] = \varrho.$$

Hieruit volgt, dat 5 behoort tot

A, wanneer $b \equiv 0,$ $\quad b \equiv 2\,a$

B, „ $\quad b \equiv a,$ $\quad b \equiv 4\,a \qquad \pmod 5$.

C, „ $\quad b \equiv 3\,a,$ $\quad a \equiv 0.$

Om het voorkomen van 7 te beoordeelen, heeft men

$$\left[\frac{7}{a+b\varrho}\right] = \left[\frac{2+3\varrho}{a+b\varrho}\right]\left[\frac{2+3\varrho^2}{a+b\varrho}\right]$$

en nu volgens de reciprociteitswet

$$\left[\frac{7}{a+b\varrho}\right] = \left[\frac{a+b\varrho}{2+3\varrho}\right]\left[\frac{a+b\varrho}{2+3\varrho^2}\right].$$

Voor $a \equiv 0 \pmod 7$ volgt, daar in 't algemeen

$$\left[\frac{a+\beta\varrho}{a+b\varrho}\right]\left[\frac{a+\beta\varrho^2}{a+b\varrho^2}\right] = 1$$

is,

$$\left[\frac{7}{a+b\varrho}\right] = \left[\frac{\varrho}{2+3\varrho}\right]\left[\frac{\varrho}{2+3\varrho^2}\right] = \left[\frac{\varrho^2}{2+3\varrho^2}\right] = \varrho^4 = \varrho,$$

zoodat 7 tot B behoort.

Is a niet door 7 deelbaar, maar

$$b \equiv a\,x \pmod 7,$$

dan volgt

$$\left[\frac{7}{a+b\varrho}\right]=\left[\frac{1+x\varrho}{2+3\varrho}\right]\left[\frac{1+x\varrho}{2+3\varrho^2}\right],$$

en voor x kunnen de waarden

$$0,\ 1,\ 2,\ 4,\ 6$$

voorkomen, niet $x=3$ en $x=5$, daar deze waarden

$$p=a^2-ab+b^2\equiv a^2(1-x+x^2)$$

door 7 deelbaar zouden maken.

Men vindt nu voor

$$x=0 \qquad \left[\frac{7}{a+b\varrho}\right]=1,$$

$$x=1 \qquad \left[\frac{7}{a+b\varrho}\right]=\varrho^2,$$

$$x=2 \qquad \left[\frac{7}{a+b\varrho}\right]=1,$$

$$x=4 \qquad \left[\frac{7}{a+b\varrho}\right]=\varrho,$$

$$x=6 \qquad \left[\frac{7}{a+b\varrho}\right]=\varrho^2,$$

zoodat 7 behoort tot

A, wanneer $b\equiv 0$, $b\equiv 2a$
B, „ $b\equiv 4a$, $a\equiv 0$ (mod 7).
C, „ $b\equiv a$, $b\equiv 6a$

Op gelijke wijze, of door inductie, zal men vinden dat

11 behoort tot

A voor $b\equiv 0$, $b\equiv 2a$, $b\equiv 4a$, $b\equiv 5a$
B „ $b\equiv 3a$, $b\equiv 6a$, $b\equiv 9a$, $a\equiv 0$ (mod 11),
C „ $b\equiv a$, $b\equiv 7a$, $b\equiv 8a$, $b\equiv 10a$

13 behoort tot

A voor $b\equiv 0$, $b\equiv 2a$, $b\equiv 3a$, $b\equiv 8a$
B „ $b\equiv a$, $b\equiv 6a$, $b\equiv 11a$, $b\equiv 12a$ (mod 13),
C „ $b\equiv 5a$, $b\equiv 7a$, $b\equiv 9a$, $a\equiv 0$

17 behoort tot $\hspace{4cm}$ (mod 17),

A voor $b\equiv 0$, $b\equiv a$, $b\equiv 2a$, $b\equiv 9a$, $b\equiv 16a$, $a\equiv 0$
B „ $b\equiv 3a$, $b\equiv 7a$, $b\equiv 8a$, $b\equiv 12a$, $b\equiv 13a$, $b\equiv 14a$
C „ $b\equiv 4a$, $b\equiv 5a$, $b\equiv 6a$, $b\equiv 10a$, $b\equiv 11a$, $b\equiv 15a$

19 behoort tot (mod 19),

A voor $b \equiv 0$, $b \equiv a$, $b \equiv 2a$, $b \equiv 10a$, $b \equiv 18a$, $a \equiv 0$

B „ $b \equiv 5a$, $b \equiv 11a$, $b \equiv 13a$, $b \equiv 14a$, $b \equiv 16a$, $b \equiv 17a$

C „ $b \equiv 3a$, $b \equiv 4a$, $b \equiv 6a$, $b \equiv 7a$, $b \equiv 9a$, $b \equiv 15a$

23 behoort tot (mod 23),

A voor $b \equiv 0$, $b \equiv 2a$, $b \equiv 5a$, $b \equiv 6a$, $b \equiv 7a$, $b \equiv 8a$, $b \equiv 11a$, $b \equiv 15a$

B „ $b \equiv a$, $b \equiv 9a$, $b \equiv 13a$, $b \equiv 16a$, $b \equiv 17a$, $b \equiv 18a$, $b \equiv 19a$, $b \equiv 22a$

C „ $b \equiv 3a$, $b \equiv 4a$, $b \equiv 10a$, $b \equiv 12a$, $b \equiv 14a$, $b \equiv 20a$, $b \equiv 21a$, $a \equiv 0$.

33. De beschouwing van deze bijzondere theorema's geeft aan-leiding tot de volgende opmerkingen.

Voor het gemak zal ik in het volgende de reëele priemgetallen van den vorm $3n-1$, die ook in de complexe theorie priemgetallen blijven door Q, de priemgetallen van den vorm $3n+1$ door P aan-duiden.

1. Een priemgetal Q behoort, wanneer $a \equiv 0$ (mod Q), tot de klassen A, B, C al naar dat $\frac{Q+1}{3}$ van den vorm $3m$, $3m+1$, $3m+2$ is.

2. Een priemgetal P behoort, wanneer $a \equiv 0$ (mod P), tot de klassen A, B, C al naar dat $\frac{P-1}{6}$ van den vorm $3m$, $3m+1$, $3m+2$ is.

3. In de gevallen $b \equiv 0$, $b \equiv 2a$ behoort het priemgetal P of Q altijd tot de klasse A.

4. Behoort het priemgetal tot A voor $a \equiv 0$, dan behoort het ook tot A voor $b \equiv a$ en voor $b \equiv -a$. Komt het priemgetal echter in de klasse B of C voor, wanneer $a \equiv 0$, dan komt het voor $b \equiv a$ en voor $b \equiv -a$ in de klasse C of B voor.

5. In het algemeen zijn de criteria van den navolgenden vorm: Is $a \equiv 0$, dan behoort het priemgetal tot eene bepaalde klasse.

Is a niet $\equiv 0$, dan is $b \equiv ax$ en voor elke waarde van x behoort het priemgetal in eene bepaalde klasse, zoodat men de waarden van x in 3 groepen α, β, γ kan onderscheiden, zoodanig dat voor

$b \equiv a\alpha$ het priemgetal tot A,

$b \equiv a\beta$ „ „ „ B,

$b \equiv a\gamma$ „ „ „ C

behoort.

Hierbij komt dan nog het geval $a \equiv 0$, dat ook met eene bepaalde klasse correspondeert.

Het totale aantal der congruenties nu, die men op deze wijze voor elk der drie klassen vindt, is even groot en gelijk aan $\dfrac{Q+1}{3}$ of aan $\dfrac{P-1}{3}$.

6. Zijn x en y twee getallen, die voldoen aan de congruentie

$$x + y - xy \equiv 0,$$

en behoort x tot a, dan behoort ook y tot a. Is echter $x = \beta$ of $x = \gamma$, dan behoort y respectievelijk tot de γ's of de β's.

Is $xy \equiv 1$ en behoort 1 tot de a's, dan is

voor $x = a'$	$y = a''$,
voor $x = \beta'$	$y = \gamma'$,
voor $x = \gamma'$	$y = \beta'$.

Is $xy \equiv 1$ en $1 = \beta$, dan is

voor $x = a$	$y = \gamma$,
voor $x = \beta'$	$y = \beta''$,
voor $x = \gamma'$	$y = a'$.

Is $xy \equiv 1$ en $1 = \gamma$, dan is

voor $x = a$	$y = \beta$,
voor $x = \beta$	$y = a$,
voor $x = \gamma$	$y = \gamma'$.

34. Wat het bewijs van de bovenstaande opmerkingen betreft, alleen het onder 5 gezegde vereischt eenige nieuwe beschouwingen; al het overige levert na het voorafgaande geen moeielijkheden op.

Ik ga er dan nu toe over het onder 5 opgemerkte algemeen aan te toonen. Hierbij zijn de gevallen, dat het priemgetal gelijk aan Q of aan P is, afzonderlijk te behandelen, en wel zal eerst het eerste geval (verreweg het eenvoudigste) beschouwd worden.

35. Is dan het priemgetal Q van den vorm $3n - 1$, dus ook priem in de theorie der complexe getallen van den vorm $a + b\varrho$, dan is volgens de wet van reciprociteit

$$\left[\frac{Q}{a + b\varrho} \right] = \left[\frac{a + b\varrho}{Q} \right].$$

Is vooreerst $a \equiv 0 \pmod Q$, dan heeft men verder

$$\left[\frac{Q}{a+b\varrho}\right]=\left[\frac{b\,\varrho}{Q}\right]=\left[\frac{\varrho}{Q}\right]=\varrho^{\frac{Q-1}{3}}.$$

Nu is

$$\frac{Q+1}{3}\times(Q-2)$$

een veelvoud van 3 en

$$\frac{Q^2-1}{3}-\frac{(Q+1)(Q-2)}{3}=\frac{Q+1}{3},$$

derhalve is voor $a \equiv 0 \pmod Q$

$$\left[\frac{Q}{a+b\varrho}\right]=\varrho^{\frac{Q+1}{3}},$$

waarmede de juistheid van het in art. 33 onder 1 gezegde aange-toond is.

Is a niet door Q deelbaar, dan is x volkomen bepaald door

$$b \equiv a\,x \pmod Q$$

en men heeft

$$\left[\frac{Q}{a+b\varrho}\right]=\left[\frac{a(1+x\varrho)}{Q}\right]=\left[\frac{1+x\varrho}{Q}\right],$$

waaruit reeds blijkt, dat de klasse, waartoe Q behoort, alleen van het getal x afhangt, terwijl voor x blijkbaar de getallen

$$0, 1, 2, 3, \ldots, Q-1$$

kunnen voorkomen.

Wij hebben nu nog slechts deze vraag te beantwoorden: hoeveel der Q grootheden

$$\left[\frac{1+x\varrho}{Q}\right]$$
$$(x=0, 1, 2, 3, \ldots, Q-1)$$

zijn gelijk aan 1, hoeveel gelijk aan ϱ, hoeveel gelijk aan ϱ^2? Wij beschouwen een volledig systeem niet door den modulus deelbare getallen, voor hetwelk de getallen

$$a+\beta\varrho$$
$$\left(\begin{matrix}a\\\beta\end{matrix}=0, 1, 2, 3, \ldots, Q-1\right)$$

genomen kunnen worden, waarbij alleen de combinatie $a=0,\ \beta=0$

weg te laten is. Brengen wij deze $Q^2 - 1$ getallen naar hun cubisch karakter tot 3 groepen A, B, C,

$$
\begin{array}{ll}
\text{A} & a_0 + \beta_0 \varrho, \ldots \\
\text{B} & a_1 + \beta_1 \varrho, \ldots \\
\text{C} & a_2 + \beta_2 \varrho, \ldots
\end{array}
$$

dan bevat elk dezer groepen

$$
\frac{Q^2 - 1}{3} = (Q - 1) \times \frac{Q + 1}{3}
$$

getallen, welk aantal dus een veelvoud van $Q - 1$ is; en de reëele getallen

$$
1, 2, 3, \ldots, Q - 1,
$$

die met $\beta = 0$ correspondeeren, behooren alle tot A, waaruit voortvloeit, dat zoo $a + \beta \varrho$ tot zekere klasse behoort, ook de met

$$
1(a + \beta \varrho), \ 2(a + \beta \varrho), \ \ldots, \ (Q - 1)(a + \beta \varrho)
$$

congruente getallen tot dezelfde klasse behooren. Is nu a niet gelijk nul, dan zijn

$$
a, \ 2a, \ 3a, \ \ldots, \ (Q - 1)a
$$

volgens den modulus Q in zekere volgorde congruent met

$$
1, 2, 3, \ldots, Q - 1.
$$

Men kan dus de getallen van een klasse, waarbij het reëele deel niet gelijk nul is, in groepen van $Q - 1$ getallen verdeelen, zoodat in elke groep één getal voorkomt van den vorm $1 + x \varrho$.

Hieruit blijkt dus, dat de aantallen der getallen $1 + x \varrho$, die $\left[\dfrac{1 + x \varrho}{Q} \right]$ gelijk aan 1, ϱ of ϱ^2 maken, zijn

$$
\frac{Q - 2}{3}, \quad \frac{Q + 1}{3}, \quad \frac{Q + 1}{3}, \ \text{wanneer} \ \left[\frac{\varrho}{Q} \right] = 1,
$$

$$
\frac{Q + 1}{3}, \quad \frac{Q - 2}{3}, \quad \frac{Q + 1}{3}, \ \text{wanneer} \ \left[\frac{\varrho}{Q} \right] = \varrho,
$$

$$
\frac{Q + 1}{3}, \quad \frac{Q + 1}{3}, \quad \frac{Q - 2}{3}, \ \text{wanneer} \ \left[\frac{\varrho}{Q} \right] = \varrho
$$

is, en daar verder boven gevonden werd, dat voor

$$
a \equiv 0 \quad (\text{mod} \ Q)
$$

Q tot de klassen A, B of C behoort al naar dat $\left[\dfrac{\varrho}{Q} \right]$ gelijk aan 1, ϱ of ϱ^2

is, zoo is hiermede het in art. 33 onder 5 gezegde geheel bewezen voor het geval, dat het priemgetal van den vorm $3n-1$ is.

36. Is het priemgetal, waarvan men het voorkomen in de klassen A, B, C wil onderzoeken, van den vorm $P = 3n + 1$, dan komt het er dus op aan de waarde van

$$\left[\frac{P}{a + b\varrho}\right]$$

te bepalen; daar P geen priemgetal is in de complexe theorie, zoo is het in de eerste plaats noodig, vóórdat de wet van reciprociteit toegepast kan worden, P in zijne primaire priemfactoren te ontbinden. Stel

$$P = (A + B\varrho)(A + B\varrho^2),$$

dan is volgens de reciprociteitswet

$$\left[\frac{P}{a + b\varrho}\right] = \left[\frac{a + b\varrho}{A + B\varrho}\right]\left[\frac{a + b\varrho}{A + B\varrho^2}\right].$$

Dus heeft men

voor $a \equiv 0 \pmod{P}$

$$\left[\frac{P}{a + b\varrho}\right] = \left[\frac{\varrho}{A + B\varrho}\right]\left[\frac{\varrho}{A + B\varrho^2}\right] = \varrho^{\frac{2(P-1)}{3}} = \varrho^{\frac{P-1}{6}},$$

voor $ax \equiv b \pmod{P}$

$$\left[\frac{P}{a + b\varrho}\right] = \left[\frac{1 + x\varrho}{A + B\varrho}\right]\left[\frac{1 + x\varrho}{A + B\varrho^2}\right].$$

Uit de eerste uitkomst voor $a \equiv 0$ blijkt de juistheid van de tweede bewering in art. 33.

Daar P van den vorm $3n + 1$ is, zoo heeft de congruentie

$$x^3 \equiv 1 \pmod{P}$$

drie verschillende wortels, $1, f, g$, waarbij $f \equiv g^2$.

De beide waarden $-f, -g$ kunnen nu niet gelijk aan x zijn in de congruentie

$$b \equiv ax,$$

want uit $b \equiv -af$ zoude volgen

$$a^2 - ab + b^2 \equiv a^2(1 + f + f^2) \equiv 0 \pmod{P},$$

zoodat het priemgetal

$$p = a^2 - ab + b^2$$

door P deelbaar zou zijn.

De waarden, die x dus kan aannemen, zijn

$$0, 1, 2, 3, \ldots, P - 1$$

met weglating der beide getallen $P - f$ en $P - g$. Hun aantal is derhalve $P - 2$, en nu is te onderzoeken, voor hoeveel dezer $P - 2$ waarden van x de uitdrukking

$$\left[\frac{1 + x\varrho}{A + B\varrho}\right] \left[\frac{1 + x\varrho}{A + B\varrho^2}\right]$$

de waarden 1, ϱ en ϱ^2 aanneemt.

Ik merk nog op, dat

$$\left[\frac{\varrho}{A + B\varrho}\right] = \varrho^{\frac{P-1}{3}}$$

is en dat voor $a \equiv 0 \pmod{P}$ geldt

$$\left[\frac{P}{a + b\varrho}\right] = \varrho^{\frac{2(P-1)}{3}}.$$

Behoort dus ϱ voor den modulus $A + B\varrho$ tot de klasse A, B of C, dan behoort gelijktijdig P voor den modulus $a + b\varrho$ (of wat hetzelfde is, voor den reëelen modulus p) tot de klasse A, C of B.

37. Men kan steeds, wanneer een willekeurig getal $a + \beta\varrho$ gegeven is, een daarmede volgens den modulus $A + B\varrho$ congruent getal vinden, waarvan het reële deel gelijk aan 1 is.

De verdeeling van een volledig systeem niet door den modulus deelbare getallen in drie klassen, volgens hun cubisch karakter, kan dus aldus voorgesteld worden

$$\pmod{A + B\varrho}$$

A	$a = 1 + a\varrho,$	$a' = 1 + a'\varrho,$	$a'' = 1 + a''\varrho, \ldots$
B	$\beta = 1 + b\varrho,$	$\beta' = 1 + b'\varrho,$	$\beta'' = 1 + b''\varrho, \ldots$
C	$\gamma = 1 + c\varrho,$	$\gamma' = 1 + c'\varrho,$	$\gamma'' = 1 + c''\varrho, \ldots$

en daar uit

$$(1 + a\varrho)^{\frac{P-1}{3}} - \varrho^k \equiv (A + B\varrho)(C + D\varrho)$$

volgt

$$(1 + a\varrho^2)^{\frac{P-1}{3}} - \varrho^{2k} \equiv (A + B\varrho^2)(C + D\varrho^2),$$

kan tegelijkertijd de klassificatie voor den modulus $A + B \varrho^2$ aldus voorgesteld worden

$$(\text{mod } A + B \varrho^2)$$

A	$1 + a \varrho^2,$	$1 + a' \varrho^2,$	$1 + a'' \varrho^2, \ldots$
B	$1 + c \varrho^2,$	$1 + c' \varrho^2,$	$1 + c'' \varrho^2, \ldots$
C	$1 + b \varrho^2,$	$1 + b' \varrho^2,$	$1 + b'' \varrho^2, \ldots$

De getallen $a, b, c, a', b', c', a'', b'', c'', \ldots$ vormen in hun geheel alle getallen van de groep

$$0, 1, 2, 3, \ldots, P-1,$$

met uitzondering van het enkele getal, dat $\equiv - \varrho^2$ (mod $A + B \varrho$) is, en dat (mod P) congruent is met een der getallen $-f, -g$. De gevallen nu, dat

$$\left[\frac{1+x\varrho}{A+B\varrho} \right] \left[\frac{1+x\varrho}{A+B\varrho^2} \right] = 1$$

is, zijn blijkbaar deze

$$\left[\frac{1+x\varrho}{A+B\varrho} \right] = 1 \text{ en te gelijker tijd } \left[\frac{1+x\varrho}{A+B\varrho^2} \right] = 1,$$

$$\left[\frac{1+x\varrho}{A+B\varrho} \right] = \varrho \text{ en te gelijker tijd } \left[\frac{1+x\varrho}{A+B\varrho^2} \right] = \varrho^2,$$

$$\left[\frac{1+x\varrho}{A+B\varrho} \right] = \varrho^2 \text{ en te gelijker tijd } \left[\frac{1+x\varrho}{A+B\varrho^2} \right] = \varrho.$$

Nu is $\left[\frac{1+x\varrho}{A+B\varrho} \right] = 1$ voor $x = a, a', a'', \ldots$, en zal nu te gelijker tijd $\left[\frac{1+x\varrho}{A+B\varrho^2} \right] = 1$ zijn, dan moet dus $1 + a \varrho$ volgens den modulus $A + B \varrho^2$ congruent zijn met een der getallen $1 + a \varrho^2, 1 + a' \varrho^2, \ldots$ dus is te stellen

$$1 + a \varrho \equiv 1 + a' \varrho^2 \quad (\text{mod } A + B \varrho^2).$$

Omgekeerd, zoo aan deze congruentie voldaan is, heeft men

$$\left[\frac{1+a\varrho}{A+B\varrho} \right] = 1, \quad \left[\frac{1+a\varrho}{A+B\varrho^2} \right] = 1.$$

Het aantal malen, dat dit geval zich dus voordoet, is gelijk aan het aantal oplossingen van bovenstaande congruentie. Op soortgelijke wijze voor de beide overige gevallen

$$\left[\frac{1+x\varrho}{A+B\varrho} \right] = \varrho, \quad \left[\frac{1+x\varrho}{A+B\varrho^2} \right] = \varrho^2$$

en

$$\left[\frac{1+x\varrho}{A+B\varrho}\right]=\varrho^2, \quad \left[\frac{1+x\varrho}{A+B\varrho^3}\right]=\varrho$$

redeneerende, volgt dat het geheele aantal malen, dat de uitdrukking

$$\left[\frac{1+x\varrho}{A+A\varrho}\right] \left[\frac{1+x\varrho}{A+B\varrho^2}\right]$$

gelijk 1 is, voorgesteld wordt door de som van het aantal oplossingen der drie congruenties

$$1+a\varrho \equiv 1+a'\varrho^2$$
$$1+b\varrho \equiv 1+b'\varrho^2 \quad (\text{mod } A+B\varrho^2).$$
$$1+c\varrho \equiv 1+c'\varrho^2$$

Evenzoo blijkt, dat het aantal malen, dat bovenstaande uitdrukking gelijk aan ϱ of aan ϱ^2 wordt, uitgedrukt wordt, in het eerste geval door de som van het aantal oplossingen der congruenties

$$1+b\varrho \equiv 1+a\varrho^2$$
$$1+c\varrho \equiv 1+b\varrho^2 \quad (\text{mod } A+B\varrho^2),$$
$$1+a\varrho \equiv 1+c\varrho^2$$

en in het tweede geval door de som van het aantal oplossingen der congruenties

$$1+c\varrho \equiv 1+a\varrho^2$$
$$1+a\varrho \equiv 1+b\varrho^2 \quad (\text{mod } A+B\varrho^2).$$
$$1+b\varrho \equiv 1+c\varrho^2$$

Om onmiddellijk de ontwikkelingen van art. 25—28 te kunnen toepassen, is het iets gemakkelijker alleen congruenties voor den modulus $A+B\varrho$ te beschouwen, zoodat wij, in de voorgaande formules overal ϱ door ϱ^2 vervangende, zullen schrijven, wanneer t, u, v de aantallen malen zijn, dat

$$\left[\frac{1+x\varrho}{A+B\varrho}\right] \times \left[\frac{1+x\varrho}{A+B\varrho^2}\right]$$

respectievelijk gelijk aan 1, ϱ of ϱ^2 is:

$t=$ som aantal oplossingen van

$$1+a\varrho^2 \equiv 1+a'\varrho$$
$$1+b\varrho^2 \equiv 1+b'\varrho \quad (\text{mod } A+B\varrho),$$
$$1+c\varrho^2 \equiv 1+c'\varrho$$

$u =$ som aantal oplossingen van

$$1 + b \varrho^2 \equiv 1 + a \varrho$$
$$1 + c \varrho^2 \equiv 1 + b \varrho \quad (\text{mod } A + B \varrho),$$
$$1 + a \varrho^2 \equiv 1 + c \varrho$$

$v =$ som aantal oplossingen van

$$1 + c \varrho^2 \equiv 1 + a \varrho$$
$$1 + a \varrho^2 \equiv 1 + b \varrho \quad (\text{mod } A + B \varrho).$$
$$1 + b \varrho^2 \equiv 1 + c \varrho$$

38. Hierbij dient nog het volgende opgemerkt te worden. Onder de getallen $a, b, c, a', b', c', \ldots$ komt één der getallen $-f, -g$ niet voor. Laten wij onderstellen, dat $-f$ niet voorkomt, zoodat $-g$ wel voorkomt. Dan is het toch duidelijk, dat niettemin deze waarde $-g$ nergens in een der bovenstaande congruenties kan voorkomen, want bijv. uit $1 + a \varrho^2 \equiv 1 + a' \varrho$ of $a \varrho^2 \equiv a' \varrho$ zou voor $a = -g$ volgen $a' \equiv a \varrho \equiv -\varrho^2 \equiv -f$, want $f \equiv \varrho^2$ en $g \equiv \varrho$ (mod $A + B \varrho$) en de waarde $a' \equiv -f$ komt niet voor. Daar nu onder de voor x te nemen waarden zoowel $-f$ als $-g$ niet voorkwamen, zoo is hierdoor klaar, dat werkelijk de bovenstaande uitdrukkingen voor t, u en v juist zijn, wanneer de in de congruenties voorkomende getallen a, a', b, b', c, c' op alle mogelijke wijzen uit de groepen $a, a', a'', \ldots, b, b', b'', \ldots, c, c', c'', \ldots$ gekozen worden.

Voeren wij nu in plaats van a, b, enz. liever de getallen $\alpha = 1 + a \varrho$, $\beta = 1 + b \varrho$, enz in, dan gaat bijv. $a \varrho^2 \equiv a' \varrho$ over in

$$\varrho (a - 1) \equiv a' - 1,$$

of in

$$a' - \varrho a = 1 - \varrho$$

en, evenzoo met de overige congruenties handelende, vinden wij het volgende:

$t =$ som aantal oplossingen van

$$a' - \varrho a \equiv 1 - \varrho$$
$$\beta' - \varrho \beta \equiv 1 - \varrho \quad (\text{mod } A + B \varrho),$$
$$\gamma' - \varrho \gamma \equiv 1 - \varrho$$

$u =$ som aantal oplossingen van

$$\alpha - \varrho\,\beta \equiv 1 - \varrho$$
$$\beta - \varrho\,\gamma \equiv 1 - \varrho \quad (\mathrm{mod}\,A + B\,\varrho),$$
$$\gamma - \varrho\,\alpha \equiv 1 - \varrho$$

$v =$ som aantal oplossingen van

$$\alpha - \varrho\,\gamma \equiv 1 - \varrho$$
$$\beta - \varrho\,\alpha \equiv 1 - \varrho \quad (\mathrm{mod}\,A + B\,\varrho).$$
$$\gamma - \varrho\,\beta \equiv 1 - \varrho$$

In het eerste lid dezer congruenties kan het teeken — overal door
+ vervangen worden, daar twee getallen λ en $-\lambda$ steeds tot dezelfde
klasse behooren. Doen wij dit, en vermenigvuldigen wij bovendien
met het geheele getal

$$\frac{P-1}{1-\varrho} = \frac{3\,n}{1-\varrho} = n\,(1 - \varrho^2),$$

dan volgt:

$t =$ som aantal oplossingen van

$$\alpha' + \varrho\,\alpha + 1 \equiv 0$$
$$\beta' + \varrho\,\beta + 1 \equiv 0 \quad (\mathrm{mod}\,A + B\,\varrho),$$
$$\gamma' + \varrho\,\gamma + 1 \equiv 0$$

$u =$ som aantal oplossingen van

$$\alpha + \varrho\,\beta + 1 \equiv 0$$
$$\beta + \varrho\,\gamma + 1 \equiv 0 \quad (\mathrm{mod}\,A + B\,\varrho),$$
$$\gamma + \varrho\,\alpha + 1 \equiv 0$$

$v =$ som aantal oplossingen van

$$\alpha + \varrho\,\gamma + 1 \equiv 0$$
$$\beta + \varrho\,\alpha + 1 \equiv 0 \quad (\mathrm{mod}\,A + B\,\varrho),$$
$$\gamma + \varrho\,\beta + 1 \equiv 0$$

en wel komt men tot dit besluit in elk der drie onderstellingen, die
men kan maken, namelijk dat $n\,(1 - \varrho^2)$ tot de klasse A, B of C behoort. Dit is blijkbaar daaraan toe te schrijven, dat de bovenstaande
groepen van 3 congruenties zoodanig zijn, dat zij bij eene cyclische
verwisseling van α, β, γ onveranderd blijven.

Er zijn nu drie gevallen te onderscheiden.

I. ϱ behoort tot A, zoodat $\left[\dfrac{\varrho}{A + B\,\varrho}\right] = 1$.

In dit geval is $\varrho\, a = a''$, $\varrho\, \beta = \beta''$, $\varrho\, \gamma = \gamma''$ en derhalve zijn u, v, w de sommen der aantallen oplossingen van de volgende congruenties

u	v	w
$a + a' + 1 \equiv 0,$	$a + \beta + 1 \equiv 0,$	$a + \gamma + 1 \equiv 0,$
$\beta + \beta' + 1 \equiv 0,$	$\beta + \gamma + 1 \equiv 0,$	$\beta + a + 1 \equiv 0,$
$\gamma + \gamma' + 1 \equiv 0,$	$\gamma + a + 1 \equiv 0,$	$\gamma + \beta + 1 \equiv 0,$

en er komt volgens art. 25, wanneer wij de daar voor het priemgetal $a + b\varrho$ gevonden resultaten overdragen op den modulus $A + B\varrho$ met den norm $3\,n + 1$,

$$u = h + k + j = n - 1,$$
$$v = j + l + k = n,$$
$$w = k + j + l = n.$$

Volgens art. 36 is in dit geval voor $a \equiv 0$, $\left[\dfrac{P}{a + b\varrho}\right] = 1.$

II. ϱ behoort tot B, zoodat $\left[\dfrac{\varrho}{A + B\varrho}\right] = \varrho.$

Dan zijn u, v, w de sommen der aantallen oplossingen van de volgende congruenties

u	v	w
$a + \beta + 1 \equiv 0,$	$a + \gamma + 1 \equiv 0,$	$a + a' + 1 \equiv 0,$
$\beta + \gamma + 1 \equiv 0,$	$\beta + a + 1 \equiv 0,$	$\beta + \beta' + 1 \equiv 0,$
$\gamma + a + 1 \equiv 0,$	$\gamma + \beta + 1 \equiv 0,$	$\gamma + \gamma' + 1 \equiv 0,$

en er volgt

$$u = n$$
$$v = n$$
$$w = n - 1.$$

Volgens art 36 is in dit geval voor $a \equiv 0$, $\left[\dfrac{P}{a + b\varrho}\right] = \varrho^2.$

III. ϱ behoort tot C, zoodat $\left[\dfrac{\varrho}{A + B\varrho}\right] = \varrho^2.$

In dit geval zijn u, v, w de sommen der aantallen oplossingen van

u	v	w
$a + \gamma + 1 \equiv 0,$	$a + a' + 1 \equiv 0,$	$a + \beta + 1 \equiv 0,$
$\beta + a + 1 \equiv 0,$	$\beta + \beta' + 1 \equiv 0,$	$\beta + \gamma + 1 \equiv 0,$
$\gamma + \beta + 1 \equiv 0,$	$\gamma + \gamma' + 1 \equiv 0,$	$\gamma + a + 1 \equiv 0,$

en men vindt

$$u = n,$$
$$v = n - 1,$$
$$w = n.$$

Volgens art. 36 is hier voor $a \equiv 0$, $\left[\dfrac{P}{a + b\varrho}\right] = \rho$.

Hiermede is nu alles bewezen, wat in art. 33 gezegd is omtrent den algemeenen vorm der criteria, waaraan men het voorkomen van een priemgetal in de drie klassen kan onderkennen.

39. Wat de overige opmerkingen in art. 33 betreft, bedenke men, dat het onder 6 voorkomende onmiddellijk volgt uit de beide formules

$$\left[\frac{1 + x\varrho}{Q}\right] \ \left[\frac{1 + y\varrho}{Q}\right] = \left[\frac{1 - xy + (x + y - xy)\varrho}{Q}\right],$$

$$\left[\frac{1 + x\varrho}{A + B\varrho}\right] \ \left[\frac{1 + x\varrho}{A + B\varrho^2}\right] \ \left[\frac{1 + y\varrho}{A + B\varrho}\right] \ \left[\frac{1 + y\varrho}{A + B\varrho^2}\right] =$$

$$= \left[\frac{1 - xy + (x + y - xy)\varrho}{A + B\varrho}\right] \ \left[\frac{1 - xy + (x + y - xy)\varrho}{A + B\varrho^2}\right].$$

Uit de opmerking, dat voor $b \equiv 2a$ het priemgetal (2, 5, 7, 11, ...) steeds tot de klasse A behoort, kan nog eene gevolgtrekking opgemaakt worden, die het goed schijnt hier te plaatsen. Daar namelijk wegens

$$4p = 4(a^2 - ab + b^2) = (2a - b)^2 + 3b^2$$

3 niet tot de priemfactoren van $2a - b$ behoort, zoo volgt, dat alle priemfactoren van $2a - b$ cubische resten van p zijn en derhalve is $2a - b$ zelf cubische rest van p.

40. Tot ditzelfde resultaat voert ook de volgende geheel verschillende beschouwing

Zij $p = 3n + 1$ en laat z een volledig systeem congruente, niet door den modulus $a + b\varrho$ deelbare getallen doorloopen, dan volgt uit

$$(z^3 + 1)^{2n} = z^{6n} + \ldots + \frac{2n(2n - 1) \ldots (n + 1)}{1.\ 2.\ 3.\ \ldots\ n} z^{3n} + \ldots + 1$$

de congruentie

$$\Sigma (z^3 + 1)^{2n} \equiv -2 - \frac{2n(2n - 1) \ldots (n + 1)}{1.\ 2.\ 3.\ \ldots\ n} \quad (\mathrm{mod}\ a + b\varrho).$$

Maar aan den anderen kant vormen de getallen $z^3, \ldots$ alle cubische resten van $a + b\varrho$, elke rest 3 maal geschreven, en van de getallen $z^3 + 1$ behooren er dus $3h$ tot de klasse A, $3j$ tot B, $3k$ tot C, derhalve is ook

$$\Sigma\,(z^3 + 1)^{2n} \equiv 3\,h + 3\,k\,\varrho + 3\,j\,\varrho^2 \quad (\bmod\, a + b\,\varrho),$$

of volgens de waarden van art. 28

$$\Sigma\,(z^3 + 1)^{2n} \equiv a - b - 2 - b\,\varrho,$$

dus is

$$-\frac{2\,n\,(2\,n - 1)\ldots(n + 1)}{1.\,2.\,3.\,\ldots\,n} \equiv a - b - b\,\varrho \equiv 2\,a - b \quad (\bmod\, a + b\,\varrho),$$

zoodat ook

$$2\,a - b \equiv -\frac{2\,n\,(2\,n - 1)\ldots(n + 1)}{1.\,2.\,3.\,\ldots\,n} \quad (\bmod\, p = 3\,n + 1)$$

is, welke merkwaardige congruentie het eerst door Jacobi in Crelle's Journal, Bd. 2 gegeven werd, en waarvan het bewijs gewoonlijk uit formules afgeleid wordt, die in de theorie der cirkelverdeeling voorkomen.

Schrijft men deze congruentie aldus

$$(1.\,2.\,3.\,\ldots\,n)^2\,(2\,a - b) \equiv -\,1.\,2.\,3.\,\ldots\,(2\,n) \quad (\bmod\, p),$$

en bedenkt dat

$$2\,n + 1 \equiv -\,n,$$
$$2\,n + 2 \equiv -\,(n - 1),$$
$$2\,n + 3 \equiv -\,(n - 2),$$
$$\cdots\cdots\cdots\cdots\cdots$$
$$3\,n \equiv -\,1,$$

terwijl n even en $1.\,2.\,3.\,\ldots\,(3\,n) \equiv -\,1$ is, zoo volgt

$$(1.\,2.\,3.\,\ldots\,n)^3\,(2\,a - b) \equiv 1 \quad (\bmod\, p),$$

waaruit onmiddellijk blijkt, dat $2\,a - b$ cubische rest van p is, zooals reeds boven op geheel andere wijze werd aangetoond. Uit dit eerste bewijs bleek bovendien, dat alle deelers van $2\,a - b$ cubische resten zijn.

X.

(Haarlem, Arch. Néerl Sci. Soc. Holl., 18, 1883, 358—436.)

(traduction autorisée par l'auteur)

Contribution à la théorie des résidus cubiques et biquadratiques.

Le théorème fondamental de la théorie des résidus quadratiques, la loi dite de réciprocité, est relatif au rapport réciproque de deux nombres premiers impairs, et dans une théorie complète le caractère du nombre 2, comme résidu ou non-résidu quadratique d'un autre nombre premier impair, doit donc être déterminé séparément. Il ressort de là que le nombre 2 occupe une place à part parmi tous les nombres premiers.

Les théorèmes par lesquels est déterminé le caractère de 2 ont été énoncés pour la première fois par Fermat[1] et démontrés par Lagrange[2]. Il convient de remarquer toutefois, que la démonstration de Lagrange s'appuie sur des considérations tout à fait semblables à celles par lesquelles, antérieurement, Euler[3] avait démontré les théorèmes, également énoncés par Fermat, qui fixent le caractère de 3 comme résidu ou non-résidu quadratique. L'insuccès d'Euler dans tous ses efforts pour démontrer les théorèmes concernant le caractère de 2 (Voir Disq. Arithm., art. 120) est donc d'autant plus surprenant.

Un phénomène entièrement analogue se présente dans la théorie des résidus biquadratiques. Ici également, la loi générale de réci-

---

[1] Op. Mathem., p. 168.
[2] Nouv. Mém. de l'Ac. de Berlin, 1775. Oeuvres, t. III, p. 759.
[3] Comment. nov. Petrop., t. VIII, p. 105.

procité a rapport à deux nombres premiers impairs, c'est-à dire, non divisibles par $1+i$, et le caractère de ce nombre premier particulier doit être déterminé séparément.

Dans le mémoire de Gauss: Theoria residuorum biquadraticorum commentatio secunda, où les nombres complexes entiers de la forme $a+bi$ furent introduits pour la première fois dans la théorie des nombres, le caractère biquadratique de $1+i$ est déterminé complètement. La démonstration y est de nature purement arithmétique et s'appuie essentiellement sur le théorème de l'art. 71, théorème analogue au lemme formant la base tant de la troisième que de la cinquième démonstration de Gauss pour la loi de réciprocité dans la théorie des résidus quadratiques (Theorematis arithmetici demonstratio nova. Werke, II, p 1, et Theorematis fundamentalis in doctrina de residuis quadraticis demonstrationes et ampliationes novae. Werke, II, p. 47).

Comme on le sait, le troisième mémoire, dans lequel Gauss s'était proposé de donner la démonstration de la loi générale de réciprocité, déjà énoncée dans son second mémoire sur cette théorie, n'a jamais paru.

Les deux premières démonstrations publiées de ce théorème fondamental sont celles d'Eisenstein, dans le tome 28 du Journal für Mathematik de Crelle, p. 58 et 223. Dans le premier article: Lois de réciprocité, il n'a pas traité du caractère de $1+i$, mais bien dans le second article: Einfacher Beweis und Verallgemeinerung des Fundamentaltheorems für die biquadratischen Reste. Eisenstein fait usage, dans l'établissement du caractère de $1+i$, de la loi générale de réciprocité démontrée antérieurement, ce qui en tout cas paraît peu élégant, vu que le passage du simple au composé demande nécessairement que le caractère de $1+i$ soit déduit d'une façon entièrement indépendante du théorème fondamental.

La même remarque est plus ou moins applicable à toutes les autres méthodes qui ont été employées postérieurement pour traiter la théorie des résidus biquadratiques; la marche suivie par Gauss pour démontrer le caractère de $1+i$ est, à mon avis, la seule qui puisse être dite purement arithmétique et complètement indépendante de la loi générale de réciprocité, de sorte qu'elle satisfait, sous ce rapport, aux conditions qui devront être imposées à tout développement méthodique de la théorie des résidus biquadratiques, prise dans son ensemble.

Des remarques tout à fait analogues peuvent être faites au sujet de la théorie des résidus cubiques. La première démonstration de la loi de réciprocité dans cette théorie — loi énoncée par Jacobi — est celle d'Eisenstein, publiée dans le tome 27 du Journal für Mathematik de Crelle, p. 289. La détermination particulière du caractère de $1 - \varrho$, où ϱ est une racine cubique complexe de l'unité, n'a été donnée par Eisenstein que plus tard, dans le tome 28, p. 28 et suiv. du même journal. Pour cette détermination il fait encore usage de la loi générale de réciprocité, et je ne sache pas qu'on ait donné jusqu'ici un mode de déduction du caractère cubique de $1 - \varrho$ dont la même chose ne puisse être dite.

Comme il est à désirer toutefois, qu'on possède une démonstration du caractère de $1 + i$ et de $1 - \varrho$ entièrement indépendante de la loi générale de réciprocité, il y aura peut-être quelque intérêt à faire voir comment tous ces théorèmes relatifs aux nombres premiers 2, $1 + i$ et $1 - \varrho$, théorèmes nécessaires pour compléter les lois de réciprocité, peuvent être démontrés suivant une méthode uniforme.

Le principe de cette méthode consiste à remplacer le nombre premier, dont il s'agit de déterminer le caractère, par un produit congruent de facteurs. On détermine alors le caractère de ces facteurs par des considérations tout à fait analogues à celles dont Gauss s'est servi dans les art 15—20 de son premier mémoire sur la théorie des résidus biquadratiques (Werke, II, p. 78—87). Gauss n'y a en vue que les nombres réels, et l'objet de son mémoire est la détermination du caractère de 2 dans la théorie réelle. Mais j'ai reconnu que tous les raisonnements de Gauss se laissent reproduire aussi, presque sans changement, dans la théorie des nombres complexes, et la détermination du caractère biquadratique de $1 + i$ s'obtient alors immédiatement au moyen d'une considération très simple, suivant laquelle $1 + i$ est congru à un produit dont on connaît le caractère des facteurs.

A l'aide de ces remarques extrêmement simples, et étant données les recherches du premier mémoire de Gauss, la détermination du caractère de $1 + i$ par rapport à un nombre premier de la forme $a + bi$ (où b n'est pas égal à zéro) n'offre plus aucune difficulté; une méthode entièrement analogue peut d'ailleurs être employée dans le cas où le module est un nombre premier réel de la forme $4n + 3$. Bien que ce dernier cas permette une démonstration beaucoup plus simple (Voir, par ex., Gauss. Werke, II, art. 68), j'ai cru devoir le traiter de la même manière que les autres cas, pour faire ressortir que la méthode en question suffit à établir l'ensemble des théorèmes.

Après avoir effectué la détermination du caractère biquadratique de $1 + i$, je démontre, à l'aide des développements antérieurs, tous les théorèmes que Gauss a trouvés par induction et énoncés dans l'art. 28 de la Theoria residuorum biquadraticorum commentatio secunda. Si je ne me trompe, cette démonstration est donnée ici pour la première fois [1]). Elle est entièrement fondée sur la théorie des nombres complexes, théorie qui joue donc ici un rôle purement auxiliaire, les théorèmes eux-mêmes ayant seulement rapport à des nombres réels. Outre la loi de réciprocité dans la théorie des résidus biquadratiques, la démonstration complète exigeait encore les considérations des art. 19—21.

Je vais maintenant commencer par déduire le caractère de 2 dans la théorie des

RÉSIDUS QUADRATIQUES.

1. Soit p un nombre premier impair, les nombres

$$1, 2, 3, \ldots, p - 1$$

seront alors divisés en deux groupes. Dans le premier groupe

$$\text{A} \qquad a, a', a'', \ldots$$

sont rapportés tous les résidus quadratiques, dans le second groupe

$$\text{D} \qquad \beta, \beta', \beta'', \ldots$$

tous les non-residus, pour le module p. Chacun des groupes A et

---

[1]) Une partie de ces théorèmes a été démontrée par M. Lebesgue, dans le Journal de Liouville, t. 4, p. 51, 52, remarque 1°,

B se compose de $\frac{p-1}{2}$ nombres incongrus par rapport au module p, et il est facile de voir que les deux congruences

$$(x-a)(x-a')(x-a'')\ldots \equiv x^{\frac{p-1}{2}} - 1$$
$$\qquad\qquad\qquad\qquad\qquad\qquad\qquad\qquad (\mathrm{mod}\,p)$$
$$(x-\beta)(x-\beta')(x-\beta')\ldots \equiv x^{\frac{p-1}{2}} + 1$$

sont des congruences identiques; car elles sont de degré moins élevé que la $\left(\frac{p-1}{2}\right)^{\mathrm{ième}}$ et toutes les deux possèdent manifestement $\frac{p-1}{2}$ racines, à savoir, la première les racines $x = a$, $x = a'$, $x = a''$, ..., la seconde les racines $x = \beta$, $x = \beta'$, $x = \beta''$, ...

En ajoutant l'unité aux nombres de A et de B, on obtient les groupes de nombres suivants

$$\text{A}' \qquad a+1,\ a'+1,\ a''+1,\ \ldots$$
$$\text{B}' \qquad \beta+1,\ \beta'+1,\ \beta''+1,\ \ldots$$

Le nombre des nombres du groupe A′ qui font partie de A et de B sera désigné respectivement par (0.0), (0.1), et le nombre des nombres de B′ qui entrent dans A et B respectivement par (1.0), (1.1).

Ces quatre nombres peuvent être réunis dans le tableau S suivant

$$\begin{array}{cc}(0.0) & (0.1)\\(1.0) & (1.1).\end{array}$$

Comme les nombres premiers des formes $p = 4n+1$ et $p = 4n+3$ se comportent d'une manière différente, ces deux cas doivent être traités séparément. Commençons par le premier.

2. Pour $p = 4n+1$ le nombre -1 est résidu quadratique, de sorte que les nombres a et $p-a$ entrent simultanément dans A. De même, les nombres β et $p-\beta$ entrent simultanément dans B.

Or (0.0) est évidemment égal au nombre de solutions de la congruence

$$a+1 \equiv a' \quad (\mathrm{mod}\,p),$$

où a et a' doivent être choisis dans le groupe A; et comme on a $a' = p - a''$, on peut dire aussi que (0.0) représente le nombre de solutions de la congruence

$$a + a'' + 1 \equiv 0 \quad (\mathrm{mod}\,p).$$

En raisonnant de la même manière par rapport aux nombres (0.1), (1.0), (1.1), on reconnaît que le

signe	représente le nombre des solutions de
(0.0)	$a + a' + 1 \equiv 0$
(0.1)	$a + \beta + 1 \equiv 0$
(1.0)	$\beta + a + 1 \equiv 0$
(1.1)	$\beta + \beta' + 1 \equiv 0$

$$(\mathrm{mod}\ p).$$

Il en ressort immédiatement

$$(0.1) = (1.0),$$

une seconde relation entre les nombres du schéma S est fournie par la considération suivante. A chaque nombre β du groupe B correspond, dans ce même groupe, un nombre déterminé unique β'', tel qu'on a

$$\beta \beta'' \equiv 1 \quad (\mathrm{mod}\ p),$$

et en outre, $\beta' \beta''$ est alors congru à un nombre a du groupe A. La multiplication de la congruence

$$\beta + \beta' + 1 \equiv 0$$

par β'' donne donc

$$1 + a + \beta'' \equiv 0,$$

et en multipliant cette dernière congruence par β on retrouve la première. De là se déduit immédiatement $(1.1) = (0.1)$, de sorte que le schéma S a la forme

$$h\ j$$
$$j\ j.$$

Or, dans le groupe A se trouve le nombre $p-1$, et par conséquent dans A' le nombre p, qui n'entre ni dans A ni dans B. Mais tous les autres nombres de A' et de B' font partie soit de A, soit de B.
Il en résulte

$$h + j = \frac{p-1}{2} - 1,$$

$$2j = \frac{p-1}{2},$$

donc

$$h = \frac{p-5}{4}, \qquad j = \frac{p-1}{4}.$$

La congruence identique

$$(x-\beta)(x-\beta')(x-\beta'')\ldots \equiv x^{\frac{p-1}{2}} + 1 \qquad (\mathrm{mod}\, p)$$

donne maintenant pour $x = -1$, puisque $\dfrac{p-1}{2}$ est pair,

$$(\beta+1)(\beta'+1)(\beta''+1)\ldots \equiv 2 \qquad (\mathrm{mod}\, p).$$

Le nombre des non-résidus parmi les nombres $\beta+1,\ \beta'+1,\ \beta''+1,\ldots$ est $(1.1) = j = \dfrac{p-1}{4}$.

Si donc j est pair, ou

$$p = 8n + 1,$$

2 est résidu quadratique de p.

Si, au contraire j est impair, ou

$$p = 8n + 5,$$

2 est non-résidu de p.

3.   Pour $p = 4n + 3$ le nombre -1 est non-résidu, et le groupe B est identique au groupe des nombres $p-a,\ p-a',\ p-a'',\ldots$

Le signe (0.0) représente alors le nombre des solutions de la congruence $a + 1 \equiv a'\ (\mathrm{mod}\, p)$ ou aussi, puisque $a' = p - \beta$, le nombre des solutions de $a + \beta + 1 \equiv 0$.

On voit ainsi que le

signe	représente le nombre des solutions de
(0.0)	$a + \beta + 1 \equiv 0$
(0.1)	$a + a' + 1 \equiv 0$ (mod p),
(1.0)	$\beta + \beta' + 1 \equiv 0$
(1.1)	$\beta + a + 1 \equiv 0$

de sorte que $(0.0) = (1.1)$. Si, en outre, on a de nouveau $\beta\beta'' \equiv 1$, $\beta'\beta'' \equiv a$, la congruence $\beta + \beta' + 1 \equiv 0$, étant multipliée par β'', donne

$$1 + a + \beta'' \equiv 0,$$

d'où résulte, d'une manière analogue à celle indiquée dans le cas précédent, la relation $(1.0) = (0.0)$. Le schéma S a donc pour $p = 4n + 3$ la forme

$$h \; j$$
$$h \; h.$$

Comme le nombre $p - 1$ entre dans le groupe B, et par conséquent p dans B′, mais que d'ailleurs tous les autres nombres de A′ et de B′ entrent soit dans A, soit dans B, on trouve

$$h + j = \frac{p-1}{2},$$

$$2h = \frac{p-1}{2} - 1,$$

donc

$$h = \frac{p-3}{4}, \quad j = \frac{p+1}{4}.$$

Dans la congruence identique

$$(x - a)(x - a')(x - a'') \ldots \equiv x^{\frac{p-1}{2}} - 1 \qquad (\text{mod } p)$$

il résulte pour $x = -1$, vu que $\frac{p-1}{2}$ est impair,

$$(a + 1)(a' + 1)(a'' + 1) \ldots \equiv 2 \qquad (\text{mod } p),$$

et le nombre des non-résidus, parmi les nombres $a + 1$, $a' + 1$, $a'' + 1, \ldots$, est $(0.1) = j = \frac{p+1}{4}$.

Si l'on a donc j pair, ou

$$p = 8n + 7,$$

2 est résidu quadratique de p.

Si, au contraire, j est impair, ou

$$p = 8n + 3,$$

2 est non-résidu de p.

Ayant ainsi déterminé le caractère de 2 comme résidu quadratique ou non-résidu, par rapport à un nombre premier impair quelconque, je vais établir le théorème correspondant dans la théorie des

RÉSIDUS BIQUADRATIQUES.

4. Le nombre premier impair (c'est-à-dire non divisible par $1 + i$) $m = a + bi$ sera toujours supposé primaire, ce mot étant pris dans l'acception qui lui est donnée par Gauss, de sorte qne $a - 1$ et b, suivant le module 4, soient ou bien tous les deux $\equiv 0$, ou bien tous les deux $\equiv 2$.

On sait que, dans la théorie des nombres complexes entiers de la forme $a + bi$, les nombres premiers se composent:

premièrement, des nombres premiers réels q de la forme $4r + 3$, nombres qui doivent être pris négativement pour être primaires;

secondement, des facteurs premiers complexes des nombres premiers réels de la forme $4n + 1$. Ces nombres premiers complexes sont de la forme $a + bi$, où b n'est pas égal à zéro, et deviennent primaires lorsqu'on les multiplie par l'une des quatres unités 1, i, -1, $-i$, convenablement choisie. Ils peuvent à leur tour être distingués en deux espèces, suivant que, lorsque $a + bi$ est primaire, $a - 1$ et b sont tous les deux divisibles par 4, ou tous les deux le double d'un nombre impair.

D'après cela, je partage les nombres premiers primaires en ces trois classes:

I. Les nombres premiers réels q de la forme $4r + 3$, pris négativement.

II. Les nombres premiers complexes de la forme $4r + 1 + 4si$

III. Les nombres premiers complexes de la forme $4r + 3 + (4s + 2)i$.

Le nombre premier (dans la théorie complexe) sera toujours désigné ici par M, la norme de M par μ. En outre, p représentera toujours un nombre premier réel (positif) de la forme $4r + 1$, q un nombre premier réel (positif) de la forme $4r + 3$. Pour les nombres premiers de la première espèce, on a donc $M = -q$, $\mu = q^2$, pour ceux de la deuxième et de la troisième espèce $\mu = p$.

Je remarquerai encore que pour les deux espèces I et II la norme μ est de la forme $8r + 1$, et pour III de la forme $8r + 5$. Cette circonstance fait que les deux premières espèces de nombres premiers peuvent, jusqu'à un certain point, être traitées conjointement.

Les considérations du numéro suivant 5, s'appliquent encore, à titre égal, aux trois classes de nombres premiers.

5. Soient donc M le nombre premier, μ la norme. Un système complet de nombres incongrus et non divisibles par le module se compose de $\mu - 1$ nombres qui, suivant leur caractère biquadratique par rapport à M, peuvent être distribués en quatre classes, comprenant chacune $\dfrac{\mu - 1}{4}$ nombres

$$
\begin{array}{lllll}
A & \alpha, & \alpha', & \alpha'', & \ldots \\
B & \beta, & \beta', & \beta'', & \ldots \\
C & \gamma, & \gamma', & \gamma'', & \ldots \\
D & \delta, & \delta', & \delta'', & \ldots
\end{array}
$$

Dans la première classe A sont rangés tous les nombres α, α', α'' à caractère biquadratique 0, dans les groupes B, C, D les nombres à caractère biquadratique 1, 2, 3.

Disons encore, par surcroît, que le caractère biquadratique est pris ici dans le sens adopté par Gauss, de sorte que les nombres des quatre classes sont caractérisés par les congruences

$$
\alpha^{\frac{\mu - 1}{4}} \equiv 1, \quad \beta^{\frac{\mu - 1}{4}} \equiv i, \quad \gamma^{\frac{\mu - 1}{4}} \equiv -1, \quad \delta^{\frac{\mu - 1}{4}} \equiv -i \quad (\text{mod } M).
$$

Pour plus de commodité, je me servirai toutefois aussi du symbole introduit par Jacobi, et pourrai donc écrire

$$
\left(\!\left(\frac{\alpha}{M}\right)\!\right) = 1, \quad \left(\!\left(\frac{\beta}{M}\right)\!\right) = i, \quad \left(\!\left(\frac{\gamma}{M}\right)\!\right) = -1, \quad \left(\!\left(\frac{\delta}{M}\right)\!\right) = -i.
$$

Notons enfin, une fois pour toutes, que dans la suite toutes les congruences auront rapport au module premier M, tant qu'un autre module ne sera pas expressément indiqué.

Je donne ici un exemple de la distribution des résidus (mod M), à l'exception du résidu 0, dans les quatre classes A, B, C, D, pour chacune des trois espèces de nombre premiers qui ont été distinguées dans le n° 4.

$$
M = -7, \qquad \mu = 49.
$$

$$
\begin{array}{lllllll}
A & 1, & -2, & -3, & -1, & 2, & 3, \\
 & 3i, & i, & -2i, & -3i, & -i, & 2i.
\end{array}
$$

```
B    1 − 2i,   −2 − 3i,  −3 −  i,   −1 + 2i,    2 + 3i,    3 +  i,
    −1 + 3i,    2 +  i,   3 − 2i,    1 − 3i,   − 2 −  i,  −3 + 2i.

C   −3 + 3i,   −1 +  i,   2 − 2i,    3 − 3i,    1 −  i,   −2 + 2i,
    −2 − 2i,   −3 − 3i,  −1 −  i,    2 + 2i,    3 + 3i,    1 +  i.

D    3 + 2i,    1 + 3i,  −2 +  i,   −3 − 2i,   −1 − 3i,    2 −  i,
     1 + 2i,   −2 + 3i,  −3 +  i,   −1 + 2i,    2 − 3i,    3 −  i.
```

$$M = -3 - 8i, \qquad \mu = 73.$$

```
     1,            −3i,   −1 − 3i,   −1,            3i,    1 + 3i,
A    3 + 2i,    1 + 2i,  −2,        −3 − 2i,   −1 − 2i,    2,
    −1 − 4i,  −4,        −3 + 4i,    1 + 4i,    4,         3 − 4i.

     1 − 2i,    5 + 2i,    1 − 4i,   −1 + 2i,  −5 − 2i,   −1 + 4i,
B   −1 −  i,   −3 + 3i,   −2 + 4i,    1 +  i,    3 − 3i,    2 − 4i,
     2 + 3i,    1 − 3i,    2 + 2i,   −2 − 3i,   −1 + 3i,   −2 − 2i.

     4i,        4 + 3i,    4 −  i,     −4i,   −4 − 3i,   −4 +  i,
C   −3 +  i,        i,    3,          3 −  i,   −  i,   −3,
     2i,       −2 + 3i,   −2 +  i,    −2i,    2 − 3i,    2 −  i.

    −3 −  i,    2 − 2i,   −3 + 2i,    3 +  i,  −2 + 2i,    3 − 2i,
D   −4 −  i,    2 +  i,   −2 + 5i,    4 +  i,  −2 −  i,    2 − 5i,
     4 + 2i,    1 −  i,   −3 − 3i,   −4 − 2i,  −1 +  i,    3 + 3i.
```

$$M = -5 + 6i, \qquad \mu = 61.$$

```
     1,        −3,        −2 +  i,    1 + 3i,   −2 + 2i,
A   −4,         1 +  i,    3 + 2i,   −3 −  i,    3 − 2i,
    −1 − 4i,    2 +  i,    2i,       −5,         4 +  i.

     1 −  i,    2 − 3i,   −1 + 3i,   −2 − 3i,       4i,
B    1 − 2i,    2,         5i,        1 − 4i,   −4 +  i,
     1 + 2i,    3 −  i,    2 + 2i,   −  i,         3i.

    −2i,        5,        −4 −  i,    1 + 4i,   −2 −  i,
C  −1 − 3i,     2 − 2i,   −1,        3,          2 −  i,
     3 +  i,   −3 + 2i,    4,        −1 −  i,   −3 − 2i.

    −2 − 2i,        i,       −3i,   −1 − 2i,   −3 +  i,
D    2 + 3i,      −4i,   −1 +  i,   −2 + 3i,    1 − 3i,
    −1 + 4i,    4 −  i,   −1 + 2i,   −2,        −5i.
```

De même qu'au n° 1, on se convainc immédiatement de l'identité des congruences suivantes

$$(x - a)(x - a')(x - a'')\ldots \equiv x^{\frac{\mu-1}{4}} - 1$$

$$(x - \beta)(x - \beta')(x - \beta'')\ldots \equiv x^{\frac{\mu-1}{4}} - i$$

$$(x - \gamma)(x - \gamma')(x - \gamma'')\ldots \equiv x^{\frac{\mu-1}{4}} + 1 \qquad (\text{mod } M),$$

$$(x - \delta)(x - \delta')(x - \delta'')\ldots \equiv x^{\frac{\mu-1}{4}} + i$$

d'où il suit pour $x = -1$, en distinguant les cas $\mu = 8n + 1$ et $\mu = 8n + 5$

$$\mu = 8n + 1 \qquad (\beta + 1)(\beta' + 1)(\beta'' + 1)\ldots \equiv 1 - i$$
$$(\gamma + 1)(\gamma' + 1)(\gamma'' + 1)\ldots \equiv 2$$
$$(\delta + 1)(\delta' + 1)(\delta'' + 1)\ldots \equiv 1 + i$$
$$\mu = 8n + 5 \qquad (a + 1)(a' + 1)(a'' + 1)\ldots \equiv 2 \qquad (\text{mod } M).$$
$$(\beta + 1)(\beta' + 1)(\beta'' + 1)\ldots \equiv 1 + i$$
$$(\delta + 1)(\delta' + 1)(\delta'' + 1)\ldots \equiv 1 - i$$

6. Considérons maintenant les nouveaux groupes de nombres A', B', C' et D' qui résultent de l'addition de l'unité aux nombres de A, B, C et D

$$\begin{aligned}
&A' \qquad a + 1,\ a' + 1,\ a'' + 1, \ldots \\
&B' \qquad \beta + 1,\ \beta' + 1,\ \beta'' + 1, \ldots \\
&C' \qquad \gamma + 1,\ \gamma' + 1,\ \gamma'' + 1, \ldots \\
&D' \qquad \delta + 1,\ \delta' + 1,\ \delta'' + 1, \ldots
\end{aligned}$$

désignons le nombre des nombres de A' qui sont congrus à des nombres de A, B, C, D respectivement par

$$(0.0),\ (0.1),\ (0.2),\ (0.3);$$

et le nombre des nombres de B' qui sont congrus à des nombres de A, B, C, D respectivement par

$$(1.0),\ (1.1),\ (1.2),\ (1.3).$$

De même, les nombres

$$(2.0),\ (2.1),\ (2.2),\ (2.3)$$

auront rapport au groupe C', et

$$(3.0),\ (3.1),\ (3.2),\ (3.3)$$

au groupe D'.

Ces 16 nombres (0.0), (0.1), etc peuvent être tous réunis dans le tableau quadratique S suivant

$$
\begin{array}{cccc}
(0.0) & (0.1) & (0.2) & (0.3) \\
(1.0) & (1.1) & (1.2) & (1.3) \\
(2.0) & (2.1) & (2.2) & (2.3) \\
(3.0) & (3.1) & (3.2) & (3.3)
\end{array}
$$

et pour les exemples donnés au n° 5, j'obtiens

$$M = -7, \ \mu = 49. \qquad M = -3 - 8i, \ \mu = 73. \qquad M = -5 + 6i, \ \mu = 61.$$

$$
S \qquad
\begin{array}{cccc}
5 & 2 & 2 & 2 \\
2 & 2 & 4 & 4 \\
2 & 4 & 2 & 4 \\
2 & 4 & 4 & 2
\end{array}
\qquad
\begin{array}{cccc}
5 & 6 & 4 & 2 \\
6 & 2 & 5 & 5 \\
4 & 5 & 4 & 5 \\
2 & 5 & 5 & 6
\end{array}
\qquad
\begin{array}{cccc}
4 & 3 & 2 & 6 \\
3 & 3 & 6 & 3 \\
4 & 3 & 4 & 3 \\
3 & 6 & 3 & 3
\end{array}
$$

D'après les congruences du numéro précédent, on a pour $\mu = 8n + 1$

$$(\delta + 1)(\delta' + 1)(\delta'' + 1)\ldots \equiv 1 + i$$

et pour $\mu = 8n + 5$

$$(\beta + 1)(\beta' + 1)(\beta'' + 1)\ldots \equiv 1 + i.$$

Or, le nombres des nombres de

$$\delta + 1, \ \delta' + 1, \ \delta'' + 1, \ldots$$

qui appartiennent respectivement aux classes A, B, C, D, étant (3.0), (3.1), (3.2), (3.3), il s'ensuit immédiatement que pour $\mu = 8n + 1$ le caractère biquadratique de $1 + i$, suivant le module 4, sera congru à

$$(3.1) + 2(3.2) + 3(3.3)$$

et de même, dans le cas de $\mu = 8n + 5$, congru à

$$(1.1) + 2(1.2) + 3(1.3).$$

Dès que les nombres (0.0), (0.1), … seront déterminés, le caractère biquadratique de $1 + i$ sera donc aussi immédiatement connu.

Il s'agit donc, étant donné le nombre premier primaire $M = a + bi$, d'en déduire directement les nombres du tableau S. Les considérations nécessaires à cet effet sont essentiellement les mêmes que celles développées par Gauss dans les art. 16—20 de la Theoria residuorum biquadraticorum commentatio prima.

Gauss traite, dans ce mémoire, de la théorie des nombres réels, mais il est facile de voir que ce qu'il y donne est dans un étroit rapport avec la question dont nous nous occupons en ce moment.

Pour avoir sous les yeux le développement complet, il sera nécessaire de reproduire ici l'argumentation de Gauss, avec les légères modifications réclamées par la différence des sujets.

Il faut remarquer, à cet égard, que pour un nombre premier $M = -q$ appartenant à la première classe du n° 4, il n'existe, dans la théorie réelle de Gauss, rien d'analogue à ce qui sera exposé ici dans la théorie des nombres complexes entiers.

Pour ce qui va suivre, il est nécessaire de traiter séparément le cas où la norme μ est de la forme $8n + 1$ et celui où elle est de la forme $8n + 5$. Je commence par le premier dans lequel le nombre premier M appartient donc à l'une des deux premières classes du n° 4.

7. Pour $\mu = 8n + 1$, on a $(-1)^{\frac{\mu-1}{4}} = +1$, de sorte que -1 est résidu biquadratique de M et fait partie de la classe A, ou à proprement parler, est congru suivant le module M à un nombre de A. Mais, dans ce genre de considérations, il est permis, attendu que les nombres congrus entre eux peuvent se remplacer, de les regarder comme égaux, et pour la commodité je ferai usage de cette observation, dont il ne pourra résulter aucune obscurité.

Le caractère biquadratique de -1 étant donc égal à zéro, il s'ensuit que lorsque a, β, γ, δ appartiennent respectivement aux classes A, B, C, D, les nombres $-a$, $-\beta$, $-\gamma$, $-\delta$ entrent aussi dans ces mêmes classes, $-a$ dans A, $-\beta$ dans B, $-\gamma$ dans C et $-\delta$ dans D.

Or, le nombre (0.0) est évidemment égal au nombre des solutions de la congruence

$$a + 1 \equiv a' \quad (\mathrm{mod}\,M),$$

où a et a' sont à prendre arbitrairement dans le groupe A; mais, comme à chaque nombre a' correspond un nombre $a'' = p - a'$, ce nombre de solutions est le même que celui de la congruence

$$a + a'' + 1 \equiv 0 \quad (\mathrm{mod}\,M),$$

où a et a'' doivent également être pris dans A.

En raisonnant exactement de la même manière au sujet des nombres (0.1), (0.2), etc. , on trouve que le

signe	représente le nombre des solutions de
(0.0)	$a + a' + 1 \equiv 0$
(0.1)	$a + \beta + 1 \equiv 0$
(0.2)	$a + \gamma + 1 \equiv 0$
(0.3)	$a + \delta + 1 \equiv 0$
(1.0)	$\beta + a + 1 \equiv 0$
(1.1)	$\beta + \beta' + 1 \equiv 0$
(1.2)	$\beta + \gamma + 1 \equiv 0$
(1.3)	$\beta + \delta + 1 \equiv 0$
(2.0)	$\gamma + a + 1 \equiv 0$
(2.1)	$\gamma + \beta + 1 \equiv 0$
(2.2)	$\gamma + \gamma' + 1 \equiv 0$
(2.3)	$\gamma + \delta + 1 \equiv 0$
(3.0)	$\delta + a + 1 \equiv 0$
(3.1)	$\delta + \beta + 1 \equiv 0$
(3.2)	$\delta + \gamma + 1 \equiv 0$
(3.3)	$\delta + \delta' + 1 \equiv 0$

$(\bmod \mathbf{M}).$

Il en résulte donc immédiatement ces six relations

$$(0.1) = (1.0), \qquad (0.2) = (2.0), \qquad (0.3) = (3.0),$$
$$(1.2) = (2.1), \qquad (1.3) = (3.1),$$
$$(2.3) = (3.2).$$

Cinq autres relations entre les nombres (0.0), (0.1), etc. s'obtiennent par la considération suivante. Si a, β, γ sont des nombres de A, B, C, et qu'on détermine x, y, z de telle sorte qu'on ait

$$a x \equiv 1, \; \beta y \equiv 1, \; \gamma z \equiv 1 \quad (\bmod \mathbf{M}),$$

x appartient évidemment à la classe A, y à D, z à C, de sorte qu'on peut écrire

$$a a' \equiv 1, \; \beta \delta \equiv 1, \; \gamma \gamma' \equiv 1.$$

Si l'on multiplie maintenant, en considérant une solution déterminée de $a + \beta + 1 \equiv 0$, cette congruence par δ, on obtient $\delta' + 1 + \delta \equiv 0$, où $\delta' \equiv a \delta$ appartient à D. Réciproquement $\delta' + 1 + \delta \equiv 0$, multipliée par β, donne de nouveau $a + \beta + 1 \equiv 0$. Il ressort de là que les deux congruences

$$a + \beta + 1 \equiv 0 \text{ et } \delta + \delta' + 1 \equiv 0$$

ont le même nombre de solutions, ou $(0.1) = (3.3)$.

Exactement de la même manière, on a

$$\gamma'(a + \gamma + 1) \equiv \gamma'' + 1 + \gamma',$$
$$\beta(a + \delta + 1) \equiv \beta' + 1 + \beta,$$
$$\delta(\beta + \gamma + 1) \equiv 1 + \beta' + \delta,$$
$$\gamma'(\beta + \gamma + 1) \equiv \delta + 1 + \gamma',$$

d'où l'on conclut pareillement

$$(0.2) = (2.2), \quad (0.3) = (1.1), \quad (1.2) = (1.3) = (2.3).$$

En tout, il existe donc onze relations entre les seize nombres du schéma S, et ces nombres sont ainsi ramenés à cinq, différents entre eux, qui seront désignés par h, j, k, l, m. Le schéma S prend alors cette forme

$$\begin{array}{cccc} h & j & k & l \\ j & l & m & m \\ k & m & k & m \\ l & m & m & j \end{array}$$

8. Le nombre -1 entre dans A, et correspond donc au nombre 0 de A'. Ce nombre 0 de A' ne se trouve dans aucune des classes A, B, C, D, mais tout autre nombre de A' entre évidemment dans l'un des groupes A, B, C ou D. Comme $\mu = 8n + 1$, $\dfrac{\mu - 1}{4} = 2n$, on a donc

$$(0.0) + (0.1) + (0.2) + (0.3) = 2n - 1.$$

Tous les nombres de B', C', D' font partie d'une des classes A, B, C, D, de sorte qu'on a

$$(1.0) + (1.1) + (1.2) + (1.3) = 2n,$$
$$(2.0) + (2.1) + (2.2) + (2.3) = 2n,$$
$$(3.0) + (3.1) + (3.2) + (3.3) = 2n.$$

Ces quatre équations se réduisent aux trois relations suivantes entre h, j, k, l et m

$$h + j + k + l = 2n - 1,$$
$$j + l + 2m = 2n,$$
$$k + m = n.$$

9. Enfin, une nouvelle relation, non linéaire, entre h, j, k, l, m

15

s'obtient encore par la considération du nombre des solutions de la congruence

$$\alpha + \beta + \gamma + 1 \equiv 0 \quad (\text{mod } M) ;$$

où α, β, γ doivent être choisis de toutes les manières possibles dans les classes A, B, C.

Si l'on prend d'abord pour α successivement tous les nombres de A, il arrive respectivement h, j, k, l fois que $\alpha + 1$ appartienne à A, B, C, D, et le cas unique de $\alpha + 1 \equiv 0$ peut être négligé, vu que la congruence $\beta + \gamma \equiv 0$ n'admet aucune solution.

Pour chacune des h valeurs qui rendent $\alpha + 1 \equiv \alpha_0$, β et γ doivent alors être choisis de façon qu'on ait

$$\alpha_0 + \beta + \gamma \equiv 0.$$

Le nombre des solutions de cette congruence (pour une valeur donnée de α_0) est égal à m, comme on le reconnaît immédiatement en la multipliant par α_0', ce qui la transforme, à cause de $\alpha_0 \alpha_0' \equiv 1 \ (\text{mod } M)$, en

$$1 + \beta' + \gamma' \equiv 0.$$

Comme ce raisonnement est applicable à chacune des h valeurs qui font que $\alpha + 1$ appartient de nouveau à A, on obtient de cette manière hm solutions de la congruence

$$1 + \alpha + \beta + \gamma \equiv 0.$$

Il arrive ensuite j fois que $\alpha + 1$ appartienne à B, et pour chaque valeur déterminée $\alpha + 1 \equiv \beta_0$ la congruence

$$\beta_0 + \beta + \gamma \equiv 0$$

a le même nombre de solutions que celle-ci

$$1 + \alpha + \beta' \equiv 0,$$

ce nombre est donc égal à j. Cela ressort immédiatement de

$$\delta_0 (\beta_0 + \beta + \gamma) \equiv 1 + \alpha + \beta',$$

lorsque $\beta_0 \delta_0 \equiv 1$.

Ces valeurs de α, qui font appartenir $\alpha + 1$ à B, donnent donc en tout jj solutions de la congruence considérée.

Pour $\alpha + 1 \equiv \gamma_0$, ce qui arrive k fois, la congruence

$$\gamma_0 + \beta + \gamma \equiv 0$$

a l solutions, car

$$\gamma_0'(\gamma_0 + \beta + \gamma) \equiv 1 + \delta + a.$$

Les valeurs de a qui font appartenir $a + 1$ à C fournissent donc en tout kl solutions.

A-t-on enfin $a + 1 = \delta_0$, ce qui arrive l fois, alors la congruence

$$\delta_0 + \beta + \gamma \equiv 0$$

a, en raison de

$$\beta_0(\delta_0 + \beta + \gamma) \equiv 1 + \gamma + \delta,$$

m solutions, et ces valeurs de a donnent donc lm solutions.

Le nombre total des solutions de la congruence

$$a + \beta + \gamma + 1 \equiv 0 \quad (\mathrm{mod}\ M)$$

est donc

$$hm + jj + kl + lm.$$

Mais ce nombre peut encore être calculé d'une autre manière. Si l'on prend pour β successivement tous les nombres de B, il arrive j, l, m, m fois que $\beta + 1$ appartienne aux groupes A, B, C, D. Or, pour chacun de ces quatre nombres, on trouve qu'il y a respectivement k, m, k, m solutions de la congruence donnée, de sorte que le nombre total des solutions est

$$jk + lm + mk + mm.$$

10. En égalant entre elles ces deux expressions du nombre des solutions de $a + \beta + \gamma + 1 \equiv 0$, on a

$$0 = hm + jj + kl - jk - km - mm,$$

ou, si l'on élimine h à l'aide de la valeur $h = 2m - k - 1$, qui se déduit facilement des équations obtenues dans le n° 8 entre h, j, k, l, m,

$$0 = (k - m)^2 + jj + kl - jk - kk - m.$$

D'après les relations du n° 8, on a

$$k = \tfrac{1}{2}(j + l)$$

et cette valeur étant substituée dans $jj + kl - jk - kk$, cette expression devient égale à $\tfrac{1}{4}(l - j)^2$, de sorte que l'équation précédente, après multiplication par 4, se transforme en

$$0 = 4(k - m)^2 + (l - j)^2 - 4m;$$

mais on a

$$4\,m = 2\,(k+m) - 2\,(k-m) = 2\,n - 2\,(k-m),$$

par conséquent

$$2\,n = 4\,(k-m)^2 + 2\,(k-m) + (l-j)^2,$$

ou bien

$$\mu = 8\,n + 1 = [4\,(k-m) + 1]^2 + 4\,(l-j)^2,$$

et, en posant

$$4\,(k-m) + 1 = \mathrm{A}, \quad 2\,(l-j) = \mathrm{B},$$

il vient donc

$$\mu = \mathrm{A}^2 + \mathrm{B}^2.$$

Dans cette équation on a $\mathrm{A} \equiv 1 \pmod 4$, et B pair.

Il est maintenant facile d'exprimer h, j, k, l, m en A et B, ce qui donne

$$\begin{aligned}
8\,h &= 4\,n - 3\,\mathrm{A} - 5,\\
8\,j &= 4\,n + \mathrm{A} - 2\,\mathrm{B} - 1,\\
8\,k &= 4\,n + \mathrm{A} - 1,\\
8\,l &= 4\,n + \mathrm{A} + 2\,\mathrm{B} - 1,\\
8\,m &= 4\,n - \mathrm{A} + 1.
\end{aligned}$$

Jusqu'ici nous avons seulement supposé que la norme μ avait la forme $8\,n + 1$; mais, pour la détermination ultérieure de A et B, il faut maintenant traiter séparément les cas I et II du n° 4.

11. Soit donc, en premier lieu

$$\mathrm{M} = -\,q = -\,(4\,r + 3).$$

Dans ce cas, on a

$$\mu = \mathrm{M}^2 = q^2$$

et par conséquent

$$q^2 = \mathrm{A}^2 + \mathrm{B}^2.$$

Le nombre q étant un nombre premier de la forme $4\,r + 3$, on sait que q^2 ne peut être représenté que d une seule manière comme la somme de deux carrés, savoir, en prenant $\pm\,q$ pour la base du carré impair, et pour la base de l'autre carré 0; effectivement, si aucun des deux nombres A et B n'était égal à zéro ou divisible par q, on pourrait déterminer un nombre x, différent de zéro, de telle sorte que

$$\mathrm{A}\,x \equiv \mathrm{B} \pmod q.$$

Mais de $q^2 = \mathrm{A}^2 + \mathrm{B}^2$, il suit

$$\mathrm{A}^2 \equiv -\,\mathrm{B}^2 \pmod q$$

et aussi
$$A^2 x^2 \equiv B^2 \pmod{q},$$
par conséquent on aurait
$$x^2 \equiv -1 \pmod{q}.$$

Or, cette dernière congruence est impossible, parce que -1 est non-résidu quadratique de q.

De $q^2 = A^2 + B^2$ il suit donc nécessairement
$$A = \pm q, \qquad B = 0,$$
et comme $A \equiv 1 \pmod 4$, le signe de A se trouve complètement déterminé et on a
$$A = -q = M.$$

A et B étant ainsi trouvés, on a finalement
$$8h = 4n - 3M - 5,$$
$$8j = 4n + M - 1,$$
$$8k = 4n + M - 1,$$
$$8l = 4n + M - 1,$$
$$8m = 4n - M + 1,$$
où $8n + 1 = M^2$.

Par ces formules, la dépendance entre les nombres du tableau S et le nombre premier M est donc exprimée de la manière la plus simple, dans le cas où M appartient à la première classe du n° 4.

12. Si, en second lieu, on suppose $M = a + bi$, où $a - 1 \equiv b \equiv 0 \pmod 4$ et où la norme $\mu = a^2 + b^2$ est un nombre premier réel, on a donc
$$\mu = a^2 + b^2 = A^2 + B^2.$$

Or, un nombre premier de la forme $4k + 1$ ne peut être représenté que d'une seule manière par la somme de deux carrés, et comme a et A sont tous les deux $\equiv 1 \pmod 4$, il s'ensuit $A = a, B = \pm b$.

Le signe de B est déterminé par les considérations suivantes, qui demandent la démonstration préalable de cette proposition auxiliaire :

Lorsque z parcourt un système complet de résidus $\pmod M$, à l'exception du terme divisible par M, on a
$$\Sigma z^t \equiv -1 \quad \text{ou} \quad \equiv 0 \pmod M,$$
suivant que t est divisible ou non par $\mu - 1$.

La première partie de cette proposition est évidente, car si t est divisible par $\mu - 1$, on a $z^t \equiv 1$, donc $\Sigma z^t \equiv \mu - 1 \equiv - 1 \pmod{M}$.

Pour démontrer aussi la seconde partie, soit g une racine primitive pour le nombre premier M, de sorte que les valeurs parcourues par z soient congrues à

$$g^0, \ g^1, \ g^2, \ g^3, \ \ldots, \ g^{\mu - 2}.$$

Il en résulte

$$\Sigma z^t \equiv 1 + g^t + g^{2t} + \ldots + g^{(\mu - 2)t} \pmod{M},$$

ou

$$(1 - g^t)\, \Sigma z^t \equiv 1 - g^{(\mu - 1)t} \equiv 0 \pmod{M}.$$

Or, si t n'est pas divisible par $\mu - 1$, $1 - g^t$ n'est pas divisible par M, et on a par conséquent $\Sigma z^t \equiv 0$ c. q. f. d.

Cette proposition auxiliaire est évidemment valable pour un nombre premier M quelconque.

D'après le développement binomial, on a maintenant

$$(z^2 + 1)^{\frac{\mu - 1}{4}} = z^{\frac{\mu - 1}{2}} + \ldots + 1,$$

d'où il suit, lorsque le signe Σ se rapporte aux mêmes valeurs de z que tout à l'heure,

$$\Sigma (z^2 + 1)^{\frac{\mu - 1}{4}} \equiv - 1 \pmod{M}.$$

Mais, d'un autre côté, les nombres z^2, dans leur ensemble, forment évidemment tous les nombres des groupes A et C, chacun de ces nombres étant pris deux fois. Des nombres

$$z^2 + 1$$

il y en a donc

$$2\,(0.0) + 2\,(2.0) \quad \text{qui appartiennent à A},$$
$$2\,(0.1) + 2\,(2.1) \quad \text{\textquotedbl} \qquad\qquad \text{\textquotedbl} \qquad \text{\textquotedbl B},$$
$$2\,(0.2) + 2\,(2.2) \quad \text{\textquotedbl} \qquad\qquad \text{\textquotedbl} \qquad \text{\textquotedbl C},$$
$$2\,(0.3) + 2\,(2.3) \quad \text{\textquotedbl} \qquad\qquad \text{\textquotedbl} \qquad \text{\textquotedbl D},$$

et comme les puissances $\dfrac{\mu - 1}{4}$ des nombres de A, B, C, D sont respectivement congrues à $1, i, -1, -i$, on a donc

$$\Sigma (z^2 + 1)^{\frac{\mu - 1}{4}} \equiv \ 2\ [(0.0) + (2.0) - (0.2) - (2.2)] +$$
$$+ 2\,i\,[(0.1) + (2.1) - (0.3) - (2.3)]$$
$$\equiv \ 2\ (h - k) + 2\,i\,(j - l),$$

ou, en introduisant les valeurs du n^0 10 et remarquant que $A = a$,

$$\Sigma (z^2 + 1)^{\frac{\mu - 1}{4}} = -a - 1 - B i.$$

De la comparaison avec le premier résultat,

$$\Sigma (z^2 + 1)^{\frac{\mu - 1}{4}} = -1,$$

il suit

$$a + B i = 0 \quad (\mathrm{mod}\, M = a + b i),$$

donc

$$B = b.$$

Par là, les valeurs de h, j, k, l, m du n^0 10 se transforment finalement en

$$8 h = 4 n - 3 a - 5,$$
$$8 j = 4 n + a - 2 b - 1,$$
$$8 k = 4 n + a - 1,$$
$$8 l = 4 n + a + 2 b - 1,$$
$$8 m = 4 n - a + 1,$$

où $8 n + 1 = a^2 + b^2$ est donc la norme du nombre premier M.

13. Après avoir traité les deux cas dans lesquels $\mu = 8 n + 1$, il faut maintenant considérer le cas $\mu = 8 n + 5$.

Puisque $\frac{\mu - 1}{4}$ est alors impair, -1 appartient au groupe C, et, comme il est facile de le voir, les nombres

$$p - a, \; p - a', \; p - a'', \ldots$$

appartiennent tous à C, tandis que

$$p - \beta, \; p - \beta', \; p - \beta'', \ldots$$

appartiennent tous à D.

Moyennant ces remarques, on reconnaît sans peine que le

signe	représente le nombre des solutions de	
(0.0)	$a + \gamma + 1 \equiv 0$	
(0.1)	$a + \delta + 1 \equiv 0$	
(0.2)	$a + a' + 1 \equiv 0$	
(0.3)	$a + \beta + 1 \equiv 0$	
(1.0)	$\beta + \gamma + 1 \equiv 0$	$(\mathrm{mod}\, M),$
(1.1)	$\beta + \delta + 1 \equiv 0$	
(1.2)	$\beta + a + 1 \equiv 0$	
(1.3)	$\beta + \beta' + 1 \equiv 0$	

$$
\begin{aligned}
(2.0) && \gamma + \gamma' + 1 &\equiv 0 \\
(2.1) && \gamma + \delta\ \ + 1 &\equiv 0 \\
(2.2) && \gamma + a\ \ + 1 &\equiv 0 \\
(2.3) && \gamma + \beta\ \ + 1 &\equiv 0 \\
(3.0) && \delta + \gamma\ \ + 1 &\equiv 0 \\
(3.1) && \delta + \delta' + 1 &\equiv 0 \\
(3.2) && \delta + a\ \ + 1 &\equiv 0 \\
(3.3) && \delta + \beta\ \ + 1 &\equiv 0,
\end{aligned}
\qquad (\mathrm{mod}\ \mathrm{M}),
$$

d'où découlent les six relations

$$
(0.0) = (2.2), \qquad (0.1) = (3.2), \qquad (0.3) = (1.2),
$$
$$
(1.0) = (2.3), \qquad (1.1) = (3.3),
$$
$$
(2.1) = (3.0).
$$

Comme, de même que précédemment, $a\,a' \equiv \beta\,\delta \equiv \gamma\,\gamma' \equiv 1$, on a

$$
\begin{aligned}
\gamma'\,(a + \gamma + 1) &\equiv \gamma'' + 1 + \gamma', \\
\beta\,(a + \delta + 1) &\equiv \beta'\ + 1 + \beta, \\
\delta\,(a + \beta + 1) &\equiv \delta'\ + 1 + \delta, \\
\delta\,(\beta + \gamma + 1) &\equiv 1\ + \beta' + \delta, \\
\gamma'\,(\beta + \gamma + 1) &\equiv \delta\ + 1 + \gamma',
\end{aligned}
$$

d'où l'on conclut

$$
(0.0) = (2.0), \qquad (0.1) = 1.3), \qquad (0.3) = (3.1),
$$
$$
(1.0) = (1.1) = (2.1).
$$

Par suite de ces onze relations, le schéma S prend cette forme

$$
\begin{array}{cccc}
h & j & k & l \\
m & m & l & j \\
h & m & h & m \\
m & l & j & m.
\end{array}
$$

Comme -1 entre dans le groupe C, donc 0 dans C', on trouve exactement de la même manière qu'au nᵒ 8

$$
h + j + k + l = \frac{\mu - 1}{4} = 2\,n + 1,
$$
$$
2\,m + l + j = 2\,n + 1,
$$
$$
h + m = n.
$$

Enfin, la considération du nombre des solutions de la congruence

$$
a + \beta + \gamma + 1 \equiv 0
$$

fournit encore une relation entre h, j, k, l, m. Si l'on prend d'abord pour a toutes les valeurs qui appartiennent à A, il arrive respectivement h, j, k, l fois que $a + 1$ appartient aux groupes A, B, C, D. On trouve en outre, de la même manière qu'au n° 9, que pour chacun de ces cas la congruence a respectivement m, l, j, m solutions, de sorte que le nombre total des solutions est

$$h\,m + j\,l + k\,j + l\,m.$$

Prend-on, au contraire, d'abord pour β toutes les valeurs B, alors il arrive respectivement m, m, l, j fois que $\beta + 1$ appartient aux groupes A, B, C, D. Pour chacun de ces cas, on trouve alors que la congruence a respectivement h, m, h, m solutions, ce qui donne pour le nombre total des solutions

$$m\,h + m\,m + l\,h + j\,m.$$

14. Egalons maintenant entre elles les deux expressions trouvées pour le nombre des solutions de la congruence

$$a + \beta + \gamma + 1 \equiv 0 \quad (\text{mod M});$$

il vient

$$0 = m^2 + l\,h + j\,m - j\,l - k\,j - l\,m,$$

ou, à cause de la valeur $k = 2\,m - h$, qui résulte immédiatement des relations linéaires établies entre h, j, k, l, m au n° 13,

$$0 = m^2 + l\,h + h\,j - j\,l - j\,m - l\,m.$$

A l'aide de $j + l = 1 + 2\,h$, on peut exprimer j et l en fonction de leur différence, ce qui donne

$$2j = 1 + 2\,h + (j - l),$$
$$2l = 1 + 2\,h - (j - l),$$

et par l'introduction de ces valeurs dans l'équation précédente, celle-ci se transforme en

$$0 = 4\,m^2 - 4\,m - 1 + 4\,h^2 - 8\,h\,m + (j - l)^2,$$

ou, à cause de

$$4\,m = 2(h + m) - 2(h - m) = 2\,n - 2(h - m),$$

en

$$0 = 4(h - m)^2 - 2\,n + 2(h - m) - 1 + (j - l)^2$$

et finalement en

$$\mu = 8\,n + 5 = [4(h - m) + 1]^2 + 4(j - l)^2;$$

pour
$$A = 4(h-m)+1, \quad B = 2j-2l,$$
on a donc
$$\mu = A^2 + B^2.$$

Au moyen de A et B il est maintenant facile d'exprimer h, j, k, l, m, de la manière suivante

$$8h = 4n + A - 1,$$
$$8j = 4n + A + 2B - 3,$$
$$8k = 4n - 3A + 3,$$
$$8l = 4n + A - 2B + 3,$$
$$8m = 4n - A + 1.$$

Reste encore à déterminer A et B. Or μ, nombre premier réel de la forme $4n+1$, ne peut être représenté que d'une seule manière par la somme de deux carrés, et comme

$$M = a + bi$$
on a
$$\mu = a^2 + b^2,$$
où
$$a \equiv -1, \quad b \equiv 2 \quad (\text{mod } 4).$$

De là résulte donc

$$A = -a \text{ et } B = \pm b.$$

Le signe de B s'obtient par une considération analogue à celle du n° 12.

On trouve aisément

$$\Sigma(z^3 + 1)^{\frac{\mu-1}{4}} \equiv -1 \equiv 2(h-k) + 2i(j-l) \quad (\text{mod M}).$$
Or
$$2(h-k) = A - 1, \quad 2(j-l) = B,$$
donc
$$-1 \equiv A - 1 + Bi,$$
$$0 \equiv A + Bi \quad (\text{mod } M = a + bi).$$

Puisqu'on a déjà trouvé $A = -a$, il s'ensuit $B = -b$, de sorte qu'on a finalement

$$8h = 4n - a - 1,$$
$$8j = 4n - a - 2b + 3,$$
$$8k = 4n + 3a + 3,$$
$$8l = 4n - a + 2b + 3,$$
$$8m = 4n + a + 1.$$

15. En rapprochant les résultats obtenus, on voit que pour $\mu = 8n + 1$ le schéma S est de la forme

$$
\begin{array}{cccc}
h & j & k & l \\
j & l & m & m \\
k & m & k & m \\
l & m & m & j
\end{array}
$$

Ainsi on trouve

$$8h = 4n - 3M - 5,$$

pour $M = -q$ $8j = 8k = 8l = 4n + M - 1,$

$$8m = 4n - M + 1;$$

$$
\begin{aligned}
8h &= 4n - 3a - 5, \\
8j &= 4n + a - 2b - 1, \\
\text{pour } M = a + bi \qquad 8k &= 4n + a - 1, \\
8l &= 4n + a + 2b - 1, \\
8m &= 4n - a + 1.
\end{aligned}
$$

Pour $\mu = 8n + 5$, $M = a + bi$, le schéma S a la forme

$$
\begin{array}{cccc}
h & j & k & l \\
m & m & l & j \\
h & m & h & m \\
m & l & j & m
\end{array}
$$

de sorte qu'on a

$$
\begin{aligned}
8h &= 4n - a - 1, \\
8j &= 4n - a - 2b + 3, \\
8k &= 4n + 3a + 3, \\
8l &= 4n - a + 2b + 3, \\
8m &= 4n + a + 1.
\end{aligned}
$$

Ainsi qu'il ressort de ces formules, le changement de b en $-b$ correspond à une permutation de j et l, tant dans le cas de $\mu = 8n + 1$, que lorsque $\mu = 8n + 5$.

D'après les congruences du n° 5, on a, dans le cas $\mu = 8n + 1$, pour le caractère de $1 + i$ suivant le module 4

$$(3.1) + 2(3.2) + 3(3.3) = 3m + 3j \equiv -m - j,$$

et pour celui de $1 - i$

$$(1.1) + 2(1.2) + 3(1.3) = l + 5m \equiv l + m,$$

donc, pour $M = -q$, il suit

$$\text{Caractère } (1 + i) \equiv -n = -\frac{q^2-1}{8},$$

$$\text{Caractère } (1 - i) \equiv \quad n = \quad \frac{q^2-1}{8}.$$

Or, $\dfrac{q+1}{4}$ et $\dfrac{q-3}{4}$ sont des nombres entiers consécutifs; leur produit est donc pair et $\dfrac{(q+1)(q-3)}{8}$ est divisible par 4, de sorte qu'on a

$$\frac{q^2-1}{8} \equiv \frac{q^2-1}{8} - \frac{(q+1)(q-3)}{8} = \frac{q+1}{4},$$

par conséquent

$$\left(\!\left(\frac{1+i}{M}\right)\!\right) = i^{\frac{M-1}{4}}, \qquad \left(\!\left(\frac{1-i}{M}\right)\!\right) = i^{-\frac{M-1}{4}},$$

et, vu que -1 est résidu biquadratique,

$$\left(\!\left(\frac{-1-i}{M}\right)\!\right) = i^{\frac{M-1}{4}}, \qquad \left(\!\left(\frac{-1+i}{M}\right)\!\right) = i^{-\frac{M-1}{4}},$$

tandis que, de $2 = (1-i)(1+i)$, il suit encore

$$\left(\!\left(\frac{2}{M}\right)\!\right) = \left(\!\left(\frac{-2}{M}\right)\!\right) = 1.$$

Pour $M = a + bi$, au contraire, on a

$$-m - j = -n + \tfrac{1}{4}b,$$
$$l + m = \quad n + \tfrac{1}{4}b$$

et

$$n = \frac{a^2 + b^2 - 1}{8}.$$

Mais évidemment $\dfrac{a-1}{4} \cdot \dfrac{a+3}{4}$ est pair, et par conséquent $\dfrac{(a-1)(a+3)}{8}$ est divisible par 4, d'où il suit

$$\frac{a^2-1}{8} \equiv \frac{-a+1}{4} \quad \text{(mod 4)};$$

en outre, b étant divisible par 4, l'un des nombres b, $b \pm 4$ est divisible par 8; $\dfrac{b(b-4)}{8}$ est donc divisible par 4 et on a

$$\frac{b^2}{8} \equiv \frac{b^2}{8} - \frac{b(b \mp 4)}{8} = \pm \tfrac{1}{2} b,$$

de sorte que

$$n \equiv \tfrac{1}{4}(-a + 1 \pm 2b) \qquad (\bmod 4)$$

et finalement

$$\left(\!\left(\frac{1+i}{M}\right)\!\right) = \left(\!\left(\frac{-1-i}{M}\right)\!\right) = i^{\frac{a-1-b}{4}},$$

$$\left(\!\left(\frac{1-i}{M}\right)\!\right) = \left(\!\left(\frac{-1+i}{M}\right)\!\right) = i^{\frac{-a+1-b}{4}},$$

$$\left(\!\left(\frac{2}{M}\right)\!\right) = i^{-\frac{b}{2}}.$$

Lorsque, enfin, $\mu = 8n + 5$, $M = a + bi$, on a

Caractère $(1 + i) \equiv (1.1) + 2(1.2) + 3(1.3) = m + 2l + 3j \qquad (\bmod 4),$

Caractère $(1 - i) \equiv (3.1) + 2(3.2) + 3(3.3) = l + 2j + 3m \qquad (\bmod 4).$

où, toutes les congruences ayant rapport au module 4, on a

$$m + 2l + 3j = 3n + \tfrac{1}{4}(-2a - b + 8),$$

$$l + 2j + 3m = 3n + \tfrac{1}{4}(-b + 6) \equiv -n + \tfrac{1}{4}(-b + 6),$$

$$n = \frac{a^2 + b^2 - 5}{8};$$

le produit $\dfrac{a-3}{4} \cdot \dfrac{a+1}{4}$ étant pair, $\dfrac{(a-3)(a+1)}{8}$ est divisible par 4,

et il en est de même de $\dfrac{(b-2)(b+2)}{8}$; donc

$$n \equiv \frac{a^2 + b^2 - 5}{8} - \frac{(a-3)(a+1)}{8} - \frac{b^2 - 4}{8} = \tfrac{1}{4}(a + 1),$$

de sorte qu'on obtient finalement

$$m + 2l + 3j \equiv \tfrac{1}{4}(a - b + 11) \equiv (a - b - 5),$$

$$l + 2j + 3m \equiv \tfrac{1}{4}(-a - b + 5),$$

par suite

$$\left(\!\left(\frac{1+i}{a+bi}\right)\!\right) = i^{\frac{a-b-5}{4}}, \qquad \left(\!\left(\frac{1-i}{a+bi}\right)\!\right) = i^{\frac{-a-b+5}{4}}.$$

et, le caractère de -1 étant égal à deux, on trouve

$$\left(\!\left(\frac{-1-i}{a+bi}\right)\!\right) = i^{\frac{a-b+3}{4}}, \quad \left(\!\left(\frac{-1+i}{a+bi}\right)\!\right) = i^{\frac{-a-b-3}{4}},$$

$$\left(\!\left(\frac{2}{a+bi}\right)\!\right) = i^{-\frac{b}{2}}.$$

Par là se trouve déterminé, dans chaque cas, le caractère biquadratique de $1+i$, ainsi que celui de $1-i$, $-1-i$, $-1+i$, par rapport à un nombre premier primaire. Les résultats concordent entièrement avec ceux donnés par Gauss dans les art. 63, 64 de la Theoria residuorum biquadraticorum commentatio secunda et démontrés par lui, d'une manière tout à fait différente, dans les art. 68—76.

16. Relativement à l'analogie qui existe entre une grande partie des considérations précédentes et celles que Gauss a développées dans les art. 8 et suiv. de son premier mémoire sur la théorie des résidus biquadratiques, il y a à faire les remarques suivantes :

Gauss considère des nombres réels; le module premier p est de la forme $4n+1$, et il faut distinguer les deux cas $p=8n+1$, $p=8n+5$; p a donc la même signification que la norme μ dans les cas II et III de notre n⁰ 4.

Les nombres 1, 2, 3, ..., $p-1$ sont partagés par Gauss en 4 classes A, B, C, D. Les nombres de ces classes étant représentés par α, β, γ, δ, cette classification est fondée sur les congruences

$$\alpha^{\frac{\mu-1}{4}} \equiv 1$$

$$\beta^{\frac{\mu-1}{4}} \equiv f$$

$$\gamma^{\frac{\mu-1}{4}} \equiv -1 \qquad (\operatorname{mod} \mu = p),$$

$$\delta^{\frac{\mu-1}{4}} \equiv -f$$

où $f^2 \equiv -1$ (mod p), et pour $\mu = a^2 + b^2$

$$a \equiv 1 \quad (\operatorname{mod} 4), \quad a + bf \equiv 0 \quad (\operatorname{mod} p).$$

Pour $p = \mu = 8n+1$, a et b ont la même signification que ci-dessus; pour $p = 8n+5$, a et b, chez Gauss, ne diffèrent que par le signe des valeurs qu'ils ont dans ce qui précède, où $M = a + bi$ est un nombre premier complexe primaire.

Lorsque, toutefois, on admet aussi des nombres complexes, il est clair que les congruences ci-dessus, qui sont relatives au module $p = \mu$, restent valables pour le module $a + bi$, de sorte qu'on a aussi $a + bf \equiv 0 \pmod{a + bi}$, d'où résulte $f \equiv i \pmod{a + bi}$, et par conséquent

$$a^{\frac{\mu-1}{4}} \equiv 1, \quad \beta^{\frac{\mu-1}{4}} \equiv i, \quad \gamma^{\frac{\mu-1}{4}} \equiv -1, \quad \delta^{\frac{\mu-1}{4}} \equiv -i \pmod{a+bi}.$$

La classification de Gauss est donc identique à celle établie suivant le caractère biquadratique 0, 1, 2, 3 par rapport au module $a + bi$.

Effectivement, les nombres réels 1, 2, 3, ..., $p - 1$ forment pour le module $a + bi$ un système complet de résidus incongrus entre eux, non divisibles par le module.

Aussi, en remplaçant dans les deux derniers exemples du n° 5 les résidus complexes par les nombres réels congrus, ce qui se fait sans peine à l'aide de $i \equiv 27 \pmod{-3 - 8i}$ et $i \equiv 11 \pmod{-5 + 6i}$, on obtient

$$(\bmod -3 - 8i), \qquad \mu = 73,$$

A 1, 2, 4, 8, 9, 16, 18, 32, 36, 37, 41, 55, 57, 64, 65, 69, 71, 72.

B 5, 7, 10, 14, 17, 20, 28, 33, 34, 39, 40, 45, 53, 56, 59, 63, 66, 68.

C 3, 6, 12, 19, 23, 24, 25, 27, 35, 38, 46, 48, 49, 50, 54, 61, 67, 70.

D 11, 13, 15, 21, 22, 26, 29, 30, 31, 42, 43, 44, 47, 51, 52, 58, 60, 62.

$$(\bmod -5 + 6i), \qquad \mu = 61,$$

A 1, 9, 12, 13, 15, 16, 20, 22, 25, 34, 42, 47, 56, 57, 58.

B 2, 7, 18, 23, 24, 26, 30, 32, 33, 40, 44, 50, 51, 53, 55.

C 3, 4, 5, 14, 19, 27, 36, 39, 41, 45, 46, 48, 49, 52, 60.

D 6, 8, 10, 11, 17, 21, 28, 29, 31, 35, 37, 38, 43, 54, 59,

en accord parfait avec les exemples donnés par Gauss dans l'art 11 de son premier mémoire.

Le cas 1 de notre n° 4 est le seul pour lequel il n'existe rien d'analogue dans la théorie réelle de Gauss, ce qui tient à ce que dans ce cas on ne peut pas former, avec des nombres réels, un système complet de résidus.

L'observation que la division en quatre classes A, B, C, D, effectuée par Gauss dans son premier mémoire, est identique à celle faite d'après le caractère biquadratique par rapport au module $a + bi$, fournit aussi le moyen de déduire immédiatement tous les théorèmes que Gauss a trouvés par induction dans son second mémoire, art. 28, mais dont, à ma connaissance, aucune démonstration n'a encore été donnée jusqu'ici.

Ces théorèmes sont relatifs à la présence d'un nombre premier réel m dans les quatre classes A, B, C, D, ou, d'après ce qui précède, au caractère biquadratique de m par rapport au module $a + bi$.

17. Je vais reproduire maintenant les remarques formulées par Gauss dans l'art. 28. Le module premier $p = \mu$ étant supposé de la forme $4n + 1$, il s'agit maintenant, d'après ce qui a été dit au n° précédent, de déterminer la valeur du symbole

$$\left(\left(\frac{m}{a + bi}\right)\right),$$

où m est un nombre premier réel; la circonstance que, pour $\mu = 8n + 5$, a et b ont chez Gauss un signe différent de celui des valeurs du n° 14, n'a aucune influence sur l'énoncé des théorèmes. Le nombre premier m recevra un signe tel qu'il soit toujours $\equiv 1 \pmod{4}$, donc le signe *moins* lorsque, pris positivement, il est de la forme $4k + 3 = Q$; quant à un nombre premier positif de la forme $4k + 1$, il sera représenté par P. Les remarques de Gauss peuvent alors être exprimées de cette manière:

I. Lorsque $a \equiv 0 \pmod{m}$, la valeur de $\left(\left(\frac{m}{a + bi}\right)\right)$ est $+1$ ou -1; elle est égale à $+1$ si m a la forme $8r \pm 1$, égale à -1 si m a la forme $8r \pm 3$.

II. Lorsque a n'est pas divisible par m, la valeur du symbole dépend uniquement du nombre complètement déterminé x, qui satisfait à

$$b \equiv ax \pmod{m}.$$

Pour $m = P$, x peut prendre ici les valeurs suivantes

$$0, 1, 2, 3, \ldots, P - 1,$$

à l'exception des deux valeurs f et $P - f$ qui satisfont à $yy \equiv -1$ (mod P). Ces deux valeurs ne peuvent évidemment pas se présenter, car de $b \equiv ay$ il résulterait

$$b^2 \equiv -a^2 \text{ ou } a^2 + b^2 = p \equiv 0 \quad (\text{mod } P),$$

c'est-à-dire que p devrait être divisible par P.

Pour $m = -Q$, au contraire, x peut prendre toutes les valeurs

$$0, 1, 2, 3, \ldots, Q-1.$$

Ces valeurs de x peuvent être réparties en 4 classes $\alpha, \beta, \gamma, \delta$, de telle sorte que, pour

$$b \equiv a\,\alpha \quad (\text{mod } m) \text{ la valeur du symbole soit} = 1,$$
$$b \equiv a\,\beta \quad \text{\textit{n} } \quad \text{\textit{n} } \quad \text{\textit{n} } \quad \text{\textit{n} } \quad \text{\textit{n} } \quad \text{\textit{n} } = i,$$
$$b \equiv a\,\gamma \quad \text{\textit{n} } \quad \text{\textit{n} } \quad \text{\textit{n} } \quad \text{\textit{n} } \quad \text{\textit{n} } \quad \text{\textit{n} } = -1,$$
$$b \equiv a\,\delta \quad \text{\textit{n} } \quad \text{\textit{n} } \quad \text{\textit{n} } \quad \text{\textit{n} } \quad \text{\textit{n} } \quad \text{\textit{n} } = -i,$$

ou, ce qui revient au même, que dans ces cas m appartienne respectivement aux classes A, B, C, D.

Or, en ce qui concerne la quotité des nombres $\alpha, \beta, \gamma, \delta$, existe cette règle : que 3 de ces quotités sont égales, tandis que la quatrième est plus petite d'une unité ; d'ailleurs, cette quatrième quotité est celle des α lorsque, pour $a \equiv 0$, m appartient à A, et celle des γ lorsque pour $a \equiv 0$, m appartient à C.

18. Soit donc, en premier lieu, $m = -Q$; d'après la loi de réciprocité, on a alors

$$\left(\left(\frac{-Q}{a+bi}\right)\right) = \left(\left(\frac{a+bi}{Q}\right)\right)$$

et pour $a \equiv 0 \quad (\text{mod } Q)$

$$\left(\left(\frac{-Q}{a+bi}\right)\right) = \left(\left(\frac{bi}{Q}\right)\right) = \left(\left(\frac{b}{Q}\right)\right)\left(\left(\frac{i}{Q}\right)\right) = i^{\frac{Q^2-1}{4}},$$

vu que $\left(\left(\frac{b}{Q}\right)\right) = 1$; en effet, on a

$$\left(\left(\frac{b}{Q}\right)\right) \equiv b^{\frac{Q^2-1}{4}} \quad (\text{mod } Q)$$

et comme Q est de la forme $4r+3$, donc $\dfrac{Q^2-1}{4} = (Q-1)\dfrac{Q+1}{4}$ un multiple de $Q-1$, il suit du théorème de Fermat

$$\left(\left(\frac{b}{Q}\right)\right) = 1.$$

Pour $Q = 8n + 3$ on trouve maintenant:

$$\left(\!\left(\frac{-Q}{a+bi}\right)\!\right) = -1,$$

pour $Q = 8n + 7$

$$\left(\!\left(\frac{-Q}{a+bi}\right)\!\right) = +1.$$

Lorsque, au contraire, on a $m = P = (A + Bi)(A - Bi)$ ou $A + Bi$ et $A - Bi$ sont les facteurs primaires de P, il suit de la loi de réciprocité

$$\left(\!\left(\frac{P}{a+bi}\right)\!\right) = \left(\!\left(\frac{a+bi}{A+Bi}\right)\!\right)\left(\!\left(\frac{a+bi}{A-Bi}\right)\!\right)$$

et pour $a \equiv 0 \pmod{P}$

$$\left(\!\left(\frac{P}{a+bi}\right)\!\right) = \left(\!\left(\frac{bi}{A+Bi}\right)\!\right)\left(\!\left(\frac{bi}{A-Bi}\right)\!\right) = \left(\!\left(\frac{-bi}{A+Bi}\right)\!\right)\left(\!\left(\frac{+bi}{A-Bi}\right)\!\right)\left(\!\left(\frac{-1}{A+Bi}\right)\!\right).$$

Or, en général, comme l'on sait,

$$\left(\!\left(\frac{a+\beta i}{A+Bi}\right)\!\right)\ \left(\!\left(\frac{a-\beta i}{A-Bi}\right)\!\right) = 1,$$

donc

$$\left(\!\left(\frac{P}{a+bi}\right)\!\right) = \left(\!\left(\frac{-1}{A+Bi}\right)\!\right) = (-1)^{\frac{P-1}{4}},$$

ou, pour $P = 8n + 1$

$$\left(\!\left(\frac{P}{a+bi}\right)\!\right) = 1$$

et pour $P = 8n + 5$

$$\left(\!\left(\frac{P}{a+bi}\right)\!\right) = -1.$$

Ainsi se trouve complètement démontrée la proposition énoncee au n⁰ précédent, sous I.

19. Supposons maintenant que a ne soit pas divisible par m, et considérons d'abord le cas le plus simple

$$m = -Q,$$

on a donc alors

$$\left(\!\left(\frac{-Q}{a+bi}\right)\!\right) = \left(\!\left(\frac{a+bi}{Q}\right)\!\right)$$

et pour $b \equiv a\,x$ (mod Q)

$$\left(\left(\frac{-Q}{a+b\,i}\right)\right) = \left(\left(\frac{a\,(1+x\,i)}{Q}\right)\right) = \left(\left(\frac{1+x\,i}{Q}\right)\right),$$

a cause de l'égalité $\left(\left(\dfrac{a}{Q}\right)\right) = 1$, déjà démontrée au n⁰ précédent. Du résultat obtenu

$$\left(\left(\frac{-Q}{a+b\,i}\right)\right) = \left(\left(\frac{1+x\,i}{Q}\right)\right)$$

il ressort déjà que la valeur du symbole à gauche dépend uniquement du nombre x, lequel peut prendre les Q valeurs

$$0,\ 1,\ 2,\ 3,\ \ldots,\ Q-1.$$

Nous n'avons donc plus qu'à résoudre cette question: lorsque le module Q est un nombre premier de la forme $4\,n+3$, combien, parmi les nombres

$$1,\ 1+i,\ 1+2\,i,\ 1+3\,i,\ \ldots,\ 1+(Q-1)\,i,$$

y en a-t-il qui appartiennent respectivement aux classes A, B, C, D?

A cet effet, je remarquerai, en premier lieu, qu'on peut prendre comme système complet de résidus non divisibles par Q, les nombres

$$\alpha + \beta\,i$$

où α et β parcourent les valeurs $0, 1, 2, 3, \ldots, Q-1$, à l'exception de la combinaison $\alpha = 0$, $\beta = 0$; et, en second lieu, que les nombres

$$1,\ 2,\ 3,\ \ldots,\ Q-1$$

appartiennent tous à A, de sorte que, lorsque le nombre

$$\alpha' + \beta'\,i$$

fait partie d'une certaine classe, celle-ci renferme également les nombres

$$2\,(\alpha' + \beta'\,i),\ 3\,(\alpha' + \beta'\,i),\ \ldots,\ (Q-1)\,(\alpha' + \beta'\,i)$$

qui, par l'omission de multiples de Q, peuvent tous être ramenés à la forme $\alpha + \beta\,i$ où α et β sont plus petits que Q. Or, les résidus de

$$\alpha',\ 2\,\alpha',\ 3\,\alpha',\ \ldots,\ (Q-1)\,\alpha',$$

sont, tant que α' n'est pas zéro, congrus dans un certain ordre, suivant le module Q, aux nombres

$$1,\ 2,\ 3,\ \ldots,\ Q-1.$$

Dans le groupe des $Q - 1$ nombres

$$\alpha' + \beta' i, \ 2(\alpha' + \beta' i), \ \ldots, \ (Q - 1)(\alpha' + \beta' i),$$

appartenant tous à la même classe, il y en a donc un qui est congru à un des nombres

$$1 + x i \qquad (x = 0, \ 1, \ 2, \ \ldots, \ Q - 1).$$

Or, la quotité des nombres de chaque classe,

$$\frac{Q^2 - 1}{4} = (Q - 1) \times \frac{Q + 1}{4},$$

est un multiple de $Q - 1$, et les $Q - 1$ nombres sans partie réelle

$$i, \ 2i, \ 3i, \ \ldots, \ (Q - 1)i$$

appartiennent pour $Q = 8n + 7$ à A, pour $Q = 8n + 3$ à C.

Puisque tous les nombres de chaque classe dont la partie réelle n'est pas zéro peuvent être réunis, comme ci-dessus, en groupes de $Q - 1$ nombres, de telle sorte que dans chaque groupe il y ait un nombre à partie réelle égale à 1, il en résulte que, pour $Q = 8n + 7$, il y a dans les classes A, B, C, D respectivement

$$\frac{Q - 3}{4}, \quad \frac{Q + 1}{4}, \quad \frac{Q + 1}{4}, \quad \frac{Q + 1}{4}$$

nombres $1 + x i$.

Pour $Q = 8n + 3$, ces nombres sont

$$\frac{Q + 1}{4}, \quad \frac{Q + 1}{4}, \quad \frac{Q - 3}{4}, \quad \frac{Q + 1}{4},$$

tandis que, d'après le n° 18, dans le cas $a \equiv 0 \pmod{Q}$, pour $Q = 8n + 7$, et $8n + 3$, Q appartenait respectivement aux classes A et C.

Tout ce qui se rapportait au cas $m = -Q$ est donc maintenant connu.

20. Pour $m = P = (A + B i)(A - B i)$ nous avons déjà trouvé

$$\left(\!\left(\frac{P}{a + b i}\right)\!\right) = \left(\!\left(\frac{a + b i}{A + B i}\right)\!\right) \left(\!\left(\frac{a + b i}{A - B i}\right)\!\right)$$

et par conséquent, lorsque

$$b \equiv a x \pmod{P},$$

$$\left(\!\left(\frac{P}{a + b i}\right)\!\right) = \left(\!\left(\frac{1 + x i}{A + B i}\right)\!\right) \left(\!\left(\frac{1 + x i}{A - B i}\right)\!\right) \left(\!\left(\frac{a}{A + B i}\right)\!\right) \left(\!\left(\frac{a}{A - B i}\right)\!\right)$$

ou, puisque d'après une remarque déjà faite au n⁰ 18 le produit des
deux derniers facteurs à droite est égal à 1,

$$\left(\!\left(\frac{P}{a+b\,i}\right)\!\right) = \left(\!\left(\frac{1+x\,i}{A+B\,i}\right)\!\right)\ \left(\!\left(\frac{1+x\,i}{A-B\,i}\right)\!\right);$$

de là résulte que la valeur du symbole à gauche dépend uniquement
du nombre x, de sorte qu'il n'y a plus qu'à résoudre la question
suivante: pour combien de valeurs de $1+x\,i$ l'expression

$$\left(\!\left(\frac{1+x\,i}{A+B\,i}\right)\!\right)\ \left(\!\left(\frac{1+x\,i}{A-B\,i}\right)\!\right)$$

acquiert-elle respectivement les valeurs $1, i, -1, -i$? On doit
donner ici à x les valeurs

$$0,\, 1,\, 2,\, 3,\, \ldots,\, P-1$$

à l'exception des deux racines de $y^2 \equiv -1 \pmod{P}$.

Pour résoudre la question qui vient d'être posée, je considère un
système complet de résidus incongrus non divisibles par le module
$A+B\,i$, et je les rapporte, d'après leur caractère biquadratique,
à 4 groupes A, B, C, D. Chacun de ces résidus est supposé choisi
de telle sorte que la partie réelle soit égale à 1, et que le facteur
de i soit plus petit que P.

Ces suppositions peuvent être représentées ainsi

$$(\mathrm{mod}\ A+B\,i),\qquad A^2+B^2=P.$$

Classe A	$\alpha = 1 + a\,i$
B	$\beta = 1 + b\,i$
C	$\gamma = 1 + c\,i$
D	$\delta = 1 + d\,i$

Les nombres a, b, c, d, dans leur ensemble, concordent avec

$$0,\, 1,\, 2,\, 3,\, \ldots,\, (P-1),$$

sauf que la valeur f, qui est $\equiv i$, manque, vu que $1+f\,i \equiv 0 \pmod{A+B\,i}$.

En opérant de la même manière avec $A-B\,i$, on voit aisément
que la classification sera

$$(\mathrm{mod}\ A-B\,i),\qquad A^2+B^2=P.$$

Classe A	$1 + (P-a)\,i$
B	$1 + (P-d)\,i$
C	$1 + (P-c)\,i$
D	$1 + (P-b)\,i$

car on a simultanément

$$(1 + x\,i)^{\frac{P-1}{4}} - i^\rho = (A + B\,i)(C + D\,i),$$

$$(1 - x\,i)^{\frac{P-1}{4}} - i^{3\rho} = (A - B\,i)(C - D\,i).$$

Ainsi, lorsque $1 + x\,i$ a, suivant le module $A + B\,i$, le caractère ϱ, $1 - x\,i \equiv 1 + (P - x)\,i$ a, suivant le module $A - B\,i$, le caractère $3\,\varrho$.

21. Pour que

$$\left(\!\left(\frac{1 + x\,i}{A + B\,i}\right)\!\right) \ \left(\!\left(\frac{1 + x\,i}{A - B\,i}\right)\!\right)$$

devienne égal à 1, il faut, lorsque

$$\left(\!\left(\frac{1 + x\,i}{A + B\,i}\right)\!\right)$$

a l'une des valeurs 1, i, -1, $-i$, que

$$\left(\!\left(\frac{1 + x\,i}{A - B\,i}\right)\!\right)$$

prenne une des valeurs 1, i, -1, $-i$; ou, en ayant égard aux deux divisions en classes: lorsque x appartient respectivement à a, b, c, d, il faut que, simultanément, $P - x$ appartienne aux nombres a, b, c, d.

On peut donc dire que le nombre des valeurs de x pour lesquelles on a

$$\left(\!\left(\frac{1 + x\,i}{A + B\,i}\right)\!\right) \ \left(\!\left(\frac{1 + x\,i}{A - B\,i}\right)\!\right) = 1$$

est égal à la somme des nombres de solutions des congruences

$$a + a' \equiv 0,$$
$$b + b' \equiv 0,$$
$$c + c' \equiv 0,$$
$$d + d' \equiv 0,$$

par rapport au module P, ou, ce qui revient au même, par rapport au module $A + B\,i$.

On remarquera que la valeur $P - f$, exclue pour x, entre bien dans a, b, c, d, mais ne peut néanmoins apparaître dans aucune des congruences ci dessus, parce que cela exigerait que f se trouvât également parmi les nombres a, b, c, d, ce qui n'est pas le cas.

On a $a = 1 + ai$, de sorte que les congruences en question, après multiplication par i, deviennent

$$a + a' \equiv 2$$
$$\beta + \beta' \equiv 2$$
$$\gamma + \gamma' \equiv 2 \quad (\mathrm{mod}\ \mathrm{A} + \mathrm{B}\,i).$$
$$\delta + \delta' \equiv 2$$

Lorsque $\dfrac{\mathrm{P} - 1}{2}$ appartient à la classe A, les congruences précédentes, multipliées par $\dfrac{\mathrm{P} - 1}{2}$, se transforment en

$$a + a' + 1 \equiv 0$$
$$\beta + \beta' + 1 \equiv 0$$
$$\gamma + \gamma' + 1 \equiv 0 \quad (\mathrm{mod}\ \mathrm{A} + \mathrm{B}\,i),$$
$$\delta + \delta' + 1 \equiv 0$$

de sorte que la somme des nombres de solutions de ces congruences est égale au nombre des valeurs de x qui rendent

$$\left(\!\left(\frac{1 + x\,i}{\mathrm{A} + \mathrm{B}\,i}\right)\!\right)\ \left(\!\left(\frac{1 + x\,i}{\mathrm{A} - \mathrm{B}\,i}\right)\!\right)$$

égal à 1.

Mais on peut se convaincre immédiatement que ce résultat reste le même lorsque $\dfrac{\mathrm{P} - 1}{2}$ appartient aux classes B, C, D. Si, par exemple, $\dfrac{\mathrm{P} - 1}{2}$ appartient à B, il suit de $a + a' \equiv 2$, en multipliant par $\dfrac{\mathrm{P} - 1}{2}$.

$$\beta + \beta' + 1 \equiv 0,$$

et de $\beta + \beta' \equiv \gamma + \gamma' \equiv \delta + \delta' \equiv 2$, respectivement

$$\gamma + \gamma' + 1 \equiv 0, \quad \delta + \delta' + 1 \equiv 0, \quad a + a' + 1 \equiv 0.$$

Si l'on désigne par t, u, v, w, les nombres des valeurs de x qui rendent $\left(\!\left(\dfrac{1 + x\,i}{\mathrm{A} + \mathrm{B}\,i}\right)\!\right) \left(\!\left(\dfrac{1 + x\,i}{\mathrm{A} - \mathrm{B}\,i}\right)\!\right)$ respectivement égal à $1, i, -1, -i$, t est donc la somme des nombres de solutions des congruences

$$a + a' + 1 \equiv 0$$
$$\beta + \beta' + 1 \equiv 0$$
$$\gamma + \gamma' + 1 \equiv 0 \quad (\mathrm{mod}\ \mathrm{A} + \mathrm{B}\,i).$$
$$\delta + \delta' + 1 \equiv 0.$$

Exactement de la même manière on trouve que u est la somme des nombres de solutions des congruences

$$\alpha + \delta + 1 \equiv 0,$$
$$\beta + \alpha + 1 \equiv 0,$$
$$\gamma + \beta + 1 \equiv 0,$$
$$\delta + \gamma + 1 \equiv 0,$$

tandis que, pour v et w, on a à considérer les congruences

$$
\begin{aligned}
\alpha + \gamma + 1 &\equiv 0, & \alpha + \beta + 1 &\equiv 0,\\
\beta + \delta + 1 &\equiv 0, & \quad \text{et} \quad \beta + \gamma + 1 &\equiv 0,\\
\gamma + \alpha + 1 &\equiv 0, & \gamma + \delta + 1 &\equiv 0,\\
\delta + \beta + 1 &\equiv 0, & \delta + \alpha + 1 &\equiv 0,
\end{aligned}
$$

Dans le cas de $P = 8n + 1$ on a donc, d'après les n° 7, 8

$$t = (0.0) + (1.1) + (2.2) + (3.3) = h + l + k + j = 2n - 1,$$
$$u = (0.3) + (1.0) + (2.1) + (3.2) = l + j + m + m = 2n,$$
$$v = (0.2) + (1.3) + (2.0) + (3.1) = k + m + k + m = 2n,$$
$$w = (0.1) + (1.2) + (2.3) + (3.0) = j + m + m + l = 2n,$$

et dans le cas de $P = 8n + 5$, d'après le n° 13

$$t = (0.2) + (1.3) + (2.0) + (3.1) = k + j + h + l = 2n + 1,$$
$$u = (0.1) + (1.2) + (2.3) + (3.0) = j + l + m + m = 2n + 1,$$
$$v = (0.0) + (1.1) + (2.2) + (3.3) = h + m + h + m = 2n,$$
$$w = (0.3) + (1.0) + (2.1) + (3.2) = l + m + m + j = 2n + 1.$$

22. En récapitulant tout ce qui précède, on voit donc que les caractères servant à reconnaître si un nombre premier réel appartient aux classes A, B, C, D, lorsque le module P est de la forme $4n + 1$ et que $a + bi$ est un facteur complexe primaire de P, se laissent exprimer de la manière suivante.

Le nombre premier $P = 8n + 1$ appartient à

A pour $a \equiv 0,$	$b \equiv a\alpha$	Nombre des	$\alpha = 2n - 1,$
B „	$b \equiv a\beta$	(mod P). „ „	$\beta = 2n,$
C „	$b \equiv a\gamma$	„ „	$\gamma = 2n,$
D „	$b \equiv a\delta$	„ „	$\delta = 2n.$

Le nombre premier $P = 8n + 5$ appartient à

A pour $b \equiv a\alpha$		Nombre des	$\alpha = 2n + 1,$
B „	$b \equiv a\beta$	(mod P). „ „	$\beta = 2n + 1,$
C „	$b \equiv a\gamma, \; a \equiv 0$	„ „	$\gamma = 2n,$
D „	$b \equiv a\delta$	„ „	$\delta = 2n + 1.$

Le nombre premier $-Q = -(8n+3)$ appartient à

A pour $b \equiv a\,a$			Nombre des	$a = 2n+1$,
B „ $b \equiv a\,\beta$		(mod Q).	„ „	$\beta = 2n+1$,
C „ $b \equiv a\,\gamma$,	$a \equiv 0$		„ „	$\gamma = 2n$,
D „ $b \equiv a\,\delta$			„ „	$\delta = 2n+1$.

Le nombre premier $-Q = -(8n+7)$ appartient à

A pour $b \equiv a\,a$,	$a \equiv 0$		Nombre des	$a = 2n+1$,
B „ $b \equiv a\,\beta$		(mod Q).	„ „	$\beta = 2n+2$,
C „ $b \equiv a\,\gamma$			„ „	$\gamma = 2n+2$,
D „ $b \equiv a\,\delta$			„ „	$\delta = 2n+2$.

Je citerai encore les remarques suivantes de Gauss (art. 28), dont la démonstration, après tout ce qui précède, n'offre pas la moindre difficulté.

1. Le nombre 0 appartient toujours aux a, et les nombres $-a$, $-\beta, -\gamma, -\delta$, appartiennent (mod m) respectivement aux a, δ, γ et β.

2. Pour $P = 8n+1$, $Q = 8n+7$, les valeurs de $\dfrac{1}{a}$, $\dfrac{1}{\beta}$, $\dfrac{1}{\gamma}$, $\dfrac{1}{\delta}$ (mod m) appartiennent respectivement aux a, δ, γ, β; et pour $P = 8n+5$, $Q = 8n+3$, ces valeurs appartiennent respectivement aux γ, β, a, δ.

RÉSIDUS CUBIQUES.

23. En passant aux résidus cubiques, il est nécessaire de rappeler quelques points de la théorie des nombres entiers de la forme $a + b\varrho$; ϱ est ici une racine cubique complexe de l'unité, de sorte qu'on a $1 + \varrho + \varrho^2 = 0$.

Dans cette théorie, comme on le sait, il existe au sujet de la divisibilité des nombres, de leur décomposition en facteurs premiers, de l'existence de racines primitives des nombres premiers, etc., des théorèmes tout à fait analogues à ceux que présente la théorie ordinaire des nombres réels; la grande majorité des recherches contenues dans les quatre premières sections des Disquisitiones arithmeticae peuvent être étendues, presque sans changement, à la théorie des nombres entiers $a + b\varrho$.

Le produit de deux nombres conjugués $a + b\varrho$, $a + b\varrho^2$,

$$(a + b\varrho)(a + b\varrho^2) = a^2 - ab + b^2$$

s'appelle la norme du nombre $a + b\varrho$ et sera toujours indiqué par μ.

Le nombre 3 n'est pas un nombre premier dans cette théorie, car

$$3 = (1 - \varrho)(1 - \varrho^2) = -\varrho^2(1 - \varrho)^2.$$

Comme nombres premiers, outre $1 - \varrho$, se présentent dans cette théorie:

premièrement les nombres premiers réels de la forme $3n - 1$; la norme est alors $= (3n - 1)^2$;

secondement les facteurs premiers complexes des nombres premiers réels de la forme $3n + 1$. Ce nombre premier réel est alors en même temps la norme du facteur premier complexe. On a, par exemple

$$7 = (2 + 3\varrho)(2 + 3\varrho^2) = (2 + 3\varrho)(-1 - 3\varrho).$$

Les nombres premiers $2 + 3\varrho$, $-1 - 3\varrho$ ont tous les deux le nombre 7 pour norme.

Dans chacun de ces deux cas la norme est donc de la forme $3k + 1$.

Ensuite, il suffit de considérer des nombres premiers primaires, ce mot étant pris ici dans la signification que lui donne Eisenstein (Journal de Crelle, 27, p. 301), de sorte que $a + b\varrho$ sera dit primaire lorsque $a + 1$ et b sont tous les deux divisibles par 3. Les nombres premiers réels de la forme $3n - 1$ doivent donc être pris positifs pour être primaires.

Soit donc M un nombre premier primaire, μ la norme de la forme $3n + 1$. Un système complet de résidus incongrus, non divisibles par le module M, se compose alors de $\mu - 1 = 3n$ nombres. Ces nombres peuvent être rapportés à 3 classes, comprenant chacune n nombres, suivant que leur puissance $\dfrac{\mu - 1}{3}$ est congrue, d'après le module M, à 1, ϱ ou ϱ^2. Cette distribution peut être représentée ainsi

$$
\begin{array}{ll}
\text{A} & a,\ a',\ a'',\ \ldots \\
\text{B} & \beta,\ \beta',\ \beta'',\ \ldots \\
\text{C} & \gamma,\ \gamma',\ \gamma'',\ \ldots
\end{array}
$$

où l'on a donc

$$a^{\frac{\mu-1}{3}} \equiv 1, \qquad \beta^{\frac{\mu-1}{3}} \equiv \varrho, \qquad \gamma^{\frac{\mu-1}{3}} \equiv \varrho^2 \pmod{M}.$$

Le caractère cubique des nombres a, a', a'', ... est 0, celui des nombres β, β', ... est 1, celui des nombres γ, γ', ... est 2.

Il sera d'ailleurs facile aussi de faire usage du symbole d'Eisenstein et d'écrire par conséquent

$$\left[\frac{a}{M}\right] = 1, \quad \left[\frac{\beta}{M}\right] = \varrho, \quad \left[\frac{\gamma}{M}\right] = \varrho^2.$$

Il s'agit maintenant, en premier lieu, de déterminer le caractère cubique de $1 - \varrho$, ou la valeur du symbole $\left[\dfrac{1-\varrho}{M}\right]$.

24. L'addition de l'unité à tous les nombres de A, B, C donne naissance aux 3 groupes de nombres A', B', C'

$$
\begin{array}{ll}
\text{A'} & a+1, \quad a'+1, \quad a''+1, \dots \\
\text{B'} & \beta+1, \quad \beta'+1, \quad \beta''+1, \dots \\
\text{C'} & \gamma+1, \quad \gamma'+1, \quad \gamma''+1, \dots
\end{array}
$$

et je représente par (0.0), (0.1), (0.2) les quotités des nombres de A' qui sont respectivement congrus à des nombres de A, B, C; par (1.0), (1.1), (1.2) les quotités des nombres de B' qui sont respectivement congrus à des nombres de A, B, C; enfin par (2.0), (2.1), (2.2) les quotités des nombres de C' qui sont respectivement congrus à des nombres de A, B, C.

Tous ces nombres peuvent être réunis dans le schéma S

$$
\begin{array}{lll}
(0.0) & (0.1) & (0.2) \\
(1.0) & (1.1) & (1.2) \\
(2.0) & (2.1) & (2.2)
\end{array}
$$

et avec la détermination de ces nombres est aussi trouvé immédiatement le caractère cubique de $1 - \varrho$. Car les congruences manifestement identiques

$$(x-a)(x-a')(x-a'')\dots \equiv x^{\frac{\mu-1}{3}} - 1$$

$$(x-\beta)(x-\beta')(x-\beta'')\dots \equiv x^{\frac{\mu-1}{3}} - \varrho \pmod{M}$$

$$(x-\gamma)(x-\gamma')(x-\gamma'')\dots \equiv x^{\frac{\mu-1}{3}} - \varrho^2$$

donnent pour $x = -1$, vu que $\dfrac{\mu - 1}{3}$ est pair (sauf pour $M = 2$, cas qui doit être excepté)

$$(\beta + 1)(\beta' + 1)(\beta'' + 1)\ldots \equiv 1 - \varrho$$
$$(\gamma + 1)(\gamma' + 1)(\gamma'' + 1)\ldots \equiv 1 - \varrho^2 \quad (\text{mod } M),$$

d'où il suit immédiatement

$$\left[\frac{1 - \varrho}{M}\right] = \varrho^{(1.1) + 2(1.2)},$$

$$\left[\frac{1 - \varrho^2}{M}\right] = \varrho^{(2.1) + 2(2.2)}.$$

25. Le nombre -1 appartient, comme cube parfait, à la classe A, et les nombres a et $-a$, β et $-\beta$, γ et $-\gamma$ entrent à la fois dans les classes A, B, C.

A l'aide de cette remarque, il est facile de voir que

le signe	représente le nombre des solutions de
(0.0)	$a + a' + 1 \equiv 0$
(0.1)	$a + \beta + 1 \equiv 0$
(0.2)	$a + \gamma + 1 \equiv 0$
(1.0)	$\beta + a + 1 \equiv 0$
(1.1)	$\beta + \beta' + 1 \equiv 0$ (mod M),
(1.2)	$\beta + \gamma + 1 \equiv 0$
(2.0)	$\gamma + a + 1 \equiv 0$
(2.1)	$\gamma + \beta + 1 \equiv 0$
(2.2)	$\gamma + \gamma' + 1 \equiv 0$

de sorte qu'on a

$$(0.1) = (1.0), \quad (0.2) = (2.0), \quad (1\,2) = (2.1).$$

Si $xy \equiv 1 \pmod{M}$ et que x appartienne à A, il est évident que y appartient également à A; mais lorsque x appartient à B ou à C, y appartient respectivement à C ou à B, ce qu'on peut exprimer en écrivant

$$a\,a' \equiv 1, \quad \beta\,\gamma \equiv 1 \pmod{M}.$$

De

$$\gamma(a + \beta + 1) \equiv \gamma' + 1 + \gamma,$$
$$\beta(a + \gamma + 1) \equiv \beta' + 1 + \beta,$$

on conclut aux relations

$$(0.1) = (2.2), \quad (0\ 2) = (1.1),$$

de sorte que le schéma S a cette forme

$$h \quad j \quad k$$
$$j \quad k \quad l$$
$$k \quad l \quad j$$

Comme -1 appartient à A, et par conséquent 0 à A', mais que, sauf ce nombre 0 de A', tous les nombres de A', B', C' sont congrus à un nombre de A, B ou C, on a

$$h + j + k = n - 1,$$
$$j + k + l = n.$$

Enfin, la considération du nombre des solutions de la congruence

$$a + \beta + \gamma + 1 \equiv 0 \pmod{M},$$

où a, β, γ doivent être choisis respectivement dans les classes A, B, C, fournit encore une relation entre h, j, k, l. En effet, si l'on prend d'abord pour a les nombres de A, on obtient pour le nombre en question

$$h\,l + j\,j + k\,k.$$

En prenant, au contraire, pour β successivement tous les nombres de B, on trouve pour ce même nombre

$$j\,k + k\,l + l\,j$$

donc

$$0 = h\,l + j\,j + k\,k - j\,k - k\,l - l\,j.$$

26. En éliminant h de cette dernière équation, à l'aide de $h = l - 1$. on a

$$0 = l(l-1) + j\,j + k\,k - j\,k - k\,l - l\,j,$$

équation qui, multipliée par 4, prend, à cause de

$$(j+k)^2 + 3(j-k)^2 = 4(j\,j + k\,k - j\,k),$$

la forme

$$0 = 4\,l^2 - 4\,l + (j+k)^2 + 3(j-k)^2 - 4\,l(k+j),$$

ou bien, en ayant égard à $l = n - (j + k)$ et en multipliant par 9

$$36\,n = 36\,l^2 + 9(j+k)^2 + 27(j-k)^2 - 36\,l(j+k) + 36(j+k);$$

en même temps on a

$$24\,n = 24(j + k + l)$$

donc, par soustraction,

$$12\,n = 36\,l^2 + 9\,(j+k)^2 + 27\,(j-k)^2 - 36\,l\,(j+k) + 12\,(j+k) - 24\,l,$$

ou

$$12\,n + 4 = 4\,\mu = (6\,l - 3\,j - 3\,k - 2)^2 + 27\,(j-k)^2.$$

Si l'on pose

$$A = 6\,l - 3\,j - 3\,k - 2,$$
$$B = 3\,j - 3\,k,$$

on a donc

$$4\,\mu = A^2 + 3\,B^2,$$

et h, j, k, l, se laissent alors facilement exprimer au moyen de A et B, de la manière suivante

$$9\,h = 3\,n + A - 7,$$
$$18\,j = 6\,n - A + 3\,B - 2,$$
$$18\,k = 6\,n - A - 3\,B - 2,$$
$$9\,l = 3\,n + A + 2.$$

Il reste encore à déterminer A et B, et pour cela deux cas doivent être distingués.

27. Si, en premier lieu, M est réel et de la forme $3\,n - 1$, donc $\mu = M^2$, il suit de

$$4\,\mu = 4\,M^2 = A^2 + 3\,B^2,$$

que A est $= \pm\,2\,M$, B $= 0$. Car, si B n'était pas zéro, on pourrait déterminer un nombre entier x de telle sorte que

$$A \equiv B\,x \pmod{M},$$

d'où résulterait

$$A^2 \equiv -\,3\,B^2 \equiv B^2\,x^2 \pmod{M}$$

donc

$$x^2 \equiv -\,3 \pmod{M},$$

ce qui est impossible, puisqu'on sait que -3 est non-résidu de M.

On a donc indubitablement B $= 0$, A $= \pm\,2\,M$. Quant au signe de A, il se déduit immédiatement de la remarque que A est $\equiv 1 \pmod 3$, et M, comme nombre premier primaire, $\equiv -1 \pmod 3$; on a donc

$$A = 2\,M$$

et finalement

$$9\,h = 3\,n + 2\,M - 7,$$
$$9\,j = 9\,k = 3\,n - M - 1,$$
$$9\,l = 3\,n + 2\,M + 2.$$

28. Soit, en second lieu, $M = a + b\varrho$ un facteur complexe primaire d'un nombre premier réel p de la forme $3n + 1$; on a alors

$$4\mu = (2a - b)^2 + 3b^2 = A^2 + 3B^2$$

et, puisque $a + b\varrho$ est primaire, $a + 1 \equiv b \equiv 0 \pmod 3$.

B aussi est maintenant divisible par 3, et comme il est facile de démontrer que 4μ ne peut être représenté que d'une seule manière par la somme d'un carré et du multiple par 27 d'un second carré, il s'ensuit

$$A = 2a - b, \quad B = \pm b.$$

Le signe de A, en effet est de nouveau déterminé par $A \equiv 1 \pmod 3$.

Quant au signe de B, il s'obtient par la considération suivante: si z parcourt tous les nombres de A, B et C, on trouve, exactement de la même manière qu'au n° 12

$$\Sigma (z^3 + 1)^{\frac{\mu - 1}{3}} \equiv -2 \equiv 3(h + j\varrho + k\varrho^2) \pmod M,$$

ou

$$-2 \equiv 3[(h - k) + \varrho(j - k)]$$

puis, en exprimant h, j, k par A et B, et écrivant pour A la valeur $2a - b$, après quelques réductions

$$0 \equiv 2a - b + B + 2B\varrho \pmod{M = a + b\varrho},$$

d'où résulte $B = b$.

A et B étant ainsi trouvés, on a

$$9h = 3n + 2a - b - 7,$$
$$9j = 3n - a + 2b - 1,$$
$$9k = 3n - a - b - 1,$$
$$9l = 3n + 2a - b + 2.$$

29. D'après le n° 24, le caractère cubique de $1 - \varrho$ suivant le module 3 est

$$(1.1) + 2(1.2) \equiv k - l,$$

et celui de $1 - \varrho^2$

$$(2.1) + 2(2.2) \equiv l - j,$$

lorsque M est réel de la forme $3n - 1$, on a donc, d'après le n° 27

$$\text{Caractère } (1 - \varrho) \equiv -\frac{M + 1}{3},$$

$$\text{Caractère } (1 - \varrho^2) \equiv +\frac{M + 1}{3},$$

ou bien

$$\left[\frac{1-\varrho}{M}\right]=\varrho^{-\frac{M+1}{3}}, \quad \left[\frac{1-\varrho^2}{M}\right]=\varrho^{+\frac{M+1}{3}},$$

d'où il suit encore

$$\left[\frac{3}{M}\right]=1.$$

Quand, au contraire, $M = a + b\varrho$ est un facteur complexe d'un nombre premier réel de la forme $3n + 1$, on a, d'après les valeurs trouvées au n° 28

$$\text{Caractère } (1 - \varrho) \equiv -\frac{a+1}{3},$$

$$\text{Caractère } (1 - \varrho^2) \equiv \frac{a-b+1}{3},$$

ou

$$\left[\frac{1-\varrho}{a+b\varrho}\right]=\varrho^{-\frac{a+1}{3}}, \quad \left[\frac{1-\varrho^2}{a+b\varrho}\right]=\varrho^{+\frac{a-b+1}{3}}, \quad \left[\frac{3}{a+b\varrho}\right]=\varrho^{-\frac{b}{3}}.$$

Ces résultats ne diffèrent pas, au fond, de ceux donnés par Eisenstein dans le tome 28 du Journal de Crelle, p. 28 et suiv.

30. A l'égard du cas où le nombre premier M est un facteur d'un nombre premier réel p de la forme $3n + 1$, je présenterai encore les remarques suivantes.

Comme, dans $M = a + b\varrho$, a et b n'ont pas de diviseur commun, et que par conséquent b et $a - b$ sont aussi premiers entre eux, on peut toujours trouver deux nombres entiers α et β satisfaisant à la relation

$$b \alpha + (a - b) \beta = 1$$

et on a alors

$$(a + b\varrho)(\alpha + \beta\varrho) = a\alpha - b\beta + \varrho,$$

donc

$$\varrho \equiv b\beta - a\alpha \quad (\text{mod } M = a + b\varrho).$$

De la résulte immédiatement que tout nombre entier $c + d\varrho$ est congru suivant le module $a + b\varrho$ à un nombre entier réel, lequel nombre réel peut être pris plus petit que le module $\mu = p$, de sorte que les nombres réels

$$0, 1, 2, 3, \ldots, \mu - 1$$

forment un système complet de résidus. En divisant ces nombres réels (à l'exception de 0), suivant leur caractère cubique, en trois classes

$$
\begin{array}{ll}
\text{A} & a, \ a', \ a'', \ \ldots \\
\text{B} & \beta, \ \beta', \ \beta'', \ \ldots \\
\text{C} & \gamma, \ \gamma', \ \gamma'', \ \ldots
\end{array}
$$

et en désignant par f le nombre réel qui est $\equiv \varrho \pmod{\text{M}}$, on a donc

$$
a^{\frac{\mu-1}{3}} - 1 \equiv \beta^{\frac{\mu-1}{3}} - f \equiv \gamma^{\frac{\mu-1}{3}} - f^2 \equiv 0 \quad (\bmod \ \text{M} = a + b\varrho),
$$

et comme

$$
a^{\frac{\mu-1}{3}} - 1, \ \beta^{\frac{\mu-1}{3}} - f, \ \gamma^{\frac{\mu-1}{3}} - f^2
$$

sont des nombres réels, ils doivent être divisibles non seulement par $a + b\varrho$, mais aussi par le module

$$
p = \mu = (a + b\varrho)(a + b\varrho^2)
$$

de sorte qu'on a

$$
\begin{aligned}
a^{\frac{\mu-1}{3}} &\equiv 1 \\
\beta^{\frac{\mu-1}{3}} &\equiv f \quad (\bmod \ p = \mu). \\
\gamma^{\frac{\mu-1}{3}} &\equiv f^2
\end{aligned}
$$

On voit donc que la classification des nombres

$$
1, \ 2, \ 3, \ \ldots, \ p-1
$$

à l'aide de ces trois dernières congruences, coïncide avec celle qui a pour base leur caractère cubique par rapport au module $a + b\varrho$.

Le résultat

$$
\left[\frac{3}{a + b\varrho} \right] = \varrho^{-\frac{1}{3} b}
$$

peut être énoncé ainsi: le nombre 3 appartient à la classe A, B ou C, suivant que $-\frac{1}{3} b$ est de la forme $3m$, $3m+1$ ou $3m+2$.

Voici quelques exemples.

$p = 7, \quad a = 2, \quad b = 3, \quad f = 4.$ Schéma S.

$$
\begin{array}{llcccc}
\text{A} & 1, \ 6. & & h \ j \ k & & 0 \ 1 \ 0 \\
\text{B} & 2, \ 5. & & j \ k \ l & & 1 \ 0 \ 1 \\
\text{C} & 3, \ 4. & & k \ l \ j & & 0 \ 1 \ 1
\end{array}
$$

17

$$p = 13, \quad a = -1, \quad b = 3, \quad f = 9.$$

A	1,	5,	8,	12.							0	2	1
B	4,	6,	7,	9.							2	1	1
C	2,	3,	10,	11.							1	1	2

$$p = 19, \quad a = 5, \quad b = 3, \quad f = 11.$$

A	1,	7,	8,	11,	12,	18.			2	2	1
B	4,	6,	9,	10,	13,	15.			2	1	3
C	2,	3,	5,	14,	16,	17.			1	3	2

$$p = 31, \quad a = 5, \quad b = 6, \quad f = 25.$$

A	1,	2,	4,	8,	15,	16,	23,	27,	29,	30.	3	4	2
B	3,	6,	7,	12,	14,	17,	19,	24,	25,	28.	4	2	4
C	5,	9,	10,	11,	13,	18,	20,	21,	22,	26.	2	4	4

$$p = 37, \quad a = -4, \quad b = 3, \quad f = 26.$$

A	1,	6,	8,	10,	11,	14,	23,	26,	27,	29,	31,	36.	2 5 4
B	2,	9,	12,	15,	16,	17,	20,	21,	22,	25,	28,	35.	5 4 3
C	3,	4,	5,	7,	13,	18,	19,	24,	30,	32,	33,	34.	4 3 5

$$p = 43, \quad a = -1, \quad b = 6, \quad f = 36.$$

A	1,	2,	4,	8,	11,	16,	21,	22,	27,	32,	35,	39,	41,	42.	3 6 4
B	3,	5,	6,	10,	12,	19,	20,	23,	24,	31,	33,	37,	38,	40.	6 4 4
C	7,	9,	13,	14,	15,	17,	18,	25,	26,	28,	29,	30,	34,	36.	4 4 6

$$p = 61, \quad a = 5, \quad b = 9, \quad f = 13.$$

A	1,	3,	8,	9,	11,	20,	23,	24,	27,	28,	33,	34,	37,	6 8 5
		38,	41,	50,	52,	53,	58,	60.						8 5 7
B	4,	10,	12,	14,	17,	19,	25,	26,	29,	30,	31,	32,	35,	5 7 8
		36,	42,	44,	47,	49,	51,	57.						
C	2,	5,	6,	7,	13,	15,	16,	18,	21,	22,	39,	40,	43,	
		45,	46,	48,	54,	55,	56,	59.						

La question de la présence du nombre 3 dans l'un des groupes A, B, C étant tranchée d'avance comme il vient d'être dit, on peut facilement, à l'aide de la loi de réciprocité dans la théorie des résidus cubiques, établir les caractères nécessaires pour reconnaître aussi la présence d'autres nombres dans ces classes. Il suffit évidemment de considérer, à ce point de vue, les nombres premiers.

En ce qui concerne le nombre premier 2, ces caractères peuvent aussi être déduits sans le secours de la loi de réciprocité, ainsi que nous allons le faire voir.

31. Le nombre $p-1$ appartenant toujours à A, il en résulte immédiatement que 2 appartiendra à la classe A, B ou C suivant que $\dfrac{p-1}{2}$ appartient à la classe A, C ou B.

Les nombres h, k, j sont respectivement les nombres de solutions des congruences

$$\begin{aligned} a + a' + 1 &\equiv 0 \\ \beta + \beta' + 1 &\equiv 0 \quad (\text{mod } p), \\ \gamma + \gamma' + 1 &\equiv 0 \end{aligned}$$

et comme ou peut échanger entre eux a et a', β et β', γ et γ', ces trois nombres sont pairs, à l'exception du premier, lorsque $a = a' = \dfrac{p-1}{2}$ appartient à A, ou à l'exception du second, lorsque $\beta = \beta' = \dfrac{p-1}{2}$ appartient à B, ou à l'exeption du troisième, lorsque $\gamma = \gamma' = \dfrac{p-1}{2}$ appartient à C.

On voit donc que 2 appartient à la classe A, B ou C, suivant que, des trois nombres h, j, k, le premier, le second ou le troisième est impair.

Comme on a $p = 3n + 1$ (n pair) et, d'après le n° 28,

$$\begin{aligned} 9h &= 3n + 2a - b - 7, \\ 9j &= 3n - a + 2b - 1, \\ 9k &= 3n - a - b - 1 \end{aligned}$$

h est impair lorsque b est pair, j est impair lorsque a est pair, enfin k est impair lorsque a et b sont tous les deux impairs. Puisque a et b n'ont pas de diviseur commun, aucun autre cas n'est possible, et par conséquent 2 appartient à

$$\begin{aligned} &\text{A, lorsque } \quad b \equiv 0 \\ &\text{B,} \quad \text{\textnormal{„}} \qquad a \equiv 0 \qquad (\text{mod } 2). \\ &\text{C,} \quad \text{\textnormal{„}} \qquad a \equiv b \equiv 1 \end{aligned}$$

32. En ce qui regarde la présence de 5 dans l'une des trois classes, on a, d'après la loi de réciprocité cubique,

$$\left[\frac{5}{a + b\varrho}\right] = \left[\frac{a + b\varrho}{5}\right],$$

car 5 est aussi un nombre premier dans la théorie des nombres entiers $a + b\varrho$.

Pour $a \equiv 0 \pmod 5$, on a donc

$$\left[\frac{5}{a + b\varrho}\right] = \left[\frac{b\varrho}{5}\right] = \left[\frac{\varrho}{5}\right] = \varrho^8 = \varrho^2;$$

et par conséquent 5 appartient à C.

Lorsque a n'est pas divisible par 5, on peut déterminer x dans

$$b \equiv a\,x \pmod 5,$$

et x peut prendre les valeurs 0, 1, 2, 3, 4: on a

$$\left[\frac{5}{a + b\varrho}\right] = \left[\frac{a(1 + x\varrho)}{5}\right] = \left[\frac{1 + x\varrho}{5}\right]$$

et l'on trouve ensuite

$$x = 0 \qquad \left[\frac{5}{a + b\varrho}\right] = 1,$$

$$x = 1 \qquad \left[\frac{5}{a + b\varrho}\right] = \varrho,$$

$$x = 2 \qquad \left[\frac{5}{a + b\varrho}\right] = 1,$$

$$x = 3 \qquad \left[\frac{5}{a + b\varrho}\right] = \varrho^2,$$

$$x = 4 \qquad \left[\frac{5}{a + b\varrho}\right] = \varrho.$$

de sorte que 5 appartient à

A, lorsque $b \equiv 0,$ $b \equiv 2\,a$
B,   „ $b \equiv a,$ $b \equiv 4\,a$ $\pmod 5$.
C,   „ $b \equiv 3\,a,$ $a \equiv 0.$

Pour juger de la classe de 7, on a

$$\left[\frac{7}{a + b\varrho}\right] = \left[\frac{2 + 3\varrho}{a + b\varrho}\right]\left[\frac{2 + 3\varrho^2}{a + b\varrho}\right]$$

puis, d'après la loi de réciprocité,

$$\left[\frac{7}{a + b\varrho}\right] = \left[\frac{a + b\varrho}{2 + 3\varrho}\right]\left[\frac{a + b\varrho}{2 + 3\varrho^2}\right].$$

Pour $a \equiv 0 \pmod 7$, attendu qu'on a, en général,

$$\left[\frac{a + \beta\varrho}{a + b\varrho}\right]\left[\frac{a + \beta\varrho^2}{a + b\varrho^2}\right] = 1,$$

il vient

$$\left[\frac{7}{a+b\varrho}\right]=\left[\frac{\varrho}{2+3\varrho}\right]\ \left[\frac{\varrho}{2+3\varrho^2}\right]=\left[\frac{\varrho^2}{2+3\varrho^2}\right]=\varrho^4=\varrho,$$

de sorte que 7 appartient à B.

Lorsque a n'est pas divisible par 7, mais qu'on a

$$b\equiv a\,x\quad(\mathrm{mod}\,7),$$

il s'ensuit

$$\left[\frac{7}{a+b\varrho}\right]=\left[\frac{1+x\varrho}{2+3\varrho}\right]\ \left[\frac{1+x\varrho}{2+3\varrho^2}\right],$$

et x peut présenter les valeurs

$$0,\ 1,\ 2,\ 4,\ 6,$$

mais non les valeurs $x=3$ et $x=5$, car celles ci rendraient

$$p=a^2-a\,b+b^2\equiv a^2\,(1-x+x^2)$$

divisible par 7.

On trouve maintenant

$$x=0\qquad\left[\frac{7}{a+b\varrho}\right]=1,$$

$$x=1\qquad\left[\frac{7}{a+b\varrho}\right]=\varrho^2,$$

$$x=2\qquad\left[\frac{7}{a+b\varrho}\right]=1,$$

$$x=4\qquad\left[\frac{7}{a+b\varrho}\right]=\varrho,$$

$$x=6\qquad\left[\frac{7}{a+b\varrho}\right]=\varrho^2,$$

de sorte que 7 appartient à

A, lorsque $b\equiv0$, $b\equiv2\,a$

B,   „ $b\equiv4\,a$, $a\equiv0$ (mod 7).

C,   „ $b\equiv a$, $b\equiv6\,a$

De la même manière, ou par induction, on reconnaîtra que

11 appartient à

A pour $b\equiv0$, $b\equiv2\,a$, $b\equiv4\,a$, $b\equiv5\,a$

B   „ $b\equiv3\,a$, $b\equiv6\,a$, $b\equiv9\,a$, $a\equiv0$ (mod 11),

C   „ $b\equiv a$, $b\equiv7\,a$, $b\equiv8\,a$, $b\equiv10\,a$

13 appartient à

A pour $b \equiv 0$, $b \equiv 2\,a$, $b \equiv 3\,a$, $b \equiv 8\,a$

B   „ $b \equiv a$, $b \equiv 6\,a$, $b \equiv 11\,a$, $b \equiv 12\,a$ (mod 13),

C   „ $b \equiv 5\,a$, $b \equiv 7\,a$, $b \equiv 9\,a$, $a \equiv 0$

17 appartient à   (mod 17),

A pour $b \equiv 0$, $b \equiv a$, $b \equiv 2\,a$, $b \equiv 9\,a$, $b \equiv 16\,a$, $a \equiv 0$

B   „ $b \equiv 3\,a$, $b \equiv 7\,a$, $b \equiv 8\,a$, $b \equiv 12\,a$, $b \equiv 13\,a$, $b \equiv 14\,a$

C   „ $b \equiv 4\,a$, $b \equiv 5\,a$, $b \equiv 6\,a$, $b \equiv 10\,a$, $b \equiv 11\,a$, $b \equiv 15\,a$

19 appartient à   (mod 19),

A pour $b \equiv 0$, $b \equiv a$, $b \equiv 2\,a$, $b \equiv 10\,a$, $b \equiv 18\,a$, $a \equiv 0$

B   „ $b \equiv 5\,a$, $b \equiv 11\,a$, $b \equiv 13\,a$, $b \equiv 14\,a$, $b \equiv 16\,a$, $b \equiv 17\,a$

C   „ $b \equiv 3\,a$, $b \equiv 4\,a$, $b \equiv 6\,a$, $b \equiv 7\,a$, $b \equiv 9\,a$, $b \equiv 15\,a$

23 appartient à   (mod 23),

A pour $b \equiv 0$, $b \equiv 2a$, $b \equiv 5a$, $b \equiv 6a$, $b \equiv 7a$, $b \equiv 8a$, $b \equiv 11a$, $b \equiv 15a$

B   „ $b \equiv a$, $b \equiv 9a$, $b \equiv 13a$, $b \equiv 16a$, $b \equiv 17a$, $b \equiv 18a$, $b \equiv 19a$, $b \equiv 22a$

C   „ $b \equiv 3a$, $b \equiv 4a$, $b \equiv 10a$, $b \equiv 12a$, $b \equiv 14a$, $b \equiv 20a$, $b \equiv 21a$, $a \equiv 0$.

33. La considération de ces théorèmes particuliers donne lieu aux remarques suivantes.

Pour la commodité, les nombres premiers réels de la forme $3n-1$, qui restent aussi nombres premiers dans la théorie complexe, seront désignés ici par Q, les nombres premiers de la forme $3n+1$ par P.

1. Un nombre premier Q appartient, lorsque $a \equiv 0$ (mod Q), aux classes A, B, C suivant que $\dfrac{Q+1}{3}$ est de la forme $3\,m$, $3\,m+1$, $3\,m+2$.

2. Un nombre premier P appartient, lorsque $a \equiv 0$ (mod P), aux classes A, B, C suivant que $\dfrac{P-1}{6}$ est de la forme $3\,m$, $3\,m+1$, $3\,m+2$.

3. Dans les cas $b \equiv 0$, $b \equiv 2\,a$, le nombre premier P ou Q appartient toujours à la classe A.

4. Quand le nombre premier appartient à A pour $a \equiv 0$, il appartient aussi à A pour $b \equiv a$ et pour $b \equiv -a$. Si, au contraire, le nombre premier fait partie de la classe B ou C lorsque $a \equiv 0$, il fait partie, pour $b \equiv a$ et $b \equiv -a$, de la classe C ou B.

5. En général, les critères sont de la forme suivante :

Si a est $\equiv 0$, le nombre premier appartient à une classe déterminée.

Si a n'est pas $\equiv 0$, on a $b \equiv a\,x$, et pour chaque valeur de x le nombre premier appartient à une classe déterminée, de sorte qu'on peut distribuer les valeurs de x en 3 groupes, tels que

pour $b \equiv a\,a$, le nombre premier appartienne à A ,
     „ $b \equiv a\,\beta$,   „   „   „   „   „ B ,
     „ $b \equiv a\,\gamma$,   „   „   „   „   „ C.

Il faut encore ajouter le cas $a \equiv 0$, qui correspond aussi à une classe déterminée.

Or, le nombre total des congruences qu'on trouve de cette manière est le même pour chacune des trois classes et $= \dfrac{Q+1}{3}$ ou $= \dfrac{P-1}{3}$.

6. Lorsque x et y sont deux nombres satisfaisant à la congruence

$$x + y - xy \equiv 0,$$

et que x appartient à a, y appartient également à a. Mais si $x = \beta$ ou $= \gamma$, y appartient respectivement aux γ ou aux β.

Si $xy \equiv 1$ et que 1 appartienne aux a, on a

pour $x = a'$ $y = a''$,
   „ $x = \beta'$ $y = \gamma'$,
   „ $x = \gamma'$ $y = \beta'$.

Si $xy \equiv 1$ et $1 = \beta$, on a

pour $x = a$ $y = \gamma$,
   „ $x = \beta'$ $y = \beta''$,
   „ $x = \gamma'$ $y = a'$.

Si $xy \equiv 1$ et $1 = \gamma$, on a

pour $x = a$ $y = \beta$,
   „ $x = \beta$ $y = a$,
   „ $x = \gamma$ $y = \gamma'$.

34. Quant à la démonstration de ce qui vient d'être dit, la remarque 5 est la seule qui demande quelques considérations nouvelles ; tout le reste n'offre, après ce qui précède, aucune difficulté.

Je vais donc prouver d'une manière générale la vérité de cette remarque 5. Il faut pour cela distinguer les cas où le nombre premier est $= Q$ ou $= P$; commençons par le premier de ces cas, qui est de beaucoup le plus simple.

35.   Lorsque le nombre premier Q est de la forme $3\,n - 1$, et qu'il reste par conséquent premier aussi dans la théorie des nombres complexes de la forme $a + b\varrho$, on a d'après la loi de réciprocité

$$\left[\frac{Q}{a + b\varrho}\right] = \left[\frac{a + b\varrho}{Q}\right].$$

Soit d'abord $a \equiv 0 \pmod{Q}$; dans ce cas

$$\left[\frac{Q}{a + b\varrho}\right] = \left[\frac{b\,\varrho}{Q}\right] = \left[\frac{\varrho}{Q}\right] = \varrho^{\frac{Q^2 - 1}{3}}.$$

Mais

$$\frac{Q + 1}{3} \times (Q - 2)$$

est un multiple de 3 et

$$\frac{Q^2 - 1}{3} - \frac{(Q + 1)(Q - 2)}{3} = \frac{Q + 1}{3},$$

on a par conséquent pour $a \equiv 0 \pmod{Q}$,

$$\left[\frac{Q}{a + b\varrho}\right] = \varrho^{\frac{Q + 1}{3}},$$

d'où ressort l'exactitude de ce qui a été dit au n⁰ 33 en 1.

Si a n'est pas divisible par Q, x est complètement déterminé par

$$b \equiv a\,x \pmod{Q}$$

et

$$\left[\frac{Q}{a + b\varrho}\right] = \left[\frac{a\,(1 + x\varrho)}{Q}\right] = \left[\frac{1 + x\varrho}{Q}\right],$$

ce qui montre déjà que la classe à laquelle appartient Q dépend uniquement de x; pour x on peut d'ailleurs avoir évidemment les nombres

$$0, 1, 2, 3, \ldots, Q - 1.$$

Il ne reste plus qu'à résoudre cette question : parmi les Q quantités

$$\left[\frac{1 + x\varrho}{Q}\right]$$

$$(x = 0, 1, 2, 3, \ldots, Q - 1)$$

combien y en a-t-il d'égales à 1, combien d'égales à ϱ, combien d'égales à ϱ^2? Nous considérons un système complet de nombres non divisibles par le module, système pour lequel on peut prendre les nombres

$$a + \beta \varrho$$

$$\left(\begin{matrix} a \\ \beta \end{matrix} = 0, \ 1, \ 2, \ 3, \ \dots, \ Q-1 \right)$$

la combinaison $a = 0$, $\beta = 0$ devant seule être omise. Si nous rapportons ces $Q^2 - 1$ nombres d'après leur caractère cubique à 3 groupes A, B, C,

$$\begin{array}{ll} \text{A} & a_0 + \beta_0 \varrho, \dots \\ \text{B} & a_1 + \beta_1 \varrho, \dots \\ \text{C} & a_2 + \beta_2 \varrho, \dots \end{array}$$

chacun de ces groupes contient

$$\frac{Q^2 - 1}{3} = (Q - 1) \times \frac{Q+1}{3}$$

nombres, quotité qui est donc un multiple de $Q - 1$: et les nombres réels qui correspondent à $\beta = 0$, savoir

$$1, \ 2, \ 3, \ \dots, \ Q-1,$$

appartiennent tous à A, d'où il découle que lorsque $a + \beta \varrho$ fait partie d'une certaine classe, les nombres congrus avec

$$1 (a + \beta \varrho), \ 2 (a + \beta \varrho), \ \dots, \ (Q-1)(a + \beta \varrho)$$

font aussi partie de cette classe. Si a n'est pas égal à zéro, les nombres

$$a, \ 2a, \ 3a, \ \dots, \ (Q-1)a$$

pris dans un certain ordre, sont congrus, suivant le module Q, à

$$1, \ 2, \ 3, \ \dots, \ Q-1.$$

Les nombres d'une classe, chez qui la partie réelle n'est pas zéro, peuvent donc être divisés en groupes de $Q-1$ nombres, de telle sorte que dans chaque groupe se trouve un nombre de la forme $1 + x\varrho$.

Il ressort de là que les quotités des nombres $1 + x\varrho$ qui rendent $\left[\dfrac{1 + x\varrho}{Q}\right]$ égal à 1, ϱ ou ϱ^2, sont

$$\dfrac{Q-2}{3}, \qquad \dfrac{Q+1}{3}, \qquad \dfrac{Q+1}{3}, \quad \text{lorsque } \left[\dfrac{\varrho}{Q}\right] = 1,$$

$$\dfrac{Q+1}{3}, \qquad \dfrac{Q-2}{3}, \qquad \dfrac{Q+1}{3}, \quad \text{lorsque } \left[\dfrac{\varrho}{Q}\right] = \varrho,$$

$$\dfrac{Q+1}{3}, \qquad \dfrac{Q+1}{3}, \qquad \dfrac{Q-2}{3}, \quad \text{lorsque } \left[\dfrac{\varrho}{Q}\right] = \varrho^2,$$

et comme, en outre, nous avons trouvé ci-dessus que, pour

$$a \equiv 0 \quad (\bmod\, Q),$$

Q appartient aux classes A, B ou C suivant que $\left[\dfrac{\varrho}{Q}\right]$ est égal à 1, ϱ ou ϱ^2, l'énoncé 5 du n° 33 se trouve entièrement démontré pour le cas où le nombre premier est de la forme $3\,n - 1$.

36. Lorsque le nombre premier dont on veut reconnaître la présence dans les classes A, B, C est de la forme $P = 3\,n + 1$, il s'agit de déterminer la valeur de

$$\left[\dfrac{P}{a + b\,\varrho}\right];$$

P n'étant pas un nombre premier dans la théorie complexe, on doit, avant de pouvoir appliquer la loi de réciprocité, décomposer P en ses facteurs premiers primaires

$$P = (A + B\,\varrho)(A + B\,\varrho^2),$$

et on a alors

$$\left[\dfrac{P}{a + b\,\varrho}\right] = \left[\dfrac{a + b\,\varrho}{A + B\,\varrho}\right]\left[\dfrac{a + b\,\varrho}{A + B\,\varrho^2}\right].$$

Donc

pour $a \equiv 0 \quad (\bmod\, P)$

$$\left[\dfrac{P}{a + b\,\varrho}\right] = \left[\dfrac{\varrho}{A + B\,\varrho}\right]\left[\dfrac{\varrho}{A + B\,\varrho^2}\right] = \varrho^{\frac{2(P-1)}{3}} = \varrho^{\frac{P-1}{6}},$$

pour $a\,x \equiv b \quad (\bmod\, P)$

$$\left[\dfrac{P}{a + b\,\varrho}\right] = \left[\dfrac{1 + x\,\varrho}{A + B\,\varrho}\right]\left[\dfrac{1 + x\,\varrho}{A + B\,\varrho^2}\right].$$

Du premier résultat, pour $a \equiv 0$, ressort la justesse de la seconde remarque du n⁰ 33.

Comme P est de la forme $3n+1$, la congruence

$$x^3 \equiv 1 \quad (\mathrm{mod}\,P)$$

a trois racines différentes, 1, f, g (où $f \equiv g^2$).

Les deux valeurs $-f$, $-g$ ne peuvent maintenant être égales à x dans la congruence

$$b \equiv a\,x,$$

car de $b \equiv -a\,f$ il résulterait

$$a^2 - a\,b + b^2 \equiv a^2(1+f+f^2) \equiv 0 \quad (\mathrm{mod}\,P),$$

de sorte que le nombre premier

$$p = a^2 - a\,b + b^2$$

serait divisible par P.

D'après cela, les valeurs que x peut prendre sont

$$0, 1, 2, 3, \ldots, P-1$$

sauf omission des nombres $P-f$ et $P-g$. Leur nombre est donc $P-2$, et il s'agit de rechercher pour combien de ces $P-2$ valeurs de x l'expression

$$\left[\frac{1+x\varrho}{A+B\varrho}\right]\left[\frac{1+x\varrho}{A+B\varrho^2}\right]$$

acquiert les valeurs 1, ϱ et ϱ^2.

Je fais remarquer encore que

$$\left[\frac{\varrho}{A+B\varrho}\right] = \varrho^{\frac{P-1}{3}}$$

et que, pour $a \equiv 0 \ (\mathrm{mod}\,P)$ on avait

$$\left[\frac{P}{a+b\varrho}\right] = \varrho^{\frac{2(P-1)}{3}}.$$

Ainsi, lorsque ϱ, pour le module $A+B\varrho$, appartient à la classe A, B ou C, il arrive simultanément que P, pour le module $a+b\varrho$ (ou, ce qui est la même chose, pour le module réel p), appartient à la classe A, C ou B.

37. Un nombre arbitraire $a+\beta\varrho$ étant donné, on peut toujours trouver un autre nombre qui lui soit congru suivant le module $A+B\varrho$ et dont la partie réelle soit 1.

La division d'un système complet de nombres non divisibles par le module, en trois classes, d'après leur caractère cubique, peut donc être représentée de cette manière

$$(\mathrm{mod}\, A + B\, \varrho)$$

A $\qquad a = 1 + a\, \varrho, \qquad a' = 1 + a'\, \varrho, \qquad a'' = 1 + a''\, \varrho, \ldots$

B $\qquad \beta = 1 + b\, \varrho, \qquad \beta' = 1 + b'\, \varrho, \qquad \beta'' = 1 + b''\, \varrho, \ldots$

C $\qquad \gamma = 1 + c\, \varrho, \qquad \gamma' = 1 + c'\, \varrho, \qquad \gamma'' = 1 + c''\, \varrho, \ldots$

et comme, de

$$(1 + a\, \varrho)^{\frac{P-1}{3}} - \varrho^k \equiv (A + B\, \varrho)(C + D\, \varrho)$$

il suit

$$(1 + a\, \varrho^2)^{\frac{P-1}{3}} - \varrho^{2k} \equiv (A + B\, \varrho^2)(C + D\, \varrho^2),$$

la classification pour le module $A + B\, \varrho^2$ peut simultanément être représentée par

$$(\mathrm{mod}\, A + B\, \varrho^2)$$

A $\qquad 1 + a\, \varrho^2, \qquad 1 + a'\, \varrho^2, \qquad 1 + a''\, \varrho^2, \ldots$

B $\qquad 1 + c\, \varrho^2, \qquad 1 + c'\, \varrho^2, \qquad 1 + c''\, \varrho^2, \ldots$

C $\qquad 1 + b\, \varrho^2, \qquad 1 + b'\, \varrho^2, \qquad 1 + b''\, \varrho^2, \ldots$

Les nombres $a, b, c, a', b', c', a'', b'', c'', \ldots$ forment dans leur ensemble, tous les nombres du groupe

$$0, 1, 2, 3, \ldots, P - 1,$$

à l'exception du seul nombre qui est $\equiv -\varrho^2 \;(\mathrm{mod}\, A + B\, \varrho)$ et qui est congru suivant le module P à un des nombres $-f, -g$. Les cas où l'on a

$$\left[\frac{1 + x\varrho}{A + B\varrho}\right] \left[\frac{1 + x\varrho}{A + B\varrho^2}\right] = 1$$

sont évidemment

$$\left[\frac{1 + x\varrho}{A + B\varrho}\right] = 1 \quad \text{et simultanément} \quad \left[\frac{1 + x\varrho}{A + B\varrho^2}\right] = 1,$$

$$\left[\frac{1 + x\varrho}{A + B\varrho}\right] = \varrho \quad \text{et simultanément} \quad \left[\frac{1 + x\varrho}{A + B\varrho^2}\right] = \varrho^2,$$

$$\left[\frac{1 + x\varrho}{A + B\varrho}\right] = \varrho^2 \quad \text{et simultanément} \quad \left[\frac{1 + x\varrho}{A + B\varrho^2}\right] = \varrho.$$

Or, $\left[\dfrac{1+x\varrho}{A+B\varrho}\right]$ est égal à 1 pour $x=a,\,a',\,a'',\ldots$, et pour qu'on ait en même temps $\left[\dfrac{1+x\varrho}{A+B\varrho^2}\right]=1$, il faut donc que $1+a\varrho$ soit congru suivant le module $A+B\varrho^2$ à un des nombres $1+a\varrho^2,\,1+a'\varrho^2,\ldots$, c'est-à dire

$$1+a\varrho \equiv 1+a'\varrho^2 \quad (\mathrm{mod}\; A+B\varrho^2);$$

réciproquement, s'il est satisfait à cette congruence, on a

$$\left[\frac{1+a\varrho}{A+B\varrho}\right]=1,\quad \left[\frac{1+a\varrho}{A+B\varrho^2}\right]=1.$$

Le nombre des fois où ce cas se présente est donc égal au nombre des solutions de la congruence ci-dessus. En raisonnant d'une manière analogue pour les deux autres cas

$$\left[\frac{1+x\varrho}{A+B\varrho}\right]=\varrho,\quad \left[\frac{1+x\varrho}{A+B\varrho^2}\right]=\varrho^2$$

et

$$\left[\frac{1+x\varrho}{A+B\varrho}\right]=\varrho^2,\quad \left[\frac{1+x\varrho}{A+B\varrho^3}\right]=\varrho,$$

on trouve que le nombre des fois où

$$\left[\frac{1+x\varrho}{A+A\varrho}\right]\left[\frac{1+x\varrho}{A+B\varrho^2}\right]$$

devient égal à 1, est représenté par la somme des nombres de solutions des trois congruences

$$\begin{aligned}
1+a\varrho &\equiv 1+a'\varrho^2\\
1+b\varrho &\equiv 1+b'\varrho^2 \quad (\mathrm{mod}\; A+B\varrho^2).\\
1+c\varrho &\equiv 1+c'\varrho^2
\end{aligned}$$

On reconnaîtra, de même, que le nombre des fois où l'expression précédente devient égal à ϱ et à ϱ^2 est exprimé, dans le premier cas, par la somme des nombres de solutions des congruences

$$\begin{aligned}
1+b\varrho &\equiv 1+a\varrho^2\\
1+c\varrho &\equiv 1+b\varrho^2 \quad (\mathrm{mod}\; A+B\varrho^2),\\
1+a\varrho &\equiv 1+c\varrho^2
\end{aligned}$$

et, dans le second cas, par la somme des nombres de solutions des congruences

$$1 + c\,\varrho \equiv 1 + a\,\varrho^2$$
$$1 + a\,\varrho \equiv 1 + b\,\varrho^2 \quad (\text{mod } A + B\,\varrho^2).$$
$$1 + b\,\varrho \equiv 1 + c\,\varrho^2$$

Pour pouvoir appliquer directement les développements des n°s 25—28, il est un peu plus facile de considérer seulement des congruences suivant le module $A + B\varrho$, de sorte que, remplaçant partout dans les formules précédentes ϱ par ϱ^2 et désignant par t, u, v les nombres de fois que

$$\left[\frac{1 + x\varrho}{A + B\varrho}\right] \times \left[\frac{1 + x\varrho}{A + B\varrho^2}\right]$$

est respectivement égal à 1, ϱ ou ϱ^2, nous écrirons:

$t =$ somme des nombres de solutions de

$$1 + a\,\varrho^2 \equiv 1 + a'\,\varrho$$
$$1 + b\,\varrho^2 \equiv 1 + b'\,\varrho \quad (\text{mod } A + B\,\varrho),$$
$$1 + c\,\varrho^2 \equiv 1 + c'\,\varrho$$

$u =$ somme des nombres de solutions de

$$1 + b\,\varrho^2 \equiv 1 + a\,\varrho$$
$$1 + c\,\varrho^2 \equiv 1 + b\,\varrho \quad (\text{mod } A + B\,\varrho),$$
$$1 + a\,\varrho^2 \equiv 1 + c\,\varrho$$

$v =$ somme des nombres de solutions de

$$1 + c\,\varrho^2 \equiv 1 + a\,\varrho$$
$$1 + a\,\varrho^2 \equiv 1 + b\,\varrho \quad (\text{mod } A + B\,\varrho).$$
$$1 + b\,\varrho^2 \equiv 1 + c\,\varrho$$

38. A ce sujet, il convient encore de remarquer ce qui suit. Parmi les nombres a, b, c, a', b', c' ne se trouve pas l'un des deux nombres $-f$, $-g$. Supposons que ce soit $-f$, de sorte que $-g$ s'y trouve. Il n'en est alors pas moins évident que cette valeur $-g$ ne peut se présenter nulle part dans l'une des congruences ci-dessus; car, de $1 + a\,\varrho^2 \equiv 1 + a'\,\varrho$ ou $a\,\varrho^2 = a'\,\varrho$ par exemple, il suivrait, pour $a = -g$, $a' \equiv a\,\varrho \equiv -\varrho^2 \equiv -f$ (puisque $f = \varrho^2$ et $g = \varrho$ (mod $A + B\varrho$)); or, la valeur $a' \equiv -f$ ne se présente pas. Comme, parmi les valeurs à prendre pour x, ne se trouvaient ni $-f$ ni $-g$,

il en ressort avec évidence que les expressions ci-dessus données pour t, u et v sont réellement exactes, lorsque les nombres a, a', b, b', c, c' qui entrent, dans les congruences, sont choisis de toutes les manières possibles dans les groupes $a, a', a'', \ldots, b, b', b'', \ldots, c, c', c'', \ldots$

En introduisant, au lieu de a, b, $\ldots$ les nombres $a = 1 + a\varrho$, $\beta = 1 + b\varrho$, on trouve, par exemple, que $a\varrho^2 \equiv a'\varrho$ se transforme en

$$\varrho(a-1) \equiv a' - 1,$$

ou

$$a' - \varrho a = 1 - \varrho,$$

et en agissant de même avec les autres congruences, on obtient les expressions suivantes

$t = $ somme des nombres de solutions de

$$a' - \varrho a \equiv 1 - \varrho$$
$$\beta' - \varrho \beta \equiv 1 - \varrho \quad (\mathrm{mod}\, A + B\varrho),$$
$$\gamma' - \varrho \gamma \equiv 1 - \varrho$$

$u = $ somme des nombres de solutions de

$$a - \varrho \beta \equiv 1 - \varrho$$
$$\beta - \varrho \gamma \equiv 1 - \varrho \quad (\mathrm{mod}\, A + B\varrho),$$
$$\gamma - \varrho a \equiv 1 - \varrho$$

$v = $ somme des nombres de solutions de

$$a - \varrho \gamma \equiv 1 - \varrho$$
$$\beta - \varrho a \equiv 1 - \varrho \quad (\mathrm{mod}\, A + B\varrho).$$
$$\gamma - \varrho \beta \equiv 1 - \varrho$$

Dans le premier membre de ces congruences le signe $-$ peut partout être remplacé par $+$, puisque deux nombres λ et $-\lambda$ appartiennent toujours à la même classe. Ce remplacement étant effectué, et toutes les congruences étant en outre multipliées par le nombre entier

$$\frac{P-1}{1-\varrho} = \frac{3n}{1-\varrho} = n(1-\varrho^2),$$

il vient:

$t = $ somme des nombres de solutions de

$$a' + \varrho a + 1 \equiv 0$$
$$\beta' + \varrho \beta + 1 \equiv 0 \quad (\mathrm{mod}\, A + B\varrho),$$
$$\gamma' + \varrho \gamma + 1 \equiv 0$$

$u =$ somme des nombres de solutions de

$$\alpha + \varrho\beta + 1 \equiv 0$$
$$\beta + \varrho\gamma + 1 \equiv 0 \quad (\text{mod } A + B\varrho),$$
$$\gamma + \varrho\alpha + 1 \equiv 0$$

$v =$ somme des nombres de solutions de

$$\alpha + \varrho\gamma + 1 \equiv 0$$
$$\beta + \varrho\alpha + 1 \equiv 0 \quad (\text{mod } A + B\varrho).$$
$$\gamma + \varrho\beta + 1 \equiv 0$$

On arrive à ce résultat dans chacune des trois suppositions qui peuvent être faites, à savoir, que $n(1 - \varrho^2)$ fait partie de la classe A, B ou C. Cela tient évidemment à ce que les groupes de 3 congruences, qui viennent d'être trouvés, sont tels qu'ils n'éprouvent aucun changement par une permutation cyclique de α, β, γ.

Il y a maintenant trois cas à distinguer·

I. ϱ appartenant à A, ou $\left[\dfrac{\varrho}{A + B\varrho}\right] = 1$.

Dans ce cas, on a $\varrho\alpha = \alpha''$, $\varrho\beta = \beta''$, $\varrho\gamma = \gamma''$, et par conséquent t, u, v sont les sommes des nombres de solutions des congruences suivantes

t	u	v
$\alpha + \alpha' + 1 \equiv 0,$	$\alpha + \beta + 1 \equiv 0,$	$\alpha + \gamma + 1 \equiv 0,$
$\beta + \beta' + 1 \equiv 0,$	$\beta + \gamma + 1 \equiv 0,$	$\beta + \alpha + 1 \equiv 0,$
$\gamma + \gamma' + 1 \equiv 0,$	$\gamma + \alpha + 1 \equiv 0,$	$\gamma + \beta + 1 \equiv 0,$

ou, d'après le n° 25, si les résultats trouvés à cet endroit pour le nombre premier $a + b\varrho$ sont transportés au module $A + B\varrho$ avec la norme $3n + 1$,

$$t = h + k + j = n - 1,$$
$$u = j + l + k = n,$$
$$v = k + j + l = n.$$

D'après le n° 36, on a dans ce cas, pour $a \equiv 0$, $\left[\dfrac{P}{a + b\varrho}\right] = 1$.

II. ϱ appartient a B, ou $\left[\dfrac{\varrho}{A + B\varrho}\right] = \varrho$.

t, u, v sont alors les sommes des nombres de solutions des congruences suivantes

t	u	v
$\alpha+\beta+1\equiv 0,$	$\alpha+\gamma+1\equiv 0,$	$\alpha+\alpha'+1\equiv 0,$
$\beta+\gamma+1\equiv 0,$	$\beta+\alpha+1\equiv 0,$	$\beta+\beta'+1\equiv 0,$
$\gamma+\alpha+1\equiv 0,$	$\gamma+\beta+1\equiv 0,$	$\gamma+\gamma'+1\equiv 0,$

ou bien

$$t=n,$$
$$u=n,$$
$$v=n-1.$$

D'après le n⁰ 36, on a dans ce cas, pour $a\equiv 0$, $\left[\dfrac{\mathrm{P}}{a+b\varrho}\right]=\varrho^2$.

III. ϱ appartient à C, ou $\left[\dfrac{\varrho}{\mathrm{A}+\mathrm{B}\varrho}\right]=\varrho^2$.

t, u, v sont alors les sommes des nombres de solutions de

t	u	v
$\alpha+\gamma+1\equiv 0,$	$\alpha+\alpha'+1\equiv 0,$	$\alpha+\beta+1\equiv 0,$
$\beta+\alpha+1\equiv 0,$	$\beta+\beta'+1\equiv 0,$	$\beta+\gamma+1\equiv 0,$
$\gamma+\beta+1\equiv 0,$	$\gamma+\gamma'+1\equiv 0,$	$\gamma+\alpha+1\equiv 0,$

ou bien

$$t=n,$$
$$u=n-1,$$
$$v=n.$$

D'après le n⁰ 36, on a dans ce cas, pour $a\equiv 0$, $\left[\dfrac{\mathrm{P}}{a+b\varrho}\right]=\varrho$.

Par là se trouve démontré tout ce qui a été dit au n⁰ 33 concernant la forme générale des caractères qui permettent de reconnaître à laquelle des trois classes appartient un nombre premier donné.

39. Quant aux autres énoncés du n⁰ 33, il suffira de remarquer que ce qui a été dit en 6 résulte immédiatement des formules

$$\left[\frac{1+x\varrho}{\mathrm{Q}}\right]\left[\frac{1+y\varrho}{\mathrm{Q}}\right]=\left[\frac{1-xy+(x+y-xy)\varrho}{\mathrm{Q}}\right]$$

et

$$\left[\frac{1+x\varrho}{\mathrm{A}+\mathrm{B}\varrho}\right]\left[\frac{1+x\varrho}{\mathrm{A}+\mathrm{B}\varrho^2}\right]\left[\frac{1+y\varrho}{\mathrm{A}+\mathrm{B}\varrho}\right]\left[\frac{1+y\varrho}{\mathrm{A}+\mathrm{B}\varrho^2}\right]=$$

$$=\left[\frac{1-xy+(x+y-xy)\varrho}{\mathrm{A}+\mathrm{B}\varrho}\right]\left[\frac{1-xy+(x+y-xy)\varrho}{\mathrm{A}+\mathrm{B}\varrho^2}\right].$$

De la remarque, que pour $b \equiv 2\,a$ le nombre premier $(2, 5, 7, 11, \ldots)$ appartient toujours à la classe A, on peut encore déduire une conséquence qu'il paraît utile de noter ici. Puisque, à cause de

$$4\,p = 4\,(a^2 - a\,b + b^2) = (2\,a - b)^2 + 3\,b^2$$

3 ne fait pas partie des facteurs premiers de $2\,a - b$, il s'ensuit que tous les facteurs premiers de $2\,a - b$ sont des résidus cubiques de p, est par conséquent $2\,a - b$ lui-même est résidu cubique de p.

40. A ce même résultat conduit aussi la considération suivante, de tout autre nature.

Soit $p = 3\,n + 1$ et supposons que z parcoure un système complet de nombres incongrus, non divisibles par le module $a + b\varrho$; de l'équation

$$(z^3 + 1)^{2n} = z^{6n} + \ldots + \frac{2\,n\,(2\,n - 1)\ldots(n + 1)}{1.\,2.\,3.\,\ldots\,n}\,z^{3n} + \ldots + 1$$

il suit alors

$$\Sigma\,(z^3 + 1)^{2n} \equiv -2 - \frac{2\,n\,(2\,n - 1)\ldots(n + 1)}{1.\,2.\,3.\,\ldots\,n} \quad (\bmod\,a + b\,\varrho).$$

Mais, d'un autre côté, les nombres $z^3, \ldots$ forment tous des résidus cubiques de $a + b\,\varrho$, chaque résidu étant écrit 3 fois, et parmi les nombres $z^3 + 1$ il y en a donc $3\,h$ qui appartiennent à la classe A, $3\,j$ à B, $3\,k$ à C; par conséquent, on a aussi

$$\Sigma\,(z^3 + 1)^{2n} \equiv 3\,h + 3\,k\,\varrho + 3\,j\,\varrho^2 \quad (\bmod\,a + b\,\varrho),$$

ou, d'après les valeurs du n° 28,

$$\Sigma\,(z^3 + 1)^{2n} \equiv a - b - 2 - b\,\varrho.$$

Il en résulte

$$-\frac{2\,n\,(2\,n - 1)\ldots(n + 1)}{1.\,2.\,3.\,\ldots\,n} \equiv a - b - b\,\varrho \equiv 2\,a - b \quad (\bmod\,a + b\,\varrho),$$

de sorte qu'on a aussi

$$2\,a - b \equiv -\frac{2\,n\,(2\,n - 1)\ldots(n + 1)}{1.\,2.\,3.\,\ldots\,n} \quad (\bmod\,p = 3\,n + 1)$$

congruence remarquable, donnée pour la première fois par Jacobi, dans le Journal de Crelle, t. 2, et dont la démonstration est ordinairement déduite de formules employées dans la théorie de la division du cercle.

En écrivant cette congruence sous la forme

$$(1.\ 2.\ 3.\ \ldots\ n)^2\,(2\,a - b) \equiv -\,1.\ 2.\ 3.\ \ldots\ (2\,n) \pmod{p},$$

et en observant que

$$2\,n + 1 \equiv -\,n,$$
$$2\,n + 2 \equiv -\,(n - 1),$$
$$2\,n + 3 \equiv -\,(n - 2),$$
$$\cdot\ \cdot\ \cdot\ \cdot\ \cdot\ \cdot\ \cdot$$
$$3\,n \equiv -\,1,$$

que n est pair et $1.\ 2.\ 3.\ \ldots\ (3\,n) \equiv -\,1$, on obtient

$$(1.\ 2.\ 3.\ \ldots\ n)^3\,(2\,a - b) \equiv 1 \pmod{p},$$

d'où il ressort immédiatement que $2\,a - b$ est résidu cubique de p, ainsi que nous l'avions déjà trouvé ci-dessus, par une voie toute différente. Cette première démonstration nous avait appris, en outre, que tous les diviseurs de $2\,a - b$ sont des résidus cubiques.

XI.

(Paris, C.-R. Acad. Sci., 95, 1882, 901—903).

Sur un théorème de M. Tisserand.

(Extrait d'une lettre adressée à M. Hermite.)

Soit

$$T = [(x_1 - c_1)^2 + (x_2 - c_2)^2 + (x_3 - c_3)^2 + (x_4 - c_4)^2]^{-1};$$

alors

(1) . . . . $\dfrac{\partial^2 T}{\partial x_1^2} + \dfrac{\partial^2 T}{\partial x_2^2} + \dfrac{\partial^2 T}{\partial x_3^2} + \dfrac{\partial^2 T}{\partial x_4^2} = 0.$

Posons

$$
\begin{aligned}
x_1 &= r \cos u \cos x, & c_1 &= a \cos u' \cos x', \\
x_2 &= r \cos u \sin x, & c_2 &= a \cos u' \sin x', \\
x_3 &= r \sin u \cos y, & c_3 &= a \sin u' \cos y', \\
x_4 &= r \sin u \sin y, & c_4 &= a \sin u' \sin y';
\end{aligned}
$$

on aura

$$T = (a^2 - 2ar \cos \varphi + r^2)^{-1},$$

où

(2) . . $\cos \varphi = \cos u \cos u' \cos (x - x') + \sin u \sin u' \cos (y - y'),$

et par l'introduction des variables r, u, x, y, l'équation (1) se trans-forme ainsi

(3) . . . . . $\begin{cases} \dfrac{\partial}{\partial r}\left(r^3 \sin u \cos u \dfrac{\partial T}{\partial r}\right) + \dfrac{\partial}{\partial u}\left(r \sin u \cos u \dfrac{\partial T}{\partial u}\right) \\ + \dfrac{\partial}{\partial x}\left(r \tang u \dfrac{\partial T}{\partial x}\right) + \dfrac{\partial}{\partial y}\left(r \cot u \dfrac{\partial T}{\partial y}\right) = 0. \end{cases}$

En développant T suivant les puissances ascendantes de r, on a

$$T = \sum_0^\infty \frac{r^n}{a^{n+2}} \frac{\sin (n+1) \varphi}{\sin \varphi} = \sum_0^\infty \frac{V^{(n)} r^n}{a^{n+2}},$$

et, substituant cette valeur dans (3), on obtient l'équation différentielle suivante pour $V^{(n)} = \dfrac{\sin(n+1)\varphi}{\sin\varphi}$ considérée comme fonction de u, x, y par la substitution (2)

$$(4) \quad \frac{\partial^2 V^{(n)}}{\partial u^2} + \frac{1}{\cos^2 u}\frac{\partial^2 V^{(n)}}{\partial x^2} + \frac{1}{\sin^2 u}\frac{\partial^2 V^{(n)}}{\partial y^2} + 2\cot 2u\,\frac{\partial V^{(n)}}{\partial u} + n(n+2)V^{(n)} = 0;$$

$V^{(n)}$ est une fonction entière du degré n de $\cos\varphi$, et l'on aura donc

$$(5) \quad \begin{cases} V^{(n)} = R_{0,0}^{(n)} + 2\Sigma R_{i,0}^{(n)}\cos i(x-x') \\ \qquad + 2\Sigma R_{0,k}^{(n)}\cos k(y-y') + 4\Sigma\Sigma R_{i,k}^{(n)}\cos i(x-x')\cos k(y-y'). \end{cases}$$

Il est évident que l'on n'a qu'à considérer les $R_{i,k}^{(n)}$ où $n+i+k$ est pair. Les $R_{i,k}^{(n)}$ sont des fonctions entières de $\cos u \cos u'$ et $\sin u \sin u'$, et l'on voit facilement que $R_{i,k}^{(n)}$ doit contenir le facteur $(\cos u \cos u')^i$ $(\sin u \sin u')^k$.

Maintenant, à l'aide de (4), on obtient

$$(6) \quad \frac{d^2 R_{i,k}^{(n)}}{du^2} + 2\cot 2u\,\frac{dR_{i,k}^{(n)}}{du} + \left[n(n+2) - \frac{i^2}{\cos^2 u} - \frac{k^2}{\sin^2 u}\right]R_{i,k}^{(n)} = 0.$$

En posant

$$R_{i,k}^{(n)} = \cos^i u \sin^k u\, S_{i,k}^{(n)},$$

$$t = \sin^2 u,$$

l'équation (6) devient

$$t(1-t)\frac{d^2 S_{i,k}^{(n)}}{dt^2} + [\gamma - (\alpha + \beta + 1)t]\frac{dS_{i,k}^{(n)}}{dt} - \alpha\beta\, S_{i,k}^{(n)} = 0,$$

où

$$\alpha = \frac{i+k-n}{2},$$

$$\beta = \frac{i+k+n+2}{2},$$

$$\gamma = k+1.$$

C'est l'équation de la série hypergéométrique; donc

$$S_{i,k}^{(n)} = \mathfrak{S}\mathfrak{F}(\alpha, \beta, \gamma, \sin^2 u),$$

$\mathfrak{S}$ étant indépendant de u. On voit que $S_{i,k}^{(n)}$ est une fonction entière de $\sin^2 u$, α étant un nombre entier négatif.

On en conclut facilement la valeur suivante de $R_{i,k}^{(n)}$:

$$(7) \quad . \quad . \quad \begin{cases} R_{i,k}^{(n)} = c_{i,k}^{(n)} (\cos u \cos u')^i (\sin u \sin u')^k \mathcal{F}(\alpha, \beta, \gamma, \sin^2 u) \\ \qquad\qquad\qquad \times \mathcal{F}(\alpha, \beta, \gamma, \sin^2 u'), \end{cases}$$

où $c_{i,k}^{(n)}$ est une constante numérique.

J'obtiens la valeur de $c_{i,k}^{(n)}$ en posant $u = u'$, $\sin^2 u = t$.

Si l'on compare alors, dans l'équation (5), les termes avec t^n, on parvient au développement

$$(\cos y - \cos x)^n = \Sigma \Sigma e_{i,k}^{(n)} \cos ix \cos ky,$$

qu'il est facile d'obtenir d'une manière directe en exprimant les $e_{i,k}^{(n)}$ par des intégrales définies.

Si l'on pose $u = u' = \frac{1}{2} J$, $x' = 0$, $y' = 0$ dans les équations (5) et (7), on retombe sur la formule spéciale obtenue pour la première fois par M. Tisserand (Comptes rendus, t. 88 et 89).

XII.

(Paris, C.-R. Acad. Sci., 95, 1882, 1043—1044.)

Sur un théorème de M. Tisserand.

(Note présentée par M. Hermite.)

J'ai été conduit à la généralisation suivante de la formule donnée dans ma communication précédente.

Posons

$$
(1) \quad
\begin{cases}
P^{(n)}(p, x) = 2^n \dfrac{\Pi\left(n + \dfrac{p-3}{2}\right)}{\Pi(n)} \Bigg[x^n - \dfrac{n(n-1)}{2(2n+p-3)} x^{n-2} \\
\qquad\qquad + \dfrac{n(n-1)(n-2)(n-3)}{2.4.(2n+p-3)(2n+p-5)} x^{n-4} - \dots \Bigg],
\end{cases}
$$

n étant un nombre entier, non négatif, p un nombre quelconque.

On a, en particulier,

$$
P^{(n)}(1, x) = \frac{2}{n} \cos nu, \qquad x = \cos u,
$$

$$
P^{(n)}(2, x) = \sqrt{\pi} X_n,
$$

$$
P^{(n)}(3, x) = \frac{\sin(n+1)u}{\sin u}.
$$

Je remarque que, en accord avec la définition (1), on doit prendre, dans les formules suivantes

$$
n P^{(n)}(1, x) = 1 \qquad \text{pour } n = 0.
$$

Ces polynômes ont été étudiés, sous le nom de fonctions sphériques d'ordre p, par M. Heine, et l'on a

$$
\frac{\Pi\left(\dfrac{p-3}{2}\right)}{(1 - 2ax + a^2)^{\frac{p-1}{2}}} = \sum_{0}^{\infty} a^n P^{(n)}(p, x),
$$

$$
-\log(1 - 2ax + a^2) = \sum_{1}^{\infty} a^n P^{(n)}(1, x).
$$

Faisons maintenant

$$(2) \quad \ldots \ldots \quad X = x \cos u \cos u' + y \sin u \sin u';$$

alors je dis qu'on aura

$$(3) \quad \begin{cases} P^{(n)}(p, X) = \Sigma \Sigma c_{i,k} (\cos u \cos u')^i (\sin u \sin u')^k \\ \qquad \times \mathfrak{F}\left(\dfrac{i+k-n}{2}, \dfrac{i+k+n+p-1}{2}, k+\dfrac{p+1}{4}, \sin^2 u\right) \\ \qquad \times \mathfrak{F}\left(\dfrac{i+k-n}{2}, \dfrac{i+k+n+p-1}{2}, k+\dfrac{p+1}{4}, \sin^2 u'\right) \\ \qquad \times P^{(i)}\left(\dfrac{p-1}{2}, x\right) P^{(k)}\left(\dfrac{p-1}{2}, y\right) \end{cases}$$

La sommation s'étend à toutes les valeurs entières non négatives de i et de k, qui rendent $n - i - k$ pair et non négatif

La valeur de la constante numérique $c_{i,k}$ est la suivante

$$(4) \quad \begin{cases} c_{i,k} = \left(i + \dfrac{p-3}{4}\right)\left(k + \dfrac{p-3}{4}\right) \\ \qquad \times \dfrac{\Pi\left(\dfrac{n-i+k}{2} + \dfrac{p-3}{4}\right) \Pi\left(\dfrac{n+i+k+p-3}{2}\right)}{\Pi\left(\dfrac{n-i-k}{2}\right) \Pi\left(k+\dfrac{p-3}{4}\right) \Pi\left(k+\dfrac{p-3}{4}\right) \Pi\left(\dfrac{n+i-k}{2} + \dfrac{p-3}{4}\right)}. \end{cases}$$

Pour $p = 3$, $u = u'$, on retrouve la formule de M. Tisserand.

Si l'on pose $u = u' = 0$, tous les termes dans lesquels k n'est pas égal à zéro disparaissent, et l'on obtient le développement de $P^{(n)}(p, x)$ suivant les polynômes $P^{(i)}\left(\dfrac{p-1}{2}, x\right)$.

XIII.

(Amsterdam, Nieuw Arch. Wisk., 9, 1882, 196—197.)

Bewijs van de stelling, dat eene geheele rationale functie altijd, voor zekere reëele of complexe waarden van de veranderlijke, de waarde nul aanneemt.

Het volgende bewijs van dit fundamentaal-theorema der stelkunde, heeft, in zooverre de hulpmiddelen der integraalrekening te hulp geroepen worden, eenige verwantschap met het derde bewijs van Gauss (Werke, III, p. 59). De wijze echter, waarop de tegenspraak afgeleid wordt uit de onderstelling, dat de stelling niet waar was, is hier geheel anders.

Zij $f(z) = z^n + a z^{n-1} + b z^{n-2} + \ldots$ eene geheele rationale functie van den n^{den} graad, en voor $z = x + yi$

$$f(z) = u + vi.$$

De functies u en v, die geheel rationaal in x en y zijn, hebben dan de voor het volgende wezenlijke eigenschap, dat hoe groot een getal A ook gegeven is, men altijd een getal R zóó groot kan bepalen, dat voor alle waarden van x en y, die aan de voorwaarde

$$x^2 + y^2 \geqq R^2$$

voldoen, $u^2 + v^2$ grooter dan A is.

Het is niet noodig bij het bewijs van deze bekende eigenschap stil te staan; en ik merk hier alleen op, dat zij ten slotte daarop berust, dat de „norm" van het product van twee complexe getallen gelijk is aan het product der normen van de factoren, en dat dus wanneer

$$(x + yi)^n = p + qi$$

369

is, tegelijkertijd identiek

$$(x^2 + y^2)^n = p^2 + q^2$$

is.

Bewezen moet worden, dat er (reëele) waarden van x en y zijn, die gelijktijdig $u = 0$ en $v = 0$ maken

Inderdaad, bestonden er zulke waarden niet, dan zoude

$$w = \log(u^2 + v^2)$$

eene functie van x en y zijn, die de volgende eigenschappen had.

Ten eerste, w zou voor alle waarden van x en y eindig en continu zijn, en gedeeltelijke afgeleiden naar x en y hebben van alle orden, die evenzeer eindig en continu zijn voor alle waarden van x en y.

Ten tweede, de functie w voldoet aan de vergelijking

$$\frac{\partial^2 w}{\partial x^2} + \frac{\partial^2 w}{\partial y^2} = 0.$$

Dit laatste is duidelijk, wanneer men bedenkt, dat $\frac{1}{2} \log(u^2 + v^2)$ het reëele deel is van de functie $\log f(z)$ van de complexe veranderlijke z. Maar men kan het ook direct toelichten, wanneer men bedenkt, dat

$$\frac{\partial u}{\partial x} = \frac{\partial v}{\partial y}, \quad \frac{\partial u}{\partial y} = -\frac{\partial v}{\partial x}$$

is. Men heeft namelijk

$$\frac{\partial w}{\partial x} = 2\,\frac{u\dfrac{\partial u}{\partial x} + v\dfrac{\partial v}{\partial x}}{u^2 + v^2} = 2\,\frac{u\dfrac{\partial v}{\partial y} - v\dfrac{\partial u}{\partial y}}{u^2 + v^2} = 2\frac{\partial}{\partial y}\left(\text{arctg}\,\frac{v}{u}\right),$$

$$\frac{\partial w}{\partial y} = 2\,\frac{u\dfrac{\partial u}{\partial y} + v\dfrac{\partial v}{\partial y}}{u^2 + v^2} = 2\,\frac{-u\dfrac{\partial v}{\partial x} + v\dfrac{\partial u}{\partial x}}{u^2 + v^2} = -2\frac{\partial}{\partial x}\left(\text{arctg}\,\frac{v}{u}\right),$$

dus

$$\frac{\partial^2 w}{\partial x^2} + \frac{\partial^2 w}{\partial y^2} = 0.$$

Maar voor de functien, die de eigenschappen hebben, waaraan hier w voldoet, geldt een theorema dat, — wanneer men de veranderlijken x en y meetkundig voorstelt, door de punten in een vlak, waarbij de veranderlijken x en y rechthoekige coördinaten zijn, — daarin bestaat, dat de waarde van de functie in een willekeurig punt even groot is als het gemiddelde der waarden, die de functie aanneemt op den omtrek van een cirkel, waarvan dat punt het middelpunt is. Dus scherper in eene analytische formule uitgedrukt

$$w(x_0, y_0) = \frac{1}{2\pi} \int_0^{2\pi} w(x_0 + \mathrm{R}\cos\varphi, \; y_0 + \mathrm{R}\sin\varphi)\, d\varphi.$$

(Zie bijv. Rieman's Inaug. Diss. Art. 10, Gesamm. Werke, p. 20.) Maar dit voert hier blijkbaar tot eene ongerijmdheid, want men kan R altijd zoo groot aannemen, dat

$$w(x_0 + \mathrm{R}\cos\varphi, \; y_0 + \mathrm{R}\sin\varphi) = \log(u^2 + v^2)$$

voor alle waarden van φ, grooter is dan een geheel willekeurig aan te nemen getal.

De onderstelling, dat er geene waarden van x en y zijn, die tegelijkertijd $u = 0$ en $v = 0$ maken, moet dus valsch zijn.

XIII.

(Amsterdam, Nieuw Arch. Wisk., 9, 1882, 196—197)

(t r a d u c t i o n)

Preuve du théorème, d'après lequel une fonction entière et rationnelle s'annule pour certaines valeurs réelles ou complexes de la variable.

La preuve suivante de ce théorème fondamental de l'algèbre possède quelque analogie avec la troisième démonstration de Gauss (Werke, III, p. 59); en effet, nous nous servons également du calcul intégral. Mais la façon dont la contradiction est déduite de l'hypothèse que le théorème est faux est tout autre dans cet article.

Soit $f(z) = z^n + az^{n-1} + bz^{n-2} + \ldots$ une fonction entière et rationnelle du degré n, et supposons que pour $z = x + yi$ on ait

$$f(z) = u + vi.$$

Les fonctions u et v entières et rationnelles en x et y possèdent alors cette propriété qui nous sera nécessaire dans la suite que, quelque grand que soit un nombre donné A, on peut toujours déterminer un nombre R de grandeur telle que pour toutes les valeurs de x et de y qui satisfont à la condition

$$x^2 + y^2 \geqq R^2,$$

l'expression $u^2 + v^2$ est supérieure à A.

Il n'est pas nécessaire de nous arrêter à la démonstration de cette propriété bien connue; je me contente de faire remarquer que la démonstration repose en dernier lieu sur ce fait que la norme du produit de deux nombres complexes est égal au produit des normes des facteurs et que par conséquent lorsqu'on a

$$(x + yi)^n = p + qi,$$

on a en même temps identiquement

$$(x^2 + y^2)^n = p^2 + q^2.$$

Nous devons démontrer qu'il existe des valeurs (réelles) de x et de y qui annulent simultanément u et v.

En effet, si de telles valeurs n'existaient pas, l'expression

$$w = \log(u^2 + v^2)$$

serait une fonction de x et de y possédant les propriétés suivantes.

En premier lieu, la fonction w serait finie et continue pour toutes les valeurs de x et de y et posséderait des dérivées partielles de tous les ordres par rapport à x et à y, lesquelles seraient également finies et continues pour toutes les valeurs de x et de y.

En second lieu, la fonction w satisfait à l'équation

$$\frac{\partial^2 w}{\partial x^2} + \frac{\partial^2 w}{\partial y^2} = 0.$$

Cela devient évident si l'on songe que la fonction $\frac{1}{2}\log(u^2 + v^2)$ est la partie réelle de la fonction $\log f(z)$ de la variable complexe z. Mais on peut aussi le faire voir directement, car on sait que

$$\frac{\partial u}{\partial x} = \frac{\partial v}{\partial y}, \quad \frac{\partial u}{\partial y} = -\frac{\partial v}{\partial x}.$$

En effet, on a

$$\frac{\partial w}{\partial x} = 2\,\frac{u\dfrac{\partial u}{\partial x} + v\dfrac{\partial v}{\partial x}}{u^2 + v^2} = 2\,\frac{u\dfrac{\partial v}{\partial y} - v\dfrac{\partial u}{\partial y}}{u^2 + v^2} = 2\frac{\partial}{\partial y}\left(\operatorname{arctg}\frac{v}{u}\right),$$

$$\frac{\partial w}{\partial y} = 2\,\frac{u\dfrac{\partial u}{\partial y} + v\dfrac{\partial v}{\partial y}}{u^2 + v^2} = 2\,\frac{-u\dfrac{\partial v}{\partial x} + v\dfrac{\partial u}{\partial x}}{u^2 + v^2} = -2\frac{\partial}{\partial x}\left(\operatorname{arctg}\frac{v}{u}\right).$$

On a donc

$$\frac{\partial^2 w}{\partial x^2} + \frac{\partial^2 w}{\partial y^2} = 0.$$

Mais les fonctions possédant les mêmes propriétés que la fonction w satisfont à un théorème qui — si l'on représente les variables x et y géométriquement par les points d'un plan, dont x et y sont les coordonnées rectangulaires, — consiste en ceci: la valeur d'une fonction en un point quelconque est égale à la moyenne des valeurs que prend cette fonction sur une circonférence de cercle dont le point considéré est le centre.   On peut exprimer ce théorème plus nettement par la formule analytique suivante

$$w(x_0, y_0) = \frac{1}{2\pi} \int_0^{2\pi} w(x_0 + \mathrm{R}\cos\varphi, \; y_0 + \mathrm{R}\sin\varphi) \, d\varphi.$$

(Voir p. e. Riemann, Inaug. Diss., § 10, Gesamm. Werke, p 20.)

Mais cette relation conduit ici à une absurdité manifeste, car on peut toujours donner à R une grandeur telle que l'expression

$$w(x_0 + \mathrm{R}\cos\varphi, \; y_0 + \mathrm{R}\sin\varphi) = \log(u^2 + v^2)$$

est supérieure, pour toutes les valeurs de φ, à un nombre absolument arbitraire.

L'hypothèse qu'il n'existe pas de valeurs de x et de y annulant simultanément les fonctions u et v doit donc être fausse.

XIV.

(Haarlem, Arch. Néerl. Sci. Soc. Holl , 18, 1883, 1—21.)

Quelques considérations sur la fonction rationnelle entière d'une variable complexe.

1. Soit $f(z) = z^n + A_1 z^{n-1} + A_2 z^{n-2} + \ldots + A_n$ une expression rationnelle entière en z, du degré n.

La démonstration donnée par Cauchy pour le théorème fondamental de l'algèbre, démonstration qui à raison de sa simplicité est entrée dans divers traités élémentaires (Schlömilch, Compendium der höheren Analysis; v. d. Ven, Theorie en oplossing der hoogere machtsvergelijkingen), revient alors à ce qui suit.

En supposant qu'il ne fût pas possible de choisir x et y de telle sorte que, pour $z = x + y i$, X et Y devinssent nuls simultanément dans

$$f(z) = X + Y i,$$

l'expression

$$X^2 + Y^2$$

ne pourrait pas non plus s'annuler pour aucun système de valeurs de x et y.

Il en résulterait que cette expression devrait prendre, pour au moins un système de valeurs x et y, une valeur minima positive différente de zéro. Or, cela est impossible, car on fait voir que, quels que soient a et b, à la seule condition que pour $x = a$, $y = b$ l'expression $X^2 + Y^2$ ne soit pas nulle, h et k peuvent toujours être déterminés de façon que, pour $x = a + h$ et $y = b + k$, $X^2 + Y^2$ reçoive une valeur moindre que pour $x = a$, $y = b$.

De la manière dont on établit ce fait, il résulte clairement aussi que $X^2 + Y^2$ ne peut pas non plus acquérir une valeur maxima, circonstance qui est d'ailleurs indifférente pour la démonstration de Cauchy.

Mais $\sqrt{X^2 + Y^2}$ est le module de $f(z)$ et, lorsque $a_1, a_2, \ldots, a_n$ sont les racines de l'équation $f(z) = 0$, égal au produit des distances de z à $a_1, a_2, \ldots, a_n$.

Ces simples réflexions suffisent donc pour montrer que la proposition plus d'une fois énoncée (voir, entre autres, Comptes rendus, t. 89, p. 266), que le module de $f(z)$ prend aux points racines de l'équation $\dfrac{df(z)}{dz} = 0$ une valeur maxima ou minima, doit être inexacte. Mettre mieux en lumière les circonstances qui se produisent alors, tel est le but des prémières considérations qui vont être développées et dans lesquelles je regarderai comme déjà prouvée la possibilité de la décomposition de $f(z)$ en facteurs linéaires.

Exprimée sous une forme purement géométrique, la remarque faite ci-dessus peut être énoncée en ces termes: étant donnés dans un plan n points fixes $a_1, a_2, \ldots, a_n$, et en outre un point variable z, le produit des distances de z à $a_1, a_2, \ldots, a_n$ ne prend jamais une valeur maxima ou minima, sauf lorsque le point z coïncide avec un des points $a_1, a_2, \ldots, a_n$. Plusieurs des points $a_1, a_2, \ldots, a_n$ peuvent d'ailleurs aussi coïncider entre eux.

2. Dans la démonstration suivante de cette proposition, il ne sera d'abord aucunement question de sa relation avec la théorie des équations algébriques.

Pour point de départ, je prends donc le développement en série connu

$$(1) \quad \log \sqrt{1 - 2a\cos\varphi + a^2} = -a\cos\varphi - \tfrac{1}{2}a^2\cos 2\varphi - \ldots = -\sum_{p=1}^{p=\infty} \frac{1}{p} a^p \cos p\varphi,$$

valable pour $-1 < a < +1$ et pour des valeurs quelconques de φ. Ce développement peut servir de la manière suivante à comparer entre elles, en deux points voisins, les valeurs du produit des distances de z à $a_1, a_2, \ldots, a_n$.

Soient B et C ces deux points, r et φ les coordonnées polaires de C par rapport à un système d'axes ayant B pour origine, R_1 et u_1 les coordonnées polaires du point racine a_1 par rapport à ce même système; on a alors

$$C\,a_1 = \sqrt{R_1^2 - 2\,R_1\,r\cos(\varphi - u_1) + r^2},$$

donc

$$\log C\,a_1 = \log R_1 + \log\sqrt{1 - 2\frac{r}{R_1}\cos(\varphi - u_1) + \frac{r^2}{R_1^2}}.$$

En supposant $r < R_1$, on a donc, d'après (1),

$$\log C\,a_1 = \log B\,a_1 - \sum_{p=1}^{p=\infty}\frac{1}{p}\,\frac{r^p}{R_1^p}\cos p\,(\varphi - u_1).$$

Si $R_2, u_2;\ R_3, u_3;\ \ldots$ sont les coordonnées polaires de $a_2, a_3, \ldots$ dans le système d'axes adopté, et si r est plus petit que $R_2, R_3, \ldots$, on a pareillement

$$\log C\,a_2 = \log B\,a_2 - \sum_{p=1}^{p=\infty}\frac{1}{p}\,\frac{r^p}{R_2^p}\cos p\,(\varphi - u_2)$$

$$\log C\,a_3 = \log B\,a_3 - \sum_{p=1}^{p=\infty}\frac{1}{p}\,\frac{r^p}{R_3^p}\cos p\,(\varphi - u_3)$$

$$\cdots\cdots\cdots\cdots\cdots\cdots\cdots\cdots\cdots\cdots$$

et par l'addition de toutes ces équations nous obtenons

$$(2)\quad \log(C\,a_1 \cdot C\,a_2 \ldots C\,a_n) = \log(B\,a_1 \cdot B\,a_2 \ldots B\,a_n) + \sum_{p=1}^{p=\infty} k_p\,r^p,$$

où

$$(3)\quad\quad k_p = -\frac{1}{p}\sum_{t=1}^{t=n}\frac{\cos p\,(\varphi - u_t)}{R_t^p}.$$

Puisque B est regardé, de même que $a_1, a_2, \ldots, a_n$, comme fixe, C seul étant supposé variable, nous pouvons réduire k_p à une forme encore plus simple en posant

$$(4)\quad\quad
\begin{cases}
M_p \cos a_p = -\dfrac{1}{p}\sum_{t=1}^{t=n}\dfrac{\cos p\,u_t}{R_t^p}, \\[4mm]
M_p \sin a_p = -\dfrac{1}{p}\sum_{t=1}^{t=n}\dfrac{\sin p\,u_t}{R_t^p};
\end{cases}$$

M_p et a_p sont alors constants et il vient

(5) . . . . $k_p = M_p \cos (p \varphi - a_p),$

donc

$$\log (C\, a_1 . C\, a_2 \ldots C\, a_n) = \log (B\, a_1 . B\, a_2 \ldots B\, a_n) + M_1\, r \cos (\varphi - a_1) +$$
$$+ M_2\, r^2 \cos (2\varphi - a_2) + M_3\, r^3 \cos (3\varphi - a_3) + \ldots$$

Il doit toujours être satisfait ici à la condition que r soit moindre que $R_1, R_2, \ldots$; en d'autres termes, le point C doit être situé à l'intérieur du cercle qui a B pour centre et un rayon égal à la plus petite des distances $R_1, R_2, \ldots$. Dans tout ceci, il est à peine besoin de le dire, on admet que B ne coïncide pas avec l'un des points $a_1, a_2, \ldots, a_n$.

En ce qui concerne les nombres positifs $M_1, M_2, M_3, \ldots$, on voit aisément qu'ils ne peuvent pas tous être égaux à zéro ; mais il est très possible que quelques-uns des premiers soient nuls. Admettons que dans la suite $M_1, M_2, \ldots, M_s$ soit le premier nombre différent de zéro, et qu'on ait par conséquent

(6) . $\begin{cases} \log (C\, a_1 . C\, a_2 \ldots C\, a_n) = \log (B\, a_1 . B\, a_2 \ldots B\, a_n) + T, \\ T = M_s\, r^s \cos (s\varphi - a_s) + M_{s+1}\, r^{s+1} \cos [(s+1)\varphi - a_{s+1}] + \ldots \end{cases}$

Nous avons maintenant à rechercher comment la valeur de T varie avec le point C, c'est-à-dire, lorsque r et φ seuls prennent d'autres valeurs.

Remarquons d'abord que la série

$$M_s\, r^s + M_{s+1}\, r^{s+1} + M_{s+2}\, r^{s+2} + \ldots$$

est également convergente, tant que r reste moindre que le plus petit des nombres $R_1, R_2, \ldots, R_n$; cela se déduit aisément de (4). Il en résulte que la série

$$s\, M_s\, V\tfrac{1}{2} - (s+1)\, M_{s+1}\, r - (s+2)\, M_{s+2}\, r^2 - (s+3)\, M_{s+3}\, r^3 - \ldots$$

converge aussi pour ces valeurs de r, et comme, pour $r = 0$, cette dernière série a pour somme la valeur positive $s\, M_s\, V\tfrac{1}{2}$ différente de zéro, on pourra donner aussi à r une valeur, positive et différente de zéro, telle qu'on ait

(7) . . $s\, M_s\, V\tfrac{1}{2} - (s+1)\, M_{s+1}\, r - (s+2)\, M_{s+2}\, r^2 - \ldots > 0.$

Simultanément, on a alors

$$(8) \quad \ldots \ldots \quad M_s \, V\tfrac{1}{2} - M_{s+1} \, r - M_{s+2} \, r^2 - \ldots > 0.$$

Supposons maintenant qu'en (6) r reçoive une valeur positive sa-tisfaisant aux conditions (7) et (8), et faisons alors varier φ seul, de manière à considérer des points C situés sur un cercle de rayon r décrit autour de B.

De (6), il suit

$$\frac{dT}{d\varphi} = -\, s\, M_s\, r^s \sin(s\,\varphi - a_s) - (s+1)\, M_{s+1}\, r^{s+1} \sin[(s+1)\,\varphi - a_{s+1}] - \ldots$$

et, par (7) et (8), on reconnaît immédiatement que, tant que la valeur absolue de $\cos(s\,\varphi - a_s)$ n'est pas inférieure à $V\tfrac{1}{2}$, T a le même signe que $\cos(s\,\varphi - a_s)$. De même, tant que la valeur absolue de $\sin(s\,\varphi - a_s)$ n'est pas inférieure à $V\tfrac{1}{2}$, $\dfrac{dT}{d\varphi}$ et $\sin(s\,\varphi - a_s)$ ont des signes contraires

Pour obtenir toutes les valeurs de T correspondant à une valeur déterminée de r, il suffit de donner à φ, à partir d'une valeur initiale quelconque, un accroissement égal à 2π, ce qui fait croître $s\varphi - a_s$ de la quantité $2\pi s$.

Distinguons, dans cet accroissement, les $4s$ intervalles suivants

$$(1). \quad s\,\varphi - a_s \text{ de } -\frac{\pi}{4} \text{ à } + \frac{\pi}{4},$$

$$(2). \quad s\,\varphi - a_s \text{ de } + \frac{\pi}{4} \text{ à } +3.\frac{\pi}{4},$$

$$(3). \quad s\,\varphi - a_s \text{ de } +3.\frac{\pi}{4} \text{ à } +5.\frac{\pi}{4},$$

$$\ldots \ldots \ldots \ldots \ldots \ldots \ldots$$

enfin

$$(4\,s). \quad s\,\varphi - a_s \text{ de } (8\,s - 3)\,\frac{\pi}{4} \text{ à } (8\,s - 1)\,\frac{\pi}{4}.$$

Dans les premier, troisième, cinquième, ... intervalles, la valeur absolue de $\cos(s\,\varphi - a_s)$ est plus grande que $V\tfrac{1}{2}$, et alternativement positive et négative Par conséquent, dans les premier, cinquième, neuvième, ... intervalles, T est positif; dans les troisième, septième, ... intervalles, T est négatif.

Dans les deuxième, quatrième, sixième, ... intervalles, la valeur absolue de $\sin(s\,\varphi - a_s)$ est plus grande que $V\tfrac{1}{2}$, et alternativement positive et négative. Par conséquent, dans les deuxième, sixième, ... intervalles, $\frac{dT}{d\varphi}$ est partout négatif; dans les quatrième, huitième, .. intervalles, partout positif.

Au commencement du second intervalle, T est positif pour $s\varphi - a_s = \frac{\pi}{4}$, à la fin négatif pour $s\varphi - a_s = 3 \cdot \frac{\pi}{4}$, et dans tout l'intervalle $\frac{dT}{d\varphi}$ est négatif; T devient donc, dans ce second intervalle, une fois égal à zéro. A l'origine du quatrième intervalle, T est négatif, à la fin positif, et dans tout l'intervalle $\frac{dT}{d\varphi}$ est positif; T devient donc, dans le quatrième intervalle, une fois égal à zéro, etc.

Il est évident que T s'annule pour $2\,s$ valeurs différentes de φ, et que chaque fois il change de signe.

Or, on a $C\,a_1 . C\,a_2 ... C\,a_n \gtreqless B\,a_1 . B\,a_2 ... B\,a_n$, suivant que $T \gtreqless 0$; il ressort donc, de ce qui précède, qu'au voisinage du point B il y a aussi bien des points C pour lesquels $C\,a_1 . C\,a_2 ... C\,a_n$ est plus grand que $B\,a_1 . B\,a_2 ... B\,a_n$, que des points pour lesquels le premier produit est plus petit que le second. D'un maximum ou d'un minimum de ce produit au point B, il ne saurait donc être question. Mais le point B a été pris tout à fait arbitrairement, sauf qu'il ne devait coïncider avec aucun des points $a_1, a_2, ..., a_n$; ce qui a été dit au n° 1 se trouve donc démontré.

3. Les conditions (7) et (8) sont de telle nature que, lorsqu'elles sont remplies par une certaine valeur positive de r, toutes les valeurs positives plus petites y satisfont également. Or, il est facile de montrer qu'en prenant r suffisamment petit, on peut faire que les valeurs de φ pour lesquelles T devient $= 0$ diffèrent aussi peu qu'on le désire des valeurs pour lesquelles $\cos(s\varphi - a_s)$ s'annule. Considérons, par exemple, la racine située dans le second intervalle pour laquelle $s\varphi - a_s$ est compris entre $\frac{\pi}{4}$ et $3 \cdot \frac{\pi}{4}$, et prenons deux valeurs φ_1, φ_2, telles qu'on ait

$$s\,\varphi_1 - a_s < \frac{\pi}{2} < s\,\varphi_2 - a_s,$$

la différence $\varphi_2 - \varphi_1$ pouvant d'ailleurs être aussi petite qu'on le veut.

Dans
$$T(\varphi_1) = M_s\, r^s \cos(s\,\varphi_2 - a_s) + \ldots$$
le premier terme est alors positif, dans
$$T(\varphi_2) = M\, r^s \cos(s\,\varphi_2 - a_s) + \ldots$$
le premier terme est négatif. On peut maintenant prendre r assez petit pour que $T(\varphi_1)$ lui-même soit positif, $T(\varphi_2)$ négatif, et pour que cela reste vrai quand r continue à décroître. Pour une pareille valeur de r, et pour toutes les valeurs plus petites, l'équation $T(\varphi) = 0$ possède alors évidemment une racine entre φ_1 et φ_2.

On voit donc que la ligne pour laquelle $T = 0$, a en B un point multiple d'ordre s. Les tangentes menées en B aux s branches forment entre elles des angles égaux à $\dfrac{\pi}{s}$. Un petit cercle, décrit autour de B, est divisé par la ligne $T = 0$ en $2\,s$ secteurs. A l'intérieur de chaque secteur, T conserve le même signe, et dans les secteurs successifs, T est alternativement positif et négatif.

La condition $T = 0$ est équivalente à $C\,a_1 . C\,a_2 \ldots C\,a_n = B\,a_1 . B\,a_2 \ldots B\,a_n$.

Si le point B est choisi arbitrairement, M_1 ne sera pas, en général, égal à zéro; dans les considérations qui précèdent, on a alors $s = 1$, et B est un point simple de la courbe $C\,a_1 . C\,a_2 \ldots C\,a_n = B\,a_1 . B\,a_2 \ldots B\,a_n$.

4. Pour découvrir la signification des conditions $M_1 = 0$, $M_2 = 0, \ldots$ il convient de se reporter de nouveau à la théorie des équations algébriques.

A cet effet, introduisons un nouveau système d'axes rectangulaires, où l'axe des x soit parallèle à la droite à partir de laquelle les angles sont comptés dans le système polaire, ayant pour origine B, dont nous nous sommes servis jusqu'ici, et où les directions des axes des x et y positifs correspondent à $\varphi = 0$ et $\varphi = 90°$. Soient x et y les coordonnées de B dans ce nouveau système, et $z = x + y\,i$ une quantité variable complexe. Les points a_1, a_2, ... peuvent alors représenter les nombres complexes z_1, z_2, ..., C le nombre $z + t$, de sorte que $t = r(\cos\varphi + i\sin\varphi)$.

Soit enfin

$$f(z) = (z - z_1)(z - z_2) \ldots (z - z_n),$$

il en résulte

$$\log f(z+t) = \log f(z) + \log\left(1 + \frac{t}{z - z_1}\right) + \log\left(1 + \frac{t}{z - z_2}\right) + \ldots + \log\left(1 + \frac{t}{z - z_n}\right)$$

et, lorsque mod t est plus petit que les modules de $z - z_1$, $z - z_2$, $\ldots$, $z - z_n$,

$$(9) \quad \begin{cases} \log f(z+t) = \log f(z) + t\left(\dfrac{1}{z - z_1} + \dfrac{1}{z - z_2} + \ldots + \dfrac{1}{z - z_n}\right) \\[2mm] - \tfrac{1}{2}t^2\left(\dfrac{1}{(z - z_1)^2} + \dfrac{1}{(z - z_2)^2} + \ldots + \dfrac{1}{(z - z_n)^2}\right) \\[2mm] + \tfrac{1}{3}t^3\left(\dfrac{1}{(z - z_1)^3} + \dfrac{1}{(z - z_2)^3} + \ldots + \dfrac{1}{(z - z_n)^3}\right) \\[2mm] \cdots \cdots \cdots \cdots \cdots \cdots \cdots \cdots \cdots \cdots \end{cases}$$

Or on a

$$z - z_1 = -R_1(\cos u_1 + i \sin u_1), \quad z - z_2 = -R_2(\cos u_2 + i \sin u_2), \ldots$$

d'où l'on déduit, pour le coefficient de t^p dans (9)

$$(-1)^{p-1} \frac{1}{p} \sum_{t=1}^{t=n} \frac{1}{(z - z_t)^p} = -\frac{1}{p} \sum_{t=1}^{t=n} \frac{\cos p\, u_t - i \sin p\, u_t}{R_t^p}.$$

L'expression à droite est, d'après (4), égale à

$$M_p(\cos a_p - i \sin a_p).$$

Si donc on pose encore $t = r(\cos \varphi + i \sin \varphi)$, on obtient, en égalant entre elles les parties réelles des deux membres de (9)

$$\log \bmod f(z + t) = \log \bmod f(z) + M_1 r \cos(\varphi - a_1) + M_2 r^2 \cos(2\varphi - a_2) + \ldots$$

ce qui est le développement en série du n^0 2.

Comme d'ailleurs la formule (1) résulte de

$$\log(1 - z) = -z - \tfrac{1}{2}z^2 - \tfrac{1}{3}z^3 - \ldots$$

quand on y pose $z = a\, e^{\varphi i}$ et qu'on compare les parties réelles, ce mode de déduction ne diffère pas essentiellement de celui qui a été donné précédemment.

Mais il ressort maintenant que M_1, M_2, M_3, $\ldots$ sont les modules des coefficients des puissances de t dans (9). Si l'on pose

$$\frac{1}{z - z_1} + \frac{1}{z - z_2} + \ldots + \frac{1}{z - z_n} = \psi(z),$$

il vient

$$\log f(z+t) = \log f(z) + \psi(z)\,t + \frac{1}{2}\,\psi'(z)\,t^2 + \frac{1}{2.3}\,\psi''(z)\,t^3 + \cdots$$

et M_1, M_2, ... sont les modules de $\psi(z)$, $\frac{1}{2}\,\psi'(z)$, ...

Or, on a

$$f'(z) = \psi(z)\,f(z),$$

d'où il suit

$$f''(z) = \psi'(z)\,f(z) + \psi(z)\,f'(z),$$

$$f'''(z) = \psi''(z)\,f(z) + 2\,\psi'(z)\,f'(z) + \psi(z)\,f''(z),$$

$$f''''(z) = \psi'''(z)\,f(z) + 3\,\psi''(z)\,f'(z) + 3\,\psi'(z)\,f''(z) + \psi(z)\,f'''(z),$$

$$\cdots \cdots \cdots \cdots \cdots \cdots \cdots \cdots \cdots \cdots \cdots \cdots$$

Si l'on a donc $M_1 = 0$, $M_2 = 0$, ..., $M_{s-1} = 0$ et M_s non égal à zéro, $f'(z)$, $f''(z)$, ..., $f^{(s-1)}(z)$ sont également nuls et $f^{(s)}(z)$ n'est pas nul; en d'autres termes, z est une racine multiple de l'ordre $s-1$ de l'équation $f'(z) = 0$. Et réciproquement: lorsque z est une racine multiple de l'ordre $s-1$ de $f'(z) = 0$, les quantités M_1, M_2, ..., M_{s-1} sont égales à zéro et M_s n'est pas égal à zéro.

Après ce qui a été dit au n° 3, on voit donc maintenant que les points multiples des courbes pour lesquelles on a $\mathrm{mod}\,f(z) = C$ coïncident avec les racines de $f'(z) = 0$; et c'est seulement pour des valeurs particulières de C, en nombre tout au plus égal à $n-1$, que la courbe $\mathrm{mod}\,f(z) = C$ a de pareils points multiples. Quant à d'autres espèces de points singuliers, elle n'en possède pas, d'après ce qui a été dit au n° 2.

5. Ce qui précède nous met en état d'obtenir une idée générale de l'allure des courbes

$$\mathrm{mod}\,f(z) = \text{Constante.}$$

Faisons d'abord quelques remarques.

1°. Lorsque, à la limite d'un domaine (fini) continu, $\mathrm{mod}\,f(z)$ a une valeur constante, il faut qu'au moins une des racines a_1, a_2, ..., a_n soit située à l'intérieur de ce domaine, et que $\mathrm{mod}\,f(z)$

ait, pour les points intérieurs au domaine une valeur plus petite que sur le contour. — En effet, puisque $\mod f(z)$ varie continûment, il doit prendre au moins en un point sa valeur minima et en un autre point sa valeur maxima. Le minimum ne peut pas se trouver au bord du domaine, car alors le maximum se trouverait à l'intérieur, ce qui, d'après le n⁰ 2, n'est pas possible. Les minima tombent donc en dedans du domaine et nous savons que ces minima n'existent qu'aux points racines. La valeur marginale, au contraire, est le maximum de $\mod f(z)$, et les valeurs de $\mod f(z)$ à l'intérieur du domaine sont plus petites que cette valeur marginale.

De là, nous pouvons conclure:

2⁰. Qu'un domaine continu, à la limite duquel $\mod f(z)$ est constant, est nécessairement simplement connexe.

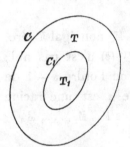

Car si $\mod f(z)$ avait, par exemple, la même valeur constante sur le contour du domaine doublement connexe T, il en résulterait, d'après ce qui précède, que, tant en T qu'en T_1, la valeur de $\mod f(z)$ serait moindre qu'aux points de C_1. Or cela ne se peut pas, car, suivant le n⁰ 2, la courbe le long de laquelle $\mod f(z)$ a une valeur constante forme la séparation entre un domaine dans lequel $\mod f(z)$ a une valeur plus petite et un autre domaine, dans lequel $\mod f(z)$ a une valeur plus grande.

Après tout ce qui précède, il est évident que:

3⁰. Si nous isolons un domaine quelconque, mais entièrement limité, qui ne contienne aucune des racines, les maxima et minima de $\mod f(z)$, pour ce domaine, devront être cherchés au bord du domaine.

Rappelons enfin que,

4⁰. lorsque $\mod z$ croît indéfiniment, $\mod f(z)$ finit aussi par croître au-delà de toute limite.

6. Pour que le cas où l'équation $f(z) = 0$ possède des racines multiples soit également compris dans la démonstration, nous supposerons que z_1, z_2, ..., z_k soient les racines non égales de $f(z) = 0$.

Si $k < n$, les autres racines, $z_{k+1}, \ldots, z_n$, ne sont donc que des répétitions de $z_1, z_2, \ldots, z_k$.

L'équation $f'(z) = 0$ a alors $k - 1$ racines

$$(10) \quad \ldots \ldots \ldots \ldots \quad y_1, y_2, \ldots, y_{k-1}$$

dont aucune ne coïncide avec $z_1, z_2, \ldots, z_k$ et qui peuvent être représentées par les points $B_1, B_2, \ldots, B_{k-1}$. Les autres racines de $f'(z) = 0$ sont en même temps racines de $f(z) = 0$. Il est très possible, toutefois, que parmi les racines $y_1, y_2, \ldots, y_{k-1}$ il y en ait d'égales, et nous mentionnons expressément que de pareilles racines doivent être censées inscrites en (10) autant de fois que l'indique le degré de la multiplicité.

Soit, en outre,

$$\operatorname{mod} f(y_1) = c_1, \operatorname{mod} f(y_2) = c_2, \ldots, \operatorname{mod} f(y_{k-1}) = c_{k-1};$$

les constantes $c_1, c_2, \ldots$ sont donc positives et différentes de zéro. Comme l'ordre de succession des racines est arbitraire, nous pouvons supposer

$$c_1 \leqq c_2 \leqq c_3 \ldots \leqq c_{k-1}.$$

Il convient de remarquer encore qu'on peut avoir, par exemple, $c_1 = c_2$, sans que, pour cela $y_1 = y_2$. Si par exemple, $f(z) = z^n + A_1 z^{n-1} + \ldots$ a des coefficients réels, et que y_1, y_2 soient des racines complexes, inégales, mais conjuguées, de $f'(z) = 0$, on a évidemment $c_1 = c_2$.

7. Les courbes pour lesquelles on a $\operatorname{mod} f(z) = C$ seront maintenant considérées comme les limites du domaine où $\operatorname{mod} f(z)$ est moindre que C. Lorque C croît, ce domaine s'étend donc progressivement, de sorte que le domaine correspondant à une plus petite valeur de C forme toujours une partie du domaine qui appartient à une plus grande valeur de C. Pour $C = 0$, il n'y a que les k points isolés $A_1, A_2, \ldots, A_k$ qui satisfassent à la condition $\operatorname{mod} f(z) = 0$.

Il est ensuite facile de montrer que, pour des valeurs suffisamment petites de C, le domaine

$$\operatorname{mod} f(z) \leqq C$$

se compose de k aires continues, entièrement isolées les unes des autres, dont chacune renferme un des points $A_1, A_2, \ldots, A_k$, de sorte que la courbe $\mod f(z) = C$ consiste en k courbes fermées qui entourent les racines A_1, A_2, ..., A_k.

Décrivons en effet, autour de A_1, A_2, ..., A_k, des cercles $K_1, K_2, ..., K_k$ entièrement isolés les uns des autres, et soit m la valeur minima de $\mod f(z)$ sur la circonférence de ces cercles. Pour chaque point P en dehors de ces cercles, on a alors $\mod f(z) > m$. Pour s'en convaincre, on n'a qu'à considérer le cercle K où $\mod z$ a une valeur constante, et qui, en même temps, satisfait aux conditions

1^0: d'entourer le point P et tous les cercles $K_1, ..., K_k$,

2^0: que le minimum de $\mod f(z)$ pour les points du cercle soit plus grand que m. Il est clair, d'après le n^0 5, qu'il existe toujours un pareil cercle.

Du n^0 5, 3^0, il résulte alors que m est le minimum des valeurs de $\mod f(z)$ situées dans le domaine en dehors de K_1, K_2, ..., K_k et à l'intérieur de K, de sorte que le module de $f(z)$ en P est plus grand que m.

Lorsque $C < m$, le domaine où l'on à

$$\mod f(z) \leqq C$$

ne contient donc aucun point situé en dehors des cercles $K_1, K_2, ..., K_k$. D'autre part, il est clair que A_1, A_2, ..., A_k appartiennent à ce domaine, et du n^0 5, 1^0 et 2^0, il suit donc que le domaine $\mod f(z) \leqq C$ est composé de k aires continues isolées, dont le contour consiste par conséquent en k courbes fermées. Aucune de ces courbes ne peut se couper elle-même.

Si C croît, chacune de ces k aires continues s'étendra, jusqu'à ce que C atteigne la valeur c_1. Supposons d'abord $c_1 < c_2$, la courbe $\mod f(z) = c_1$ a alors, d'après le n^0 2, en B_1 un point double, et les deux branches se coupent à angle droit. Décrivons autour de B_1 comme centre, avec un rayon suffisamment petit, un cercle; celui-ci sera divisé en quatre secteurs S_1, S_2, S_3, S_4.

Soit, dans les secteurs S_1, S_3, $\mod f(z) < c_1$, dans les secteurs S_2, S_4, $\mod f(z) > c_1$.

Si h est une quantité positive suffisamment petite, le domaine $\mod f(z) \leqq c_1 - h$ s'étendra donc dans S_1 et S_3 mais non jusqu'au point

B_1, de sorte que ces aires ne se réunissent point à l'intérieur du cercle. La courbe $\operatorname{mod} f(z) = c_1 + h$, au contraire, pénètre dans S_2 et S_4, et la partie du domaine $\operatorname{mod} f(z) = c_1 + h$, située à l'intérieur du cercle, est continue.

Ainsi, au moment où C dépasse la valeur c_1, deux aires séparées du domaine $\operatorname{mod} f(z) \leqq C$ se réunissent. Le nombre des aires continues distinctes du domaine

$$\operatorname{mod} f(z) \leqq C$$

est donc pour $C = c_1 + h$ égal à $k - 1$. Cette conclusion suppose, toutefois, que les deux aires de $\operatorname{mod} f(z) \leqq c_1 - h$ qui pénètrent à

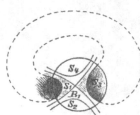

l'intérieur du cercle ne s'unissent pas non plus entre elles dans leur prolongement en dehors du cercle (comme il arriverait, par exemple, si ce prolongement avait lieu de la manière indiquée, dans la figure, par des lignes pointillées).

On reconnaît de suite que tel est réellement le cas, en réfléchissant que, s'il en était autrement, il en résulterait évidemment un domaine doublement connexe sur le contour duquel on aurait $\operatorname{mod} f(z) = c_1 + h$, ce qui, d'après le n° 5, 2°, n'est pas possible.

Si l'on a $y_1 = y_2$, de sorte que les points B_1, B_2 coïncident, on a aussi $c_1 = c_2$ et B_1 est un point triple de la courbe $\operatorname{mod} f(z) = c_1$; un cercle suffisamment petit, décrit autour de B_1, est alors partagé en six secteurs, à l'intérieur desquels $\operatorname{mod} f(z)$ est alternativement plus grand et plus petit que c_1.

On voit facilement que, dans ce cas, le nombre des aires distinctes du domaine $\operatorname{mod} f(z) < C$ diminue de deux unités au moment où la valeur $c_1 = c_2$ est dépassée.

Il en est de même lorsqu'on a $c_1 = c_2$ sans avoir $y_1 = y_2$.

La courbe $\operatorname{mod} f(z) = c_1$ a alors deux points doubles, en B_1 et B_2.

Il est facile de comprendre comment ces considérations se laissent poursuivre; chaque fois qu'une ou plusieurs des valeurs $c_1, c_2, \ldots, c_{k-1}$ sont dépassées, le nombre des aires séparées du domaine $\operatorname{mod} f(z) \leqq C$

diminue d'un nombre égal à celui de ces valeurs c_1, c_2, ..., c_{k-1}
Si donc on a $C < c_{k-1}$, la ligne $\mod f(z) = C$ consiste en une courbe
fermée unique, qui entoure toutes les racines. Comme règle générale, on peut établir que, lorsque C n'est pas égal à l'une des
constantes c_1, c_2, ..., c_{k-1}, et que t de ces constantes sont plus
grandes que C, la ligne

$$\mod f(z) = C$$

se compose de $t + 1$ courbes fermées, isolées les unes des autres, qui,
ensemble, entourent toutes les racines A_1, A_1, ..., A_k.

8. Pour éclaircir ce qui précède, je choisirai l'exemple

$$f(z) = z^4 + z^3 - 2.$$

On a alors

$$z_1 = +1,$$
$$z_2 = -1.5437,$$
$$z_3 = -0.2282 + 1.1151\,i,$$
$$z_4 = -0.2282 - 1.1151\,i;$$

puis

$$f'(z) = 4\,z^3 + 3\,z^2,$$
$$y_1 = 0, \qquad c_1 = 2,$$
$$y_2 = 0, \qquad c_2 = 2,$$
$$y_3 = -\tfrac{3}{4}, \qquad c_3 = 2\tfrac{27}{256}.$$

Il s'agit maintenant de déterminer, sur les lignes

$$\mod f(z) = 2,$$
$$\mod f(z) = 2\tfrac{27}{256},$$

un nombre de points suffisants pour que leur allure se dessine
clairement.

En ce qui concerne la première de ces lignes, puisque $\mod f(z) = 2$,
on doit avoir

$$f(z) = 2\,(\cos a + i \sin a).$$

J'ai donc, pour différentes valeurs de a, calculé chaque fois les
quatre racines de cette équation du quatrième degré. Comme le changement de a en $-a$ fait manifestement passer z à sa valeur conjuguée,
il suffisait de prendre a entre 0 et 180°. De cette manière ont été

obtenues les valeurs du tableau I. A cause de la variation rapide des racines lorsque a approche de 180°, il était nécessaire de calculer encore quelques autres points de la ligne $\mod f(z) = 2$; mais, pour ceux-là, il eût été moins convenable de conserver a pour argument. Aussi les valeurs données dans le tableau Ia ont elles été trouvées d'une autre manière.

On a opéré de même pour la ligne $\mod f(z) = 2\frac{27}{256}$.

Dans le tableau II, sont indiquées les racines de l'équation

$$f(z) = 2\frac{27}{256} (\cos a + i \sin a),$$

tandis que le tableau IIa fait encore connaître quelques autres points de la ligne $\mod f(z) = 2\frac{27}{256}$.

La figure ci-contre donne une idée suffisante de la forme de ces

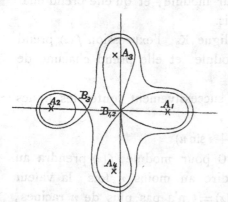

courbes, qui, au moyen des valeurs consignées dans les tableaux, pourraient être représentées avec encore plus d'exactitude sur un dessin à échelle moins réduite.

Si l'on a $C < 2$, la ligne

$$\mod f(z) = C$$

est composée de 4 courbes fermées, entourant A_1, A_2, A_3, A_4.

Dans le cas de $2 < C < 2\frac{27}{256}$, la ligne est composée de deux courbes fermées, dont l'une entoure A_1, A_3, A_4, l'autre, A_2. Pour $C > 2\frac{27}{256}$, la ligne consiste en une seule courbe fermée, qui enveloppe tous les points A_1, A_2, A_3, A_4.

9. Considérons encore une fois, pour une valeur quelconque de C, la ligne $\mod f(z) = C$. Cette ligne se compose alors d'un certain nombre de courbes fermées

$$K_1, K_2, \ldots, K_s$$

qui n'ont pas de points communs et à l'intérieur desquelles sont situées toutes les racines A_1, A_2, \ldots, A_k. Lors même que ces lignes, pour certaines valeurs particulières de C, auraient entre elles quelque point commun, leur prolongement, lorsqu'on les considère comme les limites du domaine où $\bmod f(z)$ est $< C$, n'en serait pas moins complètement déterminé.

Désignons par n_1, n_2, ..., n_s les nombres des racines de $f(z) = 0$ qui sont situées à l'intérieur de K_1, K_2, ..., K_s, de sorte qu'on ait

$$n_1 + n_2 + \ldots + n_s = n,$$

les racines égales étant comptées d'après le degré de leur multiplicité.

Si maintenant la variable z parcourt la ligne entière K_1, de manière à retomber finalement sur sa valeur initiale, $f(z)$ prend des valeurs dont le module est égal à C, et pour $f(z) = C (\cos \varphi + i \sin \varphi)$ l'argument φ de $f(z)$ croît de $2 n_1 \pi$, puisqu'à l'intérieur de K_1 il y a n_1 racines de $f(z) = 0$. Il en résulte, évidemment, que l'expression $f(z)$ prend alors toutes les valeurs ayant C pour module, et qu'elle prend chacune de ces valeurs au moins n_1 fois.

Pareillement, si z parcourt la ligne K_2, l'expression $f(z)$ prend toutes les valeurs ayant C pour module, et elle prend chacune de ces valeurs au moins n_2 fois, etc

Si l'on fait donc parcourir à z successivement toutes les lignes K_1, K_2, ..., K_s, et que

$$t = C (\cos u + i \sin u)$$

soit un nombre quelconque avec C pour module, $f(z)$ prendra au moins $n_1 + n_2 \ldots + n_s$ fois, c'est-à-dire au moins n fois, la valeur $f(z) = t$. Mais comme l'équation $f(z) = t$ n'a pas plus de n racines, il est clair qu'il n'y a pas plus de n_1, mais justement n_1 racines de l'équation $f(z) = t$ situées sur la ligne K_1; de même, sur les lignes K_2, K_3, ..., se trouvent respectivement n_2, n_3, ... racines de cette équation

On voit en outre, immédiatement, que lorsque le module de t' est plus petit que C, il y a à l'intérieur de K_1, K_2, ... respectivement n_1, n_2, ... points où $f(z)$ prend la valeur t'.

Le cas particulier où la ligne K_1 ne renferme qu'une seule racine, mérite d'être remarqué. Si on a alors $\bmod t' \leqq C$, il n'y a à l'intérieur de K_1 qu'un seul point où $f(z)$ prenne la valeur t', et lorsque t_1, t_2 sont deux points, non coïncidents, situés à l'intérieur de K_1, $f(t_1)$ n'est jamais égal à $f(t_2)$.

Tableau I.

a	Z_1		Z_2		Z_3		Z_4	
	x_1	y_1	x_2	y_2	x_3	y_3	x_4	y_4
0°	+ 1.2173	0.0000	− 1.7484	0.0000	− 0.2345	+ 1.3507	− 0.2345	− 1.3507
10	1.2157	+ 0.0299	1.7468	− 0.0286	0.2665	1.3483	0.2024	1.3497
20	1.2107	0.0596	1.7419	0.0569	0.2984	1.3424	0.1704	1.3451
30	1.2025	0.0889	1.7338	0.0848	0.3298	1.3330	0.1388	1.3371
40	1.1908	0.1176	1.7223	0.1121	0.3606	1.3201	0.1078	1.3256
50	1.1757	0.1456	1.7075	0.1386	0.3907	1.3034	0.0774	1.3104
60	1.1571	0.1724	1.6893	0.1639	0.4197	1.2830	0.0481	1.2916
70	1.1347	0.1980	1.6675	0.1878	0.4474	1.2587	− 0.0198	1.2689
80	1.1086	0.2221	1.6420	0.2101	0.4736	1.2301	+ 0.0070	1.2421
90	1.0783	0.2443	1.6125	0.2304	0.4979	1.1970	0.0321	1.2110
100	1.0436	0.2643	1.5789	0.2482	0.5200	1.1590	0.0553	1.1751
110	1.0040	0.2816	1.5405	0.2629	0.5394	1.1153	0.0760	1.1339
120	0.9587	0.2956	1.4969	0.2740	0.5556	1.0650	0.0938	1.0866
130	0.9065	0.3056	1.4471	0.2804	0.5676	1.0066	0.1082	1.0318
140	0.8457	0.3103	1.3896	0.2806	0.5740	0.9375	0.1180	0.9673
150	0.7727	0.3078	1.3219	0.2717	0.5726	0.8532	0.1218	0.8893
160	0.6804	0.2939	1.2389	0.2479	0.5582	0.7433	0.1168	0.7893
170	0.5481	0.2577	1.1295	0.1922	0.5142	0.5773	0.0957	0.6428
180	0.0000	0.0000	1.0000	0.0000	0.0000	0.0000	0.0000	0.0000

Tableau Ia.

Z_1		Z_2		Z_3		Z_4	
x_1	y_1	x_2	y_2	x_3	y_3	x_4	y_4
+ 0.5427	+ 0.2559	− 1.0733	− 0.1474	− 0.4407	+ 0.4071	+ 0.0864	− 0.5938
0.4485	0.2210	1.0275	0.0913	0.3856	0.3183	0.0662	0.4950
0.3563	0.1818	1.0038	0.0342	0.3208	0.2389	0.0459	0.3974
0.2655	0.1396			0.2476	0.1694	0.0275	0.2987
0.1759	0.0952			0.1687	0.1074	0.0128	0.1996
0.0873	0.0487			0.0856	0.0516	0.0033	0.0999

Tableau II.

a	Z_1		Z_2		Z_3		Z_4	
	x_1	y_1	x_2	y_2	x_3	y_3	x_4	y_4
0°	+ 1.2263	0.0000	− 1.7570	0.0000	− 0.2347	+ 1.3603	− 0.2347	− 1.3603
10	1.2246	+ 0.0309	1.7553	− 0.0295	0.2678	1.3579	0.2015	1.3592
20	1.2196	0.0616	1.7503	0.0588	0.3006	1.3519	0.1686	1.3546
30	1.2111	0.0919	1.7421	0.0878	0.3331	1.3424	0.1359	1.3465
40	1.1993	0.1216	1.7304	0.1160	0.3650	1.3292	0.1038	1.3348
50	1.1839	0.1506	1.7153	0.1435	0.3962	1.3123	0.0724	1.3194
60	1.1649	0.1785	1.6967	0.1698	0.4263	1.2916	0.0419	1.3002
70	1.1422	0.2052	1.6745	0.1949	0.4552	1.2668	− 0.0125	1.2771
80	1.1156	0.2305	1.6485	0.2183	0.4827	1.2378	+ 0.0156	1.2499
90	1.0847	0.2539	1.6183	0.2397	0.5084	1.2041	0.0420	1.2183
100	1.0494	0.2753	1.5839	0.2589	0.5321	1.1653	0.0667	1.1818
110	1.0089	0.2942	1.5446	0.2751	0.5534	1.1208	0.0891	1.1399
120	0.9625	0.3101	1.4998	0.2879	0.5716	1.0695	0.1089	1.0917
130	0.9091	0.3224	1.4485	0.2964	0.5864	1.0099	0.1258	1.0358
140	0.8466	0.3301	1.3890	0.2992	0.5966	0.9391	0.1390	0.9700
150	0.7714	0.3320	1.3182	0.2941	0.6010	0.8523	0.1478	0.8902
160	0.6756	0.3260	1.2299	0.2766	0.5972	0.7384	0.1515	0.7878
170	0.5367	0.3097	1.1068	0.2343	0.5826	0.5632	0.1527	0.6385
180	0.2500	0.3536	0.7500	0.0000	0.7500	0.0000	0.2500	0.3536

Tableau IIa.

Z_1		Z_2		Z_3		Z_4	
x_1	y_1	x_2	y_2	x_3	y_3	x_4	y_4
+ 0.4315	+ 0.3021	− 0.9832	− 0.1734	− 0.5896	+ 0.6434	+ 0.1585	− 0.5527
0.3650	0.3063	0.8938	0.1177	0.5775	0.4846	0.1734	0.4765
0.3174	0.3174	0.8326	0.0728	0.5766	0.4038	0.1959	0.4202
0.2799	0.3335			0.5815	0.3357	0.2209	0.3825
				0.5917	0.2759		
				0.6071	0.2209		
				0.6283	0.1684		
				0.6569	0.1158		
				0.6956	0.0609		

XV.

(Zs. Vermessgsw. Stuttgart., 15, 1886, 141—144.)

Möglichkeit oder Unmöglichkeit einer Pothenotischen Bestimmung [1]).

Um das Kriterium der Möglichkeit einfach darzustellen, nenne ich das gegebene Dreieck ABC Fig. 1. und Fig. 2. und zugleich sollen die Winkel dieses Dreiecks bezeichnet werden:

$$BAC = A, \quad CBA = B, \quad ACB = C,$$

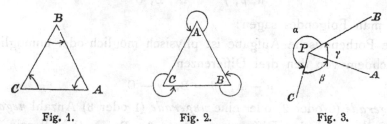

Fig. 1.   Fig. 2.   Fig. 3.

doch muss noch der Drehungssinn festgesetzt werden, damit diese Winkel eindeutig bestimmt seien. Dieser Drehungssinn für die Winkelmessung soll so angenommen werden, wie der Sehstrahl PB beim Uebergang nach PC gedreht werden muss, ohne PA zu treffen. In diesem Sinne sei nach Fig. 3.

$$\text{Winkel } BPC = \alpha,$$
$$\text{„} \quad CPA = \beta,$$
$$\text{„} \quad APB = \gamma.$$

Die Winkel α, β, γ werden hiernach zwischen 0° und 360° liegen, und es ist

$$\alpha + \beta + \gamma = 360°.$$

---

[1]) Cette note fait partie d'un mémoire publié par M. Jordan qui dit l'avoir reçu d'un inconnu de Paris. On trouvera à la fin du Second Volume de cet ouvrage un extrait d'une lettre de Stieltjes qui prouve qu'il est bien l'auteur inconnu.   Red.

Was anderseits die Winkel A, B, C betrifft, so sieht man leicht, dass sie entweder das sind, was man schlechterdings unter Winkeln eines Dreiecks versteht, so dass

$$A + B + C = 180°,$$

oder es sind A, B, C Winkel, welche, zu den gewöhnlichen Winkeln des Dreieckes addirt, jedesmal 360° geben, so dass

$$A + B + C = 900°.$$

Der erste Fall trifft dann ein, wenn der Drehungssinn der Winkel mit dem des Dreiecks ABC übereinstimmt, der zweite Fall tritt ein, wenn dies nicht der Fall ist. Was hiernach unterDrehungssinn eines Dreiecks ABC zu verstehen ist, wird einleuchtend sein.

Fig. 1. hat negativen Drehungssinn, Fig. 2. hat positiven Drehungssinn. Nach diesen Festsetzungen betreffs der Winkel

$$\alpha, \beta, \gamma \qquad A, B, C$$

kann man Folgendes sagen:

Die Pothenotische Aufgabe ist physisch möglich oder unmöglich, je nachdem von den drei Differenzen

$$\alpha - A, \quad \beta - B, \quad \gamma - C$$

eine *gerade* (0 oder 2) oder eine *ungerade* (1 oder 3) Anzahl *negativ* ist Sollte *eine* der Differenzen $\alpha - A$, $\beta - B$, $\gamma - C$ Null sein, so ist die Afgabe unmöglich (selbst nach Vertauschung einer Richtung mit der entgegengesetzten), sind *zwei* Null, so ist die Aufgabe gänzlich unbestimmt, und der gesuchte Punkt kann willkürlich auf einem Bogen des um ABC beschriebenen Kreises genommen werden. (Alle drei Differenzen können nicht Null werden, da ihre Summe ja keinesfalls gleich Null ist)

Die Bestimmung der Winkel A, B, C wird zweideutig, wenn die drei Punkte ABC auf einer Geraden liegen. Nehmen wir z. B. für B den mittlern Punkt, so findet man in diesem Fall:

$$\text{entweder } A = 0°, \quad \text{ oder } A = 360°,$$
$$B = 180°, \qquad\qquad B = 180°,$$
$$C = 0°, \qquad\qquad C = 360°,$$

entsprechend der Unbestimmtheit des Drehungssinnes des Dreieckes

ABC. Diese Zweideutigkeit hat jedoch *keinen* Einfluss auf das angegebene Kriterium, denn man hat zu untersuchen:

$$\alpha, \qquad \text{oder} \qquad \alpha - 360°,$$
$$\beta - 180°, \qquad\qquad \beta - 180°,$$
$$\gamma, \qquad\qquad \gamma - 360°$$

und da $\alpha > 0$, $\gamma > 0$, $\alpha - 360° < 0$, $\gamma - 360° < 0$, so findet man in dem einen wie in dem anderen Falle immer, dass die Aufgabe

$$\text{möglich für} \quad \beta > 180°,$$
$$\text{unmöglich für} \quad \beta < 180° \text{ ist,}$$

wie auch leicht unmittelbar einzusehen ist.

XVI.

(Bul. Sci. Math., Paris, sér. 2, 7, 1883, 139—142.)

Sur la théorie des résidus biquadratiques.

(Extrait d'une Lettre adressée à M. Hermite.)

Vous savez que, dans son second Mémoire, Gauss à déterminé le caractère biquadratique du nombre $1 + i$ par rapport à un nombre premier M, ou, d'après Jacobi, la valeur du symbole $\left(\left(\frac{1 + i}{M}\right)\right)$. Cette détermination se fonde sur le théorème de l'art 71, théorème analogue à celui qui sert de fondement à la troisième et à la cinquième des démonstrations de Gauss, de la loi de réciprocité pour les résidus quadratiques.

Or j'ai remarqué qu'on peut obtenir la valeur de $\left(\left(\frac{1 + i}{M}\right)\right)$ à l'aide de raisonnements complètement analogues à ceux que Gauss développe dans son premier Mémoire, pour obtenir le caractère du nombre 2 dans la théorie réelle.

Il suffira de considérer le cas

$$M = a + b\,i, \quad a \equiv 1 \pmod 4,$$
$$b \equiv 0, \quad \mu = aa + bb = 8\,n + 1.$$

D'après la valeur du symbole $\left(\left(\frac{k}{M}\right)\right)$, on peut diviser les $\mu - 1$ nombres incongrus k, non divisibles par M, en quatre classes, savoir:

(A) $\qquad a, a', a'', \ldots \left(\left(\dfrac{a}{\mathrm{M}}\right)\right) = 1,$

(B) $\qquad \beta, \beta', \beta'', \ldots \left(\left(\dfrac{\beta}{\mathrm{M}}\right)\right) = i,$

(C) $\qquad \gamma, \gamma', \gamma'', \ldots \left(\left(\dfrac{\gamma}{\mathrm{M}}\right)\right) = -1,$

(D) $\qquad \delta, \delta', \delta'', \ldots \left(\left(\dfrac{\delta}{\mathrm{M}}\right)\right) = -i.$

Alors est évident qu'on a identiquement

$$(x - \delta)(x - \delta')(x - \delta'') \ldots \equiv x^{\frac{\mu-1}{4}} + i \quad (\mathrm{mod}\,\mathrm{M}),$$

d'où l'on tire, en posant $x = -1$,

$$(1 + \delta)(1 + \delta')(1 + \delta'') \ldots \equiv 1 + i \quad (\mathrm{mod}\,\mathrm{M});$$

ce qui fait voir qu'il suffira de savoir combien des nombres $1 + \delta$, $1 + \delta'$, $1 + \delta''$, ... appartiennent aux classes (A), (B), (C), (D).

Si l'on désigne maintenant par

(S) $\qquad \begin{cases} (0,0)\ (0,1)\ (0,2)\ (0,3) \\ (1,0)\ (1,1)\ (1,2)\ (1,3) \\ (2,0)\ (2,1)\ (2,2)\ (2,3) \\ (3,0)\ (3,1)\ (3,2)\ (3,3) \end{cases}$

combien des nombres

$$1 + a,\ 1 + a',\ 1 + a'', \ldots$$
$$1 + \beta,\ 1 + \beta',\ 1 + \beta'', \ldots$$
$$1 + \gamma,\ 1 + \gamma',\ 1 + \gamma'', \ldots$$
$$1 + \delta,\ 1 + \delta',\ 1 + \delta'', \ldots$$

appartiennent à (A), (B), (C), (D), on pourra déterminer les valeurs de tous ces nombres (i, k) à l'aide des considérations employées par Gauss dans son premier Mémoire.

Dans le cas actuel, on trouve que le tableau (S) a la forme suivante

k	j	k	l	$8h = 4n - 3a - 5,$	
j	l	m	m	$8j = 4n + a - 2b - 1,$	$\left(n = \dfrac{aa + bb - 1}{\delta}\right).$
k	m	k	m	$8k = 4n + a - 1,$	
l	m	m	j	$8l = 4n + a + 2b - 1,$	
				$8m = 4n - a + 1.$	

On a maintenant

$$\left(\!\!\left(\frac{1+i}{M}\right)\!\!\right) = i^{3m+3j} = i^{-m-j} \quad (-m-j = -n + \tfrac{1}{4}\, b).$$

Or (mod 4),

$$\frac{a^2-1}{\delta} \equiv \frac{-a+1}{4},$$

$$\frac{b^2}{\delta} \equiv \pm \tfrac{1}{2}\, b;$$

donc

$$n \equiv \tfrac{1}{4}(-a+1+2\,b),$$
$$-m-j = \tfrac{1}{4}(a-1-b).$$

Enfin

$$\left(\!\!\left(\frac{1+i}{M}\right)\!\!\right) = i^{\frac{1}{4}(a-1-b)}.$$

Les autres cas peuvent se traiter d'une manière analogue.

La même méthode réussit pour déterminer le caractère cubique de $1-\varrho$, et encore pour trouver les théorèmes sur le nombre 2 dans la théorie des résidus quadratiques. Dans ce dernier cas, après avoir déterminé les nombres $(i,\, k)$, il n'est pas nécessaire de recourir à ces congruences identiques, comme plus haut celle-ci

$$(x-\delta)(x-\delta')(x-\delta'')\ldots \equiv x^{\frac{\mu-1}{4}} + i \quad (\mathrm{mod}\,M).$$

Mais on arrive au but par une considération arithmétique, qui ne diffère pas de celle que Gauss a employée dans son premier Mémoire pour le nombre 2, dans la théorie des résidus biquadratiques. On a, de cette manière, une démonstration assez simple et purement arithmétique de ces théorèmes

$$\left(\frac{2}{p}\right) = +1, \quad p = 8\,n \pm 1,$$

$$\left(\frac{2}{p}\right) = -1, \quad p = 8\,n \pm 3.$$

XVII.

(Paris, C.-R. Acad. Sci., 96, 1883, 764 – 766)

Sur le nombre des diviseurs d'un nombre entier.

(Note présentée par M. Hermite.)

Désignons par $f(n)$ le nombre des diviseurs de n; nous allons faire voir qu'on a alors

$$(1) \quad \ldots \ldots \lim_{n=\infty}\left[\frac{f(1)+f(2)+\ldots+f(n)}{n} - \log n\right] = A.$$

A est une constante égale à $-1 - 2\,\Gamma'(1)$; sa valeur numérique est

$$A = 0,154431329803\ldots,$$

Voici quelques valeurs de la fonction qui figure dans le premier membre de la formule (1)

$$n = 100, \qquad A = 0,2148\ldots\ldots,$$
$$n = 1000, \qquad A = 0,161245\ldots\ldots,$$
$$n = 100000, \quad A = 0,154574535\ldots.$$

En considérant l'ensemble des nombres 1, 2, ..., n avec leurs diviseurs, on voit facilement que le nombre de fois que $p \leqq n$ y figure est $E\left(\dfrac{n}{p}\right)$; donc

$$f(1) + f(2) + \ldots + f(n) = \sum_{p=1}^{p=n} E\left(\frac{n}{p}\right).$$

Nommons $r_1, r_2, r_3, \ldots$ les restes que l'on obtient en divisant n successivement par n, $n-1$, $n-2$, ..., en sorte que $r_k \leqq n - k$; alors

$$\sum_1^n E\left(\frac{n}{p}\right) = n \sum_1^n \frac{1}{p} - \sum_1^n \frac{r_p}{n-p+1},$$

et ensuite

$$\frac{f(1)+f(2)+\ldots+f(n)}{n}-\log n=\sum_{1}^{n}\frac{1}{p}-\log n-\sum_{1}^{n}\frac{r_p}{n\,(n-p+1)}.$$

Or on sait que

$$\lim_{n=\infty}\sum_{1}^{n}\frac{1}{p}-\log n=-\,\Gamma'(1),$$

et dès lors nous n'aurons plus qu'à démontrer que l'expression

$$(2)\quad\ldots\ldots\ldots\ldots\quad\sum_{1}^{n}\frac{r_p}{n\,(n-p+1)}$$

converge vers une limite déterminée.

Or cela est facile, en remarquant que l'on a

$$\lim_{n=\infty}\sum_{1}^{n-\mathrm{E}\left(\frac{n}{2}\right)}\frac{r_p}{n\,(n-p+1)}=\int_{0}^{\frac{1}{2}}\frac{x\,dx}{1-x}=\log 2-\frac{1}{2},$$

$$\lim_{n=\infty}\sum_{n-\mathrm{E}\left(\frac{n}{2}\right)+1}^{n-\mathrm{E}\left(\frac{n}{3}\right)}\frac{r_p}{n\,(n-p+1)}=\int_{0}^{\frac{1}{3}}\frac{x\,dx}{1-x}=\log\frac{3}{2}-\frac{1}{3},$$

$$\lim_{n=\infty}\sum_{n-\mathrm{E}\left(\frac{n}{3}\right)+1}^{n-\mathrm{E}\left(\frac{n}{4}\right)}\frac{r_p}{n\,(n-p+1)}=\int_{0}^{\frac{1}{4}}\frac{x\,dx}{1-x}=\log\frac{4}{3}-\frac{1}{4},$$

en sorte que l'on obtient pour la limite de l'expression (2)

$$\sum_{1}^{\infty}\left[\log\left(\frac{p+1}{p}\right)-\frac{1}{p+1}\right]=\sum_{1}^{\infty}\left[\frac{1}{2}\left(\frac{1}{p+1}\right)^2+\frac{1}{3}\left(\frac{1}{p+1}\right)^3+\frac{1}{4}\left(\frac{1}{p+1}\right)^4+\ldots\right]$$

ou bien, en posant $S_k=\displaystyle\sum_{1}^{\infty}\frac{1}{p^k}$,

$$(3)\quad\cdot\quad\lim_{n=\infty}\sum_{1}^{n}\frac{r_p}{n\,(n-p+1)}=\tfrac{1}{2}(S_2-1)+\tfrac{1}{3}(S_3-1)+\tfrac{1}{4}(S_4-1)+\ldots$$

Maintenant, on considère le développement

$$\log\Gamma(1-x)=-\,\Gamma'(1)\,x+\tfrac{1}{2}S_2\,x^2+\tfrac{1}{3}S_3\,x^3+\tfrac{1}{4}S_4\,x^4+\ldots;$$

en retranchant

$$\log \frac{1}{1-x} = x + \tfrac{1}{2} x^2 + \tfrac{1}{3} x^2 + \cdots,$$

on aura

$$\log \Gamma (2-x) = -\,[1 + \Gamma'(1)]\, x + \tfrac{1}{2}(S_2 - 1)\, x^2 + \tfrac{1}{3}(S_3 - 1)\, x^3 + \cdots$$

et, posant $x = 1$,

$$1 + \Gamma'(1) = \tfrac{1}{2}(S_2 - 1) + \tfrac{1}{3}(S_3 - 1) + \cdots;$$

donc

$$(4) \quad \cdots \cdots \quad \lim_{n=\infty} \sum_{1}^{n} \frac{r_p}{n\,(n-p+1)} = 1 + \Gamma'(1),$$

ce qui achève la démonstration du résultat annoncé.

_____

XVIII.

(Paris, C.-R. Acad. Sci., 97, 1883, 740—742.)

Sur l'évaluation approchée des intégrales.

(Note présentée par M. Hermite.)

Soit $f(x)$ une fonction qui reste constamment positive quand la variable croît de $x = a$ jusqu'à $x = b$, et considérons l'intégrale

$$(1) \quad \ldots \quad \ldots \quad \ldots \quad \int_a^b f(x)\, \mathfrak{F}(x)\, dx.$$

M. Heine, dans son beau Traité des fonctions sphériques, a démontré que, si $\mathfrak{F}(x)$ est un polynôme du degré $2n-1$ au plus, la valeur de cette intégrale peut s'obtenir à l'aide de n valeurs spéciales, convenablement choisies, $\mathfrak{F}(x_1)$, $\mathfrak{F}(x_2)$, ..., $\mathfrak{F}(x_n)$. Les valeurs $x_1, x_2, ..., x_n$ sont toutes différentes entre elles et s'obtiennent comme les racines d'une équation du degré n,

$$\mathfrak{N}(x) = x^n + a_1 x^{n+1} + \ldots = 0,$$

dont les coefficients dépendent des $2n$ constantes

$$c_t = \int_a^b x^t f(x)\, dx.$$

$$(t = 0,\, 1,\, 2,\, \ldots,\, 2n-1)$$

La valeur de l'intégrale (1) se présente alors sous la forme

$$A_1 \mathfrak{F}(x_1) + A_2 \mathfrak{F}(x_2) + \ldots + A_n \mathfrak{F}(x_n).$$

En prenant successivement $\dfrac{\mathfrak{N}(x)}{x - x_k}$, $\left[\dfrac{\mathfrak{N}(x)}{x - x_k}\right]^2$, $x^t \mathfrak{N}(x)$ pour $\mathfrak{F}(x)$, on trouve

$$(2) \quad \ldots \ldots \ldots \int_a^b f(x) \frac{\mathfrak{N}(x)}{x-x_k}\, dx = \mathfrak{N}'(x_k)\, \mathrm{A}_k,$$

$$(3) \quad \ldots \ldots \int_a^b f(x) \left[\frac{\mathfrak{N}(x)}{x-x_k}\right]^2 dx = [\mathfrak{N}'(x_k)]^2\, \mathrm{A}_k,$$

$$(4) \quad \ldots \ldots \int_a^b x^t f(x)\, \mathfrak{N}(x)\, dx = 0.$$

$$(t = 0,\, 1,\, 2,\, \ldots,\, n-1)$$

La formule (3) fait voir que les coefficients A_1, A_2, ..., A_n, sont tous positifs.

Soit maintenant $\mathfrak{G}(x)$ une fonction qui reste continue et ne présente qu'un nombre fini de maxima et minima entre les limites $x=a, x=b$. On a, dans cette supposition, le développement en série

$$\mathfrak{G}(x) = \sum_0^\infty a_k \mathrm{X}_k \left(\frac{2x-a-b}{b-a}\right),$$

X_k étant le polynôme connu de Legendre. Cette série, d'après ce qu'a démontré M. Heine, est convergente uniformément pour toutes les valeurs de x entre a et b. Il s'ensuit qu'en posant

$$\mathfrak{T}(x) = \sum_0^{2n-1} a_k \mathrm{X}_k \left(\frac{2x-a-b}{b-a}\right),$$

$$\mathfrak{R}(x) = \sum_{2n}^\infty a_k \mathrm{X}_k \left(\frac{2x-a-b}{b-a}\right),$$

on pourra prendre n toujours assez grand, pour que $\mathfrak{R}(x)$ reste constamment inférieur en valeur absolue à une quantité arbitraire ε.

Or on a

$$\mathfrak{G}(x) = \mathfrak{T}(x) + \mathfrak{R}(x),$$

donc

$$\int_a^b f(x)\, \mathfrak{G}(x)\, dx - \sum_1^n \mathrm{A}_k\, \mathfrak{G}(x_k) = \int_a^b f(x)\, \mathfrak{T}(x)\, dx - \sum_1^n \mathrm{A}_k\, \mathfrak{T}(x_k) +$$

$$+ \int_a^b f(x)\, \mathfrak{R}(x)\, dx - \sum_1^n \mathrm{A}_k\, \mathfrak{R}(x_k).$$

Mais, $\mathfrak{T}(x)$ étant un polynôme du degré $2n-1$, on a

$$\int_a^b f(x)\,\mathfrak{T}(x)\,dx - \sum_1^n A_k\,\mathfrak{T}(x_k) = 0.$$

De plus, les nombres A_1, A_2, ..., A_n étant positifs et leur somme égale à $\int_a^b f(x)\,dx$, on a

$$\sum_1^n A_k\,\mathfrak{R}(x_k) < \varepsilon \int_a^b f(x)\,dx;$$

de même,

$$\int_a^b f(x)\,\mathfrak{R}(x)\,dx < \varepsilon \int_a^b f(x)\,dx.$$

On en conclut que la différence

$$\int_a^b f(x)\,\mathfrak{G}(x)\,dx - \sum_1^n A_k\,\mathfrak{G}(x_k)$$

est inférieure à $2\,\varepsilon \int_a^b f(x)\,dx$. En prenant donc $\sum_1^n A_k\,\mathfrak{G}(x_k)$ pour la valeur approchée de $\int_a^b f(x)\,\mathfrak{G}(x)\,dx$, l'erreur peut devenir aussi petite qu'on veut par une détermination convenable du nombre n.

XIX.

(Paris, C.-R. Acad. Sci., 97, 1883, 798.—799.)

Sur l'évaluation approchée des intégrales.

(Note présentée par M. Hermite.)

Voici encore quelques autres circonstances qui se rattachent à la remarque que A_k est positif. Considérons l'expression

$$\Omega = \int_a^b \frac{f(z)}{x-z}\, dz = \frac{c_0}{x} + \frac{c_1}{x^2} + \frac{c_2}{x^3} + \cdots$$

On sait que le polynôme $\mathfrak{N}(x)$ qui détermine les valeurs x_1, x_2, .., x_n est le dénominateur de la réduite d'ordre n de la fraction continue

$$(5)\ .\ .\ .\quad \Omega = \cfrac{c_0}{x - a_0 - \cfrac{\lambda_1}{x - a_1 - \cfrac{\lambda_2}{x - a_2 - \cfrac{\lambda_3}{x - a_3 - \cdots}}}}$$

Posons

$$
\begin{aligned}
P_0 &= 0, & Q_0 &= 1, \\
P_1 &= c_0, & Q_1 &= x - a_0, \\
P_2 &= (x - a_1) P_1 - \lambda_1 P_0, & Q_2 &= (x - a_1) Q_1 - \lambda_1 Q_0, \\
P_3 &= (x - a_2) P_2 - \lambda_2 P_1, & Q_3 &= (x - a_2) Q_2 - \lambda_2 Q_1, \\
&\ \cdot\ \cdot\ \cdot\ \cdot\ \cdot\ \cdot\ \cdot\ ; & &\ \cdot\ \cdot\ \cdot\ \cdot\ \cdot\ \cdot\ \cdot\ ;
\end{aligned}
$$

alors $\mathfrak{N}(x) = Q_n$ et

$$(6)\ .\ .\ .\ .\ .\ .\ .\quad P_n = \int_a^b \frac{Q_n(x) - Q_n(z)}{x - z} f(z)\, dz,$$

$$(7)\ .\ .\ .\ .\quad Q_n \Omega - P_n = \int_a^b \frac{Q_n(z)}{x - z} f(z)\, dz.$$

En faisant attention aux équations (4), cette dernière formule fait bien voir que le développement de $Q_n \Omega - P_n$ suivant les puissances descendantes de x commence par un terme en x^{-n-1}.

La comparaison de (2) et (6) donne

$$Q'_n(x_k) A_k = P_n(x_k).$$

Si l'on suppose $x_1 > x_2 > x_3 \ldots$, les valeurs $Q'_n(x_1)$, $Q'_n(x_2)$, . . se-ront alternativement positives et négatives. A_k étant positif, il s'en-suit que de même $P_n(x_1)$, $P_n(x_2)$, ... seront alternativement positifs et négatifs. Donc les racines de l'équation

$$P_n(x) = 0$$

séparent celles de l'équation

$$Q_n(x) = 0.$$

En posant $x = x_1$, $x = x_2$, ... dans la relation connue

$$P_n(x) Q_{n-1}(x) - P_{n-1}(x) Q_n(x) = c_0 \lambda_1 \lambda_2 \ldots \lambda_{n-1},$$

on verra facilement que, de même, les racines de $Q_{n-1}(x) = 0$ sé-parent celles de $Q_n(x) = 0$ et, de plus, que $c_0 \lambda_1 \lambda_2 \ldots \lambda_{n-1}$ est positif. Cette conclusion subsistant pour toutes les valeurs de n, on voit que λ_1, λ_2, λ_3, ... sont tous positifs.

Considérons encore la relation

$$Q_n = (x - a_{n-1}) Q_{n-1} - \lambda_{n-1} Q_{n-2},$$

d'où

$$0 = (x_1 - a_{n-1}) Q_{n-1}(x_1) - \lambda_{n-1} Q_{n-2}(x_1),$$
$$0 = (x_n - a_{n-1}) Q_{n-1}(x_n) - \lambda_{n-1} Q_{n-2}(x_n).$$

On voit facilement que $Q_{n-1}(x_1)$ et $Q_{n-2}(x_1)$ sont positifs, tandis que $Q_{n-1}(x_n)$ et $Q_{n-2}(x_n)$ sont de signes contraires Il s'ensuit que a_{n-1} est compris entre x_1 et x_n.

En somme, nous pouvons affirmer que dans le développement en fraction continue (5), λ_1, λ_2, λ_3, ... sont tous positifs, tandis que a_0, a_1, a_2, ... ont des valeurs comprises entre a et b.

XX.

(Paris, C.-R. Acad. Sci., 97, 1883, 889—892.)

Sur quelques théorèmes arithmétiques.

(Extrait d'une lettre adressée à M. Hermite.)

Soit $f(n)$ le nombre des solutions de l'équation

$$n = x^2 + y^2;$$

lorsque n est impair on a, comme on sait,

$$f(2n) = f(n);$$

cela étant, vous trouvez, pour $n = 4t + 1$,

$$f(2.1) + f(2.5) + \ldots + (2.n)$$
$$= 8 \left[E\left(\frac{n-1}{4}\right) - E\left(\frac{n-3^2}{3.4}\right) + E\left(\frac{n-5^2}{5.4}\right) - \ldots \right] + 4\cos^2\frac{(\mu-1)\pi}{4},$$

μ étant l'entier impair immédiatement au dessous de $\sqrt{n}$ ou égal à $\sqrt{n}$.

On a aussi, en supposant $n = 8t + 1$,

$$f(1) + f(9) + f(17) + \ldots + f(n)$$
$$= 8 \left[E\left(\frac{n-1}{8}\right) - E\left(\frac{n-3^2}{3.8}\right) + E\left(\frac{n-5^2}{5.8}\right) - \ldots \right] + 4\cos^2\frac{(\mu-1)\pi}{4},$$

μ étant l'entier impair immédiatement au-dessous de $\sqrt{n}$ ou égal à $\sqrt{n}$, et encore, pour $n = 8t + 5$,

$$f(5) + f(13) + f(21) + \ldots + f(n)$$
$$= 8 \left[E\left(\frac{n-1.5}{8}\right) - E\left(\frac{n-3.7}{3.8}\right) + E\left(\frac{n-5.9}{5.8}\right) - \ldots \right] + \sin^2\frac{k\pi}{2},$$

où

$$k = E\left(\frac{\sqrt{n+4}-1}{2}\right).$$

Soit en second lieu $\varphi(x)$ la somme des diviseurs impairs de x, j'obtiens

$$\varphi(1) + \varphi(5) + \ldots + \varphi(4n+1)$$

$$= 2 \sum \mathrm{E}^2 \left(\frac{n - k^2 + k + 1}{2k+1}\right) + 4 \sum k\,\mathrm{E}\left(\frac{n - k^2 + k + 1}{2k+1}\right) - \lambda^2,$$

où

$$\lambda = \mathrm{E}\left(\frac{\sqrt{4n+1}+1}{2}\right).$$

$$(k = 0,\ 1,\ 2,\ 3,\ \ldots)$$

En écrivant ceci, je crois voir que cette formule rentrera dans la vôtre à l'aide de la relation

$$\mathrm{E}^2\left(\frac{n - k^2 + k + 1}{2k+1}\right) + 2k\,\mathrm{E}\left(\frac{n - k^2 + k + 1}{2k+1}\right) = \mathrm{E}^2\left(\frac{n + k^2 + 2k + 1}{2k+1}\right) - k^2.$$

On peut écrire encore

$$\varphi(1) + \varphi(5) + \ldots + \varphi(n)$$

$$= 2 \sum \mathrm{E}^2\left(\frac{n - r^2}{4r}\right) + 4 \sum \frac{r+1}{2}\,\mathrm{E}\left(\frac{n - r^2}{4r}\right) + \mathrm{E}^2\left(\frac{\sqrt{n}+1}{2}\right).$$

$$(r = 1,\ 3,\ 5,\ 7,\ \ldots)$$

J'obtiens encore

$$\varphi(1) + \varphi(3) + \varphi(5) + \ldots + \varphi(2n-1)$$

$$= \sum \mathrm{E}^2\left(\frac{n - 2k^2}{2k+1}\right) + \sum (4k+1)\,\mathrm{E}\left(\frac{n - 2k^2}{2k+1}\right) - \mathrm{E}^2\left(\frac{\sqrt{2n-1}+1}{2}\right).$$

$$(k = 0,\ 1,\ 2,\ 3,\ \ldots)$$

On a enfin

$$\varphi(1) + \varphi(2) + \ldots + \varphi(n) = \mathrm{E}\left(\frac{n}{1}\right) + 3\,\mathrm{E}\left(\frac{n}{3}\right) + 5\,\mathrm{E}\left(\frac{n}{5}\right) + \ldots,$$

puis, au moyen d'une transformation analogue à celle que vous avez faite de la somme

$$\mathrm{E}\left(\frac{n}{1}\right) - \mathrm{E}\left(\frac{n}{3}\right) + \ldots,$$

on trouve

$$\varphi(1) + \varphi(2) + \ldots + \varphi(n) = \mathrm{S} + \mathrm{S}_1 - \lambda^3$$

en posant

$$\mathrm{S} = \mathrm{E}\left(\frac{n}{1}\right) + 3\,\mathrm{E}\left(\frac{n}{3}\right) + \ldots + (2\lambda - 1)\,\mathrm{E}\left(\frac{n}{2\lambda - 1}\right),$$

$$\mathrm{S}_1 = \mathrm{E}^2\left(\frac{n+1}{2}\right) + \mathrm{E}^2\left(\frac{n+2}{4}\right) + \ldots + \mathrm{E}^2\left(\frac{n+\lambda}{2\lambda}\right),$$

$$\lambda = \mathrm{E}\left(\frac{\sqrt{8n+1}+1}{4}\right).$$

Je me suis aussi occupé de la fonction $F(n)$, exprimant le nombre des représentations de n, par la forme $x^2 + 2y^2$. La considération de la série

$$\sum_{-\infty}^{+\infty}{}_k \sum_{-\infty}^{+\infty}{}_l q^{k^2+2l^2}$$

donne d'abord la formule

$$F(n) = 2(d_1 + d_3 - d_5 - d_7),$$

où d_1, d_3, d_5, d_7 signifient les nombres des diviseurs de n qui sont compris dans les formes

$$8k+1, \quad 8k+3, \quad 8k+5, \quad 8k+7,$$

et l'on en conclut

$$F(1) + F(2) + \ldots + F(n) = 2\left[E\left(\frac{n}{1}\right) + E\left(\frac{n}{3}\right) - E\left(\frac{n}{5}\right) - E\left(\frac{n}{7}\right) + \ldots \right].$$

Cela posé, j'obtiens, par une transformation analogue à la vôtre, la formule suivante. Soit, pour abréger,

$$\varphi(x) = 2\sin^2\frac{\pi x}{4},$$

de sorte qu'on ait

$$\varphi(4k+1) = 1,$$
$$\varphi(4k+2) = 2,$$
$$\varphi(4k+3) = 1,$$
$$\varphi(4k) = 0,$$

puis,

$$\lambda = E\left(\frac{\sqrt{8n+1}+1}{4}\right).$$

et posons

$$S = E\left(\frac{n}{1}\right) + E\left(\frac{n}{3}\right) - E\left(\frac{n}{5}\right) - E\left(\frac{n}{7}\right) + \ldots \pm E\left(\frac{n}{2\lambda-1}\right),$$

$$S_1 = \varphi\left[E\left(\frac{n+1}{2}\right)\right] + \varphi\left[E\left(\frac{n+2}{4}\right)\right] + \quad + \varphi\left[E\left(\frac{n+\lambda}{2\lambda}\right)\right],$$

nous aurons

$$F(1) + F(2) + \ldots + F(n) = 2[S + S_1 - \lambda\varphi(\lambda)].$$

XXI.

(Paris, C.-R. Acad. Sci., 97, 1883, 981—982.)

Sur la décomposition d'un nombre en cinq carrés.

(Extrait d'une lettre adressée à M. Hermite.)

Permettez-moi de vous communiquer un résultat que je crois nouveau, sur la décomposition d'un nombre $N \equiv 5$, mod 8, en cinq carrés impairs et positifs En désignant par $\varphi(m)$ la somme des diviseurs de m, le nombre de ces décompositions est

$$\varphi\left(\frac{N-1^2}{4}\right) + \varphi\left(\frac{N-3^2}{4}\right) + \varphi\left(\frac{N-5^2}{4}\right) + \cdots$$

C'est une conséquence facile du théorème de Jacobi concernant la décomposition en quatre carrés impairs et positifs d'un nombre $\equiv 4$, mod 8; théorème qu'on peut maintenant considérer comme élémentaire. Or je trouve que ce même nombre des représentations de $N \equiv 5$, mod 8, par cinq carrés peut s'exprimer aussi par cette nouvelle formule

$$f(N) + 2f(N - 8 \cdot 1^2) + 2f(N - 8 \cdot 2^2) + 2f(N - 8 \cdot 3^2) + \cdots$$

La fonction $f(m)$ est définie de la manière suivante :

$$4f(m) = -\Sigma (-1)^{\frac{d^2-1}{8}} d,$$

d représentant successivement tous les diviseurs de $m \equiv 5$, mod 8.

C'est, comme vous le voyez, un théorème analogue à celui qui a lieu pour la décomposition d'un nombre $8k+3$ en trois carrés impairs; mais je ne sais si ce théorème peut aussi se tirer de la théorie des fonctions elliptiques [1]).

---

[1]) Voici, pour la décomposition en cinq carrés impairs et positifs, une proposition que donnent les formules de la théorie des fonctions elliptiques. Soit n un entier $\equiv 1$, mod 4; posons, de toutes les manières possibles, $n = dd'$ sous la condition $d' > 3\,d$; je considérerai la fonction

$$\chi(n) = \Sigma \tfrac{1}{4}(3\,d + d'),$$

qui peut être définie par développement

$$\chi(5)\,q + \chi(9)\,q^2 + \ldots + \chi(4\,m+1)\,q^m + \ldots$$

$$= \frac{q}{1-q} + \frac{4\,q^8}{1-q^3} + \frac{7\,q^{21}}{1-q^5} + \ldots + \frac{(3\,m-2)\,q^{m(3\,m-2)}}{1-q^{2\,m-1}} + \ldots$$

$$+ \frac{q}{(1-q)^2} + \frac{q^8}{(1-q^3)^2} + \frac{q^{21}}{(1-q^5)^2} + \ldots + \frac{q^{m(3\,m-2)}}{(1-q^{2\,m-1})^2} + \ldots$$

Cela étant, le nombre des décompositions d'un entier $N \equiv 5$, mod 8, s'obtient par la formule

$$\tfrac{1}{2}\,\chi(N) + \chi(N-2^2) + \chi(N-4^2) + \chi(N-6^2) + \ldots$$

Supposons, par exemple, $N = 45$, ce qui donne

$$\tfrac{1}{2}\,\chi(45) = 9, \quad \chi(41) = 11, \quad \chi(29) = 8, \quad \chi(9) = 3;$$

nous aurons 31 pour le nombre cherché, et c'est bien en effet ce qu'on trouve par le développement

$$(\sqrt[4]{q} + \sqrt[4]{q^9} + \sqrt[4]{q^{25}} + \ldots)^5 = q^{\frac{5}{4}}(1 + 5\,q^2 + 10\,q^4 + 15\,q^6 + 25\,q^8 + 31\,q^{10} + \ldots).$$

(C. H.)

XXII.

(Paris, C.-R. Acad. Sci., 97, 1883, 1358—1359.)

Sur un théorème de Liouville.

(Note, présentée par M. Hermite.)

Dans le Tome XIV (2e série, année 1869, p. 1) du Journal de Mathématiques pures et appliquées, Liouville, dans une Lettre adressée à M. Besge, a donné une relation remarquable entre les nombres de classes de formes quadratiques.

A l'aide de considérations arithmétiques, j'ai pu établir d'autres relations d'une forme analogue, et je me suis aperçu après qu'on peut établir aussi toutes ces formules à l'aide de la théorie des fonctions elliptiques. Les théorèmes I—IV qui vont suivre sont ceux que je connais jusqu'à présent; le premier théorème est celui qui a été donné par Liouville.

Comme je l'ai déjà dit, on peut vérifier ces théorèmes à l'aide de formules tirées de la théorie des fonctions elliptiques; mais déjà, dans le cas du théorème IV, cette vérification demande des calculs assez prolixes.

Désignons généralement par $F(n)$ le nombre des classes de formes quadratiques de déterminant $-n$, dont un au moins des coefficients extrêmes est impair. Toutefois, lorsque n est un carré impair, il faudra diminuer de $\frac{1}{2}$ le nombre de ces classes pour avoir $F(n)$; ainsi $F(1) = \frac{1}{2}$, $F(9) = 2\frac{1}{2}$, ... Cette convention, qui simplifie les formules, a été introduite par M. Kronecker.

Ensuite, dans les sommations suivantes, il faudra attribuer à s les valeurs 1, 3, 5, 7, 9, ..., et arrêter les séries lorsque, dans le terme suivant, l'argument de la fonction F deviendrait négatif.

Cela posé, on a les théorèmes suivants :

Théorème I. — Soit N un nombre positif impair ; alors

$$\Sigma (-1)^{\frac{s-1}{2}} s \, F (4\,N - s^2) = \Sigma (x^2 - y^2)$$

La sommation, dans le second membre, a rapport à toutes les solutions de $N = x^2 + y^2$, x étant impair et positif, y étant quelconque positif, nul ou négatif

Théorème II. — Soit N un nombre positif quelconque ; alors

$$2\,\Sigma (-1)^{\frac{s-1}{2}} s \, F (4\,N - 2\,s^2) = (-1)^{\frac{N(N-1)}{2}} \Sigma (x^2 - 2\,y^2).$$

La sommation, dans le second membre, a rapport à toutes les solutions de $N = x^2 + 2\,y^2$, x et y étant des nombres entiers quelconques, positifs, nuls ou négatifs.

Théorème III. — Soit N un nombre positif de la forme $8\,k + 3$; alors

$$2\,\Sigma (-1)^{\frac{s-1}{2} + \frac{s'-1}{8}} s \, F \left(\frac{N - s^2}{2} \right) = (-1)^{\frac{N+5}{8}} \Sigma (x^2 - 2\,y^2).$$

La sommation, dans le second membre, a rapport à toutes les solutions de $N = x^2 + 2\,y^2$, x et y étant positifs et impairs.

Théorème IV. — Soit N un nombre positif quelconque ; alors

$$\Sigma (-1)^{\frac{s-1}{2}} s \, F (16\,N - 3\,s^2) = \Sigma (x^2 - 3\,y^2).$$

La sommation, dans le second membre, a rapport à toutes les solutions de $N = x^2 + 3\,y^2$, x et y étant des nombres entiers quelconques, positifs, nuls ou négatifs, soumis seulement à cette restriction que $x + y$ doit être impair.

Nous devons ajouter que, dans toutes ces formules, le second membre devient égal à zéro lorsqu'il n'y a pas de représentation de N par la forme quadratique indiquée. Cela a lieu, par exemple, dans le premier théorème, lorsque N est de la forme $4\,k + 3$, et dans le quatrième, lorsque N est pair.

XXIII.

(Paris, C.-R. Acad. Sci., 97, 1883, 1415—1418.)

Sur un théorème de M. Liouville.

(Note, présentée par M. Hermite.)

Je me propose de montrer comment la théorie des fonctions elliptiques conduit au théorème de M Liouville, qui a été l'objet de ma
précédente Note.

En désignant par K et E les intégrales complètes de première et
de seconde espèce, les formules relatives au développement des fonctions de seconde espèce donnent

$$(1) \quad \frac{K(K-E)}{\pi^2} = 2\,\frac{q - 4\,q^4 + 9\,q^9 - 16\,q^{16} + 25\,q^{25} - \cdots}{1 - 2\,q + 2\,q^4 - 2\,q^9 + \cdots},$$

$$(2) \quad \frac{4\,K\,E}{\pi^2} = 2\,\frac{q^{\frac{1}{4}} + 9\,q^{\frac{9}{4}} + 25\,q^{\frac{25}{4}} + \cdots}{q^{\frac{1}{4}} + q^{\frac{9}{4}} + q^{\frac{25}{4}} + \cdots}.$$

En remplaçant q par q^4 dans cette dernière équation, on trouvera

$$(3) \quad \Sigma\,x^2\,q^{x^2} = \frac{K}{\pi^2}\sqrt{\frac{K}{2\,\pi}}\left[\frac{1 - \sqrt{k'}}{2}\,E + \frac{\sqrt{k'}\,(1 - k'\sqrt{k'})}{2}\,K\right].$$

$$(x = 1,\ 3,\ 5,\ 7,\ \ldots)$$

Combinant cette formule avec (1), on aura

$$(4) \quad \Sigma\,y^2\,q^{y^2} = \frac{K}{\pi^2}\sqrt{\frac{K}{2\,\pi}}\,[(1 + \sqrt{k'})\,E - \sqrt{k'}\,(1 + k'\sqrt{k'})\,K],$$

$$(y = 0,\ \pm 2,\ \pm 4,\ \pm 6,\ \ldots)$$

et d'ailleurs, comme on sait,

$$(5) \quad \Sigma\,q^{x^2} = \frac{1 - \sqrt{k'}}{2}\sqrt{\frac{K}{2\,\pi}},$$

$$(x = 1,\ 3,\ 5,\ 7,\ \ldots)$$

(6) . . . . $\Sigma q^{y^2} = (1 + \sqrt{k'}) \sqrt{\dfrac{K}{2\pi}}.$

$$(y = 0, \pm 2, \pm 4, \ldots)$$

Les formules (3), (4), (5), (6) donnent maintenant

$$\Sigma \Sigma (x^2 - y^2) q^{x^2 + y^2} = \frac{K^3}{2\pi^3} k^2 \sqrt{k'}$$

ou bien

(7) . . $16 \Sigma \Sigma (x^2 - y^2) q^{x^2 + y^2} = \dfrac{8K^3}{\pi^3} k^2 \sqrt{k'} = \theta(q) \theta_2^4(q) \theta_3(q),$

en posant

$$\theta(q) = 1 - 2q + 2q^4 - 2q^9 + \ldots = \sqrt{\frac{2k'K}{\pi}},$$

$$\theta_2(q) = \qquad 2q^{\frac{1}{4}} + 2q^{\frac{9}{4}} + \ldots \qquad = \sqrt{\frac{2kK}{\pi}},$$

$$\theta_3(q) = 1 + 2q + 2q^4 + 2q^9 + \ldots = \sqrt{\frac{2K}{\pi}}.$$

Or on connaît ce développement

$$\theta(q) \theta_2(q) \theta_3(q) = 2\left(q^{\frac{1}{4}} - 3q^{\frac{9}{4}} + 5q^{\frac{25}{4}} - \ldots\right),$$

et, d'après une formule due à M. Hermite,

$$\theta_2^3(q) = 8 \sum_0^\infty F(8n + 3) q^{\frac{8n+3}{4}}.$$

L'équation (7) peut donc s'écrire sous la forme suivante

$$\Sigma (-1)^{\frac{x-1}{2}} x q^{\frac{x^2}{4}} \sum_0^\infty F(8n + 3) q^{\frac{8n+3}{4}} = \Sigma \Sigma (x^2 - y^2) q^{x^2 + y^2}$$

où il faut poser $x = 1, 3, 5, 7, \ldots$ et $y = 0, \pm 2, \pm 4, \ldots$

Cette formule donne immédiatement le théorème de M. Liouville en comparant dans les deux membres les coefficients des mêmes puissances de q.

Remarquons que les relations connues

$$\theta(q) \theta_3(q) = \theta^2(q^2) \quad \text{et} \quad \theta_2^2(q) = 2 \theta_2(q^2) \theta_3(q^2)$$

donnent

$$\theta(q) \theta_2^4(q) \theta_3(q) = 4 [\theta(q^2) \theta_2(q^2) \theta_3(q^2)]^2 = 16 \left[\Sigma (-1)^{\frac{x-1}{2}} x q^{\frac{x^2}{2}}\right]^2.$$

On aurait donc pu établir la formule (7) un peu plus simplement en formant directement le carré de cette série $\Sigma(-1)^{\frac{x-1}{2}} x q^{\frac{x^2}{2}}$; mais les formules (3) et (4), dont nous nous sommes servi, peuvent être utiles dans d'autres cas.

Ajoutons encore aux théorèmes déjà énoncés les trois suivants:

Théorème V. — Soit N un nombre positif de la forme $8k+5$; alors

$$8\,\Sigma(-1)^{\frac{s-1}{2}} s\,F(N-2s^2) = \Sigma(x^2-y^2).$$

La sommation, dans le second membre, a rapport à toutes les solutions de l'équation $2N = x^2+y^2$, x^2 étant un carré de la forme $16k+9$ et, par suite, y^2 un carré de la forme $8k+1$.

Théorème VI. — Soit N un nombre positif de la forme $8k+1$; alors

$$2\,\Sigma(-1)^{\frac{s-1}{2}+\frac{s^2-1}{8}} s\,F(2N-s^2) = \Sigma(-1)^y(x^2-8y^2).$$

La sommation, dans le second membre, doit s'étendre à toutes les solutions de l'équation $N = x^2+8y^2$, x étant positif et impair, y un nombre quelconque, positif, nul ou négatif.

Théorème VII. — Soit N un nombre de la forme $8k+5$; alors

$$2\,\Sigma(-1)^{\frac{s-1}{2}+\frac{s^2-1}{8}} s\,F(2N-s^2) = \Sigma(x^2-y^2).$$

La sommation, dans le second membre, doit s'étendre à toutes les solutions de l'équation $2N = x^2+y^2$, x^2 étant un carré de la forme $8k+9$, y^2 un carré de la forme $8k+1$.

Dans ces formules, le second membre devient égal à zéro toutes les fois qu'il n'y a pas de représentation de $2N$ ou de N par la forme indiquée.

XXIV.

(Paris, C.·R. Acad. Sci., 97, 1883, 1545—1547.)

Sur le nombre de décompositions d'un entier en cinq carrés.

(Extrait d'une lettre adressée à M. Hermite.)

Dans votre dernière lettre vous m'avez communiqué ces deux formules

$$(a) \begin{cases} q + 4\,q^4 + 9\,q^9 + 16\,q^{16} + \ldots \\ = (1 + 2\,q + 2\,q^4 + 2\,q^9 + \ldots)\left[\dfrac{q}{(1+q)^2} + \dfrac{q^3}{(1+q^3)^2} + \dfrac{q^5}{(1+q^5)^2} + \ldots\right], \end{cases}$$

$$(b) \begin{cases} q^{\frac{1}{4}} + 9\,q^{\frac{9}{4}} + 25\,q^{\frac{25}{4}} + \ldots \\ = \left(q^{\frac{1}{4}} + q^{\frac{9}{4}} + q^{\frac{25}{4}} + \ldots\right)\left[1 + \dfrac{8\,q^2}{(1+q^2)^2} + \dfrac{8\,q^4}{(1+q^4)^2} + \dfrac{8\,q^6}{(1+q^6)^2} + \ldots\right]. \end{cases}$$

C'est en étudiant votre première formule (a) que j'ai été amené à considérer de nouveau cette fonction $F(n)$ qui représente le nombre total des solutions de $n = x^2 + y^2 + z^2 + t^2 + u^2$.

Le nombre des solutions de $n = x^2 + y^2 + z^2 + t^2$ étant

$$8\,[2 + (-1)^n]\,\varphi(n),$$

$\varphi(n)$ désignant la somme des diviseurs impairs de n, il s'ensuit

$$F(n) = 16\,[\varphi(n) + 2\,\varphi(n-1) + 2\,\varphi(n-4) + 2\,\varphi(n-9) + \ldots]$$
$$+ 8\,(-1)^n\,[\varphi(n) - 2\,\varphi(n-1) + 2\,\varphi(n-4) - 2\,\varphi(n-9) + \ldots].$$

Il est essentiel d'observer que, lorsque n est un carré, il faut encore tenir compte du terme $\varphi(0) = \frac{1}{24}$.

En posant

$$(1) \begin{cases} A(n) = \varphi(n) + 2\,\varphi(n-4) + 2\,\varphi(n-16) + 2\,\varphi(n-36) + \ldots, \\ B(n) = \varphi(n-1) + \varphi(n-9) + \varphi(n-25) + \varphi(n-49) + \ldots \end{cases}$$

nous aurons donc

$$(2) \qquad \begin{cases} F(n) = 24\,A(n) + 16\,B(n) & (n \text{ pair}), \\ F(n) = 8\,A(n) + 48\,B(n) & (n \text{ impair}). \end{cases}$$

Maintenant votre formule (a) donne aisément les relations suivantes

$$\begin{aligned} A(n) &= 4\,B(n) & (n \equiv 3, \bmod 4), \\ A(n) &= 8\,B(n) & (n \equiv 5, \bmod 8), \\ A(n) &= B(n) & (n \equiv 2, \bmod 4). \end{aligned}$$

Il s'ensuit donc une simplification de l'expression de $F(n)$ dans les formules (2). Or je trouve qu'une telle réduction est toujours possible. On peut, en effet, exprimer toujours ces deux fonctions $A(n)$, $B(n)$ l'une par l'autre. Voici, à cet effet, les formules

$$(3) \begin{cases} A(n) = 4\,B(n) & (n \equiv 3, \bmod 4), \\ A(n) = 24\,B(n) & (n \equiv 1, \bmod 8), \\ A(n) = 8\,B(n) & (n \equiv 5, \bmod 8), \\ 8^k A(n) = \dfrac{2^{3k+1} + 5}{7}\,B(n) & (n = 2^{2k+1}m,\ m \equiv 1, \bmod 2,\ k = 0,1,2,3,\ldots), \\ 8^k A(n) = \dfrac{2^{3k+1} + 5}{7}\,B(n) & (n = 4^k m,\quad m \equiv 3, \bmod 4,\ k = 1,2,3,\ldots), \\ 6 \cdot 8^k A(n) = \dfrac{3 \cdot 2^{3k+2} - 5}{7}\,B(n) & (n = 4^k m,\quad m \equiv 1, \bmod 8,\ k = 1,2,3,\ldots), \\ 2 \cdot 8^k A(n) = \dfrac{2^{3k+2} + 3}{7}\,B(n) & (n = 4^k m,\quad m \equiv 5, \bmod 8,\ k = 1,2,3,\ldots). \end{cases}$$

Une réduction ultérieure de l'expression de $F(n)$ est possible à l'aide de ces relations

$$(4) \qquad \begin{cases} B(4n) = 16\,B(n) & (n \equiv 3, \bmod 4), \\ B(4n) = 96\,B(n) & (n \equiv 1, \bmod 8), \\ B(4n) = 32\,B(n) & (n \equiv 5, \bmod 8), \\ B(4n) = 8\,B(n) & (n \text{ pair}). \end{cases}$$

On trouvera de cette manière

$$(5) \begin{cases} F(24^k \cdot m) = 40\,f(k)\,B(2m) & (m \equiv 1, \bmod 2), \\ F(4^k \cdot m) = 80\,f(k)\,B(m) & (m \equiv 3, \bmod 4), \\ F(4^k \cdot m) = 240\,[\,2\,f(k) - 1]\,B(m) & (m \equiv 1, \bmod 8), \\ F(4^k \cdot m) = 16\,[10\,f(k) - 3]\,B(m) & (m \equiv 5, \bmod 8), \\ \qquad\qquad k = 0, 1, 2, 3, \ldots, \end{cases}$$

où j'ai posé, pour abréger,

$$f(k) = \frac{2^{3k+2} + 3}{7},$$

donc

$$f(0) = 1, \quad f(1) = 5, \quad f(2) = 37, \quad \ldots, \quad f(k+1) = 8f(k) - 3.$$

On voit par conséquent qu'on peut dans tous les cas exprimer $F(4n)$ par $F(n)$.

Ayant construit une table de la fonction $B(n)$ pour les premières centaines, j'ai observé qu'on a toujours, p étant un nombre premier impair,

$$B(p^2) = \frac{p^3 - p + 1}{24}.$$

Ayant vérifié cette formule dans un grand nombre de cas, je n'ai pas de doute qu'elle ne soit vraie géneralement, quoique je ne l'aie pas encore démontré. On a donc aussi

$$F(p^2) = 10(p^3 - p + 1).$$

Peut-être a-t-on encore

$$B(p^4) = \frac{p(p^2 - 1)(p^3 + 1) + 1}{24}$$

et

$$F(p^4) = 10[p(p^2 - 1)(p^3 + 1) + 1],$$

mais je n'ai vérifié cette relation que pour $p = 3$, 5 et 7 : les calculs deviennent trop laborieux.

XXV.

(Amsterdam, Versl. K. Akad. Wet., 1° sect., sér. 2, 19, 1884, 105—111.)

Over de quadratische ontbinding van priemgetallen van den vorm $3n+1$.

Elk priemgetal $p = 3n + 1$ kan voorgesteld worden als de som van eene volkomen tweede macht en het drievoud van eene andere volkomen tweede macht

$$(1) \qquad p = cc + 3\,dd$$

Het viervoud van zulk een priemgetal kan verder steeds aldus voorgesteld worden

$$(2) \qquad 4p = AA + 27\,BB$$

Elk dezer ontbindingen is slechts op ééne wijze mogelijk. Dit alles valt gemakkelijk uit de algemeene theorie der quadratische vormen af te leiden.

In het tweede deel van Crelle's Journal heeft Jacobi, in de verhandeling „de residuis cubicis commentatio numerosa" zonder bewijs aangegeven, dat de waarde van A in (2) gelijk is aan de rest, die men verkrijgt bij de deeling van het geheele getal

$$\frac{(n+1)(n+2)(n+3)\ldots(2n)}{1.2.3\ldots n}$$

door p, waarbij men deze rest tusschen $-\frac{1}{2}p$ en $+\frac{1}{2}p$ te kiezen heeft. Hierbij doet zich dan nog de merkwaardige omstandigheid voor, dat $A + 1$, bij deze bepaling van A, steeds door 3 deelbaar is.

Voor de eerste priemgetallen verkrijgt men bijv.:

$$
\begin{array}{llll}
p = 7 & n = 2 & A = - 1 & 28 = 1^2 + 27.1^2 \\
p = 13 & n = 4 & A = + 5 & 52 = 5^2 + 27.1^2 \\
p = 19 & n = 6 & A = - 7 & 76 = 7^2 + 27.1^2 \\
p = 31 & n = 10 & A = - 4 & 124 = 4^2 + 27.2^2 \\
p = 37 & n = 12 & A = + 11 & 148 = 11^2 + 27.1^2 \\
p = 43 & n = 14 & A = + 8 & 172 = 8^2 + 27.2^2 \\
p = 61 & n = 20 & A = - 1 & 244 = 1^2 + 27.3^2 \\
\end{array}
$$

Het bewijs van deze eigenschap, die in een nauw verband staat met de eigenschappen der algebraïsche vergelijking, van welke de verdeeling van den cirkelomtrek in p deelen afhangt, is te vinden in Cauchy's Mémoire sur la théorie des nombres (Mém. de l'Acad. d. Sc., t. 17, 1840) en bij Lebesgue in het Journal de Liouville t. 2, p. 279. Voor verdere bijzonderheden is te verwijzen naar Bachmann: Die Lehre von der Kreistheilung, p. 144.

Op andere wijze is dit theorema van Jacobi ook afgeleid in de verhandeling „Bijdrage tot de theorie der derde- en vierde-machts-resten" in het 17de deel der Verslagen en Mededeelingen der Koninklijke Akademie van Wetenschappen en wel aldaar in art. 40, p. 416.

Aanknoopende aan de ontwikkelingen daar voorkomende, wensch ik hier, uit het theorema van Jacobi, eene directe bepaling van den wortel c van het enkelvoudige quadraat in (1) af te leiden; het zal dan blijken, dat c de tusschen $-\frac{1}{2}p$ en $+\frac{1}{2}p$ gelegen rest is, die men verkrijgt bij de deeling van het geheele getal

$$
2^{n-1} \frac{(n+1)(n+2)\ldots(2n)}{1.2.3\ldots n}
$$

door p, en verder is dan $c - 1$ door 3 deelbaar. Bijv.:

$$
\begin{array}{llll}
p = 7 & n = 2 & c = - 2 & 7 = 2^2 + 3.1^2 \\
p = 13 & n = 4 & c = + 1 & 13 = 1^2 + 3.2^2 \\
p = 19 & n = 6 & c = + 4 & 19 = 4^2 + 3.1^2 \\
p = 31 & n = 10 & c = - 2 & 31 = 2^2 + 3.3^2 \\
p = 37 & n = 12 & c = - 5 & 37 = 5^2 + 3.2^2 \\
\end{array}
$$

Zij dan, evenals in de aangehaalde verhandeling, ϱ een primitieve derdemachtswortel der eenheid, $a + b\varrho$ een primaire factor van p, dus

$$p = (a + b\varrho)(a + b\varrho^2) = a^2 - ab + b^2,$$

$a + 1$ en b beiden door 3 deelbaar; verder f een der beide wortels van de congruentie:

$$1 + x + x^2 \equiv 0 \quad (\mathrm{mod}\, p)$$

en wel f zóó gekozen, dat $a + bf$ door p deelbaar is.

Volgens het boven aangehaalde theorema van Jacobi is dan

$$(3) \quad . \quad . \quad . \quad 2a - b \equiv - \frac{(n + 1)(n + 2) \ldots (2n)}{1 \cdot 2 \cdot 3 \ldots n} \quad (\mathrm{mod}\ p)$$

en verder is volgens de criteria voor het cubisch karakter van 2

$$2^n \equiv 1$$

wanneer b even is,

$$2^n \equiv f \quad (\mathrm{mod}\, p)$$

wanneer a even is,

$$2^n \equiv f^2$$

wanneer a en b beiden oneven zijn. (Zie t. a. p. p. 398.)

Deze drie gevallen moeten nu afzonderlijk behandeld worden.

I. b even.

In dit geval leiden wij uit

$$p = a^2 - ab + b^2$$

af

$$4p = (2a - b)^2 + 3b^2$$
$$= (a - \tfrac{1}{2}b)^2 + 3(\tfrac{1}{2}b)^2.$$

In de vergelijking (1) kan dus genomen worden

$$c = -(a - \tfrac{1}{2}b).$$

Uit (3) volgt dan

$$c \equiv \tfrac{1}{2} \cdot \frac{(n + 1)(n + 2) \ldots (2n)}{1 \cdot 2 \cdot 3 \ldots n} \quad (\mathrm{mod}\, p)$$

of wel, daar in dit geval $2^n \equiv 1$ is,

$$(4^a) \quad . \quad . \quad . \quad c \equiv 2^{n-1} \frac{(n + 1)(n + 2) \ldots (2n)}{1 \cdot 2 \cdot 3 \ldots n} \quad (\mathrm{mod}\, p).$$

Uit $a \equiv 2$, $b \equiv 0$ (mod 3) volgt verder

(5^a) . . . . $c \equiv 1$ (mod 3).

II.   a even.

In dit geval schrijven wij in plaats van

$$p = a^2 - ab + b^2$$
$$16 p = (2 a - 4 b)^2 + 3 (2 a)^2$$

of

$$p = (\tfrac{1}{2} a - b)^2 + 3 (\tfrac{1}{2} a)^2,$$

zoodat wij in (1) kunnen nemen

$$c = \tfrac{1}{2} a - b.$$

Nu is

(6) $(a + b f)(1 + 2 f) \equiv a - 2 b + (2 a - b) f \equiv - a - b - (2 a - b) f^2$ (mod p)

en $a + b f \equiv 0$ (mod p), derhalve

$$a - 2 b \equiv - f (2 a - b),$$

zoodat uit (3) volgt

$$a - 2 b \equiv f \frac{(n + 1) (n + 2) \ldots (2 n)}{1 . 2 . 3 \ldots n}$$

of wel, daar nu $f \equiv 2^n$ is,

(4^b) . . . . . $c \equiv 2^{n-1} \dfrac{(n + 1) (n + 2) \ldots (2 n)}{1 . 2 . 3 \ldots n}$ (mod p).

Uit $a \equiv 2$, $b \equiv 0$ (mod 3) volgt verder

(5^b) . . . . $c \equiv 1$ (mod 3)

III.   a en b oneven.

In dit laatste geval bedenke men, dat

$$16 p = (2 a + 2 b)^2 + 3 (2 a - 2 b)^2$$

is, of

$$p = \left(\frac{a + b}{2}\right)^2 + 3 \left(\frac{a - b}{2}\right)^2,$$

zoodat genomen kan worden

$$c = \frac{a + b}{2}.$$

Uit (6) volgt nu $a + b \equiv -f^2(2a - b)$, dus geeft (3)

$$a + b \equiv f^2 \frac{(n+1)(n+2)\ldots(2n)}{1 . 2 . 3 \ldots n} \quad (\mathrm{mod}\ p).$$

Daar nu in dit geval $2^n \equiv f^2$ is, zoo volgt

(4^c) . . . . $\quad c \equiv 2^{n-1} \dfrac{(n+1)(n+2)\ldots(2n)}{1 . 2 . 3 \ldots n} \quad (\mathrm{mod}\ p),$

terwijl gemakkelijk te zien is

(5^c) . . . . $c \equiv 1 \quad (\mathrm{mod}\ 3).$

Uit de vergelijkingen 4^a, 4^b, 4^c, 5^a, 5^b, 5^c blijkt nu, dat men in elk geval heeft

(4) . . . . . $\quad c \equiv 2^{n-1} \dfrac{(n+1)(n+2)\ldots(2n)}{1 . 2 . 3 \ldots n} \quad (\mathrm{mod}\ p)$

(5) . . . . $c \equiv 1 \quad (\mathrm{mod}\ 3),$

hetgeen dus het boven reeds uitgesproken theorema geeft. De congruentie (4) kan men nog een anderen vorm geven. Daar n even is, schrijve men $2m$ voor n, dan is

$$c \equiv 2^{2m-1} \frac{(2m+1)(2m+2)\ldots(4m)}{1 . 2 . 3 \ldots (2m)}.$$

Nu is

$$2m+1 \equiv -(4m),\ 2m+3 \equiv -(4m-2),$$
$$2m+5 \equiv -(4m-4)\ldots \text{enz.}$$

met behulp waarvan men verkrijgt

$$c \equiv (-1)^m\, 2^{2m-1} \frac{[(2m+2)(2m+4)\ldots(4m)]^2}{1 . 2 . 3 \ldots (2m)}$$

of na eene kleine herleiding

$$c \equiv (-1)^m\, 2^{4m-1} \frac{(m+1)(m+2)\ldots(2m)}{1 . 2 . 3 \ldots m}.$$

Nu is verder

$$2^{3m} = 2^{\frac{p-1}{2}} \equiv (-1)^{\frac{p^2-1}{8}}$$

en

$$\frac{p^2-1}{8} = \frac{9m^2 + 3m}{2}.$$

Van dezen exponent het even getal $\dfrac{8\,m^2 + 4\,m}{2}$ aftrekkende, kan men eenvoudiger schrijven

$$2^{3m} \equiv (-1)^{\frac{m^2 - m}{2}},$$

dus ten slotte

(7) . $c \equiv (-1)^{\frac{m^2 + m}{2}}\, 2^{m-1} \dfrac{(m+1)\,(m+2)\ldots(2\,m)}{1\,.\,2\,.\,3\ldots m}$ (mod $p = 6\,m + 1$).

Deze laatste congruentie ter bepaling van c is zonder bewijs, en zonder de hier verkregen nadere bepaling van het teeken van c, gegeven door Oltramare in het 87ste deel der Comptes rendus de l'Acad. d. Sc., p. 735, te gelijk met meer soortgelijke.

XXV.

(Amsterdam, Versl. K. Akad. Wet., 1e sect., sér. 2, 19, 1884, 105—111.)

Sur la décomposition quadratique de nombres premiers de la forme $3n + 1$.

Chaque nombre premier $p = 3n + 1$ peut être représenté par la somme d'un carré parfait et de trois fois un deuxième carré parfait

$$(1) \quad \ldots \ldots \ldots \ldots \quad p = cc + 3dd$$

En outre, le quadruple d'un nombre premier de ce genre peut toujours être représenté par l'expression suivante

$$(2) \quad \ldots \ldots \ldots \ldots \quad 4p = AA + 27BB$$

L'une et l'autre décomposition ne sont possibles que d'une seule manière pour chaque nombre p. Tout ceci se déduit aisément de la théorie générale des formes quadratiques.

Dans le deuxième tome du Journal de Crelle, Jacobi, dans son Mémoire „de residuis cubicis commentatio numerosa" a énoncé, sans en donner la démonstration, le théorème suivant: la valeur de A dans l'expression (2) est égale au résidu qu'on obtient lorsqu'on divise le nombre entier

$$\frac{(n + 1)(n + 2)(n + 3) \ldots (2n)}{1 \cdot 2 \cdot 3 \ldots n}$$

par p; il est entendu qu'il faut prendre pour résidu un nombre compris entre $-\frac{1}{2}p$ et $+\frac{1}{2}p$. Il en résulte de plus la remarquable circonstance que, lorsqu'on détermine le nombre A de cette manière, $A + 1$ est toujours un multiple de 3.

426

Pour les premiers nombres premiers du genre considéré on obtient p. e.

$$
\begin{array}{llll}
p = 7   & n = 2 & A = - \ 1 & 28 = 1^2 + 27.1^2 \\
p = 13 & n = 4 & A = + \ 5 & 52 = 5^2 + 27.1^2 \\
p = 19 & n = 6 & A = - \ 7 & 76 = 7^2 + 27.1^2 \\
p = 31 & n = 10 & A = - \ 4 & 124 = 4^2 + 27.2^2 \\
p = 37 & n = 12 & A = + 11   & 148 = 11^2 + 27.1^2 \\
p = 43 & n = 14 & A = + \ 8 & 172 = 8^2 + 27.2^2 \\
p = 61 & p = 20 & A = - \ 1 & 244 = 1^2 + 27.3^2.
\end{array}
$$

La preuve de ce théorème, qui est étroitement lié aux propriétés de l'équation algébrique d'où dépend la division de la circonférence du cercle en p parties, se trouve chez Cauchy dans son Mémoire sur la théorie des nombres (Mém. de l'Acad. d. Sc., t. 17, 1840) et chez Lebesgue dans le Journal de Liouville, t. 2, p. 279. Pour plus de détails je renvoie à Bachmann: Die Lehre von der Kreistheilung, p. 144.

Une autre démonstration de ce théorème de Jacobi a été donnée dans l'article „Contribution à la théorie des résidus cubiques et biquadratiques" dans le 17ième tome des Verslagen en Mededeelingen der Koninklijke Akademie van Wetenschappen, p. 416, n° 40.

Je désire ici, en prenant pour point de départ les développements contenus dans cet article, tirer du théorème de Jacobi une détermination directe de la racine c du carré simple qui figure dans l'équation (1). Il paraîtra que c est le résidu situé entre $-\frac{1}{2}p$ et $+\frac{1}{2}p$ que l'on obtient en divisant par p le nombre entier

$$
2^{n-1} \frac{(n+1)(n+2)\ldots(2n)}{1.2.3\ldots n},
$$

tandis que $c - 1$ est un multiple de 3.

Par exemple

$$
\begin{array}{llll}
p = 7   & n = 2 & c = - 2 & 7 = 2^2 + 3.1^2 \\
p = 13 & n = 4 & c = + 1 & 13 = 1^2 + 3.2^2 \\
p = 19 & n = 6 & c = + 4 & 19 = 4^2 + 3.1^2 \\
p = 31 & n = 10 & c = - 2 & 31 = 2^2 + 3.3^2 \\
p = 37 & n = 12 & c = - 5 & 37 = 5^2 + 3.2^2.
\end{array}
$$

Supposons donc, comme dans l'article cité, que ϱ soit une racine cubique primitive de l'unité, $a + b\varrho$ un facteur primaire de p, et par conséquent

$$p = (a + b\varrho)(a + b\varrho^2) = a^2 - ab + b^2,$$

où $a + 1$ et b sont l'un et l'autre un multiple de 3. Supposons de plus que f soit l'une des deux racines de la congruence

$$1 + x + x^2 \equiv 0 \quad (\mathrm{mod}\, p)$$

le nombre f étant choisi de telle manière que $a + bf$ soit divisible par p.

D'après le théorème de Jacobi cité plus haut, on a alors

$$(3) \quad . \quad . \quad . \quad 2a - b \equiv -\frac{(n+1)(n+2)\ldots(2n)}{1\,.\,2\,.\,3\ldots n} \quad (\mathrm{mod}\, p)$$

de plus, en vertu des critères du caractère cubique du nombre 2, on a

$$2^n \equiv 1$$

lorsque b est pair

$$2^n \equiv f \quad (\mathrm{mod}\, p)$$

lorsque a est pair,

$$2^n \equiv f^2$$

lorsque a et b sont impairs tous les deux. (Consultez la p. 398 du mémoire cité.)

Ces trois cas doivent être considérés séparément.

I. b est pair.

En ce cas l'équation

$$p = a^2 - ab + b^2$$

nous conduit à

$$4p = (2a - b)^2 + 3b^2$$
$$= (a - \tfrac{1}{2}b)^2 + 3(\tfrac{1}{2}b)^2.$$

Dans l'équation (1) on peut donc prendre

$$c = -(a - \tfrac{1}{2}b),$$

et de l'équation (3) l'on tire alors

$$c \equiv \tfrac{1}{2} \cdot \frac{(n+1)(n+2)\ldots(2n)}{1\,.\,2\,.\,3\ldots n} \quad (\mathrm{mod}\, p)$$

ou bien, comme dans ce cas $2^n \equiv 1$,

$$(4^a) \quad \ldots \quad c \equiv 2^{n-1} \frac{(n+1)(n+2)\ldots(2n)}{1.2.3\ldots n} \quad (\mathrm{mod}\, p).$$

Des équations $a \equiv 2$, $b \equiv 0$ (mod 5) on tire ensuite

$$(5^a) \quad \ldots \ldots \ldots \ldots \quad c \equiv 1 \quad (\mathrm{mod}\, 3).$$

II.   a est pair.

Et ce cas nous remplaçons l'équation

$$p = a^2 - ab + b^2$$

par l'équation

$$16\, p = (2a - 4b)^2 + 3(2a)^2$$

ou

$$p = (\tfrac{1}{2} a - b)^2 + 3(\tfrac{1}{2} a)^2,$$

de sorte que dans l'équation (1) nous pouvons prendre

$$c = \tfrac{1}{2} a - b.$$

Or, on a

$$(6) \quad (a + bf)(1 + 2f) \equiv a - 2b + (2a - b)f \equiv -a - b - (2a - b)f^2 \quad (\mathrm{mod}\, p)$$

et $a + bf \equiv 0$ (mod p). Par conséquent

$$a - 2b \equiv -f(2a - b).$$

On tire donc de l'équation (3)

$$a - 2b \equiv f \frac{(n+1)(n+2)\ldots(2n)}{1.2.3\ldots n},$$

ou bien, vu qu'ici $f \equiv 2^n$,

$$(4^b) \quad \ldots \ldots \quad c \equiv 2^{n-1} \frac{(n+1)(n+2)\ldots(2n)}{1.2.3\ldots n} \quad (\mathrm{mod}\, p).$$

Des équations $a \equiv 2$ et $b \equiv 0$ (mod 3) on conclut en outre

$$(5^b) \quad \ldots \ldots \ldots \ldots \quad c \equiv 1 \quad (\mathrm{mod}\, 3).$$

III.   a et b sont impairs.

Dans ce dernier cas on a

$$16\, p = (2a + 2b)^2 + 3(2a - 2b)^2,$$

ou bien

$$p = \left(\frac{a+b}{2}\right)^2 + 3\left(\frac{a-b}{2}\right)^2,$$

de sorte qu'on peut prendre

$$c = \frac{a+b}{2}.$$

On tire maintenant de l'équation (6) $a + b \equiv -f^2(2a - b)$; l'équation (3) donne donc

$$a + b \equiv f^2 \frac{(n+1)(n+2)\ldots(2n)}{1.2.3\ldots n} \quad (\mathrm{mod}\, p).$$

Et comme en ce cas $2^n \equiv f^2$, il s'ensuit que

$$(4^c) \quad . \quad . \quad . \quad . \quad c \equiv 2^{n-1} \frac{(n+1)(n+2)\ldots(2n)}{1.2.3\ldots n} \quad (\mathrm{mod}\, p),$$

tandis qu'on voit aisément

$$(5^c) \quad . \quad . \quad . \quad . \quad . \quad . \quad . \quad c \equiv 1 \quad (\mathrm{mod}\, 3).$$

Les équations (4^a), (4^b), (4^c), (5^a), (5^b) et (5^c) font voir qu'on a dans tous les cas

$$(4) \quad . \quad . \quad . \quad . \quad c \equiv 2^{n-1} \frac{(n+1)(n+2)\ldots(2n)}{1.2.3\ldots n} \quad (\mathrm{mod}\, p)$$

et

$$(5) \quad . \quad . \quad . \quad . \quad . \quad . \quad . \quad . \quad c \equiv 1 \quad (\mathrm{mod}\, 3),$$

ce qui fournit le théorème énoncé plus haut.

On peut donner encore une autre forme à la congruence (4). Comme n est pair, on peut remplacer ce nombre par $2m$; alors

$$c \equiv 2^{2m-1} \frac{(2m+1)(2m+2)\ldots(4m)}{1.2.3\ldots(2m)}.$$

Or, on a

$$2m+1 \equiv -(4m), \quad 2m+3 \equiv -(4m-2),$$
$$2m+5 \equiv -(4m-4)\ldots \text{etc.}$$

A l'aide de ces équations on obtient

$$c \equiv (-1)^m 2^{2m-1} \frac{[(2m+2)(2m+4)\ldots(4m)]^2}{1.2.3\ldots(2m)},$$

ou bien, après une réduction facile,

$$c \equiv (-1)^m 2^{4m-1} \frac{(m+1)(m+2)\ldots(2m)}{1.2.3\ldots m}.$$

On a de plus

$$2^{3m} = 2^{\frac{p-1}{2}} = (-1)^{\frac{p^2-1}{8}}$$

et

$$\frac{p^2-1}{8} = \frac{9\,m^2 + 3\,m}{2}.$$

Retranchant de cet exponent le nombre pair $\dfrac{8\,m^2 + 4\,m}{2}$, on peut écrire plus simplement

$$2^{3m} = (-1)^{\frac{m^2-m}{2}},$$

donc enfin

$$(7) \,.\quad c \equiv (-1)^{\frac{m^2+m}{2}}\, 2^{m-1}\, \frac{(m+1)\,(m+2)\dots(2\,m)}{1\,.\,2\,.\,3\dots m} \qquad (\mathrm{mod}\; p = 6\,m + 1)$$

Cette dernière congruence qui détermine le nombre c a été donnée sans preuve par Oltramare dans le 87ième tome des Comptes rendus de l'Acad. d. Sc., p. 735, en même temps que d'autres formules analogues. Mais cet auteur n'a pas déterminé le signe de c.

XXVI.

(Haarlem, Arch. Néerl. Sci. Soc Holl., 19, 1884, 372—390.)

Note sur le déplacement d'un système invariable dont un point est fixe.

1. On sait depuis Euler que ce déplacement se ramène toujours à une rotation autour d'un axe qui reste fixe.

Plusieurs auteurs ont établi ce théorème d'une manière purement analytique; je citerai en particulier Duhamel, qui a traité de ce sujet dans l'introduction de son Cours de mécanique.

Si je reviens sur cette matière, c'est pour mettre en lumière une difficulté inhérente à l'analyse suivie par Duhamel. On verra en effet que les formules données par cet auteur pour déterminer la position de l'axe de rotation, cessent de donner cette position dans un cas où elle est cependant parfaitement déterminée — je parle du cas où le déplacement se ramène à une rotation de 180°.

Soit O le point fixe, Ox, Oy, Oz les axes d'un système de coordonnées rectangulaires fixe dans l'espace, Ox_1, Oy_1, Oz_1 ceux d'un système de coordonnées rectangulaires lié au système invariable. Les cosinus des angles que forment entre eux les axes de ces deux systèmes de coordonnées rectangulaires se trouvent réunis dans le tableau

	x_1	y_1	z_1	
x	a	b	c	(A)
y	a'	b'	c'	
z	a''	b''	c''	

Ces valeurs se rapportent à la première position du système invariable. Pour la seconde position nous écrirons $a + \Delta a$, $b + b \Delta$, ..., $c'' + \Delta c''$ au lieu de a, b, ..., c''.

Nous supposons qu'on peut faire coïncider les directions positives des x_1, y_1, z_1 avec celles des x, y, z; on sait qu'alors le déterminant formé avec les neuf quantités a, b, ..., c'' du tableau (A) est égal à $+1$.

Je rappelle quelques relations entre ces diverses quantités:

$$a = b' c'' - b'' c',$$
$$1 = a^2 + a'^2 + a''^2,$$
$$0 = ab + a' b' + a'' b''.$$

Pour abréger, je ferai usage d'un signe sommatoire Σ qui aura rapport à trois termes, que l'on déduit de celui qui est écrit en mettant l'accent simple et double; p. e., les deux dernières relations sont $1 = \Sigma a^2$, $0 = \Sigma a b$. Un chiffre placé à la suite d'une formule indiquera le nombre total de formules analogues qu'on peut en déduire par un changement, soit des lettres a, b, c, soit des accents.

Il est clair qu'on a entre les quantités $a + \Delta a$, ..., $c'' + \Delta c''$ les mêmes relations qu'entre a, b, ..., c''. En combinant ces diverses relations on peut en déduire un grand nombre d'autres; je réunis ici quelques relations simples dont nous aurons surtout besoin

(1) . . . . . $a = b' c'' - b'' c',$ [9]

(2) . . . . . $2 \Sigma a \Delta a + \Sigma \Delta a^2 = 0,$ [3]

(3) . . . . . $\Sigma a \Delta b + \Sigma b \Delta a + \Sigma \Delta a \Delta b = 0.$ [3]

Existence et détermination de l'axe de rotation.

2. Cela posé, les relations

(4) . . . . $\begin{cases} x = a x_1 + b y_1 + c z_1, \\ y = a' x_1 + b' y_1 + c' z_1, \\ z = a'' x_1 + b'' y_1 + c'' z_1, \end{cases}$

combinées avec les équations analogues pour la seconde position du système, donnent

$$(5) \quad \cdots \quad \begin{cases} \Delta x = x_1 \Delta a + y_1 \Delta b + z_1 \Delta c, \\ \Delta y = x_1 \Delta a' + y_1 \Delta b' + z_1 \Delta c', \\ \Delta z = x_1 \Delta a'' + y_1 \Delta b'' + z_1 \Delta c'', \end{cases}$$

en désignant par $x + \Delta x$, $y + \Delta y$, $z + \Delta z$ les coordonnées du point considéré après le déplacement. Voyons maintenant s'il y a des points qui n'ont pas changé de position; on devra avoir

$$(6) \quad \cdots \quad \begin{cases} 0 = x_1 \Delta a + y_1 \Delta b + z_1 \Delta c, \\ 0 = x_1 \Delta a' + y_1 \Delta b' + z_1 \Delta c', \\ 0 = x_1 \Delta a'' + y_1 \Delta b'' + z_1 \Delta c''. \end{cases}$$

Pour qu'il soit possible de satisfaire à ces relations par des valeurs de x_1, y_1, z_1 qui ne sont pas toutes égales à zéro, il faut et il suffit que le déterminant

$$(7) \quad \cdots \quad D = \begin{vmatrix} \Delta a & \Delta b & \Delta c \\ \Delta a' & \Delta b' & \Delta c' \\ \Delta a'' & \Delta b'' & \Delta c'' \end{vmatrix}$$

soit égal à zéro. Si cette condition est remplie, les trois plans représentés par les équations (6) passent par une même ligne, l'axe de rotation, dont la position est parfaitement déterminée, du moins autant que les neuf mineurs du second degré de D ne sont pas tous égaux à zéro.

Proposition I.

Le déterminant D est toujours égal à zéro.

Proposition II.

Les neuf mineurs du second degré de D sont tous égaux à zéro, seulement dans le cas qu'on a $\Delta a = 0$, $\Delta b = 0$, $\ldots$, $\Delta c'' = 0$, c'est-à-dire quand il n'y a pas de déplacement.

Désignons par D_a, D_b, $\ldots$, $D_{c'}$ les mineurs de D, en sorte qu'on a

$$(8) \quad \cdots \quad \begin{cases} D = \Sigma \Delta a\, D_a = \Sigma \Delta b\, D_b = \Sigma \Delta c\, D_c \\ 0 = \Sigma \Delta a\, D_b = \Sigma \Delta b\, D_c = \Sigma \Delta c\, D_a. \end{cases}$$

La valeur de D_a est $\Delta b' \Delta c'' - \Delta b'' \Delta c'$, mais l'équation (1) donne

$$\Delta a = b' \Delta c'' - b'' \Delta c' + c'' \Delta b' - c' \Delta b'' + \Delta b' \Delta c'' - \Delta b'' \Delta c',$$

donc

$$(9) \quad \begin{cases} D_a = \Delta a - b' \Delta c'' + b'' \Delta c' - c'' \Delta b' + c' \Delta b'', & [3] \\ D_{a'} = \Delta a' - b'' \Delta c + b \Delta c'' - c \Delta b'' + c'' \Delta b, & [3] \\ D_{a''} = \Delta a'' - b \Delta c' + b' \Delta c - c' \Delta b + c \Delta b'. & [3] \end{cases}$$

On en déduit, en multipliant par Δa, $\Delta a'$, $\Delta a''$ et faisant l'addition

$$(10) \quad . \quad . \quad . \quad . \quad . \quad D = \Sigma \, \Delta \, a^2 - \Sigma \, b \, \mathrm{D}_b - \Sigma \, c \, \mathrm{D}_c. \qquad [3]$$

Mais en multipliant les équations (9) par a, a', a'' on trouvera par addition, en vertu des relations (1)

$$\Sigma \, a \, \mathrm{D}_a = \Sigma \, a \, \Delta \, a - \Sigma \, b \, \Delta \, b - \Sigma \, c \, \Delta \, c,$$

ou bien, à cause de (2)

$$(11) \quad . \quad . \quad . \quad \begin{cases} \Sigma \, a \, \mathrm{D}_a = -\tfrac{1}{2} \, \Sigma \, \Delta \, a^2 + \tfrac{1}{2} \, \Sigma \, \Delta \, b^2 + \tfrac{1}{2} \, \Sigma \, \Delta \, c^2, \\ \Sigma \, b \, \mathrm{D}_b = +\tfrac{1}{2} \, \Sigma \, \Delta \, a^2 - \tfrac{1}{2} \, \Sigma \, \Delta \, b^2 + \tfrac{1}{2} \, \Sigma \, \Delta \, c^2, \\ \Sigma \, c \, \mathrm{D}_c = +\tfrac{1}{2} \, \Sigma \, \Delta \, a^2 + \tfrac{1}{2} \, \Sigma \, \Delta \, b^2 - \tfrac{1}{2} \, \Sigma \, \Delta \, c^2. \end{cases}$$

En substituant ces valeurs de $\Sigma \, b \, \mathrm{D}_b$, $\Sigma \, c \, \mathrm{D}_c$ dans l'équation (10) on obtient

$$\mathrm{D} = 0, \quad c. \, q. \, f. \, d.$$

Les équations (11), qui donnent

$$(12) \quad . \quad \Sigma \, a \, \mathrm{D}_a + \Sigma \, b \, \mathrm{D}_b + \Sigma \, c \, \mathrm{D}_c = \tfrac{1}{2} \, \Sigma \, \Delta \, a^2 + \tfrac{1}{2} \, \Sigma \, \Delta \, b^2 + \tfrac{1}{2} \, \Sigma \, \Delta \, c^2,$$

font bien voir qu'en supposant $\mathrm{D}_a = \mathrm{D}_b = \ldots = \mathrm{D}_{c''} = 0$ on doit avoir: $\Sigma \, \Delta \, a^2 = 0$, $\Sigma \, \Delta \, b^2 = 0$, $\Sigma \, \Delta \, c^2 = 0$, donc $\Delta \, a = \Delta \, b = \ldots = \Delta \, c'' = 0$, ce qui est notre proposition II.

D'après la démonstration qui précède, il est bien évident que la proposition I est une conséquence nécessaire des relations auxquelles les quantités

$$\begin{array}{ccc} a \, , \quad b \, , \quad c & \quad & a + \Delta a , \, b + \Delta b , \, c + \Delta c \\ a' \, , \quad b' \, , \quad c' \quad \text{et} & \quad & a' + \Delta a' , \, b' + \Delta b' , \, c' + \Delta c' \\ a'' \, , \quad b'' \, , \quad c'' & \quad & a'' + \Delta a'' , \, b'' + \Delta b'' , \, c'' + \Delta c'' \end{array}$$

sont soumises, en sorte que cette proposition reste vraie quelles que soient ces quantités, réelles ou non. La proposition II, au contraire, est démontrée seulement en supposant réelles les quantités Δa, Δb, $\ldots$, $\Delta c''$. Nous reviendrons plus tard sur cette proposition II, pour faire voir qu'elle aussi est une conséquence des relations entre les $a, \ldots, c''$, $\Delta a, \ldots, \Delta c''$ et ne dépend nullement de la réalité de ces dernières quantités.

D'après ce qui précède, l'axe de rotation est parfaitement déterminé par

(13) . . . . $\left\{ \begin{aligned} x_1 : y_1 : z_1 &= D_a : D_b : D_c \\ &= D_{a'} : D_{b'} : D_{c'} \\ &= D_{a''} : D_{b''} : D_{c''} \end{aligned} \right.$

et cette détermination devient illusoire seulement quand il n'y a pas de déplacement. Ajoutons encore les relations suivantes, qui nous seront utiles plus tard et que l'on obtient sans difficulté en partant des équations (9) et faisant attention aux relations (3)

(14) . . . . . $\Sigma b \, D_a = \Sigma a \, D_b = - \Sigma \Delta a \, \Delta b.$ [3]

On obtient encore une expression remarquable pour la somme $\Sigma D_a^2 + \Sigma D_b^2 + \Sigma D_c^2$. En effet, on a d'après (11) et (14)

$$\begin{aligned} \Sigma a \, D_a &= - A + B + C, \\ \Sigma b \, D_a &= - \Sigma \Delta a \, \Delta b, \\ \Sigma c \, D_a &= - \Sigma \Delta a \, \Delta c, \end{aligned}$$

où j'ai posé, pour abréger, $\frac{1}{2} \Sigma \Delta a^2 = A$, $\frac{1}{2} \Sigma \Delta b^2 = B$, $\frac{1}{2} \Sigma \Delta c^2 = C$. La somme des carrés de ces trois équations donne

$$\Sigma D_a^2 = (- A + B + C)^2 + (\Sigma \Delta a \, \Delta b)^2 + (\Sigma \Delta a \, \Delta c)^2.$$

Or on a, d'après une transformation bien connue

$$\begin{aligned} 4 \, A \, B &= \Sigma \Delta a^2 \times \Sigma \Delta b^2 = (\Sigma \Delta a \, \Delta b)^2 + D_c^2 + D_{c'}^2 + D_{c''}^2 \\ 4 \, A \, C &= \Sigma \Delta a^2 \times \Sigma \Delta c^2 = (\Sigma \Delta a \, \Delta c)^2 + D_b^2 + D_{b'}^2 + D_{b''}^2, \end{aligned}$$

donc

$$\Sigma D_a^2 + \Sigma D_b^2 + \Sigma D_c^2 = (A + B + C)^2,$$

c'est-à-dire

(15) . . $\Sigma D_a^2 + \Sigma D_b^2 + \Sigma D_c^2 = \frac{1}{4} [\Sigma \Delta a^2 + \Sigma \Delta b^2 + \Sigma \Delta c^2]^2.$

Autre formule pour déterminer l'axe de rotation.

3. D'après ce qui précède, on a

$$\begin{aligned} D = \Delta a \; D_a + \Delta b \; D_b + \Delta c \; D_c &= 0, \\ \Delta a' \, D_a + \Delta b' \, D_b + \Delta c' \, D_c &= 0, \\ \Delta a'' D_a + \Delta b'' D_b + \Delta c'' D_c &= 0. \end{aligned}$$

En multipliant ces équations par $c + \frac{1}{2} \Delta c$, $c' + \frac{1}{2} \Delta c'$, $c'' + \frac{1}{2} \Delta c''$ la quantité D_c se trouvera éliminée après l'addition, en vertu des relations (2). En posant donc

(16) . . . . $\begin{cases} p = \Sigma (c + \frac{1}{2} \Delta c) \Delta b = - \Sigma (b + \frac{1}{2} \Delta b) \Delta c \\ q = \Sigma (a + \frac{1}{2} \Delta a) \Delta c = - \Sigma (c + \frac{1}{2} \Delta c) \Delta a \\ r = \Sigma (b + \frac{1}{2} \Delta b) \Delta a = - \Sigma (a + \frac{1}{2} \Delta a) \Delta b \end{cases}$

on obtient $- q \, D_a + p \, D_b = 0$ ou $D_a : D_b = p : q$. En réunissant toutes les relations de même nature, on trouve

(17) . . . . $\begin{cases} p : q : r = D_a : D_b : D_c \\ = D_{a'} : D_{b'} . D_{c'} \\ = D_{a''} : D_{b''} : D_{c''} . \end{cases}$

Par conséquent la formule (13), qui détermine l'axe de rotation, peut se mettre sous la forme

(18) . . . . $x_1 : y_1 : z_1 = p : q : r.$

C'est la formule donnée par Duhamel. Elle devient illusoire quand on a à la fois $p = 0$, $q = 0$ et $r = 0$. Nous verrons que cela a lieu non seulement quand il n'y a pas de déplacement, mais encore dans d'autres cas. Alors cette formule (18) devient insuffisante et il faut recourir aux formules (13). Nous allons déduire maintenant un système de formules qui nous permettra de dire avec précision dans quels cas on a : $p = 0$, $q = 0$, $r = 0$.

4. Nous avons

$$0 = (a + \tfrac{1}{2} \Delta a) \Delta a + (a' + \tfrac{1}{2} \Delta a') \Delta a' + (a'' + \tfrac{1}{2} \Delta a'') \Delta a''$$
$$+ r = (b + \tfrac{1}{2} \Delta b) \Delta a + (b' + \tfrac{1}{2} \Delta b') \Delta a' + (b'' + \tfrac{1}{2} \Delta b'') \Delta a''$$
$$- q = (c + \tfrac{1}{2} \Delta c) \Delta a + (c' + \tfrac{1}{2} \Delta c') \Delta a' + (c'' + \tfrac{1}{2} \Delta c'') \Delta a''.$$

En éliminant $\Delta a'$, $\Delta a''$ il vient

(19) . . . . $R \Delta a = r R_b - q R_c$ [9]

en désignant par R le déterminant

(20) . . . . $R = \begin{vmatrix} a + \frac{1}{2} \Delta a & b + \frac{1}{2} \Delta b & c + \frac{1}{2} \Delta c \\ a' + \frac{1}{2} \Delta a' & b' + \frac{1}{2} \Delta b' & c' + \frac{1}{2} \Delta c' \\ a'' + \frac{1}{2} \Delta a'' & b'' + \frac{1}{2} \Delta b'' & c'' + \frac{1}{2} \Delta c'' \end{vmatrix}$

et par $R_a, R_b, \ldots, R_{c'}$ les mineurs du second degré de R.

La valeur de R_a est $(b' + \frac{1}{2} \Delta b')(c'' + \frac{1}{2} \Delta c'') - (b'' + \frac{1}{2} \Delta b'')(c' + \frac{1}{2} \Delta c')$ En opérant les multiplications on peut simplifier le résultat à l'aide de la relation (1) et de la valeur de Δa qu'on en tire; on trouvera ainsi

$$R_a = a + \tfrac{1}{2} \Delta a - \tfrac{1}{4}(\Delta b' \Delta c'' - \Delta b'' \Delta c'),$$

c. a. d.

(21) . . . . $R_a = a + \tfrac{1}{2} \Delta a - \tfrac{1}{4} D_a.$ [9]

On en tire aussitôt

(22) . . . . $\Sigma R_a \Delta a = 0,$ [3]

(23) . . . . $\Sigma R_a \Delta b = -r,$ [3]

(24) . . . . $\Sigma R_a \Delta c = +q.$ [3]

L'équation (19) donne ensuite

$$R \Sigma \Delta a^2 = r \Sigma R_b \Delta a - q \Sigma R_c \Delta a,$$
$$R \Sigma \Delta a \Delta b = r \Sigma R_b \Delta b - q \Sigma R_c \Delta b,$$

c'est-à-dire, en vertu des relations (22), (23), (24)

(25) . . . . . $\begin{cases} R \Sigma \Delta a^2 = q^2 + r^2, & R \Sigma \Delta a \Delta b = -pq, \\ R \Sigma \Delta b^2 = r^2 + p^2, & R \Sigma \Delta b \Delta c = -qr, \\ R \Sigma \Delta c^2 = p^2 + q^2, & R \Sigma \Delta c \Delta a = -rp, \end{cases}$

ou bien, en faisant attention aux formules (11) et (14)

(26) . . . . $\begin{cases} p^2 = R \Sigma a D_a, \\ q^2 = R \Sigma b D_b, \\ r^2 = R \Sigma c D_c. \end{cases}$

(27) . . . . $\begin{cases} qr = R \Sigma b D_c = R \Sigma c D_b, \\ rp = R \Sigma c D_a = R \Sigma a D_c, \\ pq = R \Sigma a D_b = R \Sigma b D_a. \end{cases}$

Nous pouvons maintenant exprimer aussi les $D_a, \ldots, D_c$ à l'aide de p, q, r; — en effet, les formules

$$R(a D_a + a' D_{a'} + a'' D_{a\cdot}) = p^2,$$
$$R(b D_a + b' D_{a'} + b'' D_{a\cdot}) = pq,$$
$$R(c D_a + c' D_{a'} + c'' D_{a\cdot}) = pr$$

donnent aussitôt la première des neuf équations

$$(28) \quad \begin{cases} R\,D_a = p\,(a\,p + b\,q + c\,r), & R\,D_b = q\,(a\,p + b\,q + c\,r), \\ R\,D_{a'} = p\,(a'\,p + b'\,q + c'\,r), & R\,D_{b'} = q\,(a'\,p + b'\,q + c'\,r), \\ R\,D_{a''} = p\,(a''p + b''q + c''r), & R\,D_{b''} = q\,(a''p + b''q + c''r), \\ \quad R\,D_c = r\,(a\,p + b\,q + c\,r), \\ \quad R\,D_{c'} = r\,(a'\,p + b'\,q + c'\,r), \\ \quad R\,D_{c''} = r\,(a''p + b''q + c''r). \end{cases}$$

D'après la définition des $R_a, \ldots, R_{c''}$, on a $R = \Sigma\,(a + \frac{1}{2}\,\Delta\,a)\,R_a$, ou bien, à cause de (22), $R = \Sigma\,a\,R_a$. En substituant la valeur (21) de R_a il vient

$$R = 1 + \frac{1}{2}\,\Sigma\,a\,\Delta\,a - \frac{1}{4}\,\Sigma\,a\,D_a = 1 - \frac{1}{4}\,\Sigma\,\Delta\,a^2 - \frac{1}{4}\,\Sigma\,a\,D_a,$$

ou bien, parce que les relations (11) donnent $\Sigma\,\Delta\,a^2 = \Sigma\,b\,D_b + \Sigma\,c\,D_c$,

$$(29) \quad \ldots \quad R = 1 - \frac{1}{4}\,\Sigma\,a\,D_a - \frac{1}{4}\,\Sigma\,b\,D_b - \frac{1}{4}\,\Sigma\,c\,D_c.$$

On tire des équations (26)

$$p^2 + q^2 + r^2 = R\,(\Sigma\,a\,D_a + \Sigma\,b\,D_b + \Sigma\,c\,D_c);$$

le facteur de R dans le second membre est égal à $4\,(1 - R)$ d'après (29), donc

$$(30) \quad \ldots \ldots \ldots \quad p^2 + q^2 + r^2 = 4\,R\,(1 - R).$$

La relation (21) donne encore $\Sigma\,b\,R_a = \frac{1}{2}\,\Sigma\,b\,\Delta\,a - \frac{1}{4}\,\Sigma\,b\,D_a$, ou bien, à cause de (14): $\Sigma\,b\,R_a = \frac{1}{2}\,\Sigma\,b\,\Delta\,a + \frac{1}{4}\,\Sigma\,\Delta\,a\,\Delta\,b$, c'est-à-dire: $\Sigma\,b\,R_a = \frac{1}{2}\,r$. On obtient de la même manière

$$(31) \quad \ldots \ldots \ldots \quad \begin{cases} p = 2\,\Sigma\,c\,R_b = -2\,\Sigma\,b\,R_c, \\ q = 2\,\Sigma\,a\,R_c = -2\,\Sigma\,c\,R_a, \\ r = 2\,\Sigma\,b\,R_a = -2\,\Sigma\,a\,R_b. \end{cases}$$

Les équations

$$\begin{aligned} a\,R_a + a'\,R_{a'} + a''\,R_{a''} &= R, \\ b\,R_a + b'\,R_{a'} + b''\,R_{a''} &= \tfrac{1}{2}\,r, \\ c\,R_a + c'\,R_{a'} + c''\,R_{a''} &= -\tfrac{1}{2}\,q, \end{aligned}$$

donnent maintenant la première des neuf relations

$$(32) \quad \begin{cases} R_a = a\,R + \frac{1}{2}\,(b\,r - c\,q), & R_b = b\,R + \frac{1}{2}\,(c\,p - a\,r), \\ R_{a'} = a'\,R + \frac{1}{2}\,(b'\,r - c'\,q), & R_{b'} = b'\,R + \frac{1}{2}\,(c'\,p - a'\,r), \\ R_{a''} = a''R + \frac{1}{2}\,(b''r - c''q), & R_{b''} = b''R + \frac{1}{2}\,(c''p - a''r), \\ \quad R_c = c\,R + \frac{1}{2}\,(a\,q - b\,p), \\ \quad R_{c'} = c'\,R + \frac{1}{2}\,(a'\,q - b'\,p), \\ \quad R_{c''} = c''R + \frac{1}{2}\,(a''q - b''p). \end{cases}$$

La somme des carrés des mêmes équations donne

$$\Sigma R_a^2 = R^2 + \tfrac{1}{4} q^2 + \tfrac{1}{4} r^2, \qquad [3]$$

donc

$$\Sigma R_a^2 + \Sigma R_b^2 + \Sigma R_c^2 = 3 R^2 + \tfrac{1}{2} (p^2 + q^2 + r^2),$$

c'est-à dire, en vertu de (30)

$$(33) \quad \ldots \ldots \quad \Sigma R_a^2 + \Sigma R_b^2 + \Sigma R_c^2 = R^2 + 2 R.$$

5. Revenons maintenant à la proposition II, qui a été démontrée seulement en supposant Δa, Δb, ..., $\Delta c''$ réels. Faisons donc: $D_a = D_b = \ldots = D_{c'} = 0$ et voyons ce qui s'en suit Les équations (29) et (26) donnent: $R = 1$, $p = 0$, $q = 0$, $r = 0$. Ensuite les équations (19)

$$\Delta a = 0, \ \Delta b = 0, \ \ldots, \ \Delta c'' = 0.$$

Comme nous l'avons déjà annoncé cette proposition II ne dépend donc en aucune façon de la réalité des quantités $\Delta a, \ldots, \Delta c''$.

6. Voyons maintenant dans quels cas la formule (18) cesse de déterminer l'axe de rotation, c'est-à-dire dans quels cas on a $p = 0$, $q = 0$, $r = 0$. La formule (30) fait voir que R est égal à l'unité ou à zéro.

Premier cas: $R = 1$, $p = 0$, $q = 0$, $r = 0$.

Les relations (28) font voir que tous les $D_a, \ldots, D_{c'}$ deviennent égaux à zéro, d'après la proposition II, il s'ensuit que tous les $\Delta a, \ldots, \Delta c''$ sont aussi égaux à zéro: il n'y a pas de déplacement. L'indétermination de l'axe de rotation dans ce cas est aussi annoncée par l'équation (13), elle est dans la nature des choses. Les quatre équations $R = 1$, $p = 0$, $q = 0$, $r = 0$ vérifiant la relation (30) équivalent à trois conditions, qui suffisent à déterminer le déplacement, qui est nul, comme on l'a vu. En effet, la condition $R = 1$ donne bien $p^2 + q^2 + r^2 = 0$, mais algébriquement cela n'entraîne nullement $p = 0$, $q = 0$, $r = 0$, bien que cela ait lieu en admettant seulement des valeurs réelles. P. e., supposons que le tableau (A) soit

$$\begin{vmatrix} 1 & 0 & 0 \\ 0 & 1 & 0 \\ 0 & 0 & 1 \end{vmatrix} \quad \text{et après le déplacement} \quad \begin{vmatrix} \tfrac{3}{2} & \tfrac{1}{2}i & i \\ \tfrac{1}{2}i & \tfrac{1}{2} & -1 \\ -i & 1 & 1 \end{vmatrix} \quad \text{donc}$$

$$\Delta a = \tfrac{1}{2}, \qquad \Delta b = \tfrac{1}{2}i, \qquad \Delta c = i,$$
$$\Delta a' = \tfrac{1}{2}i, \qquad \Delta b' = -\tfrac{1}{2}, \qquad \Delta c' = -1,$$
$$\Delta a'' = -i, \qquad \Delta b'' = 1, \qquad \Delta c'' = 0.$$

on trouvera $R = 1$, $p = 1$, $q = i$, $r = 0$.

Il en est tout autrement dans le

Second cas : $R = 0$, $p = 0$, $q = 0$, $r = 0$.

En effet, les équations (26) montrent que la condition $R = 0$ entraîne déjà ces trois autres : $p = 0$, $q = 0$, $r = 0$. Ce second cas est donc caractérisé par la condition unique $R = 0$, qui ne peut pas déterminer le déplacement, qu'on peut au contraire assujettir encore à deux autres conditions.

Pour reconnaître la signification de cette condition $R = 0$, il faut se reporter aux équations (4) et (5), qui donnent

$$x + \tfrac{1}{2}\Delta x = (a + \tfrac{1}{2}\Delta a)x_1 + (b + \tfrac{1}{2}\Delta b)y_1 + (c + \tfrac{1}{2}\Delta c)z_1,$$
$$y + \tfrac{1}{2}\Delta y = (a' + \tfrac{1}{2}\Delta a')y_1 + (b' + \tfrac{1}{2}\Delta b')y_1 + (c' + \tfrac{1}{2}\Delta c')z_1,$$
$$z + \tfrac{1}{2}\Delta z = (a'' + \tfrac{1}{2}\Delta a'')z_1 + (b'' + \tfrac{1}{2}\Delta b'')y_1 + (c'' + \tfrac{1}{2}\Delta c'')z_1.$$

On voit par là que $R = 0$ est la condition nécessaire et suffisante pour qu'il soit possible de satisfaire aux conditions

$$x + \tfrac{1}{2}\Delta x = 0,$$
$$y + \tfrac{1}{2}\Delta y = 0,$$
$$z + \tfrac{1}{2}\Delta z = 0,$$

par des valeurs de x_1, y_1, z_1 qui ne sont pas toutes nulles. Pour tous les points d'une certaine droite passant par l'origine on a alors $x + \Delta x = -x$, $y + \Delta y = -y$, $z + \Delta z = -z$, c'est-à-dire, après le déplacement cette droite se retrouve dans sa première position, avec superposition des deux moitiés différentes. Or une considération géométrique bien simple montre que le déplacement consiste alors dans une rotation de 180° autour d'un certain axe, et que toutes les droites passant par l'origine et situées dans un plan perpendiculaire à l'axe de rotation jouissent de la propriété énoncée. Ainsi, lorque $R = 0$, les trois plans

$$(a + \tfrac{1}{2}\Delta a)x_1 + (b + \tfrac{1}{2}\Delta b)y_1 + (c + \tfrac{1}{2}\Delta c)z_1 = 0,$$
$$(a' + \tfrac{1}{2}\Delta a')x_1 + (b' + \tfrac{1}{2}\Delta b')y_1 + (c' + \tfrac{1}{2}\Delta c')z_1 = 0,$$
$$(a'' + \tfrac{1}{2}\Delta a'')x_1 + (b'' + \tfrac{1}{2}\Delta b'')y_1 + (c'' + \tfrac{1}{2}\Delta c'')z_1 = 0$$

passent non seulement par une même droite, mais ces trois plans
coïncident avec un plan mené par l'origine perpendiculairement à
l'axe de rotation Autrement, et dans le langage de l'algèbre nous
pouvons énoncer cette :

Proposition III. Lorsque le déterminant R est égal à zéro, ces
neuf mineurs R_a, R_b, ..., $R_{c'}$ s'évanouissent en même temps

En effet, la supposition R = 0 donne $p = 0$, $q = 0$, $r = 0$, et dès
lors les équations (32) mettent en évidence notre proposition. Cette
démonstration, on le voit, ne dépend nullement de la réalité des
quantités $a, b, \ldots, \Delta a, \Delta b, \ldots$, comme la considération géométrique
qui nous a conduit d'abord à cette proposition. Dans le cas actuel,
la relation (21) donne encore : $D_a = 4 \left(a + \frac{1}{2} \Delta a \right)$ etc., en sorte que
l'équation (13) de l'axe de rotation peut s'écrire

$$(34) \quad \begin{cases} x_1 : y_1 : z_1 = a \ + \frac{1}{2} \Delta a \ : b \ + \frac{1}{2} \Delta b \ : c \ + \frac{1}{2} \Delta c, \\ \qquad\qquad = a' + \frac{1}{2} \Delta a' : b' + \frac{1}{2} \Delta b' : c' + \frac{1}{2} \Delta c', \\ \qquad\qquad = a'' + \frac{1}{2} \Delta a'' : b'' + \frac{1}{2} \Delta b'' : c'' + \frac{1}{2} \Delta c'', \end{cases}$$

ce qui est bien conforme à ce que nous venons de dire.

Il n'y a pas lieu de s'occuper du sens de la rotation, parce qu'une
rotation de 180° dans l'un ou l'autre sens produit le même effet.

7. Après avoir traité complètement le cas $p = 0$, $q = 0$, $r = 0$
nous en ferons abstraction dans la suite, et par conséquent l'axe
de rotation sera déterminé par l'équation (18). Il nous reste à déterminer l'amplitude et le sens de la rotation qui permet de passer de
la première position du système invariable à la seconde position.

Soit ϴ l'amplitude de la rotation; comme une rotation ϴ dans
un sens produit le même effet qu'une rotation 360°—ϴ effectuée
dans le sens contraire, nous pouvons supposer la valeur absolue
de ϴ inférieure à 180°. Prenons un point arbitraire P sur l'axe
de rotation et une droite O Q perpendiculaire à O P et liée au
système invariable. Pour amener la droite O Q dans sa position finale,
il faut la tourner d'un angle ϴ < 180° autour de O P, dans un certain
sens. Supposons que par une rotation de 90° dans le même sens,
la droite O Q vienne dans la position O R. Alors nous conviendrons
de considérer l'angle ϴ comme positif ou négatif selon que les trois

droites OP, OQ, OR ont ou n'ont pas la même disposition que les axes Ox, Oy, Oz. Nous avons pris arbitrairement la direction OP sur l'axe de rotation On voit qu'en prenant la direction opposée, le signe de Θ change.

Supposons OQ égal à l'unité et OQ' la position finale de OQ, on voit immédiatement que

$$Q\,Q'^2 = 4\sin^2 \tfrac{1}{2}\,\Theta,$$

et cette équation détermine complètement la valeur absolue de Θ

Soient x_1, y_1, z_1 les coordonnées de Q par rapport aux axes Ox_1, Oy_1, Oz_1. Les équations (5) donnent

$$\begin{aligned}
Q\,Q'^2 = \Delta x^2 + \Delta y^2 + \Delta z^2 = {} & x_1^2\,\Sigma\,\Delta\,a^2 + 2\,y_1\,z_1\,\Sigma\,\Delta\,b\,\Delta\,c \\
& + y_1^2\,\Sigma\,\Delta\,b^2 + 2\,z_1\,x_1\,\Sigma\,\Delta\,c\,\Delta\,a \\
& + z_1^2\,\Sigma\,\Delta\,c^2 + 2\,x_1\,y_1\,\Sigma\,\Delta\,a\,\Delta\,b.
\end{aligned}$$

En multipliant par R nous trouvons, en faisant attention aux relations (25)

$$\begin{aligned}
R\,(\Delta x^2 + \Delta y^2 + \Delta z^2) = {} & (q^2 + r^2)\,x_1^2 - 2\,q\,r\,y_1\,z_1 \\
& + (r^2 + p^2)\,y_1^2 - 2\,r\,p\,z_1\,x_1 \\
& + (p^2 + q^2)\,z_1^2 - 2\,p\,q\,x_1\,y_1 = \\
(p^2 + q^2 + r^2)\,(x_1^2 + y_1^2 + z_1^2) & - (p\,x_1 + q\,y_1 + r\,z_1)^2.
\end{aligned}$$

Mais on a $p\,x_1 + q\,y_1 + r\,z_1 = 0$, à cause de la perpendicularité de OP et OQ, et $x_1^2 + y_1^2 + z_1^2 = 1$; donc

$$4\,R\sin^2 \tfrac{1}{2}\,\Theta = p^2 + q^2 + r^2 = 4\,R\,(1 - R).$$

Nous arrivons donc à l'expression suivante, qui détermine la valeur absolue de Θ

(35) . . . . $\sin^2 \tfrac{1}{2}\,\Theta = 1 - R.$

Il faut encore déterminer le signe de Θ. Pour cela, soit $OP = 1$, et soient

$$\begin{matrix}
X_1, & Y_1, & Z_1 \\
X_2, & Y_2, & Z_2 \\
X_3, & X_3, & Z_3
\end{matrix}$$

les coordonnées de P, Q, Q' par rapport aux axes Ox_1, Oy_1, Oz_1 (dans leur position initiale). Le déterminant

$$\begin{vmatrix} X_1 & Y_1 & Z_1 \\ X_2 & Y_2 & Z_2 \\ X_3 & Y_3 & Z_3 \end{vmatrix}$$

est alors égal en valeur absolue au sextuple de la pyramide $OPQQ'$, c'est-à-dire égal à $\pm \sin \Theta$, et, d'après la manière dont nous déterminons le signe de Θ, le signe de ces deux expressions est encore le même, donc

$$\sin \Theta = \begin{vmatrix} X_1 & Y_1 & Z_1 \\ X_2 & Y_2 & Z_2 \\ X_3 & Y_3 & Z_3 \end{vmatrix} = \begin{vmatrix} X_1 & Y_1 & Z_1 \\ X_2 & Y_2 & Z_2 \\ X_3-X_2 & Y_3-Y_2 & Z_3-Z_2 \end{vmatrix}$$

$$\sin \Theta = (X_3 - X_2)(Y_1 Z_2 - Y_2 Z_1) + (Y_3 - Y_2)(Z_1 X_2 - Z_2 X_1)$$
$$+ (Z_3 - Z_2)(X_1 Y_2 - X_2 Y_1).$$

Or, en posant $S = \sqrt{p^2 + q^2 + r^2}$, on aura $X_1 = \dfrac{p}{S}$, $Y_1 = \dfrac{q}{S}$, $Z_1 = \dfrac{r}{S}$.

On peut prendre arbitrairement S positif ou négatif, il faut seulement conserver dans la suite la valeur adoptée.

Ensuite $X_3 - X_2$, $Y_3 - Y_2$, $Z_3 - Z_2$ sont évidemment les projections sur les axes Ox_1, Oy_1, Oz_1 de la ligne QQ'. Or on connaît, par les formules (5), les projections de QQ' sur les axes Ox, Oy, Oz; on en conclut

$$X_3 - X_2 = X_2 \Sigma a \Delta a + Y_2 \Sigma a \Delta b + Z_2 \Sigma a \Delta c,$$
$$Y_3 - Y_2 = X_2 \Sigma b \Delta a + Y_2 \Sigma b \Delta b + Z_2 \Sigma b \Delta c,$$
$$Z_3 - Z_2 = X_2 \Sigma c \Delta a + Y_2 \Sigma c \Delta b + Z_2 \Sigma c \Delta c.$$

Or on trouve facilement, à l'aide des équations (2), (16), (25)

$$(36) \quad \ldots \ldots \quad \begin{cases} R \Sigma a \Delta a = -\frac{1}{2}(q^2 + r^2), \\ R \Sigma b \Delta b = -\frac{1}{2}(r^2 + p^2), \\ R \Sigma c \Delta c = -\frac{1}{2}(p^2 + q^2). \end{cases}$$

$$(37) \quad \ldots \begin{cases} R \Sigma b \Delta c = -Rp + \frac{1}{2}qr, & R \Sigma c \Delta b = +Rp + \frac{1}{2}qr, \\ R \Sigma c \Delta a = -Rq + \frac{1}{2}rp, & R \Sigma a \Delta c = +Rq + \frac{1}{2}rp, \\ R \Sigma a \Delta b = -Rr + \frac{1}{2}pq, & R \Sigma b \Delta a = +Rr + \frac{1}{2}pq. \end{cases}$$

En introduisant ces valeurs et celles-ci: $X_1 = \dfrac{p}{S}$, $Y_1 = \dfrac{q}{S}$, $Z_1 = \dfrac{r}{S}$, il vient

$$R S \sin \Theta = \left[-\tfrac{1}{2}(q^2 + r^2)\, X_2 \quad + (-R\, r + \tfrac{1}{2}\, p\, q)\, Y_2 \quad + (R\, q + \tfrac{1}{2}\, r\, p)\, Z_2 \right]$$
$$(q\, Z_2 - r\, Y_2)$$
$$+ \left[(R\, r + \tfrac{1}{2}\, p\, q)\, X_2 \quad - \tfrac{1}{2}(r^2 + p^2)\, Y_2 \quad + (-R\, p + \tfrac{1}{2}\, q\, r)\, Z_2 \right]$$
$$(r\, X_2 - p\, Z_2)$$
$$+ \left[(-R\, q + \tfrac{1}{2}\, r\, p)\, X_2 \quad + (R\, p + \tfrac{1}{2}\, q\, r)\, Y_2 \quad - \tfrac{1}{2}(p^2 + q^2)\, Z_2 \right]$$
$$(p\, Y_2 - q\, X_2).$$

En réduisant, le second membre devient divisible par R et l'on obtient

$$S \sin \Theta = (q^2 + r^2)\, X_2^2 - 2\, q\, r\, Y_2\, Z_2$$
$$+ (r^2 + p^2)\, Y_2^2 - 2\, r\, p\, Z_2\, X_2$$
$$+ (p^2 + q^2)\, Z_2^2 - 2\, p\, q\, X_2\, Y_2$$

et comme tout à l'heure $S \sin \Theta = p^2 + q^2 + r^2 = S^2$; donc définitivement

$$(38) \quad . \quad . \quad . \quad . \quad . \quad . \quad . \quad . \quad . \quad \sin \Theta = S.$$

Les formules (35) et (38), c'est-à-dire

$$\sin \Theta = S,$$
$$\cos \Theta = 2\, R - 1$$

donnent sans aucune ambiguïté l'angle de rotation Θ.

8. La position du système invariable dépend de trois paramètres. Par conséquent, on peut se proposer de déterminer la seconde position en connaissant la première position et les trois quantités p, q, r. Nous avons à exprimer $\Delta a, \ldots, \Delta c''$ à l'aide de p, q, r et de $a, b, c, \ldots, c''$. Les formules que nous avons développées donnent facilement la solution de ce problème. Remarquons d'abord que la quantité R se détermine à l'aide de la relation $p^2 + q^2 + r^2 = 4\, R\, (1 - R)$. On trouve deux valeurs de R qui se rapportent à deux rotations autour d'un même axe, mais dont les amplitudes sont supplémentaires. Les formules (19) et (32) donnent ensuite

$$(39) \quad R \Delta a = R\, (b\, r - c\, q) + \tfrac{1}{2}\, p\, (a\, p + b\, q + c\, r) - \tfrac{1}{2}\, u\, (p^2 + q^2 + r^2). \quad [9]$$

Voici une autre expression des $\Delta a, \ldots, \Delta c''$ qu'on obtient à l'aide de (21) et (32)

$$(40) \quad . \quad . \quad . \quad . \quad \Delta a = b\, r - c\, q + \tfrac{1}{2}\, D_a - 2\, a\, (1 - R). \quad [9]$$

Désignons par u, v, w les cosinus des angles que la direction OP de l'axe de rotation fait avec les axes Ox_1, Oy_1, Oz_1, et par k, k', k'' les cosinus des angles que la même direction fait avec les axes Ox, Oy, Oz; on aura, d'après ce qui précède

$$p = u \sin \Theta, \qquad ap + bq + cr = k \sin \Theta,$$
$$q = v \sin \Theta, \qquad a'p + b'q + c'r = k' \sin \Theta,$$
$$r = w \sin \Theta, \qquad a''p + b''q + c''r = k'' \sin \Theta.$$

Les équations (28) prennent la forme simple

$$D_a = 2(1 - \cos \Theta)uk, \quad D_b = 2(1 - \cos \Theta)vk, \quad D_c = 2(1 - \cos \Theta)wk,$$
$$D_{a'} = 2(1 - \cos \Theta)uk', \quad D_{b'} = 2(1 - \cos \Theta)vk', \quad D_{c'} = 2(1 - \cos \Theta)wk',$$
$$D_{a''} = 2(1 - \cos \Theta)uk'', \quad D_{b''} = 2(1 - \cos \Theta)vk'', \quad D_{c''} = 2(1 - \cos \Theta)wk'',$$

et les formules (40)

$$\Delta a = \sin \Theta (bw - cv) + (1 - \cos \Theta)(uk - a). \qquad [9]$$

9. Les équations (13) et (18) sont celles de l'axe de rotation par rapport aux axes Ox_1, Oy_1, Oz_1. On obtient des équations aussi simples par rapport aux axes Ox, Oy, Oz. En effet, on a $x_1 = ax + a'y + a''z$, donc $0 = x\Delta a + y\Delta a' + z\Delta a'' + a\Delta x + a'\Delta y + a''\Delta z + \Delta a\Delta x + \Delta a'\Delta y + \Delta a''\Delta z$, et par conséquent l'axe de rotation est déterminé par

$$0 = x\Delta a + y\Delta a' + z\Delta a'',$$
$$0 = x\Delta b + y\Delta b' + z\Delta b'',$$
$$0 = x\Delta c + y\Delta c' + z\Delta c'',$$

d'où

$$(41) \dots \dots \dots \left\{ \begin{array}{l} x : y : z = D_a : D_{a'} : D_{a''} \\ \qquad = D_b : D_{b'} : D_{b''} \\ \qquad = D_c : D_{c'} : D_{c''}. \end{array} \right.$$

En poursuivant cette voie, il faudrait introduire, au lieu de p, q, r, trois autres quantités s, s', s'' par les équations

$$(42) \dots \left\{ \begin{array}{l} s = S(a' + \frac{1}{2}\Delta a')\Delta a'' = -S(a'' + \frac{1}{2}\Delta a'')\Delta a', \\ s' = S(a'' + \frac{1}{2}\Delta a'')\Delta a = -S(a + \frac{1}{2}\Delta a)\Delta a'', \\ s'' = S(a + \frac{1}{2}\Delta a)\Delta a' = -S(a' + \frac{1}{2}\Delta a')\Delta a. \end{array} \right.$$

Ici le signe sommatoire S a rapport à trois termes qu'on déduit de celui qui est écrit en changeant a en b et en c.

L'axe de rotation est déterminé alors aussi par

$$(43) \quad . \quad . \quad . \quad . \quad . \quad . \quad . \quad x : y : z = s : s' : s''.$$

On obtient du reste un système de relations tout à fait semblable aux formules que nous avons déduites dans le n° 4; je crois inutile de m'y arrêter et je me contenterai de donner ces relations

$$(44) \quad . \quad . \quad \begin{cases} s = a\,p + b\,q + c\,r, & p = a\,s + a'\,s' + a''\,s'', \\ s' = a'\,p + b'\,q + c'\,r, & q = b\,s + b'\,s' + b''\,s'', \\ s'' = a''\,p + b''\,q + c''\,r, & r = c\,s + c'\,s' + c''\,s''. \end{cases}$$

XXVII.

(Paris, C.-R. Acad. Sci., 98, 1884, 663—664.)

Sur quelques applications arithmétiques de la théorie des fonctions elliptiques.

(Extrait d'une Lettre adressée à M. Hermite.)

Je viens de lire, dans les Comptes rendus, l'intéressant article de M. Hurwitz, qui m'a fait consulter de nouveau l'article de M. Liouville (2° série, t. IV) M. Hurwitz a parfaitement raison en disant qu'une partie des résultats que j'ai donnés se déduisent des théorèmes que M. Liouville y donne. En effet, ces théorèmes ne sont autre chose que l'interprétation arithmétique de votre première formule

$$1^2 q + 2^2 q^{2^2} + 3^2 q^{3^2} + \cdots$$
$$= (1 - 2q + 2q^{2^2} + 2q^{3^2} + \cdots) \left[\frac{q^1}{(1+q)^2} + \frac{q^3}{(1+q^3)^2} + \frac{q^5}{(1+q^5)^2} + \cdots \right].$$

Mais vous savez que la déduction de cette relation

$$F(4^k m) = 240 [2 f(k) - 1] B(m) \qquad (m \equiv 1, \bmod 8)$$

ne se peut tirer de là, et alors votre seconde formule

$$1^2 q^{\frac{1^2}{4}} + 3^2 q^{\frac{3^2}{4}} + 5^2 q^{\frac{5^2}{4}} + \cdots$$
$$= \left(q^{\frac{1}{4}} + q^{\frac{3^2}{4}} + q^{\frac{5^2}{4}} + \cdots \right) \left[1 + \frac{8 q^2}{(1+q^2)^2} + \frac{8 q^4}{(1+q^4)^2} + \cdots \right]$$

(ou quelque théorème arithmétique équivalent) devient indispensable. A la fin de son article, M. Liouville dit lui-même que ces théorèmes donnent lieu à quelques résultats curieux concernant la décomposition en cinq carrés, et il exprime son intention d'exposer cela dans un autre article; mais je ne crois pas qu'il ait publié cet article.

Quand je me suis occupé de la décomposition en sept carrés, la première chose que j'ai tâché d'obtenir, c'étaient ces relations entre $F_7(4m)$ et $F_7(m)$. J'avais mené a bonne fin cette recherche, mais je sentais encore le besoin de revoir mes raisonnements et mes calculs Après cette revision, voici les résultats, qui ne sont guère plus compliqués que dans le cas de la décomposition en cinq carrés.

Soient $f(k) = \dfrac{40 \cdot 32^k - 9}{31}$, $g(k) = \dfrac{32^{k+1} - 1}{31}$ et $F_7(n)$ le nombre total des décompositions de n en sept carrés, alors

$$F_7(4^k m) = f(k) F_7(m) \qquad (m \equiv 1 \text{ ou } 2, \bmod 4),$$
$$F_7(4^k m) = g(k) F_7(m) \qquad (m \equiv 3 \qquad \bmod 8),$$
$$F_7(4^k m) = \frac{28 f(k) + 9}{37} F_7(m) \qquad (m \equiv 7 \qquad \bmod 8).$$

Il serait intéressant de déduire ces relations encore des formules elliptiques, mais je n'ai point sérieusement abordé cette question, ayant abandonné ces recherches après quelques tentatives infructueuses, et, pour le moment, d'autres travaux demandent tous mes efforts.

Mais voici encore un autre résultat, bien particulier certainement, auquel conduit l'analyse des fonctions elliptiques.

Soit d un nombre parcourant les diviseurs impairs de n,

$$\psi(n) = \Sigma(-1)^{\frac{1}{2}(d-1) + \frac{1}{8}(d'-1)} = \sum\left(\frac{-2}{d}\right) \text{ et } \psi(0) = \tfrac{1}{2},$$

alors, dans le cas $n \equiv 2 \pmod 4$, on peut exprimer la fonction $F(n)$ de M. Kronecker par la formule

$$F(n) = \tfrac{1}{2} \Sigma \psi(n - 2r^2) = \Sigma \psi(n - 8r^2) \qquad (r = 0, \pm 1, \pm 2, \ldots).$$

A l'aide de la méthode de M. Hurwitz, on peut tirer de là la valeur de $F(2k^2)$, en sorte que la relation générale

$$F(n p^{2k}) = \left[p^k + p^{k-1} + \ldots + p + 1 - \left(\frac{-n}{p}\right)(p^{k-1} + \ldots + p + 1)\right] F(n)$$

est vérifiée maintenant, dans les cas $n = k^2$, $n = 2k^2$, à l'aide des formules elliptiques.

XXVIII.

(Bul. Sci. math., Paris, sér. 2, 8, 1884, 175—176.)

Sur le caractère du nombre 2 comme résidu ou non-résidu quadratique.

Soit p un nombre premier impair et considérons la suite des $p-1$ nombres

(A) . . . . $1, 2, 3, \ldots, p-1$.

Nous dirons que deux nombres consécutifs k, $k+1$ présentent une variation lorsque l'un d'eux est résidu, l'autre non-résidu quadratique de p.

Cela posé, on voit facilement que le nombre total des variations dans la suite (A) est égal à $\frac{p-1}{2}$. En effet, deux nombres k, $k+1$, présentent une variation ou non, selon que le nombre r_k défini par

$$k+1 \equiv k\, r_k \quad (\mathrm{mod}\, p)$$

est non-résidu ou résidu. Mais il est évident que les nombres

$$r_1, r_2, r_3, \ldots, r_{p-2}$$

sont tous différents et qu'aucun d'eux n'est égal à l'unité, en sorte que ces nombres sont

$$2, 3, 4, \ldots, p-1,$$

en faisant abstraction de l'ordre. Le nombre des non-résidus parmi eux, c'est-à-dire le nombre des variations dans la suite (A), est donc bien égal à $\frac{p-1}{2}$.

Supposons maintenant $p \equiv 1 \pmod 4$. Le nombre des variations dans la suite (A) étant pair, et le premier nombre 1 de cette suite étant

450

résidu, il s'ensuit que le dernier $p-1$ ou -1 est aussi résidu. Deux nombres k et $p-k$ sont donc en même temps résidus ou non-résidus: d'où il suit que le nombre des variations dans la suite

(B) . . . . $1, 2, 3, \ldots, \dfrac{p-1}{2}$

est égal à $\dfrac{p-1}{4}=n$.

Si n est pair, c'est-à-dire $p \equiv 1 \pmod 8$, le dernier nombre $\dfrac{p-1}{2}$ sera donc nécessairement résidu, et partant 2 est résidu.

Si n est impair, c'est-à-dire $p \equiv 5 \pmod 8$, $\dfrac{p-1}{2}$ et 2 seront non-résidus.

Soit en second lieu $p \equiv 3 \pmod 4$. Le nombre des variations dans la suite (A) étant impair, $p-1$ ou -1 sera non-résidu et le nombre des variations dans la suite (B) sera égal à $\dfrac{p-3}{4}=n$.

Si n est pair, c'est-à-dire $p \equiv 3 \pmod 8$, $\dfrac{p-1}{2}$ sera résidu, partant 2 sera non-résidu.

Si n est impair, c'est-à-dire $p \equiv 7 \pmod 8$, $\dfrac{p-1}{2}$ sera non-résidu et 2 résidu quadratique de p.

XXIX.

(Astr. Nachr., Kiel, 109, 1884, 145—152.)

Quelques remarques sur l'intégration d'une équation différentielle.

1. L'équation différentielle, étudiée par M. H. Bruns dans les n°s 2533, 2553 de ce Journal (voyez aussi l'article de M. Callandreau dans le n^0 2547)

$$(1) \quad \ldots \ldots \ldots \quad \frac{d^2x}{dt^2} + n^2 x = 2\,\beta\,x\cos t$$

a été considérée aussi par M. F. Lindemann dans les Mathematische Annalen, Bd. XXII, p. 117 e. s. Il m'a paru intéressant de rapprocher ces deux solutions et de déduire les conclusions de M. Bruns de l'analyse de M. Lindemann.

En posant $\cos^2 \frac{1}{2} t = u$, on obtient

$$(1') \quad . . \quad u(1-u)\frac{d^2x}{du^2} + \tfrac{1}{2}(1-2u)\frac{dx}{du} + (n^2 + 2\beta - 4\beta u)x = 0$$

et les leux intégrales particulières dont se compose l'intégrale générale sont, d'après l'analyse de M. Lindemann

$$(2) \quad \ldots \quad \begin{cases} C\sqrt{F(u)}\; e^{+iM\int \frac{du}{F(u)\sqrt{u(1-u)}}} \\[2mm] C_1\sqrt{F(u)}\; e^{-iM\int \frac{du}{F(u)\sqrt{u(1-u)}}} \end{cases} \qquad (i = \sqrt{-1})$$

Ici

$$(3) \quad \ldots \ldots \ldots \quad F(u) = \sum_0^\infty c_k\, u^k$$

est une série, convergente pour une valeur quelconque de u. C et C$_1$

sont deux constantes arbitraires, mais la constante M est parfaitement déterminée dès qu'on connaît $F(u)$; en effet, la substitution des expressions précédentes dans l'équation différentielle conduit à la relation

$$(4) \quad . \quad M^2 = \tfrac{1}{2} u (1-u) F(u) F''(u) - \tfrac{1}{4} u (1-u) F'(u) F'(u) +$$
$$+ \tfrac{1}{4} (1-2u) F(u) F'(u) + (n^2 + 2\beta - 4\beta u) F(u) F(u).$$

On en déduit par la différentiation et division par $F(u)$

$$(5) \quad . \quad u (1-u) F'''(u) + \tfrac{3}{2} (1-2u) F''(u) +$$
$$+ (4 n^2 + 8\beta - 1 - 16\beta u) F'(u) - 8\beta F(u) = 0.$$

A un facteur constant près, qui s'élimine de lui-même dans les expressions (2), la fonction $F(u)$ est parfaitement déterminée par ces deux conditions: 1^0 de satisfaire à l'équation (5), 2^0 d'être holomorphe dans tout le plan.

2. En introduisant de nouveau t, les intégrales de l'équation (1) se présentent sous la forme

$$G(t) = C \sqrt{F(\cos^2 \tfrac{1}{2} t)}\, e^{+iM \int^t \frac{dt}{F(\cos^2 \frac{1}{2} t)}},$$

$$G_1(t) = C_1 \sqrt{F(\cos^2 \tfrac{1}{2} t)}\, e^{-iM \int^t \frac{dt}{F(\cos^2 \frac{1}{2} t)}}.$$

Supposons maintenant, ce qui a lieu en général, que la constante M qui est déterminée par (4), soit différente de zéro. Alors on voit que $F(u)$ et $F'(u)$ ne peuvent s'évanouir pour une même valeur de u, en sorte que toutes les racines de $F(u) = 0$ sont des racines simples, et de plus les valeurs 0 et 1 ne sont point des racines de cette équation.

On en conclut que la fonction $F(\cos^2 \tfrac{1}{2} t)$, qui est aussi une fonction holomorphe de t, n'admet que des racines simples en la considérant comme fonction de t, comme nous le ferons dans la suite.

Cela étant, il est facile de voir que $G(t)$ et $G_1(t)$ sont des fonctions uniformes de t. Supposons en effet que la variable t, en partant d'une valeur t_0 décrit un contour fermé, en sorte que la valeur finale est égale à t_0. Alors, si le contour contient une seule racine a de

$F(\cos^2 \frac{1}{2} t) = 0$, les valeurs initiales et finales de $\sqrt{F(\cos^2 \frac{1}{2} t)}$ sont de signe contraire. Mais l'intégrale $\int^t \frac{dt}{F(\cos^2 \frac{1}{2} t)}$ aura éprouvé un accroissement égal à

$$\frac{\pm\, 2\, i\, \pi}{F'(a)\, \sqrt{a(1-a)}}$$

mais, d'après (4) on a

$$2\, i\, M = \pm\, F'(a)\, \sqrt{a(1-a)}$$

et l'expression exponentielle $e^{\pm i M \int^t \frac{dt}{F(\cos^2 \frac{1}{2} t)}}$ sera donc multipliée par le facteur $e^{\pm i \pi} = -1$, en sorte que la valeur finale de $G(t)$ coïncide avec la valeur initiale. La même chose a lieu quand le contour renfermerait plusieurs racines; $G(t)$ et $G_1(t)$ sont donc bien des fonctions uniformes de t, de plus elles ne deviennent jamais infinies.

En étudiant d'une manière analogue la variation qu'éprouve la fonction $G(t)$, lorsque la variable croît d'une valeur t à $t + 2\pi$, on arrive au résultat suivant:

Considérons l'intégrale: $\int_0^{2\pi} \frac{dt}{F(\cos^2 \frac{1}{2} t)}$, le chemin de l'intégration peut être choisi d'une manière arbitraire, seulement il ne doit passer par aucune racine de $F(\cos^2 \frac{1}{2} t) = 0$. Supposons que dans l'expression $\sqrt{F(\cos^2 \frac{1}{2} t)}$ on fait varier la variable t de 0 à 2π en passant par les mêmes valeurs que dans l'intégrale. Alors les valeurs initiales et finales de $\sqrt{F(\cos^2 \frac{1}{2} t)}$ se distingueront par le facteur $(-1)^r$, r étant égale à 0 ou à 1. Posons

$$\mu = (-1)^r\, e^{i M \int_0^{2\pi} \frac{dt}{F(\cos^2 \frac{1}{2} t)}}$$

alors

$$G(t + 2\pi) = \mu\, G(t),$$

$$G_1(t + 2\pi) = \frac{1}{\mu}\, G_1(t).$$

La constante μ est indépendante du chemin de l'intégration qu'on a choisi En déterminant donc m par

$$\mu = e^{2i\pi m}$$

c'est-à-dire

(6) . . . . $m = \dfrac{M}{2\pi} \displaystyle\int_0^{2\pi} \dfrac{dt}{F(\cos^2 \frac{1}{2} t)} + \dfrac{r}{2}$

et posant

$$G(t) = e^{+imt} H(t),$$

$$G_1(t) = e^{-imt} H_1(t),$$

on aura $H(t + 2\pi) = H(t)$, $H_1(t + 2\pi) = H_1(t)$, et d'après un théorème connu, on pourra donc développer ces fonctions de la manière suivante

$$H(t) = \sum_{-\infty}^{+\infty} {}_k\, m_k\, e^{ikt},$$

$$H_1(t) = \sum_{-\infty}^{+\infty} {}_k\, n_k\, e^{ikt},$$

les séries étant convergentes pour une valeur quelconque de t.

Nous avons retrouvé ainsi le résultat de M Bruns, on voit de plus que la constante m, déterminée par (6), a la même signification que dans le mémoire de M. Bruns.

Comme la détermination de cette constante m est la principale difficulté qu'on rencontre dans l'application numérique, nous allons donner un moyen facile pour obtenir l'expression de la fonction $F(u)$ qui figure dans (6). En effet, les moyens proposés par M. Linde-mann pour déterminer $F(u)$, quoique irréprochables au point de vue théorique, ne sont pas propres pour le calcul

8. La substitution de la série $\sum_0^\infty c_k\, u^k$ dans l'équation différentielle (5) conduit à une relation récurrente, que nous écrivons ainsi

(7) . . . . $v_{k+1}\, c_{k+2} = u_k\, c_{k+1} + c_k,$

455

où

$$(8) \quad \begin{cases} u_k = \dfrac{(k+1)[(k+1)^2 - 4\,n^2 - 8\,\beta]}{8\,\beta\,(2\,k+1)}, \\[2mm] v_k = \dfrac{k\,(k+1)\,(2\,k+1)}{16\,\beta\,(2\,k-1)}. \end{cases}$$

Il semble donc qu'on peut choisir arbitrairement c_0 et c_1, pour calculer successivement c_2, c_3, ... Mais cela n'est pas, car en agissant ainsi, la série $\sum c_k u^k$ ne serait pas convergente pour une valeur quelconque de u. Il faut au contraire déterminer le rapport $c_1 : c_0$ par cette condition que la série converge toujours. Supposons β différent de zéro (pour $\beta = 0$ l'équation (1) s'intègre immédiatement) on voit que u_k, v_k deviennent infiniment grand avec k, mais leur rapport s'approche de l'unité. Pour une valeur assez grande de k la fraction continue

$$u_k + v_{k+1} : u_{k+1} + v_{k+2} : u_{k+2} + v_{k+3} : \ldots$$

sera donc convergente, et l'on calcule facilement sa valeur numérique, qui sera peu différente de u_k lorsque k est grand.

Cela étant, donnons à c_k une valeur arbitraire différente de zéro et calculons c_{k+1} par la formule

$$(9) \quad -\frac{c_k}{c_{k+1}} = u_k + v_{k+1} : u_{k+1} + v_{k+2} : \ldots$$

Connaissant maintenant c_k et c_{k+1} on peut calculer tous les autres coefficients à l'aide de (7). Lorsqu'aucun des coefficients c_0, c_1, ..., c_{k-1} s'évanouit, cela revient à la même chose que d'appliquer la formule (9) pour $k = 0, 1, 2, \ldots$

Il est évident d'abord, qu'en agissant ainsi la série $\sum c_k u^k$ satisfait à l'équation différentielle (5); et en second lieu, pour une valeur très grande de k on a à peu près $\dfrac{c_k}{c_{k+1}} = -u_k$, en sorte que la série converge pour une valeur quelconque de u.

Ayant obtenu la fonction $F(u)$, on trouvera M par l'équation (4), par exemple en posant $u = 0$

$$(10) \quad M^2 = \tfrac{1}{4} c_0 c_1 + (n^2 + 2\,\beta)\, c_0 c_0.$$

Si la valeur de M qu'on en déduit est réelle (nous supposons maintenant n^2 et β réels), la fonction $F(u)$ ne peut s'évanouir pour une valeur réelle de u comprise entre 0 et 1; en effet, lorsque $F(u) = 0$, on a

$$M^2 = -\tfrac{1}{4} u (1-u) F'(u) F'(u).$$

Dans ce cas on peut choisir dans (6) un chemin d'intégration rectiligne et $r = 0$. En appliquant une quadrature mécanique pour le calcul numérique on pourra donc calculer m à l'aide de l'expression

$$(11) \quad \ldots \ldots \ldots \quad m = \frac{M}{s} \sum_1^s k \frac{1}{F\left(\cos^2 \dfrac{(2k-1)\pi}{4s}\right)}.$$

4. Il résulte de l'analyse de M. Bruns que la valeur de m ne change point quand on remplace β par $-\beta$. On peut le vérifier aussi à l'aide des formules obtenues. L'équation (5) ne changeant point lorsqu'on remplace simultanément β par $-\beta$ et u par $1 - u$, on en conclut

$$(12) \quad \ldots \ldots \ldots \ldots \quad F(-\beta, u) = A F(\beta, 1-u),$$

A étant une constante. Nous écrivons maintenant $F(\beta, u)$ au lieu de $F(u)$ pour mettre en évidence la constante β. Soit M' la valeur de M, quand β est remplacé par $-\beta$, alors

$$M^2 = \tfrac{1}{4} F(\beta, 0) F'(\beta, 0) + (n^2 + 2\beta) F(\beta, 0) F(\beta, 0)$$

et posant $u = 1$ dans (4) après avoir changé β en $-\beta$

$$M'^2 = -\tfrac{1}{4} F(-\beta, 1) F'(-\beta, 1) + (n^2 + 2\beta) F(-\beta, 1) F(-\beta, 1).$$

En posant $u = 1$ dans l'équation (12) et dans celle qu'on en déduit par la différentiation, on voit que

$$M'^2 = A^2 M^2$$

et comme le signe est indifférent, $M' = A M$. Mais on a

$$m = \frac{M}{2\pi} \int_0^{2\pi} \frac{dt}{F(\beta, \cos^2 \tfrac{1}{2} t)} + \frac{r}{2}$$

et

$$m' = \frac{M'}{2\pi} \int_0^{2\pi} \frac{dt}{F(-\beta, \cos^2 \tfrac{1}{2} t)} + \frac{r'}{2},$$

en désignant par m' la valeur de m après le changement de β en $-\beta$. En se rapportant à la signification de r et r', on voit facilement que la relation (12) donne $r = r'$, et l'on aura $m = m'$ comme l'a trouvé M. Bruns. Au reste il va sans dire que la constante m n'étant pas entièrement déterminée, on peut toujours remplacer m par $m + k$, k étant un nombre entier, et changer encore le signe de m. Dans l'expression (6) cette double indétermination est indiquée d'abord parce que le signe de M, n'est pas déterminé, et en second lieu parce que le chemin de l'intégration reste arbitraire.

Pour compléter cette étude, il faudrait discuter le cas $M = 0$. Mais comme cette discussion devient un peu longue parce qu'il y a plusieurs cas à distinguer et qu'elle est de peu d'importance pour l'application, je n'entrerai point dans cette discussion.

5. Quand $\beta = 0$, la fonction $F(u)$ se réduit à une constante, et l'on peut, pour une valeur suffisamment petite de β, développer $F(u)$ suivant les puissances croissantes de β. Il est aisé d'obtenir ce développement. En effet, en posant $c_0 = 1$, on voit facilement à l'aide des fractions continues qui expriment les rapports $c_0 : c_1$, $c_1 : c_2$ etc. que le développement suivant les puissances de β donnera

$$c_1 = p_1 \beta + p_2 \beta^2 + p_3 \beta^3 + \cdots,$$
$$c_2 = q_2 \beta^2 + q_3 \beta^3 + \cdots,$$
$$c_3 = r_3 \beta^3 + \cdots,$$

etc. en sorte qu'en général c_k commence par un terme avec β^k. On pourra calculer encore facilement de proche en proche les coefficients $p_1, p_2, \ldots, q_2, \ldots$ qui dépendent seulement de n^2. Ce sont des fonctions rationnelles de n^2, dont les dénominateurs renferment seulement des facteurs de la forme $4n^2 - k^2$, k étant un nombre entier. On aura par conséquent

$$F(u) = 1 + L_1 \beta + L_2 \beta^2 + L_3 \beta^3 + \cdots,$$

où

$$L_1 = p_1 u,$$
$$L_2 = p_2 u + q_2 u^2,$$
$$L_3 = p_3 u + q_3 u^2 + r_3 u^3,$$
$$\text{etc.}$$

Nous pouvons obtenir maintenant sans difficulté le développement de m suivant les puissances de β, développement dont M. Bruns a calculé les premiers termes par un procédé bien différent. En effet, la formule (6) devient dans le cas actuel que β est suffisamment petit

$$(13) \ldots \ldots \ldots \ldots m = \frac{M}{2\pi} \int_0^{2\pi} \frac{dt}{F(\cos^2 \frac{1}{2} t)}$$

et la formule (10) donne à cause de $c_0 = 1$

$$M^2 = n^2 + 2\beta + \tfrac{1}{4} c_1.$$

Il suffit donc de développer M et $1 : F(u)$ suivant les puissances de β, et de substituer dans la formule (13) pour obtenir le développement cherché de m. Comme nous le savons ce développement doit renfermer seulement les puissances paires de β, c'est ce qu'on ne voit pas à priori par le calcul indiqué. Il vaut donc mieux de diriger ce calcul d'une manière légèrement différente.

Déterminons la constante arbitraire que renferme $F(u)$ de manière que $F(\frac{1}{2}) = 1$ et posons

$$(14) \ldots \ldots F\left(\frac{1+v}{2}\right) = e_0 + e_1 v + e_2 v^2 + e_3 v^3 + \cdots$$

où $e_0 = 1$. La comparaison avec le développement $F(u) = \sum c_k u^k$ fait voir que le développement de e_k suivant les puissances de β commence par un terme avec β^k. En outre la formule (12) fait voir maintenant que la série $\sum e_k v^k$ doit rester la même en changeant à la fois v en $-v$, et β en $-\beta$, en sorte que le développement de v^k contiendra seulement des termes en β^k, β^{k+2}, β^{k+4}, ... En posant donc

$$F\left(\frac{1+v}{2}\right) = N_0 + N_1 \beta + N_2 \beta^2 + N_3 \beta^3 + \cdots$$

N_k sera un polynôme en v qui contiendra seulement des termes en v^k, v^{k-2}, v^{k-4}, ... et qui ne renferme point de terme sans v. On trouve

$$N_0 = 1$$

$$N_1 = \frac{4}{4\,n^2 - 1}\,v$$

$$N_2 = \frac{24}{(4\,n^2 - 1)\,(4\,n^2 - 4)}\,v^2$$

$$N_3 = \frac{160}{(4\,n^2 - 1)\,(4\,n^2 - 4)\,(4\,n^2 - 9)}\left[v^3 - \frac{6}{4\,n^2 - 1}\,v\right]$$

$$N_4 = \frac{1120}{(4\,n^2 - 1)\,(4\,n^2 - 4)\,(4\,n^2 - 9)\,(4\,n^2 - 16)}\left[v^4 - \frac{60}{7}\cdot\frac{8\,n^2 - 11}{(4\,n^2 - 1)\,(4\,n^2 - 4)}\,v^2\right].$$

En général, lorsqu'on connaît les coefficients a, β, γ, ... du polynôme

$$N_{k-1} = a\,v^{k-1} - \beta\,v^{k-3} + \gamma\,v^{k-5} - \delta\,v^{k-7} + \cdots$$

on pourra calculer ceux du polynôme N_k

$$N_k = a_1\,v^k - \beta_1\,v^{k-2} + \gamma_1\,v^{k-4} - \delta\,v^{k-6} + \cdots$$

à l'aide des formules suivantes

$$k\,[4\,n^2 - k^2]\,a_1 = 4\,(2\,k - 1)\,a,$$

$$(k-2)\,[4\,n^2 - (k-2)^2]\,\beta_1 - k\,(k-1)\,(k-2)\,a_1 = 4\,(2\,k - 5)\,\beta,$$

$$(k-4)\,[4\,n^2 - (k-4)^2]\,\gamma_1 - (k-2)\,(k-3)\,(k-4)\,\beta_1 = 4\,(2\,k - 9)\,\gamma,$$

$$(k-6)\,[4\,n^2 - (k-6)^2]\,\delta_1 - (k-4)\,(k-5)\,(k-6)\,\gamma_1 = 4\,(2\,k - 13)\,\delta,$$

dont la loi est évidente. C'est ce qu'on trouve sans difficulté à l'aide de l'équation différentielle à laquelle satisfait la fonction $F(u)$.

Le développement de $F\left(\dfrac{1 + v}{2}\right)$ étant obtenu ainsi, on en déduit

$$1 : F\left(\frac{1 + v}{2}\right) = 1 - N_1\,\beta + (N_1^2 - N_2)\,\beta^2 - (N_1^3 - 2\,N_1\,N_2 + N_3)\,\beta^3 + \cdots,$$

$$\frac{1}{2\,\pi}\int_0^{2\pi}\frac{d\,t}{F(\cos^2\frac{1}{2}t)} = 1 + (N_1^2 - N_2)\,\beta^2 + (N_1^4 - 3\,N_1^2\,N_2 + 2\,N_1\,N_3 + N_2^2 - N_4)\,\beta^4 + \cdots,$$

à la condition qu'on remplace dans le second membre v^{2k} par

$$\frac{1 \cdot 3 \cdot 5 \ldots (2\,k - 1)}{2 \cdot 4 \cdot 6 \ldots \ (2\,k)},$$

c'est-à-dire par $\dfrac{1}{2\,\pi}\displaystyle\int_0^{2\pi}\cos^{2k}t\,d\,t$. Quant à la valeur de M, il faut la déduire de

$$M^2 = n^2 + e_2 - \tfrac{1}{4}\,e_1\,e_1,$$

e_1 et e_2 étant les coefficients de v et de v^2 dans

$$N_0 + N_1\,\beta + N_2\,\beta^2 + \cdots$$

460

On voit que le développement de M et par conséquent aussi celui de m contient seulement les puissances paires de β. En effectuant les calculs indiqués j'ai retrouvé les valeurs de m_1, m_2 données par M. Bruns, dans le développement $m = n + m_1 \beta^2 + m_2 \beta^4 + \dots$ Rappelons ici qu'il ne convient pas de calculer m par cette formule, mais on peut en déduire cet autre

$$\cos 2\pi m = \cos 2\pi n + 2\pi^2 \sum_1^\infty f_k \beta^{2k}$$

qui converge pour une valeur quelconque de m comme l'a démontré M. Bruns.

6. Nous avons vu comment on peut calculer les coefficients c_k de la série $F(u) = \sum c_k u^k$. Mais on peut obtenir encore un peu plus promptement les coefficients de la série

(15) . . $F(\cos^2 \tfrac{1}{2} t) = \tfrac{1}{2} g_0 + g_1 \cos t + g_2 \cos 2t + g_3 \cos 3t + \dots$

à l'aide des formules

(16) . . . . $\nu_{k+1} g_{k+2} = -\mu_k g_{k+1} - g_k,$

où

(17) . . . . . . $\begin{cases} \mu_k = \dfrac{(k+1)[(k+1)^2 - 4n^2]}{2\beta(2k+1)} \\[2mm] \nu_k = \dfrac{2k+1}{2k-1}. \end{cases}$

et

(18) . . . . $-\dfrac{g_k}{g_{k+1}} = \mu_k - \nu_{k+1} : \mu_{k+1} - \nu_{k+2} : \mu_{k+2} - \dots$

Les coefficients g_k décroissent, comme on le voit, encore plus rapidement que les c_k, mais par contre le calcul de M n'est pas aussi simple, il faut se servir des formules suivantes

$$M^2 = \quad \tfrac{1}{4} F(0) F'(0) + (n^2 + 2\beta) F(0) F(0),$$
$$M^2 = -\tfrac{1}{4} F(1) F'(1) + (n^2 - 2\beta) F(1) F(1),$$

$$F'(0) = 2[g_1 - 2^2 g_2 + 3^2 g_3 - 4^2 g_4 + 5^2 g_5 - \dots],$$
$$F'(1) = 2[g_1 + 2^2 g_2 + 3^2 g_3 + 4^2 g_4 + 5^2 g_5 + \dots].$$

On pourrait encore calculer directement les coefficients e_k du développement de $F\left(\dfrac{1+v}{2}\right)$ suivant les puissances de v, elles sont liées par la relation

$$(19) \quad 4\beta(2k+1)e_k = -(k+1)[(k+1)^2 - 4n^2]e_{k+1} + (k+1)(k+2)(k+3)e_{k+3}.$$

Ici on ne peut pas exprimer directement par une fraction continue le rapport de deux coefficients consécutifs, mais cela est assez indifférent pour le calcul numérique. On peut démontrer rigoureusement qu'on peut calculer e_0, e_1, e_2, ... avec une approximation aussi grande qu'on veut par le procédé suivant. Pour une valeur suffisamment grande de l'indice r on prendra $e_{r+1} = 0$, $e_{r+2} = 0$ et e_r égale à une quantité arbitraire différente de zéro. Il faut ensuite calculer e_{r-1}, e_{r-2}, ..., e_0 à l'aide de la relation (19). Quelques applications numériques m'ont fait voir qu'au point de vue de la commodité il n'y a pas une grande différence entre cette manière et celle dans laquelle on se sert des formules (15) à (18). Mais ces méthodes semblent présenter un leger avantage sur le calcul des coefficients c_k. Lorsqu'on aura calculé les e_k il faudra calculer M par

$$M^2 = e_0 e_2 - \tfrac{1}{4} e_1 e_1 + n^2 e_0 e_0.$$

Dans ce qui précède j'ai dit que la fonction $F(u)$ renferme seulement un facteur constant arbitraire. Cela est vrai en général, mais lorsque $\beta = 0$ et qu'en même temps n est la motié d'un nombre entier, l'expression générale de $F(u)$ est un polynôme en u renfermant deux constantes arbitraires; on a en effet dans ce cas

$$F(\cos^2 \tfrac{1}{2}t) = A \cos^2 nt + B \sin^2 nt.$$

XXX.

(Astr. Nachr., Kiel, 110, 1884, 7—8.)

Note sur le problème du plus court crépuscule.

A l'occasion des articles de M. Zelbr dans les n°s 2575, 2602 j'ai fait la remarque que la solution de ce problème ne devient guère plus compliquée en tenant compte de la réfraction et du diamètre du soleil. Mais cela résulte déjà de l'article du Dr. Stoll cité par M. Zelbr dans le n^{0} 2602, article qui contient en effet la solution analytique complète du problème.

Supposons que le commencement et la fin du crépuscule aient lieu lorsque la dépression du soleil sous l'horizon est égale respectivement à $c(= 18°)$ et à d. Soient: Z le zénith, P le pôle, S et S_1 les positions du soleil au commencement et à la fin du crépuscule. Traçons les arcs de grand cercle $PS = PS_1 = 90° - \delta$, $ZS = 90° + c$, $ZS_1 = 90° + d$.

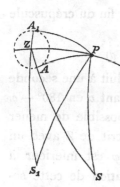

La variation de l'angle SPS_1 devant être égale à zéro pour une variation infiniment petite de la déclinaison du soleil, on en conclut facilement qu'on doit avoir $\sphericalangle PSZ = \sphericalangle PS_1Z$. (Voir p. e. Lalande, Astronomie, II, p. 557, 3ième édit.) Prenons maintenant $ZA = \frac{1}{2}(c - d)$ et prolongeons l'arc S_1Z jusqu'en A_1 en sorte que $ZA_1 = ZA = \frac{1}{2}(c - d)$, enfin traçons les arcs de grand cercle PA, PA_1.

Comme on a $SA = S_1A_1 = 90° + \frac{1}{2}(c + d)$ les triangles PSA, PS_1A_1 sont égaux et $PA = PA_1$, $\sphericalangle SAP = \sphericalangle S_1A_1P$. Mais de l'égalité $PA = PA_1$ on conclut que les triangles PZA, PZA_1 sont égaux, donc: $\sphericalangle S_1A_1P = \sphericalangle ZAP = \sphericalangle SAP$. Les angles SAP, S_1A_1P sont

donc des angles droits et l'on obtient A et A_1 en menant les arcs
P A, P A_1 tangents au petit cercle décrit de Z avec un rayon égal
à $\frac{1}{2}(c-d)$. Les azimuts P Z S, P Z S_1 sont supplémentaires. On voit
de plus que l'angle S P S_1 qui mesure la durée du plus court crépuscule est égale à l'angle A P A_1.

Les triangles rectangles P A Z, P A S donnent

$$\cos PA = \frac{\sin\varphi}{\cos\frac{1}{2}(c-d)},$$

$$\sin\delta = \cos PA \cos SA = -\cos PA \sin\frac{1}{2}(c+d)$$

donc

$$\sin\delta = -\sin\varphi\,\frac{\sin\frac{1}{2}(c+d)}{\cos\frac{1}{2}(c-d)}.$$

En posant $\sphericalangle$ Z P S $= t$, $\sphericalangle$ Z P $S_1 = t_1$ on a $\sphericalangle$ A P Z $=\frac{1}{2}(t-t_1)$,
$\sphericalangle$ S_1 P $A_1 = \frac{1}{2}(t+t_1)$, donc

$$\sin\frac{1}{2}(t-t_1) = \frac{\sin\frac{1}{2}(c-d)}{\cos\varphi},$$

$$\sin\frac{1}{2}(t+t_1) = \frac{\cos\frac{1}{2}(c+d)}{\cos\delta}.$$

Enfin l'azimut du soleil au commencement et à la fin du crépuscule
se déterminent à l'aide de

$$\cos PZS = -\cos PZS_1 = \operatorname{tg}\varphi\operatorname{tg}\tfrac{1}{2}(c-d).$$

En traitant le problème par l'analyse on est conduit à une seconde
solution qui se déduit de la première en changeant c en $180° - c$.
Elle est réelle seulement dans le cas qu'il est possible de mener
par P un grand cercle tangent au petit cercle décrit de Z avec un
rayon égal à $90° - \frac{1}{2}(c+d)$, c'est-à-dire lorsque φ est inférieur à
$\frac{1}{2}(c+d)$. Je crois inutile d'insister sur la signification de cette seconde solution.

XXXI.

(Ann. Sci. Éc. norm., Paris, sér. 3, 1, 1884, 409—426.)

Quelques recherches sur la théorie des quadratures dites mécaniques.

Introduction.

Les formules d'approximation qui servent à calculer la valeur numérique d'une intégrale définie ont été l'objet d'une étude d'ensemble, de la part de M. Radau, dans le Tome VI (3ᵉ série) du Journal de Mathématiques pures et appliquées.

L'auteur y a réuni à peu près tout ce qui est connu sur ce sujet et, en donnant les constantes dont on peut avoir besoin dans l'application, il a encore augmenté l'utilité de son travail.

Les recherches suivantes ont été dirigées par une autre idée. En me plaçant au point de vue le plus général, mon but a été d'étudier la question de savoir si ces formules permettent d'atteindre une approximation indéfinie.

Jusqu'à présent, il semble que cette étude n'ait pas encore été abordée. On a toujours supposé que la fonction dont il s'agit est développable en série suivant les puissances croissantes de la variable. Or, comme on le verra, ces quadratures où, à l'exemple de Gauss, les abscisses sont déterminées de manière à atteindre le plus haut degré de précision, présentent des circonstances particulières, qui ont pour conséquence qu'elles sont applicables dans des cas bien plus étendus. Par exemple, la quadrature de Gauss elle-même donne une approximation indéfinie pour toute fonction intégrable. Dans l'exposition de la théorie générale de cette quadrature mécanique, j'ai emprunté bien des choses au Traité des fonctions sphériques (deuxième édition) de M. Heine, et les n°s 1, 2, 4 ne contiennent rien d'essentiel qu'on ne trouve dans ce traité.

1. *Détermination d'un polynôme qui satisfait à certaines conditions.* Soit $f(x)$ une fonction donnée, qui ne dévient pas négative, quand x prend les valeurs a, b et toutes les valeurs intermédiaires, et intégrable dans cet intervalle, en sorte que $\int_a^b f(x)\,dx$ ait un sens determiné. Il n'est pas nécessaire que $f(x)$ reste toujours finie; mais nous supposons finies les limites a et b, bien que quelques-uns des résultats auxquels nous arriverons restent applicables dans le cas contraire.

Enfin, pour éviter certaines discussions qui n'auraient guère d'utilité, nous ferons encore la restriction suivante: nous supposerons qu'il existe un intervalle (A, B) appartenant à l'intervalle plus étendu (a, b) tel que, lorsque x est situé dans (A, B), $f(x)$ reste constamment supérieure à une quantité positive ε, d'ailleurs tout à fait arbitraire, comme l'intervalle (A, B).

Grâce à cette dernière restriction, la valeur de $\int_a^b f(x)\,dx$ sera donc positive et différente de zéro, et nous avons écarté aussi le cas sans intérêt où $f(x)$ serait constamment égale à zéro dans l'intervalle (a, b).

Cela posé, nous commençons par déterminer un polynôme $P(x)$ d'un degré donné n,

$$P(x) = x^n + a_1 x^{n-1} + a_2 x^{n-2} + \ldots + a_{n-1} x + a_n,$$

par les conditions

(1) . . $\int_a^b f(x)\,P(x)\,x^k\,dx = 0 \qquad (k = 0, 1, 2, \ldots, n-1)$.

Ces conditions donnent lieu aux équations linéaires suivantes, qui servent à déterminer les inconnues $a_1, a_2, \ldots, a_n$:

(2) $\begin{cases} \int_a^b f(x)\,x^{n+k}\,dx + a_1 \int_a^b f(x)\,x^{n+k-1}\,dx \\ \qquad + a_2 \int_a^b f(x)\,x^{n+k-2}\,dx + \ldots + a_n \int_a^b f(x)\,x^k\,dx = 0. \end{cases}$

Le problème est donc déterminé en général, et les inconnues a_1, $a_2, \ldots, a_n$ dépendent rationnellement des $2n$ constantes $\int_a^b f(x)\, x^k\, dx$, où $k = 0, 1, 2, \ldots, 2n - 1$. Mais il importe de faire voir qu'en résolvant ces équations linéaires, aucune impossibilité ni indétermination ne sauraient se présenter.

Remarquons pour cela que le déterminant Δ du système (2) est composé d'une série de termes, dont chacun est un produit de n intégrales de la forme $\int_a^b f(x)\, x^k\, dx$. En écrivant un tel produit sous la forme d'une intégrale multiple d'ordre n, on arrive à l'expression suivante de Δ

$$\Delta = \int_a^b \int_a^b \cdots \int_a^b f(x_1) f(x_2) \ldots f(x_n)$$

$$\times \begin{vmatrix} 1 & x_1 & x_1^2 & \ldots & x_1^{n-1} \\ x_2 & x_2^2 & x_2^3 & \ldots & x_2^n \\ x_3^2 & x_3^3 & x_3^4 & \ldots & x_3^{n+1} \\ \cdot\cdot & \cdot\cdot & \cdot\cdot & \cdots & \cdot\cdot\cdot\cdot \\ x_n^{n-1} & x_n^n & x_n^{n+1} & \ldots & x_n^{2n-2} \end{vmatrix} dx_1\, dx_2 \ldots dx_n$$

ou bien

$$\Delta = \int_a^b \int_a^b \cdots \int_a^b f(x_1) f(x_2) \ldots f(x_n)\, x_2\, x_3^2\, x_4^3 \ldots x_n^{n-1}\, \Pi\, dx_1\, dx_2 \ldots dx_n,$$

où l'on a

$$\Pi = \begin{vmatrix} 1 & x_1 & x_1^2 & \ldots & x_1^{n-1} \\ 1 & x_2 & x_2^2 & \ldots & x_2^{n-1} \\ 1 & x_3 & x_3^2 & \ldots & x_3^{n-1} \\ \cdot & \cdot\cdot & \cdot\cdot & \ldots\ldots & \cdot\cdot\cdot\cdot\cdot \\ 1 & x_n & x_n^2 & \ldots & x_n^{n-1} \end{vmatrix} .$$

La notation des variables étant indifférente, on peut, dans cette expression, permuter de toutes les manières les indices $1, 2, \ldots, n$. Par une permutation quelconque Π ne change pas ou change seulement de signe, et, en ajoutant toutes les équations qu'on obtient, on aura

$$\Sigma \pm x_2\, x_3^2 \ldots x_n^{n-1} = \Pi;$$

donc

$$(3) \quad 1 \cdot 2 \cdot 3 \ldots n \, \Delta = \int_a^b \int_a^b \ldots \int_a^b f(x_1) f(x_2) \ldots f(x_n) (\Pi)^2 \, dx_1 \, dx_2 \ldots dx_n.$$

D'après les conditions que nous avons imposées à $f(x)$, il est évident que Δ a une valeur positive, différente de zéro.

Le polynôme cherché $P(x)$ existe donc pour toute valeur de n, et nous désignerons ces polynômes, pour $n = 1, 2, 3, \ldots$, par $P_1(x)$, $P_2(x)$, $P_3(x)$, ...

2. *Propriétés des polynômes* $P(x)$. — La propriété principale du polynôme $P_n(x)$ consiste en ce que l'on a

$$(4) \quad \ldots \int_a^b f(x) \, P_n(x) \, (a \, x^{n-1} + \beta \, x^{n-2} + \ldots + \lambda \, x + \mu) \, dx = 0.$$

ce qui est une conséquence immédiate des équations (1) qui ont servi à le déterminer.

Les indices m et n étant différents, on a donc aussi

$$(5) \quad \ldots \ldots \ldots \int_a^b f(x) \, P_m(x) \, P_n(x) \, dx = 0.$$

A l'aide d'un raisonnement dû à Legendre, nous pouvons maintenant établir la proposition suivante :

Les racines de l'équation $P_n(x) = 0$ sont réelles, inégales et comprises entre a et b en excluant les limites.

En effet, désignons par $x_1, x_2, \ldots, x_k$ les racines réelles comprises entre a et b. Le nombre de ces racines est au moins égal à 1, parce que, à cause de l'équation

$$\int_a^b f(x) \, P_n(x) \, dx = 0,$$

$P_n(x)$ doit changer de signe dans l'intervalle (a, b).

En posant

$$P_n(x) = (x - x_1)(x - x_2) \ldots (x - x_k) \, Q(x),$$

$Q(x)$ ne changera point de signe dans l'intervalle (a, b).

Or, si $Q(x)$ n'était pas simplement égal à l'unité,

$$(x - x_1)(x - x_2) \ldots (x - x_k)$$

serait au plus du degré $n - 1$, et l'on aurait, d'après (4),

$$\int_a^b f(x) P_n(x)(x - x_1)(x - x_2) \ldots (x - x_k)\, dx = 0,$$

ce qui est évidemment impossible, parce que l'intégrale a une valeur positive.

Toutes les racines de $P_n(x) = 0$ sont donc comprises dans l'intervalle (a, b), mais il ne saurait y avoir deux racines égales entre elles. En effet, supposons

$$P_n(x) = (x - x_1)^2 R(x),$$

$R(x)$ étant un polynôme du degré $n - 2$; on devra avoir

$$\int_a^b f(x) P_n(x) R(x)\, dx = 0,$$

ce qui est impossible.

3. *Relations entre les polynômes* $P(x)$. — Le polynôme $Q(x)$ du degré n, le plus général qui satisfait aux conditions (1),

$$\int_a^b f(x) Q(x) x^k\, dx = 0 \qquad (k = 0, 1, 2, \ldots, n - 1),$$

ne se distingue de $P_n(x)$ que par un facteur constant.

En effet, tout polynôme $Q(x)$ du degré n peut se mettre sous la forme

$$Q(x) = a_0 P_n(x) + \ldots + a_k P_{n-k}(x) + \ldots + a_{n-1} P_1(x) + a_n.$$

Or, en multipliant par $P_{n-k}(x) f(x)\, dx$ et intégrant entre les limites a, b, on trouve, à l'aide de (5),

$$0 = a_k \int_a^b f(x) [P_{n-k}(x)]^2\, dx \qquad (k = 1, 2, 3, \ldots, n),$$

c'est-à-dire $a_k = 0$.

Considérons maintenant l'expression

$$R(x) = P_n(x) - x P_{n-1}(x) + A P_{n-1}(x),$$

A étant une constante quelconque. Ce polynôme satisfait évidemment aux conditions

$$\int_a^b f(x) R(x) x^k dx = 0 \qquad (k = 0, 1, 2, \ldots, n-3).$$

Mais on peut choisir A de manière que $R(x)$ soit du degré $n-2$; pour cela, il suffit que $x - A$ soit le quotient qu'on obtient en divisant $P_n(x)$ par $P_{n-1}(x)$.

D'après la remarque que nous venons de faire, $R(x)$, pour cette valeur particulière de A, ne différera que par un facteur constant de $P_{n-2}(x)$, en sorte que nous avons une relation de cette forme

(6) . . . . . $P_n(x) = (x - a_{n-1}) P_{n-1}(x) - \lambda_{n-1} P_{n-2}(x)$

avec

$$P_1(x) = x - a_0,$$
$$P_2(x) = (x - a_1) P_1(x) - \lambda_1.$$

On peut arriver facilement à des expressions élégantes des constantes a_k, λ_k. L'équation

$$P_{k+1}(x) = (x - a_k) P_k(x) - \lambda_k P_{k-1}(x)$$

donne, en effet, en multipliant par $P_k(x) f(x) dx$ et intégrant de $x = a$ jusqu'à $x = b$,

(7) . . . . . . $a_k = \dfrac{\displaystyle\int_a^b x P_k(x) P_k(x) f(x) dx}{\displaystyle\int_a^b P_k(x) P_k(x) f(x) dx}.$

En multipliant la même équation par $P_{k-1}(x) f(x) dx$ et intégrant il vient

(8) . . . . . $\lambda_k = \dfrac{\displaystyle\int_a^b P_k(x) P_k(x) f(x) dx}{\displaystyle\int_a^b P_{k-1}(x) P_{k-1}(x) f(x) dx},$

en remarquant que $x P_{k-1}(x) = P_k(x) +$ un polynôme de degré $k-1$.

On voit que a_k reste compris entre a et b, tandis que λ_k est toujours positif.

Les relations (6), (7) et (8) permettent de calculer de proche en proche tous les polynômes $P_1(x)$, $P_2(x)$, ... On a d'abord

$$a_0 = \int_a^b x f(x)\, dx : \int_a^b f(x)\, dx,$$

ce qui fait connaître $P_1(x)$. Les formules (7) et (8) donnent alors a_1, λ_1, ce qui fait connaître $P_2(x)$, ...

Mais les relations (6) conduisent encore à une autre conséquence, qui complète la proposition démontrée sur les racines de l'équation $P_n(x) = 0$.

Substituons la valeur $x = a_0$, racine de $P_1(x) = 0$ dans

$$P_2(x) = (x - a_1) P_1(x) - \lambda_1;$$

il vient

$$P_2(a_0) = - \lambda_1,$$

quantité négative par conséquent. L'équation $P_2(x) = 0$ a donc ses racines β, γ, l'une supérieure, l'autre inférieure à a_0.

On trouvera de même

$$P_3(\beta) = - \lambda_2 P_1(\beta),$$
$$P_3(\gamma) = - \lambda_2 P_1(\gamma),$$

mais $P_1(\beta)$ est positif, $P_1(\gamma)$ négatif; donc l'équation $P_3(x) = 0$ a une racine supérieure à β, une autre comprise entre β et γ, enfin la troisième inférieure à γ.

En continuant ainsi, on voit que généralement les racines de $P_{k-1}(x) = 0$ séparent les racines de $P_k(x) = 0$.

4. *Application des résultats précédents à la quadrature mécanique.* — Soit $\mathcal{G}(x)$ un polynôme entier en x, du degré $2n - 1$ au plus. La division de $\mathcal{G}(x)$ par $P_n(x)$ donnera

$$\mathcal{G}(x) = Q(x) P_n(x) + R(x);$$

le quotient $Q(x)$, ainsi que le reste $R(x)$ étant tous les deux du degré $n - 1$ au plus.

En faisant attention à (4), on en tire

$$\int_a^b f(x)\, \mathfrak{G}(x)\, dx = \int_a^b f(x)\, \mathrm{R}(x)\, dx.$$

Désignons par x_1, x_2, ..., x_n les racines de l'équation $\mathrm{P}_n(x) = 0$, rangées par ordre de grandeur croissante; $\mathrm{R}(x)$ étant du degré $n-1$, on a identiquement

$$\mathrm{R}(x) = \frac{\mathrm{P}_n(x)}{(x-x_1)\, \mathrm{P}'_n(x_1)}\, \mathrm{R}(x_1) + \dots + \frac{\mathrm{P}_n(x)}{(x-x_n)\, \mathrm{P}'_n(x_n)}\, \mathrm{R}(x_n);$$

en posant donc

$$(9) \quad \dots \quad \mathrm{A}_k = \int_a^b f(x)\, \frac{\mathrm{P}_n(x)}{(x-x_k)\, \mathrm{P}'_n(x_k)}\, dx,$$

il vient

$$\int_a^b f(x)\, \mathfrak{G}(x)\, dx = \mathrm{A}_1\, \mathrm{R}(r_1) + \dots + \mathrm{A}_n\, \mathrm{R}(x_n),$$

mais $\mathrm{R}(x_1) = \mathfrak{G}(x_1)$, ...; donc

$$(10) \quad \dots \int_a^b f(x)\, \mathfrak{G}(x)\, dx = \mathrm{A}_1\, \mathfrak{G}(x_1) + \mathrm{A}_2\, \mathfrak{G}(x_2) + \dots + \mathrm{A}_n\, \mathfrak{G}(x_n),$$

où les constantes A_1, A_2, ..., A_n, ne dépendent en aucune façon de la fonction $\mathfrak{G}(x)$.

5. *Propriétés des constantes* A_k. — La première de ces propriétés consiste en ce que tous les A_k sont positifs. Cela ne résulte pas immédiatement de la formule (9) qui a servi à leur définition, quoiqu'on pourrait le déduire de cette formule.

Mais il est plus facile de remarquer que la formule (10) subsiste pour un polynôme $\mathfrak{G}(x)$ du degré $2n-1$ au plus, tout à fait arbitraire; d'ailleurs, il est permis de prendre $\mathfrak{G}(x) = \left[\dfrac{\mathrm{P}_n(x)}{x-x_k}\right]^2$, ce qui donne

$$(11) \quad \dots \quad \int_a^b f(x) \left[\frac{\mathrm{P}_n(x)}{x-x_k}\right]^2 dx = \mathrm{A}_k\, [\mathrm{P}'_n(x_k)]^2,$$

d'où résulte immédiatement la propriété énoncée.

Cette propriété est donc une conséquence nécessaire de (10), même dans le cas où l'équation (10) ne subsisterait qu'en prenant pour $\mathcal{G}(x)$ un polynôme du degré $2n-2$.

Nous arrivons maintenant à une autre propriété plus cachée des A_k, que nous énonçons d'abord en écrivant les deux inégalités

$$(12) \quad A_1 + A_2 + A_3 + \ldots + A_k > \int_a^{x_k} f(x)\,dx \quad (k=1,2,3,\ldots,n-1,n),$$

$$(13) \quad A_1 + A_2 + A_3 + \ldots + A_k < \int_a^{x_{k+1}} f(x)\,dx \quad (k=1,2,3,\ldots,n-1).$$

La démonstration de ces inégalités dépend de nouveau de la formule (10), où nous prendrons pour $\mathcal{G}(x)$ un polynôme $T(x)$ du degré $2n-2$ défini par les conditions

$$\begin{aligned}
T(x_1) &= 1, & T'(x_1) &= 0, \\
T(x_2) &= 1, & T'(x_2) &= 0, \\
&\;\cdots\cdots, & &\cdots\cdots, \\
T(x_{k-1}) &= 1, & T'(x_{k-1}) &= 0, \\
T(x_k) &= 1, & & \\
T(x_{k+1}) &= 0, & T'(x_{k+1}) &= 0, \\
T(x_{k+2}) &= 0, & T'(x_{k+2}) &= 0, \\
&\;\cdots\cdots, & &\cdots\cdots, \\
T(x_n) &= 0, & T'(x_n) &= 0.
\end{aligned}$$

Le nombre de ces conditions étant $2n-1$, et les quantités x_1, x_2, ..., x_n étant inégales, $T(x)$ est parfaitement défini, et l'on aura d'après (10),

$$(14) \quad \ldots\ldots \int_a^b f(x)\,T(x)\,dx = A_1 + A_2 + A_3 + \ldots + A_k.$$

Considérons maintenant l'équation

$$T'(x) = 0.$$

Nous voyons d'abord qu'elle admet les racines

$$x_1, \; x_2, \; x_3, \; \ldots, \; x_{k-1},$$
$$x_{k+1}, \; x_{k+2}, \; \ldots, \; x_n$$

au nombre de $n-1$.

Ensuite, le théorème de Rolle nous apprend l'existence de $k - 1$ racines

$$\xi_1, \xi_2, \xi_3, \ldots, \xi_{k-1},$$

qui séparent les quantités $x_1, x_2, x_3, \ldots, x_k$.

Enfin, le même théorème nous apprend l'existence des $n - k - 1$ racines

$$\eta_{k+2}, \eta_{k+3}, \ldots, \eta_n$$

qui séparent les quantités $x_{k+1}, x_{k+2}, \ldots, x_n$.

Le nombre total des racines énumérées s'élève à $2n - 3$, et, comme l'équation est du degré $2n - 3$, elle n'en a pas d'autres. Nous voyons donc que toutes les racines de $T'(x) = 0$ sont réelles et inégales Il s'ensuit que $T'(x)$ change de signe chaque fois que x passe par une des racines. Les racines ξ_{k-1} et x_{k+1} sont deux racines consécutives, tandis que x_k est compris entre ξ_{k-1} et x_{k+1}. Mais $T(x_k) = 1$, $T(x_{k+1}) = 0$; donc $T'(x)$ est constamment négatif dans l'intervalle (ξ_{k-1}, x_{k+1}).

Connaissant maintenant le signe de $T'(x)$, dans un des intervalles compris entre deux racines consécutives, on en déduit aussitôt le signe de $T'(x)$ pour une valeur quelconque de x; on trouve ainsi:

Intervalle.	Signe de $T'(x)$.
(a, x_1)	$-$
(x_1, ξ_1)	$+$
(ξ_1, x_2)	$-$
(x_2, ξ_2)	$+$
. . . . .	. .
(x_{k-1}, ξ_{k-1})	$+$
(ξ_{k-1}, x_{k+1})	$-$
(x_{k+1}, η_{k+2})	$+$
(η_{k+2}, x_{k+2})	$-$
. . . . .	. .
(x_{n-1}, η_n)	$+$
(η_n, x_n)	$-$
(x_n, b)	$+$

D'après cela, on peut se représenter facilement la série des valeurs que prend le polynôme $T(x)$, et qui est indiquée dans la figure ci-jointe.

On voit:

1⁰ Que $T(x)$ ne devient pas négatif dans l'intervalle (a, b);

2⁰ Que $T(x)$ ne devient pas inférieur à l'unité dans l'intervalle (a, x_k).

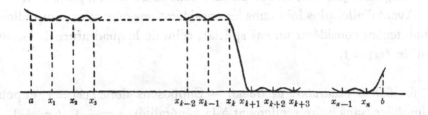

Dès lors nous pouvons conclure de l'équation (14)

$$A_1 + A_2 + \ldots + A_k \geqq \int_a^{x_k} f(x)\, T(x)\, dx.$$

Le signe $=$ ne saurait convenir que lorsque l'intervalle (A, B) dont nous supposons l'existence (n⁰ 1) tombe entièrement dans l'intervalle (a, x_k). En remplaçant enfin $T(x)$ par sa valeur minima dans l'intervalle (a, x_k), qui est égale à l'unité, nous avons, dans tous les cas,

$$A_1 + A_2 + \ldots + A_k > \int_a^{x_k} f(x)\, dx.$$

Ce raisonnement s'applique aux valeurs $1, 2, 3, \ldots, n-1$ de k; d'après une remarque que l'on trouvera plus loin (n⁰ 7), cette inégalité reste encore vraie pour $k = n$.

Quant à l'inégalité (13), on pourrait la déduire d'une manière analogue; mais il est un peu plus court de remarquer qu'on démontrera précisément de la même manière que (12), cette autre inégalité

$$A_{k+1} + A_{k+2} + \ldots + A_n > \int_{x_{k+1}}^b f(x)\, dx \qquad (k = 1, 2, 3, \ldots, n-1),$$

en considérant l'autre limite (b) de l'intégrale. Or

$$A_1 + A_2 + \ldots + A_n = \int_a^b f(x)\, dx;$$

donc, par soustraction,

$$A_1 + A_2 + \ldots + A_k < \int_a^{x_{k+1}} f(x)\, dx.$$

Nous savons déjà que A_k est positif; cela se confirme de nouveau par les inégalités (12), (13) en remplaçant dans la dernière k par $k-1$.

Avant d'aller plus loin dans les considérations générales, nous allons maintenant considérer un cas spécial, celui de la quadrature de Gauss, ou de $f(x) = 1$.

6. *Sur la quadrature de Gauss.* — Supposons donc $f(x) = 1$, et pour simplifier (sans nuire réellement à la généralité), $a = -1$, $b = +1$.

Alors, comme l'on sait, le polynôme $P_n(x)$ ne se distingue que par un facteur constant du polynôme X_n de Legendre. Les inégalités (12) et (13) deviennent

$$(14) \quad \ldots \ldots \quad \begin{cases} -1 + A_1 + A_2 + \ldots + A_k > x_k, \\ -1 + A_1 + A_2 + \ldots + A_k < x_{k+1}. \end{cases}$$

Supposons maintenant qu'on applique la quadrature à une fonction $\mathfrak{F}(x)$ quelconque; on aura pour valeur approchée de

$$\int_{-1}^{+1} \mathfrak{F}(x)\, dx$$

l'expression

$$(15) \quad \ldots \ldots \quad A_1 \mathfrak{F}(x_1) + A_2 \mathfrak{F}(x_2) + \ldots + A_n \mathfrak{F}(x_n).$$

Mais, d'après les inégalités (14), $x_1, x_2, x_3, \ldots$ tombent dans les intervalles

$$(-1, -1 + A_1), \; (-1 + A_1, -1 + A_1 + A_2),$$
$$(-1 + A_1 + A_2, -1 + A_1 + A_2 + A_3), \; \ldots$$

Cette expression (15) rentre donc dans celle-ci, qui sert de définition de l'intégrale $\int_{-1}^{+1} \mathfrak{F}(x)\, dx$,

$$\lim [\delta_1 \mathfrak{F}(\xi_1) + \delta_2 \mathfrak{F}(\xi_2) + \ldots + \delta_n \mathfrak{F}(\xi_n)],$$

et comme les différences $x_1 + 1, x_2 - x_1, x_3 - x_2, \ldots$ deviennent infiniment petites avec $\dfrac{1}{n}$, nous arrivons à cette conclusion, que l'expression (15) donnera avec une approximation indéfinie la valeur de $\displaystyle\int_{-1}^{+1} \mathcal{F}(x)\,dx$, en augmentant n, toutes les fois que $\mathcal{F}(x)$ est intégrable dans l'intervalle $(-1, +1)$, et reste comprise entre deux limites finies.

7. *Sur la distribution des racines de l'équation* $P_n(x) = 0$. — Dans le cas spécial que nous venons de considérer, les connaissances acquises sur les polynômes de Legendre nous ont permis de conclure que les racines $x_1, x_2, \ldots, x_n$ sont distribuées de manière que les quantités $x_1 + 1$, $x_2 - x_1$, $\ldots$, $x_n - x_{n-1}$, $1 - x_n$ deviennent infiniment petites avec $\dfrac{1}{n}$. Il nous reste à chercher la proposition analogue pour le cas général. Voici une première observation à cet égard :

Supposons d'abord qu'il existe un nombre a_1 plus grand que a, mais plus petit que b, tel que

$$\int_a^{a_1} f(x)\,dx = 0,$$

donc aussi

$$\int_a^{a_1} x^k f(x)\,dx = 0.$$

Il est évident alors que le polynôme $P_n(x)$, que nous déterminons, sera identique à celui qu'on aurait obtenue en considérant directement les limites a_1 et b au lieu de a et b. Les racines de $P_n(x) = 0$ seront donc comprises dans l'intervalle (a_1, b) (excluant les limites), et il n'y aura aucune racine dans l'intervalle (a, a_1). Une remarque analogue s'applique à l'autre limite b, et nous pouvons donc dire que, lorsqu'un intervalle (α, β), tel que

$$\int_\alpha^\beta f(x)\,dx = 0,$$

s'étend jusqu'à une des limites a ou b, cet intervalle ne comprendra aucune racine de $P_n(x) = 0$.

Mais nous ajoutons maintenant que, lorsque cet intervalle (α, β) ne s'étend pas jusqu'à une des limites a ou b, cet intervalle (incluant les limites α, β) ne comprend jamais plus d'une racine.

C'est, en effet, une conséquence immédiate des inégalités (12) et (13), qui donnent

$$\int_{x_k}^{x_{k+1}} f(x)\,dx > 0 \qquad (k = 1, 2, 3, \ldots, n-1).$$

Des exemples font voir, du reste, que les deux cas, où un tel intervalle (α, β) comprend une ou aucune racine, se présentent tous les deux.

Supposons, par exemple, que la fonction $f(x)$ ait la propriété exprimée par l'équation

$$f(a+x) = f(b-x);$$

alors on verra facilement que, à chaque racine x_1 de $P_n(x) = 0$, correspond une racine $a+b-x_1$. Supposons de plus que $f(x)$ soit constamment égale à zéro dans l'intervalle $\left(\dfrac{a+b}{2} - h, \dfrac{a+b}{2} + h\right)$; alors, n étant pair, il n'y aura aucune racine de $P_n(x)$ dans cet intervalle (parce qu'il ne peut y en avoir deux); mais si n est impair, la racine $\dfrac{a+b}{2}$ tombe dans cet intervalle, et c'est la seule.

Nous allons maintenant démontrer la proposition suivante:

Soit (α, β) un intervalle quelconque, faisant partie de l'intervalle plus étendu (a, b) et tel que

$$\int_\alpha^\beta f(x)\,dx$$

ait une valeur positive différente de zéro; alors, pour toutes les valeurs n au-dessus d'une certaine limite, au moins une racine de $P_n(x) = 0$ tombe dans cet intervalle (α, β).

Prenons un intervalle (α', β'), $\alpha < \alpha' < \beta' < \beta$, tel que

$$\int_{\alpha'}^{\beta'} f(x)\,dx = M,$$

M ayant une valeur positive, ce qui est possible, d'après la supposition que nous avons faite.

Construisons maintenant un polynôme $T(x)$ d'un degré fini k, tel que

$$\text{Val. abs. } T(x) < \varepsilon, \quad a \leqq x \leqq a, \quad \beta \leqq x \leqq b,$$
$$T(x) \geqq 1, \quad a' \leqq x \leqq \beta',$$

et supposons de plus que $T(x)$ soit positif dans l'intervalle (a, a') et dans l'intervalle (β', β). Admettons pour un moment l'existence d'un tel polynôme $T(x)$ d'un degré fini k, ε étant une quantité arbitraire. Alors, lorsque n est supérieur à $\frac{1}{2}k$, il y aura au moins une racine de $P_n(x)$ dans l'intervalle (a, β).

En effet, supposons que cela n'eût pas lieu. Parce que $n > \frac{1}{2}k$, on a exactement

$$\int_a^b f(x)\,T(x)\,dx = A_1\,T(x_1) + \ldots + A_n\,T(x_n),$$

et cette intégrale serait inférieure à

$$\varepsilon(A_1 + A_2 + \ldots + A_n) = \varepsilon \int_a^b f(x)\,dx.$$

Mais, d'autre part, il est évident que la valeur de cette intégrale est supérieure à

$$M - \varepsilon \int_a^b f(x)\,dx,$$

ce qui implique contradiction, ε étant arbitraire.

Quant à l'existence du polynôme $T(x)$, on peut s'en convaincre ainsi qu'il suit:

Soit $F(x)$ une fonction continue, à un nombre fini de maxima et minima, dans l'intervalle (a, b). En posant

$$\frac{b + a - 2x}{b - a} = \cos \varphi,$$

on aura

$$F(x) = \mathcal{G}(\varphi)$$

et les limites $x = a$, $x = b$ correspondent à $\varphi = 0$, $\varphi = \pi$; $\mathcal{G}(\varphi)$ est développable en une série telle que

$$\tfrac{1}{2}a_0 + a_1 \cos \varphi + a_2 \cos 2\varphi + \ldots,$$

et cette série converge uniformément, c'est-à-dire qu'on peut prendre k assez grand pour que

$$\mathcal{G}_1(\varphi) = \tfrac{1}{2}\, a_0 + a_1 \cos \varphi + \ldots + a_k \cos k\, \varphi$$

diffère, pour toutes les valeurs, de $\varphi = 0$ jusqu'a $\varphi = \pi$, moins que ε de $\mathcal{G}(\varphi)$. En introduisant x au lieu de φ, on aura ainsi un polynôme $F_1(x)$ de degré k, tel que

$$\text{val. abs. } [F(x) - F_1(x)] < \varepsilon \qquad (a \leqq x \leqq b).$$

A l'aide de ce résultat, il est facile de voir qu'il existe, en effet, un polynôme $T(x)$, doué des propriétés que nous avons supposées.

En résumant les résultats obtenus, nous pouvons conclure que, n augmentant indéfinement, les intégrales

$$\int_a^{x_1} f(x)\, dx, \quad \int_{x_1}^{x_2} f(x)\, dx, \quad \int_{x_2}^{x_3} f(x)\, dx, \ldots, \int_{x_{n-1}}^{x_n} f(x)\, dx, \quad \int_{x_n}^{b} f(x)\, dx$$

convergent toutes vers zéro, sans qu'on puisse dire la même chose des différences

$$x_1 - a, \; x_2 - x_1, \; x_3 - x_2, \ldots, x_n - x_{n-1}, \; b - x_n.$$

D'après les inégalités (12), (13), on a

$$A_1 + A_2 + \ldots + A_k \; < \int_a^{x_{k+1}} f(x)\, dx,$$

$$A_1 + A_2 + \ldots + A_{k-1} > \int_a^{x_{k-1}} f(x)\, dx;$$

donc

$$A_k < \int_{x_{k-1}}^{x_{k+1}} f(x)\, dx,$$

ce qui fait voir, d'après ce qui précède, que les A_k convergent vers zéro avec $\dfrac{1}{n}$.

8. *Application des résultats obtenus.* — On ne saurait douter, il nous semble, que les propositions que nous avons obtenues seront

d'un grand usage, si l'on veut étudier la question que nous avons posée au début de l'introduction.

Toutefois, en considérant l'intégrale

$$\int_a^b f(x)\,\mathrm{F}(x)\,dx,$$

les conditions à imposer aux fonctions $f(x)$, $\mathrm{F}(x)$ deviennent la source de difficultés qu'on ne saurait vaincre qu'à l'aide de nouvelles recherches sur les principes mêmes du Calcul intégral.

Je me contenterai seulement de considérer un cas assez simple. Assujettissons la fonction $f(x)$ à cette nouvelle condition, qu'il n'existe pas un intervalle (α, β) tel que

$$\int_\alpha^\beta f(x)\,dx = 0.$$

En posant

$$y = \int_a^x f(x)\,dx,$$

y sera donc une fonction continue de x, toujours croissante, et, en posant

$$x = \psi(y),$$

la fonction $\psi(y)$ sera de même continue et toujours croissante.

En introduisant y au lieu de x, il vient

$$\int_a^b f(x)\,\mathrm{F}(x)\,dx = \int_0^c \mathrm{F}[\psi(y)]\,dy, \quad c = \int_a^b f(x)\,dx.$$

Déterminons maintenant les constantes $\xi_1, \xi_2, \ldots, \xi_{n-1}$ par

$$\mathrm{A}_1 + \mathrm{A}_2 + \ldots + \mathrm{A}_k = \int_a^{\xi_k} f(x)\,dx;$$

on aura, d'après (12) et (13),

$$x_k < \xi_k < x_{k+1}.$$

Désignons encore par y_k, η_k les valeurs de y correspondant aux valeurs x_k, ξ_k de x, l'expression

$$A_1\,F(x_1) + A_2\,F(x_2) + \ldots + A_n\,F(x_n)$$

deviendra

$$\eta_1\,F[\psi(y_1)] + (\eta_2 - \eta_1)\,F[\psi(y_2)] + \ldots + (c_n - \eta_{n-1})\,F[\psi(y_n)];$$

et, comme on a

$$0 < y_1 < \eta_1 < y_2 < \eta_2 < \cdots < \eta_{n-1} < y_n < c,$$

cette expression rentre dans celle qui sert de définition à $\displaystyle\int_0^c F[\psi(y)]\,dy$. De plus, d'après les recherches du n° 7, les intervalles deviennent infiniment petits avec $\dfrac{1}{n}$.

Ainsi encore, dans ce cas, la quadrature peut donner une approximation indéfinie, à la seule condition que $F(x)$ soit intégrable.

XXXII.

(Paris, C.·R. Acad. Sci., 99, 1884, 508—509.)

Sur un développement en fraction continue.

(Note, présentée par M. Tisserand.)

Supposons que $A_1 F(x_1) + A_2 F(x_2) + \ldots + A_n F(x_n)$ soit l'expression approchée de l'intégrale $\int_{-1}^{+1} F(x)\,dx$ donnée par la quadrature de Gauss.

Dans un Mémoire inséré dans les Annales de l'Ecole Normale (1884, p. 420) j'ai démontré les inégalités suivantes

$$(1) \quad \begin{cases} -1 < x_1 < -1 + A_1 < x_2 < -1 + A_1 + A_2 < x_3 < \ldots \\ \quad < -1 + A_1 + \ldots + A_{n-1} < x_n < +1. \end{cases}$$

Considérons maintenant la fraction continue

$$\Omega = \cfrac{2}{z - \cfrac{\dfrac{1\cdot 1}{1\cdot 3}}{z - \cfrac{\dfrac{3\cdot 3}{5\cdot 7}}{z - \cfrac{\dfrac{4\cdot 4}{7\cdot 9}}{z - \cdots,}}}}$$

et soit $\dfrac{P_n}{Q_n}$ la réduite d'ordre n. On sait que $x_1, x_2, \ldots, x_n$ sont les racines de l'équation $Q_n = 0$, et la décomposition en fractions simples donne

$$(2) \quad \ldots \quad \frac{P_n}{Q_n} = \frac{A_1}{z - x_1} + \frac{A_2}{z - x_2} + \ldots + \frac{A_n}{z - x_n}.$$

Supposons que z ait une valeur quelconque réelle ou imaginaire, mais non comprise dans l'intervalle réel $(-1, +1)$. Alors, en vertu des inégalités (1) et de la définition même d'une intégrale définie, le second membre de (2) converge, lorsque n augmente indéfiniment vers une limite déterminée qui n'est autre chose que l'intégrale (rectiligne) $\int_{-1}^{+1} \dfrac{dx}{z-x}$: donc

$$\lim \frac{P_n}{Q_n} = \int_{-1}^{+1} \frac{dx}{z-x}.$$

Par conséquent, la fraction continue Ω converge dans tout le plan, en exceptant la coupure rectiligne de -1 à $+1$.

On voit encore facilement que la fraction continue converge uniformément dans le voisinage de toute valeur particulière appartenant à la région de convergence.

Ce résultat est connu, mais la démonstration précédente semble très simple; de plus, elle est applicable encore à la fraction continue que l'on obtient pour l'intégrale $\int_{a}^{b} \dfrac{f(x)}{z-x}\, dx$, $f(x)$ étant une fonction qui ne devient pas négative dans l'intervalle (a, b).

XXXIII.

(Bull. astr., Paris, 1, 1884, 465–467.)

Note sur la densité de la Terre.

Nous considérons la Terre comme composée de couches ellipsoïdales homogènes de révolution. Soient

x le demi-petit axe,
ϱ_x la densité d'une couche quelconque.

Nous prendrons pour unité de longueur la valeur de x à la surface et nous désignerons par Δ la densité moyenne de la Terre, enfin par λ la fraction

$$\frac{\int_0^1 x^2 \varrho_x\, dx}{\int_0^1 x^4 \varrho_x\, dx}$$

Supposons connues les valeurs de Δ et de λ, ainsi que la valeur ϱ_1 de la densité à la surface.

Dans ces conditions, il est possible de déterminer une limite inférieure de la densité ϱ_0 au centre, en admettant que ϱ_x ne croît jamais avec x.

Posons $A = \displaystyle\int_0^1 x^2 \varrho_x\, dx$, $\quad B = \displaystyle\int_0^1 x^4 \varrho_x\, dx$, en sorte qu'on a

$$A = \frac{1}{3}\,\Delta\,, \quad B = \frac{\Delta}{3\,\lambda}\cdot$$

485

Une intégration par parties donne

$$(1) \quad \ldots \ldots \ldots \quad 3\,A - \varrho_1 = -\int_0^1 x^3\, \varrho_x'\, dx,$$

$$(2) \quad \ldots \ldots \ldots \quad 5\,B - \varrho_1 = -\int_0^1 x^5\, \varrho_x'\, dx,$$

tandis qu'on a évidemment

$$(3) \quad \ldots \ldots \ldots \quad \varrho_0 - \varrho_1 = -\int_0^1 \varrho_x'\, dx.$$

On en déduit aussitôt

$$(5\,B - \varrho_1)^3\,(\varrho_0 - \varrho_1)^2 - (3\,A - \varrho_1)^5$$

$$= -\int_0^1\int_0^1\int_0^1\int_0^1\int_0^1 (x^5\,y^5\,z^5 - x^3\,y^3\,z^3\,t^3\,u^3)\, \varrho_x'\, \varrho_y'\, \varrho_z'\, \varrho_t'\, \varrho_u'\, dx\, dy\, dz\, dt\, du.$$

La notation des variables étant arbitraire, on peut dans le second membre permuter de toutes les manières possibles les lettres x, y, z, t, u. On obtient ainsi en tout dix expressions du premier membre, et en prenant la moyenne,

$$(4) \quad \ldots \left\{ \begin{aligned} &(5\,B - \varrho_1)^3\,(\varrho_0 - \varrho_1)^2 - (3\,A - \varrho_1)^5 \\ &= -\int_0^1\int_0^1\int_0^1\int_0^1\int_0^1 T\, \varrho_x'\, \varrho_y'\, \varrho_z'\, \varrho_t'\, \varrho_u'\, dx\, dy\, dz\, dt\, du, \end{aligned} \right.$$

où

$$T = \tfrac{1}{10}\left(\Sigma\, x^5\, y^5\, z^5\right) - x^3\, y^3\, z^3\, t^3\, u^3.$$

Or, si $a_1, a_2, a_3, \ldots, a_n$ sont des nombres positifs, on voit facilement que la valeur moyenne de tous les produits de ces nombres trois à trois est supérieure à la troisième puissance de leur moyenne géométrique $\sqrt[n]{a_1\, a_2 \ldots a_n}$ En appliquant cette remarque aux cinq nombres x^5, y^5, z^5, t^5, u^5, on voit que T est toujours positif ou du moins jamais négatif. En y regardant de plus près, on trouve que T est égal à zéro seulement dans les cas suivants :

1°. $x = y = z = t = u$;

2°.   Quand au moins trois des nombres x, y, z, t, u s'évanouissent. Mais, par hypothèse, la dérivée ϱ_x' n'est jamais positive : donc

$$(5\,B - \varrho_1)^3\,(\varrho_0 - \varrho_1)^2 - (3\,A - \varrho_1)^5 \geqq 0$$

ou bien

$$\varrho_0 \geqq \varrho_1 + \sqrt{\frac{(3\,A - \varrho_1)^5}{(5\,B - \varrho_1)^3}},$$

c'est-à-dire

$$(5) \quad . \quad . \quad . \quad \varrho_0 \geqq \varrho_1 + \sqrt{\frac{(\Delta - \varrho_1)^5}{\left(\dfrac{5\,\Delta}{3\,\lambda} - \varrho_1\right)^3}} = \varrho_1 + (\Delta - \varrho_1)\sqrt{\left(\frac{\Delta - \varrho_1}{\dfrac{5\,\Delta}{3\,\lambda} - \varrho_1}\right)^3}.$$

En adoptant pour Δ la valeur 5,56 d'après MM. Cornu et Baille (Comptes rendus, t. LXXVI) et $\varrho_1 = 2,6$, $\lambda = 1,9553$, la dernière valeur étant empruntée à M. Tisserand (Bull. astr., t. I., p. 419), on obtient $\varrho_0 \geqq 7,418$.

Il convient de remarquer que la limite inférieure que nous venons d'obtenir ne saurait être remplacée par une autre plus élevée, parce qu'elle correspond à la distribution suivante de la masse de la Terre:

$\varrho_x = \varrho_0$, de $x = 0$ jusqu'à une certaine valeur $x = a < 1$,

$\varrho_x = \varrho_1$, de $x = a$ jusqu'à $x = 1$.

On trouve alors

$$3\,A = \varrho_0\,x^3 + \varrho_1\,(1 - x^3),$$
$$5\,B = \varrho_0\,x^5 + \varrho_1\,(1 - x^5)$$

ou bien

$$3\,A - \varrho_1 = x^3\,(\varrho_0 - \varrho_1),$$
$$5\,B - \varrho_1 = x^5\,(\varrho_0 - \varrho_1).$$

Ces deux équations déterminent les inconnues ϱ_0 et x, et il est visible que la valeur de ϱ_0 qu'on en déduit coïncide avec la limite inférieure que nous venons d'obtenir.

La valeur de x

$$x = \sqrt{\frac{5\,B - \varrho_1}{3\,A - \varrho_1}} = \sqrt{\frac{\dfrac{5\,\Delta}{3\,\lambda} - \varrho_1}{\Delta - \varrho_1}}$$

devant être inférieure à l'unité, on doit avoir $\lambda > \frac{5}{3}$, ce qu'on voit aussi par l'inspection des formules (1) et (2).

XXXIV.

(Amsterdam, Versl. K. Akad. Wet. sér. 3, 1, 1885, 272—297).

(réimprimé: Haarlem, Arch. Néerl. Sci. Soc Holl., 19, 1884, 435—460.)

Quelques remarques sur la variation de la densité dans l'intérieur de la Terre.

INTRODUCTION.

1. Considérons la terre comme formée de couches ellipsoïdales, telles que la densité f soit constante dans l'étendue de chacune d'elles Une de ces couches sera déterminée par le rayon x de la sphère équivalente et nous supposerons qu'à la surface on ait $x = 1$.

Il suit de ces notations que le volume de la terre est $\frac{4}{3}\pi$, sa masse est $4\pi \int_0^1 x^2 f(x)\,dx$. Donc la densité moyenne $\Delta = 3 \int_0^1 x^2 f(x)\,dx$.

Dans ce qui suit, je suppose connu Δ, ainsi que le rapport

$$\lambda = \frac{\displaystyle\int_0^1 x^2 f(x)\,dx}{\displaystyle\int_0^1 x^4 f(x)\,dx},$$

dont on peut obtenir la valeur en combinant les observations astronomiques avec celles qui servent à faire connaître la figure de la terre.

Enfin, comme dernière donnee, je prendrai la valeur de la densité à la surface: $f(1) = d$.

Dans ces conditions mon but est de limiter, autant que possible, la marche de la fonction inconnue $f(x)$. Cela n'est possible qu'à l'aide de certaines hypothèses: les deux suivantes seront discutées successivement.

I. La densité va continuellement en croissant de la surface jusqu'au centre de la terre.

II. La densité va continuellement en croissant de la surface jusqu'au centre, mais la rapidité de cet accroissement va en diminuant de la surface jusqu'au centre.

Enfin, dans une troisième partie, je considérerai brièvement la mise en nombres des résultats obtenus, et j'ajouterai une discussion de différentes formules qu'on a proposées pour représenter la densité dans l'intérieur de la terre.

Mais, avant d'entrer en matière, voici quelques remarques préliminaires qui se rapportent également à la discussion des deux hypothèses.

D'abord il convient d'introduire au lieu de Δ et λ les intégrales

$$(1) \quad \ldots \ldots \ldots \quad A = \int_0^1 x^2 f(x)\, dx,$$

$$(2) \quad \ldots \ldots \ldots \quad B = \int_0^1 x^4 f(x)\, dx,$$

en sorte qu'on a $A = \dfrac{\Delta}{3}$, $B = \dfrac{\Delta}{3\lambda}$.

Ensuite, démontrons la proposition suivante:

„Lorsque deux fonctions $F(x)$, $G(x)$ vérifient les équations

$$(3) \quad \ldots \ldots \quad \int_0^1 x^2 F(x)\, dx = A,\ \int_0^1 x^4 F(x)\, dx = B,$$

$$(4) \quad \ldots \ldots \quad \int_0^1 x^2 G(x)\, dx = A,\ \int_0^1 x^4 G(x)\, dx = B,$$

alors la différence $F(x) - G(x)$, si elle n'est pas constamment égale à zéro, doit changer au moins deux fois de signe dans l'intervalle de zéro à l'unité".

En effet les équations (3) et (4) donnent

$$(5) \quad \ldots \ldots \ldots \quad \int_0^1 x^2 [F(x) - G(x)]\, dx = 0,$$

$$(6) \quad \ldots \ldots \ldots \quad \int_0^1 x^4 [F(x) - G(x)]\, dx = 0,$$

d'où il est évident que $F(x) - G(x)$ doit changer de signe au moins une fois.

Mais supposons que $F(x) - G(x)$ change seulement une fois de signe, et que par conséquent $F(x) - G(x)$ ait un signe déterminé pour les valeurs

$$0 < x < b$$

et de même un signe déterminé, mais contraire au précédent, pour les valeurs

$$b < x < 1,$$

b étant comprise entre zéro et l'unité.

Posons

$$F(x) - G(x) = \varphi(x), \qquad 0 < x < b,$$
$$G(x) - F(x) = \psi(x), \qquad b < x < 1,$$

alors $\varphi(x)$ et $\psi(x)$ ne changent pas de signe et ont même signe.

Or on devra avoir d'après (5) et (6)

$$\int_0^b x^2 \varphi(x)\, dx = \int_b^1 x^2 \psi(x)\, dx,$$

$$\int_0^b x^4 \varphi(x)\, dx = \int_b^1 x^4 \psi(x)\, dx,$$

d'où l'on tire

$$\int_0^b x^2 (b^2 - x^2)\, \varphi(x)\, dx = \int_b^1 x^2 (b^2 - x^2)\, \psi(x)\, dx,$$

équation absurde parce que les deux membres sont évidemment de signe contraire.

La proposition que nous venons de démontrer sera d'un usage continuel et l'on verra qu'à peu près tout ce qui suit en dépend.

Première partie.

Discussion de l'hypothèse I.

2. Nous allons donc supposer maintenant que $f(x)$ est une fonction décroissante.

Il convient d'observer d'abord que cela entraîne nécessairement entre nos données A, B, d l'inégalité

$$(7) \quad \cdots \cdots \cdots \quad 3\,A > 5\,B > d.$$

L'inégalité $5\,\mathrm{B} > d$ résulte immédiatement de la signification de ces quantités, et l'on démontre encore facilement, de diverses manières, que $3\,\mathrm{A} > 5\,\mathrm{B}$. Mais, pour faire connaître dès à présent la nature de la méthode dont je ferai un usage continuel dans la suite, je tirerai ici cette inégalité de la proposition du n° 1.

J'observe pour cela qu'on peut déterminer les constantes p, q de l'expression $\mathrm{F}(x) = p - q\,x$ de manière qu'elle satisfasse aux équations (3). On trouve ainsi

$$\mathrm{F}(x) = 30\,\mathrm{A} - 45\,\mathrm{B} - 12\,(3\,\mathrm{A} - 5\,\mathrm{B})\,x,$$

et comme la densité $f(x)$ satisfait aux équations (1) et (2), la différence $\mathrm{F}(x) - f(x)$ doit changer au moins deux fois de signe d'après notre proposition. Or cela serait manifestement impossible si l'on avait $3\,\mathrm{A} \leqq 5\,\mathrm{B}$, parce qu'alors $\mathrm{F}(x)$ serait croissant ou du moins non décroissant et ainsi $\mathrm{F}(x) - f(x)$ varierait toujours dans le même sens. On doit donc avoir $3\,\mathrm{A} > 5\,\mathrm{B}$.

A la rigueur on pourrait avoir $3\,\mathrm{A} = 5\,\mathrm{B}$, mais alors $f(x)$ serait nécessairement constant et $5\,\mathrm{B} = d$. Nous ferons abstraction de ce cas, parce que pour la terre les inégalités (7) ont lieu effectivement.

3. *Limite inférieure m de la densité au centre.*

Tâchons de déterminer une loi de densité de la manière suivante

$$f(x) = m \quad \text{de } x = 0 \text{ jusqu'à } x = a < 1,$$
$$f(x) = d \quad \text{de } x = a \text{ jusqu'à } x = 1.$$

Les inconnues m et a doivent être trouvées par les conditions (1) et (2); on obtient après une légère réduction

$$3\,\mathrm{A} - d = (m - d)\,a^3,$$
$$5\,\mathrm{B} - d = (m - d)\,a^5,$$

d'où

$$(8) \quad \cdots \cdots \cdots \quad a = \sqrt{\frac{5\,\mathrm{B} - d}{3\,\mathrm{A} - d}}$$

$$(9) \quad \cdots \cdots \cdots \quad m = d + \sqrt{\frac{(3\,\mathrm{A} - d)^5}{(5\,\mathrm{B} - d)^3}}.$$

Comme on le voit par les inégalités (7), la valeur de a est inférieure à l'unité ; quant à $m = d + \dfrac{3\,A - d}{a^3}$, à cause de $a < 1$ il vient $m > 3\,A$, c'est-à-dire m est supérieur à la densité moyenne de la terre, ce qui est évident à priori.

En prenant (Fig. 1) un système d'axes rectangulaires $O\,X$, $O\,Y$, $O\,A = 1$, $O\,F = a$, $O\,D = m$, $A\,B = d$, cette loi de densité est repré-

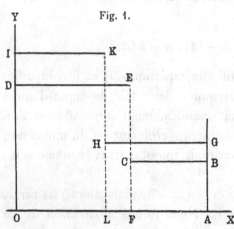

Fig. 1.

sentée par les deux droites $D\,E$, $C\,B$. Or il est évident maintenant que m est la densité minima au centre, c'est-à-dire qu'il n'y a aucune loi de densité qui donne pour $x = 0$ une densité inférieure à m. En effet, désignons par $f(x)$ la loi de densité représentée par $D\,E$, $C\,B$, et par $f_1(x)$ une autre loi de densité, qui donnerait au centre une densité inférieure à m ; on voit aussitôt que $f(x) - f_1(x)$ ne pourrait présenter qu'un seul changement de signe, ce qui est impossible d'après la proposition du n° 1.

4. Dans la suite, la limite inférieure de la densité pour $x = b$ sera désignée par $t(b)$ et la limite supérieure de cette même densité par $T(b)$. Le résultat que nous venons d'obtenir s'exprime donc ainsi : $t(0) = m$, tandis qu'on a évidemment $t(1) = d$, $T(1) = d$.

Nous nous proposons de déterminer ces fonctions $t(b)$, $T(b)$ pour une valeur quelconque de b.

D'abord il est évident, en jetant un regard sur la Fig. 1, que

$$t(b) = d, \qquad a \leqq b \leqq 1,$$

et à l'aide d'un raisonnement, tout-à-fait analogue à celui qui nous a fait voir que $t(0) = m$, on se convainc que

$$T(a) = m.$$

La fonction $t(b)$ étant connue maintenant pour les valeurs de b comprises entre a et l'unité, il reste seulement à trouver la valeur de $t(b)$ pour les valeurs positives de b inférieures à a. (Nous savons déjà que $t(0) = m$).

Pour cela, je cherche une fonction $F(x)$, ainsi

$$F(x) = K, \qquad 0 < x < b,$$
$$F(x) = k, \qquad b < x < 1,$$

K et k étant des constantes qui doivent être déterminées par les conditions (3). Un calcul facile donne

$$K = \frac{3(1 - b^5)\, A - 5(1 - b^3)\, B}{b^3 (1 - b^2)},$$

$$k = \frac{5\, B - 3\, b^2\, A}{1 - b^2}.$$

La valeur de k, considérée comme fonction de b, est décroissante, et comme on voit facilement que pour $b = a$ il vient $k = d$, la valeur de k sera supérieure à d dans l'hypothèse actuelle $0 < b < a$. D'après la proposition du n° 1 on en conclut $K > m$. Dans la Fig. 1 la fonction $F(x)$ est représentée par les droites I K et H G, et b par O L.

On voit maintenant, d'après un raisonnement déjà développé plus d'une fois, qu'il ne peut exister une loi de densité qui donne pour $x = b$ une densité inférieure à k ou supérieure à K; donc $t(b) \geqq k$, $T(b) \leqq K$.

La fonction $F(x)$ n'est pas, à proprement parler, une fonction qui puisse être assimilée à la densité, parce qu'on a $T(1) = k > d$. Mais on peut se figurer une loi de densité qui diffère très peu de $F(x)$ dans tout l'intervalle de zéro à l'unité et qui présente seulement dans le voisinage de la surface un changement extrêmement rapide de k à d.

D'après cette remarque, on doit avoir: $t(b) = k$, $T(b) = K$, c à d.

$$t(b) = \frac{5\, B - 3\, b^2\, A}{1 - b^2}, \qquad T(b) = \frac{3(1 - b^5)\, A - 5(1 - b^3)\, B}{b^3 (1 - b^2)}$$

sous la condition $0 < b \leqq a$.

La fonction $t(b)$ est maintenant parfaitement connue. Remarquons qu'elle présente une discontinuité; en effet, ε étant infiniment petit, on a

$$t(\varepsilon) = 5\,\mathrm{B} < 3\,\mathrm{A}$$

et

$$t(0) = m > 3\,\mathrm{A}.$$

Cette singularité s'explique très bien si l'on fait attention à la grande différence qui existe entre les deux lois de densité qui donnent la densité minima au centre et la densité minima dans un point voisin du centre.

5. Il reste à déterminer $\mathrm{T}(b)$ pour les valeurs de b comprises entre a et 1. J'observe pour cela que

$$\mathrm{B} = \int_0^b x^4 f(x)\,dx + \int_b^1 x^4 f(x)\,dx,$$

donc

$$\mathrm{B} \geqq f(b)\int_0^b x^4\,dx + f(1)\int_b^1 x^4\,dx,$$

c. à d.

$$\mathrm{B} \geqq \tfrac{1}{5}\,b^5 f(b) + \frac{1-b^5}{5}\,d,$$

par conséquent

$$f(b) \leqq \frac{5\,\mathrm{B} - (1-b^5)\,d}{b^5}.$$

Il est évident par là qu'on doit avoir aussi

(10) . . . . $\mathrm{T}(b) \leqq \dfrac{5\,\mathrm{B} - (1-b^5)\,d}{b^5}.$

C'est une simple limitation de $\mathrm{T}(b)$, qu'on pourrait facilement vérifier dans l'intervalle $0 < b \leqq a$ où nous connaissons déjà la valeur exacte de $\mathrm{T}(b)$. On voit aussi que pour $b = a$ il faut mettre le signe $=$ dans la relation (10).

Mais je dis maintenant qu'on a pour toute valeur de b comprise entre a et 1

$$\mathrm{T}(b) = \frac{5\,\mathrm{B} - (1-b^5)\,d}{b^5}.$$

Pour le démontrer en toute rigueur, il faudrait faire voir que,

R étant une quantité inférieure à $\dfrac{5\,\mathrm{B} - (1 - b^5)\,d}{b^5}$ mais en différant aussi peu qu'on le veut, il existe toujours une loi de densité telle que $f(b) = \mathrm{R}$. Mais il me semble que l'indication suivante suffit.

Soit

$$\varphi(x) = \frac{5\,\mathrm{B} - (1 - b^5)\,d}{b}, \qquad 0 \leqq x \leqq b,$$

$$\varphi(x) = d, \qquad b \leqq x \leqq 1,$$

on vérifie sans peine que

$$\int_0^1 x^4\,\varphi(x)\,dx = \mathrm{B}.$$

En désignant par A′ la valeur de l'intégrale $\displaystyle\int_0^1 x^2\,\varphi(x)\,dx$, on trouve

$$\mathrm{A}' = \frac{5\,\mathrm{B} - d + b^2\,d}{3\,b^2}.$$

Considérée comme fonction de b, A′ est décroissante, et pour $b = a$, $\mathrm{A}' = \mathrm{A}$; donc, dans la supposition $a < b < 1$, A′ est inférieure à A.

La fonction $\varphi(x)$ ne satisfait donc pas aux conditions imposées à la densité, mais en posant

$$f(x) = \varphi(x), \qquad \varepsilon < x < 1,$$

$$f(x) = \varphi(x) + \frac{\mathrm{A} - \mathrm{A}'}{\varepsilon\,x^2}, \qquad 0 < x < \varepsilon,$$

ε étant une quantité aussi petite qu'on voudra, il vient

$$\int_0^1 x^2 f(x)\,dx = \mathrm{A}' + \int_0^\varepsilon \frac{\mathrm{A} - \mathrm{A}'}{\varepsilon}\,dx = \mathrm{A},$$

$$\int_0^1 x^4 f(x)\,dx = \mathrm{B} + \int_0^\varepsilon \frac{\mathrm{A} - \mathrm{A}'}{\varepsilon}\,x^2\,dx = \mathrm{B} + \tfrac{1}{3}(\mathrm{A} - \mathrm{A}')\,\varepsilon^2.$$

En prenant ε infiniment petit, la fonction $f(x)$ satisfait donc bien aux conditions imposées à la densité et l'on a $f(b) = \dfrac{5\,\mathrm{B} - (1 - b^5)\,d}{b^5}$.

D'une manière sommaire, mais peu exacte, on pourrait dire que, pour avoir la plus grande densité pour $x = b > a$, il faut se figurer comme condensée dans le centre de la terre une partie finie de la masse totale de la terre. Cette partie de la masse a alors une influence appréciable dans l'intégrale $\int_0^1 x^2 f(x)\,dx$, mais elle ne change en rien la valeur de $\int_0^1 x^4 f(x)\,dx$, à cause du facteur x^4.

En réunissant les résultats obtenus, on a les formules suivantes

$$(11) \quad \ldots \ldots \ldots \begin{cases} t(0) = m, \\ t(b) = \dfrac{5\,\mathrm{B} - 3\,b^2\,\mathrm{A}}{1 - b^2}, & 0 < b \leqq a, \\ t(b) = d, & a \leqq b \leqq 1, \end{cases}$$

$$(12) \quad \ldots \ldots \ldots \begin{cases} \mathrm{T}(b) = \dfrac{3\,(1 - b^5)\,\mathrm{A} - 5\,(1 - b^3)\,\mathrm{B}}{b^3\,(1 - b^2)}, & 0 < b \leqq a, \\ \mathrm{T}(b) = \dfrac{5\,\mathrm{B} - (1 - b^5)\,d}{b^5}, & a \leqq b < 1, \\ \mathrm{T}(1) = d. \end{cases}$$

La fonction $\mathrm{T}(b)$ présente une discontinuité; en effet, ε étant infiniment petit, on a

$$\mathrm{T}(1 - \varepsilon) = 5\,\mathrm{B} > d,$$
$$\mathrm{T}(1) = d.$$

Deuxième partie.

Discussion de l'hypothèse II.

6. Dans ce qui suit, nous admettrons:

1^0 que la fonction $f(x)$ ne croît jamais avec x,

2^0 que la fonction $\dfrac{df(x)}{dx}$ ne croît jamais avec x.

Quant à cette seconde condition, elle semble exiger l'existence de la fonction dérivée $\dfrac{df(x)}{dx}$; pour cette raison, il vaut mieux l'énoncer un peu autrement, en disant que, sous la condition

$$0 \leqq x < y < z \leqq 1,$$

on doit avoir toujours

$$(13) \quad \ldots \ldots \ldots \quad \frac{f(x) - f(y)}{y - x} \leqq \frac{f(y) - f(z)}{z - y}.$$

Notons une différence profonde qui existe entre notre hypothèse actuelle et celle que nous venons de discuter. Dans la première hy-pothèse, la fonction $f(x)$ peut avoir un saut brusque pour une valeur quelconque de x; on voit facilement que cela n'est plus possible maintenant, à cause de la condition (13), que pour la seule valeur $x = 1$.

Voyons d'abord quelles relations l'hypothèse actuelle entraîne entre les données A, B, d.

Naturellement, on a comme auparavant, $3A > 5B > d$, mais il existe encore une autre relation, propre à notre hypothèse. Pour la trouver, considérons la fonction $F(x)$, qui s'est présentée déjà dans le n° 2

$$F(x) = 30\,A - 45\,B - 12\,(3\,A - 5\,B)\,x$$

et qui vérifie les relations

$$\int_0^1 x^2\,F(x)\,dx = A, \quad \int_0^1 x^4\,F(x)\,dx = B.$$

Cette fonction $F(x)$ décroît de $M = F(0) = 30\,A - 45\,B$ jusqu'à $D = F(1) = 15\,B - 6\,A$.

Je dis maintenant que la valeur $d = f(1)$ doit être inférieure à $D = 15\,B - 6\,A$. C'est ce qu'on voit facilement en jetant le regard sur la Fig. 2, où la fonction $F(x)$ est représentée par droite F E, et en se rappelant que la différence $F(x) - f(x)$ doit changer au moins deux fois de signe d'après la proposition du n°. 1. Cela se fonde sur la notion qu'on a d'une courbe qui tourne sa concavité vers O A, car c'est par une telle courbe qu'est représentée la fonction $f(x)$ d'après notre hypothèse. Mais voici une démonstration arith-métique. Supposons $d > D$, alors $F(x) - f(x)$ est négative pour $x = 1$, et comme cette différence doit changer au moins deux fois de signe, il doit exister un nombre $a < 1$ tel que $F(a) - f(a) > 0$, et un nombre $b < a$ tel que $F(b) - f(b) < 0$, donc

$$F(1) < f(1),$$
$$F(a) > f(a),$$
$$F(b) < f(b),$$

d'où l'on tire

$$\frac{F(a) - F(1)}{1 - a} > \frac{f(a) - f(1)}{1 - a}, \quad \frac{F(b) - F(a)}{a - b} < \frac{f(b) - f(a)}{a - b},$$

mais évidemment

$$\frac{F(a) - F(1)}{1 - a} = \frac{F(b) - F(a)}{a - b},$$

donc

$$\frac{f(b) - f(a)}{a - b} > \frac{f(a) - f(1)}{1 - a},$$

ce qui est en contradiction avec la relation (13), en posant, comme il est permis de le faire, $x = b$, $y = a$, $z = 1$. La supposition $d > D$ ne peut être admise, et nous pouvons noter les conditions

$$(14) \quad \ldots \ldots \ldots \quad \begin{cases} 3\,A > 5\,B > d, \\ 15\,B - 6\,A > d. \end{cases}$$

On voit encore que, si l'on avait $15\,B - 6\,A = d$, la fonction $f(x)$ serait parfaitement définie et devrait être identique à $F(x)$; nous ferons abstraction de ce cas, qui ne se présente pas dans la nature [1]).

Nous allons nous occuper maintenant du même problème qui a déjà été resolu dans notre première hypothèse — c. à d. nous allons chercher la limite supérieure $T(b)$ et la limite inférieure $t(b)$ de la densité pour $x = b$.

7. Considérons d'abord les valeurs particulières $T(0)$, $t(0)$. La Fig. 2 fait voir immédiatement que $T(0)$ n'est autre chose que la valeur de la fonction $F(x)$, considérée dans le n⁰ précédent pour $x = 0$, donc

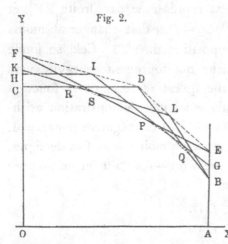

Fig. 2.

$$(15) \quad \ldots \quad T(0) = M = 30\,A - 45\,B.$$

Quant à la valeur de $t(0)$, que nous désignerons par m, on voit sans peine qu'elle correspond à la loi de densité suivante: une densité constante m de $x = 0$ jusqu'à une certaine valeur

---

[1]) En introduisant Δ et λ au lieu de A et B, la limitation $15\,B - 6\,A > d$ peut se mettre sous la forme $\lambda < \dfrac{5\,\Delta}{2\,\Delta + d'}$. Adoptant les valeurs $\Delta = 5{,}56$ et $d = 2{.}6$, il vient $\lambda < 2{,}026$, tandis qu'on a $\lambda = 1{.}87$, avec une erreur que j'estime ne pouvoir dépasser notablement $0.06 \cdot$

$x = a < 1$, représentée dans la Fig. 2 par la droite horizontale CD, et pour $x > a$ un décroissement régulier de la densité jusqu'à la valeur d représentée par la droite DB, donc

$$f(x) = m, \qquad\qquad 0 < x < a,$$

$$f(x) = m - \frac{m - d}{1 - a}(x - a), \quad a < x < 1.$$

Mais il faut faire voir qu'on obtient une détermination convenable des deux inconnues m et a par les équations (1) et (2). Or on obtient après quelques réductions qui se présentent d'elles-mêmes

$$12\,A - 4\,d = (1 + a)(1 + a^2)(m - d),$$

$$30\,B - 6\,d = (1 + a)(1 + a^2 + a^4)(m - d),$$

d'où, pour la détermination de a

$$(16) \quad \ldots \quad \frac{1 + a^2 + a^4}{1 + a^2} = \frac{15\,B - 3\,d}{6\,A - 2\,d} = \frac{3(5\,B - d)}{2(3\,A - d)}.$$

Le membre tout connu est supérieur à l'unité mais inférieur à $\frac{3}{2}$ d'après les inégalités (14), tandis qu'on voit facilement que l'expression $\frac{1 + a^2 + a^4}{1 + a^2}$ varie de 1 à $\frac{3}{2}$, en croissant constamment, quand a varie de 0 à 1. Donc l'équation (16) détermine une valeur unique de a, comprise entre 0 et 1.

Après avoir calculé a, on trouve m à l'aide de

$$(17) \quad \ldots \ldots \ldots \quad m = d + \frac{12\,A - 4\,d}{(1 + a)(1 + a^2)},$$

et à cause de $a < 1$ on voit que $m > 3\,A$, c. à d m est supérieur à la densité moyenne de la terre, ce qui est evident à priori.

8. Voici maintenant comment on obtient la valeur de $T(b)$ pour une valeur quelconque de b. Supposons d'abord b comprise entre zéro et la valeur a déterminée dans le n° précédent.
Soit

$$F(x) = K, \qquad\qquad 0 < x < b,$$

$$F(x) = K - h(x - b), \quad b < x < 1$$

et déterminons les constantes K, h par les conditions (3).

On obtient

$$K = \frac{6\,(5 - 6\,b + b^6)\,A - 15\,(3 - 4\,b + b^4)\,B}{1 - 3\,b^4 + 2\,b^6},$$

$$h = \frac{36\,A - 60\,B}{1 - 3\,b^4 + 2\,b^6}.$$

Dans la Fig. 2 cette fonction $F(x)$ est représentée par la ligne brisée HIG, et l'on trouve

$$F(1) = AG = \frac{15\,(1 + b^2)\,B - 6\,(1 + b^2 + b^4)\,A}{1 + b^2 - 2\,b^4}.$$

Comme on voit, h est positif et croît avec b. Quant à la valeur de $F(1)$, elle décroît avec b. C'est ce qui résulte de l'expression

$$F(1) = \frac{5\,B - 3\,p\,A}{1 - p} = 3\,A - \frac{3\,A - 5\,B}{1 - p},$$

où $p = \dfrac{2\,(1 + b^2 + b^4)}{3\,(1 + b^2)}$ est une fonction croissante.

De ce que h croît et $F(1)$ décroît avec b on peut conclure, d'après la proposition du n° 1, que K est décroissant. On pourrait aussi s'en convaincre directement.

Il est évident maintenant que pour $b = 0$ la droite IG se confond avec FE, et pour $b = a$ elle se confond avec DB. Le point G se meut donc de E vers B, en sorte que $F(1)$ ne devient pas inférieur à d.

On voit maintenant immédiatement qu'il ne peut exister une loi de densité qui donne pour $x = b$ une densité supérieure à K; donc $T(b) = K$, c. à d.

$$(18) \quad . \quad T(b) = \frac{6\,(5 - 6\,b + b^6)\,A - 15\,(3 - 4\,b + b^4)\,B}{1 - 3\,b^4 + 2\,b^6}, \quad 0 \leqq b \leqq a.$$

Comme on le voit $T(a) = m$.

L'équation de la droite IG est

$$(19) \quad . \quad . \quad . \quad . \quad \begin{cases} y = K - h\,(x - b), & \text{où} \\ K = \dfrac{6\,(5 - 6\,b + b^6)\,A - 15\,(3 - 4\,b + b^4)\,B}{1 - 3\,b^4 + 2\,b^6}, \\ h = \dfrac{36\,A - 60\,B}{1 - 3\,b^4 + 2\,b^6}. \end{cases}$$

Le système de droites I G qu'on obtient en faisant varier b de 0 à a sera appelé le premier système de droites.

9. Supposons maintenant $a < b < 1$, et déterminons une loi de densité $f(x)$ ainsi

$$f(x) = K - h(x - b), \qquad\qquad 0 < x < b,$$

$$f(x) = \frac{1}{1 - b}[K - d\,b - (K - d\,x)], \quad b < x < 1,$$

représentée par la ligne brisée K L B de la fig. 2.

En déterminant K, h par les conditions (1), (2), on trouve

$$K = \frac{30\,B - 12\,b^2\,A - (5 - b - 4\,b^2)\,d}{1 + b},$$

$$h = \frac{12\,(1 + b^2 + b^4)\,A - 30\,(1 + b^2)\,B + 2\,(1 + b^2 - 2\,b^4)\,d}{b^4}.$$

La valeur de K décroît avec b, comme on le voit en écrivant

$$K = d + \frac{(30\,B - 6\,d) - b^2\,(12\,A - 4\,d)}{1 + b}.$$

Au contraire, en observant que

$$h = 12\,A - 4\,d - \frac{2\,(15\,B - 6\,A - d)}{q - 1},$$

où $q = \dfrac{1 + b^2 + b^4}{1 + b^2}$ est une fonction croissante, on voit que la valeur de h croît avec b.

Il est évident maintenant que pour $b = a$ la droite K L se confond avec C D et $h = 0$. Pour des valeurs plus grandes de b, h est donc positif, et lorsque $b = 1$ la droite K L se confond avec F E.

Il est facile de s'assurer qu'il ne peut exister aucune loi de densité qui donne pour $x = b$ une densité supérieure à K, donc

$$(20)\ \ \ .\ \ \ .\ \ \ T(b) = \frac{30\,B - 12\,b^2\,A - (5 - b - 4\,b^2)\,d}{1 + b}, \qquad a \leqq b < 1.$$

La fonction T (b) est maintenant parfaitement connue; remarquons qu'elle présente une discontinuité: en effet, ε étant infiniment petit, on a

$$T(1 - \varepsilon) = 15\,B - 6\,A > d,$$
$$T(1) = d.$$

En représentant la fonction T (b) par une courbe, cette courbe se compose de deux arcs qui se rencontrent en D, où ils ont des tangentes distinctes. La tangente en F se confond avec la droite F E et les deux arcs sont convexes vers O A.

L'équation de la droite K L est

$$(21) \quad \begin{cases} y = K - h\,(x - b), \\ K = \dfrac{30\,B - 12\,b^2\,A - (5 - b - 4\,b^2)\,d}{1 + b}, \\ h = \dfrac{12\,(1 + b^2 + b^4)\,A - 30\,(1 + b^2)\,B + 2\,(1 + b^2 - 2\,b^4)\,d}{b^4}. \end{cases} \quad \text{où}$$

Le système des droites K L qu'on obtient en faisant varier b de a à 1 sera appelé le second système de droites. On verra facilement que l'intersection K se meut toujours dans le même sens de C vers F.

10. Il nous reste à déterminer la fonction t (b), dont jusqu'à présent nous connaissons seulement les valeurs particulières t (0) = m, t (1) = d. Or cela ne semble pas possible d'une manière aussi directe que celle qui nous a fait trouver la valeur de T (b). On verra aussi que l'expression analytique de t (b) est beaucoup plus compliquée que celle de T (b).

Imaginons que dans la Fig. 2 on ait tracé les droites du premier et du second système. Ces droites occupent, dans leur ensemble, une certaine partie du plan, limitée inférieurement par une certaine courbe. Nous allons déterminer cette courbe, mais, pour motiver cette recherche qui pourrait sembler étrangère à notre objet, disons dès à présent que cette courbe n'est autre chose que la représentation géométrique de la fonction t (b).

Evidemment, nous sommes amenés ainsi à la recherche des courbes enveloppes des deux systèmes de droites.

Courbe enveloppe du premier système de droites.

L'équation d'une droite du premier système a déjà été donnée, voyez (19). Pour avoir l'enveloppe, il faut prendre la dérivée par rapport à b et éliminer ensuite ce paramètre entre l'équation obtenue et l'équation primitive. On obtiendrait ainsi l'équation de la courbe enveloppe, mais cela serait de peu d'importance pour notre objet, et il est bien plus naturel d'exprimer seulement les coordonnées x, y de la courbe par le paramètre b, dont on connaît la signification. Les équations étant linéaires en x et y, ce calcul n'a aucune difficulté et l'on obtient

$$(22) \qquad \begin{cases} x = \dfrac{10 + b^2 + b^4}{12}, & 0 \leq b \leq a, \\[2mm] y = \dfrac{5\,B - 3\,b^2\,A}{1 - b^2} \end{cases}$$

Il est remarquable que l'expression de x ne contient ni A, ni B. On obtient les extrémités P, Q de l'arc courbe, situées sur les droites F E, D B, en posant $b = 0$ et $b = a$. L'abscisse du point P est donc $\frac{5}{6}$, celle de Q est $= \dfrac{10 + a^2 + a^4}{12}$ et par conséquent inférieure à l'unité.

Courbe enveloppe du second système de droites. On peut suivre la même voie pour obtenir cette seconde courbe, en partant de l'équation (21) On obtient par un calcul un peu laborieux, mais qui ne présente pas de difficulté

$$(23) \quad \begin{cases} (1 + b)^2\,(4 + 2\,b^2)\,x = 3\,b + 6\,b^2 + 4\,b^3 + 2\,b^4, \\[2mm] b^3\,(1 + b)^2\,(4 + 2\,b^2)\,y = \\[1mm] = 12\,(1 + 2\,b + 3\,b^2 + 4\,b^3 + 5\,b^4)\,A - 30\,(1 + 2\,b + 3\,b^2)\,B + \\[1mm] + 2\,(1 + b)\,(1 - b)^2\,(1 + 3\,b + 7\,b^2 + 3\,b^3 + b^4)\,d. \end{cases} \qquad a \leq b \leq 1$$

Ici encore l'expression de x ne contient point les données A, B, d.

On obtient les extrémités R, S de l'arc courbe, situées sur les droites C D, F E, en posant $b = a$ et $b = 1$. L'abscisse du point R est positive, celle de S est $\frac{5}{8}$.

D'après cela, la limite inférieure de la partie du plan occupée par les droites du premier et du second système se compose des 5 parties suivantes:

1⁰ la droite horizontale C R,

2⁰ l'arc courbe R S,

3⁰ la droite inclinée S P,

4⁰ l'arc courbe P Q,

5⁰ la droite inclinée Q B.

Nous allons faire voir maintenant que cette ligne C R S P Q B est réellement la représentation géométrique de la fonction cherchée $t(b)$. Supposons qu'on trace la ligne $y = f(x)$ et nommons cette ligne une courbe de densité. Alors nous devons montrer qu'aucune courbe de densité n'est possible qui pénètre dans la partie du plan au-dessous de C R S P Q B.

11.   Voici d'abord quelques observations préliminaires:

(A) Une courbe de densité (qui commence toujours en B), ne peut avoir en B une inclinaison plus faible sur l'axe O A que la ligne B D. Cela est évident parce qu'elle doit couper en deux points la ligne brisée C D B, d'après la proposition du n⁰ 1.

(B) Toute courbe de densité doit couper en deux points la droite E F.

En suivant une courbe de densité de B vers l'axe O Y, l'inclinaison de la tangente sur O A va toujours en diminuant, d'après notre hypothèse. Il est évident par là que l'inclinaison de cette tangente surpasse celle de E F pour la partie de la courbe entre B et la première intersection avec E F, tandis que l'inclinaison de la tangente est plus faible que celle de E F pour la partie de la courbe entre le second point d'intersection avec E F et l'axe O Y.

Supposons maintenant qu'il existe une courbe de densité dont un point A est situé au-dessous de la courbe C R S P Q B.

Je distingue deux cas:

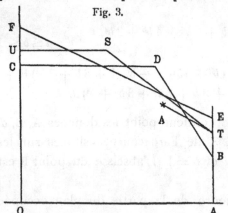
Fig. 3.

1⁰ Le point A se trouve entre B et la première intersection de la courbe avec E F. (Fig. 3).

Alors la tangente en A doit couper la ligne B E dans un point T au-dessous de E parce que l'inclinaison de la tangente est plus forte que celle de E F. Mais ce point T doit se trouver au-dessus de B et ne peut se confondre avec B, car dans ce dernier cas la courbe de densité entre A et B devrait se confondre avec sa tangente A B, ce qui est impossible d'après (A).

Maintenant par le point T passe une droite du premier système T S, qu'on peut compléter par une droite horizontale S U de manière à obtenir une ligne brisée T S U, représentation d'une fonction $F(x)$ qui satisfait aux conditions (3) [1]).

Or la courbe de densité se trouve située entièrement au-dessous de sa tangente T A, par conséquent elle ne peut couper la droite T S. Quant à la droite horizontale S U, elle ne peut la couper qu'en un seul point. Mais, d'après la proposition du n° 1, chaque courbe de densité doit avoir au moins deux intersections avec T S U, par conséquent il ne peut exister une courbe de densité avec le point A au-dessous de C R S P Q B.

2⁰ Le point A se trouve entre la seconde intersection de la courbe de densité avec E F et l'axe O Y (Fig. 4). Alors la tangente en A doit couper O Y en un point T au-dessous de F, parce que l'in-clinaison de cette tangente sur O X est plus faible que celle de E F. Le point T se trouve natu-rellement au-dessus de C, parce que la courbe elle-même vient rencontrer l'axe O Y au-dessus de C.

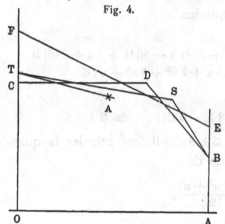

Fig. 4.

Maintenant il passe par T une droite T S du second système, et joignant S et B par une droite, on peut regarder T S B comme une courbe de densité. Mais évidem-

---

ment la courbe de densité passant par A ne peut couper la droite TS, et l'on se trouve de nouveau en contradiction avec la proposition du n⁰ 1.

En somme il ne peut exister aucune courbe de densité qui pénètre dans la partie du plan au-dessous de CRSPQB et cette courbe est donc bien, comme nous l'avons annoncé, la représentation géométrique de la fonction $t(b)$.

Voici maintenant la détermination analytique de la fonction $t(b)$. Nommons x_1, x_2, x_3, x_4 les abscisses des points R, S, P, Q:

$$x_1 = \frac{3a + 6a^2 + 4a^3 + 2a^4}{(1+a)^2(4+2a^2)}, \quad x_2 = \frac{5}{8}, \quad x_3 = \frac{5}{6}, \quad x_4 = \frac{10 + a^2 + a^4}{12}.$$

Alors on a

$$t(b) = m, \qquad 0 \leqq b \leqq x_1.$$

Mais lorsque b est comprise entre x_1 et x_2, il faut d'abord calculer une quantité u comprise entre a et 1 à l'aide de l'équation du 4ième degré

$$(1+u)^2(4+2u^2)\,b = 3u + 6u^2 + 4u^3 + 2u^4,$$

et l'on obtient $t(b)$ à l'aide de l'équation

$$\begin{aligned} u^3(1+u)^2(4+2u^2)\,t(b) = {} & 12(1+2u+3u^2+4u^3+5u^4)\,A - 30(1+2u+3u^2)\,B \\ & + 2(1+u)(1-u)^2(1+3u+7u^2+3u^3+u^4)\,d. \end{aligned}$$

On a ensuite

$$t(b) = 30\,A - 45\,B - 12(3\,A - 5\,B)\,b, \qquad x_2 \leqq b \leqq x_3.$$

Dans le quatrième intervalle $x_3 \leqq b \leqq x_4$, il faut calculer la quantité u comprise entre 0 et a à l'aide de

$$b = \frac{10 + u^2 + u^4}{12},$$

et ensuite on a

$$t(b) = \frac{5\,B - 3u^2\,A}{1 - u^2}.$$

Enfin, dans le dernier intervalle $x_4 \leqq b \leqq 1$, on a

$$t(b) = m - \frac{m-d}{1-a}(b-a).$$

J'avais d'abord considéré seulement les limites de la densité au centre de la terre, dans les deux hypothèses que nous venons de discuter complètement. En causant sur les résultats obtenus avec M. Bakhuyzen, celui-ci me suggéra l'idée de chercher des limites de la densité dans un point quelconque de l'intérieur de la terre. Je me suis aperçu alors que ma méthode donnait encore facilement la solution de ce problème plus général.

Troisième Partie.

12. Pour la réduction en nombres des résultats obtenus par la discussion de l'hypothèse II, j'adopterai les valeurs $d = 2.6$, $\Delta = 5.56$, ce dernier nombre étant celui donné par MM. Cornu et Baille [Comptes Rendus de l'Acad. d. Sc., Tome 76]. Quant à λ, cette constante est déterminée par la relation

$$\lambda = \frac{\dfrac{C - A}{C}}{\varepsilon - \frac{1}{2}\varphi},$$

C et A étant les moments d'inertie de la terre par rapport à l'axe de rotation et à un diamètre quelconque de l'équateur, ε l'aplatissement de la terre, φ le rapport de la force centrifuge à la pesanteur à l'équateur. J'ai adopté la valeur

$$\frac{C - A}{C} = 0.00324256 \ ^{1)}$$

obtenue par M. Nyren dans son Mémoire sur la détermination de la nutation de l'axe terrestre. [Mém. de l'Acad. Impér. de St. Pétersb., VIIᵉ Série, Tome XIX].

Quant à ε et φ, j'ai adopté les valeurs déduites par M Listing (Nachrichte der Königl. Ges. d Wiss. zu Göttingen, 1877)

$$\varepsilon = 0.003466445 = 1 : 288.4800,$$
$$\varphi = 0.003467199 = 1 : 288.4179.$$

---

[1] La légère différence entre ce nombre et celui qu'on trouve à la page 19 du Mémoire de M. Nyren s'explique par la Note qu'on trouve à la page 54.

On en déduit $\lambda = 1.8712$, mais j'ai adopté simplement

$$\lambda = 1.87.$$

Ce nombre est certainement sujet à quelque incertitude; il me semble pourtant difficile d'admettre que l'erreur surpasse notablement 0.06. J'ai donc calculé quelques valeurs numériques des fonctions $T(b)$ et $t(b)$ en adoptant les valeurs

$$d = 2.6, \quad \Delta = 5.56, \quad \lambda = 1.87,$$

mais, comme une faible variation de λ a une influence notable sur les résultats, j'ai encore repris le même calcul avec la valeur $\lambda = 1.92$.

Fig. 5.

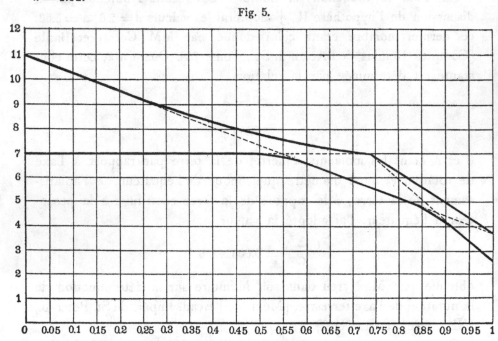

Voici maintenant les valeurs obtenues; la Fig. 5 donne la représentation graphique correspondant à la valeur $\lambda = 1.87$

$$\lambda = 1.87, \quad a = 0.73985, \quad m = 6.998, \quad M = 11.001, \quad D = 3.746.$$
$$\lambda = 1.92, \quad a = 0.65416, \quad m = 7.613, \quad M = 12.162, \quad D = 3.359.$$

$$\lambda = 1.87, \quad x_1 = 0.50077, \quad x_2 = \tfrac{5}{8}, \quad x_3 = \tfrac{5}{6}, \quad x_4 = 0.90392,$$
$$\lambda = 1.92, \quad x_1 = 0.45278, \quad x_2 = \tfrac{5}{8}, \quad x_3 = \tfrac{5}{6}, \quad x_4 = 0.88425.$$

b	$\lambda = 1.87$			$\lambda = 1.92$	
	$T(b)$	$t(b)$		$T(b)$	$t(b)$
0.00	11.00	7.00		12.16	7.61
0.05	10.64	7.00		11.72	7.61
0.10	10.28	7.00		11.28	7.61
0.15	9.92	7.00		10.85	7.61
0.20	9.57	7.00		10.43	7.61
0.25	9.24	7.00		10.02	7.61
0.30	8.92	7.00		9.63	7.61
0.35	8.62	7.00		9.27	7.61
0.40	8.34	7.00		8.93	7.61
0.45	8.08	7.00		8.62	7.61
0.50	7.84	7.00		8.33	7.51
0.55	7.63	6.90		8.07	7.24
0.60	7.44	6.64		7.84	6.87
0.65	7.27	6.29		7.63	6.44
0.70	7.11	5.92		7.05	6.00
0.75	6.87	5.56		6.43	5.56
0.80	6.24	5.20		5.81	5.12
0.85	5.62	4.83		5.20	4.68
0.90	4.99	4.29		4.58	4.05
0.95	4.37	3.45		3.97	3.32
1.00	2.60 (3.75)	2.60		2.60 (3.36)	2.60

13. Newton, en considérant la terre comme une masse fluide homogène, douée d'un mouvement de rotation, et en supposant que la forme propre à l'équilibre est celle d'un ellipsoïde de révolution, a déterminé le rapport des axes du globe terrestre. En nommant φ le rapport de la force centrifuge à la pesanteur à l'équateur, il trouve l'aplatissement égal à $\frac{5}{4} \varphi$.

Clairaut, dans sa „Théorie de la figure de la terre", a confirmé ce résultat, et, en abandonnant l'hypothèse de l'homogénéité, il a donné pour la première fois le moyen de déterminer l'aplatissement en supposant donnée la loi de la variation de la densité. En sup-

posant que la densité croît constamment à mesure qu'on s'approche
de centre de la terre, il arrive à ce résultat que l'aplatissement est
plus faible que dans l'hypothèse de l'homogénéité.

Quand, plus tard, les observations avaient montre d'une manière
certaine que l'aplatissement du globe terrestre est, en effet, plus
faible que dans l'hypothèse d'une densité constante, il était naturel
du proposer une loi de densité propre à donner l'aplatissement
observé.

Il paraît que la premiére hypothèse proposée est celle de Legendre,
que Laplace a discutée plus tard dans la Mécanique céleste; elle
revient à supposer

$$f(x) = C \frac{\sin n x}{x}.$$

On en déduit aisément

$$\Delta = 3 \int_0^1 x^2 f(x)\, dx = 3\,C\, \frac{\sin n - n \cos n}{n^2},$$

$$\lambda = \frac{\int_0^1 x^2 f(x)\, dx}{\int_0^1 x^4 f(x)\, dx} = \frac{n^2 (\sin n - n \cos n)}{(3\,n^2 - 6)\sin n - (n^3 - 6\,n)\cos n},$$

$$d = C \sin n.$$

D'après la théorie de Clairaut, l'aplatissement ε se détermine à
l'aide de

$$\varepsilon = \tfrac{5}{2}\,\varphi \cdot \frac{\dfrac{3\,(1 - n \cot g\, n)}{n^2} - 1}{\dfrac{n^2}{1 - n \cot g\, n} - 2 - n \cot g\, n}.$$

En adoptant la valeur $\Delta = 5.56$ et la valeur de φ donnée précédemment d'après Listing, j'ai calculé les valeurs de d, λ, ε pour
quelques valeurs de n; — voici les résultats:

Hypothèse de Legendre.

n	d	λ	ε
136°	3.02	1.948	1 : 286.3
137	2.97	1.954	1 : 287.5
138	2.93	1.961	1 : 288.7
139	2.88	1.968	1 : 290.0
140	2.83	1.975	1 : 291.3
141	2.78	1.982	1 : 292.6
142	2.73	1.990	1 : 294.0
143	2.68	1.998	1 : 295.4
144	2.63	2.006	1 : 296.8
145	2.57	2.014	1 : 298.2
146	2.52	2.022	1 : 299.7

Comme on le voit, l'hypothèse de Legendre ne peut pas représenter suffisamment les faits observés Dans la Mécanique céleste, Laplace admet la valeur $n = 150°$, ce qui répond à la valeur $1 : 306.6$ de l'aplatissement, qu'on ne peut plus admettre. On voit aissi qu'on obtient ainsi une valeur beaucoup trop forte de λ.

La loi de Legendre $f(x) = \mathrm{C} \dfrac{\sin nx}{x}$ ne satisfait pas à notre hypothèse II. On trouve que $f''(x)$ change de signe dans le voisinage de la surface de la terre, en sorte que la courbe de densité présente une inflection. Toutefois, la convexité vers l'axe O A est peu sensible. Plus tard M. Roche a proposé la formule $f(x) = a - b\,x^2$, mais je passerai directement à la loi plus générale

$$f(x) = a - b\,x^n,$$

proposée par M. Lipschitz (Journal de Borchardt, Bd 62).

Dans cette hypothèse, l'équation différentielle du second ordre d'où dépend l'aplatissement peut s'intégrer à l'aide de la fonction hypergéométrique de Gauss. Les trois constantes a, b, n sont déterminées à l'aide des trois données d, Δ, et $\dfrac{\varepsilon}{\varphi}$.

M. Lipschitz obtient une équation transcendante pour l'inconnue n et démontre par une analyse ingénieuse que cette équation admet une seule racine positive. Dès que n est connu, on obtient a et b par les formules

$$a = \frac{(n+3)\,\Delta - 3\,d}{n},$$

$$b = \frac{(n+3)\,(\Delta - d)}{n}.$$

M. Lipschitz obtient ainsi

$$f(x) = 9.453 - 6.953\,x^{2.39},$$

en attribuant à d, Δ, $\frac{\varepsilon}{\varphi}$ des valeurs qui diffèrent légèrement de celles que nous avons données plus haut. Comme on le voit, la seule donnée qui n'a pas été employée par M. Lipschitz, c'est la quantité λ. On peut donc avoir une vérification en calculant la valeur de λ d'après la formule de M. Lipschitz. J'ai donc calculé la valeur de λ en adoptant la valeur $\Delta = 5.56$ et les valeurs de ε et de φ d'après Listing, pour différentes valeurs de d. J'ai obtenu ainsi: [1]

d	λ
2.0	1.963
2.2	1.963
2.4	1.963
2.6	1.963
2.8	1.964
3.0	1.964

Comme on le voit, cette valeur de λ est un peu forte et à peu près indépendante de d. Mais la valeur de λ ne dépend pas des valeurs absolues de d et Δ, mais seulement de leur rapport. On ne peut donc pas obtenir une valeur plus faible de λ en faisant varier Δ. Il reste seulement à chercher l'influence de l'aplatissement.

---

[1] J'ai pu abréger beaucoup les calculs nécessaires à l'aide d'une formule que M. Tisserand a bien voulu me communiquer et que l'on trouvera dans les Comptes Rendus de l'Acad. d. Sc. (Octobre 13, 1884). Cette formule donne directement une valeur suffisamment approchée de n.

Les résultats précédents supposent $\varepsilon = 1 : 288.48$, mais en posant $\varepsilon = 1 : 280$, $d = 2.6$ (les autres données restant les mêmes), il vient

$$\lambda = 1.927.$$

Comme on le voit, dans toutes les hypothèses admissibles, on obtiendra toujours une valeur de λ un peu forte. Cela semble indiquer que la densité au centre est encore un peu plus faible et que la diminution de la densité en s'éloignant du centre est encore plus lente, que ne le suppose la loi de M. Lipschitz.

XXXV.

(Bul. astr., Paris, 1, 1884, 568.)

Note sur quelques formules pour l'évaluation de certaines intégrales.

Il semble que des trois formules suivantes

(A) $\quad \displaystyle\int_{-1}^{+1} \frac{f(x)}{\sqrt{1-x^2}}\, dx = \int_0^\pi f(\cos\varphi)\, d\varphi = \frac{\pi}{n} \sum_{k=1}^{k=n} f\left[\cos\frac{(2k-1)\pi}{2n}\right] + \text{corr.},$

(B) $\quad \begin{cases} \displaystyle\int_{-1}^{+1} \sqrt{1-x^2}\, f(x)\, dx = \int_0^\pi \sin^2\varphi\, f(\cos\varphi)\, d\varphi \\[2mm] \qquad = \displaystyle\frac{\pi}{n+1} \sum_{k=1}^{k=n} \sin^2\frac{k\pi}{n+1}\, f\left[\cos\frac{k\pi}{n+1}\right] + \text{corr.}, \end{cases}$

(C) $\quad \begin{cases} \displaystyle\int_{-1}^{+1} \sqrt{\frac{1-x}{1+x}}\, f(x)\, dx = 2\int_0^\pi \sin^2\tfrac{1}{2}\varphi\, f(\cos\varphi)\, d\varphi \\[2mm] \qquad = \displaystyle\frac{4\pi}{2n+1} \sum_{k=1}^{k=n} \sin^2\frac{k\pi}{2n+1}\, f\left(\cos\frac{2k\pi}{2n+1}\right) + \text{corr.}, \end{cases}$

la première (A) seule soit généralement connue. La correction est zéro lorsque $f(x)$ est un polynôme en x du degré $2n-1$ au plus.

On peut encore écrire ces formules sous la forme suivante

(A₁) $\displaystyle\int_0^1 \frac{f(x)}{\sqrt{x(1-x)}}\, dx = \frac{\pi}{n} \sum_{k=1}^{k=n} f\left[\cos^2\frac{(2k-1)\pi}{4n}\right] + \text{corr.},$

(B₁) $\displaystyle\int_0^1 \sqrt{x(1-x)}\, f(x)\, dx = \frac{\pi}{4n+4} \sum_{k=1}^{k=n} \sin^2\frac{k\pi}{n+1}\, f\left(\cos^2\frac{k\pi}{2n+2}\right) + \text{corr.},$

(C₁) $\displaystyle\int_0^1 \sqrt{\frac{1-x}{x}}\, f(x)\, dx = \frac{2\pi}{2n+1} \sum_{k=1}^{k=n} \sin^2\frac{k\pi}{2n+1}\, f\left(\cos^2\frac{k\pi}{2n+1}\right) + \text{corr.}$

Pour donner une application, prenons l'intégrale

$$Y = \int_0^1 \sqrt{x(1-x)(1+kx)}\, dx,$$

rencontrée récemment par M. Seeliger dans une question relative à l'anneau de Saturne (Astron. Nachr., n° 2612), la constante k étant inférieure à l'unité. Lorsque $k = 1$, la valeur exacte de Y est

$$0,47925609389423688\ldots$$

En posant maintenant $f(x) = \sqrt{1+x}$ dans la formule (B_1), on trouve

$$n = 1, \quad \text{corr.} = -0,0017,$$
$$n = 2, \quad \text{corr.} = -0,000015,$$
$$n = 3, \quad \text{corr.} = -0,00000024,$$
$$n = 5, \quad \text{corr.} = -0,0000000000080.$$

Lorsque k est une fraction, les corrections sont encore plus petites; en prenant $n = 2$, on a donc

$$Y = \frac{\pi}{16}\left(\sqrt{1+\tfrac{1}{4}k} + \sqrt{1+\tfrac{3}{4}k}\right),$$

avec une erreur moindre que deux unités de la cinquième décimale.

XXXVI.

(Paris, C.-R. Acad. Sci., 99, 1884, 850-851.)

Sur une généralisation de la théorie des quadratures mécaniques.

(Note, présentée par M. Tisserand.)

Soit $f(x)$ une fonction qui ne devient pas négative, dans l'intervalle de zéro à l'unité et soient $\lambda_1, \lambda_2, \ldots, \lambda_n$ des nombres positifs inégaux donnés; lorsque n est pair, égal à $2m$, le système des $2m$ équations

$$(1)\ldots \begin{cases} a_1 = \int_0^1 x^{\lambda_1} f(x)\,dx = A_1 x_1^{\lambda_1} + A_2 x_2^{\lambda_1} + \ldots + A_m x_m^{\lambda_1}, \\[1mm] a_2 = \int_0^1 x^{\lambda_2} f(x)\,dx = A_1 x_1^{\lambda_2} + A_2 x_2^{\lambda_2} + \ldots + A_m x_m^{\lambda_2}, \\[1mm] \cdot\ \cdot\ \cdot\ \cdot\ \cdot\ \cdot\ \cdot\ \cdot\ \cdot\ \cdot\ \cdot\ \cdot\ \cdot\ \cdot\ \cdot\ \cdot, \\[1mm] a_{2m} = \int_0^1 x^{\lambda_{2m}} f(x)\,dx = A_1 x_1^{\lambda_{2m}} + A_2 x_2^{\lambda_{2m}} + \ldots + A_m x_m^{\lambda_{2m}} \end{cases}$$

admet une solution par des nombres positifs $A_1, A_2, \ldots, A_m$ et des valeurs de $x_1, x_2, \ldots, x_m$ qui sont positives, inégales et inférieures à l'unité. Cette solution est unique, en faisant abstraction des permutations qu'on peut effectuer simultanément sur les quantités $A_1, A_2, \ldots, A_m$ et $x_1, x_2, \ldots, x_m$.

De même, lorsque $n = 2m + 1$, le système des équations

$$(2) \ldots\ldots a_k = A_1 x_1^{\lambda_k} + A_2 x_2^{\lambda_k} + \ldots + A_m x_m^{\lambda_k} + A_{m+1},$$

où k prend les valeurs $1, 2, \ldots, n$, admet une solution unique, $x_1, x_2, \ldots, x_m$ étant positifs, inégaux et inférieurs à l'unité, $A_1, A_2, \ldots, A_m, A_{m+1}$ étant positifs.

Lorsque n est pair et qu'on prend $\lambda_k = k - 1$, on se trouve dans le cas des quadratures mécaniques.

Voici maintenant une interprétation quasi mécanique des formules (1), en supposant qu'aucun des nombres λ_k ne soit égal à zéro. Soit O A une droite de longueur égale à 1. En attribuant à cette droite une densité $f(x)$ à la distance x de l'origine O, on peut considérer $a_1, a_2, \ldots, a_n$ comme des moments par rapport à l'origine O. Supposons maintenant qu'on fasse varier la distribution de la masse, de telle manière que les moments $a_1, a_2, \ldots, a_n$ restent constants. Dans ces conditions, il existe évidemment un minimum de la masse totale. Or ce minimum se présente lorsqu'on place des masses finies $A_1, A_2, \ldots, A_m$ à des distances $x_1, x_2, \ldots, x_m$ de l'origine O, et les équations (1) expriment alors simplement que les conditions imposées aux moments se trouvent vérifiées.

Nous avons dit que, dans les formules (1), $x_1, x_2, \ldots, x_m$ sont inégaux; mais, dans un cas spécial, il peut y avoir égalité entre quelques-uns de ces nombres. Cela n'arrive toutefois que, quand la distribution primitive de masse, qui a servi a calculer $a_1, a_2, \ldots, a_n$, consiste en une concentration de masses finies dans un nombre de points de O A inférieur à m. Alors cette distribution primitive correspond déjà au minimum. On peut aussi se figurer que, dans ce cas, quelques unes des quantités $A_1, A_2, \ldots, A_m$ s'évanouissent.

Les équations (2) admettent une interprétation semblable: la masse A_{m+1} se trouve alors à l'extrémité A de la droite.

D'après ce qui précède, on a, dans les deux cas,

$$A_1 + A_2 + \ldots + A_m \leqq \int_0^1 f(x)\, dx,$$

$$A_1 + A_2 + \ldots + A_{m+1} \leqq \int_0^1 f(x)\, dx.$$

XXXVII.

(Ann. Sci. Éc. norm., Paris, sér. 3, 2, 1885, 183—184.)

Note à l'occasion de la réclamation de M. Markoff[1]).

En réponse à la réclamation de M. Markoff, je dois déclarer que c'est seulement par lui que j'ai appris l'existence de l'article de M. Tchebychef: Sur les valeurs limites des intégrales (Journal de Liouville, 1874), où se trouve déjà l'énoncé des inégalités en question. Je regrette bien de n'avoir pas connu plus tôt ce travail.

Du reste, mes recherches ont été tout à fait indépendantes de celles de MM. Tchebychef et Markoff: en effet, mon travail a été remis à la Rédaction des Annales de l'École Normale vers le milieu du mois de mai 1884, et je viens d'apprendre que la livraison des Mathematische Annalen contenant l'article de M. Markoff n'est arrivée ici à la bibliothèque de l'Université que dans la seconde moitié de septembre 1884.

Naturellement, je reconnais volontiers que M. Markoff a, le premier, publié une démonstration des inégalités de M. Tchebychef.

Je veux profiter de cette occasion pour ajouter une remarque nouvelle au sujet traité dans mon Mémoire.

La démonstration des inégalités de M. Tchebychef en forme bien une partie essentielle; mais, pour le but que je me suis proposé, il n'est pas moins essentiel de démontrer que les A_k convergent vers zéro avec $\frac{1}{n}$. Ce point important, je l'ai démontré d'une manière indirecte et en m'appuyant sur le développement d'une fonction arbitraire par

---

[1]) La réclamation concerne le mémoire: Quelques recherches sur la théorie des quadratures dites mécaniques, N⁰ XXXI.

la série de Fourier. Il semble pourtant trés désirable d'établir cela d'une manière plus simple et plus directe, mais mes efforts dans cette direction n'ont pas conduit au but désiré.

On peut voir, dans une Note que j'ai présentée à l'Académie des Sciences et qui se trouve dans les Comptes rendus du 22 septembre 1884, que la question à laquelle je touche ici a une liaison intime avec la convergence d'une certaine fraction continue.

Voici maintenant une propriété nouvelle des coefficients A_k que j'ai rencontrée dans cette recherche.

Pour mettre en évidence la dépendance de A_1, A_2, ..., A_k, ..., du nombre entier n, je désignerai maintenant ces nombres par A_1^n, A_2^n, . ., A_k^n, ... Avec cette notation, je trouve qu'on a toujours

$$A_1^{n+1} + A_2^{n+1} + \ldots + A_k^{n+1} < A_1^n + A_2^n + \ldots + A_k^n,$$
$$A_1^{n+1} + A_2^{n+1} + \ldots + A_k^{n+1} > A_1^n + A_2^n + \ldots + A_{k-1}^n.$$

XXXVIII.

(Acta Math., Stockholm, 6, 1885, 319—320.)

Un théorème d'algèbre.

(Extrait d'une Lettre adressée à M. Hermite.)

Voici un théorème d'algèbre qui s'est présenté à moi en étudiant les formules analytiques qui servent à exprimer le déplacement d'un système invariable autour d'un point fixe. (Voir Duhamel: Cours de mécanique, introduction.)

Soient

$$\begin{vmatrix} a & b & c \\ a' & b' & c' \\ a'' & b'' & c'' \end{vmatrix} \quad \text{et} \quad \begin{vmatrix} A & B & C \\ A' & B' & C' \\ A'' & B'' & C'' \end{vmatrix}$$

les coefficients de deux substitutions orthogonales à déterminant $+1$ et

$$R = \begin{vmatrix} A+a & B+b & C+c \\ A'+a' & B'+b' & C'+c' \\ A''+a'' & B''+b'' & C''+c'' \end{vmatrix}$$

alors ce déterminant R (qui visiblement n'est pas identiquement zéro) jouit de cette propriété que lorsque $R = 0$ en même temps tous ses mineurs du second degré s'évanouissent. Je trouve en effet que le carré d'un tel mineur peut se mettre sous la forme

$$R \times \text{Fonction entière de } a, \ldots, c'', A, \ldots, C''.$$

Voici la signification géométrique de ce théorème. Lorsque, par l'effet du déplacement, un seul point (x, y, z) vient dans la position $(-x, -y, -z)$ cela entraîne nécessairement que tous les points d'un certain plan jouissent de la même propriété. Le déplacement se ramène à une rotation de 180° autour d'un certain axe. C'est du reste un cas d'exception qui échappe à l'analyse de M. Duhamel. Les formules de M. Duhamel cessent de déterminer l'axe de rotation (qui pourtant est parfaitement déterminé) parce qu'on a $p = 0$, $q = 0$, $r = 0$. (On a $p^2 + q^2 + r^2 = \sin^2 \omega$ dans la notation de M. Duhamel.)

Ce théorème d'algèbre subsiste encore dans le cas de deux variables

$$\begin{vmatrix} a & b \\ a' & b' \end{vmatrix}, \quad \begin{vmatrix} A & B \\ A' & B' \end{vmatrix}$$

et j'ai lieu de penser qu'il en est de même pour quatre variables, bien que je ne l'aie pas encore complètement démontré. Serait il donc possible de l'étendre à un nombre quelconque de variables? Ce sujet a quelque rapport au théorème de M Brioschi, que l'équation

$$\begin{vmatrix} a+z & b & c & \dots & k \\ a' & b'+z & c' & \dots & k' \\ a'' & b'' & c''+z & \dots & k'' \\ \cdot & \cdot & \cdot & \cdot & \cdot \\ a^{(n-1)} & b^{(n-1)} & c^{(n-1)} & \dots & k^{(n-1)}+z \end{vmatrix} = 0$$

a ses racines réciproques et imaginaires (abstraction faite de la racine $z = -1$ lorsque n est impair) [1].

---

[1] Journ. de Liouville, t. 19. 1e sér. p. 253.

XXXIX.

(Acta Math., Stockholm, 6, 1885, 321—326.)

Sur certains polynômes qui vérifient une équation différentielle linéaire du second ordre et sur la théorie des fonctions de Lamé.

1. Dans les Comptes rendus de l'Académie des sciences de Berlin, année 1864 (et dans son Traité des fonctions sphériques, tome I, p. 472 e. s., 2do édit.) M. Heine a démontré la proposition suivante.

Soient A et B deux polynômes donnés en x, le premier du degré $p+1$, le second du degré p au plus, ces polynômes étant d'ailleurs tout à fait généraux et n'étant assujettis à aucune condition, et considérons l'équation différentielle

$$(1) \quad \ldots \ldots \quad A\frac{d^2 y}{dx^2} + 2B\frac{dy}{dx} + Cy = 0$$

où C est un polynôme en x du degré $p-1$ au plus.

Alors il existe toujours certaines déterminations particulières du polynôme C, telles que l'équation (1) admette comme intégrale un polynôme en x du degré n. Le nombre de ces déterminations et des polynômes correspondants y s'élève à

$$(n \cdot p) = \frac{(n+1)(n+2)(n+3)\ldots(n+p-1)}{1 \cdot 2 \cdot 3 \ldots (p-1)}$$

$$(n \cdot 1) = 1.$$

Ce théorème constitue le fondement principal de la théorie générale des fonctions de Lamé qu'on doit à M. Heine. Dans cette théorie la fonction B n'est pas indépendante de A, car l'on a $B = \frac{1}{4}\frac{dA}{dx}$. M. Heine fait voir que la détermination du polynôme C dépend d'un système d'équations algébriques de degrés supérieurs et que l'équation finale qu'on obtient en éliminant toutes les inconnues sauf une, est au plus du degré $(n \cdot p)$. En outre on voit qu'à chaque détermination de C correspond un polynôme déterminé y du degré n.

Mais on voit moins facilement que le degré de l'équation finale d'où dépend le polynôme C atteint effectivement le degré $(n \cdot p)$. M. Heine a levé cette difficulté en faisant voir par un calcul de proche en proche que, même en soumettant les polynômes A et B à certaines conditions particulières, il existe effectivement $(n \cdot p)$ polynômes du degré n qui satisfont à une équation différentielle de la forme (1).

Je me propose de démontrer, dans ce qui suit, la proposition suivante. Lorsque les racines a_0, a_1, a_2, ..., a_p de l'équation $A = 0$ sont réelles et inégales et qu'en posant

$$(2) \quad \cdots \quad \frac{B}{A} = \frac{a_0}{x - a_0} + \frac{a_1}{x - a_1} + \cdots + \frac{a_p}{x - a_p}$$

les quantités a_0, a_1, ..., a_p sont positives, alors les $(n \cdot p)$ déterminations du polynôme C sont toutes réelles ainsi que les polynômes correspondants y du degré n. Soit y_1 un de ces derniers polynômes, les racines de $y_1 = 0$ sont réelles et inégales et distribuées dans les p intervalles des racines de $A = 0$.

Le nombre des manières dont on peut distribuer n quantités dans p intervalles est évidemment égal à $(n \cdot p)$ et j'ajoute maintenant que les racines des polynômes y représentent en effet toutes ces distributions, en sorte qu'un tel polynôme est parfaitement caractérisé par la distribution de ses n racines dans les p intervalles des racines a_0, a_1, ..., a_p de $A = 0$.

2. Soient, sur un axe OX, A_0, A_1, A_2, ..., A_p les points dont les abscisses sont a_0, a_1, ..., a_p et prenons encore, dans un quelconque des p intervalles déterminés par ces points (p. e. (A_0, A_1)), n points X_1, X_2, ..., X_n dont les abscisses sont x_1, x_2, ..., x_n. Cela posé,

considérons l'expression suivante, où l'on considère seulement les valeurs absolues des distances des divers points :

$$\Pi = \left\{ \begin{array}{l} [A_0 X_1 \times A_0 X_2 \times A_0 X_3 \ldots A_0 X_n]^{a_0} \\ \times [A_1 X_1 \times A_1 X_2 \times A_1 X_3 \ldots A_1 X_n]^{a_1} \\ \cdots \cdots \cdots \cdots \cdots \cdots \\ \times [A_p X_1 \times A_p X_2 \times A_p X_3 \ldots A_p X_n]^{a_p} \\ \times X_1 X_2 \times X_1 X_3 \times X_1 X_4 \ldots \times X_1 X_n \\ \times X_2 X_3 \times X_2 X_4 \ldots \times X_2 X_n \\ \times X_3 X_4 \ldots \times X_3 X_n \\ \cdots \cdots \cdots \\ \times X_{n-1} X_n. \end{array} \right.$$

Cette expression est toujours positive et s'évanouit seulement quand deux des points X_1, X_2, ..., X_n coïncident ou lorsqu'un de ces points vient se confondre avec l'une des limites de l'intervalle (A_0, A_1). En considérant les points X_1, X_2, ..., X_n comme variables, mais restant toujours dans l'intervalle (A_0, A_1), il est évident que les divers facteurs de l'expression Π restent compris entre certaines limites, et les exposants a_0, a_1, ..., a_p étant positifs, on voit que Π reste toujours inférieur à une certaine limite. Par conséquent, pour une certaine position des points X_1, X_2, ..., X_n l'expression Π devient maximum.

On peut interpréter cela de la manière suivante. Concevons que les points fixes $A_0, A_1, \ldots, A_p$ soient des points matériels, la masse de A_k étant a_k, et que de même les points mobiles (sur OX) X_1, X_2, ..., X_n soient des points matériels dont la masse soit égale à l'unité. Alors, si deux points matériels se repoussent en raison directe de leurs masses, et en raison inverse de leur distance, $\log \Pi$ est le potentiel, et le maximum de Π correspond à une position d'équilibre stable.

Mais pour une position d'équilibre, dont l'existence résulte de ce qui précède (et qui est unique comme on le verra plus loin), on doit avoir

$$(3) \quad \left\{ \begin{array}{l} \dfrac{a_0}{x_k - a_0} + \dfrac{a_1}{x_k - a_1} + \ldots + \dfrac{a_p}{x_k - a_p} + \dfrac{1}{x_k - x_1} + \ldots + \dfrac{1}{x_k - x_{k-1}} + \\ + \dfrac{1}{x_k - x_{k+1}} + \ldots + \dfrac{1}{x_k - x_n} = 0. \\ (k = 1, 2, 3, \ldots, n) \end{array} \right.$$

J'observe maintenant qu'on a d'après (2)

$$\frac{a_0}{x_k - a_0} + \frac{a_1}{x_k - a_1} + \ldots + \frac{a_p}{x_k - a_p} = \frac{B(x_k)}{A(x_k)}$$

et en posant

$$(4) \quad \ldots \quad \ldots \quad y = (x - x_1)(x - x_2) \ldots (x - x_n)$$

il vient

$$\frac{y'}{y} - \frac{1}{x - x_k} = \frac{1}{x - x_1} + \ldots + \frac{1}{x - x_{k-1}} + \frac{1}{x - x_{k+1}} + \ldots + \frac{1}{x - x_n}$$

d'où

$$\left(\frac{y''}{2\,y}\right)_{x=x_k} = \frac{1}{x_k - x_1} + \ldots + \frac{1}{x_k - x_{k-1}} + \frac{1}{x_k - x_{k+1}} + \ldots + \frac{1}{x_k - x_n}.$$

On voit donc que les conditions d'équilibre (3) reviennent à ce que l'expression

$$\frac{y''}{2\,y'} + \frac{B}{A}$$

ou encore $A\,y'' + 2\,B\,y'$ s'évanouit pour $x = x_k$, $(k = 1, 2, \ldots, n)$.

Le polynôme $A\,y'' + 2\,B\,y'$ du degré $n + p - 1$ est donc divisible par y et en désignant le quotient par $- C$ on a

$$A\,y'' + 2\,B\,y' + C\,y = 0.$$

Le polynôme y du degré n défini par la relation (4) est donc un de ceux dont l'existence fait l'objet de la proposition de M. Heine.

Il est clair que s'il existait une seconde position d'équilibre, n'importe que cet équilibre fût stable ou non, on en déduirait aussitôt un autre polynôme y qui satisfait à une équation différentielle telle que (1).

3. Dans ce qui précède nous avons supposé que les points X_1, $X_2, \ldots, X_n$ étaient renfermés dans l'intervalle (A_0, A_1). Mais il est clair qu'en se donnant à priori une distribution quelconque de ces points dans les p intervalles, et en limitant la variabilité de ces points par la condition qu'ils doivent rester toujours dans les intervalles où ils se trouvent d'abord, on peut répéter mot à mot les raisonnements précédents et il existe donc $(n \cdot p)$ polynômes du degré n différents qui satisfont à une équation de la forme (1).

Les polynômes correspondants C sont aussi différents; en effet on aurait autrement une équation de la forme (1) dont les deux intégrales seraient des polynômes y_1, y_2 ce qui est impossible parce qu'on en déduirait la relation absurde

$$y_1 y_2' - y_2 y_1' = \text{Const.} \, e^{-\int \frac{2\,B}{A} dx} = \text{Const.} \, (x - a_0)^{-2\,a_0} (x - a_1)^{-2\,a_1} \ldots (x - a_p)^{-2\,a_p}.$$

Nous voyons maintenant aussi qu'en se donnant la distribution des racines $x_1, x_2, \ldots, x_n$ dans les p intervalles il y a seulement une position d'équilibre et cet équilibre correspondant au maximum du potentiel est stable.

En effet d'après les recherches de M. Heine le nombre des polynômes y ne peut surpasser $(n \cdot p)$.

4. Considérons maintenant plus particulièrement les fonctions de Lamé, dont voici la définition d'après M. Heine.

Soit

$$\psi(x) = (x - a_0)(x - a_1) \ldots (x - a_p)$$

alors la fonction de Lamé de l'ordre p et du degré n est une fonction entière du degré n des quantités

$$A_0 = V\overline{x - a_0}, \; A_1 = V\overline{x - a_1}, \; \ldots, \; A_p = V\overline{x - a_p}$$

qui satisfait à une équation différentielle de la forme

$$\psi(x) \frac{d^2 y}{dx^2} + \frac{1}{2} \psi'(x) \frac{dy}{dx} + \Theta(x) y = 0$$

où $\Theta(x)$ est un polynôme en x du degré $p - 1$.

Ces fonctions se distribuent en classes de la manière suivante.

Soit $\psi_1(x)$ un diviseur quelconque de $\psi(x)$, alors on considère comme appartenant à la même classe toutes les fonctions qui sont de la forme

$$V\overline{\psi_1(x)} \, V(x)$$

$V(x)$ étant un polynôme en x. Naturellement le degré de $\psi_1(x)$ doit être de même parité que n.

L'équation différentielle à laquelle satisfait le polynôme $V(x)$ devient

$$\psi(x) \frac{d^2 V}{dx^2} + \left(\frac{1}{2} \psi'(x) + \frac{\psi(x) \psi_1'(x)}{\psi_1(x)} \right) \frac{d V}{dx} + \eta(x) V = 0;$$

elle est de la forme (1). En supposant réelles et inégales les quantités $a_0, a_1, \ldots, a_p$, notre proposition devient applicable ; on a en effet

$$\frac{\text{B}}{\text{A}} = \frac{1}{4} \cdot \frac{\psi'(x)}{\psi(x)} + \frac{1}{2} \cdot \frac{\psi_1'(x)}{\psi_1(x)}$$

en sorte que les nombres $a_0, a_1, \ldots, a_p$ n'ont d'autres valeurs que $\dfrac{1}{4}$ et $\dfrac{3}{4}$. Le degré de V étant k, les $(k \cdot p)$ fonctions appartenant à la même classe sont donc réelles, et les racines des diverses équations V = 0 se trouvent distribuées de toutes les manières possibles dans les p intervalles des racines de l'équation $\psi(x) = 0$.

On doit ce dernier théorème à M. F. Klein (Mathematische Annalen, T. XVIII). La démonstration de M. Klein n'a rien de commun avec les considérations qui précèdent, et ne s'applique pas à notre proposition plus générale.

XL.

(Paris, C.·R. Acad. Sci., 100, 1885, 439—440)

Sur quelques théorèmes d'algèbre.

(Note, présentée par M. Hermite.)

Soit X_n le polynôme de Legendre; les racines $x_1, x_2, \ldots, x_n$ de $X_n = 0$ font acquérir un maximum à l'expression

$$(1 - \xi_1^2)(1 - \xi_2^2) \ldots (1 - \xi_n^2) \, \Pi \, (\xi_k - \xi_l)^2, \qquad (k, l = 1, 2, \ldots, n)$$

lorsqu'on prend

$$\xi_1 = x_1, \quad \xi_2 = x_2, \quad \ldots, \quad \xi_n = x_n.$$

La valeur de ce maximum est

$$\frac{2^4 \cdot 3^6 \cdot 4^8 \ldots n^{2n}}{3^3 \cdot 5^5 \cdot 7^7 \ldots (2n-1)^{2n-1}}.$$

Discriminant de $X_n = 0$:

$$\Pi \, (x_k - x_l)^2 = \frac{2^2 \cdot 3^4 \cdot 4^6 \ldots n^{2n-2}}{3^1 \cdot 5^3 \cdot 7^5 \ldots (2n-1)^{2n-3}}.$$

Soit encore

$$U_n = x^n - 1 \frac{n(n-1)}{1.2} x^{n-2} + 1.3 \frac{n(n-1)(n-2)(n-3)}{1.2.3.4} x^{n-4} - \ldots$$

le polynôme défini par la condition

$$\int_{-\infty}^{+\infty} e^{-\frac{1}{2}x^2} U_m \, U_n \, dx = 0, \qquad (m \gtreqless n);$$

les racines $x_1, x_2, \ldots, x_n$ de $U_n = 0$ font acquérir un maximum à l'expression

$$e^{-\frac{1}{2}(\xi_1^2 + \xi_2^2 + \ldots + \xi_n^2)} \, \Pi \, (\xi_k - \xi_l)^2,$$

en prenant

$$\xi_1 = x_1, \quad \xi_2 = x_2, \quad \ldots, \quad \xi_n = x_n,$$

et la valeur de ce maximum est

$$2^2 . 3^3 . 4^4 \ldots n^n e^{-\frac{1}{2} n (n-1)}.$$

Discriminant de $U_n = 2^2 . 3^3 . 4^4 \ldots n^n$.

Parmi toutes les équations du degré n, dont les racines sont réelles et ne dépassent pas les limites ± 1, celle qui a son discriminant maximum est $V_n = 0$, en posant

$$\sqrt{1 - 2 x z + z^2} = \sum_0^\infty V_n z^n.$$

Discriminant de $V_n = \dfrac{1^1 . 2^2 . 3^3 \ldots (n-2)^{n-2} \times 2^2 . 3^3 . 4^4 \ldots n^n}{1^1 . 3^3 . 5^5 . 7^7 \ldots (2 n - 3)^{2n-3}}.$

Lorsque n est très grand, le rapport de ce discriminant à celui de X_n est sensiblement $\dfrac{n \pi}{2}$.

XLI.

(Paris, C.-R. Acad. Sci., 100, 1885, 620—622.)

Sur les polynômes de Jacobi.

(Note, présentée par M. Hermite.)

L'équation

$$\mathfrak{F}(-n, n+a+\beta-1, a, x)=0$$

peut se mettre sous la forme

$$(1) \quad . \quad . \quad x^n - \frac{n \cdot a}{1 \cdot c} x^{n-1} + \frac{n(n-1)a(a-1)}{1 \cdot 2 \quad c(c-1)} x^{n-2} - \ldots = 0,$$

où $a = a+n-1$, $c = a+\beta+2n-2$. Nous désignerons le premier membre par X ou par $\varphi(n, a, c)$.

On a, pour $x = 0$,

$$X = (-1)^n \frac{a(a-1)\ldots(a-n+1)}{c(c-1)\ldots(c-n+1)},$$

et pour $x = 1$,

$$X = \frac{b(b-1)\ldots(b-n+1)}{c(c-1)\ldots(c-n+1)},$$

en posant $b = \beta+n-1$, donc

$$a+b = c.$$

Par le changement de x en $1-x$, l'équation (1) devient

$$(1') \quad . \quad . \quad x^n - \frac{n \cdot b}{1 \cdot c} x^{n-1} + \frac{n(n-1)b(b-1)}{1 \cdot 2 \quad c(c-1)} x^{n-2} - \ldots = 0.$$

Soit $\dfrac{d\,\mathrm{X}}{dx} = \mathrm{X}_1$, et, en formant la série de Sturm,

$$\mathrm{X} = \mathrm{Q}\,\mathrm{X}_1 - \mathrm{X}_2,$$
$$\mathrm{X}_1 = \mathrm{Q}_1\,\mathrm{X}_2 - \mathrm{X}_3,$$
$$\mathrm{X}_2 = \mathrm{Q}_2\,\mathrm{X}_3 - \mathrm{X}_4,$$
$$\cdots\cdots\cdots\cdots\cdots$$

soient $a_1, a_2, a_3, \ldots$ les coefficients des plus hautes puissances de x dans $\mathrm{X}_1, \mathrm{X}_2, \mathrm{X}_3, \ldots$ On a alors

$$\mathrm{X} = \varphi(n, a, c), \quad \mathrm{X}_1 = n\,\varphi(n-1, a, c),$$

ensuite

$$(2) \begin{cases} a_1^2\,\mathrm{X}_2 = n^2(n-1)\,\dfrac{a.b}{c^2(c-1)}\,\varphi(n-2, a-1, c-2), \\[2mm] a_1^2\,a_2^2\,\mathrm{X}_3 = n^3(n-1)^2(n-2)\,\dfrac{a^2(a-1)\,b^2(b-1)}{c^4(c-1)^3(c-2)^2(c-3)}\,(c-n)\,\varphi(n-3, a-2, c-4), \\[2mm] \cdots\cdots\cdots\cdots\cdots\cdots\cdots\cdots\cdots\cdots\cdots, \\[2mm] a_1^2\,a_2^2, \ldots, a_{k-1}^2\,\mathrm{X}_k = \dfrac{\displaystyle\prod_0^{k-1}(n-r)^{k-r}(a-r)^{k-1-r}(b-r)^{k-1-r}}{\displaystyle\prod_0^{2k-3}(c-r)^{2k-2-r}} \times \\[4mm] \qquad\qquad \times \displaystyle\prod_0^{k-3}(c-n-r)^{k-2-r}\,\varphi(n-k, a-k+1, c-2k+2). \end{cases}$$

Ces fonctions $a_1^2\,\mathrm{X}_2$, $a_1^2\,a_2^2\,\mathrm{X}_3$, ... sont précisément celles qui ont été indiquées par M. Sylvester et qui s'expriment ainsi en fonction des racines $x_1, x_2, \ldots, x_n$ de $\mathrm{X} = 0$:

$$\Sigma\,(x_1 - x_2)^2\,(x - x_3)\,(x - x_4)\ldots,$$
$$\Sigma\,(x_1 - x_2)^2\,(x_2 - x_3)^2\,(x_3 - x_1)^2\,(x - x_4)\ldots$$

On voit par là que les coefficients

$$n^2(n-1)\,\dfrac{a\,b}{c^2(c-1)}, \quad n^3(n-1)^2(n-2)\,\dfrac{a^2(a-1)\,b^2(b-1)}{c^4(c-1)^3(c-2)^2(c-3)}\,(c-n), \quad \ldots,$$

dans les seconds membres de (2), sont égaux aux déterminants

$$\begin{vmatrix} s_0 & s_1 \\ s_1 & s_2 \end{vmatrix}, \quad \begin{vmatrix} s_0 & s_1 & s_2 \\ s_1 & s_2 & s_3 \\ s_2 & s_3 & s_4 \end{vmatrix}, \quad \ldots \quad (s_k = x_1^k + x_2^k + \ldots + x_n^k).$$

La dernière de ces quantités n'est autre chose que le discriminant $D = \Pi (x_r - x_s)^2$ de l'équation $X = 0$. On trouve

$$(3) \quad \ldots \ldots \quad D = \prod_1^n \frac{r^r (a + r - 1)^{r-1} (\beta + r - 1)^{r-1}}{(a + \beta + n + r - 2)^{n+r-2}}.$$

L'équation $X = 0$ ne peut avoir d'autres racines multiples que 0 et 1.

On peut assigner sans aucune difficulté le nombre exact des racines négatives de $X = 0$, celui des racines comprises entre 0 et 1, enfin celui des racines supérieures à 1.

Lorsque $a > 0$, $\beta > 0$, les racines sont comprises dans l'intervalle $(0, 1)$, et l'on peut énoncer la propriété suivante : L'expression

$$(\xi_1 \xi_2 \ldots \xi_n)^a \left[(1 - \xi_1)(1 - \xi_2) \ldots (1 - \xi_n) \right]^\beta \Pi (\xi_r - \xi_s)^2 \quad (r, s = 1, 2, \ldots, n)$$

devient maximum en posant

$$\xi_1 = x_1, \quad \xi_2 = x_2, \quad \ldots, \quad \xi_n = x_n.$$

Il est facile de calculer cette valeur maxima : on trouve

$$\prod_1^n \frac{[r][a + r - 1][\beta + r - 1]}{[a + \beta + n + r - 2]}$$

en écrivant $[x]$ au lieu de x^x.

XLII.

(Ann. Sci. Éc. norm., Paris, sér. 3, 2, 1885, 93—98.)

Sur une généralisation de la série de Lagrange.

En posant

$$X = x + a\,\varphi(X),$$

la série de Lagrange donne le développement d'une fonction quelconque de X sous la forme

$$f(X) = f(x) + \sum_1^\infty \frac{a^m}{1\,.\,2\ldots m}\ \frac{d^{m-1}}{dx^{m-1}}[f'(x)\,\varphi^m(x)].$$

En prenant la dérivée par rapport à x, et écrivant $f(X)$ au lieu de $f'(X)$, on a aussi

$$f(X)\frac{d\,X}{d\,x} = \sum_0^\infty \frac{a^m}{1\,.\,2\ldots m}\ \frac{d^m}{dx^m}[f(x)\,\varphi^m(x)].$$

Sous cette forme, la série de Lagrange est susceptible d'une généralisation élégante, donnée pour la première fois par M. Darboux (Comptes rendus de l'Académie des Sciences, t. LXVIII).

Supposons que les r variables X, Y, Z, ... soient liées aux variables $x, y, z, \ldots$ en même nombre par les r équations

$$(1) \quad \cdots \cdots \quad \begin{cases} X = x + a\,\varphi(X, Y, Z, \ldots), \\ Y = y + b\,\psi(X, Y, Z, \ldots), \\ Z = z + c\,\chi(X, Y, Z, \ldots), \\ \cdots \cdots \cdots \cdots \cdots ; \end{cases}$$

alors, $f(X, Y, Z, \ldots)$ étant une fonction quelconque, on a le développement

$$f(X, Y, Z, \ldots) \times \Delta$$

$$= \sum_{0}^{\infty} \sum_{0}^{\infty} \sum_{0}^{\infty} \cdots \frac{a^m \, b^{m'} \, c^{m''}}{1.2\ldots m.1.2\ldots m'.1.2\ldots m''}$$

$$\times \frac{d^{m+m'+m''+\cdots}[f(x,y,z,\ldots)\,\varphi^m(x,y,z,\ldots)\,\psi^{m'}(x,y,z,\ldots)\,\chi^{m''}(x,y,z,\ldots)\ldots]}{d\,x^m\,d\,y^{m'}\,d\,z^{m''}\ldots},$$

où

$$\Delta = \begin{vmatrix} \dfrac{d\,X}{d\,x} & \dfrac{d\,X}{d\,y} & \dfrac{d\,X}{d\,z} & \cdots \\[2mm] \dfrac{d\,Y}{d\,x} & \dfrac{d\,Y}{d\,y} & \dfrac{d\,Y}{d\,z} & \cdots \\[2mm] \dfrac{d\,Z}{d\,x} & \dfrac{d\,Z}{d\,y} & \dfrac{d\,Z}{d\,z} & \cdots \\[2mm] \cdots & \cdots & \cdots & \cdots \end{vmatrix}.$$

M. Darboux a donné ce développement dans le cas $r = 2$.

Dans la démonstration suivante, je supposerai $r = 3$, mais elle s'applique dans le cas général.

Comme on le verra, le point principal consiste dans l'établissement des identités

$$(2) \quad \cdots \quad \begin{cases} \dfrac{d}{d\,a}[\Delta f(X, Y, Z)] = \dfrac{d}{d\,x}[\Delta f(X, Y, Z)\,\varphi(X, Y, Z)], \\[3mm] \dfrac{d}{d\,b}[\Delta f(X, Y, Z)] = \dfrac{d}{d\,y}[\Delta f(X, Y, Z)\,\psi(X, Y, Z)], \\[3mm] \dfrac{d}{d\,c}[\Delta f(X, Y, Z)] = \dfrac{d}{d\,z}[\Delta f(X, Y, Z)\,\chi(X, Y, Z)]. \end{cases}$$

Il suffira, d'ailleurs, de vérifier la première de ces relations, le calcul étant tout à fait analogue pour les deux autres.

Mais, en développant cette relation, il vient

$$\Delta\left(f'_X \frac{d\,X}{d\,a} + f'_Y \frac{d\,Y}{d\,a} + f'_Z \frac{d\,Z}{d\,a}\right) + f \frac{d\,\Delta}{d\,a}$$

$$= \varphi\,\Delta\left(f'_X \frac{d\,X}{d\,x} + f'_Y \frac{d\,Y}{d\,x} + f'_Z \frac{d\,Z}{d\,x}\right) + f \frac{d\,(\varphi\,\Delta)}{d\,x}.$$

en sorte qu'il s'agira d'établir les formules

$$(3) \quad \begin{cases} \dfrac{d\,X}{d\,a} = \varphi\,\dfrac{d\,X}{d\,x}, \\[2mm] \dfrac{d\,Y}{d\,a} = \varphi\,\dfrac{d\,Y}{d\,x}, \\[2mm] \dfrac{d\,Z}{d\,a} = \varphi\,\dfrac{d\,Z}{d\,x} \end{cases}$$

et

$$(4) \quad \frac{d\,\Delta}{d\,a} = \frac{d\,(\varphi\,\Delta)}{d\,x}.$$

La différentiation de la première des formules (1) donne

$$(5) \quad \begin{cases} (1 - a\,\varphi'_{\mathrm{x}})\,\dfrac{d\,X}{d\,a} = \varphi + a\,\varphi'_{\mathrm{Y}}\,\dfrac{d\,Y}{d\,a} + a\,\varphi'_{\mathrm{Z}}\,\dfrac{d\,Z}{d\,a}, \\[2mm] (1 - a\,\varphi'_{\mathrm{x}})\,\dfrac{d\,X}{d\,x} = 1 + a\,\varphi'_{\mathrm{Y}}\,\dfrac{d\,Y}{d\,x} + a\,\varphi'_{\mathrm{Z}}\,\dfrac{d\,Z}{d\,x}, \end{cases}$$

et l'on obtient de même

$$(6) \quad \begin{cases} b\,\psi'_{\mathrm{x}}\,\dfrac{d\,X}{d\,a} + (b\,\psi'_{\mathrm{Y}} - 1)\,\dfrac{d\,Y}{d\,a} + \quad b\,\psi'_{\mathrm{Z}}\,\dfrac{d\,Z}{d\,a} = 0, \\[2mm] c\,\chi'_{\mathrm{x}}\,\dfrac{d\,X}{d\,a} + \quad c\,\chi'_{\mathrm{Y}}\,\dfrac{d\,Y}{d\,a} + (c\,\chi'_{\mathrm{Z}} - 1)\,\dfrac{d\,Z}{d\,a} = 0, \end{cases}$$

et

$$(7) \quad \begin{cases} b\,\psi'_{\mathrm{x}}\,\dfrac{d\,X}{d\,x} + (b\,\psi'_{\mathrm{Y}} - 1)\,\dfrac{d\,Y}{d\,x} + \quad b\,\psi'_{\mathrm{Z}}\,\dfrac{d\,Z}{d\,x} = 0, \\[2mm] c\,\chi'_{\mathrm{x}}\,\dfrac{d\,X}{d\,x} + \quad c\,\chi'_{\mathrm{Y}}\,\dfrac{d\,Y}{d\,x} + (c\,\chi'_{\mathrm{Z}} - 1)\,\dfrac{d\,Z}{d\,x} = 0. \end{cases}$$

Les équations (6) déterminent les rapports $\dfrac{d\,X}{d\,a} : \dfrac{d\,Y}{d\,a} : \dfrac{d\,Z}{d\,a}$, les équations (7) les rapports $\dfrac{d\,X}{d\,x} : \dfrac{d\,Y}{d\,x} : \dfrac{d\,Z}{d\,x}$. Or, les coefficients dans les systèmes (6) et (7) étant les mêmes, on a

$$\frac{d\,X}{d\,a} : \frac{d\,Y}{d\,a} : \frac{d\,Z}{d\,a} = \frac{d\,X}{d\,x} : \frac{d\,Y}{d\,x} : \frac{d\,Z}{d\,x}.$$

Dès lors les équations (5) mettent en évidence les relations (3).

Il reste à vérifier la formule (4). On a

$$\frac{d\Delta}{da} = \begin{vmatrix} \dfrac{d^2 X}{dx\,da} & \dfrac{dX}{dy} & \dfrac{dX}{dz} \\[2mm] \dfrac{d^2 Y}{dx\,da} & \dfrac{dY}{dy} & \dfrac{dY}{dz} \\[2mm] \dfrac{d^2 Z}{dx\,da} & \dfrac{dZ}{dy} & \dfrac{dZ}{dz} \end{vmatrix} + \begin{vmatrix} \dfrac{dX}{dx} & \dfrac{d^2 X}{dy\,da} & \dfrac{dX}{dz} \\[2mm] \dfrac{dY}{dx} & \dfrac{d^2 Y}{dy\,da} & \dfrac{dY}{dz} \\[2mm] \dfrac{dZ}{dx} & \dfrac{d^2 Z}{dy\,da} & \dfrac{dZ}{dz} \end{vmatrix} + \begin{vmatrix} \dfrac{dX}{dx} & \dfrac{dX}{dy} & \dfrac{d^2 X}{dz\,da} \\[2mm] \dfrac{dY}{dx} & \dfrac{dY}{dy} & \dfrac{d^2 Y}{dz\,da} \\[2mm] \dfrac{dZ}{dx} & \dfrac{dZ}{dy} & \dfrac{d^2 Z}{dz\,da} \end{vmatrix}$$

$$= \qquad \Delta_1 \qquad + \qquad \Delta_2 \qquad + \qquad \Delta_3.$$

Quant à Δ_1, on a, à cause des relations (8),

$$(8) \quad \ldots \ldots \quad \Delta_1 = \begin{vmatrix} \dfrac{d}{dx}\left(\varphi\,\dfrac{dX}{dx}\right) & \dfrac{dX}{dy} & \dfrac{dX}{dz} \\[3mm] \dfrac{d}{dx}\left(\varphi\,\dfrac{dY}{dx}\right) & \dfrac{dY}{dy} & \dfrac{dY}{dz} \\[3mm] \dfrac{d}{dx}\left(\varphi\,\dfrac{dZ}{dx}\right) & \dfrac{dZ}{dy} & \dfrac{dZ}{dz} \end{vmatrix}.$$

Il vient ensuite

$$\Delta_2 = \begin{vmatrix} \dfrac{dX}{dx} & \dfrac{d}{dy}\left(\varphi\,\dfrac{dX}{dx}\right) & \dfrac{dX}{dz} \\[3mm] \dfrac{dY}{dx} & \dfrac{d}{dy}\left(\varphi\,\dfrac{dY}{dx}\right) & \dfrac{dY}{dz} \\[3mm] \dfrac{dZ}{dx} & \dfrac{d}{dy}\left(\varphi\,\dfrac{dZ}{dx}\right) & \dfrac{dZ}{dz} \end{vmatrix} = \begin{vmatrix} \dfrac{dX}{dx} & \varphi\,\dfrac{d^2 X}{dy\,dx} & \dfrac{dX}{dz} \\[3mm] \dfrac{dY}{dx} & \varphi\,\dfrac{d^2 Y}{dy\,dx} & \dfrac{dY}{dz} \\[3mm] \dfrac{dZ}{dx} & \varphi\,\dfrac{d^2 Z}{dy\,dx} & \dfrac{dZ}{dz} \end{vmatrix}$$

ou bien

$$(9) \quad \ldots \ldots \ldots \quad \Delta_2 = \begin{vmatrix} \varphi\,\dfrac{dX}{dx} & \dfrac{d^2 X}{dy\,dx} & \dfrac{dX}{dz} \\[3mm] \varphi\,\dfrac{dY}{dx} & \dfrac{d^2 Y}{dy\,dx} & \dfrac{dY}{dz} \\[3mm] \varphi\,\dfrac{dZ}{dx} & \dfrac{d^2 Z}{dy\,dx} & \dfrac{dZ}{dz} \end{vmatrix},$$

et de même

$$(10) \quad \ldots \ldots \ldots \quad \Delta_3 = \begin{vmatrix} \varphi\,\dfrac{dX}{dx} & \dfrac{dX}{dy} & \dfrac{d^2 X}{dz\,dx} \\[3mm] \varphi\,\dfrac{dY}{dx} & \dfrac{dY}{dy} & \dfrac{d^2 Y}{dz\,dx} \\[3mm] \varphi\,\dfrac{dZ}{dx} & \dfrac{dZ}{dy} & \dfrac{d^2 Z}{dz\,dx} \end{vmatrix}.$$

Les équations (8), (9) et (10) donnent de suite

$$\Delta_1 + \Delta_2 + \Delta_3 = \frac{d\,\Delta}{d\,a} = \frac{d\,(\varphi\,\Delta)}{d\,x},$$

c'est-à-dire la formule (4).

La première des équations (2) est ainsi établie parfaitement, les deux autres s'obtiennent de la même manière.

Par une application répétée de ces relations, on trouve de suite

$$(11) \cdot \begin{cases} \dfrac{d^{m+m'+m''}\,[\Delta\,f(\mathrm{X},\,\mathrm{Y},\,\mathrm{Z})]}{d\,a^m\,d\,b^{m'}\,d\,c^{m''}} \\[2mm] = \dfrac{d^{m+m'+m''}\,[\Delta\,f(\mathrm{X},\mathrm{Y},\mathrm{Z})\,\varphi^m\,(\mathrm{X},\mathrm{Y},\mathrm{Z})\,\psi^{m'}\,(\mathrm{X},\mathrm{Y},\mathrm{Z})\,\chi^{m''}\,(\mathrm{X},\mathrm{Y},\mathrm{Z})]}{d\,x^m\,d\,y^{m'}\,d\,z^{m''}}. \end{cases}$$

Pour avoir le coefficient de $\dfrac{a^m\,b^{m'}\,c^{m''}}{1\,.\,2\ldots m\,.\,1\,.\,2\ldots m'\,.\,1\,.\,2\ldots m''}$ dans le développement de $\Delta\,f(\mathrm{X},\,\mathrm{Y},\,\mathrm{Z})$, il suffit de supposer $a = b = c = 0$, dans cette formule (11). Or, dans cette supposition, il vient

$$\frac{d\,\mathrm{X}}{d\,x} = 1, \quad \frac{d\,\mathrm{X}}{d\,y} = 0, \quad \frac{d\,\mathrm{X}}{d\,z} = 0,$$

$$\frac{d\,\mathrm{Y}}{d\,x} = 0, \quad \frac{d\,\mathrm{Y}}{d\,y} = 1, \quad \frac{d\,\mathrm{Y}}{d\,z} = 0,$$

$$\frac{d\,\mathrm{Z}}{d\,x} = 0, \quad \frac{d\,\mathrm{Z}}{d\,y} = 0, \quad \frac{d\,\mathrm{Z}}{d\,z} = 1,$$

donc $\Delta = 1$; de plus $\mathrm{X} = x$, $\mathrm{Y} = y$, $\mathrm{Z} = z$, en sorte que ce coefficient est égal à

$$\frac{d^{m+m'+m''}\,[f(x,\,y,\,z)\,\varphi^m\,(x,\,y,\,z)\,\psi^{m'}\,(x,\,y,\,z)\,\chi^{m''}\,(x,\,y,\,z)]}{d\,x^m\,d\,y^{m'}\,d\,z^{m''}},$$

comme nous l'avons annoncé.

Je terminerai par la remarque suivante. Dans le Tome 54 du Journal de Crelle, M. Heine a déduit la formule de Lagrange à l'aide du calcul des variations. Cette démonstration peut être généralisée facilement, de manière à obtenir la formule que nous venons de démontrer, le

29

déterminant fonctionnel Δ s'introduisant alors de la manière la plus naturelle. Mais les formules (2) et la formule (11) qui s'en déduit immédiatement paraissent assez remarquables en elles-mêmes : c'est ce qui nous a fait préférer la méthode plus élémentaire que nous venons de développer.

XLIII.

(Bull. Sci. math., Paris, sér. 2, 9, 1885, 306—311.)

$$\text{Sur l'intégrale} \int_0^\infty \frac{e^{-x}\, dx}{\left(1 + \dfrac{x}{a}\right)^{a+b}}.$$

1. Nous nous proposons d'obtenir le développement de cette intégrale suivant les puissances descendantes de a, développement qui peut servir utilement pour le calcul numérique dans le cas où le nombre positif a est très grand et que b ne l'est pas.

La méthode qui se présente d'abord pour cet objet est la suivante. Soit

$$P = 1 : \left(1 + \frac{x}{a}\right)^{a+b},$$

alors

$$\log P = -(a+b)\left(\frac{x}{a} - \frac{x^2}{2\,a^2} + \frac{x^3}{3\,a^3} - \cdots\right)$$

ou bien

$$\log P = -x + \frac{A_1}{a} + \frac{A_2}{a^2} + \frac{A_3}{a^3} + \cdots,$$

$$A_1 = \tfrac{1}{2}\,x^2 - b\,x,$$
$$A_2 = \tfrac{1}{3}\,x^3 + \tfrac{1}{2}\,b\,x^2,$$
$$A_3 = \tfrac{1}{4}\,x^4 - \tfrac{1}{3}\,b\,x^3,$$
$$\cdots\cdots\cdots\cdots\cdots$$

Il s'ensuit

$$P = e^{-x} \times e^{\frac{A_1}{a} + \frac{A_2}{a^2} + \frac{A_3}{a^3} + \cdots},$$

$$P = e^{-x}\left(1 + \frac{B_1}{a} + \frac{B_2}{a^2} + \frac{B_3}{a^3} + \cdots\right),$$

en posant

$$B_1 = A_1,$$
$$B_2 = A_2 + \tfrac{1}{2} A_1^2,$$
$$B_3 = A_3 + A_1 A_2 + \tfrac{1}{6} A_1^3,$$

. . . .

L'intégrale proposée se met maintenant sous la forme

$$\int_0^\infty \left(1 + \frac{B_1}{a} + \frac{B_2}{a^2} + \frac{B_3}{a^3} + \ldots\right) e^{-2x}\, dx,$$

et il ne reste plus qu'à effectuer les intégrations à l'aide de la formule

$$\int_0^\infty x^k\, e^{-2x}\, dx = \frac{\Pi(k)}{2^{k+1}}.$$

On obtient ainsi, pour les premiers termes,

$$\tfrac{1}{2} + \frac{-2b+1}{8a} + \frac{4b^2 - 2b - 1}{32 a^2} + \frac{-8b^3 + 10b - 1}{128 a^3} + \ldots$$

Mais, comme on le voit, cette méthode ne donne aucune lumière sur le reste qu'il faut ajouter à un nombre fini de termes du développement pour obtenir la valeur exacte de l'intégrale et, de plus, elle deviendrait très pénible si l'on voulait pousser plus loin des calculs.

2. Nous allons développer maintenant une autre méthode qui ne présente pas ces défauts.

On trouve, par la différentiation,

$$D_x \frac{x^k e^{-x}}{\left(1 + \frac{x}{a}\right)^{a+b}} = -\frac{x^k e^{-x}}{\left(1 + \frac{x}{a}\right)^{a+b}} + \frac{k x^{k-1} e^{-x}}{\left(1 + \frac{x}{a}\right)^{a+b}} - \frac{a+b}{a}\frac{x^k e^{-x}}{\left(1 + \frac{x}{a}\right)^{a+b+1}},$$

ce qu'on peut mettre sous la forme

$$D_x \frac{x^k e^{-x}}{\left(1 + \frac{x}{a}\right)^{a+b}} = -\frac{2 x^k e^{-x}}{\left(1 + \frac{x}{a}\right)^{a+b}} + \frac{k x^{k-1} e^{-x}}{\left(1 + \frac{x}{a}\right)^{a+b}} + \frac{x^k (x - b) e^{-x}}{a\left(1 + \frac{x}{a}\right)^{a+b+1}}.$$

On en conclut, lorsque $k > 0$,

$$(1)\quad \int_0^\infty \frac{x^k e^{-x}\, dx}{\left(1 + \frac{x}{a}\right)^{a+b}} = \frac{k}{2} \int_0^\infty \frac{x^{k-1} e^{-x}\, dx}{\left(1 + \frac{x}{a}\right)^{a+b}} + \frac{1}{2a} \int_0^\infty \frac{x^k (x - b) e^{-x}\, dx}{\left(1 + \frac{x}{a}\right)^{a+b+1}},$$

et pour $k = 0$

$$(2) \quad \ldots \quad \int_0^\infty \frac{e^{-x}\, dx}{\left(1 + \dfrac{x}{a}\right)^{a+b}} = \tfrac{1}{2} + \frac{1}{2a} \int_0^\infty \frac{(x - b)\, e^{-x}\, dx}{\left(1 + \dfrac{x}{a}\right)^{a+b+1}}.$$

En écrivant dans la formule (1) successivement $k - 1$, $k - 2$, ... au lieu de k, on trouvera par une combinaison bien facile de ces équations avec la formule (2)

$$\int_0^\infty \frac{x^k e^{-x}\, dx}{\left(1 + \dfrac{x}{a}\right)^{a+b}} = \frac{\Pi(k)}{2^{k+1}} + \frac{1}{2a} \int_0^\infty \frac{(x - b)\, T_k(x)\, e^{-x}\, dx}{\left(1 + \dfrac{x}{a}\right)^{a+b+1}},$$

où

$$T_k(x) = x^k + \frac{k}{2} x^{k-1} + \frac{k(k-1)}{2 \cdot 2} x^{k-2} + \frac{k(k-1)(k-2)}{2 \cdot 2 \cdot 2} x^{k-3} + \ldots$$

Il importe de remarquer que la valeur de $T_k(x)$ pour $x = 0$ est $\Pi(k) : 2^k$, en sorte qu'on peut écrire

$$\int_0^\infty \frac{x^k e^{-x}\, dx}{\left(1 + \dfrac{x}{a}\right)^{a+b}} = \tfrac{1}{2} T_k(0) + \frac{1}{2a} \int_0^\infty \frac{(x - b)\, T_k(x)\, e^{-x}\, dx}{\left(1 + \dfrac{x}{a}\right)^{a+b+1}}.$$

Soit maintenant $f(x)$ un polynôme quelconque de x, on aura évidemment

$$\int_0^\infty \frac{f(x)\, e^{-x}\, dx}{\left(1 + \dfrac{x}{a}\right)^{a+b}} = \tfrac{1}{2} \overline{f(0)} + \frac{1}{2a} \int_0^\infty \frac{(x - b)\, \overline{f(x)}\, e^{-x}\, dx}{\left(1 + \dfrac{x}{a}\right)^{a+b+1}},$$

en désignant symboliquement par $\overline{f(x)}$ le polynôme obtenu en remplaçant les diverses puissances x, x^2, x^3, ... dans $f(x)$ par $T_1(x)$, $T_2(x)$, $T_3(x)$, ...

En écrivant $b + n$ au lieu de b, nous avons

$$(3) \quad \int_0^\infty \frac{f(x)\, e^{-x}\, dx}{\left(1 + \dfrac{x}{a}\right)^{a+b+n}} = \tfrac{1}{2} \overline{f(0)} + \frac{1}{2a} \int_0^\infty \frac{(x - b - n)\, \overline{f(x)}\, e^{-x}\, dx}{\left(1 + \dfrac{x}{a}\right)^{a+b+n+1}}$$

3. Nous allons appliquer cette formule dans le cas particulier $f(x) = (b - x)^k$; alors il viendra

$$\overline{f(x)} = b^k - \frac{k}{1} b^{k-1} (x + \tfrac{1}{2}) + \frac{k(k-1)}{1 \cdot 2} b^{k-2} (x^2 + x + \tfrac{1}{2}) -$$

$$- \frac{k(k-1)(k-2)}{1 \cdot 2 \cdot 3} b^{k-3} (x^3 + \tfrac{3}{2} x^2 + \tfrac{3}{2} x + \tfrac{3}{4}) + \ldots$$

ou bien

$$f(x) = (b-x)^k - \frac{k}{2}(b-x)^{k-1} + \frac{k(k-1)}{2.2}(b-x)^{k-2} - \ldots$$

En posant donc

$$U_k(b) = b^k - \frac{k}{2}b^{k-1} + \frac{k(k-1)}{2.2}b^{k-2} - \ldots,$$

il vient

$$\int_0^\infty \frac{(b-x)^k e^{-x}\, dx}{\left(1+\dfrac{x}{a}\right)^{a+b+n}} = \tfrac{1}{2}U_k(b) + \frac{1}{2a}\int_0^\infty \frac{(x-b-n)\,U_k(b-x)\,e^{-x}\, dx}{\left(1+\dfrac{x}{a}\right)^{a+b+n+1}}.$$

De là il suit immédiatement qu'en supposant

$$V(b) = c_0 + c_1 b + c_2 b^2 + \ldots + c_k b^k,$$

on aura

$$(4) \quad \int_0^\infty \frac{V(b-x)\,e^{-x}\, dx}{\left(1+\dfrac{x}{a}\right)^{a+b+n}} = \tfrac{1}{2}[V(b)] + \frac{1}{2a}\int_0^\infty \frac{(x-b-n)\,[V(b-x)]\,e^{-x}\, dx}{\left(1+\dfrac{x}{a}\right)^{a+b+n+1}},$$

en désignant par $[V(b)]$ le polynôme obtenu en remplaçant dans $V(b)$, b par $U_1(b)$, b^2 par $U_2(b)$, b^3 par $U_3(b)$, $\ldots$, tandis que naturellement, $[V(b-x)]$ s'obtient en écrivant $b-x$ au lieu de b dans $[V(b)]$.

Ce qui précède suppose, bien entendu, que les coefficients $c_0, c_1, c_2, \ldots$ ne renferment point b. Si cela avait lieu, il faudrait d'abord écrire B au lieu de b dans ces coefficients, opérer ensuite comme il vient d'être indiqué et rétablir enfin de nouveau b au lieu de B. Ainsi la valeur de $V(b-x)$ dans le premier membre de (4) est égale à

$$c_0 + c_1(b-x) + c_2(b-x)^2 + \ldots + c_k(b-x)^k,$$

et il ne faut pas substituer $b-x$ à la place de b dans les coefficients $c_0, c_1, c_2, \ldots, c_k$.

4. Revenons maintenant à la formule (2), que nous écrivons ainsi

$$\int_0^\infty \frac{e^{-x}\, dx}{\left(1+\dfrac{x}{a}\right)^{a+b}} = V_0(b) + \frac{R_1}{a},$$

en posant

$$V_0(b) = \tfrac{1}{2}, \quad R_1 = \int_0^\infty \frac{(x-b)\,V_0(b-x)\,e^{-x}\,dx}{\left(1+\dfrac{x}{a}\right)^{a+b+1}}.$$

Quant à l'expression R_1, nous pouvons la transformer à l'aide de la formule (4), où il faut prendre $V(b) = -b\,V_0(b)$, $n = 1$. Il vient

$$R_1 = V_1(b) + \frac{R_2}{a},$$

en posant

$$V_1(b) = -\tfrac{1}{2}[b\,V_0(b)], \quad R_2 = \int_0^\infty \frac{(x-b-1)\,V_1(b-x)\,e^{-x}\,dx}{\left(1+\dfrac{x}{a}\right)^{a+b+2}}.$$

Cette expression R_2 peut, de nouveau, se transformer à l'aide de (4) en prenant $V(b) = -(b+1)\,V_1(b)$ et $n = 2$. Il vient

$$R_2 = V_2(b) + \frac{R_3}{a},$$

en posant

$$V_2(b) = -\tfrac{1}{2}[(b+1)\,V_1(b)], \quad R_3 = \int_0^\infty \frac{(x-b-2)\,V_2(b-x)\,e^{-x}\,dx}{\left(1+\dfrac{x}{a}\right)^{a+b+3}}.$$

Il est évident qu'on peut continuer ainsi et l'on trouve le résultat suivant :

$$\int_0^\infty \frac{e^{-x}\,dx}{\left(1+\dfrac{x}{a}\right)^{a+b}} = V_0(b) + \frac{V_1(b)}{a} + \frac{V_2(b)}{a^2} + \ldots + \frac{V_{n-1}(b)}{a^{n-1}} + \frac{R_n}{a^n}.$$

Ici les polynômes $V_0(b)$, $V_1(b)$, $V_2(b)$, ... se calculent de proche en proche par les relations

$$\begin{aligned}
V_0(b) &= \tfrac{1}{2}, \\
V_1(b) &= -\tfrac{1}{2}[b\,V_0(b)], \\
V_2(b) &= -\tfrac{1}{2}[(b+1)\,V_1(b)], \\
V_3(b) &= -\tfrac{1}{2}[(b+2)\,V_2(b)], \\
V_4(b) &= -\tfrac{1}{2}[(b+3)\,V_3(b)],
\end{aligned}$$

. . . .

Nous rappelons que $[f(b)]$ s'obtient en ordonnant $f(b)$ suivant les puissances de b et en remplaçant alors b^k par

$$b^k - \frac{k}{2} b^{k-1} + \frac{k(k-1)}{2.2} b^{k-2} - \frac{k(k-1)(k-2)}{2.2.2} b^{k-3} + \cdots$$

Ensuite le reste $R_n : a^n$ s'exprime à l'aide du polynôme $V_{n-1}(b)$ ainsi:

$$R_n : a^n = \int_0^\infty \frac{(x-b-n+1) V_{n-1}(b-x) e^{-x} d x}{\left(1 + \dfrac{x}{a}\right)^{a+b+n}} : a^n.$$

On peut remarquer que $V_n(b)$ est la valeur de R_n pour $a = \infty$: donc

$$V_n(b) = \int_0^\infty (x-b-n+1) V_{n-1}(b-x) e^{-2x} d x ;$$

mais cela revient, comme il est facile de le voir, à l'expression

$$V_n(b) = -\tfrac{1}{2}\left[(b+n-1) V_{n-1}(b)\right].$$

On trouve sans difficulté :

$V_0(b) = +\tfrac{1}{2},$

$V_1(b) = -\tfrac{1}{4} b + \tfrac{1}{8},$

$V_2(b) = +\tfrac{1}{8} b^2 - \tfrac{1}{16} b - \tfrac{1}{32},$

$V_3(b) = -\tfrac{1}{16} b^3 + \tfrac{5}{64} b - \tfrac{1}{128},$

$V_4(b) = +\tfrac{1}{32} b^4 - \tfrac{1}{32} b^3 - \tfrac{11}{128} b^2 - \tfrac{7}{256} b + \tfrac{13}{512},$

$V_5(b) = -\tfrac{1}{64} b^5 - \tfrac{1}{128} b^4 + \tfrac{31}{256} b^3 + \tfrac{1}{256} b^2 + \tfrac{39}{1024} b - \tfrac{143}{2048},$

$V_6(b) = +\tfrac{1}{128} b^6 + \tfrac{31}{1024} b^5 - \tfrac{239}{2048} b^4 - \tfrac{73}{1024} b^3 + \tfrac{5}{64} b^2 - \tfrac{567}{4096} b + \tfrac{1997}{8192}.$

. . . .

Notre premier calcul se trouve vérifié ainsi; nous avons obtenu de plus le reste de la série sous forme finie.

———

XLIV.

(Paris, C.-R. Acad. Sci., 101, 1885, 153—154.)

Sur une fonction uniforme.

(Note présentée par M. Hermite.)

Le caractère analytique de la fonction $\zeta(z)$, qui est définie pour les valeurs de z dont la partie réelle surpasse l'unité par la série

$$1 + \frac{1}{2^z} + \frac{1}{3^z} + \frac{1}{4^z} + \cdots,$$

a été complètement dévoilé par Riemann qui a montré que

$$\zeta(z) - \frac{1}{z-1}$$

est holomorphe dans tout le plan.

Les zéros de la fonction $\zeta(z)$ sont d'abord

$$-2, -4, -6, -8, \ldots;$$

il y en a, en outre, une infinité d'autres, qui sont tous imaginaires, la partie réelle restant comprise entre 0 et 1.

Riemann a annoncé comme très probable que toutes ces racines imaginaires sont de la forme $\frac{1}{2} + ai$, a étant réel.

Je suis parvenu à mettre cette proposition hors de doute par une démonstration rigoureuse. Je vais indiquer la voie qui m'a conduit à ce résultat.

D'après une remarque due à Euler,

$$1 : \zeta(z) = \Pi\left(1 - \frac{1}{p^z}\right),$$

p représentant tous les nombres premiers, ou encore

$$1 : \zeta(z) = 1 - \frac{1}{2^z} - \frac{1}{3^z} - \frac{1}{5^z} + \frac{1}{6^z} - \frac{1}{7^z} + \frac{1}{10^z} - \cdots$$

C'est l'étude plus approfondie de la série qui figure ici dans le second membre qui conduit au but désiré. On peut démontrer, en effet, que cette série est convergente et définit une fonction analytique tant que la partie réelle de z surpasse $\frac{1}{2}$.

Il est évident, d'après cela, que $\zeta(z)$ ne s'évanouit pour aucune valeur de z dont la partie réelle surpasse $\frac{1}{2}$. Mais l'équation $\zeta(z) = 0$ ne peut admettre non plus des racines imaginaires dont la partie réelle est inférieure à $\frac{1}{2}$. En effet, en admettant l'existence d'une telle racine $z = z_1$, on aurait aussi $\zeta(1 - z_1) = 0$, comme le montre la relation entre $\zeta(z)$ et $\zeta(1 - z)$ établie par Riemann. Or, la partie réelle de $1 - z_1$ est supérieure à $\frac{1}{2}$.

Par conséquent, toutes les racines imaginaires de $\zeta(z) = 0$ sont de la forme $\frac{1}{2} + ai$, a étant réel.

XLV.

(Paris, C.-R. Acad. Sci., 101, 1885, 368—370).

Sur une loi asymptotique dans la théorie des nombres.

(Note présentée par M. Hermite.)

Le théorème énoncé dans les Comptes rendus, p. 153, que la série

$$(A) \quad . \quad . \quad . \quad . \quad . \quad 1 - \frac{1}{2^s} - \frac{1}{3^s} - \frac{1}{5^s} + \frac{1}{6^s} - \dots,$$

obtenue par le développement du produit infini $\Pi \left(1 - \frac{1}{p^s}\right)$, est convergente pour $s > \frac{1}{2}$, conduit à une conséquence importante relative à la fonction de M. Tchebychef $\Theta(x) = $ somme des logarithmes des nombres premiers qui ne surpassent pas x.

En désignant par $f(n)$ le nombre des diviseurs de n, je rappelle ce résultat dû à Dirichlet, que

$$\frac{f(1) + f(2) + \dots + f(n) - n \log n + (2C - 1)n}{\sqrt{n}}$$

reste comprise entre deux limites finies, C étant la constante eulérienne.

On en conclut facilement que la série

$$(B) \quad . \quad . \quad . \quad . \quad . \quad . \quad \sum_1^\infty \frac{f(n) - \log n - 2C}{n^s}$$

est convergente pour $s > \frac{1}{2}$.

Voici maintenant deux théorèmes relatifs aux séries de la forme $\sum_1^\infty \frac{\lambda_i(n)}{n^s}$ qui nous sont nécessaires:

Théorème I. — Lorsque la série $\sum_1^\infty \dfrac{\lambda(n)}{n^s}$, où $s > 0$, est convergente, on a

$$\lim \frac{\lambda(1) + \lambda(2) + \ldots + \lambda(n)}{n^s} = 0 \qquad (n = \infty).$$

Théorème II. — Lorsque les deux séries

$$\sum_1^\infty \frac{\lambda(n)}{n^s} \quad \text{et} \quad \sum_1^\infty \frac{\mu(n)}{n^s}$$

sont convergentes pour $s = \alpha > 0$ et que les séries

$$\sum_1^\infty \frac{|\lambda(n)|}{n^s}, \quad \sum_1^\infty \frac{|\mu(n)|}{n^s}$$

sont convergentes pour $s = \alpha + \beta$, alors la série obtenue en multipliant les deux premières

$$\sum_1^\infty \frac{\nu(n)}{n^s},$$

où

$$\nu(n) = \sum \lambda(d)\, \mu\left(\frac{n}{d}\right),$$

d représentant tous les diviseurs de n, est convergente pour $s = \alpha + \frac{1}{2}\beta$.

En remplaçant, dans les séries (A) et (B), chaque terme par sa valeur absolue, les nouvelles séries convergent pour $s > 1$. En multipliant donc les séries (A) et (B), la série obtenue sera convergente pour $s > \frac{3}{4}$, d'après le théorème II.

Or on obtient ainsi

$$\sum_1^\infty \frac{1 - g(n)}{n^s},$$

où

$$g(1) = 2\,C,$$

et, lorsque p est premier, $g(p^k) = \log p$, tandis que $g(n) = 0$ lorsque n n'est pas de la forme p^k. On en conclut, d'après le théorème I,

$$\lim \frac{n - g(1) - g(2) - \ldots - g(n)}{n^s} = 0 \qquad (n = \infty, \ s > \tfrac{3}{4});$$

mais on voit facilement que

$$g(1) + g(2) + \ldots + g(n) = 2\,\mathrm{C} + \Theta(n) + \Theta\left(n^{\frac{1}{2}}\right) + \Theta\left(n^{\frac{1}{3}}\right) + \ldots$$

en sorte que, en posant

$$\Theta(n) + \Theta\left(n^{\frac{1}{2}}\right) + \Theta\left(n^{\frac{1}{3}}\right) + \ldots = n + \mathrm{A}_n\, n^s.$$

on trouve

$$\lim \mathrm{A}_n = 0 \quad \text{pour} \quad n = \infty.$$

Il est facile d'en déduire qu'on a aussi

$$\Theta(n) = n + \mathrm{B}_n\, n^s,$$

où

$$\lim \mathrm{B}_n = 0$$

dès que $s > \frac{3}{4}$.

Ce résultat conduit à cette conséquence que, quelque petit que soit un nombre positif h, le nombre des nombres premiers compris entre

$$n \quad \text{et} \quad (1 + h)\, n$$

finit toujours par croître au delà de toute limite, quand n croît indéfiniment.

XLVI.

(Amsterdam, Versl. K. Akad. Wet., Afd. Nat., sér. 3, 2, 1886, 101—104)

Sur quelques formules qui se rapportent à la théorie des fonctions elliptiques.

Dans les formules qui suivent on doit toujours, sauf indication contraire, attribuer au nombre n placé sous le signe Σ les valeurs entières et positives

$$n = 1, 2, 3, 4, \ldots$$

le nombre m désignera les nombres impairs

$$m = 1, 3, 5, 7, \ldots$$

Ensuite D représente un nombre entier positif ou négatif, mais je suppose toujours que D n'est divisible par aucun carré hors l'unité. Je distingue quatre cas.

I.

$D > 0$, $D \equiv 2, 3 \bmod 4$. En posant

(α) . . . . $\displaystyle F(x) = \sum \left(\frac{D}{m}\right) e^{-\frac{m^2 \pi x}{4D}}$

cette fonction jouit de ces propriétés:

(α') . . . . $\displaystyle F\left(\frac{1}{x}\right) = \sqrt{x}\, F(x),$

(α'') . . . . $\displaystyle F(x + Di) = e^{-\frac{\pi i}{4}} F(x),$

$\left(\dfrac{D}{m}\right)$ est le symbole de Legendre, généralisé par Jacobi, avec la convention ordinaire que $\left(\dfrac{D}{m}\right) = 0$, lorsque D et m ne sont pas premiers

entre eux. J'ajoute que, dans ce qui suit, on suppose encore $\left(\dfrac{r}{n}\right) = \left(\dfrac{r}{-n}\right)$.
(Voir p. e. Kronecker, Berliner Monatsberichte, Juni 1876).

II.

$D < 0$, $D \equiv 2, 3 \bmod 4$. **En posant**

(β) . . . . $G(x) = \sum \left(\dfrac{D}{m}\right) m\, e^{\frac{m^2 \pi x}{4D}}$

on aura

(β') . . . . $G\left(\dfrac{1}{x}\right) = (\sqrt{x})^3\, G(x),$

(β'') . . . . $G(x - D\, i) = e^{-\frac{\pi i}{4}}\, G(x).$

III.

$D > 0$, $D \equiv 1 \bmod 4$. **En posant**

(γ) . . . .
$\begin{cases}
F_1(x) = \sum \left(\dfrac{n}{D}\right) e^{-\frac{n^2 \pi x}{D}}, \\[2mm]
F_2(x) = \sum (-1)^n \left(\dfrac{n}{D}\right) e^{-\frac{n^2 \pi x}{D}}, \\[2mm]
F_3(x) = \sum \left(\dfrac{m}{D}\right) e^{-\frac{m^2 \pi x}{4D}},
\end{cases}$

on aura

(γ') . . . .
$\begin{cases}
F_1\left(\dfrac{1}{x}\right) = \sqrt{x}\, F_1(x), \\[2mm]
F_2\left(\dfrac{1}{x}\right) = (-1)^{\frac{D-1}{4}} \sqrt{x}\, F_3(x), \\[2mm]
F_3\left(\dfrac{1}{x}\right) = (-1)^{\frac{D-1}{4}} \sqrt{x}\, F_2(x),
\end{cases}$

(γ'') . . . .
$\begin{cases}
F_1(x + D\, i) = F_2(x), \\[2mm]
F_2(x + D\, i) = F_1(x), \\[2mm]
F_3(x + D\, i) = e^{-\frac{\pi i}{4}}\, F_3(x).
\end{cases}$

Toutefois, ces formules sont en défaut dans le cas $D = 1$, mais en prenant dans ce cas au lieu de (γ)

$$F_1(x) = \sum_{-\infty}^{+\infty} e^{-n^2 \pi x},$$

$$F_2(x) = \sum_{-\infty}^{+\infty} (-1)^n e^{-n^2 \pi x},$$

$$F_3(x) = \sum_{-\infty}^{+\infty} e^{-\frac{(2n-1)^2 \pi x}{4}},$$

les relations (γ') et (γ'') restent vraies.

IV

$D < 0$, $D \equiv 1 \bmod 4$. En posant

$$(\delta) \quad \cdots \cdots \quad \begin{cases} G_1(x) = \sum \left(\dfrac{n}{D}\right) n \, e^{\frac{n^2 \pi x}{D}}, \\[2mm] G_2(x) = \sum (-1)^n \left(\dfrac{n}{D}\right) n \, e^{\frac{n^2 \pi x}{D}}, \\[2mm] 2\,G_3(x) = \sum \left(\dfrac{m}{D}\right) m \, e^{\frac{m^2 \pi x}{D}}, \end{cases}$$

on aura

$$(\delta') \quad \cdots \cdots \quad \begin{cases} G_1\left(\dfrac{1}{x}\right) = (\sqrt{x})^3 \, G_1(x), \\[2mm] G_2\left(\dfrac{1}{x}\right) = (-1)^{\frac{D-1}{4}} (\sqrt{x})^3 \, G_3(x), \\[2mm] G_3\left(\dfrac{1}{x}\right) = (-1)^{\frac{D-1}{4}} (\sqrt{x})^3 \, G_2(x), \end{cases}$$

$$(\delta'') \quad \cdots \cdots \quad \begin{cases} G_1(x - D\,i) = G_2(x), \\[2mm] G_2(x - D\,i) = G_1(x), \\[2mm] G_3(x - D\,i) = e^{-\frac{\pi i}{4}} G_3(x). \end{cases}$$

Partout on doit supposer positive la partie réelle de x et de $\sqrt{x}$.

552

On voit bien les conséquences qui se rattachent à ces formules et sur lesquelles j'aurai peut-être l'occasion de revenir plus tard.

Pour le moment je me borne à cette indication que toutes ces formules se déduisent sans peine à l'aide des propriétés fondamentales de la fonction Θ d'une part et d'autre part des formules que Gauss à données dans son célèbre mémoire intitulé: Summatio quarumdam serierum singularium, 1808. Oeuvres, tome II.

XLVII.

(Amsterdam, Versl. K. Akad. Wet., Afd. Nat., sér. 3, 2, 1886, 210—216.)

Sur quelques intégrales définies.

Legendre dans les Exercices de calcul intégral (t. II, p. 189) a donné la valeur de l'intégrale

$$\int_0^\infty \frac{\sin m x}{e^{2\pi x}-1}\, dx = \frac{1}{4}\, \frac{e^m+1}{e^m-1} - \frac{1}{2\,m}$$

formule sur laquelle Abel est revenu plus d'une fois (Oeuvres, tome I, p. 24, 35. Édition de Sylow et Lie).

L'étude du mémoire de Riemann: „Ueber die Anzahl der Primzahlen unter einer gegebenen Grenze" m'a conduit à cette remarque qu'on doit regarder la formule de Legendre comme le cas le plus simple de toute une série de formules qui présentent un caractère éminemment arithmétique.

Dans ce qui suit je me bornerai à donner deux exemples qui feront connaître suffisamment le caractère des formules nouvelles, sans en vouloir présenter dès à présent, le système complet.

Soit p un nombre entier positif impair ($p > 1$) sans diviseur carré et posons

$$f(x) = \sum_1^{p-1} \left(\frac{n}{p}\right) x^n$$

le symbole $\left(\dfrac{n}{p}\right)$ étant pris dans le même sens que dans ma communication de Septembre 1885 (pag. 101 de ce volume).

Cela posé, on a lorsque

$$p \equiv 1 \bmod 4$$

(A) . . . $\displaystyle\int_0^\infty \frac{f(e^{-x})}{1-e^{-px}} \sin\left(\frac{p\,t\,x}{2\,\pi}\right) d\,x = \frac{\pi}{\sqrt{p}} \cdot \frac{f(e^{-t})}{1-e^{-pt}}.$

En supposant au contraire

$$p \equiv 3 \bmod 4$$

on a

(B) . . . $\displaystyle\int_0^\infty \frac{f(e^{-x})}{1-e^{-px}} \cos\left(\frac{p\,t\,x}{2\,\pi}\right) d\,x = \frac{\pi}{\sqrt{p}} \cdot \frac{f(e^{-t})}{1-e^{-pt}}.$

Dans ces formules (A) et (B) la racine $\sqrt{p}$ doit être prise positivement, et cette détermination du signe correspond précisément à celle que Gauss a donnée dans le mémoire Summatio etc, Oeuvres, tome II.

C'est par le développement en série de l'expression

$$\frac{f(e^{-x})}{1-e^{-px}}$$

que j'ai obtenu ces résultats

En posant pour abréger

$$\varphi(s) = \sum_1^\infty \left(\frac{n}{p}\right) \frac{1}{n^s}$$

j'obtiens

(C) . . . $\displaystyle\frac{f(e^{-x})}{1-e^{-px}} = \frac{\sqrt{p}}{\pi}\left\{\varphi(2)\frac{p\,x}{2\,\pi} - \varphi(4)\frac{p^3\,x^3}{2^3\,\pi^3} + \varphi(6)\frac{p^5\,x^5}{2^5\,\pi^5} - \cdots\right\}$

lorsque $p \equiv 1 \bmod 4$,

(D) . . . $\displaystyle\frac{f(e^{-x})}{1-e^{-px}} = \frac{\sqrt{p}}{\pi}\left\{\varphi(1) - \varphi(3)\frac{p^2\,x^2}{2^2\,\pi^2} + \varphi(5)\frac{p^4\,x^4}{2^4\,\pi^4} - \cdots\right\}$

lorsque $p \equiv 3 \bmod 4$.

Voici comment ces formules conduisent aux intégrales (A) et (B).

J'observe d'abord que la formule connue

$$\frac{\Gamma(s)}{n^s} = \int_0^\infty x^{s-1} e^{-nx} d\,x$$

conduit aussitôt à l'expression suivante de la fonction $\varphi(s)$

(1) . . . . $\varphi(s) = \dfrac{1}{\Gamma(s)} \displaystyle\int_0^\infty \dfrac{f(e^{-x})}{1 - e^{-px}} x^{s-1} \, dx.$

En considérant maintenant l'intégrale

$$\int_0^\infty \frac{f(e^{-x})}{1 - e^{-px}} \sin\left(\frac{p\,t\,x}{2\,\pi}\right) dx$$

on pourra développer l'expression $\sin\left(\dfrac{p\,t\,x}{2\,\pi}\right)$ suivant les puissances de x

$$\sin\left(\frac{p\,t\,x}{2\,\pi}\right) = \frac{1}{\Gamma(2)}\left(\frac{p\,t\,x}{2\,\pi}\right) - \frac{1}{\Gamma(4)}\left(\frac{p\,t\,x}{2\,\pi}\right)^3 + \frac{1}{\Gamma(6)}\left(\frac{p\,t\,x}{2\,\pi}\right)^5 - \cdots$$

et en se servant alors de la formule (1), l'intégrale se trouve égale à la série

$$\varphi(2)\left(\frac{p\,t}{2\,\pi}\right) - \varphi(4)\left(\frac{p\,t}{2\,\pi}\right)^3 + \varphi(6)\left(\frac{p\,t}{2\,\pi}\right)^5 - \cdots$$

qu'on sait sommer par la formule (C), ce qui fournit la formule (A). La formule (B) s'obtient de la même manière à l'aide du développement (D).

La démonstration qu'on vient de donner, ne s'applique directement qu'aux valeurs de t qui satisfont à la condition

$$\operatorname{mod}(p\,t) < 2\,\pi$$

mais après avoir reconnu ainsi l'exactitude des formules (A) et (B) pour des valeurs de t dont le module est inférieur à $\dfrac{2\,\pi}{p}$, on verra facilement que ces formules sont valables pour une valeur imaginaire quelconque de $t = a + b\,i$, à condition seulement que la valeur absolue de b reste inférieure à $\dfrac{2\,\pi}{p}$.

———

La série par laquelle nous avons défini la fonction $\varphi(s)$ n'est convergente que tant que la partie réelle de s est positive. Toutefois on peut démontrer que cette fonction est holomorphe dans tout le plan; on y arrive, en partant de la formule (1) et en suivant une méthode donnée par M. Hermite. (Comptes rendus de l'Acad. des Sciences, tome 101, p. 112).

Il existe une relation remarquable qui lie $\varphi(s)$ à $\varphi(1-s)$ et qui a été découverte par M. Hurwitz (Zeitschrift für Mathematik und Physik, tome 27, 1882). Sans avoir eu connaissance du travail de M. Hurwitz, j'avais retrouvé son résultat en partant des formules (A) et (B). Comme cette démonstration est entièrement différente de celle de M. Hurwitz, je crois utile de la donner ici. Je me bornerai d'ailleurs au cas $p \equiv 1 \bmod 4$.

En multipliant (A) par $t^{s-1} dt$, intégrant de 0 à ∞ il vient, si l'on renverse l'ordre des intégrations dans l'intégrale double et qu'on se rappelle la relation connue :

$$\int_0^\infty \sin\left(\frac{p\,t\,x}{2\,\pi}\right) t^{s-1}\, d\,t = \Gamma(s) \left(\frac{p\,x}{2\,\pi}\right)^{-s} \sin\frac{\pi\,s}{2},$$

$$\Gamma(s) \sin\frac{\pi\,s}{p} \left(\frac{p}{2\,\pi}\right)^{-s} \int_0^\infty \frac{f(e^{-x})}{1 - e^{-px}} x^{-s}\, d\,x = \frac{\pi}{\sqrt{p}} \int_0^\infty \frac{f(e^{-t})}{1 - e^{-pt}} t^{s-1}\, d\,t.$$

Or d'après (1)

$$\int_0^\infty \frac{f(e^{-x})}{1 - e^{-px}} x^{-s}\, dx = \Gamma(1-s)\, \varphi(1-s),$$

$$\int_0^\infty \frac{f(e^{-t})}{1 - e^{-pt}} t^{s-1}\, dt = \Gamma(s)\, \varphi(s),$$

en sorte qu'on trouve, après quelques réductions :

$$\varphi(1-s) = \left(\frac{p}{2\,\pi}\right)^s \frac{2 \cos\frac{\pi\,s}{2}}{\sqrt{p}}\, \Gamma(s)\, \varphi(s).$$

On peut dire aussi que l'expression

$$\left(\frac{p}{\pi}\right)^{\frac{s}{2}} \Gamma\left(\frac{s}{2}\right) \varphi(s)$$

ne change pas en remplaçant s par $1-s$.

Il faut supposer dans cette démonstration que s (ou la partie réelle de s) reste comprise entre 0 et 1. Mais d'après le caractère analytique de la fonction $\varphi(s)$, la relation obtenue entre $\varphi(s)$ et $\varphi(1-s)$ doit avoir lieu dans tout le plan, dès qu'elle se trouve vérifiée dans une partie du plan.

Je remarque enfin que les formules que j'ai données dans ma communication déjà citée de Septembre 1885, permettent d'établir d'une manière beaucoup plus simple encore cette relation entre $\varphi(s)$ et $\varphi(1-s)$.

Riemann, dans le mémoire cité, a donné une relation entre la fonction qu'il désigne par $\zeta(s)$ et $\zeta(1-s)$, et il a démontré cette propriété de deux manières différentes, la seconde démonstration se fondant sur une formule qui appartient à la théorie des fonctions elliptiques. La démonstration de la relation qui lie $\varphi(s)$ à $\varphi(1-s)$ que nous venons d'indiquer en dernier lieu, est parfaitement analogue à cette seconde démonstration de Riemann.

Il n'est pas sans intérêt d'examiner un peu plus particulièrement les développements en série (C) et (D).

Il est évident d'abord que les coefficients des diverses puissances de x dans le développement de

$$\frac{f(e^{-x})}{1-e^{-px}} = \frac{e^{\frac{p}{2}x} f(e^{-x})}{e^{\frac{p}{2}x} - e^{-\frac{p}{2}x}}$$

sont des nombres rationnels; en égalant ces nombres aux expressions qui figurent dans les seconds membres de (C) et de (D) on obtient les sommes des séries infinies $\varphi(1)$, $\varphi(2)$, $\varphi(3)$, etc. Ces sommations me semblent devoir être mises à côté des formules bien connues qui expriment les sommes des séries

$$\frac{1}{1^{2n}} + \frac{1}{2^{2n}} + \frac{1}{3^{2n}} + \frac{1}{4^{2n}} + \cdots,$$

$$\frac{1}{1^{2n-1}} - \frac{1}{3^{2n-1}} + \frac{1}{5^{2n-1}} - \frac{1}{7^{2n-1}} + \cdots$$

On a

$$e^{\frac{p}{2}x} f(e^{-x}) = \sum_1^{\nu-1} \left(\frac{n}{p}\right) e^{\frac{p-2n}{2}x}.$$

En distinguant les deux cas $p \equiv 1$, $p \equiv 3 \bmod 4$ et en posant $p' = \dfrac{p-1}{2}$ il vient

$$e^{\frac{p}{2}x} f(e^{-x}) = \sum_1^{p'} \left(\frac{n}{p}\right) \left(e^{\frac{p-2n}{2}x} + e^{-\frac{p-2n}{2}x}\right) \qquad p \equiv 1 \bmod 4,$$

$$e^{\frac{p}{2}x} f(e^{-x}) = \sum_1^{p'} \left(\frac{n}{p}\right) \left(e^{\frac{p-2n}{2}x} - e^{-\frac{p-2n}{2}x}\right) \qquad p \equiv 3 \bmod 4,$$

donc

$$\frac{f(e^{-x})}{1-e^{-px}} = \frac{\sum\limits_1^{p'} \left(\frac{n}{p}\right)\left[\frac{1}{1.2}\left(\frac{p-2n}{2}\right)^2 x^2 + \frac{1}{1.2.3.4}\left(\frac{p-2n}{2}\right)^4 x^4 + \ldots\right]}{\frac{p}{2}x + \frac{1}{1.2.3}\left(\frac{p}{2}\right)^3 x^3 + \frac{1}{1.2.3.4.5}\left(\frac{p}{2}\right)^5 x^5 + \ldots}$$

$$p \equiv 1 \bmod 4$$

$$\frac{f(e^{-x})}{1-e^{-px}} = \frac{\sum\limits_1^{p'} \left(\frac{n}{p}\right)\left[\frac{p-2n}{2}x + \frac{1}{1.2.3}\left(\frac{p-2n}{2}\right)^3 x^3 + \ldots\right]}{\frac{p}{2}x + \frac{1}{1.2.3}\left(\frac{p}{2}\right)^3 x^3 + \frac{1}{1.2.3.4.5}\left(\frac{p}{2}\right)^5 x^5 + \ldots}$$

$$p \equiv 3 \bmod 4.$$

La comparaison avec les développements (C) et (D) donne une série de formules dont les premières et les plus simples peuvent s'écrire

$$\frac{1}{2p} \sum_1^{p-1} \left(\frac{n}{p}\right) n^2 = \frac{p\sqrt{p}}{2\pi^2} \varphi(2) \qquad p \equiv 1 \bmod 4,$$

$$-\frac{1}{p} \sum_1^{p-1} \left(\frac{n}{p}\right) n = \frac{\sqrt{p}}{\pi} \varphi(1) \qquad p \equiv 3 \bmod 4,$$

donc

(2) . . . . . $\displaystyle\sum_1^{\infty} \left(\frac{n}{p}\right) \frac{1}{n^2} = \frac{\pi^2}{p^2 \sqrt{p}} \sum_1^{p-1} \left(\frac{n}{p}\right) n^2 \quad p \equiv 1 \bmod 4,$

(3) . . . . . $\displaystyle\sum_1^{\infty} \left(\frac{n}{p}\right) \frac{1}{n} = -\frac{\pi}{p\sqrt{p}} \sum_1^{p-1} \left(\frac{n}{p}\right) n \quad p \equiv 3 \bmod 4.$

La formule (3) s'est présentée déjà à Dirichlet dans ces célèbres recherches sur la détermination du nombre des classes des formes quadratiques à deux indéterminées, le cas le plus simple $p = 3$

$$\frac{\pi}{3\sqrt{3}} = 1 - \frac{1}{2} + \frac{1}{4} - \frac{1}{5} + \frac{1}{7} - \frac{1}{8} + \ldots$$

se trouve dans l'Introductio in Analysin infinitorum d'Euler (§ 176).

On a Uniform Function

T. J. Stieltjes

C. R. Acad. Sci. Paris **101** (1885) 153–154 (translation)

The analytic character of the function $\zeta(z)$, which is defined for the values of z whose real part is greater than 1 by the series

$$1 + \frac{1}{2^z} + \frac{1}{3^z} + \frac{1}{4^z} + \cdots,$$

has been completely revealed by Riemann who has shown that

$$\zeta(z) - \frac{1}{z-1}$$

is holomorphic in the whole plane.

The zeros of the function $\zeta(z)$ are at first

$$-2, -4, -6, -8, \cdots;$$

there are, moreover, infinitely many others, which are all complex, with real part between 0 and 1.

Riemann has announced that, in all probability, all complex roots are of the form $\frac{1}{2} + ai$, with a real.

I have succeeded to put this proposition beyond doubt by a rigorous proof. I shall indicate the route which led me to this result.

According to a remark due to Euler,

$$\frac{1}{\zeta(z)} = \prod (1 - \frac{1}{p^z}),$$

p representing all the prime numbers, or also

$$\frac{1}{\zeta(z)} = 1 - \frac{1}{2^z} - \frac{1}{3^z} - \frac{1}{5^z} + \frac{1}{6^z} - \frac{1}{7^z} + \frac{1}{10^z} - \cdots.$$

A deeper study of the series which appears here on the right-hand side leads to the desired goal. One can in fact show that this series is convergent and defines an analytic function as long as the real part of z exceeds $\frac{1}{2}$.

It is clear from this that $\zeta(z)$ does not vanish for any value of z whose real part is greater than $\frac{1}{2}$. However the equation $\zeta(z) = 0$ cannot admit complex roots whose real part is less than $\frac{1}{2}$ either. In fact, allowing the existence of such a root $z = z_1$, one would also have $\zeta(1 - z_1) = 0$, which follows from the relation between $\zeta(z)$ and $\zeta(1 - z)$, established by Riemann. Now the real part of $1 - z_1$ is greater than $\frac{1}{2}$.

Consequently, all complex roots of $\zeta(z) = 0$ are of the form $\frac{1}{2} + ai$, a being real.

Bibliography of T. J. Stieltjes

1. Iets over de benaderde voorstelling van eene functie door eene andere. Delft, 1876
2. Een en ander over de integraal $\int_0^1 \log \Gamma(x+u)\,du$. Nieuw Arch. Wisk. 4 (1878) 100–104
3. Notiz über einen elementaren Algorithmus. J. Reine Angew. Math. 89 (1880) 343–344
4. Over Lagrange's Interpolatieformule. Versl. K. Akad. Wet. Amsterdam (2) 17 (1882) 239–254
5. Eenige opmerkingen omtrent de differentiaalquotienten van eene functie van één veranderlijke. Nieuw Arch. Wisk. 9 (1882) 106–111
6. Over eenige theorema's omtrent oneindige reeksen. Nieuw Arch. Wisk. 9 (1882) 98–106
7. Over de transformatie van de periodieke functie $A_0 + A_1 \cos\varphi + B_1 \sin\varphi + \cdots + A_n \cos n\varphi + B_n \sin n\varphi$. Nieuw Arch. Wisk. 9 (1882) 111–116
8. Over een algorithmus voor het meetkundig midden. Nieuw Arch. Wisk. 9 (1882) 198–211
9. Over het quadratische rest-karakter van het getal 2. Nieuw Arch. Wisk. 9 (1882) 193–195
10. Bijdrage tot de theorie der derde- en vierde-machtsresten. Versl. K. Akad. Wet. (2) 17 (1882) 338–417
11. Sur un théorème de M. Tisserand (Extrait d'une lettre adressée à M. Hermite). C. R. Acad. Sci. Paris 95 (1882) 901–903
12. Sur un théorème de M. Tisserand. C. R. Acad. Sci. Paris 95 (1882) 1043–1044
13. Bewijs van de stelling, dat eene geheele rationale functie altijd, voor zekere reëele of complexe waarden van de veranderlijke, de waarde nul aanneemt. Nieuw Arch. Wisk. 9 (1882) 196–197
14. Quelques considérations sur la fonction rationelle entière d'une variable complexe. Arch. Néerl. Sci. Soc. Holl. Haarlem 18 (1883) 1–21
15. Möglichkeit oder Unmöglichkeit einer Pothenotischen Bestimmung. Z. Vermessgsw. Stuttgart 15 (1886) 141–144
16. Sur la théorie des résidus biquadratiques (Extrait d'une lettre adressée à M. Hermite). Bull. Sci. Math. (2) 7 (1883) 139–142
17. Sur le nombre des diviseurs d'un nombre entier. C. R. Acad. Sci. Paris 96 (1883) 764–766
18. Sur l'évaluation approchée des intégrales. C. R. Acad. Sci. Paris 97 (1883) 740–742
19. Sur l'évaluation approchée des intégrales. C. R. Acad. Sci. Paris 97 (1883) 798–799

20. Sur quelques théorèmes arithmétiques (Extrait d'une lettre adressée à M. Hermite). C. R. Acad. Sci. Paris **97** (1883) 889–892

21. Sur la décomposition d'un nombre en cinq carrés (Extrait d'une lettre adressée à M. Hermite). C. R. Acad. Sci. Paris **97** (1883) 981–982

22. Sur un théorème de Liouville. C. R. Acad. Sci. Paris **97** (1883) 1358–1359

23. Sur un théorème de M. Liouville. C. R. Acad. Sci. Paris **97** (1883) 1415–1418

24. Sur le nombre de décompositions d'un entier en cinq carrés (Extrait d'une lettre adressée à M. Hermite). C. R. Acad. Sci. Paris **97** (1883) 1545–1547

25. Over de quadratische ontbinding van priemgetallen van den vorm $3n + 1$. Versl. K. Akad. Wet. Amsterdam (2) **19** (1884) 105–111

26. Note sur le déplacement d'un système invariable dont un point est fixe. Arch. Néerl. Sci. Soc. Holl. Haarlem **19** (1884) 372–390

27. Sur quelques applications arithmétiques de la théorie des fonctions elliptiques (Extrait d'une lettre adressée à M. Hermite). C. R. Acad. Sci. Paris **98** (1884) 663–664

28. Sur le caractère du nombre 2 comme résidu ou non résidu quadratique. Bull. Sci. Math. (2) **8** (1884) 175–176

29. Quelques remarques sur l'intégration d'une équation différentielle. Astr. Nachr. **109** (1884) 145–152

30. Note sur le problème du plus court crépuscule. Astr. Nachr. **110** (1884) 7–8

31. Quelques recherches sur la théorie des quadratures dites mécaniques. Ann. Sci. École Norm. Sup. (3) **1** (1884) 409–426

32. Sur un développement en fraction continue. C. R. Acad. Sci. Paris **99** (1884) 508–509

33. Note sur la densité de la Terre. Bull Astr. **1** (1884) 465–467

34. Quelques remarques sur la variation de la densité dans l'intérieur de la Terre. Versl. K. Akad. Wet. Amsterdam (3) **1** (1885) 272–297

35. Note sur quelques formules pour l'évaluation de certaines intégrales. Bull. Astr. **1** (1884) 568

36. Sur une généralisation de la théorie des quadratures mécaniques. C. R. Acad. Sci. Paris **99** (1884) 850–851

37. Note à l'occasion de la réclamation de M. Markoff. Ann. Sci. École Norm. Sup. (3) **2** (1885) 183–184

38. Un théorème d'algèbre (Extrait d'une lettre adressée à M. Hermite). Acta Math. **6** (1885) 319–320

39. Sur certains polynômes qui vérifient une équation différentielle linéaire du second ordre et sur la théorie des fonctions de Lamé. Acta Math. **6** (1885) 321–326

40. Sur quelques théorèmes d'algèbre. C. R. Acad. Sci. Paris **100** (1885) 439–440

41. Sur les polynômes de Jacobi. C. R. Acad. Sci. Paris **100** (1885) 620–622

42. Sur une généralisation de la série de Lagrange. Ann. Sci. École Norm. Sup. (3) **2** (1885) 93–98

43. Sur l'intégrale $\int_0^\infty \dfrac{e^{-x}\,dx}{\left(1+\dfrac{x}{a}\right)^{a+b}}$. Bull. Sci. Math. (2) **9** (1885) 306–311

44. Sur une fonction uniforme. C. R. Acad. Sci. Paris **101** (1885) 153–154

45. Sur une loi asynptotique dans la théorie des nombres. C. R. Acad. Sci. Paris **101** (1885) 368–370

46. Sur quelques formules qui se rapportent à la théorie des fonctions elliptiques. Versl. K. Akad. Wet. Amsterdam (3) **2** (1886) 101–104

47. Sur quelques intégrales définies. Versl. K. Akad. Wet. Amsterdam (3) **2** (1886) 210–216

48. Sur le nombre des pôles à la surface d'un corps magnétique. C. R. Acad. Sci. Paris **102** (1886) 805

49. Recherches sur quelques séries semi-convergentes (Thèse de doctorat). Ann. Sci. École Norm. Sup. (3) **3** (1886) 201–258

50. Note sur un développement de l'intégrale $\int_0^a e^{x^2}\,dx$. Acta Math. **9** (1886) 167–176

51. Sur les séries qui procèdent suivant les puissances d'une variable. C. R. Acad. Sci. Paris **103** (1886) 1243–1246

52. Sur les racines de l'équation $X_n = 0$. Acta Math. **9** (1886) 385–400

53. Exemple d'une fonction qui n'existe qu'à l'intérieur d'un cercle. Bull. Sci. Math. (2) **11** (1887) 46–51

54. Note sur la multiplication de deux séries. Nouv. Ann. Math. (3) **6** (1887) 210–215

55. Table des valeurs des sommes $S_k = \sum_1^\infty n^{-k}$. Acta Math. **10** (1887) 299-302

56. Sur les maxima et minima d'une fonction étendue sur une surface fermée. C. R. Ass. Franç. Avanc. Sci. Paris (session 16) **1** (1887) 168

57. Sur une généralisation de la formule des accroissements finis. Nouv. Ann. Math. (3) **7** (1888) 26–31

58. Sur une généralisation de la formule des accroissements finis. Bull. Soc. Math. France **16** (1888) 100–113

59. Note sur l'intégrale $\int_a^b f(x)\,G(x)\,dx$. Nouv. Ann. Math. (3) **7** (1888) 161–171

60. Sur l'équation d'Euler. Bull. Sci. Math. (2) **12** (1888) 222-227

61. Sur l'équation d'Euler. C. R. Acad. Sci. Paris **107** (1888) 617–618

62. Sur la réduction de la différentielle elliptique à la forme normale. C. R. Acad. Sci. Paris **107** (1888) 651–653

63. Sur la transformation linéaire de la différentielle elliptique $\dfrac{dx}{\sqrt{X}}$. Ann. Fac. Sci. Toulouse **2** (1888) K. 1–26

64. Sur le développement de l'expression $\{R^2 - 2\,R\,r[\cos u \cos u' \cos(x - x') + \sin u \sin u' \cos(y - y')] + r^2\}^{-1}$. J. Math. Pures Appl. (4) **5** (1889) 55–65

65. Sur les dérivées de $\sec x$. C. R. Acad. Sci. Paris **108** (1889) 605–607

66. Sur un développement en fraction continue. C. R. Acad. Sci. Paris **108** (1889) 1297–1298

67. Sur la réduction en fraction continue d'une série procédant suivant les puissances descendantes d'une variable. Ann. Fac. Sci. Toulouse **3** (1889) H.1–17

68. Extrait d'une lettre adressée à M. Hermite. Bull. Sci. Math. (2) **13** (1889) 170–172

69. Sur un passage de la théorie analytique de la chaleur. Nouv. Ann. Math. (3) **8** (1889) 472–478

70. Sur le développement de $\log \Gamma(a)$. J. Math. Pures Appl. (4) **5** (1889) 425–444

71. Sur la fonction exponentielle (Extrait d'une lettre adressée à M. Hermite). C. R. Acad. Sci. Paris **110** (1890) 267–270

72. Sur la valeur asymptotique des polynômes de Legendre. C. R. Acad. Sci. Paris **110** (1890) 1026–1027

73. Sur les polynômes de Legendre. Ann. Fac. Sci. Toulouse **4** (1890) G.1–17

74. Sur les racines de la fonction sphérique de seconde espèce. Ann. Fac. Sci. Toulouse **4** (1890) J. 1–10

75. Note sur l'intégrale $\int_0^\infty e^{-u^2}\,du$. Nouv. Ann. Math. (3) **9** (1890) 479–480

76. Sur la théorie des nombres. Ann. Fac. Sci. Toulouse **4** (1890) 1–103
77. Sur quelques intégrales définies et leurs développement en fractions continues. Quart. J. Math. **24** (1890) 370–382
78. Note sur quelques fractions continues. Quart. J. Math. **25** (1891) 198–200
79. Sur une application des fractions continues. C. R. Acad. Sci. Paris **118** (1894) 1315–1317
80. Recherches sur les fractions continues. C. R. Acad. Sci. Paris **118** (1894) 1401–1403
81. Recherches sur les fractions continues. Ann. Fac. Sci. Toulouse **8** (1894) J.1–122 (1895) A.1–47
82. Sur la loi de réciprocité de Legendre. (unpublished manuscript)
83. Étude sur l'intégrale $\int_0^a x^{k-1} e^x \, dx$. (unpublished manuscript)
84. Sur certaines inégalités dues à M. P. Tchebychef. (unpublished manuscript)